现代食品深加工技术丛书

果蔬生理活性物质及其高值化

王友升　主编

科　学　出　版　社

北　京

内 容 简 介

　　本书系统论述了果蔬生理活性物质类型、功效及高值化的最新研究成果，从介绍果蔬生理活性物质的类型、来源、性质、生理功能/合成入手，重点阐述与果蔬相关的 9 种功能特性；从采前因素、采收期、采后处理、贮藏和加工等 5 方面论述了对果蔬生理活性物质产生及稳定性的影响。最后介绍了 33 种果实和 22 种蔬菜的生理活性物质及其高值化利用情况。

　　本书内容新颖，专业性强，有较强的实用性。既可作为生物学、农学、食品科学等专业科研人员的参考书，也可供相关专业的教师和本科生参考。

图书在版编目（CIP）数据

果蔬生理活性物质及其高值化/王友升主编. —北京：科学出版社，2015.8

（现代食品深加工技术丛书）

ISBN 978-7-03-045480-5

Ⅰ.①果… Ⅱ.①王… Ⅲ.①水果–生物活性–研究 ②蔬菜–生物活性–研究 Ⅳ.①S660.1②S630.1

中国版本图书馆 CIP 数据核字（2015）第 200082 号

责任编辑：贾 超 宁 倩 / 责任校对：张小霞
责任印制：徐晓晨 / 封面设计：东方人华

科 学 出 版 社 出版
北京东黄城根北街 16 号
邮政编码：100717
http://www.sciencep.com
北京教園印刷有限公司 印刷
科学出版社发行　各地新华书店经销
*
2015 年 8 月第 一 版　开本：720×1000 B5
2015 年 8 月第一次印刷　印张：29 1/2
字数：550 000

定价：118.00 元
（如有印装质量问题，我社负责调换）

"现代食品深加工技术丛书"
编写委员会

主　编　孙宝国

副主编　金征宇

编　委　（以姓氏汉语拼音为序）

毕金峰　曹雁平　程云辉　段长青　哈益明

江连洲　孔保华　励建荣　林　洪　林亲录

刘新旗　陆启玉　马美湖　木泰华　单　杨

王　静　王　强　王　硕　王凤忠　魏益民

谢明勇　徐　岩　杨贞耐　叶兴乾　张　泓

张　敏　张　慜　张　偲　张春晖　张德权

张丽萍　张名位　赵谋明　周光宏　周素梅

秘　书　贾　超

联系方式

电话：010-64001695

邮箱：jiachao@mail. sciencep. com

本书编委会

丛 书 序

　　食品加工是指直接以农、林、牧、渔业产品为原料进行的谷物磨制、食用油提取、制糖、屠宰及肉类加工、水产品加工、蔬菜加工、水果加工和坚果加工等。食品深加工其实就是食品原料进一步加工,改变了食材的初始状态,例如,把肉做成罐头等。现在我国有机农业尚处于初级阶段,产品单调、初级产品多,而在发达国家,80%都是加工产品和精深加工产品。所以,这也是未来一个很好的发展方向。随着人民生活水平的提高、科学技术的不断进步,功能性的深加工食品将成为我国居民消费的热点,其需求量大、市场前景广阔。

　　改革开放 30 多年来,我国食品产业总产值以年均 10% 以上的递增速度持续快速发展,已经成为国民经济中十分重要的独立产业体系,成为集农业、制造业、现代物流服务业于一体的增长最快、最具活力的国民经济支柱产业,成为我国国民经济发展极具潜力的新的经济增长点。2012 年,我国规模以上食品工业企业 33 692 家,占同期全部工业企业的 10.1%,食品工业总产值达到 8.96 万亿元,同比增长 21.7%,占工业总产值的 9.8%。预计 2015 年食品工业总产值将突破 12.3 万亿元。随着社会经济的发展和人民生活水平的提高,食品产业在保持持续上扬势头的同时,仍将有很大的发展潜力。

　　民以食为天。食品产业是关系到国民营养与健康的民生产业。随着国民经济的发展和人民生活水平的提高,人民对食品工业提出了更高的要求,食品加工的范围和深度不断扩展,其所利用的科学技术也越来越先进。现代食品已朝着方便、营养、健康、美味、实惠的方向发展,传统食品现代化、普通食品功能化是食品工业发展的大趋势。新型食品产业又是高技术产业。近些年,具有高技术、高附加值特点的食品精深加工发展尤为迅猛。国内食品加工起步晚、中小企业多、技术相对落后,导致产品在市场上的竞争力弱,特组织了国内外食品加工领域的专家、教授,编著了"现代食品深加工技术丛书"。

　　本套丛书由多部专著组成,不仅包括传统的肉品深加工、稻谷深加工、水产品深加工、禽蛋深加工、乳品深加工、水果深加工、蔬菜深加工,还包含了新型食材及其副产品的深加工、功能性成分的分离提取,以及现代食品综合加工利用新技术等。

　　各部专著的作者由国内工作在食品加工、研究第一线的专家担任。所有作者都根据市场的需求,详细论述食品工程中最前沿的相关技术与理念。不求面面俱到,但求精深、透彻,将国际上前沿、先进的理论与技术实践呈现给读者,同时还附有便于读者进一步查阅信息的参考文献。每一部对于大学、科研机构的学生或研究者来说都是重要的参考。希望能拓宽食品加工领域科研人员和企业技术人员的思路,推进食品技术创新和产品质量提升,提高我国食品的市场竞争力。

中国工程院院士

2014 年 3 月

前　　言

据统计，目前我国水果和蔬菜种植面积分别达到 1.8 亿亩和 3 亿亩，年产量超过 2.4 亿吨和 7 亿吨，种植面积和产量均居世界首位，产值超过 2 万亿元。但我国果蔬除鲜食外，大部分加工方式以初级产品为主。随着人们生活水平的提高，果蔬作为健康饮食的重要组成部分，其所具有的功能特性已经成为国内外的研究热点，果蔬类功能食品的研究开发也成为今后国内外食品工业发展的趋势。

果实和蔬菜作为我国传统饮食和中医食疗文化的重要食材，早在战国时期的《黄帝内经》中就记载："五谷为养、五果为助、五畜为益、五蔬为充"。东晋的《肘后备急方》中载有很多食疗方剂。唐代名医孙思邈的《备急千金要方》中专门设有"食治"篇，共收载分为果实、菜蔬、谷米、鸟兽四大门类的药用食物 164 种。在卫生部公布的 81 味药食同源中草药有 45 味来源于果蔬。目前，国外的著作主要从果蔬化学成分及提高其营养价值来论述，国内的植物性功能食品著作分别就不同原料来源的功能性食品进行介绍，而对于常见水果蔬菜的功能特性及其高值化利用现状，目前缺乏系统总结又易于理解的参考书。

本书以"果实和蔬菜"为切入点，就果蔬功能因子化学成分，功能特性，采前、采收及采后因素对果蔬功能成分的影响，果蔬功能成分的分离和检测技术，常见水果和蔬菜的活性物质及其高值化利用进行系统总结。本书共分为 5 章，第 1 章介绍了果蔬生理活性物质的类型；第 2 章论述了果蔬生理活性物质具有的抗氧化、减少体内脂肪、降血脂、降血糖、增强免疫力、改善记忆力、改善胃肠功能、促进皮肤面部健康和抗肿瘤 9 大功能特性；第 3 章着重论述了采前、采收以及采后处理、贮藏和加工对果蔬生理活性物质的影响，并介绍了果蔬生理活性物质的制备技术；第 4 章介绍了常见水果的生理活性物质及其高值化技术；第 5 章介绍了常见蔬菜的生理活性物质及其高值化技术。对于每一种果蔬，我们力求从历史渊源着手，在详细分析主要功能成分的含量分布、结构、理化性质、生理功能的基础上，重点就生理活性物质的制备和产品的开发利用技术进行了介绍，希望为我国果蔬传统食品现代化提供一定的理论支持和技术指导。

本书由王友升主编，组织了果蔬贮藏学、果蔬加工学、食品仪器分析学、中药药理学、食品生物技术等领域的专家编写。第 1 章由李健撰写；第 2 章由王友升（抗氧化、有助于促进面部皮肤健康），张萌（有助于减少体内脂肪），安磊（有助于降低血脂、增强免疫力、改善记忆、改善胃肠道功能和防治恶性肿瘤）和蔡琦玮（有助于降低血糖）共同撰写；第 3 章由李健（采前因素、采收），王友升（采后处理、贮藏和加工）和赵晓丹（果蔬生理活性物质的制备）共同撰写；第 4 章由王友升（苹果、梨、李、杨梅、杏、猕猴桃、草莓、沙棘、龙眼、番木瓜），张小玲（山楂），徐皓月（桃、枣、芒果、板栗、香蕉），何欣萌（樱桃、核桃、榛子、松子、香榧），蔡琦玮（葡萄、树莓、蓝莓、桑葚）， 张萌（石榴、榴莲），王胜杰（无花果）， 崔健文（柑果类、罗汉果、杨桃）和任朋（荔枝、番石榴） 共同撰写；第 5 章由李健（胡萝卜、萝卜、甘薯、牛蒡、山药），安磊（菊苣、韭菜、猴头菇、黑木耳、香菇、银耳），郭晓敏（茭白、竹笋、香椿、马铃薯、南瓜、冬瓜），谢佳颖（芦笋），赵晓丹（大蒜、洋葱、菜豆）和王友升（番茄）共同撰写。

本书得到了国家自然科学基金（31471626）、北京市属高等学校高层次人才引进与培养计划项目（CIT&TCD201504008）和北京工商大学学术专著资助项目（ZZCB2015-10）的资助，在编写过程中得到了北京工商大学食品学院、食品质量与安全北京实验室、北京市食品风味化学重点实验室、北京市食品添加剂工程技术研究中心的大力支持，在此表示衷心的感谢！同时，特向本书所引用资料的研究者致以诚挚的谢意！由于水平所限，书中难免存在疏漏和不足，恳请同行和读者批评、指正。

王友升

2015 年 7 月

目　　录

第1章　果蔬的生理活性物质 ··· 1

　1.1　多糖 ··· 1

　　1.1.1　概述 ··· 1

　　1.1.2　膳食纤维 ··· 4

　1.2　酚类 ··· 12

　　1.2.1　单宁 ··· 12

　　1.2.2　绿原酸 ··· 15

　　1.2.3　咖啡酸 ··· 15

　　1.2.4　阿魏酸 ··· 18

　　1.2.5　没食子酸 ··· 19

　　1.2.6　白藜芦醇 ··· 19

　1.3　黄酮类 ··· 20

　　1.3.1　结构特征 ··· 21

　　1.3.2　黄酮类化合物 ··· 21

　　1.3.3　黄酮醇类 ··· 22

　　1.3.4　二氢黄酮类 ··· 25

　　1.3.5　黄烷醇类 ··· 26

　　1.3.6　其他黄酮类 ··· 28

　1.4　萜类 ··· 31

　　1.4.1　结构与功能 ··· 31

　　1.4.2　生物合成 ··· 32

　　1.4.3　类柠檬苦素 ··· 32

　1.5　色素类 ··· 33

　　1.5.1　类胡萝卜素 ··· 33

　　1.5.2　番茄红素 ··· 35

　　1.5.3　叶绿素 ··· 37

　　1.5.4　玉米黄素 ··· 39

　　1.5.5　辣椒红素 ··· 40

　1.6　维生素 ··· 41

　　1.6.1　维生素 C ··· 41

1.6.2　维生素 B_1 ··· 43

1.6.3　维生素 B_2 ··· 44

1.6.4　维生素 B_6 ··· 46

1.6.5　维生素 K ··· 46

1.6.6　生物素 ·· 47

1.6.7　叶酸 ·· 48

1.6.8　泛酸 ·· 50

1.7　其他 ·· 50

1.7.1　皂苷 ·· 50

1.7.2　含硫化合物 ··· 51

参考文献 ··· 52

第2章　果蔬生理活性物质的功能 ··· 57

2.1　抗氧化 ··· 57

2.1.1　抗氧化的理论基础 ·· 57

2.1.2　抗氧化能力评价方法 ··· 59

2.1.3　果蔬功能因子 ··· 64

2.2　有助于减少体内脂肪 ··· 67

2.2.1　概述 ·· 68

2.2.2　减肥功能评价方法 ·· 70

2.2.3　果蔬功能因子 ··· 72

2.3　有助于降低血脂 ·· 76

2.3.1　高脂血症的概述 ·· 76

2.3.2　降血脂的评价方法 ·· 78

2.3.3　果蔬功能因子 ··· 81

2.4　有助于降低血糖 ·· 86

2.4.1　糖尿病的概述 ··· 86

2.4.2　降糖物质的评价方法 ··· 88

2.4.3　果蔬功能因子 ··· 91

2.5　有助于增强免疫力 ·· 95

2.5.1　免疫功能的概述 ·· 96

2.5.2　辅助增强免疫力的评价方法 ·· 98

2.5.3　果蔬功能因子 ·· 100

2.6　有助于改善记忆 ·· 104

2.6.1　学习记忆的概述 ·· 104

2.6.2　改善学习记忆的评价方法 ··· 107

2.6.3　果蔬功能因子 ⋯⋯⋯⋯⋯⋯⋯⋯⋯⋯⋯⋯⋯⋯⋯⋯⋯⋯⋯⋯ 109

2.7　有助于改善胃肠道功能 ⋯⋯⋯⋯⋯⋯⋯⋯⋯⋯⋯⋯⋯⋯⋯⋯⋯⋯ 113

　　2.7.1　胃肠道功能与健康 ⋯⋯⋯⋯⋯⋯⋯⋯⋯⋯⋯⋯⋯⋯⋯⋯⋯⋯ 114

　　2.7.2　改善胃肠道功能的评价 ⋯⋯⋯⋯⋯⋯⋯⋯⋯⋯⋯⋯⋯⋯⋯⋯ 117

　　2.7.3　果蔬功能因子 ⋯⋯⋯⋯⋯⋯⋯⋯⋯⋯⋯⋯⋯⋯⋯⋯⋯⋯⋯⋯ 118

2.8　有助于促进面部皮肤健康 ⋯⋯⋯⋯⋯⋯⋯⋯⋯⋯⋯⋯⋯⋯⋯⋯⋯ 122

　　2.8.1　延缓皮肤衰老 ⋯⋯⋯⋯⋯⋯⋯⋯⋯⋯⋯⋯⋯⋯⋯⋯⋯⋯⋯⋯ 123

　　2.8.2　祛痤疮 ⋯⋯⋯⋯⋯⋯⋯⋯⋯⋯⋯⋯⋯⋯⋯⋯⋯⋯⋯⋯⋯⋯⋯ 129

2.9　有助于防治恶性肿瘤 ⋯⋯⋯⋯⋯⋯⋯⋯⋯⋯⋯⋯⋯⋯⋯⋯⋯⋯⋯ 132

　　2.9.1　概述 ⋯⋯⋯⋯⋯⋯⋯⋯⋯⋯⋯⋯⋯⋯⋯⋯⋯⋯⋯⋯⋯⋯⋯⋯ 132

　　2.9.2　抗肿瘤活性评价方法 ⋯⋯⋯⋯⋯⋯⋯⋯⋯⋯⋯⋯⋯⋯⋯⋯⋯ 134

　　2.9.3　果蔬功能因子 ⋯⋯⋯⋯⋯⋯⋯⋯⋯⋯⋯⋯⋯⋯⋯⋯⋯⋯⋯⋯ 135

参考文献 ⋯⋯⋯⋯⋯⋯⋯⋯⋯⋯⋯⋯⋯⋯⋯⋯⋯⋯⋯⋯⋯⋯⋯⋯⋯⋯⋯ 139

第3章　果蔬生理活性物质的影响因素 ⋯⋯⋯⋯⋯⋯⋯⋯⋯⋯⋯⋯⋯ 156

3.1　采前因素 ⋯⋯⋯⋯⋯⋯⋯⋯⋯⋯⋯⋯⋯⋯⋯⋯⋯⋯⋯⋯⋯⋯⋯⋯ 156

　　3.1.1　品种特性 ⋯⋯⋯⋯⋯⋯⋯⋯⋯⋯⋯⋯⋯⋯⋯⋯⋯⋯⋯⋯⋯⋯ 156

　　3.1.2　环境因素 ⋯⋯⋯⋯⋯⋯⋯⋯⋯⋯⋯⋯⋯⋯⋯⋯⋯⋯⋯⋯⋯⋯ 159

　　3.1.3　农业技术措施 ⋯⋯⋯⋯⋯⋯⋯⋯⋯⋯⋯⋯⋯⋯⋯⋯⋯⋯⋯⋯ 162

3.2　采收 ⋯⋯⋯⋯⋯⋯⋯⋯⋯⋯⋯⋯⋯⋯⋯⋯⋯⋯⋯⋯⋯⋯⋯⋯⋯⋯ 167

3.3　采后处理 ⋯⋯⋯⋯⋯⋯⋯⋯⋯⋯⋯⋯⋯⋯⋯⋯⋯⋯⋯⋯⋯⋯⋯⋯ 168

　　3.3.1　物理处理 ⋯⋯⋯⋯⋯⋯⋯⋯⋯⋯⋯⋯⋯⋯⋯⋯⋯⋯⋯⋯⋯⋯ 169

　　3.3.2　化学处理 ⋯⋯⋯⋯⋯⋯⋯⋯⋯⋯⋯⋯⋯⋯⋯⋯⋯⋯⋯⋯⋯⋯ 172

　　3.3.3　生物防治 ⋯⋯⋯⋯⋯⋯⋯⋯⋯⋯⋯⋯⋯⋯⋯⋯⋯⋯⋯⋯⋯⋯ 176

3.4　贮藏 ⋯⋯⋯⋯⋯⋯⋯⋯⋯⋯⋯⋯⋯⋯⋯⋯⋯⋯⋯⋯⋯⋯⋯⋯⋯⋯ 177

　　3.4.1　低温贮藏 ⋯⋯⋯⋯⋯⋯⋯⋯⋯⋯⋯⋯⋯⋯⋯⋯⋯⋯⋯⋯⋯⋯ 177

　　3.4.2　气调贮藏 ⋯⋯⋯⋯⋯⋯⋯⋯⋯⋯⋯⋯⋯⋯⋯⋯⋯⋯⋯⋯⋯⋯ 180

　　3.4.3　减压贮藏 ⋯⋯⋯⋯⋯⋯⋯⋯⋯⋯⋯⋯⋯⋯⋯⋯⋯⋯⋯⋯⋯⋯ 182

3.5　加工 ⋯⋯⋯⋯⋯⋯⋯⋯⋯⋯⋯⋯⋯⋯⋯⋯⋯⋯⋯⋯⋯⋯⋯⋯⋯⋯ 184

　　3.5.1　清洗 ⋯⋯⋯⋯⋯⋯⋯⋯⋯⋯⋯⋯⋯⋯⋯⋯⋯⋯⋯⋯⋯⋯⋯⋯ 185

　　3.5.2　去皮去核 ⋯⋯⋯⋯⋯⋯⋯⋯⋯⋯⋯⋯⋯⋯⋯⋯⋯⋯⋯⋯⋯⋯ 185

　　3.5.3　加热处理 ⋯⋯⋯⋯⋯⋯⋯⋯⋯⋯⋯⋯⋯⋯⋯⋯⋯⋯⋯⋯⋯⋯ 185

　　3.5.4　高压电场处理 ⋯⋯⋯⋯⋯⋯⋯⋯⋯⋯⋯⋯⋯⋯⋯⋯⋯⋯⋯⋯ 187

　　3.5.5　高压处理 ⋯⋯⋯⋯⋯⋯⋯⋯⋯⋯⋯⋯⋯⋯⋯⋯⋯⋯⋯⋯⋯⋯ 188

　　3.5.6　高压二氧化碳处理 ⋯⋯⋯⋯⋯⋯⋯⋯⋯⋯⋯⋯⋯⋯⋯⋯⋯⋯ 189

　　3.5.7　脱水处理 ⋯⋯⋯⋯⋯⋯⋯⋯⋯⋯⋯⋯⋯⋯⋯⋯⋯⋯⋯⋯⋯⋯ 190

3.5.8 酶处理 ···191

3.5.9 超声波处理 ··192

3.5.10 包装和贮藏 ··192

3.6 果蔬生理活性物质的制备 ··194

3.6.1 提取分离 ···194

3.6.2 果蔬生理活性成分的分析 ·······································200

参考文献 ··204

第4章 水果的生理活性物质及其高值化 ··219

4.1 梨果类 ··219

4.1.1 苹果 ···219

4.1.2 梨 ··223

4.1.3 山楂 ···226

4.2 核果类 ··229

4.2.1 桃 ··229

4.2.2 李 ··232

4.2.3 樱桃 ···235

4.2.4 枣 ··240

4.2.5 芒果 ···245

4.2.6 杨梅 ···248

4.2.7 杏 ··251

4.3 浆果类 ··253

4.3.1 葡萄 ···253

4.3.2 猕猴桃 ··257

4.3.3 石榴 ···260

4.3.4 草莓 ···264

4.3.5 树莓 ···268

4.3.6 蓝莓 ···271

4.3.7 沙棘 ···274

4.3.8 桑葚 ···277

4.3.9 无花果 ··280

4.4 柑果类 ··283

4.4.1 概述 ···283

4.4.2 生理活性物质 ···284

4.4.3 主要功能 ···285

4.4.4 高值化利用现状 ···287

　　4.5　坚果类……………………………………………………288
　　　　4.5.1　板栗……………………………………………………288
　　　　4.5.2　核桃……………………………………………………291
　　　　4.5.3　榛子……………………………………………………295
　　　　4.5.4　松子……………………………………………………298
　　　　4.5.5　香榧……………………………………………………301
　　4.6　热带及亚热带水果……………………………………………303
　　　　4.6.1　荔枝……………………………………………………303
　　　　4.6.2　龙眼……………………………………………………307
　　　　4.6.3　香蕉……………………………………………………311
　　　　4.6.4　番木瓜…………………………………………………314
　　　　4.6.5　番石榴…………………………………………………318
　　　　4.6.6　罗汉果…………………………………………………320
　　　　4.6.7　杨桃……………………………………………………325
　　　　4.6.8　榴莲……………………………………………………328
　　参考文献………………………………………………………………332
第5章　蔬菜的生理活性物质及其高值化………………………………358
　　5.1　根菜类……………………………………………………………358
　　　　5.1.1　胡萝卜…………………………………………………358
　　　　5.1.2　萝卜……………………………………………………361
　　　　5.1.3　菊苣……………………………………………………363
　　　　5.1.4　甘薯……………………………………………………367
　　　　5.1.5　牛蒡……………………………………………………371
　　5.2　茎菜类……………………………………………………………374
　　　　5.2.1　茭白……………………………………………………374
　　　　5.2.2　芦笋……………………………………………………377
　　　　5.2.3　竹笋……………………………………………………382
　　　　5.2.4　香椿……………………………………………………386
　　　　5.2.5　马铃薯…………………………………………………390
　　　　5.2.6　山药……………………………………………………394
　　5.3　叶菜类……………………………………………………………397
　　　　5.3.1　韭菜……………………………………………………397
　　　　5.3.2　大蒜……………………………………………………401
　　　　5.3.3　洋葱……………………………………………………404
　　5.4　果菜类……………………………………………………………408

　　　5.4.1　番茄 ……………………………………………………………… 408

　　　5.4.2　南瓜 ……………………………………………………………… 413

　　　5.4.3　冬瓜 ……………………………………………………………… 416

　　　5.4.4　菜豆 ……………………………………………………………… 419

　5.5　食用菌 …………………………………………………………………… 424

　　　5.5.1　猴头菇 …………………………………………………………… 424

　　　5.5.2　黑木耳 …………………………………………………………… 428

　　　5.5.3　香菇 ……………………………………………………………… 431

　　　5.5.4　银耳 ……………………………………………………………… 434

参考文献 ………………………………………………………………………… 437

第 1 章　果蔬的生理活性物质

1.1　多　　糖

1.1.1　概述

多糖是存在于自然界的醛糖和（或）酮糖通过糖苷键连在一起的多聚物。研究表明，多糖除有免疫调节、抗肿瘤生物学效应外，还有抗衰老、降血糖、抗凝血等作用，且对机体毒副作用小（汪志好，2007）。

多糖是非特异性的免疫调节剂（生物效应调节剂 BRM），它主要影响网状内皮系统（RES）、巨噬细胞（MY）、淋巴细胞、白细胞以及 RNA、DNA、蛋白质的合成，cAMP（环磷酸腺苷）与 cGMP（环磷酸鸟苷）的含量，抗体的生成，补体的形成以及干扰素（IFN）的诱生，并具有抗肿瘤、抗炎、抗凝血、抗病毒、抗放射、降血糖、降血脂等活性。多糖又是真菌细胞壁的组成成分，可强化正常细胞抵御致癌物的侵蚀；多糖还可抑制过敏反应介质的释放，从而阻断非特异性反应的发生（李连德等，2000）。

果蔬中富含多糖，果蔬中的多糖按单糖的组成种类，可分为同多糖、杂多糖。同多糖是指由一种单糖缩合形成的多糖，如淀粉、纤维素等。杂多糖是指由两种或两种以上不同单糖分子组成的多糖，如半纤维素、肽聚糖等。按多糖来源的果蔬种类不同，果蔬多糖可分为果菜类多糖、核果类多糖、根茎类多糖、浆果类多糖、仁果类多糖、其他类多糖等。

1. 南瓜多糖

南瓜多糖是南瓜中的重要活性成分。南瓜多糖（pumpkin polysaccharide，PP）为棕色粉末，溶于水，易溶于热水及乙酸乙酯等有机溶剂；其水溶液呈透明黏稠状，可被 2% CTAB 络合沉淀，但与碘-碘化氨基黑 10B 反应为阴性；南瓜多糖主要由糖（69.82%）和蛋白质（17.53%）组成（江璐等，2007）。据报道，南瓜多糖成分的单糖组成为：D-葡萄糖：D-半乳糖：L-阿拉伯糖：木糖：D-葡糖醛酸=40.18：15.09：10.73：6.56：26.44，其物质的量比分别为 0.083：0.181：0.069：0.031：0.178（孔庆胜和蒋滢，1999）。

南瓜多糖能促进胰岛素分泌，从而起到降血糖作用；其降血脂功效可能具有类似磷脂的作用，可与脂蛋白脂酶结合，并将其从动脉壁上释放入血液，促进乳糜微粒和极低密度脂蛋白降解；南瓜多糖是较好的抗动脉粥样硬化食疗剂；并具有延缓与抑制肿瘤生长的作用，且不影响荷瘤小鼠外周血白细胞、淋巴细胞总数，并能提高红细胞免疫吸附功能（江璐等，2007）。

2. 枸杞多糖

枸杞总多糖以阿拉伯糖、鼠李糖、木糖、甘露糖、半乳糖、葡萄糖与半乳糖醛酸组成的酸性杂多糖同多肽或蛋白质构成的复合多糖为主，还含有中性杂多糖和葡聚糖同多肽或蛋白质构成的复合多糖。复合多糖中的糖链呈多分枝的复杂结构，肽链的氨基酸含量在 5%～30%。枸杞多糖的相对分子质量范围较大，在 $6.6 \times 10^4 \sim 0.8 \times 10^4$。

枸杞多糖在体外可以直接清除羟自由基并能抑制自发或由羟自由基引发的脂质过氧化反应。灌服枸杞多糖能提高 D-半乳糖致衰老小鼠体内谷胱甘肽过氧化物酶（GSH Px）和超氧化物歧化酶（SOD）活性，从而可以清除过量的自由基，起到延缓衰老的作用。枸杞多糖对四氧嘧啶损伤的离体大鼠胰岛细胞有一定的保护作用，可明显增强受损胰岛细胞内 SOD 的活性，提高胰岛细胞的抗氧化能力，减轻过氧化物对细胞的损伤，降低丙二醛生成量。枸杞多糖能显著增强机体免疫功能，可明显地提高吞噬细胞的功能，提高 T 淋巴细胞的增殖能力，增加血清 IgG 含量，增强补体活性等作用。枸杞多糖对机体细胞具有较强的保护作用并能使受损细胞恢复正常功能。吴若芬和赵承军（2000）通过测验小鼠早期生精细胞微核方法研究枸杞多糖对环磷酰胺（CY）造成的染色体损伤的修复保护作用证实了枸杞多糖对损伤后的染色体具有修复保护作用（刘锡建等，2008）。

3. 大枣多糖

大枣中的糖分占大枣果肉总干物的 81.3%～88.7%，还原糖含量占总糖含量的 70.8%～95.0%。中国大枣中水溶性糖类含量最多的是葡萄糖（含量为 32.5%），其次是果糖（含量为 30.8%）和低聚糖（含量为 13.0%）。大枣中性多糖的单糖组成为 L-阿拉伯糖、D-半乳糖和 D-葡萄糖；酸性多糖的单糖组成为 L-鼠李糖、L-阿拉伯糖、D-半乳糖、D-甘露糖和 D-半乳糖醛酸。

大枣多糖是大枣中重要的生物活性物质，具有多种生理活性，可作为免疫促进剂；能控制细胞的分裂和分化，调节细胞的生长与衰老；能有效清除人体内的氧自由基，其活性大小与多糖的剂量呈线性关系。大枣中性多糖（JDP-N）能引起小鼠腹腔巨噬细胞内 pH 升高。大枣多糖是抗衰老的主要活性成分，具有明显抗补体活性，且中性多糖的活性要强于酸性多糖（吴海霞等，2009）。

4. 木耳多糖

黑木耳子实体中含有的多糖由几种不同组分多聚糖构成。Sone 等（1978）从黑木耳子实体中分离得到了水溶性的 β-D-葡聚糖（葡聚糖Ⅰ）、水不溶性的 β-D-葡聚糖（葡聚糖Ⅱ）和两种酸性杂多糖，并指出水溶性的葡聚糖Ⅰ的主链由葡萄糖经 β-（1→3）糖苷键连接而成，在主链上有 2/3 的葡萄糖残基在 0～6 位上被单个葡萄糖基取代，这种多羟基基团的存在使葡聚糖Ⅰ在水中的溶解度较高；而水不溶性的葡聚糖Ⅱ由一条 β-（1→3）葡萄糖苷键的主链构成，其分支程度比水溶性葡聚糖要高，主链上 3/4 的葡萄糖残基有短链葡萄糖分支结构，葡聚糖Ⅱ的这种复杂的多分支结构使其在水中的溶解性很差。分离得到的两种酸性杂多糖中的其中之一含有 D-木糖、D-甘露糖、D-葡萄糖和 D-葡萄糖醛酸，其物质的量比为 1.0∶4.1∶1.3∶1.3，结构是一条甘露聚糖主链以（1→3）糖苷键连接而成的，在部分甘露糖的 0～2 和 0～6 位上连有 D-木糖、D-甘露糖或 D-葡萄糖醛酸（于颖和徐桂花，2009）。

黑木耳多糖具有多种生物活性，而且不同化学结构和不同构象的黑木耳多糖组分表现出不同的生理活性。经研究发现，黑木耳多糖对细胞免疫和体液免疫功能具有良好的促进作用；具有抗白细胞降低、抗肿瘤、抗辐射、抗突变、抗炎症等细胞保护作用；具有降低血脂、胆固醇、血液黏度及抗血栓形成作用；还具有降低血糖、抗糖尿病以及降低脂褐质含量，增强超氧化物歧化酶（SOD）活力，减少有害物质自由基产生的功能；同时还能促进核酸、蛋白质的生物合成和防治多种老年性疾病（熊艳和车振明，2007）。

5. 香菇多糖

香菇多糖系从人工培养的伞菌科真菌香菇子实体中提取分离纯化获得的均一组分的多糖。香菇多糖为一种以 β-D-[1→3]葡萄糖残基为主链，侧链为（1→6）葡萄糖残基的葡聚糖。重复结构单元一般含有 7 个葡萄糖残基，其中 2 个残基在侧链上。

香菇多糖是一种宿主防卫增强剂（HDP），它能恢复或加强宿主对淋巴细胞、激素及其他生物活性因子的反应，通过刺激免疫活性细胞的成熟、分化和繁殖，使机体的淋巴细胞大量增加。它又能激活补体系统的经典途径（classical pathways）或变更途径（alternative pathways），增加巨噬细胞非特异性细胞毒，并增加中性白细胞对肿瘤节的浸润，促使宿主因癌症及感染而引起的体内平衡失调的恢复。实际上，香菇多糖是一种 T-细胞定向辅助剂，其中巨噬细胞起了相当重要的作用。它与其他免疫增强剂如 BCG、LPS 等不同。虽然它不能专一促进助 T-细胞（helper T-cells）产生白介素-2，但它能诱导不同的抗肿瘤效应细胞如 T-杀伤细胞（killer

T-cells）、NK 细胞和细胞毒巨噬细胞选择性或非选择性地作用于靶细胞。食用香菇多糖后大多数由巨噬细胞诱导的各种类型的生物活性血清因子会立刻出现，特别是急性相蛋白诱导因子（APPIF）、血管扩张和出血诱导因子（VDHIF）、白介素-1 产生诱导因子（IL-IPF）、白介素-3（IL-3）和菌落刺激因子（SFs），这些血清因子在香菇多糖摄入几小时后达到高峰，它们作用于淋巴细胞、肝细胞、血管内皮细胞或关节成纤维细胞，导致与免疫和炎症有关的许多宿主防卫反应的产生。

从香菇多糖对肉瘤 S180 消瘤作用的动物实验中观察到香菇多糖对瘤细胞无直接细胞毒，它通过宿主中介而起作用，且效果在 2 周时才逐步显现；同时，香菇多糖的抗肿瘤或免疫作用与剂量有关，过量的香菇多糖不但不会增加作用反而会减少作用。在动物实验中还发现它的作用与动物品系有关。虽然香菇多糖在体外不能诱导 β-干扰素和不能活化 NK 细胞，但在体内它能显著地增加 NK 细胞对白介素-2 及 NK-活化因子的应答。同样它能使带瘤宿主助 T-细胞被抑制的活性恢复到正常水平，使体液的免疫反应完全恢复正常，同时使抗肿瘤中发挥重要作用的迟发性变态反应（DTH）得到恢复（方积年和王顺春，1997）。

6. 灵芝多糖

灵芝多糖是灵芝的主要功效成分之一，大多为异多糖，灵芝多糖一般由 D-葡萄糖、D-半乳糖、D-甘露糖、D-木糖、L-岩藻糖、L-鼠李糖、L-阿拉伯糖等单糖组成。其成分主要为葡萄糖，少量为阿拉伯糖、木糖、甘露糖、半乳糖等。目前已分离得到的 200 多种灵芝多糖中大部分以 β-（1→3）-葡萄糖为主链构成葡聚糖，多糖链由三股单糖链构成，其构型与 DNA、RNA 相似，是一种螺旋状立体构型，螺旋层之间主要以氢键固定定位。β 型葡萄糖组成的 β-（1→3）葡聚糖有利于形成螺旋结构，具有较高的免疫活性及抗肿瘤活性。现代药理学研究证实灵芝多糖具有增强机体免疫、提高机体耐缺氧能力、抑制肿瘤、保肝护肝等多种功能（刘佳和王勇，2012）。

1.1.2 膳食纤维

膳食纤维（dietary fiber，DF）是指不易被人体消化吸收的，以多糖类为主的大分子物质的总称，是由纤维素、果胶类物质、半纤维素和糖蛋白等物质组成的聚合体。

DF 是一种复杂的混合物，来源不同，其组成也有很大的差异。一般来说，DF 按溶解性可分成水溶性 DF（SDF）和水不溶性 DF（IDF）两大类。SDF 主要有植物细胞内的储存物质和分泌物，另外还包括部分微生物多糖和合成多糖，其组成主要有一些胶类物质，如果胶、阿拉伯胶、角叉胶、瓜儿豆胶、卡拉胶、黄原胶、琼脂等以及半乳甘露聚糖、葡聚糖、海藻酸盐、CMC 和真菌多糖等；

而 IDF 主要成分是纤维素、半纤维素、木质素、原果胶、壳聚糖和植物蜡等。果蔬中的膳食纤维主要包括果胶、纤维素、木质素、半纤维素和低聚果糖等（刘伟等，2003）。

膳食纤维原定义是"不能被人体消化道酶所消化吸收的植物成分"，这些成分常在食品加工过程中被去除，但已有研究表明，摄取食物过于精细会导致多种疾病的发生，而食用富含膳食纤维的食品则可大大降低发病率。膳食纤维的生理功能有：①防治结肠癌。膳食纤维能抑制腐生菌生长，减少次生胆汁酸产生，产生能抑制肿瘤细胞生长的丁酸，减少致癌物与结肠的接触机会。②防治冠心病。膳食纤维能降低血清和肝中的胆固醇，从而对预防和改善冠动脉硬化造成的心血管疾病具有重要作用。③治疗糖尿病。膳食纤维能减少血浆葡萄糖含量，改善末梢组织对胰岛素的感受性，降低对胰岛素的要求，从而达到调节糖尿病患病血糖水平的目的。④膳食纤维对一些环境污染物如 NO_2^- 和 Hg、Pb、Cd、Cu、Zn 等外源有害物质具有清除能力。⑤膳食纤维也能束缚 Ca^{2+} 和一些微量元素以及脂溶性维生素，但膳食纤维的束缚是否足以影响矿物质和维生素的代谢还有待研究。同时，过量摄入膳食纤维也可能造成肠胃不适（邵继智，1996；刘伟等，2003）。

1. 果胶

果胶是一类广泛存在于植物细胞壁的初生壁和细胞中间片层的杂多糖，1824年由法国药剂师 Bracennot 首次从胡萝卜提取得到，并将其命名为"pectin"。果胶主要是一类由 D-半乳糖醛酸（D-Galacturonic Acids，D-Gal-A）与 α-1, 4-糖苷键连接组成的酸性杂多糖，除 D-Gal-A 外，还含有 L-鼠李糖、D-半乳糖、D-阿拉伯糖等中性糖，此外还含有 D-甘露糖、L-岩藻糖等多达 12 种的单糖，不过这些单糖在果胶中的含量很少。

果胶是 FAO/WHO 食品添加剂联合委员会推荐的安全无毒的天然食品添加剂，无每日添加量限制。果胶的功能很多，例如，作为一种天然的植物胶体，果胶可作为一种胶凝剂、稳定剂、组织形成剂、乳化剂和增稠剂广泛应用于食品工业中；作为一种水溶性的膳食纤维，果胶具有增强胃肠蠕动、促进营养吸收的功能，对防治腹泻、肠癌、糖尿病、肥胖症等病症有较好的疗效，是一种优良的药物制剂基质；同时，果胶是一种良好的重金属吸附剂，这是因为果胶的分子链间能够与高价的金属离子形成"鸡蛋盒"似的网状结构，使得果胶具有良好的吸附重金属的功能；此外，果胶具有成膜的特性，持水性好以及抗辐射（谢明勇等，2013）。

1）组成与结构

尽管果胶早在 200 年前就已经被发现，但其组成和结构目前还没有完研究清楚。作为一种线性多糖，果胶具有多分散和多分子性，结构随着分离的条件和提取物的变化而变化，而且不同来源果胶的一些参数如相对分子质量或特定亚基的含量分子之间会有所不同。此外，果胶容易结合杂质。目前，果胶主要由 D-半乳糖醛酸（GALA）单位组成，并以 α-（1→4）糖苷键的形式存在。这些糖醛酸具有羧基，一些以甲基酯的形式存在，用氨处理产生羧酰胺基（图 1.1）。

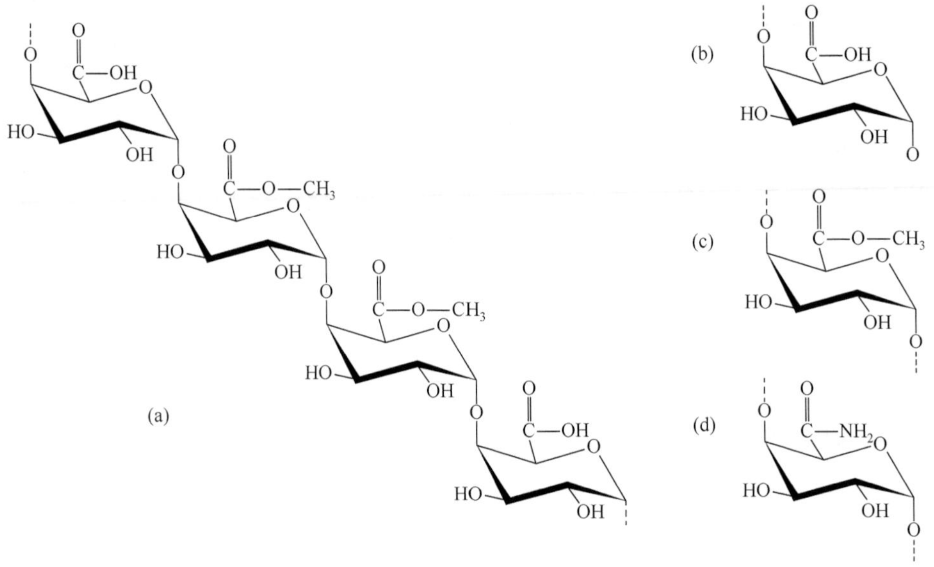

图 1.1　果胶链（a）、羧基（b）、酯（c）、酰胺（d）化的果胶链（Pornsak，2003）

果胶连含有约几百到 1000 个糖苷单元，相当于平均分子质量为 50 000～150 000 Da[①]。在不同类型的果胶或同一类型不同分子之间的分子质量可能存在较大差异，并且不同测量方法之间可能存在差异。除了在图中所示的半乳糖醛酸链段（图 1.1）存在于中性糖，鼠李糖是果胶骨架的次要组分部分，并在此糖位置处链发生弯曲（图 1.2），中性糖如阿拉伯糖、半乳糖和木糖则在侧链。

X 射线衍射表明，半乳糖醛酸钠果胶以螺旋形式存在，每旋转一周为三个亚基和长 1.31 nm。通过 NMR 测定光谱得出半乳糖醛酸（GalA）的构象为 $^4C_1$，此构象可能是右手螺旋。果胶酸钠和钙、果胶酸类的螺旋结构与果胶酸类似，但它们晶体中的螺旋排列存在差异，果胶酸为正向平行螺旋，而果胶酸盐则为波纹片状的反平行螺旋。

---

① Da，道尔顿，分子质量常用单位，1Da=1.66×10⁻²⁴g。

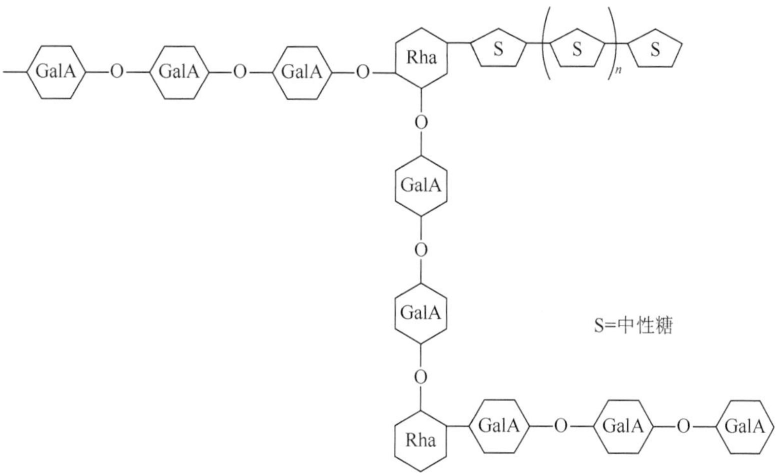

图 1.2 鼠李糖（Rha）插入引起半乳糖醛酸（GalA）链扭结的示意图（Pornsak，2003）

聚半乳糖醛酸链被酯化的甲基和游离酸基团可以部分或完全中和钠、钾或铵离子。酯化的 D-半乳糖醛酸基在全部 D-半乳糖醛酸基中所占的百分数称为酯化度（DE）。果胶最初以高度酯化形式存在，在被镶入到细胞壁或中间层时发生脱酯化，根据植物的种类、组织及成熟度的不同可以形成较广范围的 DE，在一般情况下，组织的果胶的 DE 范围为 60%~90%，游离羧基在果胶链的分布是有规律的，呈间隔分布状态。

高甲氧基（HM）果胶和低甲氧基（LM）果胶为去甲基化或酰胺化的果胶分子。通常 HM-果胶的 DE 值为 60%~75%，而 LM-果胶的 DE 值为 20%~40%，而且它们通过不同的机制形成果胶凝胶。HM-果胶形成凝胶需要足够的糖含量和合适的 pH 范围（3.0 左右）；HM-果胶凝胶具有热可逆性；HM-果胶在一般情况下是热溶的，通常加入分散剂，如葡萄糖，以防止结块。LM-果胶产生凝胶与含糖量无关，并且不如 HM-果胶对 pH 敏感，形成凝胶需要适量的钙或其他二价阳离子（Pornsak，2003）。

2）性质

（1）一般属性。

果胶溶于纯水；单价阳离子（碱金属）的果胶酸盐通常可溶于水，但二价和三价阳离子的盐是微溶于水或不溶的。若将干粉状果胶加入到水中，会以较快的水合速度形成团块，这些团块由包含高度水合外层的包膜的半干涂层果胶组成。可通过混合干果胶粉末、水溶性载体材料或通过果胶制造过程中的特殊处理而改善其分散性，阻止凝胶团块的形成。

稀果胶溶液为牛顿流体，但中等浓度果胶为非牛顿流体，其特征为假塑性。和溶解度一样，果胶溶液的黏度与果胶分子质量、DE、浓度、溶液 pH 和抗衡离子有关。黏度、溶解性和凝胶化之间存在相关性，例如，增加凝胶的强度的因素将增加凝胶的趋势、降低溶解性并增加黏度，反之亦然。果胶的这些性质由它们的线性聚阴离子（多羧酸盐）结构决定，因此，单价果胶阳离子盐溶液是高度离子化的，离子电荷因库仑斥力沿着分子的分布趋向于扩散，而且羧酸根阴离子之间的库仑斥力能防止聚合物链的聚集（当然负电荷的数目由 DE 确定）。此外，每个多糖链，特别是每一个羧酸基团均是高度水合的。果胶的一价盐溶液的黏度比较稳定，因为每个聚合物链被水合、扩展并且独立。

pH 降低可抑制羧酸酯基团的离子化，从而抑制羧酸基水合。电离度降低将导致分子不再彼此排斥，果胶分子聚合并形成凝胶。表观 pK 值（50%离解时的 pH）随着果胶 DE 的变化而变化；DE 值为 65%时果胶的表观 pK 值为 3.55，DE 值为 0%时果胶的表观 pK 值为 4.10。然而，果胶甲基化程度越高，自由的羧基越少，其形成凝胶的 pH 越高。

溶解的果胶通过脱酯化及解聚而发生分解，分解速率取决于 pH、水分活度和温度。在一般情况下，pH=4 时果胶最稳定，当温度升高时果胶溶液中的糖将保护果胶免受降解。低 pH 和高温将导致糖苷键水解，低 pH 下也容易发生脱酯化反应。通过脱酯化，HM-果胶逐渐向 LM-果胶特性转变，HM-果胶在近于中性(pH 5～6)、室温下稳定，但随着温度的（或 pH）增加，其黏度及胶凝特性会迅速丧失。相比而言，LM-果胶在上述条件下可表现出更好的稳定性，但在碱性 pH 下，LM-果胶会迅速脱酯化。粉状 HM-果胶在潮湿或较高的温度下会慢慢失去形成凝胶的能力，而 LM-果胶更稳定，可在常温下储存 1 年而不发生显著损失（Pornsak，2003）。

（2）凝胶性。

HM-果胶在有糖存在的酸性条件下形成的凝胶，可以看作是果胶分子的部分脱水。HM-果胶没有足够的酸性基团，因此，无法在钙离子的作用下形成凝胶或沉淀，但其他离子如铝或铜离子在某些条件下可引起沉淀。

氢键作用和疏水性相互作用是果胶分子凝聚的重要作用力。凝胶的形成是通过游离在果胶分子之间的氢键以及相邻分子间的羟基的作用实现的。中性或弱酸性条件下，果胶分子中大多数未酯化的羧基基团以离子盐的形式存在。离子盐和羟基使亲水层形成负电荷，基团之间形成排斥力，可形成果胶网络。当加入酸时，羧基从离子形态转变成未电离态，使负电荷数量降低，不仅降低果胶和水分子之间的吸引力，而且还降低了果胶分子之间的排斥力；糖通过竞争性作用进一步降低了果胶的水合作用，从而降低果胶保持分散状态的能力。当温度降低时，较少不稳定的水合果胶分散形成凝胶，使果胶保持了水溶液的连续网络结构。凝胶形成速率还受酯化度的影响，酯化度越高形成速度越快。快速凝固果胶（DE≥72%）比低速凝固果胶（DE 58%～65%）需要更低的可溶性固形物，形成凝胶的速度更快（Pornsak，2003）。

3）生物合成

果胶生物合成与糖核苷酸有关，即糖核苷酸反向转运体将糖核苷酸运至高尔基体，在特定的糖基转移酶作用下，糖基被切除，并被连接到正在伸长的多糖链上形成果胶。果胶的合成过程至少由定位在高尔基体上的 53 个不同糖基转移酶参与。据报道，目前已发现了 HG 合酶和与 RG II 合成有关的葡萄糖醛酸基转移酶的基因。大多数植物细胞中，最初合成的果胶是高度酯化的，随后在果胶甲酯酶（pectin methylesterase，PME）的作用下发生脱甲酯化以满足细胞壁所需的各种功能形式；参与果胶降解的酶还包括果胶水解酶、果胶裂解酶等；研究表明，在果实成熟、衰老过程中，通常是 PME 酶活性先增加、脱除甲氧基，随后 PG 酶活性增强，分解聚半乳糖醛酸链，PG 酶在果实的成熟软化过程中起主要作用（张学杰等，2010；Atmodjo et al.，2013）。

4）来源

果胶物质主要以原果胶、果胶、果胶酸的形态存在于植物相邻细胞壁的中间层，起着连接细胞和天然屏障的作用。植物器官以果实中果胶的含量最高，如山楂、苹果、柑橘等果实中含量颇丰。此外，胡萝卜的肉质根、芒果、甜菜、西瓜、甘薯、沙棘等中也含有丰富的果胶。目前，具有工业生产价值的果胶来源于柑橘类（包括葡萄柚、橙、芦柑、胡柚、柠檬、柑橘等）果皮、苹果榨汁废渣、糖用甜菜渣等，其中最有提取价值的是柑橘类果皮，甜菜渣果胶存在大量的中性糖侧链，分子质量相对较低，富乙酸酯化，内在质量较差（李英华和朱威，2014）。目前，商业化果胶几乎完全来自于柑橘类果皮或苹果渣。以干物质计，苹果渣含有 10%～15% 果胶，柑橘皮中含有 20%～30% 果胶。从使用角度看，柑橘和苹果果胶大部分是等价的。柑橘果胶有淡奶油色或淡棕黄色，苹果果胶颜色往往较深。

通常采用热稀无机酸（pH=2）提取果胶，提取时间随着原料、果胶需求类型及制造商的不同而不同。果胶提取后的分离是一个关键步骤，因为原料固体柔软，且果胶黏度较大，若能提高提取分离效率，则能很好地降低生产成本。果胶提取物可以通过添加助滤剂进一步被过滤澄清。提取物澄清后，在真空下浓缩。粉状果胶可从苹果或柑橘的醇（通常是异丙醇）浓缩液中制得，通过减压、过滤、洗涤除去母液，干燥并研磨，分离出黏性胶状物质。这种方法产生约 70% 酯化度（或甲基化）的果胶，如果产生其他类型的果胶，某些酯基必须被水解，通常在提取前或提取过程中加入酸到分离、浓缩和干燥前的提取物使酯基水解，从而可产生一系列 LM-果胶。用氨水处理 HM-果胶将导致某些酯基转化为酰胺基团，产生低酰胺化甲氧基果胶（Pornsak，2003）。

5）生理功能

研究表明，果胶具有降低血清胆固醇、血糖含量，刺激巨噬细胞、脾细胞增殖，抗补体活性，抑制透明质酸酶和组胺释放、内毒素诱导的炎症反应和预防癌症发生与转移等重要生理功能。Jackson 等（2007）发现果胶能诱导雄性激素依赖性和雄性激素非依赖性前列腺癌细胞程序性死亡，而不会对非致癌细胞产生影响；脱甲基反应表明果胶中交联的酯基是重要的癌细胞死亡诱导活性剂。目前对果胶参与免疫活性的报道，如 Wang 等（2005）研究发现积雪草果胶的免疫活性是因含有 1, 6-糖苷键连接的半乳糖基，同时乙酰基和阿拉伯糖基的存在抑制了免疫活性的表达；而 Yu 等（2001）则认为果胶的免疫活性是由于其含有阿拉伯-(3, 6)-半乳糖基链。在降低血糖方面，HM-果胶能改善 Zucker 肥胖大鼠的胰岛素抵抗能力，并且在预防某些与代谢综合征相关的心血管病危险因素方面，HM-果胶比 β-葡聚糖更有效。此外，Khotimchenko 等（2004）发现 LM-果胶能够降低小鼠体内的铅含量，并且对治疗由铅引起的甲状腺损伤十分有效。

2. 低聚果糖

1）来源及结构

低聚果糖也广泛存在于香蕉、大蒜、洋葱、小麦等植物中，尤其以洋葱、牛蒡、芦笋和麦类中含量较高（殷洪和林学进，2008）。

低聚果糖是指在蔗糖分子的果糖残基上结合 1～3 个果糖的寡糖，其组分主要是蔗果三糖、蔗果四糖和蔗果五糖。天然的和微生物酶法得到的低聚果糖几乎都是直链状，在蔗糖（GF）分子上以 β（1→2）糖苷键与 1～3 个果糖分子结合成的蔗果三糖（GF2）、蔗果四糖（GF3）和蔗果五糖（GF4），属于果糖和葡萄糖构成的直链杂低聚糖。低聚果糖的黏度、保湿性及在中性条件下的热稳定性等食品的应用特性都接近于蔗糖，只是在 pH 为 3～4 的酸性条件下加热易分解（乔为仓和张涛，2005）。

2）生理功能

（1）促进双歧杆菌增殖。

现代微生态学研究表明，双歧杆菌是年轻与健康的标志。双歧杆菌是人体有益菌，健康人群肠道内双歧杆菌数量约为老年人或病人的 10 倍，肠道内双歧杆菌数量随机体的年龄增长而不断下降，从而导致一些肠道有害菌数量增加，损害人体健康。研究表明，低聚果糖能够在大肠中快速、选择性地培养双歧杆菌，促使其在肠道内增殖，从而对肠道健康起到积极的作用。Terada 等（1992）研究发现，成人每天摄入 5～8 g 低聚果糖，2 周后双歧杆菌数由摄入前的 8.3%，提高到 47.4%。

（2）抗龋齿。

齿垢的成因是变异链球菌作用于传统甜味剂如蔗糖等，产生葡聚糖并附着于牙齿表面，滋生齿垢细菌，产酸加速牙齿龋化。而低聚果糖无法被变异链球菌等利用，从而降低了龋齿发生率（董全和丁红梅，2009）。

（3）降血压降血脂。

低聚果糖属于低脂水溶性膳食纤维，可以吸收胆汁，加速胆固醇代谢，使之变成只能由大便排出的粪固醇；研究发现，志愿者服用低聚果糖后，结肠中的次胆汁酸降低。另外，低聚果糖不被人体吸收，不能由糖→脂代谢途径合成脂肪，因此不会造成肥胖；也不会引起血糖和胰岛素升高，对受胰岛素控制的肝糖原的合成无影响，因此可以作为甜味剂添加到食品当中（Tomomatsu，1994）。

（4）增强人体免疫力。

1997 年，中国卫生部食品监督检验所证明，低聚果糖具有明显提高抗体形成细胞数和 NK 细胞活性及增强免疫功能的作用，其作用机理为，低聚果糖通过增殖双歧杆菌，可产生大量免疫物质，如 S-TGA 免疫球蛋白，其阻止细菌附着于肠黏膜组织的能力是其他免疫球蛋白的 7～10 倍；同时，双歧杆菌还能对肠道免疫细胞产生强烈刺激，增加抗体细胞数量，激活巨噬细胞的活性，强化人体免疫体系（董全和丁红梅，2009）。

（5）促进矿物质的吸收。

低聚果糖可以促进骨骼生长，因为其可促进钙、镁、铁等矿物质的吸收。Taper 等（1995）对小鼠研究后发现，摄入低聚果糖有助于肠道中 Ca 的吸收。Delzenne 等（1995）证实，添加 10%低聚果糖的产品能显著提高人体对 Ca、Mg、Fe 的吸收（约提高 60%）。

3. 非水溶性纤维素

1）来源及结构

纤维素、半纤维素和木质素是 3 种常见的非水溶性纤维素，存在于植物细胞壁中。食物中的非水溶性纤维素一般来自小麦糠、玉米糠、芹菜、果皮和根茎蔬菜等（郝雪，2013）。

纤维素是一种复杂的多糖，由 8000～10 000 个葡萄糖残基通过 β-1,4-糖苷键连接而成。天然纤维素为白色、无味丝状物，不溶于水、稀酸、稀碱以及乙醇、乙醚等有机溶剂，能溶于铜氨溶液和铜乙二胺溶液等。水可使纤维素发生有限溶胀，某些酸、碱和盐溶液可渗入纤维结晶区，产生无限溶胀，使纤维素溶解，在加热条件下纤维素也会被酸水解。纤维素加热约 150℃ 时不发生显著变化，超过此温度则会由于脱水而逐渐焦化。纤维素与浓无机酸起水解作用生成葡萄糖等，与浓碱溶液作用生成碱纤维素，与强氧化剂作用生成氧化纤维素。纤维素的主要生物学功能是构成植物的支持组织（宋东亮等，2008）。

半纤维素（hemicellulose）是与纤维素共同存在于大多数植物细胞壁的一类杂聚多糖，包括木聚糖、聚半乳糖葡萄糖甘露糖、聚阿拉伯糖半乳糖、聚葡萄糖甘露糖等。木聚糖在木质组织中占总量的 50%。半纤维素是由木糖、阿拉伯糖、甘露糖、半乳糖、鼠李糖等不同类型的单糖构成的异质多聚体,化学结构极其复杂,既有长短不一的主链,又可能有结构各异的侧链,单糖残基种类较多,每个残基通常有 3~4 个位置可与另一残基相连;此外,半纤维素分子的某些基因可以被非糖基的分子或基团所修饰。粗制的半纤维素可将其分为一个中性组分(半纤维素 A)和一个酸性组分(半纤维素 B)。正是由于这些原因,尽管整整一个世纪前 Schluze 就创造了半纤维素这个名词,但是至今尚无严谨准确、被人们普遍接受的定义。半纤维素是随机的、非结晶结构;强度低;在稀酸稀碱条件下或多种半纤维素酶作用下易于水解,聚合度为 500~3000(李雄彪和张金忠,1994)。

木质素是由苯丙烷类物质组成的一种三维网状的天然高分子物质。木质素的生成起始于 3 种木质醇(monolignol)——对-香豆醇(p-coumaryl alcohol)、松柏醇(coniferyl alcohol)和芥子醇(sinapyl alcohol)通过自由基诱导的脱氢聚合反应,这些木质醇是羟基化与甲基化程度不同的苯丙烷衍生物,对-香豆醇可进一步脱氢聚合为对羟基苯基结构单元,松柏醇脱氢聚合为愈创木基丙烷结构单元,芥子醇则脱氢聚合为紫丁香基丙烷结构单元(曹双瑜等,2012)。

2)生理功能

非水溶性膳食纤维在人体内虽然不易被消化吸收,但却具有多种特殊功能和生理作用。非水溶性膳食纤维的化学结构中含有许多亲水性基团,因此,具有很强的持水性,变化范围为自身重量的 1.5~25.0 倍,膳食纤维本身体积较大,在缚水之后的体积更大,易引起饱腹感。同时,非水溶性膳食纤维的存在影响机体对其他食物成分的消化吸收,使人不易产生饥饿感,对预防肥胖症大有益处(黄凯丰和杜明凤,2009)。非水溶性纤维可降低罹患肠癌的风险,同时可经由吸收食物中有毒物质而预防便秘和憩室炎,并且减少消化道中细菌排出的毒素(郝雪,2013)。

1.2　酚　　类

1.2.1　单宁

1. 结构和性质

单宁是广泛存在于植物体内的一类多元酚化合物,一般是指相对分子质量为 500~3000 的多酚。从化学结构上看,单宁可分为水解类和缩合类两大类型,前者是没食子酸及其衍生物与葡萄糖或多元酚主要通过酯键形成的化合物,如五倍子单宁;后者是以黄烷-3-醇为基本结构单元的缩合物,如落叶松树皮中所含的单宁。水解类单宁的特点是遇酸、碱或酶易水解,生成小分子的产物;而缩合类单宁在酸、碱或酶作用下，易发生分子间的缩合，产生大分子产物（何强等，2001）。

单宁酸（tannic acid）又称鞣酸，属于水解类单宁，水解可得到酸和葡萄糖，是研究最早的单宁之一。单宁酸属于典型的葡萄糖酰基化合物，结构如图 1.3 所示。

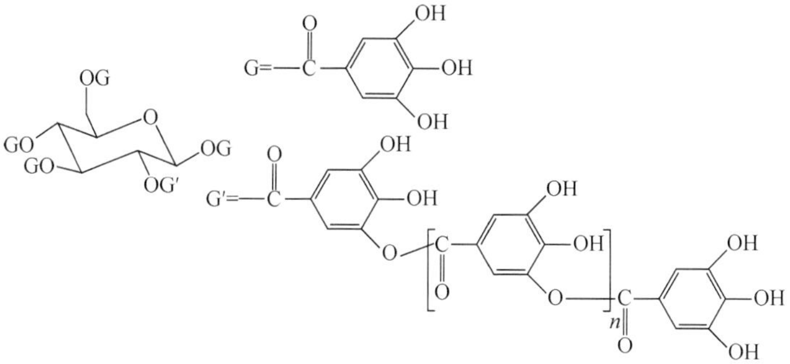

图 1.3　单宁酸的化学结构式

单宁酸多酚羟基的结构赋予了它一系列独特的化学特性和生理活性。单宁酸的多个邻位酚羟基结构可以作为一种基配体与金属离子发生络合反应。两个相邻的酚羟基能以氧负离子的形式与金属离子形成稳定的五元环螯合物，邻苯三酚结构中的第三个酚羟基虽然没有参与络合，但可以促进另外两个酚羟基的离解，从而促进络合物的形成及稳定。单宁酸与金属离子络合所形成的螯合物一般有颜色，可在不同 pH 下发生沉淀，如单宁酸与 $FeCl_3$ 反应生成黑色沉积，这一反应可用来鉴定分子中酚羟基的存在（马志红和陆忠兵，2003）。

单宁酸与蛋白质结合，能使生物体内的原生质凝固，具有抗病毒和酶抑制等活性。"手套-手"反应模式是一种解释多酚-蛋白质反应的假说之一。反应历程是多酚先通过疏水键向蛋白质分子表面靠近，多酚分子进入疏水袋，然后发生多点氢键结合。这是目前最完善的多酚-蛋白质反应机理。植物多酚与生物碱、多糖甚至与核酸、细胞膜等生物大分子的分子复合反应也与此类似。单宁酸的涩性或收敛性均是多酚与蛋白质结合的体现（Haslam，1992）。

单宁酸的邻苯三酚结构中的邻位酚羟基很容易被氧化成醌类结构，在有酶、充足的水分以及较高 pH（如 pH>3.5）时，氧化反应进行得更快。酚类结构是优良的氢给予体，对超氧阴离子和羟基自由基等自由基有明显的抑制作用（马志红和陆忠兵，2003）。

2. 来源

植物单宁广泛存在于植物体的叶、壳和果肉以及树皮中，多种作物和草料植物都含有单宁，如大麦、蚕豆、野豌豆和三叶草等，许多针叶树树皮中单宁的含量高达 20%～40%。红树科植物的单宁含量也比较高，特别是真红树植物的树皮的单宁含量通常在 10%～30%（阮志平，2006）。苹果、葡萄、柿子、猕猴桃、黑加仑、黑莓、柚柑、香蕉、山楂、枇杷、石榴、橄榄等水果中单宁含量较高，尤其是果实的果皮和果核中（张磊和吕远平，2010）。

3. 生理功能

1）对人体的有利作用

单宁酸的生理活性主要基于它可与生物体的蛋白质、酶、多糖、核酸等相互作用以及单宁酸的抗氧化和与金属离子络和等性质。传统药方中，以单宁酸为主的五倍子、儿茶鞣质为主的儿茶膏常因其收敛性而用于创伤、烧伤表面的止血剂，同时由于它们有一定的抑菌效果，可以保护伤部，防止伤口感染发炎等；单宁酸还可用作生物碱和一些重金属离子中毒时的解毒剂，因为它可与之螯合成沉淀，减少机体的吸收；而单宁酸与细胞外或组织外的钙离子的络合，可抵抗平滑肌钙诱导的收缩，降低血压，例如，用甘油（5～10 份）、向日葵油（5～10 份）、单宁酸（1～5 份）可以配成速效的降压药（马志红和陆忠兵，2003）。

单宁酸具有抗诱变、抗肿瘤和抗癌的性质。研究表明，单宁酸和茶单宁对于化学诱变的皮肤、肺、前胃肿瘤有很好的抑制作用。例如，用单宁酸预处理老鼠的皮肤，可以抑制化学诱发的 SENCAR 老鼠皮肤瘤早期和中期的生长。Gali 等（1992）发现从漆树叶、五倍子和塔拉果荚果中提取的单宁酸都能不同程度地阻碍鸟氨酸脱羧酶的诱导和过氧化物的产生，提高老鼠体内的抗氧化性，并具有抗癌效果。

单宁具有抗菌和抗病毒的活性。由于单宁与合成的抗艾滋病毒（AIDS）药物相比活性较高而毒性较低，关于单宁的抗 AIDS 的研究十分引人关注。Tan 等（1991）研究了 155 种分离得到的天然产物对 HIV-RT 的抑制活性，结果发现单宁酸是其中抑制活性最好的 4 种产物之一，对 HIV-RTase（HIV 逆转录酶）的 IC_{50} 低于 50 μg/mL。

2）对人体的不利作用

单宁分子内有许多邻位酚羟基，它能以两个以上的配位原子与一个中心离子（如铝、钙、铁、锌、铜、铬等）络合，形成环状的络合物，于不同 pH 下发生沉淀，这不但有可能破坏生物体的内环境平衡，而且会使得一些微量金属元素在机体中流失。以相同铁含量、不同单宁含量的饲料喂养老鼠，结果表明随着单宁含量的增加，对铁的吸收逐渐降低，同时发现饲料中蛋白质含量的增多可以减弱单宁对金属离子的作用。另有研究表明食物中的单宁也会抑制人体对钙、铁离子的吸收（何强等，2001）。单宁酸有肝毒作用，能导致人体肝坏疽，并影响氨基酸形成肝蛋白。单宁还能与皮下蛋白质结合而产生沉淀，甚至能渗透过肝表皮细胞而产生沉淀，导致肝损坏（阮志平，2006）。

1.2.2　绿原酸

1. 结构

绿原酸（chlorogenic acid）是由咖啡酸（caffeic acid）与奎尼酸（鸡纳酸，quinic acid，即 1-羟基六氢没食子酸）组成的缩酚酸（图 1.4），异名咖啡鞣酸，化学名 3-O-咖啡酰奎尼酸（3-O-caf-feoylquinic acid）；分子式为 $C_{16}H_{18}O_9$；相对分子质量为 345.30；是植物体在有氧呼吸过程中经莽草酸途径产生的一种苯丙素类化合物（高锦明等，1999）。

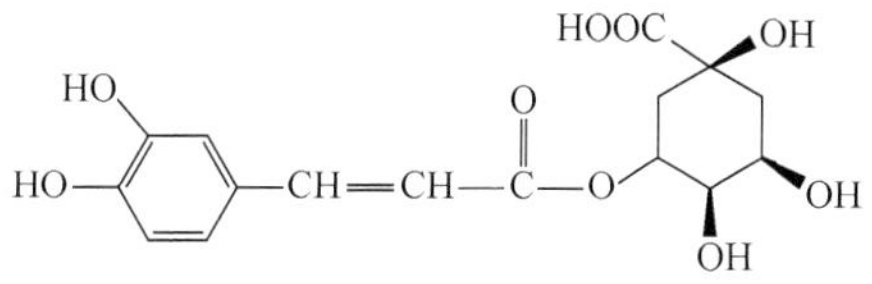

图 1.4　绿原酸的结构

2. 来源

富含绿原酸的水果有苹果、梨、葡萄等，蔬菜有土豆等。此外，绿原酸还存在于忍冬科忍冬属、菊科蒿属植物中，但含量较高的植物主要有杜仲、金银花、向日葵、继花、咖啡、可可树。绿原酸是金银花、杜仲的主要有效成分之一。金银花中绿原酸含量最高的当属大花毛忍冬花，最高可达 11.14%，其次是红腺忍冬花，最高达 7.1%（刘军海和裘爱泳，2003）。

3. 生理功能

绿原酸是一种重要的生理活性物质，具有抗菌、抗病毒、保肝利胆、抗肿瘤、降血压、降血脂、清除自由基等作用。它是许多药材和中成药的主要有效成分之一。同时，绿原酸含量的多少又是某些成药的质量指标，也是许多果汁饮料营养成分之一（刘军海和裘爱泳，2003）。

1.2.3　咖啡酸

1. 结构

咖啡酸最初从咖啡提取物中被发现，其结构属于羟基苯丙烯酸类化合物。咖啡酸衍生物是指含有咖啡酸基本结构单元的一大类化合物，根据包含咖啡酸基本结构单元的数目，咖啡酸衍生物可分为单倍体、双倍体、三倍体、四倍体和复合结构等 5 类化合物（图 1.5）。

单倍体：

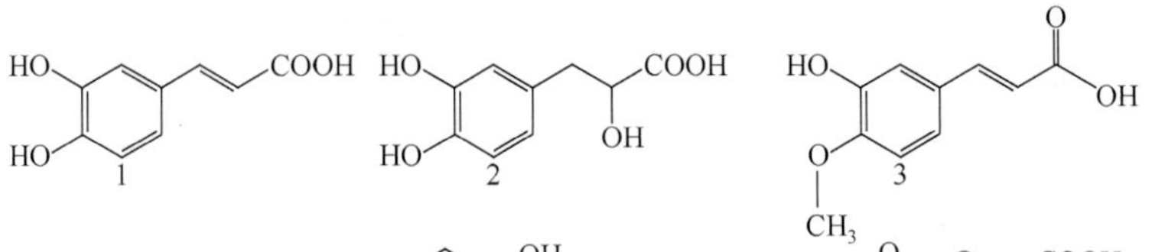

双倍体：

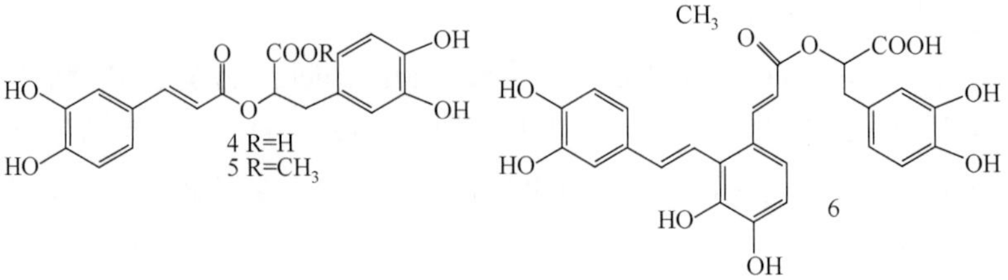

4 R=H
5 R=CH₃

6

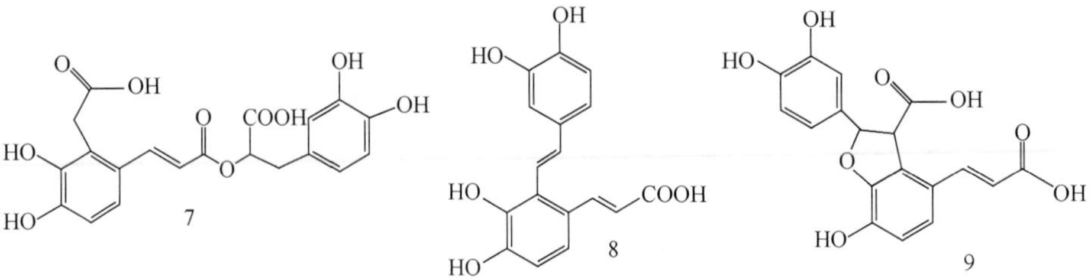

7

8

9

三倍体：

10

11 R₁=R₂=H；　12 R₁=H₁ R₂=CH₃
13 R₁=R₂=CH₃

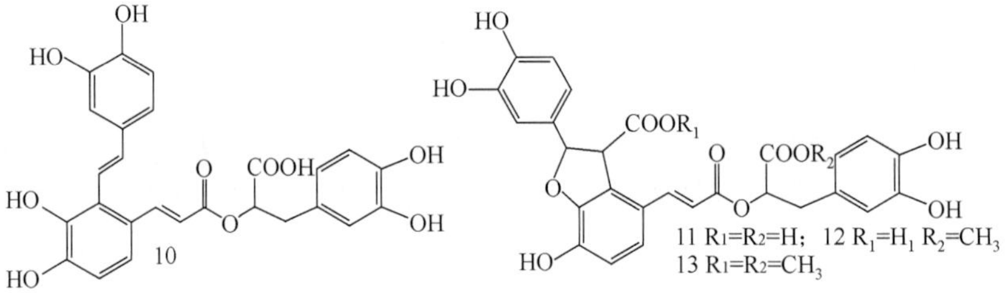

四倍体：

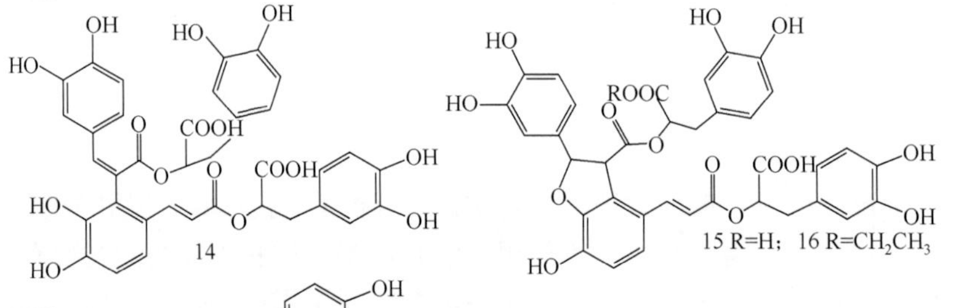

14

15 R=H；　16 R=CH₂CH₃

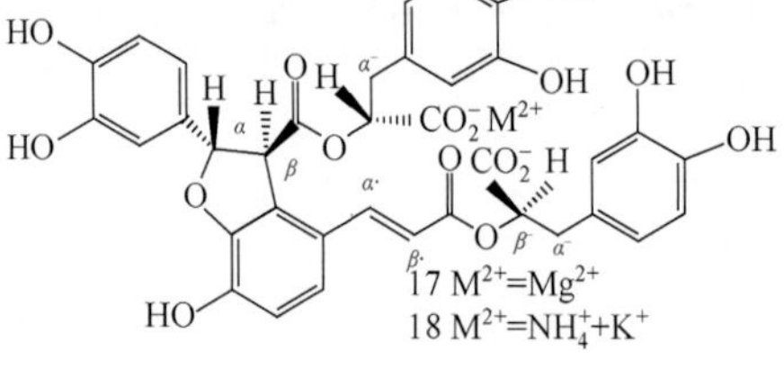

17 M²⁺=Mg²⁺
18 M²⁺=NH₄⁺+K⁺

复合体：

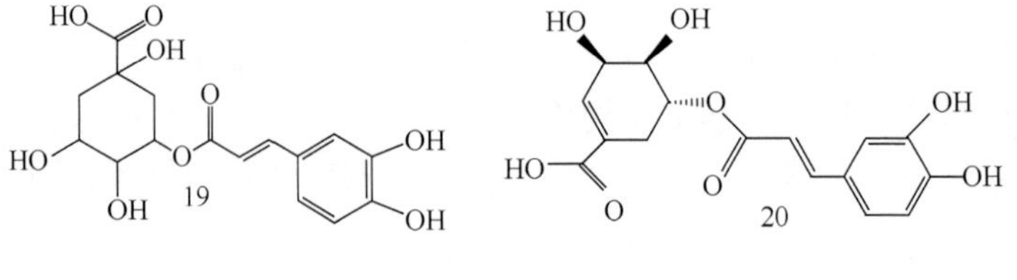

19

20

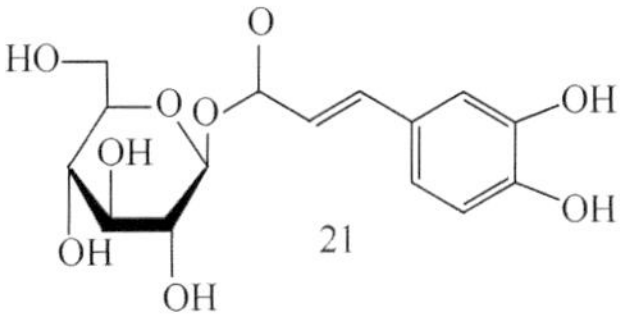

图 1.5　天然咖啡酸衍生物的结构

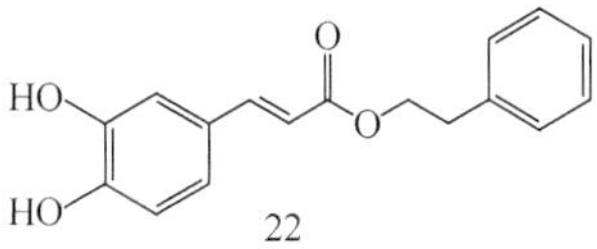

1. 咖啡酸；2. 丹参素；3. 异阿魏酸；4. 迷迭香酸；5. 甲基迷迭香酯；6. 丹酚酸；7. 丹酚酸 D；8. 丹酚酸 F；
9. 原紫草酸 A；10. 丹酚酸 A；11. 紫草酸；12. 紫草酸单甲酯；13. 二甲酯紫草酸；14. 丹酚酸 E；15. 丹酚酸 B；
16. 乙基丹酚酸 B；17. 镁丹酚酸 B；18. 铵钾丹酚酸 B；19. 绿原酸；20. 咖啡莽草酸；21. 咖啡酰葡萄糖；22. 咖啡酸苯乙酯

咖啡酸单倍体包括咖啡酸、丹参素和异阿魏酸等。咖啡酸和丹参素是植物代谢物中咖啡酸衍生物的基本组成成分，丹参素是咖啡酸的水解产物。迷迭香酸、甲基迷迭香酯、丹参酸 C、丹酚酸 D、丹酚酸 F、原紫草酸等均属于咖啡酸双倍体。迷迭香酸是双倍体中最简单的化合物，由咖啡酸和丹参素缩合产生，最初是从迷迭香植物中分离得到，并由此命名。咖啡酸三倍体主要包括丹酚酸 A、紫草酸、紫草酸单甲酯和紫苯甲酸二甲酯等。从结构上看，丹酚酸 A 含有与丹酚酸 F 相似的苷结构，因此推测丹酚酸 A 可能是丹酚酸 F 与丹参素缩合成酯的产物。咖啡酸四倍体可以看成是迷迭香酸二聚体的衍生物，主要包括丹酚酸 E、丹酚酸 B、乙基酚酸 B、镁酚酸 B、铵钾酚酸 B 等（侯晋等，2011）。

2. 来源

咖啡酸及其衍生物是植物组织中分布最广泛的羟基肉桂酸酯和苯丙烯酸酯的代谢产物，普遍存在于蓝莓、苹果等中；此外，一些中草药中也含有丰富的咖啡酸衍生物，如鼠尾草属中的丹参、药鼠尾草、贵州鼠尾草、南丹参等。迷迭香属中的紫草科和毛蕨科植物中也含有较多的咖啡酸衍生物（表 1.1）。

表 1.1　部分成熟水果中咖啡酸衍生物的含量（侯晋等，2011）（单位：mg/kg）

水果	含量	水果	含量	水果	含量
苹果	51～518	杏	77～255	香蕉	—
黑莓	1842～2056	黑醋栗	45～61	樱桃	46～180
蔓越橘	—	茄子	575～632	接骨木莓	—
醋栗	5～37	西柚	—	猕猴桃	600～1000
柠檬	—	橘子	—	桃	30～282
梨	10～516	辣椒	—	菠萝	—
李子	20～149	树莓	4～8	草莓	1～2
番茄	144～236				

注："—"表示无。

3. 生理功能

咖啡酸是一种天然杀菌剂，特别是对一些植物真菌有很好的抑制效果。研究表明，咖啡酸的杀菌机制可能与其较强的抗氧化性有关（Wood，2006），咖啡酸及其衍生物的抗氧化活性主要体现在抗脂质体过氧化、清除自由基以及抗低密度脂蛋白的氧化等方面。人们研究了咖啡酸、丹参素、迷迭香酸、丹酚酸 A 和 B、原紫草酸等化合物对大鼠肝微粒体、肝细胞和红细胞过氧化损伤的作用。结果表明，这些化合物都有抑制脂质体过氧化反应的活性，且丹酚酸 A 表现出最强的抑制活性（Jiang et al.，2005）。许多咖啡酸衍生物还被发现具有抗高血压的功能。有研究表明，静脉注射丹酚酸 B 能够降低血压，这可能与阻力动脉的内皮舒张作用有关（Jiang et al.，2005）。咖啡酸具有一定的免疫调节和抗炎活性。迷迭香酸、紫草酸及其甲基酯具有抑制大鼠大脑和红细胞腺苷酸环化酶的活性。丹酚酸 B 可以通过上调控血管内皮生长因子来增强内皮细胞的再生过程（侯晋等，2011）。

1.2.4　阿魏酸

1. 结构及性质

阿魏酸（ferulic acid），化学名为 4-羟基-3-甲氧基苯丙烯酸，是来自于多种植物的一种酚酸，在细胞壁中与多糖和蛋白质结合成为细胞壁的骨架。阿魏酸为苯丙烯酸，分子式 $C_{10}H_{10}O_4$，相对分子质量 194.18，结构式如图 1.6 所示。有顺式和反式两种产物，顺式为黄色油状物，反式为斜方针结晶（水），所用多为反式，其熔点为 170～171.5℃；溶于热水、乙醇及乙酸乙酯，易溶于乙醚，微溶于石油醚及苯；见光易分解；有强抗氧化性，在不同 pH 条件下均比较稳定；有较强的还原性（胡益勇和徐晓玉，2006）。

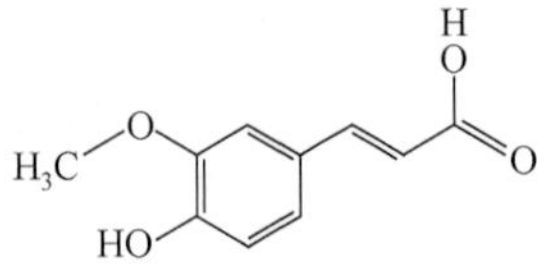

图 1.6　阿魏酸结构式

2. 来源

阿魏酸存在于植物细胞壁中，多以酯的形式存在，与碳水化合物以共价键连接，游离态的阿魏酸含量很低。阿魏酸广泛存在于各种植物，主要有以下几类：中药，阿魏、川芎、卷柏石松、木贼等；食用植物，洋葱、黄菊花等；种子皮壳，麦麸、米糠、玉米皮以及蔗渣、甜菜粕等。葡萄酒中含有从葡萄中溶出的大量生理活性物质，主要为多酚类化合物，也含有阿魏酸（尤新，2012）。

3. 生理功能

据报道，阿魏酸具有抗动脉粥样硬化，抗血小板凝集和血栓，清除亚硝酸盐、氧自由基、过氧化亚硝基，抗菌消炎，抗肿瘤，抗突变，增加免疫功能、人体精子活力和运动性等生理功能。此外，阿魏酸能为人体吸收并易于从尿中排出，不会在体内累积（欧仕益等，2001）。

1.2.5　没食子酸

没食子酸（gallicacid，GA）化学名是 3，4，5-三羟基苯甲酸（图 1.7）。相对分子质量 188.14，主要存在于葡萄、石榴等水果中，还存在于茶叶、山茱萸、藏药红景天、诃子果实、何首乌、芍药、泽漆、拳参等。没食子酸易被消化道所吸收，对肝脏、肾脏、心血管有较强的亲和力，生物学效应比较广泛，其突出作用是抗肿瘤，对多种致癌、促癌物有抵抗作用（李沐涵等，2011）。

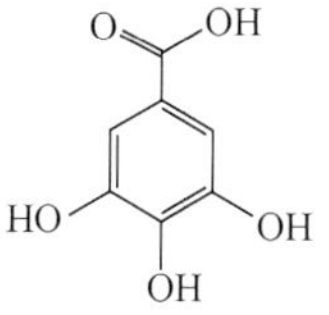

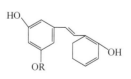

图 1.7　没食子酸结构式

1.2.6　白藜芦醇

1. 结构与性质

白藜芦醇（resveratrol，RES），化学名 3，5，4-三羟基二苯乙烯，分子式 $C_{14}H_{12}O_3$，相对分子质量 228.25，存在 3，5，4 三羟基-顺式-二苯乙烯和 3，5，4-三羟基-反式-二苯乙烯两种类型（图 1.8）。

R=H　反式白藜芦醇　　　　　R=H　顺式白藜芦醇
R=葡萄糖　反式白藜芦醇苷　　R=葡萄糖　顺式白藜芦醇苷

图 1.8　反式和顺式白藜芦醇

2. 来源

目前已经在 21 个科、31 个属的 72 种植物中发现了白藜芦醇，常见的有葡萄科的葡萄属、豆科（槐属、花生属、三叶草属、羊蹄甲属、冬青属）、姚金娘科（桉属）、百合科（藜芦属）、蓼科（蓼属、大黄属）、伞形科（棱子芹属）、莎草科（苔属）、棕榈科（海藻属）、买麻藤科（买麻藤属）等，其中，葡萄、虎杖和花生中白藜芦醇含量较高。葡萄的白藜芦醇含量因品种、组织的不同而有较大差异，其果穗和果皮中含量较高。葡萄皮是白藜芦醇的主要合成部位。新鲜葡萄果皮中白藜芦醇含量为 50～100 μg/g，也有报道葡萄果肉中的白藜芦醇含量超过了其在果皮中的含量。此外，还可通过外部方法提高白藜芦醇的含量，如在收获前用紫外线脉冲辐射、基因工程方法改造等（郜海燕等，2006）。

3. 生理功能

白藜芦醇具有抗癌、抗心血管疾病、抗突变、抗菌、抗炎、抗氧化、诱导细胞凋亡及雌激素调节等生理活性。对葡萄白藜芦醇的兴趣起源于流行病学调查，人们发现长期适量饮用红葡萄酒能够降低出现心血管疾病的危险，研究发现这种生物学作用归功于白藜芦醇。越来越多的证据表明白藜芦醇具有多种生物学作用，白藜芦醇可抑制血小板聚集和低密度脂蛋白氧化，调节脂蛋白代谢从而降低人体血脂，防止血栓形成，具有良好的防治心血管疾病的功效。白藜芦醇在人体生理代谢过程中具有强抗氧化和抗自由基功能，并具有抗突变的作用，能抑制环加氧酶和过氧化氢酶的活性，它在癌细胞的起始、增殖、发展 3 个主要阶段均有抑制乃至逆转作用（Corder et al.，2001）。白藜芦醇最多可使老鼠皮肤癌细胞减少 98%（Jang et al.，1997），可诱导人类 HL60 白血病细胞程序性死亡（Clément et al.，1998）。Cichocki 等（2008）的研究结果表明，白藜芦醇衍生物 pterostilbene 具有和白藜芦醇相同的抗癌活性。Waffo-Teguo 等（2008）对葡萄白藜芦醇及其衍生物的心血管保护和癌症的化学预防作用进行了总结。Yang 等（2009）和 Katalinić 等（2010）再次证实了来源于葡萄的白藜芦醇及其衍生物具有抗氧化、抗微生物（细菌）和抗癌细胞增殖的活性。此外，白藜芦醇及其衍生物在肝脏保护、抗炎、防治神经性疾病、激活长寿基因等方面也起着重要作用（李晓东等，2011）。

1.3　黄　酮　类

黄酮类化合物是一类低相对分子质量的广泛分布于植物界的天然植物成分，为植物多酚类的代谢物，大多有颜色。从植物系统学的角度来看，植物体产生黄酮的能力与植物体木质化性质密切相关，因此黄酮类化合物主要分布在维管束植物中，而在其他较低等的植物类群中分布较少。其中大多集中于被子植物中，如豆科、蔷薇科等，在这些植物中此类化合物的类型最全，结构最复杂，含量也最高。

1.3.1　结构特征

黄酮类化合物是色原烷或色原酮的衍生物。目前泛指由两个芳香环 A 和 B 通过中央三碳链相互作用连接而成的一系列化合物，其基本骨架具有 C_6—C_3—C_6 的特点。

天然的黄酮类化合物几乎在 A、B 环上均有取代基，一般是羟基、甲氧基和异戊烯基等。在植物体中，黄酮类化合物因其所在组织不同，其存在状态也呈多样化。在木质部多以苷元形式存在；在花、叶、果实等器官多以糖苷形式存在（表 1.2）。人体包括异黄酮（isoflavone）、黄酮（flavone）、黄酮醇（isoflavono）、黄烷酮（flavone）、异黄烷酮（isoflavavone）、喳尔酮（chalcone）、双氢黄酮、花色甘等。

表 1.2　果蔬中膳食来源的类黄酮（任虹等，2013）

化合物类型	果蔬中黄酮类化合物	来源果蔬种类
查尔酮	异甘草素、豆蔻素、紫铆因、2′-羟查耳酮、白藜芦醇、黄腐酚、黄腐醇等	葡萄、欧亚甘草、腰果、蛇麻籽等
二氢黄酮	橙皮素、4′,5,7-三羟二氢黄酮、异橙皮苷、圣草酚、高圣草素、枸橘苷、水飞蓟素、甲基补骨脂黄酮、紫杉叶素等	柑橘、葡萄、柠檬、蓟等
黄酮醇	槲皮素、异槲皮素、堪非醇、杨梅酮、异鼠李素、桑色素、非瑟酮、山柰酚等	苹果、蓝莓、樱桃、杏仁、洋葱、韭菜、羽衣甘蓝、花椰菜、马铃薯、菠菜、黄瓜等
黄酮	芹菜素、毛地黄黄酮、香叶木素、5,6,7-三羟黄酮、汉黄芩素、阿曼托黄素、2-(2-氯苯基)-5,7-二羟基-8-[(3S,4R)-3-羟基-1-甲基-4-哌啶基]苯并吡喃-4-酮、黄芩苷、异牡荆黄素、金连木黄酮、合欢素、5,7-二羟黄酮、橘皮晶、蜜橘黄素、五甲氧基黄酮、木犀草素、水蓼素、棉子皮亭-3,3′,4′,7-四甲醚等	柑橘、栀子花、橙子、橄榄、芹菜、百里香、柿子椒、芝麻、苜蓿、迷迭香、番茄等
异黄酮	7,4′-二羟基异黄酮、染料木黄酮、黄豆黄素、牡荆黄素、鸢尾苷元、光甘草定、雌马酚、鹰嘴豆素 A、芒柄花黄素、拟雌内酯、蜜橘黄素等	柑橘、橙子、大豆、鹰嘴豆、苜蓿、大麦、花椰菜、香菜、红三叶草、花生、豌豆、野葛等
花色素	矢车菊苷元、飞燕草苷元、锦葵色素、天竺葵色素、芍药素、矢车菊色素等	浆果类、葡萄、樱桃、李子、石榴、蓝莓、越橘、桑葚、黑树莓、茄子、卷心菜、黄花菜、杏仁、腰果、榛实、核桃、开心果、花生、蚕豆、野葛等

1.3.2　黄酮类化合物

黄酮类即以 2-苯基色原酮为基本母核，且在 3 位上无含氧基团取代的一类化合物。常见的黄酮及其苷类有黄芩苷、灯盏花乙素、木犀草素、芹菜素等。

果蔬中常见的黄酮类化合物为芹菜素。

1. 芹菜素的结构和来源

芹菜素（apigenin）是一种分布广泛的黄酮类化合物，又称芹黄素、洋芹素，芹菜素的化学结构为 5, 7, 4'-三羟基黄酮，其分子式为 $C_{15}H_{10}O_5$，相对分子质量为 270。芹菜素不溶于水，易溶于乙醇、二甲基亚砜（DMSO）。纯品显浅黄色或黄色微绿，可采用光谱法、色谱法、质谱分析法等对其加以分离鉴定。其结构式中的 A 酚环可以与不同的糖基结合而表现出不同的活性（图 1.9）。芹菜素广泛分布于大白菜、菜椒、大蒜、杨桃、番石榴等果蔬中（Miean and Mohamed，2001）中，尤以芹菜中含量为高；在一些药用植物如车前子、络石藤等中也有很高的含量（郭菁菁和杨秀芬，2008）。

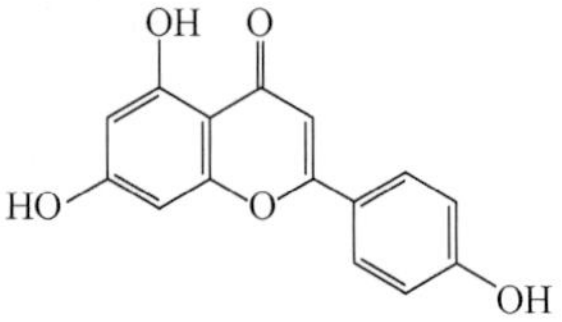

图 1.9　芹菜素结构式

2. 芹菜素的生理功能

芹菜素广泛存在于自然界中，且易于人工合成，体外研究或动物实验显示芹菜素具有多方面的药理作用。芹菜素对多种肿瘤细胞具有抑制生长、诱导凋亡作用，且毒性较小；芹菜素对绝经后骨质疏松、类风湿关节炎所致的骨质疏松、前列腺增生、肝纤维化、脉络膜新生血管、神经退行性疾病、感染性疾病等的预防和治疗等多种组织、器官及系统的病变具有预防或治疗作用（王海娣等，2008）。

1.3.3　黄酮醇类

黄酮醇类的结构特点是在黄酮基本母核的 3 位上连有羟基或其他含氧基团。果蔬中常见的黄酮醇类及其苷类有槲皮素、双氢杨梅素、芦丁、山奈酚等。

1. 槲皮素

1）结构

槲皮素是一种具有多种生物活性的黄酮类化合物，化学命名为 3, 3'，4'，5，7-五羟基黄酮（图 1.10）。

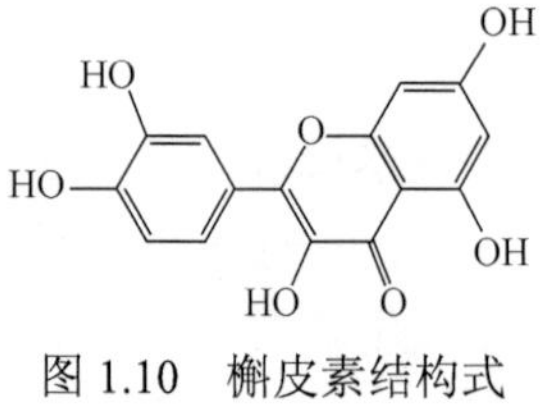

图 1.10　槲皮素结构式

2）来源

在植物界中约有 100 种中草药含有槲皮素，槲皮素广泛分布于多种植物花、果实、叶中，如中药槐米干燥花蕾、地耳草（田基黄）、银杏叶、番石榴叶、贯叶连翘、菟丝子、槐花、地锦草、刺五加、满山红等。就果蔬而言，洋葱、葡萄、草莓和西兰花中槲皮素含量高。此外，茶叶、葡萄酒中槲皮素含量也非常丰富。

3）生理功能

槲皮素具有抗氧化、抗炎、抗过敏、抗菌、抗病毒、清除体内自由基、抑制恶性肿瘤生长和转移等多方面药理作用，以及扩张动脉、改善脑循环和抗血小板活化因子、祛痰止咳、降低毛细血管通透性和脆性等多种生物活性，能提高免疫能力、降低胆固醇、增强心肌收缩力、舒张肠平滑肌、降低血压、免疫抑制和抗过敏，是近年来国内外学者研究的热门课题（许进军和何东初，2006）。

2. 芦丁

1）结构

芦丁又名芸香苷、紫槲皮苷，是槲皮素与二糖芸香二糖[α-L-鼠李吡喃糖基-(1→6)-β-D-葡萄吡喃糖]之间形成的糖苷，为来源很广的黄酮类化合物。其分子结构如图 1.11 所示。

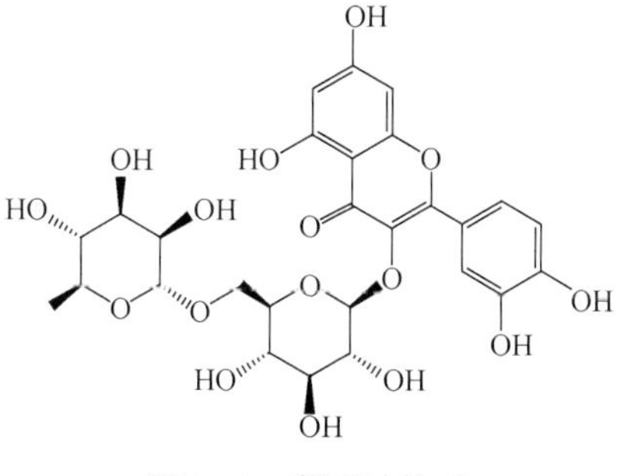

图 1.11　芦丁结构式

2）来源

芦丁广泛存在于自然界，几乎所有的芸香科和石楠科植物中均含有之，尤以芸香科的芸香草、豆科植物的槐米、蓼科植物的荞麦、金丝桃科植物红旱莲、鼠李科植物光枝勾儿茶、大蓟科植物野梧桐叶含量较为丰富，可以作为提取芦丁的原料。此外，它还存在于冬青科植物毛冬青、木樨科植物连翘、豆科植物槐角以及烟草、枣、杏、橙皮和番茄等植物中。

3）生理功能

芦丁具有维生素 P 样作用，能降低毛细血管通透性和脆性，促进细胞增生和防止血细胞凝聚，以及抗炎、抗过敏、利尿、解痉、镇咳、降血脂等方面的作用。

临床上芦丁主要用于高血压病的辅助治疗和因芦丁缺乏所致的其他出血症的防治，如防治脑血管出血、高血压、视网膜出血、紫癜、急性出血性肾炎、慢性气管炎、血液渗透压不正常、恢复毛细血管弹性等症，同时还用于预防和治疗糖尿病及合并高血脂症。国内外医药工业中用芦丁作原料生产芦丁片、维脑路通（羟乙芦丁）、芦丁镁丁的需求量进一步增大。也正是由于芦丁的这些治疗和预防作用，人们常用富含芦丁的药食两用植物苦荞等作保健品。我国四川省的一个少数民族以苦荞为主食就是一个很好的例子，他们身体健壮，肌肤红润，很少有高血压病患者（孟祥颖等，2003）。

3. 二氢杨梅素

1）结构及性质

二氢杨梅素（dihydromyricetin，DMY）又名双氢杨梅素、蛇葡萄素，为二氢黄酮醇化合物。化学名为 [(2*R*, 3*R*)-3, 5, 7-三羟基-2-(3, 4, 5-三羟基苯基)苯并二氢吡喃-4-酮]（图 1.12），气味特殊，呈白色针状结晶。

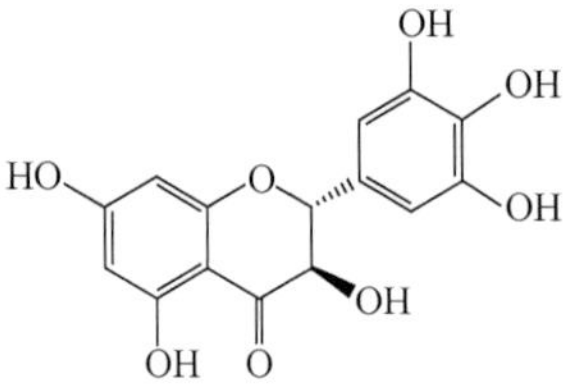

图 1.12　二氢杨梅素结构式

2）来源

二氢杨梅素存在于葡萄、杨梅等果蔬中，也存在于杜鹃科、藤黄科、大戟科及柳科等植物中，其中藤茶尤为特别。藤茶为葡萄科蛇葡萄属中的一种野生藤本植物，学名为显齿蛇葡萄，其富含黄酮类化合物的特殊植物，其中二氢杨梅素含量高达 25%左右（朱哲等，2011）。

3）生理功能

二氢杨梅素是较为特殊的一种黄酮类化合物，除具有黄酮类化合物的一般特性外，还具有解除醇中毒、预防酒精肝和脂肪肝、抑制肝细胞恶化、降低肝癌的发病率等作用。例如，藤茶总黄酮具有镇痛、止咳、广谱抗菌、降血糖、降血脂、抗氧化等多种生理功能（朱哲等，2011）。

4. 山柰酚

1）结构及性质

山柰酚（kaempferol）是一种天然黄酮醇类化合物（图 1.13），为黄色结晶体，熔点为 276～278℃，微溶于水，溶于乙醇和乙醚的热混合物中。

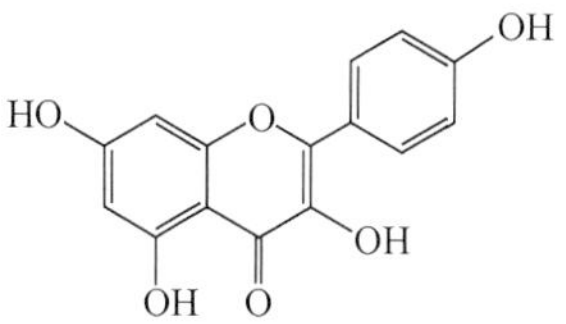

图 1.13　山柰酚的结构式

2）来源

山柰酚存在于苹果、葡萄柚、西兰花、抱子甘蓝等果蔬，以及茶叶、翠雀草、金缕梅等植物中。

3）生理功能

研究发现，山柰酚的摄取与降低许多疾病的发生率之间存在正相关，如癌症和心血管疾病等。大量临床研究表明，山柰酚和部分山柰酚苷具有抗氧化、抗炎、抗菌、抗癌、保护心脏、保护神经、抗糖尿病、抗骨质疏松、抗雌激素、抗焦虑、止痛和抗过敏等生理活性。一项历时 8 年的研究发现，山柰酚、槲皮素和杨梅素均可降低吸烟者患胰腺癌的风险（Nöthlings et al.，2007）。

1.3.4　二氢黄酮类

二氢黄酮类结构可视为黄酮基本母核的 2，3 位双键被氢化而成，如柚皮素等。

1. 柚皮苷类

1）结构及来源

柚皮苷（naringenin，CAS 480-41-1）是一类天然黄酮类化合物，全称为柚皮素-7-*O*-新橙皮糖苷（图 1.14），主要存在于柚、葡萄柚和酸橙及其变种的果皮及果实中，是这些水果的苦味物质之一（吕爱新等，2011）。

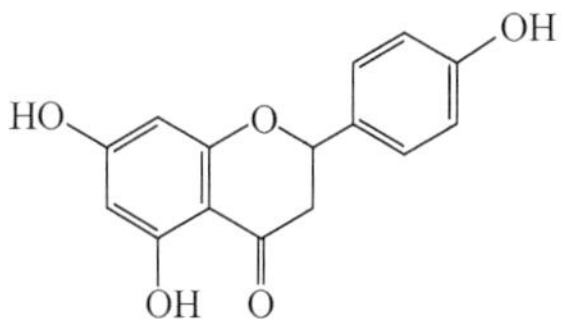

图 1.14　柚皮苷结构式

2）生理功能

柚皮苷具有多方面的生物活性，包括程度不等的抗氧化作用；对杂环胺类物质、1-甲基-1，2，3，4-四氢-*β*-咔啉-3-羧酸和 *N*-甲基-*N*'-硝基-*N*-亚硝基胍的致突变性具有抑制作用；通过抑制参与致癌物活化作用的细胞色素 P450 异构体的活性来发挥抗癌作用，能抑制亚硝胺、黄曲霉毒素及其他致癌物的致癌作用，对乳腺癌、肺癌等肿瘤有一定预防作用；对胃溃疡有防治作用；对金黄色葡萄球菌、沙门氏菌、志贺氏菌、埃氏大肠杆菌及某些真菌有抑制作用；抗炎；能抑制细胞色素 P450、3-羟基-3-甲基-戊二酰 CoA 还原酶、酰基 CoA 胆固醇转移酶及甲状腺过氧化物酶活性；对某些毒物具有拮抗作用；降血脂，降血胆固醇；解痉，镇痛；改善微循环和软骨组织细胞功能；降低毛细血管通透性和骨关节病变率；促进一些药物在人体内的吸收和代谢等（贾冬英等，2001）。

2. 橙皮苷类

1）结构及来源

橙皮苷（hesperidin）是橙皮素与芸香糖形成的糖苷，为二氢黄酮衍生物。橙皮苷广泛存在于豆科、白桦、唇形花科、蝶形花科、芸香科、柑橘属植物中。橙皮苷是柑橘果肉和果皮的重要成分，其含量可达柑橘幼果鲜重的 1.4%，因此可作为获取橙皮苷的主要原料（张冬松等，2006）。

2）生理功能

橙皮苷（hesperidin）和橙皮素（hesperetin）是柑橘类药用植物果实的主要药效成分或代谢成分。早期的研究主要在橙皮苷的抗血胆固醇过多、抗高血压、利尿、抗炎、止痛、抗过敏等作用方面；后期深入研究橙皮苷的抗氧化、抗炎、血管保护、神经保护作用、抑制膀胱癌变、化学诱导的鼠伤寒沙门菌基因突变等。橙皮素也表现出抗增殖作用来抑制黑色素瘤。这些作用是通过调节几种酶，如磷脂酶 A2、脂氧化酶、β-羟基-β-甲基戊二酰辅酶 A（HMG-CoA）还原酶、环氧酶、转谷氨酰胺酶等的活性来实现的（刘学仁等，2011）。

1.3.5　黄烷醇类

1. 结构及性质

黄烷醇类可根据其 C 环的 3，4 位存在羟基的情况分为儿茶素类和无色花色素类，儿茶素为中药儿茶的主要成分（图 1.15），由 7 种有效单体组成，即儿茶素、表儿茶素（EC）、没食子儿茶素（GC）、表没食子儿茶素（EGC）、表儿茶素没食子酸脂（ECG）、表没食子儿茶素没食子酸脂（EGCG）及 EGCG 的二聚体——聚酯型儿茶素（TS）（韩继红和刘勇钢，2008）。

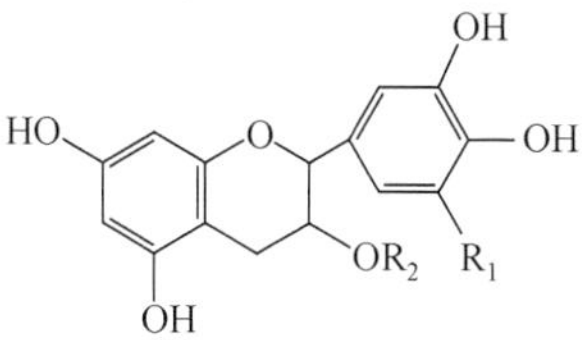

图 1.15　儿茶素的基本化学结构

表儿茶素 EC：$R_1=R_2=H$；表没食子儿茶素 EGC：$R_1=H$，$R_2=OH$；表儿茶素没食子酸酯 ECG：$R_1=$没食子酸酰基 galloyl，$R_2=H$；表没食子儿茶素没食子酸酯：$R_1=$没食子酸酰基 galloyl，$R_2=OH$

2. 来源

儿茶素广泛存在于人们的日常饮食中，水果中苹果、猕猴桃和葡萄中含量较高，饮品中干红葡萄酒和绿茶中含量较丰富（崔志杰等，2011）。

3. 生理功能

1）抗氧化

儿茶素的抗氧化作用主要表现在清除自由基和增加抗氧化酶及其活性两个方面。儿茶素抗氧化力是 2-丁基-4-羟基甲苯（BHT）和丁基羟基茴香醚（BHA）的 4～6 倍，是维生素 E 的 6～7 倍、维生素 C 的 5～10 倍，具有效果好、用量少（0.01%～0.03%）、无潜在毒副作用的独特优势，是一种纯天然、安全、高效的抗氧化剂（崔志杰等，2011）。

2）抗菌

儿茶素能抑制葡萄糖基转移酶活性，减少葡聚糖的生成量，干扰菌体需糖黏连，对伤寒杆菌、副伤寒杆菌、黄色溶血性葡萄球菌、金黄色链球菌和痢疾等多种病原细菌具有明显的抑制作用。对于引起人类皮肤病的多种病菌，儿茶素类也有很强的抑制作用（韩继红和刘勇钢，2008）。

3）防治糖尿病

糖尿病是由于胰岛素分泌不足，不能在体内顺利代谢糖而引发的。儿茶素是茶叶中的主要有效成分，具有防治糖尿病的作用。因为儿茶素具有延迟糖分消化吸收的功能，葡萄糖就会逐渐被吸收到血液中，从而可以防止血糖值的急剧上升。儿茶素还具有抑制唾液中的淀粉酶分解淀粉为葡萄糖的作用（韩继红和刘勇钢，2008）。

4）降脂作用

儿茶素能明显降低血液中甘油三酸酯（TG）、血浆中的总胆固醇水平及低密度脂蛋白-胆固醇（LDLC），并可提高高密度脂蛋白-胆固醇（HDLC，一种有利于人体脂质排泄的运输蛋白）水平（毛清黎等，2007）。

5）除臭作用

茶叶具有明显的除臭消臭作用。茶多酚的除臭作用表现在能消除氨(厕所臭)、三甲胺（鱼臭）、亚硫酸己二烯酯（蒜臭）、甲硫醇（口臭）等臭气，且浓度越高，消臭效果就越好。儿茶素（特别是 EGCG）具有明显快速的消臭作用，其对消除口臭物质 MeSH（巯基乙醇）的效果比常用的消臭剂叶绿素铜钠（SCC）强得多（毛清黎等，2007）。

4. 生物合成

儿茶素类物质（黄烷-3-醇）由莽草酸途径合成而来。在茶树儿茶素合成途径中，表儿茶素（EC）和表没食子儿茶素（EGC）是由花白素经花青素合成酶（ANS）和花青素还原酶（ANR）的二步催化形成，而不是由儿茶素和没食子儿茶素直接表构而成，但儿茶素的没食子酰基化研究仍是空白。最新研究发现，酯型儿茶素合成以非酯型的 EC 和 EGC 为前体，涉及两步合成反应，即没食子酸（GA）首先在没食子酰基-1-O-β-D-葡萄糖基转移酶（UGGT）催化下，被活化形成 1-O-没食子酰-β-葡萄糖（βG），以此作为活化的酰基供体，再在 1-O-没食子酰基-β-D-葡萄糖-O-没食子酰基转移酶（ECGT）作用下，将没食子酰基转移到顺式非酯型儿茶素的 C 环 3 位上而形成酯型儿茶素：表儿茶素没食子酸酯（ECG）和表没食子儿茶素没食子酸酯（EGCG）（图 1.16）（宛晓春等，2015）。

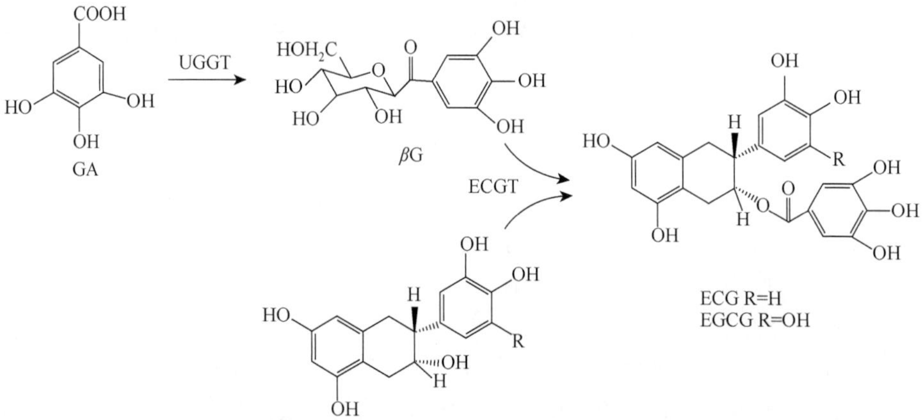

图 1.16 酯型儿茶素生物合成途径图解

1.3.6 其他黄酮类

1. 花青素

1）来源

花青素（anthocyanidin），又称花色素，是一类水溶性天然色素，属黄酮类化合物。花青素广泛存在于被子植物中，已在 27 个科的 72 个属别植物中发现了花青素。花青素最初是从葡萄渣中提取的葡萄皮红色素，在蓝莓、紫薯、越橘、桑葚、苹果、黑加仑、黑莓籽等果实中含量丰富，紫薯的花青素含量高达 872.9 mg/（100 g 鲜重），不同品种越橘的花青素含量在 147.759～725.413 mg/（100 g 鲜重）（杨旸和文利新，2011）。

2）结构与特性

花青素的基本结构单元是 2-苯基苯并吡喃型阳离子，即花色基元。现已知的花青素有天竺葵色素（pelargonidin）、矢本菊色素或芙蓉花色素（cyanidin）、翠雀素或飞燕草色素（delphindin）、芍药色素（pe-onidin）、牵牛花色素（petunidin）及锦葵色素（malvidin）等 20 多种。但自然条件下游离态的花青素极少见，主要以糖苷形式存在，花青素常与一个或多个葡萄糖、鼠李糖、半乳糖、阿拉伯糖等通过糖苷键形成花色苷，目前已知天然存在的花色苷有 250 多种。

花青素分子中存在分子共轭体系，具酸性与碱性基团，易溶于水、甲醇、乙醇、稀碱与稀酸等极性溶剂中，不溶于乙醚、氯仿等有机溶剂，遇醋酸铅会发生沉淀，并能被活性炭吸附。在紫外与可见光区域均具较强吸收，紫外区最大吸收波长在 280 nm 附近，可见光区域最大吸收波长在 500～550 nm。花青素类物质的颜色随 pH 的变化而变化，pH<7 时呈红色，pH 在 7～8 时呈紫色，pH>11 时呈蓝色，因此，花青素作为植物花瓣中的主要呈色物质，水果、蔬菜、花卉等五彩缤纷的颜色大部分与之有关（赵宇瑛和张汉锋，2005）。

3）生物合成途径

苯丙氨酸是花青素及其他类黄酮生物合成的直接前体，由苯丙氨酸到花青素需经历 3 个阶段：第 1 阶段由苯丙氨酸到香豆酰 CoA，这是许多次生代谢共有的反应步骤，该阶段受苯丙氨酸解氨酶（PAL）基因调控。第 2 阶段由香豆酰 CoA 到二氢黄酮醇，是类黄酮代谢的关键反应，该阶段产生的黄烷酮和二氢黄酮醇在不同酶作用下，可转化为花青素和其他类黄酮物质。第 3 阶段是各种花青素的合成（赵宇瑛和张汉锋，2005）。

4）生理功能

由 WHO/FAO 组成的食品添加剂联合专家委员会（JEC-FA）考察了花色苷的毒理学资料，结论是"毒性很低"。其唯一的负面作用是可使一些动物器官（肝、肾上腺、甲状腺）的重量和体重下降。1982 年确定其人体 ADI 值（每日允许摄入剂量）为 0～2.5 mg/（kg 体重）。有证据表明，花青素不仅无毒和无诱变作用，而且有一些特定的生理活性，在眼科学、治疗各种血液循环失调疾病、发炎性疾病上有疗效。

花青素是羟基供体，同时也是一种自由基清除剂，它能和蛋白质结合防止过氧化，也和金属 Cu^{2+} 等螯合，防止维生素 C 过氧化，再生维生素 C，从而再生维生素 E，也能淬灭单线态氧。据报道，花青素能与金属离子螯合或形成花青素-金属 Cu-维生素 C 复合物，其抗氧化能力与花青素和总酚含量均呈线性相关，其中维生素 C 的抗氧化贡献率仅为 0.4%～9.4%，表明花青素是类黄酮物质中重要的一类（高爱红和童华荣，2001）。

Wang 等（1997）用氧自由基吸附系统（ORAC）评价了天竺葵色素等 14 种花色苷的清除过氧自由基的能力，结果证明所有的花色苷都具有明显的清除过氧自由基的作用。红葡萄酒中的花色苷清除超氧自由基的能力比单宁还高，而且一定聚合度的花色苷比单个花色苷分子的清除效果更好（方忠祥和倪元颖，2001；de Gaulejac et al.，1999）。

Yomshimoto 等（1999）用鼠伤害杆菌 TA98 为材料，评价了 4 种甘薯块根水提取物的抗突变活性，发现特别是紫肉甘薯（ayamurasaki）中的花色苷可有效地抑制杂环胺、3-氨基-1, 4-二甲基-5 氢-吡哚-（4, 3-b）吲哚、3-氨基-1-甲基-5 氢-吡哚-（4, 3-b）吲哚和 2-氨基-3-甲基眯唑（4, 5-f）喹啉引起的突变作用，尤其以酰基化的花色苷具有强烈的抗突变作用。

此外，花色苷能明显抑制低密度脂蛋白的氧化和血小板的聚集，而这两种物质却是引起动脉粥样硬化的主要因子（赵宇瑛和张汉锋，2005）。Wang 等（2000）用百草枯（$C_{12}H_{14}Br_2N_2$，一种除草剂）引起鼠肝损害，用 0.1%或 0.2%的花色苷可显著降低对鼠肝细胞的损伤，证明花色苷对肝脏具有保护作用。

2. 水飞蓟素

水飞蓟素（silymarin）是一种类黄酮（flavonoid）（图 1.17），有水飞蓟宾（silybin, sili-binin）、水飞蓟宁（silidianin）、水飞蓟丁（silichristin）3 种同分异构体，为水飞蓟种子中所含的活性成分。这些同分异构体的分子式为 $C_{25}H_{22}O_{10}$，相对分子质量约 482。在水飞蓟素中，水飞蓟宾：异水飞蓟宾：水飞蓟宁：水飞蓟丁≈3：1：1：1，其中水飞蓟宾含量最多，活性也最高。水飞蓟宾由 1 分子紫杉叶素（taxifolin，类黄酮组分）和 1 分子松柏醇（coniferyl alcohol，木酚素组分）构成，因此水飞蓟素又被取名为类黄酮木酚素（flavonolig-nans）。由于水飞蓟素的水溶性较差，因此，常用其 N-甲基葡萄胺盐或双氢琥珀酸二钠盐。水飞蓟宾尚有另一种异构体，称异水飞蓟宾（isosilybin, isosilibinin）（于乐成和顾长海，2001）。

水飞蓟素在白萝卜、牛蒡、生姜等根茎类蔬菜中含量丰富。水飞蓟素对中毒性肝损伤、急慢性肝炎、肝硬化等有良好的治疗作用，对由 CCl_4、半乳糖胺、醇类和其他肝毒素（如 amanita phalleodes）造成的肝损害有保护作用（孙铁民和李铣，2000）。

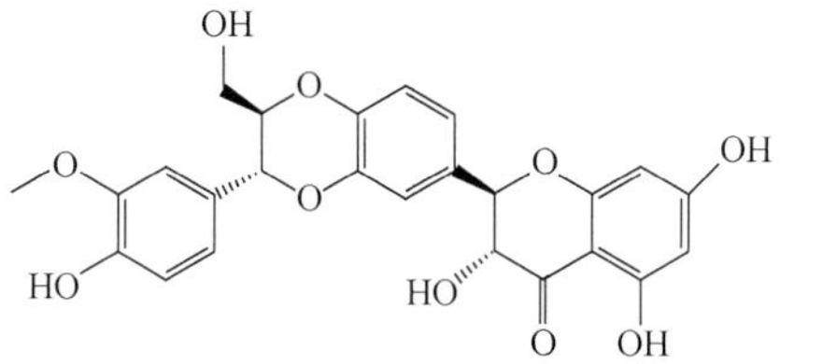

图 1.17　水飞蓟素的结构式

3. 查尔酮

查尔酮为黄酮类化合物的一种，其化学结构为 1,3-二苯基丙烯酮，以它为母体的天然化合物存在于甘草、红花等植物中。

查尔酮具有多种生理功效，如抗肿瘤作用、抗炎作用、抗疟疾作用等。查尔酮对肿瘤细胞具有毒害作用，可以使肿瘤细胞停止增值，还能抑制血管的生成，促进抑癌基因的表达，从而起到抗肿瘤的作用（郑洪伟等，2007）。查尔酮衍生物能够抑制诱生型一氧化氮合酶（iNOS）的产生和环氧化酶（COX-2）的合成，从而表现出良好的抗炎作用（Herencia et al.，1999）。Ram 等（2000）研究发现氧合查尔酮对氯奎敏感和氯奎抵抗型疟原虫表现出良好的抗疟活性。

1.4　萜　　类

1.4.1　结构与功能

萜类化合物是一类由数个异戊二烯（isoprene，C_5）结构单位构成的化合物的统称，根据其结构单位数的不同，可分为单萜（monoterpene，C_{10}）、倍半萜（sesquiterpene，C_{15}）和二萜（diterpene，C_{20}）等。萜类化合物种类繁多，结构多样，迄今在植物中发现了 25 000 多种，是植物次生代谢物中种类最多的一类。根据所含异戊二烯的数目不同，萜类分为单萜、倍半萜、双萜、三萜及多萜等（张秋菊等，2012），如月桂烯、橙花醇、香叶醇、薄荷醇、柠檬烯和芳樟醇等（王凌健等，2013）。在水果中，蔷薇科果实中富含萜类物质。

萜类不仅可以调节植物的生长和发育，调节植物耐热性，抵御光氧化胁迫，直接和间接地帮助植物防御，还可用于治疗人体疾病。例如，梓醇是地黄降血糖的主要成分，而穿心莲内酯是穿心莲清热解毒、消炎止痛的有效成分，中药青蒿中的青蒿素对恶性疟疾有速效作用。从芫花根茎中提出的芫花酯甲素和芫花酯乙素已被证明具有良好的引产作用。此外，许多新的二萜衍生物，如冬凌草素、雷公藤内酯等都具有一定的抗癌活性。紫杉醇可以抑制微管解聚和稳定聚合状态的微管结构，具有良好的抗癌活性和独特的作用机理。还有许多萜类具有防病治病的作用，如樟脑在医药上主要作为强心药和刺激剂类。龙脑同苏合香酯配合制成的苏冰滴丸，可用于治疗冠心病心绞痛，还可用于发汗祛痰、防治霍乱以及外科治疗方面（付佳等，2003）。

1.4.2 生物合成

萜类的生物合成途径有两条。一条为甲羟戊酸途径（MVA pathway），该途径在胞质（cytosol）中进行，由 2 分子乙酰 CoA（acetyl-CoA）在硫解酶的催化下合成乙酰乙酰 CoA（acetoacetyl-CoA），再结合 1 分子乙酰 CoA，经过一系列的酶促反应，产生异戊烯基焦磷酸（isopentenyl pyrophosphate，IPP），部分 IPP 在 IPP 异构酶的作用下生成二甲基丙烯基二磷酸（dimethylallyl pyrophosphate，DMAPP）；这条途径与胆固醇等物质的合成相关，所以对这条途径的研究较早，也较深入。另一条途径为甲基-D-赤藓醇-4-磷酸途径（MEP pathway），此过程在质体（plastid）中进行，由甘油醛-3-磷酸（glyceraldehyde-3-phosphate，GA3P）和丙酮酸（pyruvate）缩合后，通过各级酶催化，最终合成 IPP 和 DMAPP。这一过程有 8 种酶参与，其中缩合 GA3P 和丙酮酸的 1-脱氧-D-木酮糖-5-磷酸合成酶（DXS）被认为是该途径的关键酶。虽然萜类数量众多、结构多样，但都起始于共同的前体——IPP 或其异构体 DMAPP，然后由 IPP 和 DMAPP 在相应酶的作用下，合成牻牛儿基焦磷酸（geranyl diphosphate，GPP）、橙花基焦磷酸（neryl diphosphate，NPP）、法呢基焦磷酸（farnesyl diphosphate，FPP）和牻牛儿基焦磷酸（geranylgeranyl diphosphate，GGPP）。其中，GPP 和 NPP 由 1 分子的 IPP 和 1 分子 DMAPP 合成，2 分子的 IPP 和 1 分子的 DMAPP 可生成 FPP，GGPP 从 3 分子 IPP 和 1 分子 DMAPP 合成而来，催化这一步反应的酶统称为异戊烯转移酶（prenyltransferase）。萜类合成的两条途径并不是孤立存在的，而是存在着 IPP 在胞质和质体之间的交互使用机制（岳跃冲和范燕萍，2011）。

1.4.3 类柠檬苦素

类柠檬苦素，又称柠檬苦素类似物，是一类具有呋喃环的三萜类化合物，主要存在于芸香科、楝科和山茱萸科植物中，尤以柑橘属中含量最为丰富。迄今为止已发现 300 多种类柠檬苦素。类柠檬苦素以游离苷元和配糖体两种形式存在于上述植物组织中，以种子中含量最高。类柠檬苦素苷元主要存在于未成熟的种子和果实中，而其配糖体则主要分布于成熟的种子和果实中。以游离苷元形式存在的类柠檬苦素不仅水溶性差，而且味苦，是大多数柑橘类水果的苦味物质之一，也是这类水果汁及其他加工制成品产生"后苦味"的物质。类柠檬素配糖体不仅水溶性好、无苦味，而且仍保留与其相应的苷元相似的生理活性如抗肿瘤活性（贾冬英等，2001）。

　　从柑橘属植物中分离和鉴定的类柠檬苦素约 50 余种，其中 37 种为类柠檬苦素苷元，16 种为配糖体。1989 年 Hasegawa 首次从葡萄柚种子中分离出类柠檬苦素配糖体。常见的柠檬苦素类似物包括柠檬苦素、诺米林、脱乙酰诺米林、奥巴叩酮、诺米林酸及其配糖体。据分析，在干燥的柑橘种子中前 4 种类柠檬苦素苷元总量为 3.28 mg/g，这 5 种配糖体总量为 12.74 mg/g。

　　类柠檬苦素具有抗癌、抗菌和抗病等生理功能，对中枢神经系统具有刺激作用，能缩短小鼠麻醉后的睡眠时间。类柠檬苦素通过诱发动物体内的一种解毒酶，即谷胱甘肽 S-转移酶的活性达到抑制实验动物肿瘤生长的作用，它们对化学物质诱导的肺癌、胃癌和皮肤癌有抑制作用，且诺米林的抗癌活性明显高于柠檬苦素（Lam et al.，1994；贾冬英等，2001）。

1.5　色　素　类

1.5.1　类胡萝卜素

1. 结构和种类

　　类胡萝卜素（carotenoids）是一类 C_{40} 类萜化合物及其衍生物的总称，由 8 个类异戊二烯单位组成，呈黄色、橙红色或红色的色素。类胡萝卜素可分成 4 个亚族：胡萝卜素，如 α-、β-、γ-胡萝卜素、番茄红素；胡萝卜醇，如叶黄素、玉质、虾青素；胡萝卜醇的酯类，如 β-阿朴-胡萝卜酸酯；胡萝卜酸，如藏红素、胭脂树。所有的类胡萝卜素都可由番茄红素通过氧化、氢化、脱氢、环化，以及碳架重排、降解衍生而来。类胡萝卜素也可以分为胡萝卜素（carotenes）和叶黄素（xanthophylls）两大类，其中叶黄素是氧化了的胡萝卜素，分子含有一个或多个氧原子，形成羟基、羰基、甲氧基或环氧化物。图 1.18 是几种常见的类胡萝卜素分子结构式，包括番茄红素（lycopene）、玉米黄素（zeaxanthin）、全反式-β-类胡萝卜素（alltrans-β-carotene）、花药黄素（antheraxanthin）、α-类胡萝卜素（α-carotene）、紫黄素（violaxanthin）、角黄素（canthanxanthin）。

番茄红素

玉米黄素

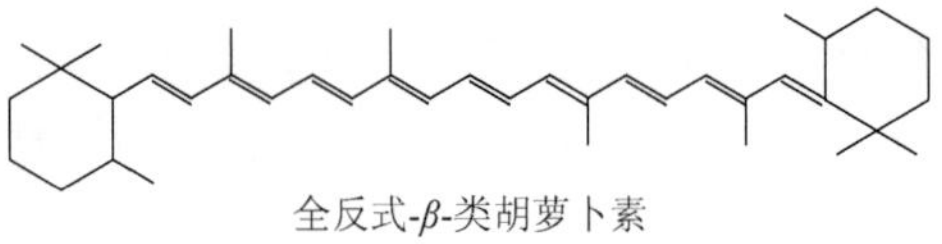

全反式-β-类胡萝卜素

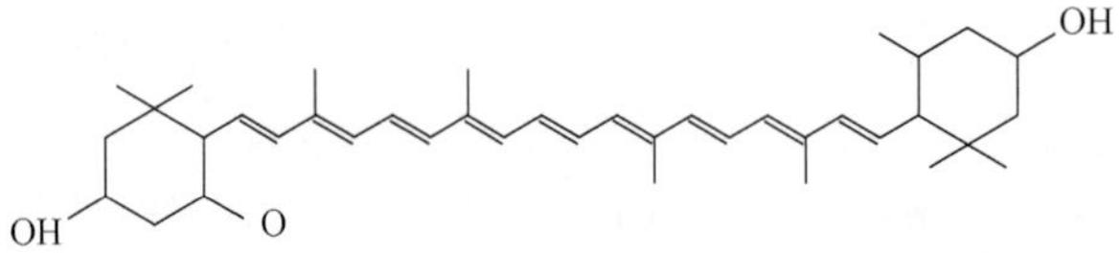

花药黄素

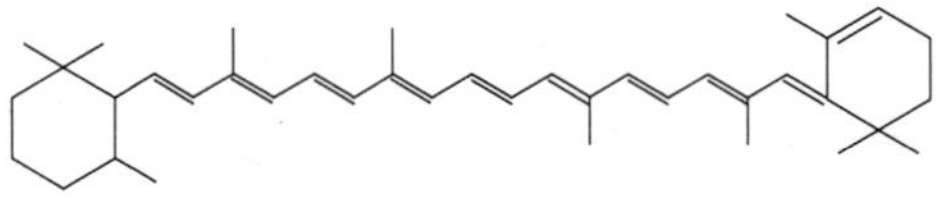

α-类胡萝卜素

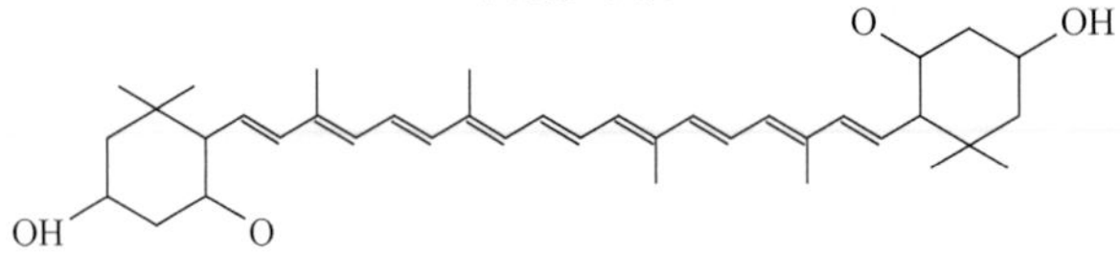

紫黄素

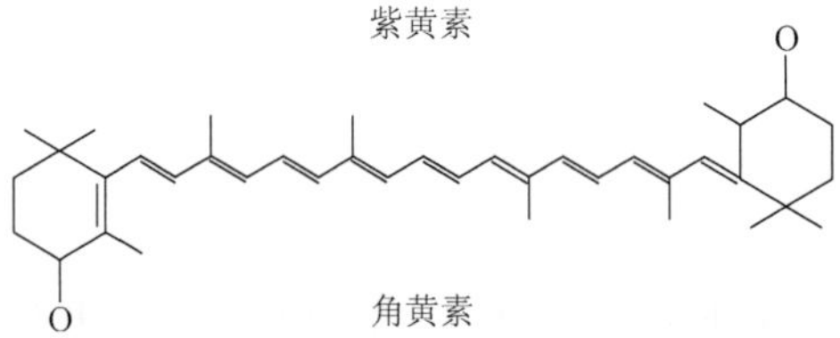

角黄素

图 1.18　常见的类胡萝卜素的分子结构式（李福枝等，2007）

2. 类胡萝卜素的性质

类胡萝卜素能溶于大部分有机试剂中，一般不溶于水。叶黄素类化合物由于含有羟基、羰基、甲氧基或环氧化结构而极性较强，故在丙酮、乙醚、三氯甲烷等极性较强的有机溶剂中溶解度较大。由于类胡萝卜素的分子结构中存在类异戊二烯共轭双键，故吸光性能强，在 400～500 nm 内有强的吸收，能呈现出红、橙、黄色。类胡萝卜素遇氧、遇酸、强光照及高温下不稳定，易降解变化或异构化，它在碱性条件下一般较稳定，碱性皂化处理是类胡萝卜素提取工艺中的常用步骤。但是虾黄素不耐碱，可以用酶解法代替（李福枝等，2007）。

3. 来源

类胡萝卜素作为光合色素的辅助色素，广泛存在于高等植物中，主要是以光合色素-蛋白质复合体的形式存在于高等植物的叶绿体中。例如，许多黄色或橙色的高等植物花瓣和果实的颜色均源于存在于其组织细胞之中的类胡萝卜素化合物，如番茄、柑橘、辣椒、胡萝卜、玉米种子。所有高等植物的叶子都包含主要类胡萝卜素，如 β-胡萝卜素、叶黄素、紫黄素、新黄质等，其比例有所不同（李福枝等，2007）。

4. 生理功能

类胡萝卜素有很多功能，例如，它是维生素 A 原，能预防夜盲症，能够抗氧化、防癌症，着色力强等。β-胡萝卜素可降解生成两分子的维生素 A，在人体内具有维生素 A 原前体功能。人体不能自己合成维生素 A，必须从外界摄取，故而类胡萝卜素尤其是 β-胡萝卜素是人体维生素 A 丰富的来源（李福枝等，2007）。研究表明，类胡萝卜素能够抑制白血病细胞、神经角质瘤细胞的增殖作用，还可抑制变性细胞的增殖（Wolf，1992）。类胡萝卜素是一种生理抗氧化剂，能阻碍类脂的过氧化，从而保护卵泡和子宫的类固醇生成细胞不被氧化。类胡萝卜素高活性的富含电子的长多烯碳链使它具有抗过氧化自由基的作用，可以保护人体免受自由基带来的伤害，如可降低淋巴细胞 DNA 的损伤（李福枝等，2007）。类胡萝卜素还能增加免疫系统中 B 细胞的活力，提高 CD_4 细胞的能力，增加嗜中性白血球和自然杀伤细胞（NK）的数目，从而具有增强人体免疫力的功能（韩雅珊，1999）。

5. 生物合成

类胡萝卜素的生物合成途径是类异戊二烯代谢体系中的一个分支，由一系列不同的阶段组成。在不同的生物体中，类胡萝卜素的生物合成途径的某个阶段、某些酶所催化的反应和某些中间代谢产物可能有所不同，但其总体过程是相似的。八氢番茄红素经过连续脱氢反应，共轭双键延长，直至形成链孢红素、番茄红素。番茄红素是类胡萝卜素进一步合成代谢的分支点：一条途径是在番茄红素 β-环化酶（Lyc-β）的作用下产生 β-胡萝卜素；另一条途径是在番茄红素 β-环化酶（Lyc-β）和番茄红素 ε-环化酶（Lyc-ε）的共同作用下合成 α-胡萝卜素。从八氢番茄红素起至 α-胡萝卜素和 β-胡萝卜素，均不含氧原子，统称为胡萝卜素。在 α-胡萝卜素、β-胡萝卜素分子中引入羟基、甲氧基、酯键等之后形成结构更为复杂的含氧衍生物——叶黄素。由 α-胡萝卜素转化而来的主要为叶黄质，而绝大多数叶黄素如隐黄质、玉米黄素、环氧玉米黄素、虾青素、角黄素、辣椒红素、辣椒玉红素等则由 β-胡萝卜素转化而来（李福枝等，2007）。

1.5.2　番茄红素

1. 结构与性质

番茄红素的一般结构是由 n 个共轭及 2 个非共轭碳碳双键组成的直线型碳氢

化合物，溶于脂肪和油脂中并呈现红色，由于具非环状结构，番茄红素大约有 72 种顺反异构体。几乎所有来源于天然植物的番茄红素都是反式构型，此构型最耐热。大多数食品原料中存在的番茄红素也都是反式构型，只有一小部分顺式构型，以 5-顺番茄红素、9-顺番茄红素和 13-顺番茄红素为主。在番茄汁中，94%～96% 的番茄红素为反式构型，5-顺型占 3%～5%，13-顺型占 1%，9-顺型占 0%～1%。不过，Tangerin-type 番茄的 7、9、9′、7′-顺型番茄红素（或称原番茄红素）的含量为总番茄红素的 90%。人体血清中的番茄红素含量为 0.2～1.0 μmol/L，主要以顺式构型存在（李琳等，2000）。

顺式异构体与反式异构体在化学和物理特性上完全不同，番茄红素的顺式结构颜色弱、熔点低、消光系数小，在紫外光谱中有一个新的吸收峰。加工工艺会影响番茄红素的顺反异构，加热可加速异构化。Schierli 等（1997）发现，蒸煮使反式构型的比例大大降低，干燥番茄或干燥番茄汁中顺式构型比例上升。油或油脂也会影响番茄红素的异构化。

番茄红素的损失主要是由于发生氧化、异构化和降解。番茄红素对光十分敏感，尤其是日光和紫外光，日光下放置半天，番茄红素基本损失殆尽，紫外光下放置 3 天后损失 40%。番茄红素的降解为拟一级反应，其降解程度因环境变化而有所不同（李琳等，2000）。

2. 来源

番茄红素主要分布于番茄、西瓜、南瓜、李、柿、桃、木瓜、芒果、番石榴、葡萄、葡萄柚、红莓、云莓、胡椒果、柑橘等的果实，茶叶片及萝卜、胡萝卜等的根部。番茄和番茄制品中的番茄红素，是西方膳食中类胡萝卜素最主要的来源，从番茄中获得的番茄红素占其总摄入量的 80%以上。番茄红素在番茄中的含量随品种和成熟度的不同而不同。一般说来，加工用番茄的番茄红素含量是鲜食用番茄的 3.0～3.5 倍，成熟度越高，番茄红素的含量越高。我国新疆产加工用番茄的番茄红素含量可达 400 mg/100 g 以上（孙庆杰和丁霄霖，1998）。番茄红素的前体物是植物组织中的有色体，随着成熟度的增加，叶绿体向有色体转化，番茄红素的生物合成也随之加快。番茄刚成熟时，果实内 α-胡萝卜素和 β-胡萝卜素的含量达到最大值，完全成熟后含量最高，一般为类胡萝卜素总量的 64%～76%（李琳等，2000）。

3. 生理功能

番茄红素是淬灭单线态氧和清除过氧化氢等自由基能力最强的类胡萝卜素。研究表明，类胡萝卜素清除单线态氧的能力主要取决于分子中共轭双键的数量，同时受末端基团的影响。由于番茄红素是一种含有 11 个共轭双键的类胡萝卜素，

1 个番茄红素分子可以清除数千个单线态氧，其清除单线态氧的速率常数是维生素 E 的 100 倍，β-胡萝卜素的 2 倍。

番茄红素能促进具有维持细胞间隙正常结合作用的蛋白质的合成。当细胞发生癌变时，细胞间隙连接通讯功能微弱或缺失，细胞发生转化后细胞间隙连接通讯功能降低或被抑制，由于番茄红素可以增强细胞间隙结合，因此可有效抑制癌变（许文玲等，2006）。

番茄红素还具有抑制 DNA 和蛋白质的合成、抑制亚硝胺的形成等多种作用。此外，番茄红素还有增强免疫细胞活性、降低血糖、抵御 γ-辐射引起的皮肤损害及 DNA 损伤、预防骨质疏松、抗炎症、抗凝血等作用（罗金凤等，2011）。

4. 生物合成

番茄红素在植物细胞中的合成在质体和叶绿体中进行，其关键步骤是：在八氢番茄红素合成酶（PSY）的作用下把两分子的双牻牛儿基二磷酸合成为无色的八氢番茄红素；再由八氢番茄红素脱氢酶（PD）S 催化将八氢番茄红素转变为 δ-胡萝卜素；δ-胡萝卜素再经转化成为番茄红素。合成的番茄红素与其他类胡萝卜素在质体中与疏水蛋白质相结合，在叶绿体中则与脱辅基蛋白质在类囊体膜上形成光合复合体。番茄红素和其他类胡萝卜素可协助叶绿素捕获光能，参与植物的光保护作用。即当光合系统被饱和时，光合天线系统中的叶绿素分子将与氧反应生成单线态氧而引起一系列有害的氧化反应，此时番茄红素和其他类胡萝卜素可通过碎灭活化的叶绿素分子而避免单线态氧的生成（韩美清和赵致，2003）。

1.5.3　叶绿素

1. 结构和性质

叶绿素（chlorophyll）是绿色植物的主要色素，主要有叶绿素 a 和叶绿素 b 两种，在一些藻类中还有叶绿素 c 和叶绿素 d。叶绿素是脂溶性色素，不溶于水，可溶于丙酮、乙醇和石油醚等有机溶剂，在颜色上，叶绿素 a 呈蓝绿色，叶绿素 b 呈黄绿色，它们的含量之比约为 3∶1。在分子结构上，叶绿素由脱镁叶绿素母环、叶绿酸、叶绿醇、甲醇、二价镁离子等部分构成，叶绿素 a 和叶绿素 b 在结构上的差别仅在于第 II 吡咯环上的一个—CH_3 被—CHO 所取代，叶绿素分子的卟啉环是由 4 个吡咯环通过 4 个甲烯基连接成的大环，环中心的镁离子偏于正电荷，相邻的氮原子偏于负电荷，因而具有极性与亲水性，而另一端的叶醇基是由 4 个异戊二烯基单位所组成的长链状的碳氢化合物，具有亲脂性（图 1.19）。

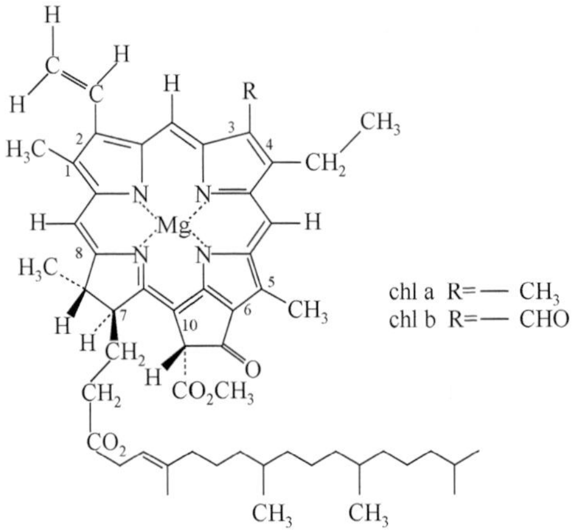

图 1.19　叶绿素的结构式

在食品加工和贮藏中，叶绿素变化后会产生几种重要的衍生物，脱镁叶绿素是脱镁叶绿素中甲酯基脱去，同时该环上的酮基也转换为希醇式，颜色较暗，但仍然是脂溶性的。脱植叶绿素就是叶绿素中的植醇被羟基取代，但仍然为绿色，不过是水溶性的。脱镁脱植叶绿素即是无镁无植醇的叶绿素，颜色为橄榄绿，呈水溶性。焦脱镁脱植叶绿素是比焦脱镁叶绿素颜色更暗的水溶性色素。叶绿素分子中的镁离子被铜、铁、钴等离子取代而成为叶绿素衍生物，这些衍生物对光、热、酸的稳定性大大提高，性质也更加稳定。目前市售叶绿素衍生物有叶绿素铜钠盐、叶绿素镁钠盐、叶绿素钾钠盐、叶绿素铜钾钠盐、叶绿素铁钠盐、叶绿素铜钾盐、叶绿素锌钠盐等（黄持都等，2007）。

2. 生理功能

目前研究进展表明，叶绿素具有改善便秘、降低胆固醇、抗衰老、排毒消炎、脱臭、抗癌抗突变等功能（黄持都等，2007）。

叶绿素及其衍生物卟啉环结构易与具有多环结构的复合物如平面芳烃致癌物以非共价键结合，形成一种无活性复合物而失去它的攻击性，从而减轻致癌效应。叶绿素和叶绿酸还可以与 DNA、mRNA 和蛋白质结合，调节细胞中与分化、增殖和凋亡相关蛋白的表达，改变细胞中酶的表达与活性。叶绿素还可以降低细胞膜对一些致癌物质的转运能力，从而具有抗诱变、抗肿瘤作用（柳新平等，2007）。叶绿素对饮食、抽烟以及新陈代谢产生的口臭、出汗脚臭、腋下恶臭均有除臭作用。叶绿素还能使肠道蠕动轻度亢进，能有效缓解便秘（蔡秋声，1997）。

3. 生物合成

绿色植物的叶绿素合成是一个由许多酶参与的复杂过程。从谷氨酰-tRNA

（Glu-tRNA）开始到叶绿素 b 的合成结束为止共包括 16 步，共由 20 多个基因编码的 16 种酶完成。该途径中任何一个环节发生突变都可能影响叶绿素的合成，从而引起叶色变异。首先，Glu-tRNA 经过反应形成带有不完整碳环结构的 δ-氨基乙酰丙酸（δ-aminolevulinic acid，ALA）；其次，两分子的 ALA 缩合形成单卟啉胆色素原（porphobilinogen，PBG），这一步的反应由 ALA 脱水酶催化；再次，4 分子的 PBG 由胆色素原脱氨酶催化形成线性四吡咯分子羟甲基胆色素原（hydroxy-methylbilane，Hmb）；接下来的反应包括环的闭合和同时在 D 卟啉环发生乙酰基和丙酰基的异构化形成尿卟啉原III（uroporphyrinogen III，Uro III）；再经过卟啉环侧链脱羧后生成粪卟啉原III（coproporphyrinogen III，Coprogen III），继而氧化形成原卟啉IX（protoporphy-rin IX，Proto IX）。

在 Proto IX 处有两条分支：一条是合成亚铁血红素（heme）和光敏色素的铁分支；另一条是形成叶绿素的镁分支。亚铁螯合酶和镁螯合酶分别催化这两条分支的第一个特异性反应。镁螯合酶催化 Mg^{2+} 加入到 Proto IX 中形成 Mg- 原卟啉IX（Mg-protoporphyrin IX，Mg-protoIX），经甲基化和环化后形成 Pchlide a。随后，Pchlide a D 环 C_{17} 和 C_{18} 之间的双键发生氧化而形成 Chlide a。叶绿素合成的最后一步反应是 Chlide a 通过酯化作用添加叶绿醇基团形成叶绿素 a。叶绿素 b 则是通过 Chlide a 氧化形成 Chlide b，然后再通过酯化作用添加叶绿醇基团而形成（史典义等，2009）。

1.5.4　玉米黄素

1. 结构和性质

玉米黄素（zeaxanthin）又名玉米黄质，中文半系统命名为 3，3′-二羟基-β-胡萝卜素，英文半系统命名为 3，3′-dihydroxy-β-carotene，分子式为 $C_{40}H_{56}O_2$，相对分子质量为 568.88。玉米黄素是一种含氧的类胡萝卜素（xanthophyll），与叶黄素（luein）属同分异构体。大部分存在于自然界中的玉米黄素为全反式异构体（All E-iso-mer）（图 1.20）。

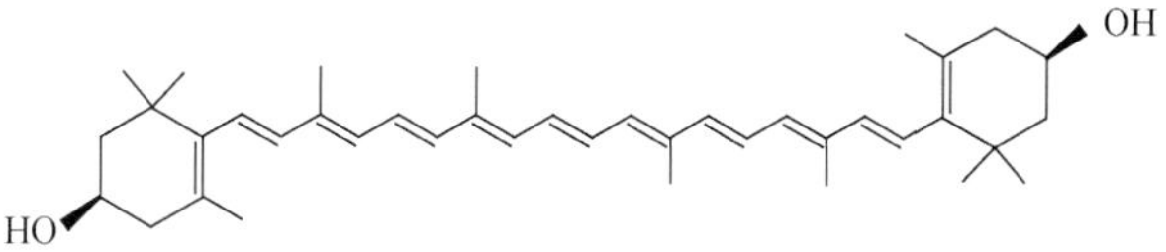

图 1.20　玉米黄素分子结构式

玉米黄素是天然的脂溶性化合物，不溶于水，易溶于乙醚、丙酮、石油醚、酯类等有机溶剂。玉米黄素是 β-胡萝卜素的羟基化衍生物，在体内不能转化为维生素 A，因此没有维生素 A 的活性。玉米黄素纯品为结晶粉末，呈橘红色，无气味。其稀溶液呈橙红色，具有较好的抗氧化性，耐碱。在高温下迅速处理时，性质较其他类胡萝卜素化合物稳定。在低温条件下，性质亦很稳定。对 Fe^{3+} 和 Al^{3+} 稳定性较差，但对其他离子和还原剂（如 Na_2SO_3 等）较稳定。在可见和紫外光区内，光照对玉米黄素的稳定性影响较大。

迄今为止，没有任何证据可证明动物（包括人）在体内能合成玉米黄素。动物体内的玉米黄素均来自食物。玉米黄素主要存在于深绿色蔬菜的叶片、玉米的种子、枸杞和酸浆的果实中；目前市场还未见到玉米黄素的人工合成品出现（蔡靳等，2012）。

2. 生理功能

玉米黄素分子拥有 11 个共轭双键，加上其末端结构上的羟基，因此，具有较强的抗氧化能力，可以在生物体中通过降低活性物质（如自由基、单线态氧）的反应活性来起到抗氧化作用，保护机体组织细胞，降低某些疾病的发生风险。流行病学调查显示，玉米黄素具有抗氧化、预防老年性黄斑病变及白内障、减少心血管疾病的发病率、有效预防癌症的发生等生理功能（Vu et al.，2006）。

3. 生物合成

玉米黄素是一种类胡萝卜素，属细胞的次生代谢产物。类胡萝卜素在生物体内是通过类异戊二烯途径进行合成的，且大多数生物合成的类胡萝卜素是 C_{40} 化合物。在生物合成的后期阶段，随着一系列的环化、羟基化和环氧化作用，细胞内可生成 α-胡萝卜素、β-胡萝卜素、隐黄质、叶黄素和玉米黄素等类胡萝卜素。玉米黄素与叶黄素（lutein）属同分异构体。在生物体内，二者共存的现象极为普遍。且生物体内类胡萝卜素的生物合成产物大部分都是反式构型的。所以，在蔬菜和水果中的玉米黄素大部分也是反式的（蔡靳等，2012）。

1.5.5　辣椒红素

辣椒的成分非常复杂，其显色物质主要是辣椒色素。辣椒果皮含有 0.2%～0.5%的胡萝卜色烯类色素，其中辣椒红素和辣椒玉红素占总量的 50%～60%。辣椒红素的分子式为 $C_{40}H_{56}O_3$，结构式如图 1.21 所示。

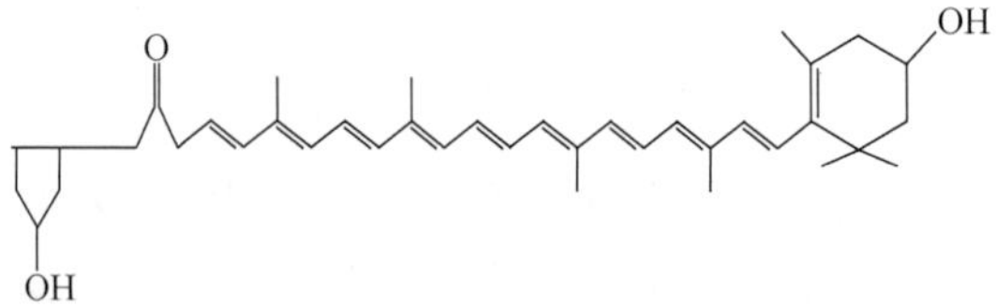

图 1.21　辣椒红素分子结构式

　　辣椒红素纯品为有光泽的深红色针状晶体，熔点 175℃ 左右，不溶于水而溶于乙醇及油脂。辣椒红素在中性或碱性条件下，对热较为稳定；还原剂对其基本无影响；金属离子中 K^+、Na^+、Al^{3+}、Zn^{2+}、Ca^{2+} 对其无影响，可与这些添加剂一起使用，但应避免与 Cu^{2+}、Fe^{2+}、Fe^{3+} 及有机酸一起使用；辣椒红素耐光性差，暴露于室外强光下易褪色，添加抗氧化剂可大幅提高其光稳定性（赵宁，2004）。

1.6　维　生　素

1.6.1　维生素 C

1. 概述

　　维生素 C（vitamin C）具有防治坏血酸的功能，所以又叫抗坏血酸（ascorbic acid），是一种水溶性维生素。抗坏血酸首先由匈牙利的 Szent-Gyorgyi 于 1928 年分离得到，并于 1933 年由 Hirst 和 Haworth 测定了其结构，Tadeus Reichstein 发明了维生素 C 的人工合成方法并合成成功。维生素 C 的分子式是 $C_6H_8O_6$，是一种强还原剂，分子中 2 位及 3 位碳原子的两个烯醇式羟基易解离而释放 H^+，从而氧化形成脱氢维生素 C（杨建辉，2012）。

2. 结构和性质

　　维生素 C 是一个含有 6 个碳原子的酸性化合物，是 3-酮基-L-呋喃古洛糖酸内酯，有烯醇式结构，共有 4 种异构体（L-抗坏血酸、L-异抗坏血酸、D-抗坏血酸、D-异抗坏血酸），其中 L-抗坏血酸的生物活性最高，其他抗坏血酸无生物活性，通常所说的维生素 C 即指 L-抗坏血酸（曾翔云，2005）。

　　维生素 C 的理化性质非常不稳定，是在外界环境中最易受到破坏损失的一种维生素。维生素 C 表现出很强的还原性（抗氧化性），极易溶于水，故极不稳定，遇热和氧化易被破坏，在中性和碱性溶液中，受光线、金属离子（铜、铁等）作用则会加快其破坏速度。例如，蔬菜在高温下煮 5～10 min，维生素 C 的损失率可达到 70%～90%。因此，维生素 C 的保存率可作为衡量烹调加工对食物营养价值影响程度的具体指标之一。氧化酶及某些含铜酶，如抗坏血酸氧化酶、多酚氧化酶、细胞色素氧化酶及过氧化物酶等都能催化维生素 C 的氧化破坏，但生物类黄酮的存在对维生素 C 具有保护作用（曾翔云，2005）。

3. 来源

　　所有绿色植物都能合成维生素 C，它是植物体自身代谢过程中必不可少的物质，在植物体的抗氧化系统中起着重要的作用。人类所需的维生素 C 主要来源于新鲜水果和蔬菜。以刺梨中含量最多，每 100 g 含 2088 mg，有"维生素 C 王"之称；其次是猕猴桃（420 mg）、鲜枣（380 mg），草莓、柑橘也较多；蔬菜中以辣椒含量最多，青菜、韭菜、菠菜、柿子椒等深色蔬菜和花菜中含量也较多；蔬菜的叶部比茎部含量高，新叶比老叶高，光合能力强的叶部含量高；此外，野生植物如览菜、首楷、沙棘、酸枣等也含有丰富的维生素 C（表 1.3）。

表 1.3　主要鲜果、蔬菜和粮食可食部分的维生素含量（曲佳等，2005）

名称	维生素 C 含量（mg/100 g）	名称	维生素 C 含量（mg/100 g）
刺梨	2088	番茄	40
猕猴桃	420	草莓	35
鲜枣	380	柑橘	34
花椰菜	240	西瓜	25
辣椒	185	香蕉	15
香瓜	90	玉米，谷物	10
荠菜	80	葡萄	9
菠菜	59	胡萝卜	8
马铃薯	50	苹果	6
柠檬	45	梨	4

4. 生理功能

人体轻度缺乏维生素 C 时，早期症状表现为感觉疲劳、牙龈出血等，严重缺乏维生素 C 时，则可导致坏血病。坏血病的临床表现主要反映了维生素 C 在胶原蛋白合成过程中发挥的重要作用。特定的组织和毛细血管的脆弱主要是在胶原蛋白合成过程中脯氨酸羟化过程受阻，从而导致胶原蛋白无法合成。胶原蛋白归于结缔组织，是骨及毛细血管等的重要组成部分，而结缔组织是伤口愈合的第一步，所以胶原蛋白合成受阻就会出现毛细血管破损、瘀血、紫癜、牙龈出血、伤口愈合延迟、骨质脆弱、关节疼痛等症状，严重情况则会导致死亡。维生素 C 是胶原脯氨酸羟化酶的辅因子，缺少维生素 C 就会导致脯氨酸无法形成羟脯氨酸，影响胶原蛋白的合成（杨建辉，2012）。保证膳食中维生素 C 的足量供应，有利于预防和治疗坏血病。维生素 C 参与体内的氧化还原反应，可以保持巯基酶的活性和谷胱甘肽的还原状态，从而抑制体内自由基、过氧化脂质等有害物质的形成，进而延缓人体的衰老（曾翔云，2005）。维生素 C 可促进人体内抗体的形成，提高白细胞的吞噬能力，提高人体对疾病的抵抗力和对寒冷的耐受力，从而增强人体的免疫功能（曾翔云，2005）。维生素 C 还可以阻断亚硝胺的形成，从而可以预防胃癌、肠癌等消化道癌症（王丽荣，2008）。

5. 生物合成

Wheeler 等（1998）提出高等植物 AsA 的生物合成途径以 D-甘露糖-6-磷酸和 L-半乳糖及 L-半乳糖内酯（L-galactono-1，4-lactone，L-GalL）等作为主要中间物质。支持该途径的证据主要有：①当用[^{14}C]甘露糖喂饲拟南芥叶片时，4 h 后就有约 10%被标记的 ^{14}C 在 AsA 中被检测到；对 Cucurbita pepo 根系的研究也得出相同的结果；②在豌豆胚提取物中加入[^{14}C]GDP-甘露糖可以形成[^{14}C]L-GalL，并可进一步生成 AsA；③用 L-半乳糖和 L-半乳糖内酯喂饲拟南芥叶片和豌豆苗可以相同的效率增加 AsA 的含量，同时 GDP-甘露糖可通过 GDP-D-甘露糖-3，5-表异构酶的作用形成 L-半乳糖；④该途径中所涉及的酶多数已被检测、纯化或克隆；⑤特别是对从拟南芥获得的 AsA 缺失突变体的相关研究也证实了这一途径。该途径把 AsA 的生物合成融入植物碳水化合物的主要代谢过程，并与多糖合成和蛋白质的糖基化之间建立联系，已被公认为是高等植物合成 AsA 的主要途径（安华明等，2004）。

1.6.2　维生素 B$_1$

1. 结构和性质

维生素 B$_1$ 又称硫胺素（thiamine）或抗神经炎素，是第一个被发现的维生素，由真菌、微生物和植物合成，动物和人类则只能从食物中获取。维生素 B$_1$ 由嘧啶环和噻唑环结合而成，分子式为 $C_{12}H_{17}ClN_4OS$，是白色结晶或结晶性粉末。有微弱的特臭，味苦，有引湿性，露置在空气中易吸收水分；在碱性溶液中容易分解变质，酸碱度在 3.5 时可耐 100℃高温，酸碱度大于 5 时易失效；遇光和热效价下降，故应置于遮光，凉处保存，不宜久储还原性物质亚硫酸盐、二氧化硫等能使维生素 B$_1$ 失活。

2. 来源

维生素 B$_1$ 主要存在于种子的外皮和胚芽中，如米糠和麸皮中含量很丰富，在酵母菌中含量也极丰富。维生素 B$_1$ 在水果、蔬菜中含量不高，但蔬菜较水果含量略多。蔬菜中维生素 B$_1$ 含量依次为鲜豆类及其制品、嫩茎、菜薹、花类、瓜类、根茎类、茄果类。从品种来看，58 种蔬菜中毛豆、苔菜（脱水）、菠菜、黄豆芽、芫荽、芹菜中维生素 B$_1$ 含量较高。鲜果中板栗（鲜）、橘子、苹果中含量相对较多（表 1.4）。

表 1.4　水果蔬菜的维生素 B_1 含量（许雁萍等，1996）　　（单位：mg/100 g 食部）

食物种类	份数	含量范围	$\bar{X} \pm Sd$	含量较高食物	含量较低食物
鲜豆类及其制品	8	0.03～0.22	0.070±0.072	毛豆、黄豆芽	四季豆、豆角、菜豆
根茎类	11	0.02～0.08	0.047±0.017	红薯（黄皮）	荸荠、地瓜
嫩茎品、菜薹、花类	26	0.03～0.15	0.062±0.030	菠菜、韭菜、芫荽	花菜、大白菜、茭白
瓜类	7	0.03～0.06	0.051±0.013	西瓜、丝瓜、甜瓜	黄瓜、笋瓜
茄果类	5	0.02～0.06	0.038±0.016	番茄、青辣椒	大圆茄、紫茄
鲜果类	28	0.02～0.09	0.042±0.016	板栗（鲜）、橘子	葡萄、李子
其他	2	0.05～0.20	0.120±0.106	菜薹（脱水）	平菇（人培）

3. 生理功能

在生物体内，维生素 B_1 的生物活性形式为硫胺素焦磷酯（thiamine pyrophosphate，TPP），TPP 是丙酮酸脱氢酶复合体（pyruvate dehydrogenase complex，PDHC）、α-酮戊二酸脱氢酶复合体（α-ketoglutarate dehydrogenase complex，KGDHC）和磷酸戊糖途径的转酮醇酶（tran-sketolase，TK）反应中的重要辅助因子。PDHC 和 KGDHC 是细胞利用葡萄糖产生 ATP 途径的重要组成部分；TK 则是糖异生的关键酶。作为糖酵解中两种关键性催化酶类的辅酶，硫胺素对葡萄糖代谢具有重要的作用。此外，体内氧化还原反应的主要成分还原型烟酰胺腺嘌呤二核苷酸（reduced nicotin-amide adenine dinucleotide，NADH）、还原型烟酰胺腺嘌呤二核苷酸磷酸（reduced nicotinamide adenine dinucleotide phosphate，NADPH）和谷胱甘肽都是在以焦磷酸硫胺素为辅助因子的酶促反应过程中产生的。

硫胺素在维持脑内氧化代谢平衡方面，如脂质过氧化产物水平和谷胱甘肽还原酶活性方面发挥着重要作用。另外，以焦磷酸硫胺素作为辅酶的酶还参与了氨基酸合成以及其他细胞代谢过程中有机化合物的合成过程。最近的研究表明，维生素 B_1 的衍生物能够参与到基因表达调控、细胞应激反应、信号转导途径以及神经系统信号转导等机体重要的生理过程中，而维生素 B_1 衍生物的这些作用不依赖于其辅酶的作用。维生素 B_1 还是维持神经、心脏及消化系统正常机能的重要生物活性物质（李文霞和柯尊记，2013）。

1.6.3　维生素 B_2

1. 结构和性质

核黄素是一种水溶性 B 族维生素，1920 年第一次被发现，1933 年第一次从卵蛋白中分离出来,1935年核黄素的化学结构被鉴定。核黄素的化学结构如图1.22所示,具有一个核糖醇侧链的异咯嗪的衍生物,外观为橙黄色晶体,在平常的湿度下稳定,而且不受空气中氧的影响,微溶于水,溶液呈现出强的黄绿色荧光;不溶于有机溶剂,在强酸溶液中稳定,在碱性条件下或者暴露于可见光或紫外线中时不稳定。食物中的核黄素很容易吸收,但单独服用时,则只有15%的吸收率。核黄素在生物体中的储存量不多,多余的随尿液排出,使尿液呈鲜黄色(项昭保等,2004)。

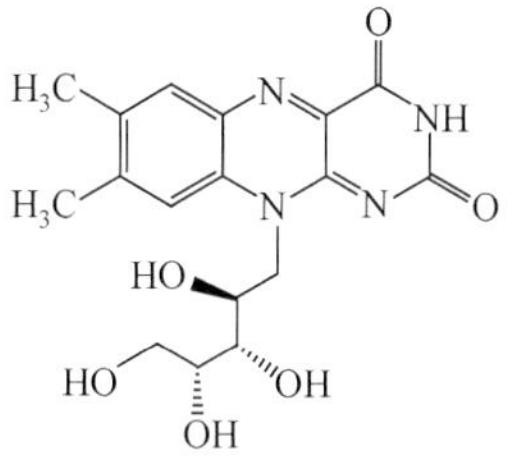

图 1.22　核黄素的结构式

2. 来源

核黄素在生物界分布极广,广泛地分布在所有的叶菜、温血动物和鱼肉中,水果和蔬菜是核黄素的重要来源。蔬菜中核黄素含量较丰富,嫩茎、菜薹、花类含量普遍较高,其次为鲜豆类及其制品,瓜类和根茎类含量较少,茄果类除红辣椒外含量均偏低。菜薹(脱水)、红辣椒、平菇、荠菜、豌豆苗、韭菜、小白菜、黄豆芽、蒜苗、览菜等蔬菜中核黄素含量较高;冬瓜、笋瓜、莲藕、地瓜中含量很少(表1.5)。

表 1.5　水果和蔬菜中核黄素含量(许雁萍等,1996)(单位:mg/100 g 食部)

食物种类	份数	含量范围	$\bar{X} \pm Sd$	含量较高食物	含量较低食物
鲜豆类及其制品	8	0.06~0.11	0.075±0.076	黄豆芽、绿豆芽、菜豆	四季豆
根茎类	11	0.02~0.05	0.036±0.010	马铃薯、红薯(红皮)	莲藕、凉薯、萝卜
嫩茎品、菜薹、花类	26	0.03~0.17	0.086±0.033	菠菜、荠菜、韭菜	洋葱、大白菜
瓜类	7	0.02~0.06	0.036±0.014	南瓜	冬瓜、笋瓜
茄果类	5	0.02~0.20	0.064±0.076	红辣椒	青辣椒
鲜果类	28	0.01~0.15	0.031±0.029	板栗(鲜)梨	苹果、葡萄
其他	2	0.15~0.36	0.255±0.148	菜薹(脱水)	平菇(人培)

3. 生理功能

核黄素是人体新陈代谢酶系统的一个组成部分，也是生物生命活动中不可缺少的维生素之一，与人体内碳水化合物、脂肪及氨基酸代谢有着密切的关系。它的生物活性是形成黄素单核苷酸和黄素嘌呤二苷酸两种黄素辅酶。这两种辅酶与多种蛋白形成黄素蛋白，参与生物机体的生物氧化反应和能量代谢，它们也是机体细胞内混合功能氧化酶系统的必要组分，此酶系统是化学致癌物在机体内代谢活化或解毒的主要酶系统，核黄素缺乏可以引起体内多种代谢障碍（项昭保等，2004）。

1.6.4　维生素 B_6

维生素 B_6 是吡哆醇、吡哆醛和吡哆胺的总称，因都属于吡啶衍生物，也被称为吡哆素。维生素 B_6 在室温下为白色晶体，易溶于水，微溶于乙醇，在氯仿中不溶或极微溶。在干燥环境或酸性水溶液中稳定，但在碱性和中性水溶液中不稳定，暴露于光和热时更不稳定，其中吡哆醇要比吡哆醛和吡哆胺稳定得多。人体内的维生素 B_6 在激酶作用下，5 位羟甲基可被磷酸化，得到磷酸吡哆醇、磷酸吡哆醛和磷酸吡哆胺。磷酸化作用是维生素 B_6 在细胞内的重要储存方式，3 种磷酸化的产物在体内的相互转化关系如图 1.23 所示（肖玉梅等，2010）。

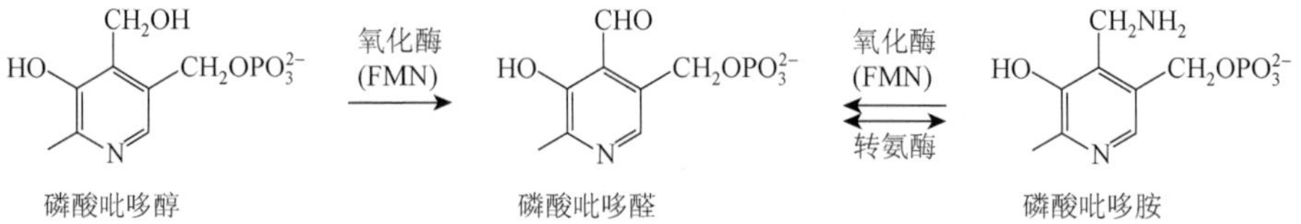

图 1.23　磷酸化的维生素 B_6 在体内的相互转化

1.6.5　维生素 K

1. 结构和性质

维生素 K 族化合物属于脂溶性维生素，基本结构为 2-甲基-1,4-萘醌。天然存在的维生素根据其侧链形式不同可以分为维生素 K_1 和维生素 K_2 两种。维生素 K_1 为黄色至橙色的黏稠液体，拥有甲基化的萘醌环，C-3 侧链上具有四个异戊二烯残基，其中一个是不饱和的（图 1.24）；维生素 K_2 为系列化合物，是淡黄色晶体，根据 C-3 上异戊二烯侧链的长短不同共有 14 种形式，以 MK-n 表示，其中 n 指侧链上异戊二烯单位的个数（图 1.25）。维生素 K_1 和维生素 K_2 都有耐热性，但对光和碱敏感。

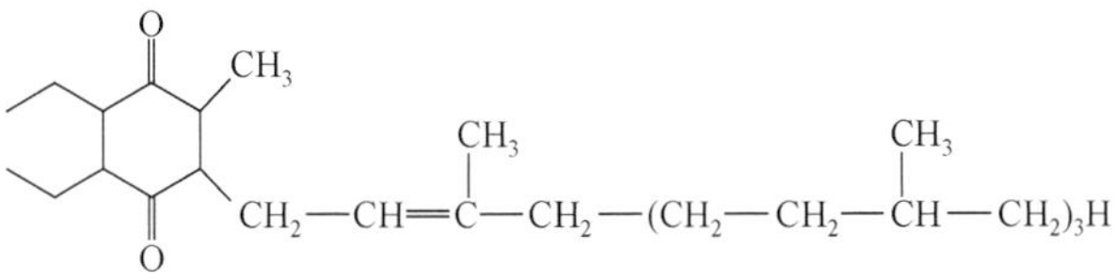

图 1.24　叶绿醌（维生素 K_1）的结构式

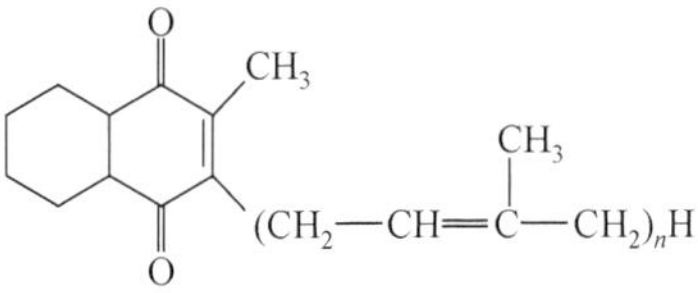

图 1.25　甲基萘醌类（MK-n，维生素 K_2）的结构式

2. 来源

维生素 K_1 和维生素 K_2 均广泛存在于自然界。维生素 K_1 在绿色植物（如菠菜、甘蓝、莴苣等）与动物肝脏中含量丰富；维生素 K_2 主要由肠道细菌合成。

3. 生理功能

维生素 K 的主要作用是维持机体的正常凝血功能，促进肝脏合成凝血酶原（即凝血因子 II），还调节另外 3 种凝血因子的合成；其作用机制是作为谷氨酸-γ-羧化酶的辅酶，将凝血酶原中谷氨酸残基羧化成 γ-羧化谷氨酸残基（Gla）。有实验证明，这些凝血因子中有多个 γ-羧基谷氨酸与凝血功能密切相关，缺乏 γ-羧基谷氨酸就没有凝血活性。含 Gla 的蛋白已知存在于骨、肾、胎盘、胰及脾、肺、血管等组织。钙化组织中含 Gla 的蛋白主要有骨钙素（BGP 或 Osteocalcin OC）、基质 γ-羧基谷氨酸蛋白（MGP）和蛋白 S。Bouckaert 和 Said（1960）首次发现维生素 K 可以促进兔子的骨折愈合，Lietman 等（1975）首次提出维生素 K 参与人体骨代谢的假说，此后广泛的研究发现维生素 K 可以通过将骨钙素中的谷氨酸残基羧化成 γ-羧化谷氨酸残基而促进骨形成，其中维生素 K_2 还可以抑制骨吸收，从而调节骨代谢，起到预防骨折发生的作用（邹志强，2005）。

1.6.6　生物素

1. 结构

生物素（biotin）又称维生素 H、维生素 B_7 和辅酶 R，是水溶性 B 族维生素之一，熔点为 232～233℃。生物素分子中含有 3 个各不相同的手性碳原子，符合此构造式者共有 8 个立体异构体（4 对对映体），它们均已被合成并分离出来。在这 8 个立体异构体中，只有全顺式的 D(+)-biotin（生物素）才具有上述生理活性（图 1.26）。

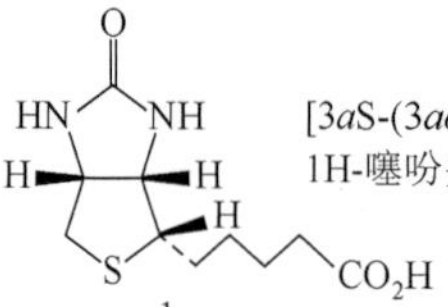

[3aS-(3aα,4β,6aα)]-六氢-2-氧代-
1H-噻吩并[3,4-d]咪唑-4-戊酸

图 1.26　生物素结构式

2. 来源

生物素广泛分布于动、植物组织中，如主要存在于肝、肾、蛋黄、酵母和奶中，也存在于植物的种子、花粉、糖蜜、菌类、新鲜蔬菜和水果中，其中芥蓝、胡桃、香蕉和红萝卜等果蔬含有较高浓度的生物素。

3. 生理功能

生物素是羧化酶的辅基，也是糖、蛋白质和脂肪中间代谢的重要辅酶之一。人类缺乏生物素，会引起皮炎、食欲减退、恶心、呕吐、退色素、脱发、贫血、血中胆固醇增多、情绪抑郁、体重减轻等症状，这些病况可通过补充 150～300 μg/d 的生物素得到治愈（张逸伟和曾汉维，2001）。

1.6.7　叶酸

1. 结构和性质

叶酸是一组化学结构相似、生化特征相近的化合物的统称，由蝶啶、对氨基苯甲酸和一个或多个谷氨酸结合而成，即由 α-氨基-4-羟基蝶啶与对氨基苯甲酸相连接，再以—NH—CO—键与谷氨酸连接组成（图 1.27）。叶酸微溶于水，对热、光线、酸性溶液均不稳定，在中性及碱性溶液中对热稳定，烹调中损失可达 50%～90%。

2. 来源

叶酸广泛分布于植物中，如硬化甘蓝、菠菜、甜菜、莴苣、番茄、胡萝卜、青菜、龙须菜、花椰菜、油菜、小白菜和蘑菇等蔬菜，柑橘、柠檬、草莓、樱桃、香蕉、杨梅、海棠、酸枣、山楂、石榴、坚果、葡萄、猕猴桃等水果，以及大麦、米糠、小麦胚芽、糙米等谷物类和扁豆、豆荚等豆类制品，都含有丰富的叶酸；叶酸还存在于动物肝、肾、肉及蛋黄、鱼鲑和乳汁中（杨玉柱等，2006）。

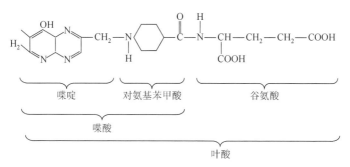

图 1.27　叶酸结构式

3. 生理功能

叶酸的生理活性主要表现在：参与遗传物质和蛋白质的代谢；影响动物繁殖性能；影响动物胰腺的分泌；促进动物的生长；提高机体免疫力。叶酸缺乏的可能原因包括摄入量不足；需要量增加；肠道吸收障碍；维生素 C 缺乏；使用叶酸拮抗药；肝脏疾病等（许丽惠等，2013）。

4. 生物合成

植物中蝶呤合成的第一步由腺苷三磷酸环化水解酶（GTPCHI）催化，产物是二氢新蝶呤三磷酸，植物中这种酶是由两个亚基组成，与其他生物中该酶同源性较高。

对氨基苯甲酸合成途径与细菌一样，植物中由分支到对氨基苯甲酸的第一步反应是由氨基脱氧分支酸合成酶（ADCS）催化的。分支酸只能在质体中合成，是莽草酸途径的重要中间代谢产物。细菌中的 ADCS 是一种异二聚体，而植物的 ADCS 是由与细菌中的 ADCS 两个亚基同源的多肽串联而成的。另外，对氨基苯甲酸在胞质中葡萄糖醛转移酶的催化下可逆地转化成其葡萄糖脂，因而植物中全部或大多数对氨基苯甲酸都发生了酯化反应。

叶酸合成途径的最后 5 步反应定位于线粒体中，蝶呤和对氨基苯甲酸在二氢蝶酸合成酶的催化下结合为二氢蝶酸，二氢蝶酸合成酶在植物细胞中是一种双功能蛋白，它同时可作为羟甲基二氢蝶呤焦磷酸激酶催化该途径的下一步反应，植物体内的二氢蝶酸合成酶受它自身的催化产物——二氢蝶酸的反馈抑制。在植物中第一次谷氨酸化步骤是在二氢叶酸合成酶的催化下实现的，而随后的谷氨酸化步骤则是在叶酰多谷氨酸合成酶的催化下进行的。由二氢叶酸（DHF）

还原为 THF 是由二氢叶酸还原酶催化，这种酶还具有胸苷酸合成酶活性（孙维洋等，2008）。

1.6.8 泛酸

1. 结构和性质

泛酸化学名为 N-（α，γ-二羟基-β，β-二甲基丁酰）-β-氨基丙酸，是水溶性维生素 B 族的一种黄色黏性油状物，易潮解；能溶于水、乙酸乙酯、二噁烷、冰醋酸，略溶于乙醚、戊醇，几乎不溶于苯、氯仿；有右旋光性；对酸、碱和热都不稳定。

2. 来源

泛酸的来源主要有动物内脏、肉类、鸡蛋、蘑菇、坚果、绿色蔬菜和某些酵母，全谷类食品也是其良好的来源，但容易受到加工程度的影响，而使泛酸大量丢失（王璇，2007）。

3. 生理功能

泛酸是辅酶 A 前体物质，其进入体内转化为辅酶 A 而产生作用。人体缺乏泛酸会引起肌肉酸痛或痉挛、肾上腺机能不足和减退、注意力不集中、手脚麻木、便秘、精力缺乏、轻微锻炼后即筋疲力尽、忧虑、紧张以及磨牙等症状（孙志浩，2004）。

4. 生物合成

泛酸是由 α-酮异戊酸和 L-天冬氨酸两种物质经过四步酶促反应生成。最后在泛酸合成酶的催化下由 ATP 提供能量连接 β-Ala 和泛解酸生成泛酸。此外，在动物的体液或细胞液中含有的泛酸的高级同系物被称为"高泛酸"，它是由泛解酸和4-氨基丁酸生成的，4-氨基丁酸主要是在 Glu 脱羧酶（EC 4.1.115）催化作用下由L-Glu 脱羧生成（杨延辉和肖春玲，2008）。

1.7 其 他

1.7.1 皂苷

皂苷由甾体或三萜连接糖基组成（图 1.28），分子中含有较多的羟基，具有较大的极性。果蔬中大枣、莴笋、生菜、山药、苦瓜中含有丰富的皂苷。皂苷类物质往往具有一些共同的理化性质如发泡性，并有一些类似的生物活性如抗血小板作用等。近年研究表明，皂苷大多具有明显的抗氧化作用，已知氧化损伤与许多病理生理现象如衰老、动脉粥样硬化、缺血再灌注损伤等有关，皂苷类的抗氧化作用则可能是其延缓衰老，抗动脉粥样硬化，抗缺血再灌注损伤等药理作用的共同作用机制（徐先祥等，2004）。

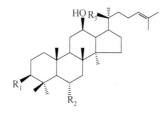

图 1.28　皂苷结构式

1.7.2　含硫化合物

有机硫化合物指分子结构中含有元素硫的一类植物化学物质，它们以不同的化学形式存在于蔬菜或水果中。一种是异硫氰酸盐（isothiocyanates，ITC），以葡萄糖异硫酸盐缀合物形式存在于十字花科蔬菜中，如西兰花、卷心菜、菜花、球茎甘蓝、芥菜和小萝卜。另一种是葱蒜中的有机硫化合物，例如，大蒜中已测出30 多种含硫化合物，其中多数原来并不存在于大蒜中，而是切碎时，蒜氨酸在蒜酶的作用下形成蒜辣素，蒜辣素不稳定，分解后可形成多种含硫化合物。大蒜中含硫有机化合物按极性可分为脂溶性和水溶性两大类，其化学结构和名称见表 1.6。

表 1.6　大蒜中主要含硫化合物（严常开和曾繁典，2004）

化学结构	化合物名称
脂溶性成分	
$CH_2=CH—CH_2—S(O)—CH_2—CH(NH_2)—COOH$	蒜氨酸
$CH_3—CH=CH—S(O)—CH_2—CH(NH_2)—COOH$	S-丙烯基半胱氨酸亚砜
$CH_3—CH_2—CH_2—S(O)—CH_2—CH(NH_2)—COOH$	S-丙基半胱氨酸亚砜
$CH_3—S(O)—CH_2—CH(NH_2)—COOH$	S-丙基半胱氨酸亚砜
$CH_2=CH—CH_2—S(O)—S—CH_2—CH=CH_2$	蒜辣素
$CH_2=CH—CH_2—S(O)—CH_2—CH$ 　　　$=CH—S—S—CH_2—CH=CH_2$	蒜烯
$CH_3—CH_2—CH=S(O)$	硫丙烷 S-氧化物
$CH_2=CH—CH_2—S—CH_2—CH=CH_2$	二烯丙基一硫化物（DAS）
$CH_2=CH—CH_2—S—S—CH_2—CH=CH_2$	二烯丙基二硫化物（DADS）

续表

化学结构	化合物名称
CH$_2$=CH—CH$_2$—S—S—S—CH$_2$—CH=CH$_2$	二烯丙基三硫化物（DATS）
CH$_2$=CH—CH$_2$—S—CH$_3$	甲基烯丙基一硫化物（AMS）
CH$_2$=CH—CH$_2$—S—S—CH$_3$	甲基烯丙基二硫化物（AMDS）
CH$_2$=CH—CH$_2$—S—S—S—CH$_3$	甲基烯丙基三硫化物（AMTS）
CH$_3$—CH$_2$—CH$_2$—S—CH$_2$—CH$_2$—CH$_3$	二丙基一硫化物（DPS）
CH$_3$—CH$_2$—CH$_2$—S—S—CH$_2$—CH$_2$—CH$_3$	二丙基二硫化物（DPDS）
CH$_3$—CH$_2$—CH$_2$—S—S—S—CH$_2$—CH$_2$—CH$_3$	二丙基三硫化物（DPTS）
CH$_3$—CH$_2$—CH—S—CH$_3$	甲丙基一硫化物（PMS）
CH$_3$—CH$_2$—CH—S—S—CH$_3$	甲丙基二硫化物（PMDS）
CH$_3$—CH$_2$—CH—S—S—S—CH$_3$	甲丙基三硫化物（PMTS）
水溶性成分	
CH$_2$=CH—CH$_2$—S—CH$_2$—CH(NH$_2$)—COOH	*S*-烯丙基半胱氨酸（SAC）
CH$_2$=CH—CH$_2$—S—S—CH$_2$—CH(NH$_2$)—COOH	*S*-烯丙基氨基半胱氨酸（SAMC）
CH$_2$=CH—CH$_2$—S—H	烯丙基硫醇（AM）

　　有机硫化合物的生物学作用主要是抑癌和杀菌。例如，异硫氰酸盐能阻止实验动物肺、乳腺、食管、肝、小肠、结肠和膀胱等组织癌症的发生。大蒜中的二丙烯基一硫化物、二丙烯基二硫化物和二丙烯基三硫化物能有效抑制肿瘤细胞的增生，并诱导肿瘤细胞凋亡，对正常细胞则无作用（严常开和曾繁典，2004）。大蒜汁对格兰阳性菌和革兰阴性菌都有抑菌或灭菌作用，因此大蒜素具有广谱杀菌作用。

参 考 文 献

安华明，陈力耕，樊卫国，等. 2004. 高等植物中维生素 C 的功能合成及代谢研究进展. 植物学通报，(5)：608-617

蔡靳，惠伯棣，蒋继志. 2012. 玉米黄素及在食品中的应用研究进展. 中国食品添加剂，(3)：200-207

蔡秋声. 1997. 叶绿素及其衍生物的特性和生理功能. 粮食与油脂，3：38-40

曹双瑜，胡文冉，范玲. 2012. 木质素结构及分析方法的研究进展. 高分子通报，(3)：8-13

崔志杰，何玲，刘仲华，等. 2011. 儿茶素的生物学活性及其应用前景概述. 动物营养学报，23（10）：1664-1668

董全，丁红梅. 2009. 菊芋低聚果糖生产及前景展望. 中国食物与营养，(4)：16-18

方积年，王顺春. 1997. 香菇多糖的研究进展. 中国药学杂志，(6)：14-16

方忠祥，倪元颖. 2001. 花青素生理功能研究进展. 广州食品工业科技，17（3）：60-62

付佳，王洋，阎秀峰. 2003. 萜类化合物的生理生态功能及经济价值. 东北林业大学学报，31（6）：59-62

高爱红，童华荣. 2001. 天然食用色素——花青素研究进展. 保鲜与加工，1（3）：25-27

高锦明，张鞍灵，张康健，等. 1999. 绿原酸分布、提取与生物活性研究综述. 西北林学院学报，(2)：73-82

邰海燕，于震宇，陈杭君，等. 2006. 白藜芦醇功能和作用机理研究进展. 中国食品学报，6（1）：411-416

郭菁菁，杨秀芬. 2008. 黄酮类化合物对动物实验性肝损伤保护作用的研究进展. 中国药理学通报，(1)：5-10

韩继红, 刘勇钢. 2008. 茶儿茶素药用功能的研究进展. 河北化工, 31 (3): 17-18

韩美清, 赵致. 2003. 番茄红素研究进展及应用前景. 山地农业生物学报, (5): 456-461, 470

韩雅珊. 1999. 类胡萝卜素的功能研究进展. 中国农业大学学报, 4 (1): 5-9

郝雪. 2013. 膳食纤维. 人人健康, (4): 30-31

何强, 姚开, 石碧. 2001. 植物单宁的营养学特性. 林产化学与工业, (1): 80-85

侯晋, 付杰, 张志明, 等. 2011. 咖啡酸衍生物的生物活性与化学结构的改造. 复旦学报 (医学版), (6): 546-552

胡益勇, 徐晓玉. 2006. 阿魏酸的化学和药理研究进展. 中成药, (2): 253-255

黄持都, 胡小松, 廖小军, 等. 2007. 叶绿素研究进展. 中国食品添加剂, (3): 114-118

黄凯丰, 杜明凤. 2009. 膳食纤维研究进展. 河北农业科学, 13 (5): 53-55

贾冬英, 姚开, 谭敏, 等. 2001. 柚果皮中生理活性成分研究进展. 食品与发酵工业, (11): 74-78

江璐, 何计国, 范慧红. 2007. 南瓜多糖的研究进展. 食品与药品, (8): 51-53

孔庆胜, 蒋滢. 1999. 南瓜多糖的提取纯化及其分析. 济宁医学院学报, 22 (4): 37-39

李福枝, 刘飞, 曾晓希, 等. 2007. 天然类胡萝卜素的研究进展. 食品工业科技, (9): 227-232

李连德, 李增智, 樊美珍. 2000. 虫草多糖研究进展. 安徽农业大学学报, (4): 413-416

李琳, 吴永娴, 曾凡坤. 2000. 番茄红素的研究进展. 食品科学, (5): 8-11

李沐涵, 殷美琦, 冯靖涵, 等. 2011. 没食子酸抗肿瘤作用研究进展. 中医药信息, 28 (1): 109-111

李文霞, 柯尊记. 2013. 维生素 B_1 缺乏与老年性痴呆. 生命科学, (2): 184-190

李晓东, 何卿, 郑先波, 等. 2011. 葡萄白藜芦醇研究进展. 园艺学报, 38 (1): 171-184

李雄彪, 张金忠. 1994. 半纤维素的化学结构和生理功能. 植物学通报, (1): 27-33, 42

李英华, 朱威. 2014. 果胶的抗肿瘤活性研究进展. 世界科学技术: 中医药现代化, (2): 442-447

刘佳, 王勇. 2012. 灵芝多糖的研究进展. 现代药物与临床, 27 (6): 629-634

刘军海, 裘爱泳. 2003. 绿原酸及其提取纯化和应用前景. 粮食与油脂, (9): 44-46

刘伟, 刘成梅, 林向阳, 等. 2003. 膳食纤维的国内外研究现状与发展趋势. 粮食与食品工业, (4): 25-27

刘文, 董赛丽, 梁金亚. 2008. 果胶的性质、功能及其应用. 三门峡职业技术学院学报, (2): 118-121, 124

刘锡建, 肖稳发, 曹俭, 等. 2008. 枸杞多糖的研究进展. 上海工程技术大学学报, (4): 299-302

刘学仁, 张莹, 林志群. 2011. 橙皮苷和橙皮素生物活性的研究进展. 中国新药杂志, (4): 329-333, 381

柳新平, 王新明, 周开文, 等. 2007. 叶绿素在肿瘤防治中的应用研究进展. 中国肿瘤临床与康复, 14 (3): 269-271

吕爱新, 于宏伟, 赵志强, 等. 2011. 柚皮素研究进展. 安徽农业科学, (13): 7734-7735, 7845

罗金凤, 任美燕, 陈敬鑫, 等. 2011. 番茄红素的生理功能及保持其稳定性方法的研究进展. 食品科学, 32 (19): 279-283

马志红, 陆忠兵. 2003. 单宁酸的化学性质及应用. 天然产物研究与开发, 15 (1): 87-91

毛清黎, 施兆鹏, 李玲, 等. 2007. 茶叶儿茶素保健及药理功能研究新进展. 食品科学, 28 (8): 584-589

孟祥颖, 郭良, 李玉新, 等. 2003. 芦丁的来源、用途及提取纯化方法. 长春中医学院学报, (2): 61-64

欧仕益, 包惠燕, 蓝志东. 2001. 阿魏酸及其衍生物的药理作用研究进展. 中药材, (3): 220-221

乔为仓, 张涛. 2005. 功能性低聚糖的开发与应用. 饮料工业, 8 (2): 4-7

曲佳, 杨静慧, 梁国鲁, 等. 2005. 果蔬中的维生素 C 研究进展. 西南园艺, (6): 14-16

任虹, 张乃元, 田文静, 等. 2013. 源于果蔬的黄酮类化合物及其抗肿瘤作用靶点研究进展. 食品科学, 34 (11): 321-326

阮志平. 2006. 植物单宁与健康. 中国食物与营养, (8): 48-50

邵继智. 1996. 膳食纤维与肠内营养. 肠外与肠内营养, (1): 55-57

史典义, 刘忠香, 金危危. 2009. 植物叶绿素合成、分解代谢及信号调控. 遗传, (7): 698-704

宋东亮，沈君辉，李来庚. 2008. 高等植物细胞壁中纤维素的合成. 植物生理学通讯，44（4）：791

孙庆杰，丁霄霖. 1998. 番茄红素稳定性的初步研究. 食品与发酵工业，（2）：47-51

孙铁民，李铣. 2000. 水飞蓟素药理研究进展. 中草药，31（3）：229-231

孙维洋，李剑芳，牟志美. 2008. 植物叶酸的合成、代谢及基因工程研究进展. 安徽农业科学，（6）：2229-2230

孙志浩. 2004. 泛酸系列产品生产、应用现状及展望. 化工科技，（5）：43-47

宛晓春，李大祥，张正竹，等. 2015. 茶叶生物化学研究进展. 茶叶科学，（1）：1-10

汪志好. 2007. 植物多糖的研究进展. 安徽卫生职业技术学院学报，（2）：86-88

王海娣，刘艾林，杜冠华. 2008. 芹菜素药理作用的研究进展. 中国新药杂志，（18）：1561-1565

王海南. 2006. 人参皂苷药理研究进展. 中国临床药理学与治疗学，（11）：1201-1206

王丽荣. 2008. 维生素 C 对肉制品中亚硝酸盐测定的实验研究. 中国卫生检验杂志，18（11）：2264-2265

王凌健，方欣，杨长青，等. 2013. 植物萜类次生代谢及其调控. 中国科学：生命科学，12：1030-1046

王璇. 2007. 营养大讲堂之泛酸-生物素-胆碱. 食品与健康，（11）：10-11

吴海霞，李娜，孙元琳. 2009. 大枣多糖的研究进展. 农产品加工（学刊），（6）：80-82

吴若芬，赵承军. 2000. 枸杞多糖对小鼠生精细胞染色体损伤的修复作用. 陕西中医，21（5）：231-232

项昭保，戴传云，朱蠡庆. 2004. 核黄素生理生化特征及其功能. 食品研究与开发，（6）：90-92，95

肖玉梅，李楠，傅滨. 2010. 维生素 B_6——人体建筑师. 大学化学，（1）：57-61

谢明勇，李精，聂少平. 2013. 果胶研究与应用进展. 中国食品学报，（8）：1-14

熊艳，车振明. 2007. 黑木耳多糖的研究进展. 食品研究与开发，（1）：181-183

徐先祥，夏伦祝，高家荣. 2004. 中药皂苷类物质抗氧化作用研究进展. 中国中医药科技，（2）：126-128

许进军，何东初. 2006. 槲皮素研究进展. 实用预防医学，（4）：1095-1097

许丽惠，谢丽曲，林丽花. 2013. 叶酸的研究进展. 福建畜牧兽医，（2）：34-36

许文玲，李雁，王雪霞. 2006. 番茄红素的提取及生理功能的研究. 农产品加工（学刊），（7）：4-7

许雁萍，吴碧君，洪家敏. 1996. 硫胺素、核黄素在蔬菜水果中的分布及含量分析. 安徽预防医学杂志，2（1）：41-42

许真，严永哲，卢钢，等. 2007. 葱属蔬菜植物风味前体物质的合成途径及调节机制. 细胞生物学杂志，（4）：508-512

严常开，曾繁典. 2004. 大蒜的主要化学成分及其药理作用研究进展. 中国新药杂志，（8）：688-691

杨建辉. 2012. 维生素 C 生物学活性研究进展. 现代诊断与治疗，（5）：434-437

杨延辉，肖春玲. 2008. 泛酸的功能和生物合成. 生命的化学，（4）：448-452

杨旸，文利新. 2011. 花青素的生理活性及作用. 湖南农业科学，（10）：27-28

杨玉柱，王储炎，焦必宁. 2006. 叶酸的研究进展. 农产品加工（学刊），（5）：31-35，39

殷洪，林学进. 2008. 菊粉低聚果糖的研究进展. 中国食品添加剂，（3）：97-101

尤新. 2012. 植物种子皮壳中抗氧化剂阿魏酸与人体健康. 食品与生物技术学报，31（7）：1-5

于乐成，顾长海. 2001. 水飞蓟素药理学效应研究进展. 中国医院药学杂志，（8）：45-46

于颖，徐桂花. 2009. 黑木耳多糖生物活性研究进展. 中国食物与营养，（2）：55-57

岳跃冲，范燕萍. 2011. 植物萜类合成酶及其代谢调控的研究进展. 园艺学报，（2）：379-388

曾翔云. 2005. 维生素 C 的生理功能与膳食保障. 中国食物与营养，（4）：52-54

张冬梅，周楠迪，周卉，等. 2008. 芥子酸及其衍生物对酪氨酸酶抑制作用的电化学研究. 高等学校化学学报，（2）：273-276

张冬松，高慧媛，吴立军. 2006. 橙皮苷的药理活性研究进展. 中国现代中药，（7）：25-27

张磊，吕远平. 2010. 果汁中单宁脱除方法的研究进展. 食品科学，31（3）：312-315

张秋菊，张爱华，孙晶波，等. 2012. 植物体中萜类物质化感作用的研究进展. 生态环境学报，21（1）：187-193

张学杰，郭科，苏艳玲. 2010. 果胶研究新进展. 中国食品学报，（1）：167-174

张逸伟，曾汉维. 2001. 生物素合成的进展. 华南理工大学学报（自然科学版），（2）：58-65

赵宁. 2004. 从干红辣椒中提取辣椒红素的研究. 北京：北京化工大学硕士学位论文

赵宇瑛，张汉锋. 2005. 花青素的研究现状及发展趋势. 安徽农业科学，（5）：904-905，907

郑洪伟，牛新文，朱君，等. 2007. 查尔酮类化合物生物活性研究进展. 中国新药杂志，16（18）：1445-1449

朱哲，杨悟新，强烈应，等. 2011. 二氢杨梅素研究进展. 武警医学院学报，（7）：600-604

邹志强. 2005. 维生素 K_2 的研究进展. 中国骨质疏松杂志，（3）：375，389-392

Atmodjo M A, Hao Z, Mohnen D. 2013. Evolving views of pectin biosynthesis. Annual review of plant biology, 64: 747-779

Bouckaert J H, Said A H. 1960. Fracture healing by vitamin K. Nature, 185: 849

Cichocki M, Paluszczak J, Szaefer H, et al. 2008. Pterostilbene is equally potent as resveratrol in inhibiting 12-O-tetradecanoylphorbol-13-acetate activated NFκB, AP-1, COX-2, and iNOS in mouse epidermis. Molecular nutrition & food research, 52 (S1): S62-S70

Clément M V, Hirpara J L, Chawdhury S H, et al. 1998. Chemopreventive agent resveratrol, a natural product derived from grapes, triggers CD95 signaling-dependent apoptosis in human tumor cells. Blood, 92 (3): 996-1002

Corder R, Douthwaite J A, Lees D M, et al. 2001. Health: Endothelin-1 synthesis reduced by red wine. Nature, 414 (6866): 863-864

de Gaulejac N S C, Glories Y, Vivas N. 1999. Free radical scavenging effect of anthocyanins in red wines. Food Research International, 32 (5): 327-333

Delzenne N, Aertssens J, Verplaetse H, et al. 1995. Effect of fermentable fructooligosaccharides on mineral, nitrogen and digestive balance in the rat. Life Sciences, 57 (17): 1579-1587

Gali H U, Perchellet E M, Gao X M, et al. 1992. Antitumor-promoting effects of gallotannins extracted from various sources in mouse skin in vivo. Anticancer research, 13 (4): 915-922

Haslam E. 1992. Tannins, polyphenols and molecular complexation. Chemistry and Industry of Forest Products, 12: 1-24

Herencia F, Ferrándiz M L, Ubeda A, et al. 1999. Novel anti-inflammatory chalcone derivatives inhibit the induction of nitric oxide synthase and cyclooxygenase-2 in mouse peritoneal macrophages. FEBS letters, 453 (1): 129-134

Jackson C L, Dreaden T M, Theobald L K, et al. 2007. Pectin induces apoptosis in human prostate cancer cells: correlation of apoptotic function with pectin structure. Glycobiology, 17 (8): 805-819

Jang M, Cai L, Udeani G O, et al. 1997. Cancer chemopreventive activity of resveratrol, a natural product derived from grapes. Science, 275 (5297): 218-220

Jiang R W, Lau K M, Hon P M, et al. 2005. Chemistry and biological activities of caffeic acid derivatives from Salvia miltiorrhiza. Current medicinal chemistry, 12 (2): 237-246

Katalinić V, Možina S S, Skroza D, et al. 2010. Polyphenolic profile, antioxidant properties and antimicrobial activity of grape skin extracts of 14 Vitis vinifera varieties grown in Dalmatia (Croatia). Food Chemistry, 119 (2): 715-723

Khotimchenko M, Sergushchenko I, Khotimchenko Y. 2004. The effects of low-esterified pectin on lead-induced thyroid injury in rats. Environmental Toxicology, 17: 67-71

Lam L K T, Zhang J, Hasegawa S, et al. 1994. Inhibition of chemically induced carcinogenesis by citrus limonoids. ACS symposium series (USA)

Lietman P S, Pettifor J M, Benson R. 1975. Congenital malformations associated with the administration of oral anticoagulants during pregnancy. The Journal of pediatrics, 86 (3): 459-462

Miean K H, Mohamed S. 2001. Flavonoid (myricetin, quercetin, kaempferol, luteolin, and apigenin) content of edible tropical plants. Journal of agricultural and food chemistry, 49 (6): 3106-3112

Nöthlings U, Murphy S P, Wilkens L R, et al. 2007. Flavonols and pancreatic cancer risk the multiethnic cohort study.

American journal of epidemiology，166（8）：924-931

Pornsak S. 2003. Chemistry of pectin and its pharmaceutical uses: a Review. Silpakorn University Journal of Social Sciences，Humanities，and Arts，3（1-2）：207-228

Ram V J，Saxena A S，Srivastava S，et al. 2000. Oxygenated chalcones and bischalcones as potential antimalarial agents. Bioorganic and medicinal chemistry letters，10（19）：2159-2161

Schierle J，Bretzel W，Bühler I，et al. 1997. Content and isomeric ratio of lycopene in food and human blood plasma. Food Chemistry，59（3）：459-465

Sone Y，Kakuta M，Misaki A. 1978. Isolation and characterization of polysaccharides of kikurgae fruit body of Auriculsria auriculajudae. Agricultural and Biological Chemistry，42（2）：417-422

Tan G T，Pezzuto J M，Kinghorn A D，et al. 1991. Evaluation of natural products as inhibitors of human immunodeficiency virus type 1（HIV-1）reverse transcriptase. Journal of natural products，54（1）：143-154

Taper H S，Delzenne N，Tshilombo A，et al. 1995. Protective effect of dietary fructo-oligosaccharide in young rats against exocrine pancreas atrophy induced by high fructose and partial copper deficiency. Food and chemical toxicology，33（8）：631-639

Terada A，Hara H，Kataoka M，et al. 1992. Effect of lactulose on the composition and metabolic activity of the human faecal flora. Microbial Ecology in Health and Disease，5（1）：43-50

Tomomatsu H. 1994. Health effects of oligosaccharides. Food Technology，48（10）：61-65

Vu H T V，Robman L，Hodge A，et al. 2006. Lutein and zeaxanthin and the risk of cataract: the Melbourne visual impairment project. Investigative ophthalmology and visual science，47（9）：3783-3786

Wada K，Yagi M，Kurihara T，et al. 1992. Studies on the constituents of edible and medicinal plants. III. Effects of seven limonoids on the sleeping time induced in mice by anesthetics. Chemical and pharmaceutical bulletin，40（11）：3079-3080

Waffo-Teguo P，Krisa S，Richard T，et al. 2008. Grapevine stilbenes and their biological effects. Bioactive Molecules and Medicinal Plants，Springer Berlin Heidelberg：25-54

Wang C J，Wang J M，Lin W L，et al. 2000. Protective effect of Hibiscus anthocyanins against tert-butyl hydroperoxide-induced hepatic toxicity in rats. Food and Chemical Toxicology，38（5）：411-416

Wang H，Cao G，Prior R L. 1997. Oxygen radical absorbing capacity of anthocyanins. Journal of Agricultural and Food Chemistry，45（2）：304-309

Wang X，Liu L，Fang J. 2005. Immunological activities and structure of pectin from Centella asiatica. Carbohydrate Polymers，60：95-101

Wheeler G L，Jones M A，Smirnoff N. 1998. The biosynthetic pathway of vitamin C in higher plants. Nature，393（6683）：365-369

Wolf G. 1992. Retinoids and carotenoids as inhibitors of carcinogenesis and inducers of cell-cell communication. Nutrition reviews，50（9）：270-274

Wood M. 2006. Nuts'--new aflatoxin fighter: caffeic acid. Agricultural research，54（10）：9

Yang J，Martinson T E，Liu R H. 2009. Phytochemical profiles and antioxidant activities of wine grapes. Food Chemistry，116：332-339

Yoshimoto M，Okuno S，Yoshinaga M，et al. 1999. Antimutagenicity of sweetpotato（Ipomoea batatas）roots. Bioscience，biotechnology，and biochemistry，63（3）：537-541

Yu H，Kiyohara T，Matsumoto，et al. 2001. Structural charaterization of intestinal immune system modulating new arabino-3，6-galactan from rhizomes of Atractylodes lancea DC. Carbohydrate Polymers，46（2）：147-156

第2章 果蔬生理活性物质的功能

最近，《保健食品功能范围调整方案（征求意见稿）》以中国传统养生保健理论和现代医学理论为指导，基于功能定位应为调节机体功能，降低疾病发生的风险因素，针对特定人群，不以治疗疾病为目的；功能声称应被科学界所公认，具有科学性、适用性、针对性，功能名称应科学、准确、易懂；功能评价方法和判断标准应科学、公认、可行等原则，将原27项功能取消、合并，确定增强免疫力、降低血脂、降低血糖、改善睡眠、抗氧化、缓解运动疲劳、减少体内脂肪、增加骨密度、改善缺铁性贫血、改善记忆、清咽、提高缺氧耐受力、降低酒精性肝损伤危害、排铅、泌乳、缓解视疲劳、改善胃肠功能和促进面部皮肤健康等18项功能（聂艳等，2013），本章主要介绍果蔬类食品主要涉及的8项。此外，尽管目前国家药监局还未将防治肿瘤列入保健食品的功能申请范畴，但许多资料显示果蔬来源的功能因子具有良好预防肿瘤的作用，因此，我们也将果蔬辅助防治恶性肿瘤功能作为一节单独介绍。

2.1 抗 氧 化

2.1.1 抗氧化的理论基础

抗氧化功能是指能有效清除体内有害自由基，防止自由基对生物大分子的氧化损伤，保证细胞结构与功能的正常。对抗氧化物质的研究是基于自由基理论的建立与发展。自由基学说由 Harman（1956）提出，该学说认为：①自由基主要有超氧阴离子、羟自由基、单线态氧等，由于这些分子的最外层电子为不成对排列，所以其化学活性极其活泼。②自由基的产生在生物有机体内是一种普遍的现象，主要来源于细胞内线粒体在氧化磷酸化系统产生 ATP 过程中发生的电子泄漏，一方面，生物体需要自由基的参与来完成某些生理过程；另一方面，自由基积累过剩，会产生分子、细胞水平的损伤作用。③机体内存在以过氧化氢代谢为核心的自然防御或控制机制，包括酶机制及化学机制。

1. 自由基的类型

自由基可分为活性氧自由基（reactive oxygen species，ROS）和活性氮自由基（reactive nitrogen species，RNS）两大类。ROS 包括超氧阴离子（$O_2^- \cdot$）、羟自由基（$\cdot OH$）、过氧化氢（H_2O_2）以及单线态氧（$^1O_2$）等，超氧阴离子（$O_2^- \cdot$）是由黄嘌呤氧化酶、NADPH 氧化酶通过电子还原作用释放的氧产生或由呼吸链裂解生成，人体利用的氧气有 1%～3%转化为 O_2·；过氧化氢分子（H_2O_2）容易在活细胞中扩散，过氧化氢酶能有效地将其转变成水；羟自由基（OH·）的活性最强，其半衰期估计为 10^{-9}s，其产生后能迅速起反应；单线态分子氧（$^1O_2$）半衰期估计为 10^{-6}s，能通过转移其激发态能量或通过化学结合与其他分子相互作用，其优先发生化学反应的靶为双键部位。RNS 主要是指一氧化氮（NO）及二氧化氮（NO_2）。NO 是精氨酸在一氧化氮合酶（NOS）作用下形成的一种信号分子，半衰期为 6～50 s，很容易与氧发生反应，其反应产物 NO_2 也是自由基，此外，NO 还能与生物分子直接反应或与 O_2·结合形成过氧亚硝酸盐（ONOO·）（Harman，2003）。

2. 自由基的来源

在生物体内自由基的代谢途径是一个网络链式体系，不同自由基之间可以发生转变。例如，氧气接受 1 个电子形成超氧阴离子 O_2^-·，O_2^-· 可以在铁离子螯合物催化下与 H_2O_2 反应产生羟自由基·OH。·OH 是化学性质最活泼的自由基物种，其反应特点是无专一性，几乎与生物体内所有物质，如糖、蛋白质、DNA、碱基、磷脂和有机酸等都能发生反应，且反应速率快，可以使非自由基反应物变成自由基。例如，·OH 与细胞膜及细胞内容物中的生物大分子（用 RH 表示）作用：·OH+RH ⟶ H_2O+R·。生成的有机自由基 R·又可继续与氧起作用生成 RO_2·：R·+O_2 ⟶ RO_2·。这样，自由基通过上述方式即可传递和增殖。

自然界中很多因素如水质、空气污染、过度的阳光曝晒、过度暴露于污染物及离子辐射，以及抽烟饮酒、压力紧张、精神烦躁等都会诱导自由基的产生；同时，随着年龄的增长，那些能够抵御自由基侵袭的清除酶的活性逐渐降低，自由基的产生和清除失去平衡（Rittié and Fisher，2002）。

3. 自由基的危害

1）自由基对生物分子的损伤

过量的自由基会对机体造成伤害，在细胞内引起许多生物大分子的氧化损伤化。①蛋白质氧化损伤：自由基可直接对蛋白质产生破坏作用，也可通过脂类过氧化产物间接作用于蛋白质。如过氧自由基（ROO·）可使蛋白质分子发生交联，生成变性的高聚物，其他自由基则可使蛋白质的多肽链断裂，并使个别氨基酸发生化学变化。受到氧化的蛋白质通常失去功能活性。②膜损伤：磷脂是构成生物膜的重要部分，因富含多不饱和脂肪酸而极易受自由基攻击，产生过氧化脂质，从而使细胞膜的通透性发生改变，随之引起细胞功能的极大紊乱（熊正英，2014）。③DNA 损伤：OH·是能使 DNA 发生损伤的主要 ROS，其攻击 DNA 有两种形式，首先是 OH·对脱氧核糖的攻击，抽取 H，使脱氧核酸-磷酸骨架拆开而造成链断裂，然后将 OH·夹到 DNA 碱基的 π 键上。自由基攻击核酸会引起其氨基或羟基的脱除、碱基与核糖连接键的断裂、核糖的氧化、膦酸酯键的断裂等一系列化学变化，另外 DNA 同一条链内和相邻两条链间核苷酸也可能发生链内交联与链间交联。

2）自由基对机体的损伤

自由基对机体的损伤最终会产生各种疾病：①肿瘤。研究证明，ROS 一方面通过脂质过氧化、DNA 损伤和蛋白质破坏等参与肿瘤的形成，另一方面通过降低细胞转移能力、调节肿瘤细胞迁移和侵袭参与肿瘤的转移（熊珊珊等，2014）。②心血管疾病。自由基攻击动脉血管壁和血清中的不饱和脂肪酸使之发生过氧化反应，生成过氧化脂质，促使弹性蛋白发生交联，其应有的弹性与水结合能力丧失，产生的动脉硬化症是冠心病等其他心血管疾病的主要诱因（Sugamura and Keaney，2011）。③白内障。随着年龄的增加，老年人眼球晶状体中自由基清除剂的含量与活性逐渐降低，导致对自由基侵害的抵御能力降低。研究表明，不同的损害因素大多通过一种共同的中介产物即自由基，损伤晶状体，自由基成为各种因素引发白内障共同的最后通路（胡建章，2003）。④骨质疏松。研究表明，ROS 能提高破骨细胞的活性、减少成骨细胞的数量及抑制其活性并能加速骨基质的降解（谢翠柳等，2013）。⑤癫痫。研究发现，癫痫活动中脑组织 MDA 含量与 SOD 活力均有不同程度的增高，表明氧自由基的产生可能是癫痫引起细胞损伤的机制之一（段晓秋和王浩，2012）。此外，自由基还可侵蚀脑细胞、胰脏细胞、关节组织、肺部，导致早老性痴呆、糖尿病、关节炎、肺气肿，使机体产生过敏反应（Oberley，1988；俞超等，2013；Rahman，2002），或出现如红斑狼疮等的自身免疫疾病（李勇等，2008）。

4. 自由基的清除

自由基清除剂通过清除作用降低活泼自由基中间体的浓度以及自由基连锁反应中扩展阶段的效率来控制自由基的生成（Tomás-Barberán and Gil，2008）。自由基清除剂的种类繁多，可分为酶类清除剂和非酶类清除剂两大类。酶类清除剂一般为抗氧化酶，主要有超氧化物歧化酶（superoxide dismutase，SOD）、过氧化氢酶（catalase，CAT）、谷胱甘肽过氧化物酶（glutathione peroxidase，GPX）等。非酶类自由基清除剂一般包括黄酮类、多糖类、维生素 C、维生素 E、β-胡萝卜素和还原型谷胱甘肽（glutathione，GSH）等小分子物质（Kohen et al.，1997）。

2.1.2　抗氧化能力评价方法

1. 生物活性评价方法

1）基于脂质氧化的方法

自由基可通过脂质过氧化对机体造成损伤，因而抗氧化剂的活性评估可通过在脂质过氧化的初始阶段、传播阶段和终止阶段分别测定耗氧量、共轭二烯烃含量、脂质过氧化反应产物含量来实现。

（1）检测氧气吸收：可以通过测压力、重量或极谱法，评估氧气的消耗模式，Azuma 等（1999）采用此方法测定了一些蔬菜提取物的抗氧化能力。氧气吸收方法灵敏度有限，需要高水平的氧化作为诱导期的终点。

（2）检测共轭二烯：测定共轭二烯在 234 nm 波长处的吸收被广泛用于评价样品的抗氧化性，Goncalves 等（2004）采用此法研究了樱桃对人体低密度脂蛋白的抗氧化作用。然而，该方法仅是基础性的测量，提供的化合物结构信息极少。

（3）检测脂质氢过氧化物、过氧化作用的产物：特定脂质氢过氧化物（ROOH）能够反映机体内脂质过氧化的程度，其含量可以使用高效液相色谱法或 GC-MS 测定（Yamamoto et al., 1990）。此外，质膜多不饱和脂肪酸氧化损伤会形成大量的脂质过氧化作用产物，其中一些可以作为氧化应激的指标，主要有碳氢化合物、醛、醇、酮和羧酸（Rosa et al., 2010）。

2）基于蛋白质损伤的方法

ROS 可以修改氨基酸侧链，组氨酸、色氨酸、半胱氨酸、脯氨酸、精氨酸和赖氨酸最容易受到攻击，而生成羰基化合物（Brown and Kelly, 1994）。这些羰基化合物在血浆中的含量可以通过原子吸收光谱、荧光光谱或高效液相色谱直接测量。

3）基于 DNA 损伤的方法

DNA 非常容易受到自由基攻击而发生结构变化。最常见 DNA 氧化的测定产物是 8-羟基-脱氧鸟苷，通常是由 HPLC 方法测定，近年来商业化 ELISA 试剂盒的开发扩大了该法在抗氧化领域的应用（郑全美等，2002）。Kasai 等（2000）的研究表明，胡萝卜、杏等植物提取物在体外抑制了脂质过氧化物诱导的 8-羟基-脱氧鸟苷形成。

4）基于红细胞溶血的方法

在生物体内，红细胞对氧化损伤极为敏感。当红细胞悬浮液中加入 H_2O_2 后，H_2O_2 可与 Fe^{2+} 结合产生 OH·，H_2O_2 和 OH·均可使红细胞膜受到氧化损伤，破坏细胞结构的完整性，从而导致血红蛋白逸出，再用分光光度法测定其含量。姜云云等（2012）通过测定芦笋提取物对大鼠红细胞氧化溶血的影响，评价芦笋总黄酮及其 5 种黄酮苷的体外抗氧化作用。

5）基于线粒体膨胀的方法

自由基过量时，会导致线粒体内膜的通透改变，线粒体基质内物质外流，从而造成线粒体膨胀，可采用分光光度法测定，其原理为维生素 C 与 $FeSO_4$ 可激发线粒体膨胀，线粒体越膨胀，520 nm 下吸光度值下降的幅度就越大（曹向宇等，2009）。

2. 化学评价方法

1）总抗氧化能力

总抗氧化能力可以通过测定还原力的大小来表示，还原力越强，其抗氧化能力也就越强。铁还原/抗氧化能力法（ferric reducing/antioxidant power，FRAP）的原理为：在低 pH 的溶液中 Fe^{3+}-TPTZ（Fe^{3+}-三吡啶三嗪）被抗氧化剂还原成 Fe^{2+}-TPTZ 溶液而变成深蓝色，并且在 593 nm 处有最大光吸收（Serafini et al.，2009）。

2）超氧阴离子清除能力

黄嘌呤氧化酶是体内 ROS 的主要来源酶。在正常组织中，黄嘌呤氧化酶作为脱氢酶，氧化黄嘌呤或次黄嘌呤生成尿酸，转移电子给烟酰胺腺嘌呤二核苷酸脱氢酶（NAD）。在一定的压力条件下，脱氢酶转化为一种氧化酶，产生超氧阴离子和过氧化氢。因此，黄嘌呤氧化酶和黄嘌呤或次黄嘌呤在 pH 7.4 条件下可以用来生成超氧阴离子，将四氮唑蓝（NBT）还原成为蓝色产物，进而可以在 560 nm 波长处测量吸收值。该方法已经应用到葡萄、菠菜、白菜、洋葱、土豆、花椰菜、青豆、胡萝卜、番茄等果蔬的抗氧化能力测定中（Zhou and Yu，2006）。

3）过氧化氢清除能力

过氧化氢清除能力通过以过氧化物酶为基础的分析系统，测定 230 nm 波长的吸光度值。最常见的方法是使用辣根过氧化物酶和过氧化氢氧化东莨菪亭生成无荧光的产物，通过测定抗氧化剂抑制东莨菪亭氧化程度来反映其抗氧化效果（Sánchez-Moreno，2002）。其他方法是基于化学发光的原理，Mansouri 等（2005）使用高度敏感氧化草酸酯化学发光法，测定了一系列酚酸清除过氧化氢的能力，这个方法还被用于评估浆果花色素苷粉末的 H_2O_2 清除活性（Yoshiki et al.，2001）。

4）羟自由基清除能力

羟自由基是由铁（Ⅱ）和过氧化氢在 Fenton 反应过程中形成的，通常使用邻二氮菲-Fe^{2+}氧化法、化学发光法、2-脱氧-D-核糖法等测定羟自由基的清除能力（Almeida et al.，2008；赵艳红等，2009）。邻二氮菲-Fe^{2+}氧化法的原理是羟自由基可以使结晶紫褪色，通过测定结晶紫吸光度值的变化可间接测定出抗氧化剂抑制羟自由基的强弱，其他方法也是基于类似的原理（赵艳红等，2009）。

5）次氯酸清除能力

体内中性粒细胞髓过氧化酶（MPO），可催化过氧化氢氧化氯离子，导致次氯酸产生。这种细胞毒性反应在宿主防御系统中用于杀害细菌，然而，MPO 产生的次氯酸还可能灭活 α_1-抗蛋白酶，因此检测保护 α_1-抗蛋白酶免受次氯酸作用失活一直作为评估化合物抗次氯酸氧化作用的方法（Aruoma et al.，1993）。Martinez

等（2001）使用该方法检测了西兰花的抗氧化活性。

6）DPPH·自由基清除能力

DPPH·（1, 1-Diphenyl-2-picrylhydrazyl）是一种稳定的自由基，当 DPPH 溶液中加入自由基清除剂时，孤对电子被配对，颜色由紫色向黄色变化，在 515 nm 处的吸光度降低，而吸光度的降低程度与自由基被清除的程度呈定量关系（Krishnaiah et al.，2015）。

7）ABTS 法

ABTS[2, 2'-azinobis（3-ethylbenzothiazoline）-6-sulfonic acid]是一种化学性自由基引发剂，与过氧化物酶和氢过氧化物（或 ROS）在一起，可生成稳定的蓝绿色阳离子 $ABTS^+$，加入具有抗氧化活性的物质，可与 $ABTS^+$ 发生反应而使反应体系退色，然后在 734 nm 处测量吸光度（韩飞等，2009）。以吸光度的变化来评价抗氧化剂清除自由基能力，测得的结果以被测抗氧化剂清除 $ABTS^+$ 的能力（吸光度大小的变化）与标准抗氧化剂 trolox（维生素 E 的水溶性类似物）清除 $ABTS^+$ 的能力的比值确定，所以也把该方法称为 TEAC（trolox equivalent antioxidant capacity）法（Laporta et al.，2007）。

8）ORAC 法

ORAC（oxygen radical absorbance capacity）法的原理是荧光素在自由基或氧化剂存在时，其在 540 nm 下产生的荧光减弱；当有抗氧剂存在时，荧光减弱会受到抑制。该法已经成为美国农业部、美国卫生院、美国食品与药物管理局（FDA）评价食品抗氧化能力的重要标准，欧洲、日本等国家和地区的食品、功能食品行业也普遍采用 ORAC 作为抗氧化能力的重要评价标准（Davalos et al.，2004）。

3. 细胞模型

以细胞培养为基础的抗氧化筛选模型是用来研究活性物质分配进入细胞膜、吸收、与载体或酶等生物大分子相互作用以及清除细胞内氧自由基的有效方法，能更准确更接近地阐述在生物体体内的抗氧化反应机理。

1）过氧化氢损伤细胞模型

H_2O_2 损伤细胞模型是目前应用最广泛的细胞损伤模型。H_2O_2 极易透过细胞膜并与细胞内铁离子通过 Fenton 反应形成高活性的自由基，导致细胞表面发生一系列反应，而抗氧化剂可以打破 H_2O_2 诱导的一系列自由基链式反应，或进入细胞内与 ROS 反应进而将其消除。通常根据抗氧化剂的作用机理及其目标作用部位，选择由表征和遗传特点相同的个体细胞组成的细胞株来建立细胞模型，如在进行通过抗氧化作用保护心肌组织的药物活性等实验研究时，可选用 H9c2 大鼠心肌细胞作建模用（Li et al.，2013）。

2）脂质过氧化损伤细胞模型

H_2O_2 在体内化学性质不稳定，作用时间较短（≤30 min），而有机过氧化物如过氧化叔丁醇（亦称过氧化氢叔丁基，t-BHP）是过氧化氢类似物，可以被细胞色素 P450 等代谢为 ROS，也可被谷胱甘肽过氧化物酶代谢为叔丁基乙醇或谷胱甘肽二硫化物（GSSG）等，后者可以进一步产生 ROS，从而引起脂质过氧化反应，降低谷胱甘肽过氧化酶活性并引起细胞的损伤。虽然引起脂质过氧化反应不是有机过氧化物氧化损伤细胞的唯一机制，但因其化学性质稳定，在研究作用时间较长的氧化损伤模型方面更具优势，现已被广泛用于研究衰老细胞、神经细胞、血红细胞的氧化损伤模型（林益川等，2007）。Pocrnich 等（2009）用 t-BHP 诱导人视网膜色素上皮细胞氧化损伤，证明其死亡呈明显的剂量和药效关系。

3）其他细胞模型

近年来，学者们还尝试采用其他方法以不同机制诱导细胞产生过氧化反应。刁红霞等（2009）在研究刺参多糖对 PC12 细胞的氧化损伤保护作用时，以谷氨酸作为氧化损伤试剂建立了损伤 PC12 细胞的模型；多位学者尝试采用 MPP^+ 作为诱导 PC12 细胞损伤的试剂，MPP^+ 是 1-甲基-4-苯基-1，2，3，6-四氢吡啶（MPTP）在体内的代谢产物，其诱导 PC12 细胞氧化损伤的机制可能是通过增加细胞内 NO 和 NOS 的含量，引起细胞内 SOD 的活性降低，从而引起脂质过氧化物增加来损伤细胞（Anantharam et al.，2007；安丽凤等，2010）；Mantena 等（2006）以正常人表皮角质形成细胞为对象，通过对紫外线照射细胞后引起氧化损伤的多种生物标志的检测判断待测物质的抗氧化性。

4. 动物模型

目前，抗氧化动物模型常选用小鼠作为受试对象，根据抗氧化剂的作用范围，采用自然模型、D-半乳糖损伤模型、乙醇氧化损伤模型或高脂膳食诱导的脂代谢紊乱模型、重金属离子诱导的肾损伤模型等病理模型。

1）D-半乳糖损伤模型

将小鼠按体重随机分为溶剂对照组和受试样品剂量组，每组 20 只，雌雄各半。受试组每日腹腔注射 D-半乳糖 120 mg/kg，对照组每日腹腔注射生理盐水，连续 8 周。小鼠心脏组织匀浆 SOD 活力、脑组织匀浆 GSH-Px 活力均低于对照组，同时心脏组织中 MDA 含量增加，表示损伤模型建立成功。蔡东联等（2008）运用此模型考察了银耳多糖的抗氧化能力，结果表明银耳多糖对于小鼠抗氧化能力具有一定正性调节作用。

2）乙醇氧化损伤模型

将小鼠按体质量随机分成为正常组和模型组，一次性灌胃给予模型组 50%乙醇，6 h 后与其对照组相比血清 GSH、SOD 和 GSH-Px 水平降低，MDA 水平升高，说明乙醇氧化损伤模型造模成功。利用小鼠乙醇氧化损伤模型，发现芦荟银杏复合制剂能够提高小鼠血清和肝组织 GSH 含量、SOD 和 GSH-Px 活力，降低 MDA、蛋白质羰基含量（白银花等，2014）。

3）脂代谢紊乱模型

用高脂饲料饲喂小鼠 4 周后，高脂组血清 MDA 升高、GSH-Px 水平降低，表明建模成功。李龙囡（2013）利用此模型研究发现白藜芦醇和槲皮素可以通过调控抗氧化关键基因缓解机体氧化应激。

4）肾损伤模型

给予实验动物甘油、庆大霉素等药物诱导动物个体，使其处于肾损伤病理状态（王秀兰等，2011）。Atef（2011）用重金属离子诱导建立肾损伤小鼠模型，研究了维生素 E 对小鼠抗氧化能力的影响，结果表明维生素 E 可以减缓重金属离子引起的氧化胁迫及氧化损伤。

5. 人体试食模型

《保健食品检验与评价技术规范》规定的抗氧化功能评价人体试食试验方法：受试者选年龄在 18～65 岁，身体健康状况良好，无明显脑、心、肝、肺、肾、血液疾患，无长期服药史，志愿受试保证配合的人群。根据受试者体内 SOD、GSH-Px、MDA 的水平，按完全随机设计的方法分为试验组和对照组（每组不少于 50 人），尽可能考虑影响结果的主要因素如年龄、性别、生活饮食习惯等，进行均衡性检验，以保证组间的可比性。采用自身和组间两种对照设计，试验组按推荐服用方法、服用量每日服用受试产品，对照组可服用安慰剂或采用阴性对照。受试样品给予时间 3 个月或 6 个月，受试者在试验期间保持平日的生活和饮食习惯，并停止使用与试验目的有关的药物或保健食品。在试验开始及结束时各测定血清中 MDA 含量、SOD 活性、GSH-Px 活性和安全性指标。刘礼泉等（2010）通过人体试食模型研究葡萄籽提取物的抗氧化活性，结果显示试食组 MDA 含量明显下降，SOD 和 GSH-Px 活性显著升高，各项安全性指标试验前后均无明显改变。

2.1.3 果蔬功能因子

1. 维生素类

维生素 C 又称为抗坏血酸，在自然界中存在还原型抗坏血酸和氧化型脱氢抗坏血酸两种形式。抗坏血酸通过逐级供给电子而转变成半脱氢抗坏血酸和脱氢抗坏血酸，在转化的过程中达到清除 O_2、OH、ROO 等自由基的作用。维生素 C 具有强抗氧活性，能增强免疫功能、阻断亚硝胺生成、增强肝脏中细胞色素酶体系的解毒功能（Asensi-Fabado and Munné-Bosch，2010）。

维生素 E 又名生育酚 (tocopherol)，无论在体内还是在体外都有很强的抗氧化作用，经过一个自由基的中间体氧化生成生育醌，从而将 ROO 转化为化学性质不活泼的 ROOH，中断脂类过氧化连锁反应，保护细胞膜不饱和脂肪酸免受自由基的攻击 (Jiang，2014)。

β-胡萝卜素广泛存在于水果和蔬菜中，作为抗氧化剂可以抑制单线态氧 ($^1O_2$)，是自由基有效的淬灭剂和捕捉剂，它可阻止自由基的连锁反应 (Polidori et al.，2001)，如可清除低密度脂蛋白中的过氧亚硝基阴离子 (ONOO·)(Panasenko et al.，2000)。然而，β-胡萝卜素在氧分压高、浓度高和氧化还原状态不平衡时则具有促氧化活性 (Palozza et al.，2003)，因此剂量问题是补充 β-胡萝卜素时必须慎重考虑的。

2. 多酚类

天然多酚包括很多物质，涵盖范围从简单结构到复杂高分子聚合物。多酚类化合物的基本结构为芳环携带一个或多个羟基。它们分类的依据是其苯酚环的数量和结构元素连接在苯酚环上的结构单元。在这种情况下，两种主要的多酚类物质称为类黄酮和非类黄酮。类黄酮组包含 C_6—C_3—C_6 的化合物结构：黄烷酮类、黄酮、二氢黄酮醇、黄酮醇、黄烷-3-醇、花青素、异黄酮、原花青素。非类黄酮组根据含碳的数量分类，包含单酚类化合物、苯丙酸、可水解单宁、乙酰苯和苯乙酸、肉桂酸、香豆素、苯甲酮、氧杂蒽酮、芪类、查尔酮、木酚素、裂环烯醚萜 (Scalbert et al.，2005)。水果和蔬菜中含有丰富的多酚，已有研究表明树莓、黑莓、李、莴苣、马齿苋等果蔬中总酚含量与其抗氧化能力显著相关 (郭晓敏等，2010；王友升等，2012；Kongkachuichai et al.，2015)。

1) 非黄酮类

(1) 没食子酸。

没食子酸 (gallic acid，GA)，又名五倍子酸，化学名 3, 4, 5-三羟基苯甲酸，是一类分子中具有羧基和羟基的芳香族化合物，也是可水解单宁的组成部分。药理学研究表明，GA 能清除 Fenton 反应产生的羟自由基和黄嘌呤-黄嘌呤氧化酶自由基发生系统产生的超氧阴离子自由基，从而减少组织细胞 ROS 的堆积 (李沐涵等，2011)。

(2) 咖啡酸。

咖啡酸 (caffeic acid)，又称 3, 4-二羟基肉桂酸、3, 4-二羟基苯丙烯酸 (3, 4-dihydroxycinnamic acid)，属有机酸中的酚酸类物质，具有羟基苯丙烯酸结构，在番茄、胡萝卜、草莓、蓝莓等多种果蔬中广泛存在。咖啡酸及其衍生物，如绿原酸 (chlorogenic acid)、咖啡酸苯乙酯 (CAPE) 等是植物中主要的木质素成分，作为多酚氧化酶的底物，具有抗氧化活性。研究表明，咖啡酸能够增强细胞内

SOD、CAT、GPx 等酶类活性，有效清除超氧化物阴离子和羟自由基（Prasad et al.，2009）。

（3）白藜芦醇。

白藜芦醇是最常见的二苯乙烯化合物，在其基础结构中有三个羟基被称作 3，4，5-白藜芦醇。云杉新甙是白藜芦醇的葡萄糖苷，是白藜芦醇的主要衍生物（王娅宁等，2007）。白藜芦醇具有强抗氧化能力，能够抑制低密度脂蛋白，是维持人体健康的重要功能因子（Frankel et al.，1993）。树莓、花生、桑葚、蓝莓、葡萄中均含有白藜芦醇，其中在葡萄中含量最高（Jeandet et al.，1995）。最近的研究表明白藜芦醇的代谢效应与能降低环磷酸腺苷的磷酸二酯酶（PDEs）竞争性抑制作用相关，其导致胞内环磷酸腺苷水平升高，产生的活化 Epac1（环磷酸腺苷调节鸟嘌呤核苷酸交换因子 1）是一种环磷酸腺苷的效应蛋白，能增加胞内钙离子含量，并通过磷脂酶 C 和 Ryanodine 受体对钙离子的释放通道来激活 CamKKb-AMPK 途径（Sung et al.，2012）。因此，白藜芦醇使 NAD^+（烟酰胺腺嘌呤二核苷酸）的浓度增加并提高 Sirt1 的活性。

2）黄酮类

（1）异黄酮。

异黄酮是植物生长过程中形成的一类次生代谢产物，包括染料木黄酮（genistein）、黄豆苷原（daidzein）和大豆黄素（glycintein）三种，在果蔬中主要存在于豆芽中，因其来源广泛、成本低廉而日益受到关注。已有研究表明，异黄酮可提高细胞抗氧化酶活性，稳定线粒体膜电位，减少 ROS 产生（黄琼等，2005）。

（2）原花青素。

原花青素是果蔬中一类普遍的次级代谢产物，大量的科学研究已经证明原花青素具有良好的抗氧化作用，主要表现在两方面，一方面是可以通过抑制自由基的产生或者直接清除自由基发挥抗氧化功能；另一方面是通过抗氧化酶体系的激活来发挥其抗氧化功能。研究发现，葡萄籽中原花青素提取物能增强模型小鼠心脏、肝、脑和血清中总抗氧能力及 SOD、GSH-Px 活力，同时降低 MDA 值（高璐等，2014）。

3. 多糖

与其他植物多糖相比，果蔬多糖以杂多糖居多，由多种单糖成分组成。根据果蔬种类不同，其含有的多糖结构不同（Zhang et al.，2003）。近年来，人们对果蔬多糖及复合物的抗氧化活性作用有了越来越深入的认识，一大部分从果蔬中分离得到的多糖类化合物具有清除自由基、抑制脂质过氧化作用、抑制亚油酸氧化等抗氧化作用。已有报道表明，从大枣（Chi et al.，2015）、苹果（Dou et al.，2015）、荔枝（Yang et al.，2006）、芒果（Al-Sheraji et al.，2012）、无花果（刘璐等，2014a）、苦瓜（Panda et al.，2015）、山药（刘璐等，2014b）等果蔬分离出的多糖具有抗氧化活性。

4. 多肽

近年来的研究发现，一些果蔬中的蛋白质经蛋白酶水解后产生的多肽具有抗氧化活性，已证实的有核桃多肽（刘昭明等，2009）、杏仁多肽（黄昆等，2012）、金丝小枣多肽（孙久玉等，2013）等。

5. 番茄红素类

番茄红素（lycopene）是一种广泛存在于果蔬中的黄红色类胡萝卜素（carotenoid），其分子式为 $C_{40}H_{56}$，是由 11 个共轭双键以及 2 个非共轭的碳碳双键构成的高度不饱和直链型烃类化合物，为脂溶性色素，主要来源于番茄、西瓜、番石榴、紫色葡萄柚、木瓜和胡萝卜等植物，其中番茄中含量最高。研究证明，番茄红素是有效的抗氧化剂，其纳米分散体在体外对 ROS 具有不同程度的清除作用，且均呈现一定的量效关系（王璇和王晓岚，2009）。番茄红素清除自由基的能力为：$OH \cdot > H_2O_2 > O_2 \cdot$，且清除作用与浓度呈量效关系；其抑制脂质体过氧化活性的能力为：番茄红素＞TBHQ＞BHA＞维生素 E；番茄红素对小鼠肝组织匀浆自发性脂质体过氧化有很强的抑制作用（赵娟娟，2010）。研究表明，番茄红素能够提高小鼠血清 SOD、GSH、GSH-Px 的活性，增强机体抗氧化酶功能，降低 MDA 的含量（王海霞等，2008；肖白曼等，2009）。

2.2　有助于减少体内脂肪

通常将身体质量指数 BMI（body mass index）在 25～29.9 间的人群称为超重人群，当 BMI 值大于 30 时，则称为肥胖（Flegal et al.，2010）。人体内的脂肪可分为体脂和血脂。通常男性脂肪分布以颈部及躯干、腹部为主，四肢较少；女性则以腹部、腹以下臀部、胸部及四肢为主（郑斌和陈红，2007）。1999～2009 年，美国男性 20～39 岁范围内肥胖增长幅度在 25%，其余各类人群的肥胖增长指数普遍大于 30%（Flegal et al.，2010）。2014 年的调查表明，我国北京、辽宁、浙江、云南、陕西 5 省市的 18～60 岁城乡居民中超重人群所占比例为 28.9%，肥胖为6.3%。且不同城乡、性别、年龄、文化程度、职业、婚姻状况等的成年居民之间超重肥胖率不同，但超重肥胖的危险因素主要为男性、高年龄组、工人和戒烟者（李方波等，2012）。另有研究发现，在我国 45 岁以上的中老年人中，女性中肥胖者所占比例明显高于男性，分别为 25.40% 和 17.24%，且城镇人群的肥胖率要大于农村。城市的老年人中，男性肥胖率为 31.72%，女性为 40.79%（林海和翟凤英，1999）。尤其需要关注的是，儿童肥胖症的发生率呈上升趋势，2014 年北京市 6 岁儿童超重比率为 24.1%，肥胖率为 6.6%（王国伟，2014）。

2.2.1　概述

1. 肥胖的分型及危害

肥胖症分为原发性肥胖和继发性肥胖两种。原发性肥胖也称为单纯性肥胖，是一种找不到原因的肥胖，通常我们所指的肥胖即为原发性肥胖。继发性肥胖是指由于皮质醇增多症、水钠潴留性肥胖、多囊卵巢综合征、下丘脑综合征、甲状腺功能减退症、胰岛素瘤和痛性肥胖等明确病因导致的肥胖（杨君等，2002）。

肥胖患者一般表现为畏热、多汗、体力劳动易疲劳、动则心慌气喘，并出现下肢浮肿现象（顾兆军，1987）。与标准体重人群相比，肥胖、高度肥胖患者死亡率升高且不受种族和年龄的影响（Flegal et al.，2005）。此外，肥胖还能引起如下一系列并发症。

1）高血压

研究显示，在 25～75 岁人群中超重者有高血压的相对危险性为非超重者的 3 倍（Kaplan，1989）。不同 BMI 人群高血压患病率间也具有显著性差异（李少华，2006）。

2）冠心病

研究表明，BMI 水平与冠心病的发生呈明显的正关联，且在超重和肥胖者中 32.0% 冠心病是由于肥胖引起的（赵连成等，2002）。WHO 公布的资料显示，80% 的心脑血管病与生活方式有关，在众多危险因素中，不健康的饮食及不运动的生活方式，是导致血压和血糖升高的最关键因素，进而引发心血管疾病的产生（Chalmers et al.，1998）。肥胖者喜多食用油腻的食品，过多的饱和脂肪酸会促进动脉粥样硬化的形成；同时肥胖者一般不喜欢运动，这也直接导致了冠状动脉侧支循环削弱或不足。

3）糖尿病

研究表明，肥胖者糖尿病的发生率是非肥胖者的 4 倍，并且随着年龄的增长，肥胖者患糖尿病的概率不断增加（姜作金，2005）。这是由于体脂的堆积可诱发胰岛素抵抗和高胰岛素血症，从而使细胞对葡萄糖的利用率降低，可逐渐发展为糖尿病（王晓健，2011）。

4）胆结石

胆囊结石常发生于肥胖、脂质代谢障碍者。肥胖患者长期的高脂饮食将导致高脂血症，血液中胆固醇的含量增多。血清胆固醇可通过两种途径进入肝脏分泌的胆汁，而当胆汁内胆固醇的含量过高时，将引发胆结石（Nervi et al.，1988）。

5）内分泌代谢紊乱

通常，肥胖引起的内分泌代谢紊乱主要表现在以下几个方面。

（1）高瘦素血症。

肥胖患者由于存在瘦素抵抗而导致血液中瘦素水平明显增高。人体内瘦素可通过下丘脑神经肽 Y（NPY）对人体产生一系列反应，当血浆内瘦素水平升高时，NPY 也呈升高状态，此时抑制了下丘脑中促性腺激素释放激素的分泌，进而对女性生殖内分泌系统造成干扰（林金芳，2005）。

（2）高胰岛素血症。

肥胖与高胰岛素血症存在相关性，且肥胖越严重，相关代谢异常越明显；此外，与全身脂肪含量相比，腹部脂肪分布与高胰岛素血症更为密切（王维敏等，2008）。

（3）低血清性激素结合蛋白。

研究表明，低血清性激素结合球蛋白与肥胖、胰岛素浓度增高以及与胰岛素抵抗具有密切关系（武革等，1999）。

（4）睡眠呼吸暂停综合征。

睡眠呼吸暂停综合征（obstructive sleep apnea hypopnea syndrome，OSHAS）是一种以肥胖、嗜睡、夜间睡眠呼吸频繁为特征的临床表现，是严重肥胖症的临床综合征（楼小亮和廖杰芳，2004）。总体脂和局部体脂增加是 OSHAS 的主要危险因素之一，OSHAS 的严重程度随体重指数、腰围和颈围的增加而加深（石湘芸等，2005）。

（5）生殖内分泌紊乱。

研究表明，肥胖可导致女性患者月经失调、不孕、流产及乳腺癌、子宫内膜癌等，这些症状与肥胖引起的生殖内分泌紊乱有关（林金芳，2005）。

2. 肥胖症的病理机制

1）遗传因素

一般认为，肥胖属多基因遗传，不良的环境因素可通过作用于特定的遗传背景而引起肥胖的发生（吴华和修玲玲，2003）。

1950 年，Ingalls 等发现肥胖基因（bese gene，简称 ob 基因）的阴性突变可以导致肥胖，ob 基因通过 DNA 转录表达为 ob 蛋白，即为瘦素（Ingalls et al.，1950）。ob 基因的表达在脂肪组织具有区域特异性和组织特异性（Masuzaki et al.，1995）。

2）下丘脑的食欲调节因子

食欲受下丘脑食欲调节网络的调控。人类下丘脑中的腹内侧核（VMH）和外侧下丘脑区（LHA）分别称为"饱感中枢"和"饥饿中枢"，在生理条件下，两者处于动态平衡状态，使食欲处于正常范围，并维持正常体重（秦正誉，1981）。VMN 损伤可引起摄食过度，从而导致肥胖和高胰岛素血症（Perkins et al.，1981），而 LHA 可合成部分食欲促进因子。

研究表明，胰岛素与其相应受体结合可以调节下丘脑 VMN 中阿片促黑色素原（POMC）的 ATP 敏感性钾离子通道的活性，进一步通过 PI3K 信号途径影响细胞内 ROS 水平，以调节能量状态和食欲（Cotero and Routh，2009）。

3）解偶联蛋白水平

解偶联蛋白（uncoupling protein，UCP）是一种能够使线粒体氧化与磷酸化解偶联，从而调节能量代谢的蛋白（于新凤，2002）。研究表明，肥胖者腹膜内脂肪组织 UCP mRNA 表达水平显著降低（刘永明，1999）。

4）褐色脂肪组织

在肥胖小鼠模型体内，褐色脂肪组织线粒体异常是引起非战栗产热并发症的间接因素，并导致肥胖的发生（Hogan and Himms-Hagen，1980）。肥胖大鼠褐色脂肪组织 β-AR 基因表达水平明显低于正常大鼠，且褐色脂肪细胞体积增大，这可能是产生肥胖的重要因素（刘志诚等，2003）。

2.2.2 减肥功能评价方法

1. 体外生化模型

1）脂肪酸合酶（FAS）抑制法

研究表明，草莓果肉渣乙醇提取物再经乙酸乙酯萃取的有效组分对 FAS 具有强抑制作用（刘晓鑫等，2010）。

2）胰脂酶抑制法

大部分脂肪类物质在人体内是由胰脂酶来进行分解和消化的，因此可以通过降低该酶的活性达到降低脂肪吸收、控制和治疗肥胖的目的（Chiesi et al.，2001）。

2. 细胞模型

1）3T3-L1 前脂肪细胞

抑制前脂肪细胞 3T3-L1 生长是抗肥胖的一个重要途径（Wang and Jones，2004）。研究表明，越橘的花青素提取物能够有效地抑制 3T3-L1 前脂肪细胞的生长，IC_{50} 约为 214 μg/mL（柳嘉和景浩，2010）。

2）SD 大鼠原代成熟脂肪细胞

研究表明，远交系 Sprague Dawliy（SD）大鼠原代成熟脂肪细胞模型可以有效适用于减肥药物的体外快速筛选（李松涛等，2010）。

3. 动物模型

1）遗传性肥胖模型

遗传性肥胖模型主要包括：①显性遗传模型。Yellow（A^y/a）小黄胖鼠是最早培育出的肥胖小鼠，其肥胖性状是染色体显性遗传，定位于 2 号染色体，它是目前唯一以显性方式遗传的品系（Wolff et al.，1986）。②隐性遗传模型。Zcuker 大鼠的肥胖特征是常染色体隐性遗传，也称作 fa/fa 大鼠（Zucker and Zucker，1961）。③多基因遗传模型。NZO（Newzealand obese mouse）小鼠的肥胖性状是多基因遗传（Kluge et al.，2012）。

2）营养性肥胖模型

（1）脂肪诱导。

高脂饮食可诱导产生肥胖动物模型，以总油脂含量 18%、猪油含量 12%配制的高脂高营养饲料喂养初断乳 SD 雄性大鼠，6 周后体质量、腹腔脂肪、肝脏重量显著增加（杨爱君等，2005）。杨志刚等（2007）利用该模型发现生姜油能有效地降低肥胖大鼠的体重及睾周脂肪、肾周脂肪的重量，降低血清 TC 及 TG 含量。

（2）糖引起的肥胖模型。

硫金葡萄糖（GTG）主要破坏腹内侧的下丘脑神经，从而引起小鼠过量饮食和肥胖。给成年小鼠腹腔注射 GTG，每只小鼠每天剂量为 1.0 mg/g 体重，连续注射 7 d，GTG 小鼠的体重显著高于对照组（谭正怀等，2003）。研究表明，西布曲明（MR）可有效降低 GTG 诱导肥胖小鼠的体重、脂肪重量、Lee's 指数、胰岛素含量和 TG 含量（张敏，2007）。

（3）糖、脂综合诱导。

根据国食药监保化[2012]107 号文件，评价保健食品是否具有减肥功能所采用的动物模型为以高热量食物（添加 15.0%蔗糖、15.0%猪油）诱发的大鼠肥胖模型。

3）L-谷氨酸钠诱导

将当天出生的小鼠皮下注射 L-谷氨酸钠 3 mg/g，连续 5～7 d。自 4 周龄断乳后，给幼鼠喂以营养饲料，一般在 6～8 周龄后出现进行性肥胖，已利用该模型证明枸杞多糖具有降脂减肥作用（张民等，2003）。

4）维生素 D 诱导

将雄性 SD 大鼠一次性腹腔注射维生素 D 30 万 U/kg 体重，对照组同时注射等量生理盐水。存活 30 d 后，经维生素 D 诱导的大鼠肾周局部脂肪组织堆积量增加，并且脂肪细胞体积变大（李小林等，2002）。

5）双侧卵巢切除肥胖雌鼠模型

将健康的雌性 SD 大鼠随机分为假手术组和手术组，手术前各组大鼠称重后均禁食 12 h，饮水不限，氯胺酮 100 mg/kg 腹腔注射麻醉后，手术组大鼠双侧切除卵巢，假手术组重复双侧摘除卵巢步骤，不摘除卵巢但切除卵巢周围同等大小脂肪块，手术后，各组大鼠正常进食饮水，进食量 6 周后，SD 雌性大鼠模型组的体重超过对照组大鼠平均体重的 20%（朱家恩，2007）。

4. 人体试食模型

一般受试对象为单纯性肥胖人群，成人 BMI≥30，或总脂肪百分率达到男＞25%、女＞30%的自愿受试者。将受试者随机分为试验组、对照组或采用自身对照设计，受试者每天服用一定剂量药品，连续 35～60 d。对于不替代主食的减肥功能受试样品，试食期间日常饮食及运动量与试验前保持一致；对于替代主食的减肥功能受试样品，用样品取代每天 1～2 餐主食。试验结束前后检测受试者体内 TC、TG、HDL-C 等相关指标，与对照比有显著性差异，即表示具有减肥作用（许美艳等，2012）。

2.2.3　果蔬功能因子

果蔬为低能量密度的食物，从而使得该类食物在消化过程中需要耗费比自身更多的热量，在提高机体代谢水平的同时，有效降低体内脂肪含量（Epstein et al.，2001）。研究表明，每天摄入 500 g 果蔬，可以在 6 个月后使体重降低 300～500 g，同时，对于体重超重的人群而言，水果和蔬菜摄入量的增加可以有效避免体重增加（Sartorelli et al.，2008）。

1. 果蔬功能因子有助于减轻体内脂肪的作用机理

1）增加饱腹感

果蔬膳食纤维、高蛋白食物的摄入可以填充胃腔，增加咀嚼动作，延长胃排空时间，使人容易产生饱腹感，摄食减少，从而达到瘦身减肥的目的（李明龙等，2007）。

2）提高机体代谢水平

肥胖人群矿物质和维生素的摄入相对缺乏，通过补充多种矿物质与维生素则能明显降低体重、体脂含量、血压和炎症水平，改善脂代谢和提高机体的代谢水平（赵胜利等，2009）。

3）降低血糖及血脂含量

高血糖、高血脂与超重和肥胖的研究表明，血糖、TC、TG 值随着体重指数的增大而显著增高，空腹血糖受损、糖尿病、高胆固醇、高 TG 的患病率也随体重指数的增大而显著增高（严克贵等，2009）。此外，腹型肥胖患者 BMI 的增加与血糖、血脂增高关系较为密切（余佩玲和邹劲涛，2001）。

4）促进脂肪分解

大豆黄素衍生物可通过抑制前脂肪细胞增殖和分化，促进脂肪分解释放甘油（Gly），减少细胞内 TG 的含量，降低脂肪细胞内 TG 的存储量（巫冠中等，2009）。

2. 膳食纤维

摄入水果蔬菜中的膳食纤维可有效阻止肥胖病的产生，这主要是由于膳食纤维可以增加饱腹感并有效降低饮食中其他食物的热量比值（Slavin，2005）。同时，膳食纤维的摄入还可以降低小肠的吸收效率，减少人体对营养元素的吸收，改变肠道激素的分泌，从而达到去除脂肪的目的（Howarth et al.，2001）。

1）苹果膳食纤维

苹果活性膳食纤维具有总纤维含量高，活性高，吸水性、膨胀性、离子整合能力强的特点，对降低体内脂肪含量效果显著（李桂峰，2006）。

2）红薯膳食纤维

红薯膳食纤维可以改善末梢神经对胰岛素的感受性，调节糖尿病患者的血糖水平，从而对肥胖症具有一定的疗效（周虹和张超凡，2003）。

3）大豆膳食纤维

大豆膳食纤维具有预防肥胖症的功能，而这主要得益于其良好的吸水能力（卢义伯和潘超，2007）。

3. 脂质

研究表明，蔬菜油是多不饱和脂肪酸（n-3 PUFA）的主要来源，其中的 ω-3 多不饱和脂肪酸（ω-3 PUFA）能调节人体的脂质代谢，预防和治疗肥胖（Simopoulos，1989）。

4. 维生素及矿物质

1）维生素

（1）维生素 D。

维生素 D 可以治疗并预防肥胖的发生，相比于正常人而言，肥胖人群体内维生素 D 的含量较少，且生物利用率也低（Simon，2013）。

（2）左旋肉碱。

左旋肉碱又称维生素 BT，是一种类维生素。左旋肉碱能降低肥胖患者体内的脂肪含量，达到去脂减肥的目的（黄宗锈等，2007）。

（3）维生素 E。

维生素 E 不仅能有效降低肥胖小鼠体重、血糖、TC 及 TG 含量，还能抑制3T3-L1 前脂肪细胞的分化，这表明维生素 E 对治疗肥胖、降低人体脂肪含量具有较好的作用效果（郑奕迎等，2006）。

2）矿质元素

（1）锌和铜。

单纯性肥胖人群体内大多数存在不同程度的微量元素的异常，多数以微量元素锌、铜变化最为明显（郭中锋，2005）。

锌被认为是一种生长必不可少的微量金属元素，作为多种酶的辅酶，可参与生物体内多种代谢过程，同时调节着 200 多种金属酶的活性及功能（Chen et al.，1991）。对肥胖人群体内锌的含量以及 BMI 值的调查表明，肥胖人群锌含量水平低于对照，且 BMI 值均明显高于相对水平（Marreiro et al.，1993）。人体内锌的摄入可以降低葡萄糖耐量，提高胰岛素活性，刺激瘦素的分泌；还可使二磷酸鸟苷（GDP）与线粒体连接能力减弱，棕色脂肪组织产热减少，从而导致肥胖（赵霖，1996）。

人体内铜含量也与肥胖相关。研究表明，相比于肥胖儿童体内铜锌含量的变化，Cu/Zn 比值显得更为重要。尽管肥胖儿童血清中 Cu 含量无明显变化，但 Cu/Zn 比值降低，这暗示着体内 Cu 含量的相对缺乏（林珊，2001）。因此保持体内铜、锌含量处于正常范围，可预防单纯性肥胖的发生。

（2）铁。

铁是人体内含量最丰富的微量元素，而水果蔬菜类食品中铁的含量偏低，但是由于果蔬中富含维生素 C，可以帮助提高铁在人体内的吸收率。体内铁储存不足，可影响低密度脂蛋白的合成，体内铁储存水平与血清 TC、TG、LDL、AL（白蛋白）呈正相关（吴碧荔等，2005）。轻度补铁可改善肥胖大鼠肥胖、血糖血脂以及激素代谢紊乱的程度（赵丽军等，2006）。

（3）镁。

肥胖者膳食镁摄入低于体重正常者，因此体内处于负镁平衡状态，其血清镁、红细胞镁和血小板镁均低于体重正常者（曾凡勇等，2006）。研究表明，补镁可降低高脂高糖诱导的大鼠体重增加、脂肪组织增生及脂肪细胞体积的增大，而产生这一效应的途径主要通过调节脂肪细胞本身的生理活性来实现（彭晓莉等，2007）。

（4）钙。

钙的摄入量与肥胖症的发生有着密切的联系，其具有显著的促进脂肪分解、减轻体重的作用（姜丽英等，2004）。李纪尧等（1998）发现，单纯性肥胖症儿童与正常儿童相比，体内钙的含量明显偏低。Parikh（2003）也认为增加钙的摄入量可降低发生肥胖的风险。

（5）铬。

研究表明，铬通过抑制 OrexinA 基因的表达，干预了高脂饲料诱导大鼠肥胖形成，并改善大鼠瘦素抵抗和胰岛素抵抗，降低食欲（王舒然，2001）。

（6）硒。

据报道，硒能抑制 3T3-L1 前脂肪细胞的增殖，并可有助于小鼠体重和血糖含量的降低（郑奕迎等，2006）。

5. 酚类物质

天然酚类化合物具有较好的抗氧化性能，除此之外，它还能够降低脂肪生成量，促进脂肪溶解。其作用机理主要表现为脂肪细胞通过储存 TG 并释放游离脂肪酸，以此维持体内脂肪平衡和能量平衡；通过增加 TG 的水解以减少脂肪的储存，促进 β-肾上腺素激动剂产生（翟清波等，2012）。

研究表明，苹果多酚能有效降低小鼠体重和脂肪重量，以及小鼠体内 TC、TG、HDL-C、LDL-C 的含量（李建新等，2008）。石榴皮的多酚类物质具有显著降低大鼠血清 TC、TG、LDL-C 浓度的作用，同时它还能提高血清 HDL-C 浓度（程霜等，2005）。葡萄籽多酚能够有效阻抑实验小鼠血脂的升高，因此对于降低体内脂肪含量具有一定的疗效（熊何健等，2008）。

6. 黄酮类物质

1）花色苷

体外实验表明，蓝莓花青苷能明显抑制低密度脂蛋白的氧化和血小板的聚集（赵秀玲，2012）。紫马铃薯花色苷可有效降低大鼠的 Lee's 值以及提高大鼠体内抗氧化酶活性，降低大鼠体重（李颖畅等，2008）。

2）大豆异黄酮

大豆苷元可有效抑制去卵巢大鼠肝脏组织中脂肪的堆积（李培恒等，2004）。

3）苦瓜苷

苦瓜苷是苦瓜中特有的苷类，能够有效地控制血糖，降低血脂含量，因此对减肥有很好的疗效。研究表明，苦瓜苷对胰脂肪酶和胰淀粉酶有很好的抑制作用，苦瓜液浓度为 10 mg/mL 时，对胰脂肪酶和胰淀粉酶的抑制率分别是 36%和 26.7%，表明其具有较好的减肥效果（刘佳璐，2011）。

7. 其他

1）丙醇二酸

研究表明，黄瓜内的丙醇二酸，具有抑制糖类转化为脂肪的作用（印万芬和庄慧丽，1998）。

2）荷叶生物碱

研究表明，荷叶生物总碱能明显抑制肥胖高脂血症大鼠的体重增长并降低其 TC、TG 及 AI 水平（涂长春和杨军平，2001）。

3）番茄红素

番茄红素可有效降低非酒精性脂肪肝大鼠血清中的 TG、胆固醇（CHO）、DL-C，提高 HDL-C 的水平（魏来和赵春景，2010）。

2.3 有助于降低血脂

心血管疾病是目前人类致死性最高的疾病，被称为是危害人类健康的头号杀手，全球每年死于心血管疾病的人数高达 1500 万。心血管疾病通常指冠心病（急性心肌梗死、心绞痛）、原发性高血压、高血脂、脑中风等。它们的共同发病基础是小动脉粥样硬化，而动脉粥样硬化（atherosclerosis，As）形成的因素主要为脂质过氧化损伤、慢性炎症及高血脂（Laslett et al.，2012）。其中高脂血症，特别是血液中的胆固醇代谢异常、低密度脂蛋白（LDL）含量过高是 As 和心血管疾病发生的重要病理学基础。膳食营养是影响心血管疾病的主要环境因素之一。近年来，人们逐渐认识到，摄入更多的水果和蔬菜可以帮助预防心脏疾病，并降低由此引发的高死亡率。国外多项前瞻性研究表明合理膳食具有良好的降血脂、降血压效果。果蔬中抗氧化功效成分已在 2.1 节作了介绍。基于高脂血症在 As 性心血管疾病发生发展中的基础性地位，本节中将以降血脂作用为主线，介绍多种对心血管疾病具有防治作用的果蔬成分。

2.3.1 高脂血症的概述

1. 高脂血症的诊断及分类

高脂血症是指血液中总胆固醇（total cholesterol，TC）、甘油三酯（triglyceride，TG）、低密度脂蛋白（low density lipoprotein，LDL）过高和高密度脂蛋白（high density lipoprotein，HDL）过低的一种全身脂代谢异常疾病（The Expert Panel，1988）。高血脂是多种心脑血管疾病最重要的危险因素之一。心血管疾病中最主要的为冠心病，包括心绞痛、心肌梗死、心源性猝死等，在老年人中已成为最常见的致死性疾病，近年来冠心病的发病年龄明显提前，其发病率和死亡率均呈现快速上升趋势。脑卒中又称脑中风，其致死性仅次于心脏病和癌症，是目前致残性最高的疾病之一，As 是其发生的直接病理基础。我国每年脑卒中的新增病例为150 万～200 万，其中约 70%为血管性脑卒中。此外，高脂血症是促进高血压、糖耐量异常和炎性因子的重要危险因素，往往与多种慢性疾病并发，如糖尿病、高血压、肥胖、免疫性疾病等（Gitt et al.，2009）。

目前关于高脂血症的诊断，国内外尚无统一的标准，临床上检测血脂的项目较多，血脂的基本检测项目为 TC、TG、高密度脂蛋白胆固醇（HDL-C）和低密度脂蛋白胆固醇（LDL-C），其他血脂项目如 apoAⅠ、apoB、Lp（a）主要是研究时采用。根据我国 2007 年《中国成人血脂异常防治指南》，将高脂血症简单分为四类：①混合型高脂血症：TC≥6.22 mmol/L（240 mg/dL），或 LDL-C≥4.14 mmol/L（160 mg/dL）合并 TG≥2.26 mmol/L（200 mg/dL）；②高胆固醇血症：单纯 TC≥6.22 mmol/L（240 mg/dL）或 LDL-C≥4.14 mmol/L（160 mg/dL）；③高 TG 血症：单纯 TG≥2.26 mmol/L（200 mg/dL）；④低高密度脂蛋白血症：单纯 HDL-C＜1.04 mmol/L（40 mg/dL）。其中以 LDL-C 增高为主要表现的高胆固醇血症是心血管疾病最重要的危险因素（许海燕等，2008）。

2. 脂代谢与载脂蛋白

血脂及其代谢对于高脂血症形成和发展非常重要。血脂是血浆或血清中脂类的总称，包括 TC、TG 及磷脂等，其中 TC 又分为游离胆固醇和胆固醇酯。影响 TC 水平的主要因素有年龄、性别、饮食习惯和遗传因素等。

血脂在血浆中与载脂蛋白结合形成血浆脂蛋白后开始溶于血浆，进行转运和代谢。应用超速离心和电泳的方法可将脂蛋白通分为六种：乳糜微粒（chylomicron，CM）、极低密度脂蛋白（very low density lipoprotein，VLDL）、中密度脂蛋白（intermediace density lipoprotein，IDL）、LDL、HDL 及脂蛋白（a）[lipoprotein（a），Lp（a）]。不同的脂蛋白含有不同的载脂蛋白，它们的主要功能是结合和转运脂质。各种脂蛋白在血浆中的浓度基本恒定并维持相互间的平衡，如果比例失衡则导致脂代谢紊乱，如前所述的高脂血症。CM 主要功能是运输外源性 TG 到肝外组织利用。CM 在血液中的半衰期为 5～20 min，故正常人空腹血中无 CM，一旦空腹血中有大量 CM，而 CM 不能被及时运走及代谢，在血管内沉积而导致粥样硬化。VLDL 是运输内源性 TG 的主要形式，VLDL 中 TG 主要在肝脏中由脂肪酸和葡萄糖合成，食物摄取过量或脂肪分解过多将导致血中 VLDL 升高。LDL 是血浆中 TC 含量最高的一种脂蛋白，其主要功能是将 TC 转运到肝外组织细胞利用，是胆固醇在血中的主要形式，血浆中约 65%的 TC 在 LDL 内。LDL 是公认的导致动脉粥样硬化最重要的脂蛋白，高 LDL-C 血症是动脉粥样硬化及其冠心病的危险因素。HDL 颗粒最小，主要由肝脏和小肠合成。主要功能是将 TC 从肝外组织运输到肝脏进行代谢，清除组织细胞内的 TC，HDL 具有防治动脉粥样硬化的作用。大量的流行病资料表明，血清 HDL 水平与冠心病发病成负相关。流行病学资料显示血清 HDL 每增加 0.40 mmol/L，冠心病发生率将降低 2%～3%。而当 HDL-C＞1.55 mmol/L（60 mg/dL）时有利于冠心病的预防（Cziraky et al.，2008）。LP（a）是新发现的一种独立的脂蛋白，其脂质成分类似于 LDL，可能是直接由肝脏产生的，是动脉粥样硬化性疾病的一项独立危险因子。

3. 高脂血症的成因

高脂血症的危害是隐匿性、渐进性和全身性的。高脂血症最主要、最直接的损害是加速全身动脉粥样硬化，是动脉粥样硬化性病变发生、发展的必要因素。动脉粥样硬化是心血管病（包括冠心病、缺血性卒中以及外周动脉疾病）的主要病理学基础，主要表现为受累动脉内膜脂质沉积、单核细胞和淋巴细胞浸润及血管平滑肌细胞增生等，形成泡沫细胞、脂纹和纤维斑块、钙质沉着，并有动脉中层的逐渐退变，引起血管壁硬化、管腔狭窄和血栓形成，从而导致冠心病、脑血管病和周围血管病，引起心、脑、肾等重要靶器官的损害。

近年来血脂异常引起动脉粥样硬化的机制成为研究的热点。LDL 是公认的诱发动脉粥样硬化的基本因素。病理学研究发现，LDL 进入血管壁内后可被修饰成氧化型 LDL，其被巨噬细胞吞噬后形成泡沫细胞，并不断地增多、融合，构成了动脉粥样硬化斑块的脂质核心。众多研究表明氧化应激和炎症是动脉粥样硬化发生和发展的两个关键过程，并且，氧化应激可能是 As 炎症发生的始动因素。血中 TC 水平过高导致大量以 LDL 为主的脂质颗粒沉积于动脉内皮损伤部位，这些沉积的脂质颗粒被氧化修饰后诱导血液中的单核细胞、淋巴细胞等聚集，并进一步转化为巨噬细胞对氧化后的脂质颗粒进行吞噬；如果机体将胆固醇向内膜外转运的能力（HDL）已达上限，则巨噬细胞形成的泡沫细胞最终死亡；大量死亡泡沫细胞聚集形成脂肪斑，随后平滑肌细胞由收缩型衍变为合成型。最终，使内膜增厚，形成黄色或灰黄色状如粥样物质的斑块（陈瑷，2008）。

高脂血症的致病因素较多，且较为复杂，涉及遗传、疾病、生活方式和饮食结构等因素。流行病学研究已证实除血脂异常外，高血压，吸烟和糖尿病均是高脂血症重要的危险因素；而年龄的增长，女性绝经期后，冠心病家族史等均属于不可改变的危险因素。此外，肥胖、运动量少等也对高脂血症及动脉粥样硬化性疾病具有明显促进作用。

2.3.2　降血脂的评价方法

对功能性因子降血脂活性的评价方法可以从分子水平、细胞水平、动物或人体整体水平进行评价。分子水平的研究主要是针对脂质代谢调控的关键酶抑制活性的筛选；细胞水平的研究主要是基于以胆固醇代谢和相关受体为靶点建立的细胞模型为工具的筛选；整体水平的研究是以高脂动物模型或人体试食实验为基础的筛选。

1. 分子水平研究

与脂代谢有关的酶主要有 3-羟基-3-甲基戊二酸单酰辅酶 A（HMG-CoA）还

原酶、脂蛋白脂肪酶（LPL）、肝脂酶（HL）、卵磷脂胆固醇酰基转移酶（LCAT）、胆固醇酯转移蛋白等。其中，HMG-CoA 还原酶是合成内源性胆固醇的限速酶，抑制 HMG-CoA 还原酶的活性，即可抑制体内胆固醇的合成，HMG-CoA 还原酶是目前临床一线降血脂药他汀类药物的作用靶点，在降血脂活性物质的筛选中尤为重要。

1）HMG-CoA 还原酶活性测定

目前，抑制剂对 HMG-CoA 还原酶抑制活性的研究方法主要有：分光光度法、同位素标记法、薄层层析法和液相色谱法。分光光度法是从动物肝脏中获得 HMG-CoA 还原酶，以 NADPH、cysteamine 为底物，于波长 339 nm 处测定 NADPH 光吸收的下降可代表酶活力大小及反应速度；同位素标记法常以 ^{14}C 标记底物，通过测定形成的固醇中同位素的掺入率计算受试物抑制固醇脂质合成能力（Endo and Monacolin，1980）。胡海峰等（1998）建立了体外酶薄层层析测定法测定真菌次级代谢产物对酶活性的影响，此法可有效地将底物与产物分离。液相色谱法是利用检测反应体系中 NADPH 浓度的变化，测定受试物对 HMG-CoA 还原酶的抑制活性（于刚等，2009）。

2）磷脂酰胆碱 Ch 酰基转移酶的活性测定

磷脂酰胆碱 Ch 酰基转移酶（LCAT）能催化磷脂酰胆碱 p 位的脂酰基转移至游离胆固醇的 3-羟基生成胆固醇酯，促进 Ch 的异向转移。增加此酶活性，对于防治动脉粥样硬化具有作用。此酶活性测定可通过以磷脂酰胆碱和游离胆固醇作底物，与血清孵育一定时间后测定胆固醇酯的生成量来评价。

3）脂蛋白脂酶和肝脂酶活性测定

脂蛋白脂酶（LPL）和肝脂酶（HL）均为脂代谢所需的酶，LPL 可催化 CM 和 VLDL 颗粒中 TG 的水解，在脂蛋白代谢中起着重要的作用，它们也是脂代谢研究中重要的酶。

2. 细胞水平研究

1）肝癌细胞内脂质堆积模型

肝癌细胞（HepG2）是最常用作降脂活性研究的体外细胞，通过将 HepG2 细胞与外源性的油酸（OA）与棕榈酸（PA）共同培养，制备细胞内脂质堆积模型。采用 MTT 法检测受试物对细胞活性的影响，利用流式细胞仪技术检测细胞内荧光强度，来判断细胞内脂质含量的变化，评价受试物对脂质代谢的影响（林玲，2011）。

2）人结肠腺癌细胞模型

人结肠腺癌（Caco-2）细胞用于评价对胆固醇吸收影响的体外筛选模型，向处于对数生长期的 Caco-2 细胞添加含有受试物和 ^{14}C 同位素标记的胆固醇胶束溶液，共同培养，通过测定放射活性反映细胞中胆固醇的含量。van Heek 等（2001）

采用 Caco-2 细胞模型发现 ezetimibe 可以选择性地抑制小肠上皮细胞对于胆固醇的吸收。

3）受体构建的细胞模型

低密度脂蛋白受体（LDLR）对于 LDL 功能及血中胆固醇浓度的调节发挥着重要作用。将构建的 LDLR 质粒转染人肝癌细胞系等可构建 LDLR 靶点筛选的细胞模型（张华等，2002）。以受体 CD36 或者受体 A 等为靶点构建的细胞模型是抗 As 活性物质筛选的重要工具（Laukkanen et al.，2000）。

3. 动物水平研究

高脂血症动物模型包括先天性动物模型，如 WHHL 兔和 Thomas Hospital 兔；转基因动物模型，通过敲出或过量表达基因来表现高脂血症，如 ApoE2/B 的转基因小鼠；饮食诱导动物模型，用含有胆固醇、蔗糖、猪油、胆酸钠的饲料一定时间内喂养动物可形成脂代谢紊乱动物模型。饮食诱导动物模型是目前最常用的降脂活性筛选研究动物模型（罗漪和杨继红，2008）。根据实验目的，调整高脂饲料配方，可将诱导的高脂血症动物模型分为混合型高脂血症动物模型和高胆固醇血症动物模型。

1）混合型高脂血症动物模型

可采用健康成年雄性大鼠为实验动物，体重（200±20）g，首选 SD 大鼠。向基础饲料中添加 20.0%蔗糖、15%猪油、1.2%胆固醇、0.2%胆酸钠，以及适量的酪蛋白、磷酸氢钙、石粉等。喂养动物高脂饲料一段时间，同时给予受试物，实验结束进行血脂指标的测定。模型对照组和空白对照组比较，血清 TG 升高，血清 TC 或 LDL-C 升高，差异均有显著性，判定模型成立。因为高脂饲料喂养一定时间后，胆固醇水平比较稳定，TG 会逐渐恢复正常水平，因此，高脂饲料给予时间不能超过 8 周。

2）高胆固醇血症动物模型

高胆固醇血症动物模型用含有胆固醇、猪油、胆酸钠的饲料喂养动物可形成高胆固醇脂代谢紊乱动物模型。实验动物常用大鼠和金黄地鼠。大鼠（动物要求同混合型高脂血症动物模型）模型是在基础饲料中添加 1.2%胆固醇、0.2%胆酸钠、3%～5%猪油，以及适量的酪蛋白、磷酸氢钙、石粉等；金黄地鼠模型一般选择健康成年雄性金黄地鼠，体重（100±10）g，在基础饲料中添加 0.2%胆固醇作为高脂饲料。模型对照组和空白对照组比较，血清 TC 或 LDL-C 升高，血清 TG 差异无显著性，判定模型成立。其他同混合型模型。

4. 人体试食实验

在正常饮食情况下，检测禁食 12～14 h 后的受试对象的血脂水平。血清 TC

在 5.18～6.21 mmol/L，并且血清 TG 在 1.70～2.25 mmol/L，可作为辅助降低血脂功能备选对象；血清 TG 在 1.70～2.25 mmol/L，并且血清 TC≤6.21 mmol/L，可作为辅助降低 TG 功能备选对象；血清 TC 在 5.18～6.21 mmol/L，并且血清 TG≤2.25 mmol/L，可作为辅助降低胆固醇功能备选对象。排除年龄、疾病、饮食及药物使用等影响因素，签署知情同意书。每组受试者不少于 50 例。试食组服用受试样品，对照组可服用安慰剂或采用空白对照。试验周期 45 d，不超过 6 个月。观察血清 TC 有效率、TG 有效率、HDL-C 有效率及总有效率。TC 降低＞10%；TG 降低＞15%；HDL-C 上升＞0.104 mmol/L 为有效。

2.3.3　果蔬功能因子

1. 类胡萝卜素

1）β-胡萝卜素

β-胡萝卜素抗心血管疾病的作用主要是通过抗氧化作用实现的。它能有效地防止 DNA 和脂蛋白的氧化损伤，以及阻止 LDL-C 氧化产物的形成，因而能减缓动脉粥样硬化，降低其诱因，进而预防冠心病等心脑血管疾病的发生（王忠和等，2011）。

2）叶黄素

研究表明，血液中类胡萝卜素的水平较高的人群，特别是叶黄素含量偏高的人群，其心血管疾病死亡率减低 35%。对 480 名 40～60 岁的人群调查发现，血清叶黄素水平增加 20%，可明显减缓颈动脉内膜、中膜的增厚，减低动脉粥样硬化的发生率（李长龄等，2006）。细胞表面黏附分子的表达是动脉粥样硬化发病的生物标志物，有研究显示用叶黄素培养动脉内皮细胞可有效减少细胞表面黏附分子的表达，这些研究显示叶黄素类尤其是叶黄素可能对慢性心脏病的发展具有抑制作用，但有关作用机制及有效作用剂量有待更多的研究（汪蓓蓓和陶懂谊，2011）。

3）番茄红素

多项临床试验显示，脂肪组织中的番茄红素对心肌梗死有预防作用。血浆番茄红素浓度越高，其心血管病危险性越低，番茄红素可能通过抑制胆固醇生物合成酶反应，防止 DNA 和脂蛋白氧化，进而降低 LDL-C，减缓动脉粥样硬化的发生和阻止 LDL-C 氧化产物的形成（李长龄等，2006）。对 1397 名欧洲男性的调查显示，心脏病的发病率低与体内脂肪中番茄红素的含量较高有关（徐晋和徐贵发，2008）。

2. 微量元素

大量研究发现，微量元素摄入不足、在体内不平衡或代谢紊乱都能对心血管疾病的发生和发展产生影响。微量元素在心肌的收缩与舒张、细胞膜的结构与功能、血脂的代谢与稳定、自由基的催化与抑制以及血压调节和血液凝固中起着至关重要的作用（张红等，2006）。

1）锌

许多果蔬中都富含微量元素锌，如鲜枣、苹果、柿子、柠檬、菠菜、胡萝卜等。锌是人体发育成长中必不可少的微量元素，参与多种酶、激素的合成，而且生物体内许多重要代谢物的合成和降解，都需要锌酶的参与。有研究表明，缺乏锌会使体内有活性的谷胱甘肽过氧化物酶数量减少，导致过氧化脂质水平升高。从而减弱机体消除自由基和抗脂质过氧化反应的能力，易造成动脉内皮细胞损伤，破坏膜的结构和功能，进而诱导动脉壁组织形态的一系列病变以及发生动脉粥样硬化等病理学改变。动脉粥样硬化会加速心肌细胞的缺血缺氧性损伤，从而导致冠心病的发生和发展（刘荣和向定成，2007）。研究资料证实，冠心病等的心血管病患者心脏中锌含量对照血清锌水平，在心绞痛发作时，血清中锌浓度降低幅度显著，且心绞痛缓解后明显回升。说明心肌受损使血清锌过多消耗，血清锌向创伤组织转移，使血清锌浓度降低（刘海燕等，2002）。秦俊法（2002）等报道心血管患者全血和血清中锌元素含量与正常人有明显差异，且随着病情的变化，锌元素含量动态变化。孔聘颜等（1996）观察了 64 名高血压患者服药前后的微量元素变化，发现患者发病 2～4 d 左右时锌的含量出现了低谷，这个谷值对心肌梗死的诊断有辅助作用。综上所述，锌的绝对或相对缺乏可能与高血压和冠心病的发生有关。

2）硒

研究显示，低硒地区人群与高血压、心脏病等有关的心脑血管疾病死亡人数比高硒地区高 3 倍左右（张忠诚等，2003）。缺硒可能与克山病、充血性心肌病以及冠心病的发生有密切的关系（李春盛，1987）。硒能大量破坏血管壁损伤处集聚的胆固醇，使血管保持畅通，提高心脏中辅酶 A 的水平，使心肌所产生的能量提高，从而保护心脏（于丽平和于晓华，1994）。膳食中摄入大量硒可以保护心肌细胞和组织的正常生化成分和代谢结构及功能，并可促进损伤心肌组织的修复和再生，加速愈合过程（孔祥瑞，1982）。

硒是谷胱甘肽过氧化酶的重要组成部分，该酶的主要功能是清除体内脂质过氧化物，维持膜系统的完整性（刘海燕等，2002）。缺硒会引起谷胱甘肽过氧化物活性的下降、脂质过氧化物蓄积和氧的利用降低等现象，同时自由基会对心肌细胞产生毒害作用，改变细胞膜的稳定性和通透性（刘运俊，1994）。刘红梅（2002）的实验表明，硒可能通过谷胱甘肽过氧化酶的抗氧化作用调节花生四烯酸代谢过程中的前列环素（PGI_2）合成酶，抑制前列环素的合成，同时减少脂质过氧化物的生成，并且降低血栓素（TXA_2）的含量，最终使血小板的聚集性降低，保护血管内皮免受氧化损伤。

3）铜

番茄、豆类、萝卜苗、大白菜、葡萄及其干制品中富含铜元素。铜是人体内必需的微量元素，其参与机体的造血、自由基防御、结缔组织生物合成、细胞呼吸等生理活动（姜云霞，2007）。铜也是组成人体氨基酸、葡萄糖和胆固醇等代谢过程中酶的关键要素。人体内血浆脂蛋白脂酶及卵磷脂胆固醇转酰酶都参与脂质代谢，可很好地将脂肪和极低密度脂蛋白分解，使血浆中的血脂下降，血浆中铜浓度升高可以使这些酶的活性加强。同时，铜具有很强的氧化特性，能氧化脂蛋白上的脂质过氧化氢物，防止巨噬细胞摄取低密度脂蛋白而导致自身溶解坏死，最终形成粥样斑块（李万立和罗海吉，2008）。而机体缺乏铜元素时，可造成脂质代谢紊乱，导致动脉和心室血栓的形成，进而诱发冠心病。同时，缺铜可使氧自由基的清除能力降低，使自由基对心肌和血管的损伤加重；同时，胶原纤维和弹性纤维发生降解和分裂，血管壁内膜和心肌发生损伤，最终发展为动脉粥样硬化和冠心病（张红等，2006）。潘幡等（2008）发现，美国食品中含铜普遍减少可能与其冠心病发病率显著提高有关。

4）铬

铬缺乏是动脉粥样硬化的主要致病因素（杨昌英等，1998）。同时，缺铬还会引起血脂尤其是胆固醇水平增高，造成高脂蛋白血症，并与动脉粥样硬化发病有关（李平和梁世中，2001）。动脉粥样硬化多发地区人群的机体和主动脉铬含量显著降低，冠心病患者血清铬含量明显低于非冠心病患者（余飞苑等，2005）。因此，铬对冠状动脉具有保护作用，铬缺乏是诱导冠心病的重要因素之一。综合有关研究结果，铬可能通过两个途径调节脂类代谢：①缺铬会引起胰岛素的生物学活性降低，糖耐量受损，且通过糖代谢引发脂类代谢紊乱，补铬后胰岛素活性增强，降低主动脉上胆固醇的沉积，调节脂类代谢，从而改善血脂状况；②铬能够增强脂蛋白酶和卵磷脂胆固醇酰基转移酶的活性，从而促进高密度脂蛋白的合成，机体铬含量水平低时，上述两种酶的活性降低，高密度脂蛋白合成减少，导致血液中高密度脂蛋白下降（王清霞等，2004）。

5）钴

钴是一种对心血管疾病具有明显双相调节作用的微量元素。流行病学研究表明，膳食中钴元素与心血管疾病发病率呈负相关（聂国胜等，2003）。大量心血管病患者体内微量元素钴长期缺乏，从而引起多种代谢失调（陈祥友等，1983）。日常饮食中，莴苣、花生、马铃薯、生姜和蘑菇、梨等果蔬中均富含钴元素。另一方面，对于钴元素的摄入量要适中，体内钴元素含量过高可能引起心肌病变、心肌水肿、脂肪变性纤维化等疾病。高钴可能引起血中胆固醇、甘油三酯及 β-脂蛋白含量升高，表明钴摄入量过多与诱发动脉硬化和冠心病相关（刘运俊，1994）。

6）镁

雪里红、冬菜、芥菜、紫菜、豆类、香蕉等果蔬中富含微量元素镁。镁是多种酶的激活剂，能维护神经的兴奋性和骨骼的生长发育，而镁对心血管疾病的影响逐渐被人们证实。镁缺乏症已经被证实与高血压的发病机制有关。低镁血症似乎是与代谢综合征相关，并可能会影响胰岛素的分泌，同时缺镁能促使体内高脂和高胆固醇的升高，导致中小动脉内膜的弹力受损，促使血管内 Ca^{2+} 聚集，逐渐形成斑块（宗敏等，2004）。

3. 维生素

1）叶酸

叶酸（folicacid）属 B 族维生素。橘子、橙子、黑莓、山莓及香蕉都含有适量的叶酸。同型半胱氨酸（Hcy）被认为是心血管疾病的一种独立危险因素，其具有细胞和基因毒性（向建军和许榕仙，2005）。若在膳食中增加富含叶酸的食物，则可促使高半胱氨酸转变为对人体无害的蛋氨酸，使冠心病发病的危险性减小。有研究发现，叶酸摄入量高者的冠心病死亡率低于叶酸摄入量低者。叶酸防治心血管疾病的机制主要涉及：①降低 Hcy 对心血管内皮细胞的损伤。心血管内皮功能障碍是动脉粥样硬化发生发展和其他心血管病变的早期预示指标，补充叶酸可以纠正心血管内皮细胞的功能紊乱。②抑制血栓形成。叶酸可以维持血栓素/前列腺素的动态平衡，这种平衡是影响正常血管和血流畅通的重要因素。③叶酸对细胞内外不断产生的 ROS 所导致的氧化反应有抑制作用，从而减弱心血管疾病的诱因（杨永宾等，2006）。

2）维生素 C

维生素 C 可以直接与体内 ROS 发生反应，如单线态氧、超氧自由基、过氧化氢和羟基自由基等，降低体内 ROS 浓度，从而对高血压引起的心脑血管疾病有一定缓解作用。研究表明，高膳食摄入量和体内高浓度的维生素 C 可以预防心血管疾病。维生素 C 可干预各种心肌酶的生成与释放，使缺血再罐注对心肌的损伤降低，表明维生素 C 对冠心病患者有积极的治疗作用（何文一和覃数，2009）。

3）维生素 E

维生素 E 可以防止大量胆固醇在血管中堆积，同时其还可以有效抑制脂类过氧化，具有保护细胞免受不饱和脂肪酸氧化伤害的作用。维生素 E 还可以抑制过氧化脂质导致的血管壁纤维性病变，从而抑制动脉硬化，可能进一步降低高血压、心肌梗塞等疾病的患病率（宋晓燕和杨天奎，2000）。有研究表明，急性心肌梗死发展的原因很可能是氧自由基的大量产生和维生素 E 水平的显著降低（吴晓燕等，2004）。已有研究表明，维生素 E 还可以通过上调胞浆磷脂酶 A2 和环氧化酶-1 的表达影响花生四烯酸级联反应，前列环素对抑制血小板凝集和促进血管舒张均有良好作用。此外，血管内皮细胞维生素 E 含量高还能降低细胞间黏附因子和血管细胞黏附分子-1 的表达，从而抑制血细胞与内皮的黏附（周筱丹等，2010）。

4. 多糖

1）海带多糖

海带具有极高的食用和药用价值，海带中含有约 60 种丰富的营养成分和生理活性成分，其中海带多糖是海带中的重要功能性物质（原泽知等，2010）。海带中有 3 种主要多糖，即褐藻胶（algin）、褐藻糖胶（fucoidan）和海带淀粉（laminaran），这三种功能因子均能将食糜中的脂肪带出体外，具有良好的降脂、降胆固醇的功效（钱风云等，2003）。多糖硫酸酯是从海带中分离提取的化合物，具有较高的抗凝血活性，可以降低血脂、抑制红细胞和血小板聚集，可延长血纤维蛋白的凝结时间和凝血酶原的作用时间（施志仪等，2000）。研究表明，海带褐藻糖胶可显著减少小鼠血浆中胆固醇的含量，降低动脉粥样硬化指数，同时对血浆中脂质氧化物浓度的升高起抑制作用（邓长江等，2006）。李德远等（1999）发现海带岩藻糖胶经口服能有效降低小鼠的血清 TC 水平，防止高胆固醇血症的形成，因而有降脂、维护心血管正常功能的作用。同时，还发现海带岩藻糖胶能使血清、肝、脾组织中的过氧化脂质（LPO）水平显著下降。此外，海带多糖还可能通过抗凝血、抑制血小板黏附、抑制血小板释放血浆血栓素及调节前列环素平衡等方面，来实现对血栓形成的抑制作用（谭雯文和秦宇，2009）。研究表明，海带多糖能够纠正高脂血症动物的脂蛋白-胆固醇代谢紊乱，并能减少动脉内膜粥样硬化斑块面积，对动脉粥样硬化具有防治作用（张洪建等，2009）。

2）南瓜多糖

南瓜是糖尿病、心脏病、胃病患者的最佳食品，南瓜多糖是南瓜中重要的活性成分，具有降血糖和降血脂的作用。将南瓜多糖水溶液经腹腔注入正常及糖尿病模型小鼠后，两者 TC、LDL 下降，HDL 增加。推测南瓜多糖可与脂蛋白脂酶结合，使其从动脉壁上释放并进入血液，促进乳糜微粒和极低密度脂蛋白降解。这显示南瓜多糖不仅可防治糖尿病并发症，而且是较理想的能改善脂类代谢的功能因子，可以较好地抵抗动脉粥样硬化（孔庆胜等，2000）。

3）食用菌多糖

黑木耳是一种食用真菌，木耳多糖是从木耳中提取的多糖成分，经过动物实验已经研究得出，黑木耳可以预防动脉粥样硬化的形成，对由动脉硬化诱导引起的一系列心血管疾病有一定疗效。郭素芬等（2004）研究认为加喂木耳多糖能显著降低血中脂质含量，抑制脂质过氧化物的产生，防止动脉粥样硬化的斑块继续扩大。动脉粥样硬化形成的另外一个诱因就是平滑肌细胞增殖（SMC），平滑肌细胞增殖受到多种生长因子的影响，而这些生长因子又与血脂异常、内皮细胞的脂质过氧化损伤等有密切相关，木耳多糖可显著影响 SMC（郭素芬等，2006）。

5. 黄酮类化合物

有越来越多的证据表明，黄酮类化合物具有保护心脏的功能，可降低血浆中血脂水平和减少炎症的发生。饮食中的黄酮类物质除了具有抗氧化性，还能参与调节细胞的各种生物活性功能。有研究表明，黄酮类化合物能抑制多种氧化酶的活性，如黄嘌呤氧化酶、烟腺嘌呤二核苷酸磷酸（NADPH）氧化酶、脂肪氧化酶、超氧化物歧化酶、还原型谷胱甘肽过氧化物酶等。黄酮类化合物还可以降低血压，对凝血因子有较强的抑制作用，可以降低血管内皮细胞羟辅酶代谢，使内壁的胶原或胶原纤维相对含量减少，有助于防止血小板的凝集以及血栓的形成，有利于防止形成动脉粥样硬化（裴凌鹏等，2004）。此外，黄酮类化合物还可以通过抑制凝血酶和影响血小板活化因子诱导的血小板聚集，发挥调血脂、抑制血栓和扩张冠状动脉等作用（王慧，2010）。美国食品与药物管理局（FDA）于1999年就已将大豆异黄酮推荐为降低血液中胆固醇浓度，减少患心血管疾病风险的健康食品（延玺等，2008）。

2.4 有助于降低血糖

糖尿病（diabetes mellitus，DM）是由于胰岛素绝对或相对不足导致胰岛功能减退、胰岛素抵抗（insulin resistance，IR）而引发的糖、蛋白质、脂肪、水和电解质代谢紊乱综合征，是以高血糖为主要标志，并伴有碳水化合物、脂肪和蛋白质代谢紊乱的慢性病之一（王红霞等，2006）。目前，糖尿病的发病率在逐年上升，预计到2025年，全世界糖尿病患者将达到3亿人（郑丽和徐涛，2012）。糖尿病的死亡率仅次于肿瘤和心脑血管疾病，居世界第3位（王红霞等，2006）。

2.4.1 糖尿病的概述

1. 糖尿病的类型

1）Ⅰ型糖尿病

Ⅰ型糖尿病又称胰岛素依赖性糖尿，属于自身免疫性疾病，由于遗传易感性、诱发因素等导致抗胰岛自身抗体产生，β 细胞数量减少、功能减退，因此，患者最终发展成显性糖尿病。Ⅰ型糖尿病约占糖尿病总数的10%，是严重威胁青壮年和少年儿童健康的重要疾病。典型Ⅰ型糖尿病常有自发酮症倾向，胰岛素分泌显著下降甚至缺失，终身需胰岛素治疗维持生命（翁建平，2012）。

2）Ⅱ型糖尿病

Ⅱ型糖尿病又称非胰岛素依赖型糖尿病（non-insulin-dependent diabetes mellitus，NIDDM），是因胰岛素分泌相对不足或靶细胞对胰岛素敏感性降低而引起的糖、蛋白质、脂肪以及水、电解质代谢紊乱，约占糖尿病总数的 90%（赵保胜等，2005）。Ⅱ型糖尿病存在着很强的遗传易感性，且 β 细胞不会发生自身免疫性破坏（Fowler，2008）。

2. 发病机理

1）Ⅰ型糖尿病的发病机理

Ⅰ型糖尿病是病毒感染等因素扰乱了体内抗原，使患者体内的 T、B 淋巴细胞致敏。由于机体自身存在免疫调控失常，导致了淋巴细胞亚群失衡，B 淋巴细胞产生自身抗体，胰岛 β 细胞受抑制或被破坏，导致胰岛素分泌的减少，从而产生疾病（李蕴，2004）。

2）Ⅱ型糖尿病的发病机理

Ⅱ型糖尿病是复合病因的综合征，主要包括以下几点。

（1）胰岛素受体或受体后缺陷，必须有足够的胰岛素存在时受体（尤其是肌肉与脂肪组织内）才能让葡萄糖进入细胞内。当受体及受体后缺陷产生胰岛素抵抗性时，就会减少糖摄取利用而导致血糖过高。此时即使血液中胰岛素浓度不低甚至增高，但由于降糖失效，仍然会导致血糖升高。

（2）在胰岛素相对不足与拮抗激素增多条件下，肝糖原沉积减少，分解与糖异生作用增多，肝糖输出量增多。

（3）由于胰岛 β 细胞缺陷、胰岛素分泌迟钝、第一高峰消失或胰岛素分泌异常等原因，导致胰岛素分泌不足，进而引发高血糖。持续或长期的高血糖会通过氧化应激损伤 β 细胞，加重 β 细胞葡萄糖诱导胰岛素分泌功能缺陷，使其分泌胰岛素的能力下降（韦静彬和蒙碧辉，2007）。

3. 糖尿病的临床表现

Ⅰ型糖尿病发病较急，且常为青少年和儿童。其症状为多饮、多尿、多食和体质量减少，即"三多一少"。一些患者会出现生长过慢、身体虚弱和消瘦等反应。

Ⅱ型糖尿病的典型症状为多饮多尿、食欲改变、体重减轻、反复性低血糖等症状（武可和王战建，2012）。Ⅱ型糖尿病患者经常伴随 IR，即一定量的胰岛素与其特异性受体结合后生物效应低于正常，表现为外周组织对葡萄糖摄取能力降低，抑制脂肪组织中贮藏脂肪的释放能力（Neubauer and Kulkarni，2006）。

糖尿病为终身疾病，若未得到及时诊断和正规治疗，可引起多种慢性并发症。

糖尿病并发症一般包括糖尿病肝病（diabetic hepatopathy），糖尿病脑病（diabetic encephalopathy）和糖尿病肾病（diabeticnephropathy，DN）等，其中糖尿病肾病是糖尿病最常见的并发症，也是糖尿病患者重要的致残和致死原因（吉柳等，2012）。据统计，我国Ⅱ型糖尿病患者中患有心脑血管疾病的患者占 80%，神经病变患者占 31%，眼病及白内障占 55%，视网膜病变患者占 31%（常向云，2004）。目前，糖尿病并发症的治疗途径由以往单一增加胰岛素的降糖作用发展到控制葡萄糖代谢、增加胰岛素受体敏感性、抑制胰岛素抵抗及糖基化终产物的形成、减少氧化应激等（赵晶和戴德哉，2003）。

2.4.2　降糖物质的评价方法

1. 分子水平模型

根据生物分子的类型，分子水平模型主要分为受体、酶和其他类型的模型。分子水平模型的最大特点是药物作用靶点明确，可以直接得到药物作用机理的信息，是高通量药物筛选中使用最多的模型（胡娟娟和杜冠华，2001）。

1）受体筛选模型

典型的是受体与放射性配体结合模型，让受体、配体、受试物以及必要的辅助因子共孵育，达到平衡后过滤，滤纸上残留的即为结合的放射性配体，可以通过液体闪烁计数来测量。该方法灵敏度高、特异性强，适合高通量筛选（罗傲雪等，2006）。目前常用的受体筛选模型主要有人白介素-6 受体小分子拮抗剂高通量筛选模型、人类生长激素受体高通量筛选模型等（阎雨等，2014），现在闪烁邻近测定技术（scintillation proximity assay，SPA）在受体筛选模型中应用较广泛（向雪松和杨月欣，2010）。

2）酶筛选模型

该模型的基础主要通过限制酶催化底物的反应能力，使底物浓度增高或代谢产物浓度降低，以达到改善症状的目的。目前常用的酶筛选模型主要有 α-葡萄糖苷酶抑制剂的高通量筛选模型、流感病毒神经氨酸酶抑制剂的高通量筛选模型、抗生素高通量筛选方法（王振等，2013）等。α-葡萄糖苷酶抑制剂可以降低餐后血糖峰值，来发挥调整血糖的作用。张冉等（2007）通过 α-葡萄糖苷酶抑制剂的体外高通量筛选模型，对 30 味降血糖中药进行了筛选。

2. 细胞模型

细胞模型是选取人（鼠）源组织细胞或人（鼠）源转化细胞株，以细胞功能为基础的模型，该模型使得受试物构象和所处环境更接近天然的生理状态，可提供受试物胞内药理活性、膜通透性和毒理性等信息（杨潇等，2006）。

1）HepG2 细胞

HepG2 细胞源于人的肝胚胎瘤细胞，表型与肝细胞极为相似，在特定的刺激条件下，HepG2 细胞表面胰岛素受体的数目下降，下降程度与胰岛素水平及刺激持续的时间呈正相关（方飞等，2012）。刘晓海等（2008）用 HepG2 细胞一定程度上模拟了胰岛素抵抗的自然发病过程，得出倍他福林通过增加葡萄糖消耗量和细胞内葡萄糖转运蛋白-4 的表达，以及减少培养液中甘油含量，来改善 HepG2 细胞胰岛素抵抗性。

除高浓度的胰岛素外，可诱导 HepG2 细胞产生胰岛素抵抗的诱导剂还有葡萄糖、棕榈酸、地塞米松等。例如，Ma 等（2014）用 1 μmol/L 地塞米松诱导 HepG2 细胞 48 h，考察中草药对胰岛素敏感性的改善能力。

2）3T3-L1 细胞

3T3-L1 是小鼠来源性的前脂肪细胞株，分离自 Swiss 小鼠的脂肪纤维细胞。3T3-L1 前脂肪细胞用于降糖实验有 2 种方法：①将药物直接用于 3T3-L1 前脂肪细胞，观察细胞的增殖分化来探讨受试物的降糖效果。刘新迎等（2007）发现柚皮苷能抑制前脂肪细胞 3T3-L1 增殖和分化，并能抑制过氧化物酶体增殖物激活受体 γ_2（PPAR γ_2）、CCAAT 增强子结合蛋白 α（C/EBP α）基因表达的影响。于华强等（2010）报道 30 μg/mL、50 μg/mL 芹菜素均能够显著抑制 3T3-L1 前脂肪细胞增殖和分化。屈玮等（2014）报道了苦瓜提取物能明显减少 3T3-L1 细胞脂肪沉积，抑制转录因子 C/EBPα、PPARγ 和固醇调节元件结合蛋白（sterol regulatory element binding protein-1c，SREBP-1c）的 mRNA 表达，对脂质转录蛋白（葡萄糖转录因子-4、AP2 和 LPL 等）的 mRNA 表达抑制明显。②诱导 3T3-L1 前脂肪细胞分化为成熟脂肪细胞后，用诱导剂使细胞产生胰岛素抵抗现象。目前现有的脂肪细胞胰岛素抵抗模型中，此胰岛素抵抗模型最为常用。胡柚果肉含糖较高，而糖尿病患者在食用胡柚后血糖并没有显著升高，表明胡柚中可能存在具有调节血糖作用的某些物质（仲山民等，2003）。褚武菁等（2014）发现胡柚果肉可通过促进 3T3-L1 脂肪细胞对葡萄糖的消耗，降低细胞因子白细胞介素和游离脂肪酸水平进而调节血糖，说明胡柚果肉具有改善胰岛素抵抗和Ⅱ型糖尿病的作用。

3T3-L1 前脂肪细胞分化为成熟脂肪细胞的诱导方法很多，五支升等（2014）通过正交试验确定出 3T3-L1 前体脂肪细胞分化的最适诱导条件为：500～750 mol/L 3-异丁基-1-甲基黄嘌呤；0.25～1 mol/L 地塞米松与 1 g/mL 胰岛素，联合诱导 72 h 后用 5～10 g/mL 胰岛素诱导 48 h。

3）C2C12 细胞

C2C12 细胞是由 C3H 小鼠骨骼肌卫星细胞永生化而来的细胞株，其细胞形态和特性均一，可无限代培养（Cousin et al.，2001）。C2C12 小鼠成肌细胞在建立胰岛素抵抗模型前，需要诱导分化。细胞用含有 2%马血清的 DMEM 培养液培养

5 d 左右，即可分化成有两个核以上像串珠似的粗大清晰的肌管（陈永乐等，2008）。娄少颖等（2008）采用棕榈酸诱导分化后的 C2C12 细胞产生胰岛素抵抗模型，蒲黄总黄酮能显著增加 C2C12 细胞的葡萄糖消耗和摄取量，通过调节糖代谢来改善骨骼肌细胞的胰岛素抵抗。

3. 动物模型

1）自发性糖尿病动物模型

自发性糖尿病动物模型指自然条件下或由于基因突变而出现类似人类糖尿病表现的动物模型，该模型更接近人类糖尿病的自然起因及发展（魏荣锐和苗明三，2010）。目前常用的自发性Ⅱ型糖尿病动物有 GK 大鼠（Goto-Kakisaki wistar rat）、嗜沙肥鼠（psammomys obesus，PO）、生物育种鼠（bio breeding，BB）、非肥胖性糖尿病鼠（non-obesitydiabetes，NOD）、黑线仓鼠（cricetulus barabensis）、NSY 小鼠（nagoya-shibata-yasuda）、OLETF 大鼠（otsuka long-evans tokushima fatty）、肥胖 Zuker 大鼠（obese Zuker rat）等。自发性糖尿病模型具有同质的遗传背景、能控制环境因素、可对这种多因素疾病进行基因分析等优点，但也存在来源相对较少，饲养、繁殖条件严格，价格昂贵等问题（赵保胜等，2005）。

2）诱发性糖尿病动物模型

各种药物或化学制剂、损伤胰脏或胰岛 β 细胞基因缺陷、胰岛素作用的基因缺陷等可导致胰岛素缺乏，进而产生诱发性糖尿病或诱发性高血糖。诱发性糖尿病动物模型的优点是发病率高、造模时间短、发病时间整齐和病情严重程度较统一，能够针对糖尿病发病的单一或多个因素进行研究，也能进一步发现糖尿病治疗的靶点，但存在无法完全阐明糖尿病发病机制中遗传和环境相互作用的复杂性等问题。

（1）特殊膳食诱导（special diet induced diabetes）。

给实验动物过量食物或高蛋白、高脂、高糖饮食，使动物 β 细胞负荷过重而发生萎缩，从而建立胰岛素抵抗的动物模型（高红莉等，2005）。该模型与人类肥胖引起的糖尿病发病机制相似，能够避免化学试剂对模型动物的组织毒性。但周期较长，一般需要喂养成年小鼠 4～5 个月，且糖尿病不能单纯地依靠控制膳食进行治疗（张远远和杨志伟，2011）。研究表明，采用高糖膳食、高脂膳食和高糖高脂膳食对食蟹猴进行膳食诱导，均表现出高血糖高血脂症状，为模拟人类糖尿病患者的发病机理提供了理论基础（杨娜等，2007）。

（2）化学药物诱导。

链脲菌素（streptozocin，STZ）是目前使用最广泛的糖尿病动物模型化学诱导剂，它对一定种属（猴、狗、羊、兔、大鼠、小鼠等）的动物胰岛 β 细胞有选择性的破坏作用，它能干扰葡萄糖的转运，影响葡萄糖激酶的功能，诱导 DNA 双链的断裂（郭啸华等，2002）。该诱导剂的优点是对组织毒性小，动物存活率高。研究表明，苦瓜碱提多糖还可以提高 STZ 诱导糖尿病模型小鼠的葡萄糖耐量以及肝糖原的含量，同时，400 mg/kg 苦瓜碱提多糖的剂量可以显著降低正常小鼠和 STZ 糖尿病小鼠的血糖值（张慧慧和董英，2006）。

四氧嘧啶（alloxan）所产生的 H_2O_2 等能选择性地直接破坏 β 细胞，使细胞内 DNA 损伤，并激活多聚 ADP 核糖体合成酶活性，从而使辅酶 I 含量下降，mRNA 功能受损等（高红莉等，2005）。该糖尿病模型动物的病理特征与人类的 II 型糖尿病极为相似，其主要以血糖升高胰岛细胞功能受损（主要是胰岛 β 细胞凋亡坏死）以及胰岛素抵抗等为主要特征（路国兵等，2011）。该诱导剂的优点为造模时间较短，符合人类 NIDDM 的病理生理状态，模型相对较为可靠、稳定，造模成本比遗传性动物模型低，适用于胰岛素增敏剂的筛选、运动对胰岛素抵抗的影响等胰岛素抵抗干预措施的研究。但大剂量的四氧嘧啶能造成肝、肾组织中毒性损害，可导致动物产生酮症酸中毒而死亡（孙焕等，2007）。楼忠明等（2007）采用四氧嘧啶建立糖尿病小鼠模型，从荔枝核中提取的总皂苷混合物具有较强的降低糖尿病小鼠血糖的功能，降糖率约为 59.57%。

3）基因工程糖尿病动物模型

转基因和基因敲除模型用于研究基因的作用和它们对外周血胰岛素作用的影响。单个基因敲除小鼠模型能够得到关于葡萄糖代谢中胰岛素作用的重要信息。王毅等（2005）利用转基因技术构建受体酪氨酸激酶活性的浆细胞抗原 1（plasma cellantigen-1，PC-1）基因高表达小鼠模型，研究结果表明该基因在相关组织中的高表达不足以触发肥胖、胰岛素抵抗或 II 型糖尿病的发生。

2.4.3　果蔬功能因子

1. 有助于降低血糖功能因子的作用机理

1）控制肝脏葡萄糖的产量

肝脏通过糖异生和肝糖原分解产生葡萄糖而对内源葡萄糖产量有重要的调节作用，因此肝脏糖异生和糖原分解反应的关键酶有助于降低血糖功能因子的作用靶点（张玲等，2007）。葡萄糖-6-磷酸酶是催化 6-磷酸葡萄糖水解为葡萄糖的关键酶，在胰岛 β 细胞内与协调释放胰岛素的葡萄糖依赖触发机制有关（康雪峰等，2008）。葡萄糖激酶（glucokinase activators，GK）将葡萄糖磷酸化成 6-磷酸葡萄糖，主要存在于肝细胞和胰岛细胞中，在控制血糖平衡和代谢中起着重要的作用，研究发现糖尿病患者体内 GK 活性普遍降低（Match，2009）。钠-葡萄糖协同转运蛋白（sodium glucose cotransporter，SGLT）在维持人体血糖稳定中起着重要作用。肠道对葡萄糖的吸收主要通过肠黏膜表面 SGLT1 的主动转运，葡萄糖进入血液循环后，SL GT2 重吸收 90%葡萄糖，是葡萄糖重吸收的重要蛋白（赵敏等，2010）。但是，单纯控制肝脏葡萄糖产量，还可能引起一些副作用，如降低血糖、肝脏三酰甘油的累积以及升高血浆乳酸水平（张玲等，2007）。研究表明，山药多糖可以提高血清胰岛素及胰高血糖素、己糖激酶（HK）、琥珀酸脱氢酶（SDH）和苹果酸脱氢酶（MDH）的活性，具有明显的降血糖作用。表明山药多糖对 II 型糖尿病的治疗机制之一可能是山药多糖提高了糖代谢关键的酶活性（杨宏莉等，2010）。

2）提高葡萄糖刺激的胰岛素分泌反应

II 型糖尿病主要病理特征是葡萄糖刺激的胰岛 β 细胞分泌胰岛素的能力相对缺乏，这个缺陷使得胰岛 β 细胞不能产生足够的胰岛素来补偿因胰岛素抵抗而使组织所需胰岛素增加的量，从而导致高血糖（谢洁琼和吕秋军，2005）。果蔬中的皂苷类化合物可通过增强葡萄糖刺激的胰岛素分泌和抑制胰岛 β 细胞的凋亡等来调控糖脂代谢通路，增加葡萄糖的摄取及消耗（王小彦等，2012）。胰高血糖素样多肽 2（glucagon-like peptide-2，GLP-2）是人体内分泌的一种胰高血糖素样肽，可促进胰岛素基因转录和胰岛素分泌，提高受体对胰岛素的敏感性，进而降低血糖。二肽基肽酶-4（dipeptidyl peptidase-4，DPP-4）是体内主要促使 GLP-1 和肠抑胃肽（gastric inhibitory polypeptide，GIP）降解失活的关键酶。通过抑制血浆 GLP-1 和 GIP 的活性，从而控制血糖水平（程素娇等，2012）。通过葡萄糖耐量试验可以了解个体对葡萄糖的负荷能力，评估胰岛细胞的功能状态。石雪萍和姚惠源（2008）通过口服葡萄糖耐量实验表明，苦瓜皂苷能够使受损的胰岛 β 细胞恢复正常的分泌功能。

3）针对胰岛素信号转导途径的作用靶点

胰岛素抵抗是由调节糖代谢信号转导通路的多个缺陷引起的，因此，胰岛素介导的信号转导途径中的分子靶点成为当前的研究热点。调节糖代谢的胰岛素信号转导可分为 4 个步骤：①胰岛素经血循环到达相应靶组织后，细胞表面酪氨酸蛋白激酶（protein tyro sine kinase，PTK）使胰岛素受体（insulin receptor，IR）磷酸化。②IR 磷酸化后可使胰岛素受体底物（insulin receptor substrate，IRS）磷酸化并使其激活。③IRS-1 上磷酸化的酪氨酸与含有 SH2 结构域（Srchomology domain 2，SH2）的信号分子磷脂酰肌醇-3 激酶（Phosphatidylinositol-3 kinase，PI3K）结合，依次激活信号转导通路下游的信号分子。④通过蛋白激酶、磷酸酶的级联反应发挥胰岛素的生理学效应（赵海燕等，2010）。糖原合成酶激酶 3（GSK-3）、蛋白酪氨酸磷酸酶 1B（PTP1B）、第 10 号染色体同源丢失性磷酸酶-张力蛋白基因（phosphatase and tension homology deleted on chromosometen，PTEN）等活性的增高可导致肝胰岛素抵抗（祝炼和袁莉，2004）。

过氧化物酶体增殖物激活受体 γ（PPARγ）是一种配体激活的转录因子，通过与 9-顺-视黄酸受体（RXR）形成异二聚体来行使其功能（李义，2004）。有研究表明，植物黄酮类化合物（如大豆黄酮、杨梅黄酮等）可通过激活 PPARγ 提高机体对胰岛素的敏感性，来降低血糖水平（王小彦等，2012）。

2. 多糖类

1）番石榴多糖

研究表明，番石榴多糖能提高四氧嘧啶致病的糖尿病小鼠的生存质量、降低血糖水平，表明番石榴多糖具有显著的降血糖效果，是一种潜在的糖尿病治疗药物（吴建中等，2006）。此外，研究发现番石榴多糖能够明显逆转糖尿病小鼠血清和肝脏中 SOD 和 MDA 含量的异常改变，使糖尿病小鼠的抗氧化水平趋于正常，这表明番石榴多糖对糖尿病及其并发症有一定的防治作用（吴建中等，2007）。

2）树莓多糖

研究表明，树莓多糖能降低大鼠高血糖反应，血糖有显著降低趋势，胰岛素有升高趋势；对树莓液治疗 II 型糖尿病进行临床观察，证明树莓液具有升高血清胰岛素含量的作用，可见树莓液是一种治疗 II 型糖尿病的有效药物且具有较好的安全性（孙红艳等，2014）。

3）南瓜多糖

南瓜多糖属于酸性多糖，是近年来发现的南瓜中具有降糖作用的活性组分。研究表明，400 mg/kg 的南瓜多糖对四氧嘧啶型糖尿病小鼠有降血脂和降葡萄糖的作用，且效果优于给药量 15 mg/kg 的优降糖（glibenclamide）（常慧萍等，2008）。刘颖等（2006）用南瓜多糖处理四氧嘧啶诱导糖尿病模型大鼠，发现南瓜多糖能增加糖尿病大鼠体重，降低血糖和血脂的水平，说明南瓜多糖能显著改善糖尿病糖代谢和脂代谢紊乱。

4）苦瓜多糖

研究表明，与对照糖尿病小鼠相比，苦瓜多糖治疗组小鼠血糖显著降低，胰岛素水平明显上调，胰岛素抵抗指数显著升高，胰岛素敏感指标显著降低，苦瓜多糖降血糖作用明显，且可促进胰岛素分泌（宋金平，2012）。此外，苦瓜还有直接的类胰岛素以及刺激胰岛素释放的功能，降糖效果明显，且无任何毒副作用（王楠和袁唯，2006）。

5）橘皮多糖

橘皮多糖具有降血糖、抗肿瘤、抗氧化等功效，能够参与细胞内的识别，机体免疫功能的调节，细胞间质的运输、转化和凋亡等相关过程（岳贤田，2014）。

6）膳食纤维

20 世纪 80 年代以后人们发现食物纤维在改善人体耐糖性、促进正常代谢等方面有良好的作用和效果（李八方等，1999）。①膳食纤维可以改善末梢神经对胰岛素的感受性，从而调节糖尿病人的血糖水平（李志勇等，2005）。②其不易吸收性可延缓食物消化吸收的速率，增加食物在小肠中的滞留时间，减缓葡萄糖吸收，降低机体对胰岛素的需求，具有其他营养素不可替代的保健功能（郜海燕等，2005）。

富含膳食纤维的蔬菜有豆类（菜豆、芸豆、红豆、青豆）、黄花菜、芹菜、紫菜、香菇、黑白木耳等（杜红霞等，2006）。黄瓜中的纤维素可降低血液中的胆固醇，因此，黄瓜也被称为糖尿病患者的理想食品。沙棘中的膳食纤维含量也较高，约为 4.77%，可降低体内血糖水平（胡建忠，2007）。人们已经发现番茄水溶性膳食纤维具有降血糖作用。刘绍鹏等（2008）报道了番茄水溶性纤维能显著降低糖尿病小鼠空腹血糖值，具有较好的辅助降糖作用。

3. 多酚类

1）树莓酮

树莓中富含树莓酮，树莓酮具有抗菌、抗癌、抑制肥胖症等作用。树莓酮通过提高去甲基肾上腺素诱导脂肪细胞分解，预防高脂饮食诱导的小鼠体重和内脏重量增加，减少肝脏 TG 含量，进而调解糖脂代谢紊乱、改善瘦素抵抗和胰岛素抵抗等（黎庆涛等，2011）。

2）苹果提取物

研究表明，苹果皮提取物中有较高的 α-葡萄糖苷酶抑制活性，有潜在的控制 II 型糖尿病的作用（Barbosa et al.，2010）。齐忻予等（2011）用苹果皮提取物处理高脂肪饲喂小鼠，发现其可以明显改善高脂肪食物饲喂小鼠的葡萄糖耐受性、胰岛素敏感性，增强葡萄糖-胰岛素内环境平衡的作用，说明苹果有助于减少 II 型糖尿病的发生。

3）柑橘类黄酮

柑橘果实内的类黄酮主要以柚皮素（naringenin）、柚皮苷（naringin）等形式存在（靖丽和周志钦，2011）。柑橘果实中的黄酮类化合物能抑制与肥胖有关的胰岛素抵抗，维持机体糖代谢和脂肪代谢平衡，同时可以预防并治疗糖尿病综合征（沈威，2013）。研究表明，柑橘黄酮能够激活葡萄糖激酶（GK）和糖原合成激酶-3β（GSK-3β）的活性，通过提高糖酵解，促进糖原合成，并降低糖异生来起到调节血糖的作用（郜海燕等，2005）。

4. 皂苷类

皂苷是一类比较复杂的苷类化合物，在自然界分布广泛，芹菜、菠菜、鲜豆荚等中含有丰富的皂苷化合物，其具有促进代谢、降低血脂、调节神经和抗疲劳等作用（郜海燕等，2005）。例如，罗汉果、苦瓜、茄子、番茄、芹菜、菠菜等果蔬中也含有丰富的皂苷化合物（何超文等，2013）。

苦瓜粗提物的主要成分为苦瓜皂苷，可使机体进食后维持适度血糖浓度，供给机体需要，对 II 型糖尿病有降血糖的作用（Pratibha et al.，2008；于滨等，2013）。用苦瓜提取物对长期高脂喂养加小剂量链脲佐菌素（STZ）诱导的 II 型糖尿病胰岛素抵抗大鼠的空腹血糖及血脂水平有一定调节作用（严哲琳和刘铜华，2011）。荔枝核皂苷能有效改善地塞米松诱导胰岛素抵抗模型大鼠的糖、脂代谢障碍，能显著降低口服葡萄糖耐量和血糖；降低病鼠 TC、甘油三酯、低密度脂蛋白-胆固醇、MDA 含量以及天冬氨酸氨基转移酶（AST）、丙氨酸氨基转移酶（ALT）活性，提高 SOD 活性，增强抗氧化能力（李道中和徐先祥，2008）。

5. 含硫化合物

洋葱和大蒜中富含硫键化合物，对降糖活性起决定作用。洋葱的特征性风味是风味前体物质 *S*-烷基-L-半胱氨酸亚砜（ACSO）在蒜氨酸酶的作用下形成一系列含硫化合物所产生的（倪元颖等，2004），该化合物能选择性地作用于胰岛 U 细胞，有促进胰岛素分泌的作用，进而降低血糖。大蒜素对四氧嘧啶糖尿病有一定的保护作用，可升高血胰岛素浓度，降低血糖含量（刘丽平等，2004）。

6. 抗自由基物质

正常机体存在着完整的抗氧化防御系统。糖尿病患者由于血糖升高而导致糖自身氧化，同时引起蛋白质非酶糖化和脂质过氧化以及抗氧化酶系发生糖化反应，从而造成机体 ROS 堆积，进一步损害了 β 细胞。维生素 C、维生素 E 对维持糖尿病人体内氧化-抗氧化动态平衡起重要作用（刘美玉和任发政，2006）。

此外，黄瓜中丰富的维生素和酸性物质（如丙醇二酸等），可以杀死体内有毒病菌，有效预防糖尿病诸多并发症，有效抑制糖类物质在体内转化为脂肪（吕慧芳等，2012）。

2.5 有助于增强免疫力

免疫功能是人体自身的防御机制，是人体识别和清除外来异物（病毒、细菌等），发现和处理体内衰老、损伤、死亡、突变细胞的过程。近年来，人们逐步意识到免疫系统不仅是免除瘟疫、抵抗传染类疾病的屏障，在机体抵抗多种慢性疾病如肿瘤、代谢性疾病、心脑血管疾病以及神经退行性疾病等发生发展中也发挥着至关重要的作用。营养学研究表明，大量食用水果和蔬菜具有多种健康效果，其中包括改善人体免疫功能、增强免疫力。

2.5.1　免疫功能的概述

1. 免疫系统组成

免疫（immunity）是机体在进化过程中获得的"识别自身、排斥异己"的一种重要生理功能。免疫系统由免疫器官、免疫细胞和免疫活性分子组成。免疫器官包括中枢免疫器官和外周免疫器官。哺乳动物和人的骨髓与胸腺和禽类的腔上囊（法氏囊）属于中枢免疫器官。骨髓是所有免疫细胞的发源地和 B 细胞发育、分化和成熟的场所。胸腺是 T 细胞发育、分化和成熟的场所，全身淋巴结和脾是外周免疫器官，它们是淋巴细胞（成熟 T 细胞和 B 细胞）定居的部位，也是免疫应答发生的场所。此外，黏膜免疫系统和皮肤免疫系统是重要的局部免疫组织。免疫细胞指所有参与免疫应答或与免疫应答有关的细胞及其前身，包括造血干细胞、淋巴细胞、单核-巨噬细胞及其他抗原细胞、粒细胞、红细胞等。在免疫细胞中，执行固有免疫功能的细胞有吞噬细胞、NK 细胞（自然杀伤细胞）等；执行适应性免疫功能的细胞是 T 淋巴细胞和 B 淋巴细胞，各种免疫细胞均源于多能造血干细胞（HSC）。免疫活性分子是由免疫细胞和非免疫细胞合成和分泌的活性分子，包括免疫球蛋白分子、补体分子、细胞因子及黏附分子等。

2. 免疫应答类型及机制

根据免疫效应机制和特征不同，通常可将机体的免疫功能分为天然免疫（innate immunity）（非特异性免疫）和获得性免疫（adaptive immunity）（特异性免疫）两种类型。天然免疫和获得性免疫的区别主要为：天然免疫经遗传获得，与生俱来，针对病原微生物可非特异性地迅速做出应答，其应答模式和强度不因与病原微生物的接触而改变；而获得性免疫是机体在长期与病原微生物接触过程中，对病原微生物产生识别和反应，具有记忆性和选择性，最终将其清除体外的过程。获得性免疫应答具有特异性、多样性、记忆、特化作用、自我限制和自我耐受等特征。免疫功能是逐步完善和进化的，其中天然免疫是生物赖以生存的基础，获得性免疫以天然免疫为基础，同时又大大增强了对特异性病原体或抗原性异物的清除能力，显著提高了机体防御功能。因此，天然免疫与获得性免疫是密不可分的。获得性免疫应答又可分为以 B 细胞介导的体液免疫（humoral immunity）和以 T 细胞介导的细胞免疫（cellular immunity），这两种免疫应答的产生都是由多细胞系完成的。免疫应答的基本过程分为识别阶段、活化阶段和效应阶段。识别阶段，抗原的加工和识别即在这一阶段完成；活化阶段即 T 淋巴细胞或 B 淋巴细胞在识别抗原后，经过复杂的信号传递被激活，增殖分化为效应细胞，产生效应分子（细胞因子、抗体）；效应阶段即效应分子和效应细胞在多种体液及细胞成分的配合下将抗原物质清除（Tracey，2002）。

体液免疫是通过 B 细胞分泌的抗体来达到抗细胞外微生物感染及中和其毒素的防御功能。体液免疫应答过程中 B 细胞在 T 细胞辅助下，接受抗原刺激后形成效应 B 细胞和记忆细胞。效应 B 细胞产生的具有专一性的抗体与相应抗原特异性结合后完成了体液免疫应答。抗体（antibody）是 B 细胞受抗原刺激后增殖分化为浆细胞，由浆细胞合成和分泌的能与该抗原特异性结合的糖蛋白，其是 B 细胞合成和分泌的效应分子，介导了体液免疫应答。具有抗体活性、与抗体结构类似的球蛋白为免疫球蛋白（immunoglobulin，Ig），Ig 分为分泌型和膜型，其分泌型即为抗体。细胞免疫则是通过 T 细胞促进吞噬细胞杀灭细胞内的病原微生物的防御功能。T 细胞受到抗原刺激后，增殖、分化、转化为致敏 T 细胞（也叫效应 T 细胞），当相同抗原再次进入机体的细胞中时，致敏 T 细胞（效应 T 细胞）对抗原的直接杀伤作用及致敏 T 细胞所释放的细胞因子的协同杀伤作用，完成了细胞免疫应答。体液免疫和细胞免疫两者相互配合共同发挥免疫效应（Abul 等，2003）。

此外，许多免疫活性分子也在免疫功能的执行中发挥着重要作用。前面介绍过的抗体和免疫球蛋白均是体液免疫应答中的免疫活性分子。从另一个角度理解，抗体是机体受抗原刺激后产生的能与该抗原发生特异性结合的具有免疫功能的球蛋白。抗原与抗体能够特异性结合基于抗原决定簇（表位）和抗体超变区分子间的结构互补性与亲和性。细胞因子是由免疫细胞产生的一大类能在细胞间传递信息、具有免疫调节和效应功能的小分子量肽类或糖蛋白，它们能够传递免疫信息，激活、调节细胞生长、分化和增殖，并参与免疫应答和炎症反应。其可由多种免疫细胞和非免疫细胞产生，包括淋巴细胞产生的淋巴因子、单核细胞产生的单核因子、各种生长因子等。许多细胞因子是根据它们的功能命名的，如白细胞介素（interleukin，IL）、干扰素（interferon，IFN）、集落刺激因子（colony stimulating factor，CSF）、肿瘤坏死因子（tumor necrosis factor，TNF）等。

3. 免疫系统功能

人体的免疫系统利用其免疫器官、细胞及活性分子的相互配合，通过天然免疫和获得性免疫应答过程主要完成以下三种功能。

（1）免疫防御功能，是指机体抵御病原微生物的感染和侵袭的能力。人体的免疫功能正常时，就能充分发挥对由呼吸道、消化道、皮肤相黏膜等途径进入人体内的各种病原微生物的抵抗力，通过机体的非特异性和特异性免疫，将微生物歼灭。若免疫功能异常亢进时，可引起传染性变态反应；而免疫功能低下或免疫缺陷，可引起机体的反复感染或免疫耐受。

（2）免疫自稳功能，是指机体清除衰老和死亡的细胞的能力。人体的新陈代谢过程中，每天都有大量的细胞衰老死亡，这些失去功能的细胞积累在体内，会影响正常细胞的功能活动。免疫的第二个重要功能就是把这些细胞清除出体内，以维护机体的生理平衡。若此功能失调，则可导致自身免疫性疾病。

（3）免疫监控功能，机体内的细胞常因物理、化学和病毒等致癌因素的作用而突变为肿瘤细胞，这是体内最危险的敌人。人体免疫功能正常时即可对这些肿瘤细胞加以识别，然后调动一切免疫因素将这些肿瘤细胞清除，即为免疫监控功能。若此功能低下或失调，则可导致肿瘤的发生（Bhatt et al.，2010；Sung et al.，2014）。

2.5.2 辅助增强免疫力的评价方法

评价一种功能性因子对机体免疫功能的影响一般是将体外分子、细胞水平和体内动物或人整体水平研究相结合。主要涉及对非特异性免疫功能、细胞免疫功能与体液免疫功能三大类的测定。

1. 分子水平的研究

细胞因子是由免疫细胞及非免疫细胞合成和分泌的多肽类分子，具有多种重要免疫调节作用，如调节细胞增殖、分化功能等。每一种细胞因子对靶细胞表现出多种生物效应。常用来评价免疫功能的细胞因子有白介素（IL）、肿瘤坏死因子（TNF）、干扰素 γ（IFN-γ）、转化生长因子（TGF-β）等。根据各细胞因子的生物活性特点，常采用细胞增殖法、放射免疫测定法和 ELISA 试剂盒测法进行测定。

2. 细胞水平的研究

免疫细胞的制备是开展相关研究的基础，免疫细胞的来源主要有：一是从动物的淋巴组织包括胸腺、脾脏、淋巴结制备淋巴细胞悬液，获得不同来源的免疫细胞；二是从人体外周血液分离和纯化免疫细胞，外周血单个核细胞（peripheral mononuclear cells，PMNC）分离多采用密度梯度离心法。T 细胞、B 细胞及 T 细胞亚群的分离纯化常用技术包括 E 花结（E-rosettes）形成的淋巴细胞分离法；尼龙毛分离淋巴细胞法；流式细胞仪分离法；免疫磁珠分离法等。PMNC 中的淋巴细胞和巨噬细胞等的分离纯化常用方法有玻璃黏附法、磁铁吸引法、羰基铁乳胶分层液法、补体溶解法及葡聚糖凝胶过滤法等。此外，还可以通过大鼠滑膜细胞分离与培养和淋巴细胞杂交瘤培养获得免疫细胞。

1）T 淋巴细胞功能测定

对于 T 淋巴细胞功能测定最常用的是淋巴细胞转化实验，其原理是利用非特异性有丝分原植物血凝素（phytohaemagglutinin，PHA）和刀豆蛋白（con-canavalin，

ConA)，或特异性抗原内毒素脂多糖（lipopolysaccharide，LPS）刺激 T 细胞后，使其发生淋巴母细胞转化。淋巴母细胞具有较强的增殖能力，形态学上表现为细胞体积明显增大，为成熟淋巴细胞的 3～4 倍，核膜清晰，核内见明显核仁 1～4个，胞浆丰富，嗜碱性，有伪足样突出，细胞内核酸和蛋白质合成增加，细胞代谢功能旺盛。然后采用如 MTT 法或 ATP 发光法等检测细胞活力。淋巴细胞的来源常用小鼠脾和 PMNC。此外，还可以通过细胞毒 T 淋巴细胞杀伤功能测定和迟发型过敏反应评价 T 细胞功能或细胞免疫。

2）B 淋巴细胞功能测定

B 细胞功能可通过抗体形成细胞（B 细胞）数目测定、血清中抗体水平测定、B 淋巴细胞不同阶段和亚群测定来评价。抗体形成细胞（B 细胞）数目测定可采用免疫荧光检测法和溶血空斑法。免疫荧光法的原理是 B 细胞受抗原或有丝分裂原刺激后，可分裂增殖并合成免疫球蛋白储存在胞浆内，用 FITC 或 PE 标记的抗 Ig 抗体进行检测，胞浆内显示阳性的细胞即为抗体形成细胞。溶血空斑试验又称空斑形成细胞试验（plaque forming cell assay，PFC），是 Jerne 创建的一种能够在体外对抗体应答进行定性和定量测定的试验方法。其原理是抗体形成细胞数可根据分泌的 IgM 抗体固定补体后溶解指示红细胞的数量来反应，即通过绵羊红细胞（sheep red blood cell，SRBC）免疫的小鼠脾制成细胞悬液与一定量的 SRBC 混合，倾注于平板进行孵育，在补体的参与下，使浆细胞周围的 SRBC 溶解，形成肉眼可见的空斑，溶血空斑的数目与 B 细胞产生抗体能力的强弱一致。

3）NK 细胞功能测定

NK 细胞功能的测定主要采用乳酸脱氢酶法和放射免疫法，这两种方法均是利用 NK 细胞可对多种靶细胞产生杀伤作用，引起靶细胞内物质的释放的原理测定的。近年来，应用乳酸脱氢酶（lactate dchydrogenase，LDH）释放测定法检测 NK 细胞括性得到了广泛的应用，此方法具有操作简便、灵敏性和可靠性高等优点，尤其是针对放射性同位素污染。其原理是 LDH 是活细胞胞浆中的一种酶，正常情况下，LDH 不能透过细胞膜，当细胞受到 NK 细胞的杀伤后，LDH 释放到细胞外，此时细胞培养液中 LDH 活性与细胞死亡数目成正比。单核-巨噬细胞功能的评价也是常用的免疫细胞功能研究方法，此外，还可以通过测定免疫细胞总 cAMP 浓度、蛋白激酶 A（PKA）活性、钙浓度等评价免疫细胞功能。

3. 动物水平的研究

动物水平的研究可采用正常动物和免疫功能低下的动物模型为实验对象，观察受试功能因子对正常动物免疫功能的影响和对免疫功能低下的动物模型的影响。免疫功能低下的动物是采用各种免疫抑制剂造成正常动物的免疫功能低下，常用的免疫抑制剂包括烷化剂（环磷酰胺）、激素制剂（氢化可的松或地塞米松）、抗生素等。建议根据实验目的选择合适模型。

1）环磷酰胺模型

环磷酰胺可选择 40 mg/kg，腹腔注射，连续 2 d，末次注射给药后第 5 d 测定各项指标。环磷酰胺主要通过 DNA 烷基化破坏 DNA 的合成而非特异性地杀伤淋巴细胞，并可抑制淋巴细胞转化；环磷酰胺对 B 细胞的抑制比 T 细胞强，一般对体液免疫有很强的抑制作用，对 NK 细胞的抑制作用较弱。因此，环磷酰胺模型比较适合抗体生成细胞检测、血清溶血素测定、白细胞总数测定。

2）氢化可的松模型

氢化可的松可选择 40 mg/kg，肌内注射，隔天一次，共 5 次，末次注射给药后次日测定各项指标。氢化可的松主要通过与相应受体结合成复合物后进入细胞核，阻碍 NF-κB 进入细胞核，抑制细胞因子与炎症介质的合成和释放，达到免疫抑制目的。氢化可的松对细胞免疫、体液免疫和巨噬细胞的吞噬、NK 作用都有抑制作用。因此，氢化可的松模型比较适合迟发型变态反应、碳廓清实验、腹腔巨噬细胞吞噬荧光微球实验、NK 细胞活性测定。

动物实验的测试指标包括体重、脏器/体重比值（胸腺/体重比值，脾脏/体重比值）、细胞免疫功能（小鼠脾淋巴细胞转化实验，迟发型变态反应实验）、体液免疫功能（抗体生成细胞检测，血清溶血素测定）、单核-巨噬细胞功能（小鼠碳廓清实验，小鼠腹腔巨噬细胞吞噬荧光微球实验）、NK 细胞活性测定。

2.5.3　果蔬功能因子

伦敦的一项对近 4000 名男女的医学调查显示，少年时期水果的摄取量与成年后患癌症的概率呈反比，少年时期水果摄入量高的人患肺癌、结肠癌和乳腺癌的比例明显下降，原因在于他们的免疫力有所增强。绿叶蔬菜有益于肠道免疫细胞，该研究成果发表在 2013 年的《自然-免疫学》杂志上。这种免疫细胞被认为对肠道健康、免疫系统疾病、肥胖乃至防治肠道肿瘤的发生具有重要作用。

1. 多糖

1969 年日本学者千原首次报道了从香菇子实体中分离出一种抗肿瘤多糖，即香菇多糖（lentinan），其主链是 β-(1→3)-D-葡聚糖。目前对香菇多糖的活性和结构的报道很多，但已明确结构与免疫活性关系的只有 β 葡聚糖类物质。该多糖的一级结构具有 β-D（1→3）连接的毗喃葡聚糖主链，在主链中葡萄糖的 C_6 位上含有支点（每 5 个葡萄糖有 2 个支点），其侧链是由 β-D(1→6)键和 β-D(1→3)键相连的 D-葡萄糖聚合体组成，在侧链上也含有少数内部 β-D(1→6)键。动物实验发现香菇多糖对于正常动物、免疫功能低下以及荷瘤鼠免疫功能均具有增强作用（林卡莉等，2009；芦殿荣等，2004）。人体研究表明，香菇多糖能够刺激 T 淋巴细胞的增殖、成熟和分化，并提高机体对淋巴因及其他细胞因子的反应性，增强免疫功能（景军，2001）。此外香菇多糖在联合肿瘤化疗药物治疗中，可改善患者的免疫功能，取得了较好的效果（李剑萍等，2014）。动物研究证实香菇多糖安全性很高，其半数致死剂量（LD_{50}）＞1500 mg/kg；LD_{50}＞2250 mg/kg（小鼠肌注），并且在急性毒性、慢性毒性及遗传毒性试验中均未发现毒性反应。

金针菇粗多糖成分主要是葡聚糖，同时还有半乳糖聚糖、木糖葡聚糖或木糖甘露聚糖等数个多糖组分，其中葡聚糖有明显的免疫增强作用。动物研究结果表明，金针菇多糖能提高正常与荷瘤小鼠的脾淋巴细胞转化指数、提高 NK 细胞活性和 IL-2 的分泌和释放；金针菇多糖对正常小鼠外周血白细胞无明显影响，但对 S180 荷瘤小鼠则有明显升高白细胞的作用，还能显著提高正常小鼠腹腔巨噬细胞的吞噬功能；另外，发现金针菇多糖促进小鼠脾淋巴细胞分泌 TNF-α、IFN-γ、IL-2（郑义等，2010）。

据报道，银耳多糖能促进正常小鼠和老年小鼠脾淋巴细胞分泌 IL-2 和 IL-6，增强免疫功能。这一作用可能与银耳多糖可提高脾脏淋巴细胞中 Ca^{2+} 浓度有关，而 Ca^{2+} 参与 T、B 淋巴细胞的活化（鲍晓梅等，1999）。

此外，一些其他果蔬来源的多糖也具有较好的免疫调节作用。通过对山药多糖的体外抗氧化和免疫增强作用研究发现，山药多糖能显著促进免疫器官的发育，增加脾脏指数；明显提高吞噬细胞碳粒廓清指数和吞噬指数；促进 B 淋巴细胞增殖、分化及抗体的分泌（许效群等，2012）。甘薯糖蛋白是从甘薯中分离得到的一种黏液多糖蛋白，研究发现它具有促进巨噬细胞吞噬功能，同时对小鼠的特异性体液免疫功能也有增强作用（秦宏伟，2010）。

2. 多酚

1）葡萄籽多酚

葡萄籽中含有大量多酚类化合物，是葡萄中的主要功效成分，包括酚酸类、类黄酮类、花色苷及原花色素类。舒啸尘等（2002）以 BALB/C 小鼠、C57BL/6J 小鼠和豚鼠为实验动物，研究了葡萄籽来源的多酚的免疫调节功能。结果表明，给予 BALB/C 小鼠灌胃 100 mg/kg 葡萄籽多酚 30 d 后，小鼠脾细胞数显著增加，对脾指数和胸腺指数影响不大；25 mg/kg、50 mg/kg 和 100 mg/kg 葡萄籽多酚灌胃 C57BL/6J 小鼠 45 d 后，均可显著抑制小鼠变态反应的发生；但给予雄性 C57BL/6J 纯系小鼠 25 mg/kg、50 mg/kg 和 100 mg/kg 葡萄籽多酚灌胃 45 d 后，并未观察到葡萄籽多酚小鼠巨噬细胞的吞噬功能有显著影响。研究显示一方面，葡萄籽多酚具有促进 B 细胞增殖，B 细胞属体液免疫范围；另一方面，葡萄籽多酚对外源抗原刺激的迟发型性超敏反应反而具有抑制作用，这一过程涉及细胞免疫过程。这种双向的免疫调节效应在果蔬来源的功能因子中比较常见，这也是果蔬来源的功能因子有别于多数药物或生物制剂的优势所在（舒啸尘等，2002）。有研究发现琐琐葡萄的总黄酮具有对抗免疫刺激剂引起的肝脏和脾脏肿大、提高肝脏谷草转氨酶（AST）和谷丙转氨酶（ALT）活性、改善肝脏炎性细胞的浸润及坏死状态、保护肝脏的作用（刘涛等，2007）。此外，有研究报道苹果多酚对卡介苗联合脂多糖所致小鼠免疫性肝损伤同样具有保护作用（王芳等，2014）。

2）白藜芦醇

1963 年，Nonomura 等首先发现白藜芦醇是治疗某些炎症、脂类代谢障碍和心脏疾病的活性成分。此后，有研究者发现白藜芦醇在 30 μmol/L 浓度时几乎完全将急性粒细胞白血病 HL-60 细胞阻滞在 S 期，抑制其增殖，而对于急性 T 淋巴细胞白血病 CEMC7H2 细胞，白藜芦醇在 20 μmol/L 浓度即可发挥类似的作用，并诱导其凋亡（Bernhard et al.，2000）。

此外，白藜芦醇可以抑制鼠急性淋巴细胞白血病 L1210 细胞的增殖，并诱导其凋亡，此作用具有明显的浓度和时间依赖关系。体内动物研究表明，对于 L1210 荷瘤小鼠，白藜芦醇增加小鼠天然免疫和获得性免疫功能呈现剂量依赖性（Liu et al.，2010）。据报道，白藜芦醇诱导淋巴肿瘤细胞凋亡的机制是激活了线粒体凋亡信号通路，而 caspase-6 可能是白藜芦醇诱导凋亡作用的关键起始因子（Li et al.，2007）。

体外研究证实白藜芦醇可以通过影响 NF-κB 信号抑制促炎症细胞因子引起的炎症反应，如它可以抑制 IL-1β 刺激引起的人软骨细胞血管内皮生长因子（VEGF）和环氧化酶-2（COX-2）的表达，抑制炎症（王冲和华子春，2012）。

此外，有研究发现白藜芦醇对 CD3/CD28 抗体刺激人外周血单核细胞（PBMC）产生的反应具有双向调节作用，即低浓度时刺激 T 细胞中 IL-2、IL-4、INF-γ 的表达和分泌；而高浓度时则表现为抑制作用。

3）花青素

研究表明，采用小鼠脾细胞体外培养研究发现蓝莓花青素具有促进小鼠脾细胞增殖的作用，可显著促进刀豆蛋白 A（Con A）引起地细胞增殖，并且能剂量依赖性地增加小鼠脾细胞分泌 TNF-α 和 IL-2 的活性（潘利华等，2014）。

据报道，沙棘籽原花青素能显著提高雌/雄小鼠的碳廓清能力，增强小鼠 T 淋巴细胞活性，促进溶血素的形成（曹少谦等，2005）。其他相关研究也证实了沙棘籽原花青素具有增强免疫细胞增殖和巨噬细胞吞噬功能作用（邹元生等，2012）。

动物实验表明，紫玉米来源的花色苷可有效提高实验动物的免疫功能，其机制涉及促进体液免疫应答，增强单核巨噬细胞的功能和增强 NK 细胞活性（赵晓燕等，2010）。除对正常免疫功能的促进作用外，花色苷对化疗药物环磷酰胺引起的免疫功能抑制具有较好的调节作用，可用于化疗药物的辅助用药（陈秀芳等，2013）。

3. 维生素

据报道，维生素 C 主要通过三方面发挥调节免疫功能：①通过促进 T 细胞的增殖和功能发挥增强免疫力，大剂量维生素 C 能提高 CD3、CD4 和 CD4/CD8 比值，从而提高 T 淋巴细胞的功能状态；②通过促进 B 细胞的功能及抗体生产能力发挥增强免疫力，研究显示维生素 C 可降低 B 细胞内 ROS 水平，影响 B 细胞产生抗体的能力；③通过调节巨噬细胞功能，维生素 C 可以抑制巨噬细胞脂质过氧化作用，保护其功能（孙秀川，2014）。

维生素 B 族与机体免疫功能相关，维生素 B 的缺乏会导致神经炎、脚气病、口角溃烂、进行性脱髓鞘以及贫血等，其中维生素 B_6 对免疫系统功能的调节作用较为突出。有研究发现小鼠和大鼠的饮食中乏维生素 B_6 时，其淋巴细胞的成熟、增殖及细胞活性均受到抑制，而加入维生素 B_6 后则完全消除了这种抑制作用，表明细胞免疫功能的维持需要维生素 B_6 的参与。此外，动物和人体研究发现，缺乏维生素 B_6，胸腺发生萎缩，淋巴细胞分化成熟机能改变，迟发型超敏反应强度减弱，抗体的生成能力减弱，体液免疫受到影响，补充维生素 B_6 后这些功能也得到恢复（金海霞和张明礁，2007；周开国等，2011）。

近年来的研究表明，维生素 A 具有多种免疫调节作用。维生素 A 有助于维持免疫系统功能正常，能加强对传染病特别是呼吸道病原菌感染以及寄生虫感染的抵抗力。研究发现维生素 A 主要参与了细胞免疫的调节，它是 T 细胞生长、分化、激活过程中不可缺少的因子，可增强 T 细胞的抗原特异性反应。同时，维生素 A 也在体液免疫及天然免疫中发挥作用，体外研究表明维生素 A 也参与了 B 细胞、巨噬细胞和自然杀伤细胞活性的调节，增强了 B 细胞活性及抗体分泌能力，促进巨噬细胞活化（张云波和李明伟，2014）。

4. 微量元素

微量元素在机体免疫功能的维持和发挥中发挥着重要作用。铁是人体必需的微量元素之一，它对机体免疫器官的发育、免疫细胞的形成及功能均有影响。硒不仅参与了淋巴细胞的增值、分化与成熟，还影响 NK 细胞的活性，并通过调节 6-磷酸葡萄糖脱氢酶活性影响白细胞功能和数量。适量补充硒对 T 细胞的数量无显著影响，但可增强 T 淋巴细胞转化功能，增强细胞免疫应答。研究发现，每天补硒 1 μg 和 10 μg 均可增加免疫功能低下的小鼠的血清 IL-2 和 IFN 水平（肖银霞等，2004）。锌可维持胸腺和外周淋巴细胞功能正常，缺锌会导致胸腺及外周淋巴结萎缩，使淋巴细胞功能减弱，降低白细胞杀菌作用；此外，锌参与核酸、蛋白质和能量的代谢及氧化还原过程，有利于免疫细胞的增殖。适量地补锌，可增强机体免疫力（刘娣，2010）。

5. 其他

多不饱和脂肪酸除具有改善脂代谢、抗氧化等多种营养功效外，对免疫功能也具有调节作用。动物实验表明，连续摄入葵花油 12 周后，可以明显提高动物血清中免疫球蛋白的含量，提高机体体液免疫功能。体外实验发现，共轭亚油酸能增强猪淋巴细胞母细胞的分化、淋巴细胞毒活性及小鼠吞噬细胞吞噬活性、促进细胞因子的分泌。学者们还发现，膳食共轭亚油酸可以调节获得性免疫中 CD8 淋巴细胞的表型和效应（王璇琳，2003）。动物实验证实，灌胃给予小鼠猕猴桃籽油能促进 B 淋巴细胞的增殖和抗体的生成，且能提高半数溶血值，具有显著的免疫增强作用（熊铁一和罗禹，2014）。

研究表明，大豆皂苷具有促进免疫细胞增殖、抗体和细胞因子生成的作用，诱导和提高杀伤性细胞、NK（自然杀伤性细胞）的活性。大豆皂苷的免疫增强能力与其两亲性结构密切相关，带糖链的大豆皂苷表现出很强的免疫增强作用。大豆皂苷能增强机体局部吞噬细胞的功能，从而增强机体细胞抵抗病毒的免疫力（张荣标等，2011）。有研究报道，有机酸可提高机体的非特异性免疫功能和抗应激能力（粟雄高，2012）。此外，番茄红素还可增强机体的免疫功能，调节急性肝损伤状态的免疫功能，保护巨噬细胞的吞噬功能，减少致炎性因子 TNF-α、IL-8 的分泌（李百花等，2007）。

2.6 有助于改善记忆

目前阿尔茨海默病（alzheimer disease，AD）已成为严重危害老年人健康的疾病，在发达国家已被列为第 4 位死亡原因。研究表明，AD 的发生是由于轻度的认知障碍（MCI）发展导致的。MCI 的高发严重影响了老年人的生活质量。另外，随着生活压力的增大、不正常的作息以及生理代谢的减退，使得年轻人的记忆力也在降低，所以儿童和年轻人的记忆能力，也需要营养物质来辅助提高和改善。大量研究显示，多种果蔬来源的功效成分在促进和改善记忆力方面具有很好的优势。

2.6.1 学习记忆的概述

学习和记忆是脑最重要的高级功能之一，学习是指人或动物对外界信息的获取，并通过这些信息影响自身行为的过程；记忆则是获得的信息或经验在脑内保持和再现的神经活动过程。

1. 学习记忆形成机制

学习和记忆的重要生理学基础是某些关键性脑区及相关回路。目前研究认为与学习和记忆密切相关的脑区包括海马、边缘系统和小脑。海马位于颞叶内侧面的基底部，是边缘系统的重要组成部分，与学习记忆以及情绪调节有关，是哺乳类动物完成学习和记忆功能的关键结构，而海马突触传递长时程增强（long-term potentiation，LTP）被认为是学习记忆的神经基础。研究人员观察到海马齿状回的突触效应有随行为训练而增加的 LTP 样变化，这种变化与条件性行为的建立相对应。除海马外，大脑边缘系统中的前额叶、杏仁核和 Meynert 基底核等部位均参与了学习记忆的形成或调节。边缘脑区中含有多种与学习记忆有关的神经递质及其受体，如 P 物质、脑啡肽、五羟色胺、多巴胺等。小脑位于大脑半球后方，中脑和延髓之间，覆盖在脑桥及延髓之上。家兔的瞬膜反射实验证实小脑参与了运动学习机制的形成。

　　学习记忆的神经生理学机制可以分为宏观的和微观的两个层面：宏观机制指学习记忆相关的不同回路及系统的构建；微观机制指参与学习记忆形成的细胞分子机制。神经元间的突触是神经元进行信息交流的功能连接，也是大脑行使功能的关键部位。神经元通过神经突触构建形成信息传递和加工的网络——神经回路。神经突触及神经回路是学习和记忆形成和巩固的重要基础。目前普遍认为突触传递效能的长时程增强在学习记忆过程中至关重要。在记忆过程中，神经元发生了细胞水平上的突触形态与结构的变化，并发生了分子水平上的离子浓度和蛋白质含量变化，称为神经元的可塑性。

　　神经递质是脑内大多数神经元间的信息传递媒介，如五羟色胺、去甲肾上腺素等都参与了学习记忆过程。已有的实验证明，学习后逐渐发生的胆碱与突触变化的时间与记忆有关，动物研究表明乙酰胆碱具有促进学习记忆的功能，其中毒蕈碱样胆碱受体（M 受体）可能参与调节认知功能。此外，LTP 的触发及强化受到突触前和突触后神经元内 Ca^{2+} 浓度的影响，而钙/钙调蛋白依赖性蛋白激酶 II（CaMK II）的磷酸化可能作为记忆的分子开关。脑源性神经营养因子（brain derived neurotrophic factor，BDNF）是与神经可塑性的形成及神经元再生密切相关的蛋白因子，BDNF 参与了短时和长时记忆过程，并在 LTP 的诱导和维持以及海马依赖性学习中起关键作用。

　　此外，还有多种受体在学习记忆的细胞分子机制中发挥重要作用，如 NAMA 受体、AMPA 受体、代谢型谷氨酸（NMDA）受体等。NMDA 是在脑功能研究中较为活跃的一个受体靶点，试验发现 NMDA 受体激活后，其通道开放概率增加，从而使 LTP 增强；相反，NMDA 受体基因缺失或突变，动物表现为记忆力缺失或空间记忆能力很差。近年来，研究人员还提出了一种与学习记忆机制相关的理论，即神经干细胞假说。此理论认为人类或动物大脑内的神经干细胞在一定条件下定向分化增殖，生成具有学习记忆功能的神经元，并参与学习记忆的形成、发展和修复，这一理论为改善学习记忆功能或治疗相关疾病提供了新的技术手段（周星娟和凌树才，2008；修代明和薛红莉，2013）。

2. 学习记忆障碍

学习记忆能力与衰老过程的相关性已得到证实，即随着年龄的增加，学习和记忆功能表现为衰退。此外，临床证据显示老年痴呆、抑郁症、焦虑症及失眠等神经系统疾病均伴有学习记忆功能损伤，其中以痴呆的学习记忆功能障碍最为显著。痴呆（dementia）是用来描述疾病引起脑损伤后的一组临床症状，是由于大脑器质性病变造成的进行性智能衰退，或智能在达到正常水平以后再出现的进行性衰退。老年痴呆是特指发生在中老年人群中的痴呆性疾病，常见的是阿尔茨海默病（AD）和血管性痴呆（vascular dementia，VD），学习和记忆功能障碍是其重要的临床症状。目前。痴呆在全球的患病人数约为 2400 万，而发展中国家约占其中的 60%。老年痴呆包括 AD 和 VD 已成为老年人致残最严重的疾病之一。据统计，2005 年我国 65 岁以上老年人痴呆的患病率为 7.8%，其中 AD 患病率为 4.8%，其中 2/3 是女性，是 VD 患病率（1.1%）的 4.36 倍（张玉琦等，2013）。

阿尔茨海默病是一种以脑组织选择性损害和以神经原纤维缠结及老年斑为脑内病理特征的痴呆性疾病。AD 根据患病年龄不同可分为早发型 AD（<65 岁）和迟发型 AD（>65 岁）。随着病情的进展，患者大脑出现萎缩、重量减轻、脑回变薄、脑沟变宽变深、脑室扩大，在显微镜下可见到大量老年斑和神经原纤维缠结，并可发现部分脑区如内嗅区皮质、海马 CA1 区和杏仁核等有大量的神经元减少。

目前有关 AD 的分子机理研究表明 AD 的发生和发展与 β-淀粉样蛋白和老年斑密切相关。β-淀粉样蛋白（β-amyloid protein，Aβ）是长度为 39～43 个氨基酸组成的多肽，老年斑则是以其为主要成分的淀粉样物质。β-淀粉样沉积被认为是 AD 的最主要病理特征。Aβ 来源于 21 号染色体上其前体蛋白 APP 的降解，聚集后的 Aβ 通过诱导神经元凋亡，破坏神经通路和突触功能，诱导 Tau 蛋白磷酸化，破坏细胞内的钙平衡，加重兴奋性氨基酸和自由基的毒性，并可通过活化胶质细胞等发挥其神经毒性。目前研究认为 Aβ 诱导的氧化应激和线粒体功能障碍在 AD 发病中发挥着关键作用，而针对氧化应激过程的靶点是防治 AD 发生发展的重要方式。

目前 AD 的临床诊断有 NINCDS-ADRDA、NINCDS-ADRDA-R、DSM-Ⅳ和 ICD-10 等标准，AD 诊断具有精神类疾病诊断的特殊性，应以临床症状为基础，将认知、机能、生化和影像等多参数引入，并结合地域文化与语言文字等因素综合考虑分析。一般需要考虑的因素有：首先是客观的精神状态检查或神经心理学测试证实存在认知功能障碍及认知功能障碍程度；其次是神经影像学及脑脊液生物学标志物检测；再次是精神症状无法用其他疾病来解释，排除其他痴呆原因；最后是认知功能损伤已影响了正常工作和生活。

由于目前对 AD 的病因尚未完全阐明，因此 AD 的治疗尚缺乏特效药。人们普遍认为胆碱能神经传导障碍可引起临床上 AD 患者认知和非认知功能损害，尸检结果显示 AD 患者脑组织中的负责乙酰胆碱（ACh）合成的 ACh 转移酶活性降低、参与 ACh 降解的乙酰胆碱酯酶（acetylcholinesterase，AChE）和丁酰胆碱酯酶（butyrylcholinesterase，BChE）活性增加。因此，目前治疗 AD 的药物主要以胆碱能促进剂为主，此外，以减少谷氨酸介导的兴奋性神经毒性、改善 AD 患者的大脑能量代谢障碍和促进神经细胞生长为靶点的药物也已用于 AD 的治疗。主要的治疗药物有 AChE 抑制剂加兰他敏、多奈哌齐，BChE 抑制剂卡巴拉汀，谷氨酸受体（NMDA）受体拮抗剂美金刚，神经细胞生长因子增强剂丙戊茶碱，代谢激活剂吡拉西坦等（颜光美，2009；孔艳艳等，2012）。

此外，抑郁症是一种具有高发病率、高复发率和高致死率的情感性精神障碍，社会危害严重。研究显示抑郁症患者除表现为情绪低落、快感消失等症状外，还伴有明显的认知功能障碍，主要表现为注意力、学习记忆及执行功能下降。临床应用的抗抑郁药物如帕罗西汀、文拉法辛、度洛西汀均有改善抑郁症患者学习记忆障碍的作用，以学习记忆为主的认知功能的改善作用是抗抑郁治疗的重要靶标之一（史华伟等，2014）。

2.6.2　改善学习记忆的评价方法

改善学习记忆活性的评价主要是将行为学观察和实验性 AD 模型相结合的研究。

1. 行为学观察

学习记忆的观测方法是以条件反射为基础的，人和动物的内部心理过程是无法直接观察到的，只能根据其在特定环境下的行为反应来推测中枢的一些功能特征。对脑内学习记忆过程的研究也主要是通过测定动物学习或执行某项任务的成绩，评价他们的学习记忆能力和特点。

目前已经建立了多种学习记忆研究的行为学方法，主要可归纳为：被动回避实验、主动回避实验和辨识学习实验。跳台、避暗、穿梭箱回避实验和 Morris 水迷宫实验均是常用的学习记忆评价测试方法。跳台是最简单的被动回避实验之一，采用在方形空间中心设置一个高的平台，底部铺以铜栅，铜栅通电，通过测定动物首次跳下平台的潜伏期、一定时间内受电击的次数（错误次数）等评价动物的学习记忆能力。Morris 水迷宫是辨识学习实验的一种，是目前最为公认的学习记忆功能评价方法，它是一种利用小鼠和大鼠能够学会在水箱内游泳并找到藏在水下逃避平台的实验方法，利用 Morris 水迷宫可检测动物的空间记忆学习能力。

2. 实验性 AD 模型

1）分子水平研究

（1）AChE 抑制剂筛选模型。

目前主要采用 Ellman 法或其改进法进行 AChE 抑制剂的筛选。乙酰胆碱酯酶（AChE）是脑内催化乙酰胆碱代谢的主要酶，其催化乙酰胆碱的降解，引起乙酰胆碱生物学功能减弱。目前临床上主要采用乙酰胆碱酯酶抑制剂（AChEI）抑制 AChE 活性，延缓乙酰胆碱水解的速度，提高突触间隙乙酰胆碱的水平，进行 AD 的治疗。

（2）BACE1 抑制剂筛选模型。

BACE1 是淀粉样前体蛋白（amyloid precursor protein，APP）加工过程中的一种蛋白酶 β-分泌酶。大量研究表明 BACE1 与 Aβ 的形成及 AD 的发生密切相关，因此，BACE1 成为抗 AD 研究的重要靶点。可采用时间分辨荧光（TRF）技术检测 BACE1 活性，受试物对 BACE1 的抑制活性与荧光信号成负相关。

2）细胞水平研究

（1）谷氨酸损伤细胞模型。

谷氨酸（glutamate，Glu）是一种兴奋性氨基酸或称神经递质，谷氨酸大量释放或摄取出现障碍，浓度过高可造成神经元损伤、死亡，产生神经毒性，这一过程被认为是 AD 发生的重要机制。通常采用的 L-Glu 损伤浓度在 50~500 μmol/L 范围内，一般选用大鼠嗜铬细胞瘤 PC12 细胞和大鼠海马原代培养神经元为损伤细胞，通过观察受试物对细胞形态、细胞活力及细胞凋亡等的影响评价其神经保护作用。

（2）H_2O_2 损伤细胞模型。

H_2O_2 对细胞的损伤是通过其在代谢过程中产生 OH·，对细胞内的脂类、核酸和糖类等生物大分子造成损伤，破坏它们的生物功能。常用的试验细胞有 PC12 细胞、大鼠海马原代培养神经元和人神经母细胞瘤 SH-SY5Y 细胞，H_2O_2 的损伤浓度为 25~10000 μmol/L，通过观察受试物对细胞形态、细胞活力及细胞凋亡等的影响评价其神经保护作用。

（3）β 淀粉样肽（Aβ）损伤细胞模型。

首先制备凝聚态 Aβ_{25-35}，向培养细胞（SH-SY5Y 细胞或 PC12 细胞）中加入凝聚态 Aβ_{25-35}，培养观察细胞活力及细胞凋亡情况，并进一步评价受试物对细胞损伤的影响。

3）动物水平研究

常用的学习记忆障碍动物模型主要有 M 受体阻断剂东莨菪碱或樟柳碱致动物学习记忆障碍模型、兴奋性氨基酸基底前脑注射致动物学习记忆障碍模型、正常老年动物模型，以及双侧颈总动脉结扎动物模型等。这些模型常用于改善学习记忆和防治老年痴呆（AD 和 VD）的研究。

4）人体试食试验

记忆测试是一种心理测试，易受迁移学习和心理暗示的影响，第二次测验的记忆商一般比第一次高，有时对照组前后两次测试的记忆商差异有显著性，因此，不能仅以服样前后自身比较的结果下结论，实验必须按照对照、双盲、随机的原则。服样前对受试者进行第一次记忆商测试后，然后按记忆商随机分为试食组和对照组，尽可能考虑影响结果的主要因素如文化水平、年龄等，进行均衡性检验，以保证组间可比性。每组受试者不少于 50 例。受试样品的剂量和使用方法为试食组按样品的推荐剂量和方法服用受试样品，对照组服用安慰剂。受试样品给予时间 30 d，必要时可延长至 45 d。

2.6.3 果蔬功能因子

有研究证实，自由基毒性或氧化损伤是 AD 发生的重要机制之一，由于人体内的非酶性抗氧化物质主要通过摄入富含抗氧化物质的食物，如蔬菜（番茄、西兰花、蘑菇、紫甘蓝）、水果（苹果、黑莓、树莓）、豆类（大豆、红豆、芸豆、黑豆）等获取，因此，通过增加富含抗氧化物质食物来改善机体的抗氧化防御功能，可能是预防 MCI 及 AD 的可行方法。蔬菜、水果是人类平衡膳食的重要组成部分，富含人体必需的多种维生素、矿物质、膳食纤维、碳水化合物等，多种果蔬成分，如维生素 C、胡萝卜素、锌、多酚类化合物、番茄红素等显示了较好的改善认知和记忆的功能。

1. 维生素

对 452 名 65 岁以上老人进行 20 年的追踪观察，结果显示，血浆中维生素 C 及 β-胡萝卜素含量高者，记忆能力均相对较好。另有研究表明，维生素 B_1 参与脑中乙酰胆碱（ACh）的合成，补充维生素 B_1 可在一定程度上改善东莨菪碱所致认知功能损害，其作用可能与神经递质有关。老年人每日补充维生素 B_6，连续 3 个月后，长时记忆明显改善。老年人血浆中维生素 B_6、维生素 B_{12} 和叶酸降低，均使认知能力减低（蒋与刚等，2009）。

1）维生素 C

据报道，维生素 C 水平低下的老年人中风死亡率高，多吃水果、蔬菜、钾和维生素 C 可减少老年人中风死亡率。近年发现，老年人认知功能低下与维生素 C

缺乏有关。维生素 C 对磁场损伤胚胎神经细胞具有保护作用，维生素 C 可以明显提高胚胎中脑神经细胞存活率，减少 MDA 含量，增加 SOD、GSH-Px 的活性，且存在正量效关系，表明维生素 C 可以明显提高神经细胞的抗氧化能力，保护神经细胞，间接改善认知能力（中国医学文摘，2008）。

2）维生素 A

有研究观察维生素 A 缺乏对小鼠学习记忆能力的影响，幼鼠出生 4 周后，开始给予充足饲料。设加维生素 A 组和不加维生素 A 组，给药 3 周后，用穿梭主动回避反应实验测试小鼠的学习记忆功能，结果显示维生素 A 缺乏可导致幼鼠学习记忆功能下降和海马 LTP 受损，维生素 A 能够通过调节细胞钙离子内流来影响海马 LTP，进而改善学习记忆能力（中国医学文摘，2006）。

3）维生素 B

据英国《每日邮报》报道，牛津大学研究发现，补充 B 族维生素（维生素 B$_6$、B$_{12}$、叶酸等）有助于预防脑组织萎缩，延缓记忆力减退。该研究为期 2 年，有 271 位轻度 AD 或早期记忆力减退的患者参加，一组给予维生素 B$_6$、B$_{12}$ 和叶酸，另一组为服用安慰剂的对照组。研究过程中，有 168 位志愿者通过大脑磁共振显像明确大脑病变范围。结果显示，服用 B 族维生素的患者大脑萎缩范围比对照组降低 90%，认知障碍改善程度明显高于对照组。该研究结论发表于近期的《美国国家科学院院刊》（信息快递，2013）。

叶酸和维生素 B$_{12}$ 对高同型半胱氨酸血症大鼠记忆功能改善的实验证明，水迷宫法测定大鼠学习记忆能力，发现补充叶酸和维生素 B$_{12}$ 可以有效地改善记忆能力，同时可以明显提高同型半胱氨酸血症导致的蛋白激酶 A（PKA）和磷酸化环磷酸腺苷反应结合蛋白（p-CREB）水平，有效改善半光酸血症所致的记忆障碍（魏伟和刘恭平，2012）。研究链脲佐菌素腹腔注射制备糖尿病大鼠模型，考察叶酸联合维生素 B$_{12}$ 对糖尿病大鼠学习记忆能力及脑内 tau 蛋白过度磷酸化的影响，实验组给予叶酸联合维生素 B$_{12}$ 干预治疗，实验结果用水迷宫法检测大鼠空间记忆及学习能力，蛋白免疫印迹法观察大鼠脑组织中总 tau 蛋白磷酸化位点变化；结果发现叶酸联合维生素 B$_{12}$ 组大鼠逃避潜伏期的能力明显缩短，tau 蛋白表达含量没有差异，但是磷酸化水平均明显下降；结果可以证明叶酸联合维生素 B$_{12}$ 可以逆转糖尿病大鼠蛋白出现阿尔茨海默病过度磷酸化，改善学习记忆能力，并发挥保护脑组织作用（周冉冉和曹茂红，2014）。

2. 多酚类

大量膳食干预研究发现，富含多酚的食物可以改善认知，提高记忆力。喂食实验动物冷冻的水果/果汁干粉，如葡萄、石榴、草莓、蓝莓以及黄酮类化合物纯品（表儿茶素和槲皮黄酮），可明显改善实验动物的学习记忆功能。

1）姜黄素

姜黄素是从姜科天南星科中的一些植物的根茎中提取的一种化学成分，是脂溶性多酚类色素。体外、体内的研究表明，姜黄素对神经毒性有保护作用。例如，姜黄素可以减少成熟淀粉样前体蛋白，进而降低淀粉样肽的沉积；还可以通过抗氧化发挥神经保护作用，对抗过量的兴奋性氨基酸谷氨酸的神经毒性，发挥保护神经系统和改善记忆的功能。

2）槲皮素

槲皮素是一种存在于水果、蔬菜和谷物等植物中的黄酮类化合物。已有研究证明，槲皮素具有抗氧化、抗肿瘤、抗炎、保护心脑血管等多种生物学活性。有动物实验采用亚硝酸钠建立记忆障碍模型，用槲皮素干预记忆巩固障碍，结果发现，槲皮素能够减少亚硝酸钠导致的记忆障碍小鼠的潜伏期，增强小鼠空间学习记忆能力；检测脑组织的生化指标显示，槲皮素能够增强小鼠脑组织 SOD 活力，降低脑组织中 MDA 含量。以上表明槲皮素可能通过增强小鼠脑组织抗氧化酶的活力，减少脂质过氧化物的产生，减少自由基对神经细胞的损伤，改善小鼠空间学习记忆能力（王建平，2005）。

3）原花青素

原花青素具有改善学习记忆、增强免疫力、抗氧化等多种生理活性。据报道，葡萄籽中含有一种黄酮聚合物，在结构上属于原花色素类，称为复合型原花色素低聚物。它具有超强的抗氧化能力，其效力是维生素 C 的 20 倍，维生素 E 的 50 倍，能显著促进大脑循环代谢，改善记忆功能，并对脑损伤的恢复也有一定的治疗作用（信息快递，2010）。

原花青素是葡萄中最主要的多酚类物质。据报道，美国科学家发现，喝紫葡萄汁可减轻甚至逆转记忆衰退。随后一项研究对 12 名刚患上记忆衰退的病人进行了相关的观察，一组喝葡萄汁，另一组给予安慰剂。3 个月之后，对他们的记忆进行常规测试，结果发现喝葡萄汁的病人记忆能力明显改善。饮用葡萄汁的病人的短期记忆和三维空间记忆有了明显提高。另外，有研究发现，经常饮用水果和蔬菜汁，也可以明显降低患老年痴呆的风险（信息快递，2010）。

4）大豆异黄酮

大豆异黄酮是大豆生长过程中的一类次级代谢产物，其结构与雌激素相似，因此又被称为植物雌激素。近年来的研究发现，大豆异黄酮对学习、记忆和认知等中枢神经系统功能具有重要的调节作用。动物实验研究显示，给大鼠灌胃大豆异黄酮后，可明显提高大鼠在水迷宫中的空间学习记忆能力。乙酰胆碱是脑内与学习记忆密切相关的神经递质，其含量或功能低下被认为是 AD 发生的重要病理基础。生化水平的研究显示大豆异黄酮可显著增加 AD 模型大鼠海马脑区中胆碱乙酰转移酶（ChAT）活性，从而提高脑内乙酰胆碱水平；并且大豆异黄酮可以显著降低 AD 大鼠海马脑区中半胱天冬氨酸特异性蛋白酶（caspase-3）的活性，从而抑制脑内神经细胞的凋亡，最终发挥改善学习记忆的功能（曹仕健等，2012）。

5）花青素

在水果和蔬菜中，蓝莓的花青素含量最高。研究证实，从蓝莓中提取的花青素可以改善衰老小鼠的学习记忆能力，降低老龄小鼠脑组织中脂褐素的含量，延缓认知功能障碍，并降低小鼠血清和脑组织中的 MDA 含量、提高 SOD 活性，这可能与花青素的抗氧化作用密切相关。此外，体外研究还表明，蓝莓花青素对 H_2O_2 诱导的大鼠海马神经元的氧化损伤具有保护作用（王鑫，2013）。龚玉石（2006）报道了花青素对乙醇所致小鼠记忆障碍有明显的改善。实验中灌胃给予模型小鼠花青素，可显著减少小鼠在 Y 迷宫测试中的错误次数，表现为学习记忆能力增强；同时花青素还显著提高了脑组织抗氧化能力，保护神经元免受自由基损伤，并抑制单胺氧化酶 B（MAO-B）活性，发挥改善小鼠记忆功能的作用。

3. 类胡萝卜素

1）番茄红素

流行病学和实验研究均显示，长期摄入富含番茄红素的果蔬类物质可以有效提高老年人认知和记忆能力。大量研究证实，番茄红素具有卓越的抗氧化性，而应用抗氧化剂被认为是防治阿尔茨海默病的有效方法。体外研究证实，番茄红素对 Aβ 诱导的神经元损伤具有保护作用，临床试验结果也表明，番茄红素能明显提高 AD 患者的认知能力（罗连响等，2013）。此外，动物实验研究表明，番茄红素能够保护大鼠脑局部缺血造成的神经元凋亡并抑制炎症反应，并且，对小鼠脑缺血再灌注造成的海马神经元氧化损伤具有保护作用（刘金萌和苑林宏，2014）。

2）叶黄素

有研究证实，叶黄素对认知功能有改善作用。MCI 和 AD 患者血浆中叶黄素水平均降低，长期补充叶黄素的人群认知能力下降缓慢，随大脑内叶黄素浓度的增加，认知能力也随之提升。后又有研究证实，叶黄素联合二十二碳六烯酸进行双盲干预实验发现，联合治疗组语言能力有了显著提高，这些均证实叶黄素可以改善中老年人的认知功能（刘金萌等，2014）。

4. 不饱和脂肪酸

动物研究证实，大豆卵磷脂可以减少动物跳台错误次数、缩短反应潜伏期，并缩短动物在迷宫实验中的到达时间等，表明大豆卵磷脂具有改善记忆的功能（池莉平等，2006）。

5. 多糖

动物实验证实，甘薯多糖能提高机体抗氧化机能，减少自由基及脂质过氧化物的生成，从而减轻它们对神经细胞的毒性，改善小鼠的学习记忆能力；另外，甘薯多糖还可以提高脑组织中乙酰胆碱的含量，增强中枢胆碱神经系统的功能，这可能是其增强学习记忆能力的重要机制（孙丽华等，2010）。此外，研究还表明香菇多糖、金针菇多糖、山药多糖及枸杞多糖等均可以清除自由基，保护神经细胞，改善脑部血液供应，进而发挥改善学习记忆的作用。

6. 微量元素

清华大学医学院学习与记忆研究中心主任刘国松教授领导的科研组，首次揭示了镁离子作为一种无机盐离子，对维持大脑学习与记忆功能的重要调节作用，并提出补充镁离子可以预防和治疗脑衰老疾病。

海马是与学习记忆关系最为密切的脑区，约占整个脑重量的 1/80 左右，而其中锌含量为大脑总含锌量的 1/6。有研究证实，动物体在发育期缺乏锌，可造成学习能力下降、海马突触可塑性受损，其中孕期是锌缺乏造成脑功能损伤的关键时期。此外，铅可损伤海马神经元，导致大鼠出现学习记忆功能障碍，而锌对铅引起的学习记忆损伤和过氧化反应均有对抗作用（李天，2011）。

7. 其他

植物固醇是一种功能活性成分，以游离状态或与脂肪酸和糖等结合状态存在。广泛存在于蔬菜、水果等各种植物的细胞膜中，主要成分为 β-谷固醇、豆固醇、菜子固醇 1 和菜子固醇 2，总称为植物固醇。植物固醇结构类似胆固醇，在机体内与胆固醇竞争，从而减少胆固醇的吸收，进而降低糖尿病和高脂血症患者血液中的 TC 和 LDL 含量，发挥降血脂作用。另外，体内高胆固醇可以导致 AD 的发生，而植物固醇可以降低体内胆固醇含量，进而预防 AD 的发生，间接发挥改善认知功能作用（张斌等，2015）。

2.7　有助于改善胃肠道功能

当前，生活节奏和饮食结构正发生巨大变化，人们不规律的饮食、不正常的作息及生活压力的影响，使得消化系统疾病成为常见病和多发病，越来越多的人胃肠道功能出现问题，如消化不良、肠道菌群失衡、便秘、胃及十二指肠溃疡及更严重的消化道出血，甚至最终演变为胃肠道癌变。大量流行病和实验研究证实多种果蔬来源的活性物质如膳食纤维、低聚糖、多酚类物质对于维护肠道健康、防治多种胃肠道疾病具有独特的优势。

2.7.1　胃肠道功能与健康

1. 胃肠道的结构和功能

人体胃肠道作为人体与外部环境的屏障和营养物质的主要进入门户，具有维持人体健康的多种功能。首先，胃肠的主要生理功能是对食物进行消化吸收，为人体新陈代谢提供必要的营养物质、能量、水和电解质。此外，胃肠还有重要的内分泌和免疫功能。人体的消化系统包括消化管和消化腺。消化管包括口腔、咽、食管、胃、小肠和大肠，其中对维持人体健康较为重要的消化器官主要是胃、小肠和大肠。胃腺和肠腺以导管通连并开口于胃及肠道内，其分泌物进入相应的消化管内帮助完成化学性消化。

胃是消化道内最膨大的部分，成人胃的容积大约为 $1\sim2$ L，胃具有暂时储存和消化食物的功能。胃的消化功能是通过胃液的化学性消化和胃蠕动的机械性消化实现的。胃液为透明的淡黄色酸性液体，pH 为 $0.9\sim1.5$，由胃酸（盐酸）、胃蛋白酶、黏液和内因子等成分组成。胃的运动包括胃的容受性舒张、紧张性收缩、胃的蠕动。胃的容受性舒张可使胃的容量适应于大量食物的涌入，从而完成储备和预备消化食物的功能；在消化过程中，胃紧张性收缩逐渐增强，使胃腔内有一定压力，有助于胃液渗入食物，并能协助推动食物向十二指肠移动；胃蠕动的作用是使食物与胃液充分混合，以便于胃液的消化作用，把食物以最适合小肠消化和吸收的速度向小肠排放。

胃壁由黏膜、黏膜下层、肌层和外膜构成。胃壁的黏膜对消化功能具有重要作用，它具有分泌功能的上皮及三种胃腺（贲门腺、泌酸腺与幽门腺），而胃壁的肌层特别厚，有利于胃的运动。黏膜又可分为上皮、固有膜和黏膜肌层。通常情况下，在胃黏膜上皮覆盖着一层黏液，它的主要成分为糖蛋白，中性或偏碱性，可降低胃酸酸度，减弱胃蛋白酶活性，其作为保护屏障，防止胃液内高浓度的盐酸和胃蛋白酶对胃黏膜的损伤。上皮细胞脱落或损伤后，由胃小凹底部的细胞分裂补充。固有膜中充满由上皮下陷形成的许多腺体，包括贲门腺、泌酸腺和幽门腺。作为保护屏障的黏液主要由贲门腺分泌。泌酸腺中的壁细胞又称盐酸细胞，主要分泌胃酸（盐酸）和内因子。其分泌的盐酸对于调节胃内的酸性环境发挥重要作用，正常人的胃酸排出量具有一定的范围，过多或过少都会影响胃的功能和健康，一般人胃酸的最大排出量可达每小时 $20\sim25$ mmol。内因子可以和维生素 B_{12} 结合成复合体，有促进回肠上皮细胞吸收维生素 B_{12} 的作用。泌酸腺的主细胞合成和分泌胃蛋白酶原，胃蛋白酶原以无活性的酶原形式储存在细胞内，当接受各种刺激进入胃腔后，在酸性环境中裂解为胃蛋白酶发挥消化作用，胃蛋白酶作用的最适 pH 为 2.0～3.0。胃壁的肌层由斜行、中环行和外纵行三层平滑肌组成，肌层的收缩使胃内食糜与胃液充分混合，促进消化作用进行。

小肠是消化道内最长的部分，上连幽门，下与盲肠相接，全长 5～7 m，蟠曲于腹腔中。小肠分为十二指肠、空肠和回肠。小肠是食物消化的主要器官，食物在小肠内受胰液、胆汁及小肠液的化学性消化和小肠运动的机械性消化。小肠也是食物吸收最重要的部位，绝大部分营养成分在小肠吸收，未被消化的食物残渣，由小肠进入大肠。进入小肠的消化液包括胰液、胆汁和小肠液。胰液是无色、无味的碱性液体，pH 7.8～8.4，由胰腺的外分泌部所分泌，具有很强的消化能力；胆汁由肝细胞合成，在脂肪的消化中具有乳化的作用；小肠液呈弱碱性，pH 约7.6，其中含有多种无机盐离子、黏蛋白和肠激酶等，小肠液的成分变化较大，具有润滑和保护小肠黏膜，激活胰蛋白酶原（主要是肠激酶）和稀释食物的作用，有利于食物的消化和吸收。小肠的运动包括紧张性收缩、分节运动和蠕动。紧张性收缩是小肠其他运动进行的基础，它使小肠保持一定的形状，肠腔维持一定压力，有利于消化和吸收；分节运动的作用是使食糜与消化液充分混合，有利于化学性消化，增加食糜与肠黏膜的接触，促进肠壁血液和淋巴回流，便于食物的吸收；小肠蠕动的作用是将食糜向远端推送一段，以便开始新的分节运动，有利于食物充分的消化和吸收。小肠绒毛是小肠特有的结构，由上皮和固有膜形成，大大增加了吸收面积。

大肠的起始部是盲肠，末端终于肛门，全长约 1.5 m。主要功能在于吸收水分，提供食物残渣的临时储存场所，并把食物残渣形成粪便排出体外。大肠可分为盲肠、阑尾、结肠和直肠。

2. 常见胃肠道功能障碍

便秘是指排便频率减少，一周内大便次数少于 2～3 次，是常见胃肠功能紊乱现象，它的发生与生活规律、排便习惯、药物及疾病状态均有关系，影响因素复杂。便秘虽不危及生命，但却会干扰正常的生活和工作，长期便秘将影响人体健康，并诱发肿瘤等多种疾病。可采取多做运动、定期排便和多吃富含膳食纤维的水果和蔬菜进行改善，必要时采用导泻类药物进行治疗。

胃动力不足，或称消化不良也是常见的胃肠功能紊乱，它是造成非溃疡性消化不良的主要原因，会发生上腹胀满、易饱、饭后腹胀、恶心、呕吐等消化不良症状。造成胃动力不足的因素包括精神情绪变化、胃分泌功能紊乱、功能性消化不良等。改善胃动力不足的措施包括改变不良的生活习惯和饮食习惯，首先应有规律地进食，随着现代生活节奏的加快，很多人饮食很不规律，一日两餐甚至一餐、饿了再吃的现象不少。为了消化系统的健康，应一日三餐定时并适量，尤其不能忽略早餐，不能暴饮暴食，最好吃七分饱。其次，不能吃过于刺激的食物，如过烫、过辣、过酸等刺激性强的食物，并少吃脂肪含量高的食物。严重者可服用含有胃蛋白酶的复方制剂，如乳糖酶或干酵母进行缓解。

　　在胃肠功能障碍中，消化性溃疡的危害较为严重，发病率为 10%～12%，近年来引起了广泛关注。消化性溃疡（peptic ulcer）主要是指发生于胃和十二指肠的溃疡。其发病机制尚未完全阐明，目前认为与胃酸、胃蛋白酶和幽门螺杆菌等攻击因子增强，而胃黏膜屏障、黏膜血流、前列腺素、碳酸氢盐分泌以及上皮再生等防御因子减弱有关。应激和焦虑等心理因素可诱发急性消化性溃疡，情绪波动时可影响胃的生理功能，并且焦虑和抑郁可引起消化性溃疡的复发和加剧。药物因素如服用非甾体抗炎可损伤胃十二指肠黏膜诱发溃疡，此类药物主要通过抑制环氧化酶，减少前列腺素的合成，使保护因素减弱。此外，遗传因素、病毒感染、吸烟和饮食均是消化性溃疡的重要致病因素。消化性溃疡的症状主要为上腹痛，可为钝痛、灼痛、胀痛或剧痛，也可仅有饥饿样不适感。典型者有轻度或中度剑突下持续疼痛，进食可缓解。老年患者大多数无症状或症状不明显、疼痛无规律，出现食欲不振、恶心、呕吐、体重减轻、贫血等症状。以抑酸药为主的组胺 H2 受体拮抗剂和质子泵抑制剂可作为胃、十二指肠溃疡病的首选药。幽门螺杆菌作为溃疡的主要致病因素已在世界范围内得到公认，针对幽门螺杆菌的治疗不但提高了溃疡的治愈率而且降低了复发率。近几年，加强胃黏膜保护作用，促进黏膜的修复，成为治疗消化性溃疡的重要方式之一，具有胃黏膜保护作用的盐制剂和多种生物活性物质受到了广泛重视和不断发展（肖献忠，2008）。

3. 肠道菌群与健康

　　在人体微生态系统中，肠道微生态是最重要的、最活跃的一部分，一般情况下也是对人体健康影响最显著的（解傲和袁杰利，2015）。人类肠道菌群约有 100 余种菌属，400 余菌种，是一个复杂而庞大的群落。肠道菌群是伴随人的出生从无到有的，出生后 5 d 左右的婴儿肠道中以双歧杆菌为主，并持续到哺乳期结束；随着成长，人体的胃肠道的双歧杆菌势力减弱，类杆菌、真细菌等成年人型菌逐渐占有优势；中年以后，肠道内双歧杆菌进一步减少，韦永球菌等有害菌增加。因此，肠道菌群的变化与人体的衰老密切相关。人体的健康状况、饮食或药物均会引起肠道菌群的数量和比例的改变，反之，肠道菌群的构成也会影响肠道功能和机体健康（Yatsunenko et al.，2012）。肠道菌群一方面可以促进肠道上皮细胞的发育和成熟、促进肠道血管及组织再生、调节骨内稳态代谢、促进机体免疫系统成熟等；另一方面，肠道菌群又与肥胖、代谢综合征、肠易激综合征及肿瘤等疾病密切相关（Sartor，2010）。最近的研究提出，肠道菌群可能与中枢神经紊乱或脑功能失调有关。

　　肠道中的有益菌主要有双歧杆菌（bifidobacterium）和乳杆菌（lactotacillus），

它们可以降低肠道 pH, 抑制有害菌和病原菌的滋生, 如抑制韦永氏球菌、梭菌等腐败菌的增殖, 减少腐败物质产生。大量研究显示双歧杆菌对人体具有多种显著的促进健康效果, 近年来双歧杆菌及其增殖因子已成为保健食品开发的一个热点。首先, 双歧杆菌对肠道功能具有双向调节作用, 既可纠正腹泻又可防治便秘; 其次, 双歧杆菌被认为是一种免疫调节剂, 可强化或促进对恶性肿瘤细胞的免疫性攻击作用。研究报道双歧杆菌的增殖因子低聚糖, 可在不改变体重的前提下, 显著地降低血脂。此外, 双歧杆菌还能合成大部分 B 族维生素, 如维生素 B_2 和维生素 B_6。乳杆菌是人们认识和研究最多的肠道有益菌, 乳杆菌可以激活人体的免疫系统发挥抗癌防癌的作用; 可以调节血脂代谢, 降低高脂人群的血清胆固醇水平; 可以促进乳糖代谢, 适用于乳糖不耐受者食用, 提高乳制品的食用价值。我们常食用的酸奶中一般含有保加利亚乳杆菌。

　　人体因为各种内部和外部因素导致的肠道菌群比例改变, 称为肠道菌群失衡。引起肠道菌群失衡的因素很多, 如婴幼儿喂养不当、营养不良、人体的疾病或衰老状态以及长期使用抗生素、激素、抗肿瘤药等均可引起肠道菌群失调。可采取母乳喂养、调整饮食结构、服用一些有益活菌制剂及其增殖促进因子来达到调整肠道菌群的目的。当前促进肠道有益菌增殖的促进因子已成为国内外保健食品开发的一个重要领域。日本是全球保健食品开发和研究较早的国家, 其主要的产品就是针对胃肠道功能的益生元、合生元。近年来, 在日本和欧美各国, 对促进有益菌增殖物质的研究与开发集中于一些低聚糖类。这种功能性低聚糖能被有益菌双歧杆菌、乳杆菌等选择性地利用, 称为双歧杆菌增殖因子 (bifidus factor)。人体消化道内没有水解此类低聚糖的消化酶, 因而又被称为 "不能利用的碳水化合物" (郑鹏和嵇武, 2014)。

2.7.2　改善胃肠道功能的评价

　　目前, 对于通便、调节肠道菌群、促进消化、对胃黏膜损伤等胃肠道功能的评价主要以动物和人体试食试验为主。

1. 通便功能评价

　　动物试验, 采用复方地诺芬脂或苯乙哌啶, 抑制实验动物 (小鼠) 肠运动, 建立便秘动物模型, 一般采用墨汁标记, 测定小肠运动试验、排便时间、粪便量 (重量或粒数)、水分、性状等。受试物能显著增加排便量, 并促进小肠运动或缩短排便时间, 则判定受试物具有通便作用。

2. 调节肠道菌群功能评价

　　目前, 调节胃肠道菌群的功能评价主要通过测定粪便中有益菌双歧杆菌和乳杆菌，条件致病菌大肠杆菌、肠球菌、产气荚膜梭菌和拟杆菌等指标来判定，进行动物或人体试食试验评价受试物对肠道菌群的调节作用。首先，进行动物试验，选用正常动物或肠道菌群紊乱的动物模型。肠道菌群紊乱的动物模型可采用抗生素扰乱肠道菌群，或在此基础上在动物肠道内种植有害菌建立肠道菌群紊乱的动物模型。如给予小鼠氨苄钠破坏其肠道菌群平衡后，再植入福氏志贺氏痢疾杆菌和鼠伤寒沙门氏菌，小鼠粪便中杆菌、肠球菌明显增加，类杆菌、乳杆菌、双歧杆菌明显减少。

3. 促进消化功能评价

促进消化功能的评价中，动物试验（主要考虑测定动物体重、摄食量、食物利用率），小肠运动实验和消化酶，其三方面中任意两方面实验结果呈阳性，均可判定该受试样品有助于促进消化功能。人体试食试验可从两个方面考虑测定的功能：一是主要针对增加食欲，选择观察指标包括食欲、食量、体重、血红蛋白；二是主要针对消化吸收不良，选择观察指标包括食欲、食量、胃胀腹胀感、大便性状及次数、胃肠运动、小肠吸收等。

4. 保护胃黏膜损伤功能评价

动物试验可选用无水乙醇、消炎痛致急性胃黏膜损伤模型或冰醋酸致慢性胃黏膜损伤模型，通过测量动物体重，并观察胃黏膜大体损伤状况结合胃黏膜病理组织检查判定受试物的保护作用。人体试食试验选择符合慢性浅表性胃炎诊断标准且经胃镜筛选确诊为胃黏膜损伤的自愿受试者。排除疾病和使用药物等其他影响因素。试食前后试食组自身比较及试食后试食组与对照组组间比较，临床症状明显减少，胃镜复查结果有改善或不加重，可判定该受试物对胃黏膜损伤有辅助保护功能。

2.7.3　果蔬功能因子

1. 膳食纤维

膳食纤维（dietary fiber）是指在人体胃肠道中不能被消化、吸收的一类碳水化合物的总称，膳食纤维的主要成分为多糖，也被称为非淀粉多糖，主要来自植物细胞壁，它们既不能被人类的胃肠道中的消化酶所消化，又不能被人体吸收利用，但却对人体健康具有多种益处。近年来膳食纤维作为国内外营养学研究的热点之一，被誉为人类的第 7 大营养素（胡春蓉和胡益侨，2012）。膳食纤维对肠道蠕动具有明显的促进作用，它具有被动吸水性，能促进粪便体积增大、软化，有利于肠道有毒物质排出体外。不被肠道吸收的膳食纤维，可在大肠中全部或者部分发酵，产生大量短链脂肪酸，降低肠道 pH，改善益生菌群生长环境，增加双歧杆菌等有益菌势力，同时抑制腐生菌的生长，促进肠道生态平衡。动物研究表明，海藻复合膳食纤维能够显著改善小鼠的肠道菌群，增加双歧杆菌和乳杆菌的活性，抑制有害菌荚膜梭菌活性。此外，对于肠蠕动抑制模型小鼠，膳食纤维可以显著增加其肠内容物的推进，增加便秘小鼠的排便次数、粒数和重量，治疗便秘，改善胃肠道功能（宋欢和韩燕，2007）。

结肠癌是由于毒物在肠道停留时间过长而对肠壁发生毒害作用，流行病学研究表明，膳食纤维或富含纤维的食物的摄入量与结肠癌发病率呈负相关，饮食中增加水果和蔬菜的摄入量可大大降低结肠癌的发病率。膳食纤维通过增加肠内容物体积，降低致癌物质与肠壁接触的浓度，同时促进肠道蠕动，又使致癌物质与肠壁接触时间大大缩短，因此降低了结肠癌的发病率。

营养研究提示，人体每天每千克体重摄入 0.045～0.067 g 膳食纤维，可保证营养素的平衡；有便秘情况的人，每天每千克体重应保证 0.09～0.11 g 的膳食纤维。对于正常体重的人每天应保证 8～20 g 的膳食纤维的摄入量。水果和蔬菜中膳食纤维丰富，特别是一些果蔬加工后的废弃料，如豆腐渣、果皮、蔗渣、梨渣、玉米皮等，是膳食纤维很好的来源（王彦玲等，2008）。

2. 低聚糖

低聚糖（oligosaccharides），又称寡糖，是指由 2～10 分子单糖通过糖苷键连接形成直链或支链的低度聚合糖。其特点是不易被消化道中的酶分解、甜度低、热量低、基本不增加血糖和血脂。果蔬是低聚糖重要的天然来源。研究表明低聚糖对肠道健康的作用包括促进双歧杆菌增殖，抑制肠道有害菌群繁殖，影响肠道内某些酶（如葡萄糖醛酸苷酶）的活性，促进肠道内营养物质（维生素 B_1、维生素 B_6、叶酸及钙、镁离子）的吸收，防治腹泻和便秘及改善肌体免疫功能等（徐洲等，2010）。低聚糖改善胃肠道功能的作用机制涉及：①与肠道病原菌结合：低聚糖和病原菌肠壁上的受体非常相似，因此可竞争性地与病原菌结合，使病原菌无法结合到肠壁上，病原菌得不到生长所需的养分，失去致病能力；②选择性增殖有益菌：低聚糖被摄入机体后，虽不能被胃肠道消化吸收，却可作为双歧杆菌等有益菌的营养来源，促进其增值，这些有益菌可在肠黏膜表面形成生物学屏障，阻止致病菌的定植和入侵，维护肠道菌群正常；③改善肠道 pH：低聚糖被代谢后产生有机酸等物质，使肠道内的局部 pH 降低，并刺激肠道蠕动，不仅抑制病原微生物和腐败菌的生长，减少有毒物质的产生，而且促进有害物质的排出，改善胃肠道功能。

有研究指出，大豆低聚糖有调节肠道菌群、维持微生态平衡和防止便秘的作用。由于人体内缺乏低聚糖的消化酶——D-半乳糖苷酶，低聚糖进入体内不能被消化吸收，但可以直接进入大肠，被肠内有益菌（如双歧杆菌、乳酸菌）等所用，促进双歧杆菌繁殖。同时大豆低聚糖代谢后能生成短链脂肪酸以及一些抗菌素，使肠内 pH 和电位降低，抑制外源致病菌和肠内固有有害菌的生长；有机酸能促进肠道蠕动，增加粪便湿度，也能达到防止便秘的功能（蔡琨等，2012）。

低聚果糖是广泛存在于多种果蔬中的一类低聚糖，如菊芋、香蕉、洋葱等。其具有调节肠道菌群、增殖双歧杆菌、促进钙的吸收等作用。有研究证实，经常摄入低聚果糖，对于维持人体血红蛋白、红细胞、白细胞、血、尿、便等在正常范围具有一定的意义，每日摄食 3.3 g 的低聚果糖具有调节机体肠道菌群的功效，可激活机体益生菌的数量并抑制有害菌的产生（杭锋等，2010）。

低聚木糖又称木寡糖，是由 2～7 个木糖分子以 β-1,4 糖苷键结合而成的功能性聚合糖，存在于很多果蔬物质如小麦、玉米、花生及葡萄等中。有研究证实，低聚木糖在摄入量为 0.23 g/kg 时，对双歧杆菌和乳酸菌增殖的促进作用较明显。其在体内不被机体降解利用，可以作为营养源被有益菌利用，发酵产生乳酸、乙酸及短链脂肪酸等，降低肠道 pH，抑制有害菌的生长，并通过降低肠道氧化还原电位，调节肠道正常蠕动，间接阻止病原菌的黏附，改善胃肠道功能和抗病能力（徐海燕等，2013；李婉等，2014）。

此外，其他多种低聚糖，如低聚异麦芽糖、低聚半乳糖对胃肠道功能均具有很好的健康效果（杨远志等，2008；宋玉民等，2013）。

3. 多糖

除膳食纤维和低聚糖外，大量多糖对胃肠道的健康也具有非常显著的促进作用。首先，多糖可以通过抗氧化和免疫调节作用，保护胃肠道黏膜，减少各种因素带来的损伤，防治胃及十二指肠溃疡；其次，多糖类的作用与低聚糖对胃肠道作用的类似，一方面可以促进胃肠道的蠕动，防治便秘，并减少有害物质的吸收，另一方面，多糖也可以调节肠道菌群平衡，增加有益菌的势力，促进肠道健康。此外，有研究指出，魔芋多糖（konjac polysaccharide）可以通过调节胃动素与生长抑素水平，促进营养物质的吸收，达到促进肠道功能的作用（姜靖等，2009）。

研究证实果蔬来源的多种多糖成分对多种原因引起的胃肠道黏膜损伤具有保护作用。紫菜在日本等国被视为防治胃溃疡病的食物，原因在于紫菜多糖具有胃黏膜保护作用，有防治胃溃疡的功效。在一项对酒精性胃损伤的保护研究中，通过灌胃给予小鼠 100mg/kg，200mg/kg 和 400mg/kg 紫菜多糖 8d，观察到紫菜多糖对乙醇所致小鼠胃黏膜损伤有明显的保护作用，显著降低了胃溃疡指数，并显著降低了胃损伤动物胃组织中 MDA 含量，增加了 SOD 活性、NO 及前列腺素

（PGE$_2$）含量。紫菜多糖具有很强的抗氧化活性，能够清除乙醇所致的胃组织产生的大量的氧自由基，起到防护胃黏膜损伤的作用，此外，增加 NO 及 PGE2 含量，从而增加胃肠道的保护因素，也是紫菜多糖保护作用的重要机制之一（梁桂宁，2009）。

　　邵梦茹考察了猴头菇多糖对饮酒（无水乙醇）、药物（吲哚美辛）、胃酸过多（醋酸）以及心理应激（水浸束缚）引起的胃黏膜损伤的保护作用，结果表明猴头菇多糖在低剂量（17mg/kg）和高剂量（68mg/kg）时，对无水乙醇造成的胃黏膜急性损伤均有抑制作用。吲哚美辛作为非甾体类抗炎药，主要的不良反应是抑制前列腺素（PG）的合成，从而引起胃黏膜的刺激作用，实验中猴头菇多糖可显著降低模型大鼠胃黏膜的溃疡面积，增加模型大鼠胃黏膜组织中 PGE2、表皮生长因子（EGF）的含量。对于醋酸损伤和水浸束缚模型，猴头菇多糖同样可缩小溃疡面积，改善胃黏膜血流供应，并增加胃黏膜组织中碱性成纤维生长因子（bFGF）的含量，以及转化生长因子（TGF-a）mRMA 的表达。体外细胞实验中，观察到猴头菇多糖对脂多糖（LPS）刺激的 Caco-细胞的炎性过程具有调节作用，抑制促炎细胞因子 IL-6、IL-8 和 IL-12 的分泌，增加抗炎细胞因子 IL-10 的分泌，这可能是其缓解肠黏膜屏障环境的 Caco-2 细胞应激炎症反应，保护胃黏膜的重要细胞分子机制（邵梦茹，2014）。

　　β-葡聚糖是一种黏性多糖，有研究证实，葡聚糖可以调节肠道菌群，促进益生菌的增殖，抑制有害菌的生长，且不同相对分子质量的葡聚糖对肠道菌群的影响不同，低相对分子质量对肠道菌群影响更为明显（申瑞玲等，2005）。

　　天然木糖存在于一些植物及水果，如苹果、葡萄中，也可从农作物废料如玉米芯、甘蔗渣、种子皮壳中提取。动物研究表明灌胃给予小鼠木糖，检测小鼠胃排空的情况，结果显示木糖可加快小鼠胃内残留物排出，并具有剂量效应关系；木糖也可以剂量依赖性地促进小肠蠕动，通过测定胃幽门至回盲部位的整段小肠的总长度，发现木糖可以加速小肠推进作用（史先振等，2008）。此外，有研究报道，木糖也可以促进肠道菌群中有益菌群的增殖，抑制有害菌群的生长，改善肠道微环境（史先振，2005）。

4. 多酚

　　据报道，多酚类成分对调节肠道菌群也具有较好的促进作用，并且可以通过抑制氧化应激，保护胃黏膜（Kaviarasan et al.，2008）。大部分多酚类物质在小肠的吸收率较低，除了非糖基化酚醛化合物如单体黄烷-3-醇、原花青素二聚体等可直接在小肠被吸收，90%～95%的多酚需要在结肠内经过肠道微生物代谢。例如，单宁就是通过肠道微生物分泌的单宁酶水解成鞣花酸和葡萄糖而被机体利用的。多酚类物质化学结构不同，代谢产物也不同。例如，黄酮类化合物经肠道微生物代谢 C 环断开，生成 A 环为主体的羟基芳香化合物及 B 环酚酸类物质；黄酮醇经代谢 C 环开裂，生成 3，4 或 3，5-二羟基苯乙酸（Requena et al.，2010）。

多酚及其代谢产物能选择性地调节肠道中微生物的生长，促进有益菌群（如双歧杆菌和乳酸菌）的增殖，抑制有害菌的生长（肖俊松等，2012）。多酚对肠道菌群的影响机制较为复杂，不同的多酚及其代谢产物对肠道菌群的作用不同，可调节肠道菌群种类和数量的改变。茶多酚可抑制对金黄色葡萄球菌、产气荚膜梭菌及副溶血弧菌的生长，多酚代谢产物 3-苯基丙酸、4-羟基苯乙酸等能够抑制肠道中葡萄球菌和沙门氏菌的生长，单体黄烷-3-醇能够促进乳酸菌的增殖，抑制梭状芽孢杆菌和肠杆菌，白藜芦醇可促进双歧杆菌和乳酸菌的增殖，抑制大肠杆菌生长繁殖（Lee et al.，2006）。研究表明，多酚对肠道微生物的作用与阻断细胞膜电子链的传送和氧化磷酸化作用有关。此外，多酚类物质可能通过调节酶活性作用于肠道微生物。多酚可与金属离子（如铁、钴等）螯合生成不溶性复合物，破坏肠道微生物细胞金属酶，影响酶的活性（Mcdonald et al.，1996）。

此外，多酚类物质还可以抑制胃酸分泌，保护胃黏膜免受损伤。刘萍（2009）研究发现白藜芦醇针对乙醇、阿司匹林及吲哚美辛所致的小鼠胃黏膜损伤，具有保护作用，可明显缩小溃疡面积。同时研究中也观察到白藜芦醇还可以降低胃损伤模型动物血清中 MDA 含量，增加血清中 SOD 活性和 PG 含量，表明白藜芦醇的抗氧化和免疫调节作用可能是其胃黏膜保护作用的基础。

5. 其他

除了以上几种功能成分对胃肠道具有重要调节作用外，还有多种果蔬来源的功能成分也在维护胃肠道健康方面具有促进作用。皂苷是一类在多种果蔬中广泛存在的糖苷类成分。据报道，罗汉果中的皂苷类成分对胃肠道疾病具有较好的防治作用（何超文等，2013）。动物研究证实，维生素 E 可以提高吲哚美辛所致小鼠胃黏膜损伤血清中 SOD 活性和减少 MDA 生成，提高胃黏膜的抗氧化和防御保护功能，维持胃黏膜的稳定性，起到保护胃黏膜的作用（王彩冰，2012）。

2.8　有助于促进面部皮肤健康

一般认为，美容保健食品是一类具有某种特殊美容作用和特征的保健食品。卫生部 2003 年受理的 27 种功能食品中，与美容直接相关的分别为祛痤疮、祛黄褐斑、改善皮肤水分和改善皮肤油分 4 个功能，而与美容间接相关的则包括抗氧化、减肥、增强免疫力和改善睡眠等多个功能类（吕洛，2006）。最新的功能食品清单中，已经将改善皮肤油分取消，将祛痤疮、祛黄褐斑、改善皮肤水分合并为有助于促进面部皮肤健康。

2.8.1　延缓皮肤衰老

1. 引言

抗衰老护肤一直是美容保健行业永恒的主题。我们曾在北京和上海对功能性化妆品的使用情况进行过调查，结果表明虽然化妆品按其功能或作用可分为抗衰老类、保湿类、补充营养成分、防晒类、祛皱类等，但71%的化妆品具有抗衰老的功能（刘晓艳等，2009）。中国香料香精化妆品工业协会发布的数据表明，目前女性最关心抗衰老问题，提及率为72.2%。因此，借助功能食品来延缓衰老成为各生产厂家的研究方向。

2. 皮肤衰老的类型特征

1）内源性衰老

皮肤内源性衰老（intrinsic ageing）又称为自然衰老或固有性衰老，是指发生于老年人非曝光部位皮肤的临床、组织学、生理功能的退行性改变，它是随着时间的推移和年龄的增长而自然发生于皮肤组织结构和生理功能的变化，是由遗传因素或不可抗拒的因素引起的衰老，为不可避免的渐进过程。

2）外源性衰老

皮肤外源性衰老（extrinsic ageing）主要是由紫外线辐射、吸烟、风吹、日晒及接触有害化学物质等环境因素导致的，其中日光中紫外线辐射是环境因素中导致皮肤衰老的主要因素，所以外源性衰老又称为光老化（Photoageing）。

根据皮肤皱纹、年龄、有无色素异常、角化及毛细血管情况，可将皮肤光老化分为四种类型（表2.1）（Glogau，1997）。

表 2.1　皮肤光老化的 Glogau 分型法

分型	皮肤皱纹	色素沉着	皮肤角化	毛细血管改变	老化阶段	年龄（岁）	化妆要求
I	无或少	轻微	无	无	早期	20~30	无或少用
II	运动中有	有	轻微	有	早、中期	30~34	基础化妆
III	静止中有	明显	明显	明显	晚期	50~60	厚重化妆
IV	密集分布	明显	明显	明显	晚期	60~70	化妆无效

皮肤自然衰老与光老化的表观差异如图2.1所示，两者在发生年龄、原因、临床特征等方面均有明显的差别（表2.2）（Gilchrest，1996；刘玮，2004）。

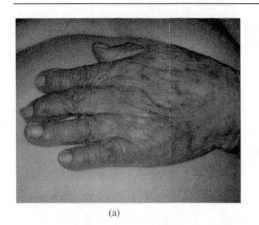 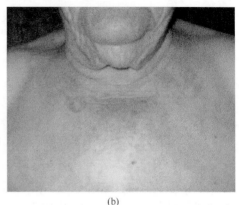

(a)　　　　　　　　　　　　　　　　　　　　(b)

图 2.1　皮肤的自然衰老与光老化（Kosmadaki and Gilchrest，2004）

（a）一位 91 岁妇女手部（光老化）和腹部（自然衰老）；（b）同一位妇女的衣领上部（光老化）和下部（自然老化）皮肤

表 2.2　皮肤自然衰老与光老化的区别

类型	自然衰老	光老化
发生年龄	成年以后开始，逐渐发展	儿童时期开始，逐渐发展
发生原因	固有性，机体衰老的一部分	光照，主要为紫外线辐照
影响因素	机体健康水平，营养状况	职业因素，户外活动
影响范围	全身性，普遍性	局限于光照部位
临床特征	皮肤皱纹细而密集，松弛下垂，有点状色素减退，无毛细血管扩张，角化过度	皮肤皱纹粗，呈橘皮、皮革状，出现不规则色素斑如老年斑，皮肤毛细血管扩张，角化过度
组织学特征	表皮均一性萎缩变薄，血管网减少，胶原含量减少，真皮萎缩，弹力纤维降解、含量减少，所有皮肤附属器均减少、萎缩	表皮不规则增厚或萎缩，血管网排列紊乱、弯曲扩张、Ⅰ型胶原减少，网状纤维增多、弹力纤维变性、团状堆积，皮脂腺不规则增生
并发肿瘤	无此改变	可出现多种良、恶性肿瘤
药物治疗	无效	维生素 A 酸类，抗氧化类有效
预防措施	无效	防晒化妆品及遮阳用具有效

3. 皮肤衰老的机理及影响因素

据报道，皮肤衰老的理论主要有染色体遗传学说、基因调控学说、代谢失调学说、免疫力下降学说、内分泌失调学说及环境影响学说等（房林和赵振民，2010；Gragnani et al.，2014）。但到目前为止，只有自由基衰老生物学可有效解释皮肤内源和外源性衰老，对于自由基生物学的理论已在 2.1 节作了详细介绍，对于皮肤光老化的机理如图 2.2 所示。

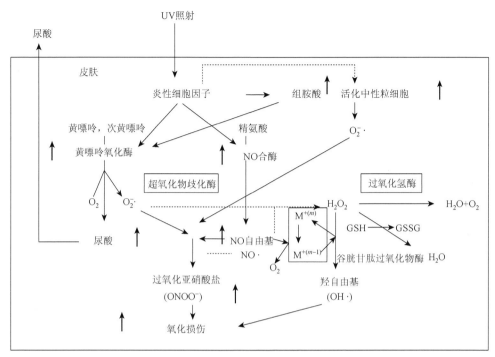

图 2.2　中长波紫外线（UVA）辐照造成皮肤氧化损伤的可能机制（Kohen and Gati，2000）

1）皮肤皱纹形成的机理及影响因素

（1）形成的机理。

衰老的皮肤与年轻皮肤之间主要存在着明显差别：①年轻皮肤的表皮最外层角质细胞形成的纹理呈现细、密、网状纹路，而衰老皮肤则发生严重缺失，呈现疏、少、具有定向走势的特征；②在年轻皮肤的表皮/真皮结合处表现为多褶皱，而衰老皮肤则变平坦；③衰老皮肤的真皮结构中胶原弹力纤维网络排列松散，网内间隙加大，真皮密度降低，胶原蛋白和蛋白聚糖等分子合成的大分子过度降解（符移才和金锡鹏，2000）。

（2）影响因素。

皮肤皱纹产生的内在因素主要包括：①由于皮肤的汗腺、皮脂腺功能降低，分泌物减少，使皮肤由于缺乏滋润而干燥，造成皱纹增多；②由于皮肤新陈代谢减慢，使得真皮内弹力纤维和胶原纤维功能减退，造成皮肤张力与弹力的调节作用减弱，使皮肤皱纹增多；③面部的皮肤较身体其他部位的皮肤薄，由于皮肤的营养障碍，使得皮下脂肪储存逐渐减少，细胞和纤维组织营养不良、性能下降，从而使皮肤出现皱纹（张亭亭等，2009）。

皮肤皱纹产生的外在因素主要包括：①长期受紫外线照射是导致皮肤衰老的最常见、作用最强的外在因素，紫外线刺激和损伤皮肤，使其过度增殖，最终导致皮肤老化；②长期睡眠不足，可使皮肤调节功能降低，出现皱纹；③皮肤角质层含水量为 10%～20%，它具有较强的吸水性，可柔软皮肤，如果皮肤水分补充不足，会使皮肤缺乏滋润，失去弹性而出现皱纹；④环境突然改变，气候冷、热骤变或长时间使皮肤暴露在烈日下、寒风中，皮肤难以适应，会加速衰老；⑤劣质化妆品对皮肤的刺激，或过多的扑粉吸去了皮肤表层的水分，都极易使皮肤粗糙、老化（曾鸣和徐良，2014）。

　　2）黑色素的累积机制

　　黑色素的代谢途径大致分为四个阶段：①皮肤受日光照射后引起黑色素细胞分裂或酪氨酸酶活性亢进；②在表皮黑色素细胞内生产黑素体；③黑素体从黑色素细胞向角质细胞转移；④黑素体在表皮内扩散，随着表皮更新消失，部分溃散。酪氨酸酶控制黑色素细胞中色素的形成过程，它可催化酪氨酸形成多巴酸，所以酪氨酸酶的活性程度对色素的沉积起着主要的作用（江志洁等，1998）。

　　另外，皮肤在紫外线的照射下，会产生促黑激素，使黑色素细胞繁殖。紫外线照射时，角质细胞会产生内皮素，信号传递给黑色素细胞后，黑色素细胞开始增殖，速度比合成黑色素要快得多，色斑的形成是由于内皮素分布不均造成的（江志洁等，1998）。

　　年轻皮肤中的黑色素细胞均匀分布在基底细胞之间，随着年龄增加，黑色素细胞不仅数量减少，而且分布部位较局限，从而导致雀斑样痣的形成，45 岁以上人群中约半数在曝光部位可有雀斑样痣。雀斑样痣是黑色素细胞过度曝光后在局部的增殖所致，这些黑色素细胞已不再具有活力（冯信忠，2001；冯燕艳和普雄明，2005）。

　　4. 抗衰老活性物质的评价方法

　　皮肤衰老外观上以色素失调、表面粗糙、皱纹形成和皮肤松弛为特征，可表现为皮肤色度、湿度、酸碱度、光泽度、粗糙度、油脂分泌量、含水量、弹性、皮肤和皮脂厚度，皱纹数量、长短及深浅等指标的变化，因此通过比较抗衰老果蔬活性物质摄入前后对皮肤衰老各特征的影响，可以比较客观地评价这些果蔬对皮肤的抗衰老功效（刘仲荣等，2004；董银卯等，2007；梁宏等，2008）

　　1）皮肤色素检测

　　老年性白斑、老年性黑子、黄褐斑等皮肤色素失调是皮肤衰老的重要表现，通过对皮肤色素量及分布的检测能够很好地反映皮肤光老化的程度及受试物的作用效果。人类皮肤的颜色主要取决于人体皮肤中黑色素和血红素（红色素）的含量。皮肤黑色素和血红素测试仪 Mexameter MX 18 基于光谱吸收原理，可通过测定特定波长的光照在人体皮肤上后的反射量来确定皮肤中黑色素和血红素的含量。

2）皮肤弹性测试

皮肤弹性随皮肤衰老而降低，因此皮肤弹性是判断皮肤衰老的重要标志之一，是皮肤衰老检测中必不可少的项目。皮肤弹性测试仪 MPA580 基于吸力和拉伸原理，在被测试的皮肤表面产生一个负压将皮肤吸进一个特定的测试探头内，皮肤被吸进测试探头内的深度通过一个非接触式的光学测试系统测得。测试探头内包括光的发射器和接收器，发射光和接收光的比率同被吸入皮肤的深度成正比，这样就得到了一条皮肤被拉伸的长度与时间的关系曲线，通过此曲线可以确定皮肤的弹性性能。

3）皮肤皱纹的测定

以皮肤皱纹测试仪 SV600 为例进行介绍，本测试首先用硅氧烷液体制作硅氧烷膜片，得到被测者皮肤上一片特定形状的皮肤皱纹的反相复制品，即这个膜片上有皱纹的部位是凸起的，没有皱纹的部位是凹陷的。当一束特定波长的光线照到该膜片后，凸起的部位透光量小，凹陷的部位透光量大，根据透光量的多少，判断和量化皱纹的程度。测定时，膜片不同部位的光信号由 CCD 摄像镜头收集，通过光电及数字化处理可得到皮肤的三维图像，然后通过专用的软件进行分析，即可得到皮肤粗糙度、平滑深度（R_p）等相应参数的变化情况。

4）皮肤水分测试

水分是皮肤表皮角质层重要的塑形物质之一，皮肤衰老时表皮角质层变薄，角质层中天然保湿因子含量减少，皮肤水合能力降低，皮肤水分丧失量增加，同时细胞皱缩，组织萎缩，出现组织学结构和形态学改变而皮肤逐渐出现细小皱纹。随着皱纹的进一步增多和加深，皮肤表面积也不断增大，加上表皮进一步变薄，水分丧失更加严重，皮肤衰老加重。通过对皮肤水分的测定，不仅可以直接了解皮肤表皮角质层含水分的情况，也可以间接反映皮肤衰老的程度。

5）皮肤酸碱度测试

皮肤酸碱度是由皮肤角质层中水溶性物质、排出的汗液、皮肤表面的水脂乳化物及皮肤呼吸作用所排出的二氧化碳等共同作用的结果。一般生理状态下，皮肤表面通常呈弱酸性，pH 范围在 4.5～6.5，这种微酸性的环境，对于维护皮肤正常的生理功能，防止微生物特别是病原微生物的侵袭具有较为重要的屏障防护作用，同时对外界环境中的酸或碱对皮肤的侵蚀也有一定的缓冲作用。随着年龄的增长，维持皮肤弱酸性的皮肤酸性物质生成减少，皮肤 pH 呈上升趋势，逐渐丧失对外界酸碱变化的缓冲作用和皮肤防护作用。因此对皮肤酸碱度的测定，可以观测抗衰老活性物质延缓皮肤衰老的作用效果。

6）皮肤油脂测试

皮蜡腺分泌的皮脂主要含有角鲨烯（12%）、蜡酯（25%）和甘油三酯（57%）及少量来自表皮的胆固醇酯，能够与汗腺分泌的汗液在皮肤表面形成一层乳状膜或水脂乳化物，对保持皮肤角质层的柔润、防止角质层正常水分的挥发、保持细胞组织的正常结构和形态特征有重要的生理作用。随着皮肤衰老，皮脂分泌下降，水脂乳化物形成减少，导致皮肤干燥、粗糙、无光泽等症状出现。因此，通过对皮肤表面皮脂的测定可初步判断皮肤衰老的状况。

5. 常见果蔬的抗衰老活性物质

基于自由基衰老生物学理论，几乎所有具有抗氧化作用的活性物质都具有抗衰老作用，对于抗氧化的生理活性物质，见 2.1 小节的详细介绍。

1）维生素类

研究证实，维生素 E 能促进皮肤新陈代谢、防止色素沉淀、改善皮肤弹性，对皮肤免受自由基损害有决定性作用。这主要源于维生素 E 的生物学功能主要是抗氧化作用，保护不饱和脂肪酸尤其是亚油酸免受自动氧化，而脂褐素是细胞中脂类的多不饱和脂肪酸在自由基的作用下生成的脂质过氧化物。

维生素 C 在人体细胞中进行的实验表明，它可以使端粒缩短的速度降低 27%，并增强端粒酶的活性，可使细胞的寿命延长 50%；维生素 C 与维生素 E 有协同清除自由基的作用。此外，维生素 C 可抑制皮肤内酪氨酸酶的活性，有效减少黑色素的形成，从而使皮肤白嫩，黑斑消退。

β-胡萝卜素的分子结构中含有较多的双键，容易被氧化；研究证明，服用胡萝卜素的动物体内 SOD 活性高，细胞中脂褐素含量低。

2）黄酮类化合物

黄酮类化合物是由 C_6—C_3—C_6 构成的 2-苯基色源烷衍生物基本骨架的酚类化合物，具有抗菌消炎、清除自由基、吸收紫外线、促进皮肤细胞生长等多种抗衰老生理功能。研究表明，蓝莓中黄酮能改善 D-半乳糖致衰老小鼠的学习记忆能力，从而起到延缓衰老的作用，其作用机制可能与机体抗氧化酶活性增加及清除自由基能力升高有关（邵盈盈，2013）。

3）白藜芦醇

免疫功能下降是衰老最突出的特征，研究表明葡萄中富含的白藜芦醇可使小鼠血清 SOD 活性升高，血清 MDA 含量下降，同时降低 CD8+细胞与 CD4+细胞比值及细胞因子 IL-6、IL-8 的含量，提高了机体免疫功能，同时延缓了组织损伤过程（姚煜等，2006）。

4）胡萝卜多糖

据报道，胡萝卜多糖能显著提高小鼠血清、肝、脑中 SOD、CAT 的含量，降低小鼠血清、肝、脑中 MDA 的含量，提高小鼠血清、肝、脑 T-AOC（总抗氧化能力），说明胡萝卜多糖有一定的抗衰老作用（阚国仕等，2010）。

5）常见果蔬

软枣猕猴桃果汁对小鼠全脑中 B 型单胺氧化酶（MAO-B）有抑制作用，其对雌、雄小鼠的抑制率分别为 76.25%、75.17%，这表明软枣猕猴桃果汁可通过调节脑神经单胺水平，从而起到抗老防衰的作用（祝德秋和刘中申，1996）。

研究表明，番茄汁组干预的大鼠大脑中 MDA 含量显著降低，SOD 活性明显增高，海马神经元形态结构衰老征象明显减轻，表明番茄汁可延缓海马神经元的衰老进程，具有一定的抗衰老作用（范晓岚等，2004）。

2.8.2　祛痤疮

痤疮，俗称青春痘、粉刺、暗疮，中医称面疮、酒刺，是一种发生于毛囊皮脂腺的慢性皮肤病，多发于头面部、颈部、前胸后背等皮脂腺丰富的部位。据统计，在青春期约有 85%的人患过不同程度的痤疮（李伟宁和张晓杰，2007）。它不仅是一种躯体疾病，也是一种不容忽视的心身疾病，在社交、心理、情绪等方面对患者都有影响。

1. 痤疮的临床表现

痤疮的基本损害为毛囊性丘疹，周围色红，挤压有米粒样白色脂栓排出，中央有一黑点的，称黑头粉刺；无黑点、成灰白色的小丘疹，称白头粉刺。发生炎症后，粉刺发红，顶部发生小脓疱，脓包破溃痊愈后，可遗留暂时色素沉着或有轻度凹陷的疤痕，有的形成结节、脓肿、囊肿及疤痕等多种形态的伤害，甚至破溃后形成多个窦道和疤痕，严重者呈橘皮脸（李永久，2006）。大多患者是油性皮肤，青春期后大多数病人均能自然痊愈或症状减轻。

根据皮损形态、数目多少、发生部位，痤疮可分 4 级：Ⅰ级（轻度），少数或多数黑头粉刺和散在性炎性皮损为主要的损害，可有少量的丘疹和脓疱，总病灶少于 30 个；Ⅱ级（中等度），有粉刺，并有中等数量的丘疹和脓疱，总病灶数在 31～50 个，皮损局限于面部；Ⅲ级（重度），有大量的丘疹和脓包，总病灶数在 51～100 个，偶尔有大的炎性损坏，结节小于 3 个，皮损发生于颜面、颈部、胸背部；Ⅳ级（重度-集簇性），主要为结节、囊肿或聚合性痤疮，总病灶数在 100 个以上，病损数在 100 个以上，结节或囊肿在 3 个以上，皮损可发生于上半身（Cook et al., 1979）。

2. 痤疮的形成机理及影响因素

1）痤疮的形成机理

现代医学研究表明，痤疮是以雄性激素增多—皮脂增多—排脂受阻—细菌感染为轴心的发病机制，包含以下 5 个方面。

（1）雄性激素对皮脂分泌的异常调节。

虽然不论男女都有雄性激素和雌性激素，但在青春期前，男孩女孩两种性激素的比率区别不大；进入青春期后第二性征发育，男孩雄性激素增加，分泌雄性激素的器官为睾丸及肾上腺；在女性的卵巢、胎盘及肾上腺也分泌雄性激素，如果与雌性激素比例失调也构成痤疮始发因素，如女性在月经前，雌性激素水平下降，雄性激素水平相对提高，这时有痤疮的患者往往伴随其症状加剧，月经后随着雄性激素水平回升，其症状又会有减轻的趋势。

皮脂腺细胞和毛囊角化细胞的代谢需要雄性激素的刺激，首先，体内激素分泌异常，雌二醇减少或者睾酮增多，导致皮肤中睾酮/雌二醇值升高，睾酮值相对升高，同时，毛囊和皮脂腺细胞中存在一些特异性还原酶，特别是 5α-还原酶和 3β-、17β-羟甾类脱氢酶，这些酶可使雄激素中睾酮转化为双氢睾酮，双氢睾酮再与皮脂腺细胞内的受体结合，刺激皮脂腺细胞的增生和分泌；另外，通过促进皮肤细胞内核蛋白的合成及可供合成脂类所需能量的糖酵解通路，刺激皮脂腺的细胞周期的加快及脂类合成（Diane，2004）。

（2）角质化异常。

由于激素分泌异常，导致皮脂分泌异常，角质细胞过度增生，基底层的角质形成细胞和毛囊角质细胞异常分化，这些异常能导致皮脂中的亚油酸降低，而亚油酸是毛囊上皮细胞生长的必需脂肪酸，亚油酸缺乏可使角质形成细胞变致密，引起皮脂腺导管上皮细胞层不断增厚、管径变小、通畅度减弱，最终导致毛囊皮脂腺导管急性闭塞，毛囊隆起而形成粉刺（Michael，2003）。

（3）微生物感染。

毛囊皮脂腺单位中有多种微生物存在，有痤疮丙酸杆菌（*Propionibacterium acnes*）、颗粒丙酸杆菌及球菌属（表皮葡萄球菌）等（童明庆，1996）。当发生痤疮时，角质细胞产一种神经肽类物质，它可以刺激皮脂腺分泌，使 *P. acnes* 增殖（Annie et al.，2003）。*P. acnes* 产生的脂酶、蛋白酶、透明脂酸酶等胞外酶，可引起炎症（姜春明和葛蒙梁，2003）。

（4）炎症反应。

角质形成细胞释放炎症因子，促进肥大细胞脱颗粒，激活中性粒细胞和巨噬细胞，其也可以引发炎症反应（Mark and Eileen，2004）。另外，在没有细菌和炎症因子存在的情况下导管阻闭，皮脂也能单独诱导痤疮的炎症（李钟灵，2005）。在闭塞的毛囊皮脂腺内部，由于炎症的发生，大量皮脂和脓细胞破坏毛囊皮脂腺结构，形成结节、囊肿和粉瘤，最后破坏皮肤甚至形成疤痕（Giuseppe et al.，2001）。

（5）免疫反应。

人体在发生痤疮时的免疫反应分为体液免疫和细胞免疫两种。体液免疫时，血清中抗体 IgG 水平增高，其与痤疮严重程度呈正相关；细胞免疫时，由于 *P. acnes* 的增值，其通过经典及替代途径激活补体，导致毛囊皮脂腺炎症，增强痤疮的炎症反应（Hirohiko et al.，1993）。

　　2）影响痤疮形成的因素

　　影响痤疮形成的因素主要包括：①遗传因素。父母在年轻时发生痤疮，子女在同年龄段发生痤疮的概率很大。这可能是遗传皮肤机能状态，如皮脂腺分泌情况，或者是遗传面部对痤疮的反应状态。但是，这只是一种遗传因素，不是遗传病，通过积极预防和恰当治疗完全可以彻底治愈，并且愈后无任何后遗症。②微量元素摄入。锌含量低会影响机体对维生素 A 的利用，促使毛囊皮脂腺的角化；铜含量低会影响机体对细菌感染的抵抗力；锰含量高会影响体内脂肪代谢、性激素分泌。③饮食习惯或胃肠功能紊乱。一些饮食习惯如喜食动物脂肪、糖类食物，会使皮脂分泌旺盛，堵塞毛囊孔；消化不良、长期便秘、腹泻等胃肠功能紊乱也是产生痤疮的诱因，例如，偏嗜辛辣、油腻、刺激性食物可引起大便干燥，损害胃肠功能，导致痤疮发生。④精神因素。心理状态不平和，精神紧张、焦虑、抑郁、烦躁，精神创伤易诱发痤疮发生。⑤空气污染。污染的空气中重金属离子增多，堵塞毛孔，损伤皮肤。⑥化妆品使用不当造成毛囊口的堵塞。如使用的乳液、粉底不合适，或上妆太厚，常会因堵塞毛孔而使双颊出现痤疮。

　　3. 祛痤疮活性物质的评价方法

　　1）体外抑菌效果

　　由于致病微生物的大量繁殖是痤疮发生的关键因素，因此使细菌减少会对痤疮有所改善，该方法适用于外用祛痤疮活性物质的初步筛选。通常以 *E. coli*、*P. aeruginosa*、*C. albican*、*S. aureus*、*S. epidermidis* 和 *P. acnes* 为指示菌，通过考察受试样品对指示菌的抑菌率来评价祛痤疮效果，功效评价分三级：①显效，对 6 种指示菌的抑制率均达 90%以上；②有效，对前 3 种指示菌的抑制率达 90%，同时对后 3 种指示菌的抑制率在 50%～90%；③无效，对后 3 种指示菌的抑制率低于 50%。

　　2）动物模型

　　目前最接近临床的动物模型是墨西哥犬自发性痤疮，由于该模型成本昂贵，不利应用于初步研究工作。最具操作性的是兔耳微痤腐化堕落模型，其基本原理是通过皮脂腺阻塞，细菌在皮脂腺大量繁殖是形成痤疮的病理条件。具体选取成年雄性家兔，在其皮脂腺分泌旺盛的情况下，在其左耳外耳道上均匀涂布 50%油酸 0.2 mL/d，连续 28 d；于造型后第 12 d，皮内注射 *S. epidermidis*。造型第 2～5 d，兔的外耳道开始出现散在的微痤疮，后逐渐融合成片；造型后 14～15 d 达到高峰。该模型主要用于角质溶解药物的筛选（杨柳和杨文志，2009）。

　　3）人体疗效判定

　　目前祛痤疮活性物质疗效判定标准普遍都是按照《卫生部皮肤病药物临床研究指导原则》进行分级判定。受试人数：30 人以上。功效评价分为痊愈、显效、有效和无效。痊愈：皮损消退；显效：皮损消退＞60%；有效：皮损消退＞20%～60%；无效：皮损消退＜20%或加重。

4. 果蔬祛痤疮活性物质

1）水杨酸

水杨酸的祛痤疮作用主要基于它可以去角质和消炎，消除毛囊堵塞，其效果好于过氧化苯甲酰（Shalita，1989；Kaminsky，2003）。富含水杨酸的果蔬主要有香菜、辣椒、芹菜、欧芹、芥末（Kanlayavattanakul and Lourith，2011）。

2）亚油酸和月桂酸

据报道，亚油酸和月桂酸除具有消炎作用外，还能有效抑制痤疮致病菌 *Propionibacterium acnes*（Dweck，1997）。鳄梨、树莓、黑加仑籽、蔓越莓籽、葡萄籽、榛子、南瓜籽、油菜籽、甜杏仁、核桃等果蔬均富含这些不饱和脂肪酸（Kanlayavattanakul and Lourith，2011）。

3）山竹子

据报道，山竹子果皮醇提物对痤疮致病菌 *P. acnes* 和 *S. aureus* 具有较强的抑制效果，其有效成分为 α-山竹黄酮（α-mangostin）（Pothitirat et al.，2010）。

4）柑橘精油

研究表明，柑橘精油中的主要成分柠檬烯（Limonene）和 γ-松油烯（γ-terpinene）均可有效抑制 *P. acnes* 和 *S. epidermidis*（Kim et al.，2008）。

2.9　有助于防治恶性肿瘤

近年来，恶性肿瘤已成为威胁人类健康的常见病和多发病。据 WHO 统计，恶性肿瘤是目前人类致死性最高的疾病，预防和治疗肿瘤一直是医学领域关注的热点。近年来，大量的流行病学调查和前瞻性研究分析表明果蔬的摄入量和多种恶性肿瘤的发生率成负相关，饮食中增加水果和蔬菜的食用量可明显降低乳腺癌、肺癌、胃癌及卵巢癌的发生风险（Gandini et al.，2000；Martine et al.，2012；Wang et al.，2014；Wang et al.，2015；Tang et al.，2014）。因此，果蔬中具有抗肿瘤功能的有效成分引起了人们的普遍关注。

2.9.1　概述

1. 肿瘤的定义及特点

肿瘤（tumor）是指机体在各种致癌因素作用下，局部组织的细胞异常增生所致，常常表现为局部的肿块。根据肿瘤的性质，一般将其分为良性肿瘤和恶性肿瘤，良性肿瘤生长缓慢，可以多年不变，肿瘤周围都有完整的包膜，呈膨胀性生长，不向周围组织扩散，完全切除后，一般不会复发，更不会发生转移，所以除了生长在身体特别重要的部位（如脑、脊髓等）外，对人体危害较小。癌症（cancer）则专指恶性肿瘤（malignant tumor），是以细胞分化异常、增殖异常、生长失去控制为特征的一类疾病，癌细胞直接侵袭周围组织或经淋巴和血循环形成远处转移。癌细胞在细胞生物学上表现出具有脱分化、无限增殖、失去正常细胞间的接触抑制现象，对生长因子的需求降低、细胞骨架性质和细胞表面特性及黏附性异常。

引起恶性肿瘤发生或细胞癌变的因素主要为外部环境因素和内部遗传因素。外部因素主要指引起细胞癌变的致癌因子，可分为物理致癌因子、化学致癌因子和生物致癌因子。物理致癌因子包括紫外线、电离辐射等。化学致癌因子中无机物有联苯胺、砷化物、烯环烃、铬化物、锅化物等，有机物有亚硝胺、黄曲霉素等。生物致癌因子是指病毒感染，如 EB 病毒、乙肝病毒和疱疹病毒等在癌细胞形成过程中起直接致癌作用或起促癌作用。引起癌症的内部因素是指与癌变有关的遗传或基因因素，包括癌基因、抑癌基因和原癌基因。癌基因是指在致癌病毒中找到与致癌直接相关的基因。原癌基因是正常细胞生长发育时必不可少的，但在细胞癌变时发生突变、扩增或重排，导致表达的蛋白质功能或数量异常，引起细胞癌变。抑癌基因是对细胞癌变或癌变细胞的增殖具有抑制作用的基因。应该说恶性肿瘤的发生、发展是内外因素共同作用的结果。近年来的研究表明，视网膜母细胞瘤、结肠息肉综合征、肾母细胞瘤和神经纤维瘤具有明显的家族遗传倾向。乳腺癌（特别是双侧性病变）约 30%有遗传倾向。此外，霍奇金病、急性淋巴细胞白血病、皮肤癌、鼻咽癌、肺癌、胃癌等与遗传因素也有一定的关系（张伟杰，2008）。

生活方式与肿瘤患病风险的关系越来越引起人们的重视，研究表明约 80%的癌症与不良生活习惯有关。如约 1/3 癌症与吸烟有关，主要包括肺癌、食管癌、头颈部癌和膀胱癌。乳腺癌和结肠癌可能与高脂饮食有关。肝癌、食管癌和胃癌在水源受到污染、食物霉变的地区发病率显著升高。

2. 恶性肿瘤的流行病学及危害

WHO 发布的《世界癌症报告》指出全球癌症发病形势严峻，发病率与死亡率呈持续上升趋势，尤其是发展中国家；预测到 2030 年，全球癌症患者将增加 50%。我国的癌症发病率几乎占了全球的一半，高居榜首。此外，我国有独特的发病谱，约 35%的胃癌、43.7%的肝癌发生在中国；我国食管癌的发病率与东欧国家比，男性高出 30~40 倍，女性也高出 20 倍（World Health Organization Databank，2010）。

3. 恶性肿瘤的诊断及防治

恶性肿瘤的早期诊断非常重要，对于多数的肿瘤治疗往往具有决定性意义。

如宫颈癌是妇女最常见的恶性肿瘤之一，曾居我国女性恶性肿瘤发病率的首位。自从 20 世纪 50 年代后期开展妇科检查，并增加对宫颈癌前期病变的诊治和随访，宫颈癌的发病率已明显下降，死亡率亦大幅度下降。肿瘤的诊断包括病理学、影像学和生化学三方面的检测。肿瘤的病理学诊断可分为病理组织学诊断和细胞学诊断两部分。通过各种方式获得患者的组织或细胞的样本进行病理诊断，目前仍是肿瘤诊断的最可靠方式。肿瘤影像学诊断包括 X 射线、CT、磁共振、PET、超声、核医学等各种技术。生化学检测通常指对一些肿瘤标志物或生化指标的异常改变做出诊断。应该说各种诊断方式在肿瘤的综合判断过程中各有优势，互相补充（曾益新，2014）。

恶性肿瘤种类众多，性质类型各异，侵犯的组织和器官不同，病期不同，因此针对恶性肿瘤的治疗也各不相同，大部分患者需要根据不同的具体情况进行综合治疗。目前对于恶性肿瘤的治疗主要包括外科手术、放射性治疗和化学药物治疗等方式。对于单纯局部治疗，未发生转移扩散的肿瘤患者，外科手术是比较理想的选择，如早期口唇癌、甲状腺癌、唾液腺癌、乳腺癌、宫颈癌等。20 世纪初发展起来的放射性治疗是恶性肿瘤的主要治疗方法之一，也是恶性肿瘤综合治疗的重要组成部分。通过现代放射设备的应用，可最大限度地将放射剂量集中到病变部位，杀灭肿瘤细胞，同时减少正常组织和器官受到辐射损伤，但放射性治疗过程仍伴有常见的全身反应，如乏力、厌食、恶心呕吐、头痛和骨髓抑制等不良反应。应用化学药物治疗恶性肿瘤与外科手术和放疗相比虽然历史较短，但它的发展迅速，疗效不断提高，已成为恶性肿瘤综合治疗中不可缺少的重要方式，是最有发展前途的治疗手段。目前临床上应用的主要以细胞毒类药物为主。肿瘤化疗过程主要存在两个矛盾：一是抗恶性肿瘤药选择性很低，不良反应广泛而严重，如出现严重恶心、呕吐、骨髓抑制等反应，并可能诱发新的肿瘤。二是肿瘤细胞对化疗敏感性较低或易产生耐药性，降低化疗效果，易导致肿瘤复发（颜光美，2009）。

与化疗药物相比，膳食结构与营养在对肿瘤的防治中可能发挥重要作用，并逐渐引起人们的重视。据统计，人类约有 35%的肿瘤是与膳食因素密切相关的。只要合理调节营养与膳食结构，可有效地控制肿瘤的发生。改变膳食可以预防 50%的乳腺癌、75%的胃癌和 75%的结肠癌。

2.9.2　抗肿瘤活性评价方法

目前抗肿瘤的评价方法主要是从分子、细胞、整体动物不同水平，评价受试物抗肿瘤的活性及机制（Rashid et al.，2011）。

1. 分子水平研究

分子水平的研究主要是针对肿瘤细胞增殖、分化及转移等过程的关键性靶标分子的作用，如对血管内皮生长因子（VEGF）、细胞色素 P450 酶等的作用研究。

2. 细胞水平研究

细胞水平是采用肿瘤细胞株进行体外抗肿瘤活性筛选评价的方法，评价受试物对肿瘤细胞生长及特性的影响，是目前最广泛应用的抗肿瘤体外活性筛选评价方法。采用美国国立肿瘤研究所（NIC）建立的肿瘤药物评价体系，受试物经过对 9 大类 60 种人类肿瘤细胞株（白血病细胞 6 株，肺癌细胞 9 株，结肠癌细胞 7 株，乳腺癌细胞 8 株，卵巢癌细胞 6 株，肾癌细胞 8 株，前列腺癌细胞 2 株，中枢神经系统肿瘤 6 株，黑色素瘤细胞 8 株）进行体外筛选，利用 MTT 法或 ATP 生物发光法等细胞检测技术观察肿瘤细胞的增殖情况，并可计算半数抑制浓度（IC_{50}）。获得初步评价结果，再进行动物水平的筛选和评价。

3. 动物水平研究

肿瘤动物模型主要包括自发性肿瘤动物模型、诱发性肿瘤动物模型和移植性肿瘤动物模型。

（1）自发性肿瘤动物模型。是未经人为处理，自然发生的，如自发性乳腺癌模型，C3H 小鼠：繁殖用雌鼠自发性乳腺癌发生率为 85%～100%；A 系小鼠：经产雌鼠乳腺肿瘤发生率为 30%～80%。

（2）诱发性肿瘤动物模型。是利用外源性致癌物引起细胞遗传特性改变，从而出现异常生长和高增殖活性细胞，形成肿瘤。外源性致癌物主要有化学性、物理性（如放射性物质）及生物性（如诱发动物肿瘤的病毒），其中以化学性致癌物最为常用。

（3）移植性肿瘤动物模型。是指将动物或人体肿瘤移植到同种或异种动物体内连续传代而形成的肿瘤。该实验法是抗肿瘤药物筛选最常用的体内方法，具有重要作用。目前临床上常用的抗肿瘤药大多是经该实验法而被发现的。

此外，增强机体免疫功能或可以改善抗肿瘤化疗引起的免疫抑制状态，也是抗肿瘤活性评价需要考虑的方面（Lizée et al.，2007）。

2.9.3　果蔬功能因子

1. 多酚类

1）类黄酮

流行病学调查、动物实验及体外实验研究结果表明：类黄酮具有广泛的抑癌和防癌作用，尤其是对与人体雌激素分泌有关的癌，如乳腺癌、卵巢癌、前列腺癌等具有较好作用，是膳食中最有效的抗癌物质之一。生物类黄酮的抗癌途径有：

①抑制癌细胞生长。生物类黄酮能对肿瘤细胞的增殖、生长发育或诱导其凋亡有直接抑制作用；同时也可以通过抑制某些酶的活性来抑制癌细胞的生长。②抵抗致癌因子。人体可通过外部环境接触致癌物质，是诱发恶性肿瘤的重要外部因素。类黄酮可能通过阻止化学致癌物活化成有致癌活性的中间物等途径，保护细胞免受致癌因子的损害，减轻甚至消除一些化学致癌物的致癌毒性。③清除自由基作用。人体内会不断地产生自由基，当体内自由基积累过多时，会引发多种疾病如癌症、心血管疾病、衰老等（张佘等，2003）。

2）白藜芦醇

大量体内、体外抗癌试验结果表明，白藜芦醇对多种癌症疾病如肝癌、乳腺癌、皮肤癌、结肠癌等均具有潜在的抗癌活性。白藜芦醇抗癌的途径主要有：①抑制细胞色素 P450 酶。许多环境致癌物能够诱导细胞色素 P450 酶的表达，并使其活化成为致癌终产物。白藜芦醇可以抑制细胞色素 P450 酶的活化，从而发挥抗癌的作用。②抑制环氧酶-2。环氧酶-2 水平的异常升高可导致机体癌变，其过表达是诱发癌变的重要因素之一。白藜芦醇具有选择性抑制环氧酶-2 的活性，从而阻止细胞癌变。③干扰细胞周期。白藜芦醇能通过抑制细胞周期调节因子的表达而阻滞癌细胞周期的进行，从而抑制癌细胞增殖。④抗血管新生。肿瘤间质中的血管能够给肿瘤细胞转运营养，当机体处于癌变状态时，体内血管生成和抑制因子的平衡被打破，血管生成水平异常升高，白藜芦醇能够有效干扰肿瘤部位的血管合成。此外，大量的试验结果证实白藜芦醇还对多种肿瘤细胞具有促凋亡作用（杜海方和李宁，2006）。

3）鞣花酸

据报道，鞣花酸具有抗突变、抗癌变功效，特别对结肠癌、食管癌、肝癌、舌及皮肤癌等有很好的抑制作用。研究表明，鞣花酸可通过抑制致癌物的代谢活化，或与致癌物结合形成无毒物质将其清除，阻止致癌物质的促癌变作用（陆晶晶等，2010）。此外，鞣花酸还具有抑制肿瘤细胞增殖、诱导肿瘤细胞凋亡、抑制血管新生等作用（郭增军等，2010）。

4）大豆异黄酮

大豆异黄酮是大豆中的一类多酚化合物，95%以上的大豆异黄酮以糖苷的形式存在，它主要包括以糖苷结合形式存在的染料木苷（genistin）和黄豆苷（daidzin）。1996 年美国国家癌症研究中心将染料木素列入肿瘤化学预防药物临床发展计划之中，其主要是对乳腺癌和前列腺癌有预防作用（张乐，2007）。大豆经加工、微生物发酵或体外酸水解作用，染料木苷和黄豆苷释放出游离形式的三羟异黄酮（染料木黄酮，genistein）和二羟异黄酮（黄豆苷原，daidzein），机体肠道可有效吸收这两种形式的异黄酮。体外肿瘤细胞系及转化细胞系培养研究结果显示，三羟异黄酮具有显著抗肿瘤作用，能抑制乳腺癌、胃癌、肝癌、白血病及其他一些癌细胞系的生长、增殖（朱俊东和杨家驹，1998）。

据报道，用含大豆的饲料喂养动物，可降低肿瘤的发生率，延长潜伏期，减少肿瘤的发生数目（杨茂区等，2006）。大豆异黄酮抗癌的主要作用机制包括：①类似女性雌激素作用以及抗激素作用，染料木素对雌激素依赖性的癌症如乳腺癌的发生有抑制作用；②抑制与癌相关的酶活性的作用，特别是酪氨酸蛋白激酶；③在癌细胞增殖的促进阶段，具有抑制血管增生作用，从而延缓或阻止肿瘤变成癌细胞；④调节细胞周期以及诱导细胞凋亡；⑤染料木黄酮具有一些与 DNA 切断有关的酶活性的作用等（吴素萍和葛志军，2007）。

5）原花青素

原花青素是植物中广泛存在的一大类聚多酚类化合物，是黄烷-3-醇衍生物的总称。它由不同数量的儿茶素、表儿茶素及没食子酸酯通过 C_4-C_6 或 C_4-C_8 缩合而成。葡萄籽中原花青素的含量和种类都是最高的（王华等，2012）。

从红群等（2004）认为，原花青素对 N-亚硝基化合物诱变性具有抑制作用，N-亚硝基化合物可诱导大鼠肝细胞 P53 基因突变及染色体损伤，灌胃给予原花青素可明显抑制 P53 基因突变，预防 N-亚硝基化合物的诱变性作用。陆茵等（2001）研究发现，原花青素能显著抑制促癌剂巴豆油刺激大鼠多形核白细胞（PMNs）释放 H_2O_2，并能抑制小鼠肝线粒体脂质过氧化，提高肝线粒体 SOD 活力，减少 MDA 生成，从而抑制巴豆油的促癌变作用，原花青素的抗氧化作用可能是其抗肿瘤作用的一个重要机制（王忠合等，2006）。大量研究证实，原花青素可以不同程度地抑制乳腺癌、前列腺癌、皮肤癌等多种肿瘤细胞。同时，原花青素对正常组织和细胞无细胞毒作用，可促进正常细胞的生长和存活能力。（赵艳和吴坤，2006）。

2. 维生素

1）维生素 A

临床数据显示血清中维生素 A 含量与胃癌的发生危险性成明显的负相关。体内和体外研究显示维生素 A 对多种促癌剂如黄曲霉素、2-芴胺等的致突变作用有抑制作用。此外，维生素 A 还可通过增强机体的免疫功能，刺激杀伤性 T 细胞，增强巨噬细胞和 T 细胞对肿瘤细胞的清除作用，发挥抗肿瘤作用（支惠英和赵泽贞，1997）。

美国国家癌症学院等研究机构从 1974 年开始进行了多次调查，报告显示果蔬中富含的 β-胡萝卜素，对肺癌预防作用最强。近年来，美国、英国、澳大利亚等国的科学家分别在动物实验中证实，天然的 β-胡萝卜素能抑制小白鼠癌细胞的生长，缩小实体瘤体积。类胡萝卜素作为与饮食相关的生物活性化合物可以保护机体抵抗环境中大量恶性致病和致癌因子，对预防心血管疾病、癌症、免疫系统疾病及黄斑变性具有较好的效果。类胡萝卜素促进机体健康的作用机制包括：清除活性氧基团、调节致癌物质代谢、抑制细胞增殖、增强细胞之间的信息通讯、加强免疫防御和监控功能等。

2）维生素 E

流行病学调查显示肿瘤患者的血清维生素 E 水平明显低于健康人群，肿瘤高危人群维生素 E 水平也低于正常人群血清的维生素 E 水平（支惠英和赵泽贞，1997）。芬兰国家癌症研究院及赫尔辛基国家公众健康服务中心的研究人员对29 000 名吸烟者研究后，发现血清中维生素 E 含量与肺癌患病率成负相关，维生素 E 含量高者与较低者相比，患肺癌的概率下降了近 20%。维生素 E 琥珀酸酯是维生素 E 的一种酯类衍生物，有研究表明这种衍生物在细胞水平上能选择性地抑制肿瘤细胞增殖并诱导肿瘤细胞凋亡。

3）叶酸

调查研究表明，女性叶酸、维生素 E 摄入量过少会增加宫颈癌、宫颈发育异常的发生率（温程和许榕仙，2009）。此外，关于饮食营养素摄入与食管癌及胃癌发病风险的研究也发现，叶酸摄入量与人群患食管腺癌、食管鳞癌、贲门癌及胃癌的相对危险度具有高度相关性（缪小平和林东昕，2003）。叶酸缺乏引起肿瘤危险性增加，可能与叶酸在 DNA 合成、修复和正常甲基化中发挥重要作用有关。体外研究表明，叶酸可诱导多种肿瘤细胞凋亡，影响细胞周期。肿瘤细胞癌基因的低甲基化现象会促使肿瘤抑制基因变异，而叶酸的供甲基作用参与维持DNA 甲基化状态，抑制肿瘤细胞癌基因的表达，从而阻断恶性肿瘤病变的进一步发展（杨玉柱等，2006）。近年来，有研究表明叶酸受体（folate receptor，FR）介导的抗肿瘤药物可以靶向性地作用于肿瘤细胞，减少传统抗癌药物对正常细胞的毒副作用。FR 是一种跨膜单链糖蛋白，因其能在大部分肿瘤细胞中过度表达，而在正常器官中很少表达，因此由 FR 介导的抗肿瘤药物在抗肿瘤作用方面具有较高的选择性（赵杰等，2009）。

4）维生素 C

维生素 C 具有较强的还原性，可阻断人体内的亚硝基化反应，抑制亚硝胺的形成，有利于预防胃癌、肠癌等消化道癌症（曾翔云，2005）。动物实验表明，维生素 C 能阻止二甲基亚硝胺的形成，甚至能减轻 X 射线照射的影响。

5）其他

除以上物质具有显著抗癌特性之外，还有如十字花科蔬菜西兰花中的异硫氰酸酯衍生物萝卜硫素也具有很强的抗癌活性；无花果中苯甲醛类、香豆素化合物均已被证明有抗癌活性；山楂中的山楂果酸中富含许多有机酸，如柠檬酸、苹果酸、酒石酸等。其中的熊果酸属三萜类化合物，研究发现熊果酸对多种恶性肿瘤细胞亦有强烈的细胞毒作用，并具有诱导癌细胞分化的能力（孟庆杰等，2006）。

参 考 文 献

安丽凤, 刘树民, 董杨.2010. MPP+诱导 PC12 细胞氧化应激损伤的实验研究. 辽宁中医杂志, 11 (37): 2243-2245

白银花, 刘婧, 李晓, 等. 2014. 不同配方芦荟银杏复合制剂对乙醇氧化损伤模型小鼠的抗氧化作用比较. 食品研究与开发, 35 (13): 126-129

鲍晓梅, 耿丽华, 吴献礼.1999. 银耳免疫增强与抗肿瘤作用概述. 安徽中医学院学报, 1 (8): 59-60

蔡东联, 沈卫, 曲丹, 等.2008. 银耳多糖对 D-半乳糖致衰老模型小鼠抗氧化能力的影响. 氨基酸和生物资源, 30 (4): 52-54

蔡琨, 苏东海, 陈静.2012. 大豆低聚糖的生理功能研究进展. 中国食物与营养, 18 (12): 56-61

曹少谦, 徐晓云, 潘思轶.2005. 沙棘籽原花青素对小鼠免疫功能调节作用的影响. 食品科学, 26 (6): 229-232

曹仕健, 汪远金, 刘长安, 等.2012. 大豆异黄酮改善阿尔茨海默病大鼠学习记忆能力的机制. 安徽中医学院学报, 31 (3): 55-58

曹向宇, 刘剑利, 侯萧, 等.2009. 麦麸多肽的分离纯化及体外抗氧化功能研究. 食品科学, 30 (5): 257-259

常慧萍, 陶令霞, 夏铁骑.2008. 南瓜多糖对四氧嘧啶型糖尿病小鼠血糖和血脂的影响. 食品科技, 33 (6): 246-249

常向云.2004. 糖尿病流行现状及防治对策. 全科医学临床与教育, 2 (1): 49-50

陈祥友, 王永强, 裘家奎.1983. 人发中微量元素钴与心血管疾病. 南京大学学报, (4): 661-670

陈秀芳, 吴冰冰, 胡云双, 等.2013. 花色素苷功能饮料对正常及环磷酰胺处理大鼠免疫功能的调节作用. 温州医学院学报, 43 (9): 587-590

陈永乐, 周光前, 邓宇斌, 等. 2008. C2C12 成肌细胞体外诱导分化为肌管的实验. 中山大学学报 (医学科学版), 29 (1): 10-15

陈瑗, 周玫. 2008. 氧化应激-炎症在动脉粥样硬化发生发展中作用研究的新进展. 中国动脉硬化杂志, 16 (10): 757-762

程霜, 郭长江, 杨继军, 等.2005. 石榴皮多酚提取物降血脂效果的实验研究. 解放军预防医学杂志, 23 (3): 160-163

程素娇, 张英, 王立, 等.2012. 天然资源功能因子降血糖研究进展. 食品工业科技, 33 (12): 387-391

池莉平, 朱展鹰, 黄俊明, 等.2006. 大豆卵磷脂改善记忆作用动物实验研究. 中国热带医学, 6 (11): 1945-1946

褚武菁, 张俊, 陆胜民.2014. 胡柚果肉不同极性提取物对 3T3-L1 脂肪细胞葡萄糖摄取率、白细胞介素-6 及游离脂肪酸的影响. 中医药学报, 42 (3): 14-18

丛红群, 成汉义, 钟进义.2004. 葡多酚对 N-亚硝基化合物诱变性的抑制作用. 癌变·畸变·突变, 16 (1): 30-33

崔旭海.2009. 维生素 E 的最新研究进展及应用前景. 食品工程, (1): 8-10, 14

邓长江, 朱希强, 郭学平.2006. 海带多糖药理作用的研究进展. 食品与药品, 8 (4): 30-32

刁红霞, 宋淑亮, 梁浩, 等.2009. 刺参多糖对谷氨酸致 PC12 细胞损伤的保护作用. 中药材, 3 (32): 398-400

董银卯, 王友升, 任清, 等 2007. 化妆品配方设计与生产工艺. 北京: 中国纺织出版社

杜海方, 李宁.2006. 白藜芦醇抗癌机制的研究进展. 国外医学卫生学分册, 33 (2): 84-90

杜红霞, 李洪军, 李晓勇.2006. 辅助降糖保健食品的研究现状. 中国食物与营养, (9): 18-21

段晓秋, 王浩.2012. 癫痫过程中脑组织自由基的变化与细胞损伤关系的研究. 现代中西医结合杂志, 21 (18): 1961-1962

范晓岚, 糜漫天, 崔力, 等.2004. 番茄汁对 D-半乳糖衰老模型大鼠海马神经元的抗衰老作用. 中国临床康复, 13: 2466-2467

方飞, 吴新荣, 罗明俐, 等.2012. HepG2 细胞胰岛素抵抗模型的建立及在筛选桑叶有效部位中的应用. 医药导报, 31 (6): 691-694

房林，赵振民. 2010. 皮肤衰老机制的研究进展. 人民军医，2：149-150，152

冯信忠. 2001. 皮肤老化与光老化. 中华医学美学美容杂志，7（3），164-166

冯燕艳，普雄明. 2005. 皮肤自然衰老及光老化. 国外医学：皮肤性病学分册，30（6）：354-356

符移才，金锡鹏. 2000. 皮肤衰老和细胞衰老. 临床皮肤科杂志，4：245-247

高红莉，刘方永，夏作理. 2005. 实验性糖尿病动物模型的理论研究与应用. 中国临床康复，9（3）：210-212

高璐，王滢，饶胜其，等. 2014. 葡萄籽原花青素提取物对衰老模型小鼠抗氧化作用. 食品科学，35（23）：253-256

郜海燕，于震宇，朱梦矣，等. 2005. 果蔬功能因子及保健食品的发展. 中国食物与营养，（5）：20-23

龚玉石，唐瑛，肖俊松，等. 2006. 莲房原花青素改善小鼠学习记忆障碍的研究. 营养学报，28（4）：318-321

顾兆军. 1987. 针灸治疗 80 例肥胖症疗效观察. 黑龙江中医药，5：34-35

郭素芬，李志强，李静，等. 2006. 黑木耳多糖对动脉粥样硬化形成中平滑肌细胞增殖的影响. 中国动脉硬化杂志，
　　14（9）：767-770

郭素芬，曾光，李志强，等. 2004. 木耳多糖对实验性动脉粥样硬化斑块消退作用的影响. 牡丹江医学院学报，
　　25（1）：1-4

郭晓敏，王友升，王贵禧，等. 2010. 采后钙处理'安哥诺'李果实的贮藏效果及抗氧化能力的影响. 食品科学，
　　31（22）：467-472

郭啸华，刘志红，李恒，等. 2002. 高糖高脂饮食诱导的 2 型糖尿病大鼠模型及其肾病特点. 中国糖尿病杂志，
　　10（5）：35-39

郭增军，谭林，徐颖. 等. 2010. 鞣花酸类化合物在植物界的分布及其生物活性. 天然产物研究与开发，（22）：
　　519-524，540

郭中锋. 2005. 微量元素锌铜与单纯性肥胖的关系. 微量元素与健康研究，22（6）：56-58

韩飞，周孟良，钱健亚，等. 2009. 抗氧化剂抗氧化活性测定方法及其评价. 粮油食品科技，17（6）：54-57

杭锋，伍剑锋，王荫榆. 2010. 低聚果糖调节人体肠道菌群功能的研究. 乳业科学与技术，33（3）：108-111

何超文，朱晓韵，何伟平，等. 2013. 广西特色果蔬功能性食品开发及其药效学研究. 轻工科技，（1）：1-3，16

何文一，覃数. 2009. 抗氧化维生素 C、E 治疗心血管病的研究进展. 心血管病学进展，20（3）：528-531

胡春蓉，胡益侨. 2012. 膳食纤维与人体疾病防治相关性研究的进展. 求医问药（下半月），10（3）：612-613

胡海峰，朱宝泉，龚炳永. 1998. 生物活性物质的筛选与新药研究. 国外医药：抗生素分册，19（6）：401-406

胡建章. 2003. 自由基与白内障的关系研究进展. 国外医学：眼科学分册，27（1）：45-49

胡建忠. 2007. 沙棘功能性食品开发探讨. 国际沙棘研究与开发，5（4）：16-20

胡娟娟，杜冠华. 2001. 药物筛选模型研究进展. 基础医学与临床，21（4）：302-305

黄昆，顾欣，王文江，等. 2012. 山杏仁多肽的制备及清除自由基能力研究. 食品工业科技，33（18）：107-111

黄琼，杨杏芬，李文立. 2005. 大豆异黄酮抗大鼠 T 细胞衰老及抗氧化作用研究. 中国食品卫生杂志，17（5）：407-411

黄宗锈，林健，林春芳. 2007. 左旋肉碱对肥胖人员减肥作用的效果观察. 预防医学论坛，13（1）：6-8

吉柳，汤新强，彭金咏. 2012. 基于糖代谢酶调节作用的中药抗糖尿病研究进展. 中国中药杂志，37（23）：3519-3525

江志洁，朱育新，吴奇英，等. 1998. 黑色素形成机理的新概念及复合美白剂的应用. 日用化学品科学，4：3-5

姜春明，葛蒙梁. 2003. 痤疮的发病机制研究进展. 皮肤病与性病，25（3）：16-19

姜靖，钟进义，林建维. 2009. 魔芋多糖对小鼠胃肠组织胃动素与生长抑素的影响. 营养学报，31（5）：475-477

姜丽英，孙长颢，周晓蓉，等. 2004. 矿物质元素和维生素对膳食诱导肥胖大鼠代谢的影响. 卫生研究，33（4）：
　　447-449

姜云霞. 2007. 微量元素铜的研究进展及其对动物健康的影响. 微量元素与健康研究，24（5）：58-61

姜云云，叶光明，范国荣，等. 2012. 芦笋总黄酮及 5 种黄酮苷成分的体外抗氧化活性研究. 中成药，34（10）：
　　2009-2012

姜作金. 2005. 肥胖的诱因可能是感染所致. 中国保健食品, (7)：47-48

蒋与刚, 杨红澎, 庞伟. 2009. 老年营养与认知功能. 营养学报, (2)：120-124

金海霞, 张明礁. 2007. 维生素 B_6 和苏氨酸对动物免疫机能的影响. 饲料工业, 28 (8)：52-54

景军. 2001. 香菇多糖对人体作用的研究与应用. 中国食品卫生杂志, 13 (2)：46-47

靖丽, 周志钦. 2011. 柑橘果实生物活性物质与糖尿病防治研究进展. 果树学报, 28 (2)：313-320

阚国仕, 顾先良, 陈红漫, 等. 2010. 胡萝卜多糖与维生素 E 抗衰老作用比较研究. 食品工业科技, 11：340-342

康雪峰, 童志平, 唐康, 等. 2008. 2 型糖尿病药物作用靶点的研究进展. 现代中西医结合杂志, 17 (31)：4946-4948

孔聘颜, 吴剑笔, 钟广涛, 等. 1996. 高血压和心肌梗塞患者血液中微量元素动态变化的研究. 广东微量元素科学,
　　3 (12)：30-34

孔庆胜, 王彦英, 蒋滢. 2000. 南瓜多糖的分离、纯化及其降血脂作用. 中国生化药物杂志, 21 (3)：130-132

孔祥瑞. 1982. 微量元素与心血管疾病. 安徽医学, (5)：35-39

孔艳艳, 管一晖, 郑平. 2012. 阿尔茨海默病发病机制与诊断治疗方法关联性研究进展 中国临床神经科学, 20 (4)：
　　452-456, 474

黎庆涛, 王远辉, 王丽. 2011. 树莓功能因子研究进展. 中国食品添加剂, (2)：172-177

李八方, 陈桂东, 毛文君. 1999. 几种膳食纤维对实验性糖尿病大鼠治疗效果的比较研究. 营养学报, 21 (1)：64-69

李百花, 张秋香, 董殿军, 等. 2007. 番茄红素对急性肺损伤大鼠免疫细胞和炎性细胞因子的影响. 北京大学学报
　　(医学版), 39 (1)：77-82

李长龄, 毕森序, Zhu J, 等. 2006. 类胡萝卜素的新功能与临床评估. 上海预防医学杂志, 18 (6)：285-288

李春波, 邵斌. 2003. 维生素 E 及其琥珀酸酯和琥珀酸钙在保健食品中的应用. 中国药科大学学报, 34 (2)：190-192

李春盛. 1987. 微量元素与心血管疾病. 人民军医, (10)：36-38

李道中, 徐先祥. 2008. 皂苷类化学成分抗糖尿病作用研究概况. 中南药学, 6 (6)：740-742

李德远, 张声华, 徐战. 1999. 海带岩藻糖胶对小鼠的高胆固醇血症防治作用. 食品科学, (1)：45-46

李方波, 李英华, 孙思伟, 等. 2012. 我国 5 省市 18-60 岁城乡居民超重肥胖现状调查及影响因素分析. 中国健康
　　教育, 28 (5)：367-371

李桂峰. 2006. 苹果渣膳食纤维的提取和应用. 陕西农业科学, (3)：60-61

李纪尧, 时念民, 王英, 等. 1998. 单纯性肥胖症儿童的发铜、铁、钙、镁、锌对照研究. 预防医学文献信息, 4 (3)：227

李建新, 王娜, 王海军, 等. 2008. 苹果多酚的减肥降脂作用研究. 食品科学, 29 (8)：597-599.

李剑萍, 路萍, 王冬冬, 等. 2014. 香菇多糖联合化疗治疗晚期消化道恶性肿瘤的临床疗效. 中国药物经济学, S1：
　　151-152

李龙囡. 2013. 抗氧化功能因子对高脂膳食小鼠脂代谢的调节作用及其机制研究. 无锡：江南大学硕士学位论文

李明龙, 王明雁, 陈海燕. 2007. 高蛋白饮食与肥胖, 糖尿病. 中国临床营养杂志, 15 (4)：237-241

李沐涵, 殷美琦, 冯靖涵, 等. 2011. 没食子酸抗肿瘤作用研究进展. 中医药信息, 28 (1)：109-111

李培恒, 王继峰, 牛建昭, 等. 2004. 染料木素和大豆苷元对去卵巢大鼠甘油三酯代谢的作用. 中国药理学通报,
　　20 (1)：72-75

李平, 梁世中. 2001. 微量元素铬作为功能食品因子的研究进展. 食品与发酵工业, 27 (11)：74-77

李少华. 2006. 成人高血压, 糖尿病与肥胖的关系. 实用医学杂志, 22 (3)：349-350

李松涛, 李颖, 闻颖, 等. 2010. 体外快速减肥模型的建立及初步评价. 卫生研究, 39 (2)：159-161

李天. 2011. 2001-2010 年《营养学报》学术论文的综述（Ⅰ）. 营养学报, 33 (6)：633-640

李婉, 张晓峰, 常爱武. 2014. 低聚木糖对小鼠肠道菌群和短链脂肪酸的影响. 河南工业大学学报（自然科学版）,
　　35 (5)：93-96, 120

李万立, 罗海吉. 2008. 微量元素铜与人类疾病关系的研究进展. 微量元素与健康研究, 25 (1)：62-65

李伟宁, 张晓杰. 2007. 青春期后痤疮研究进展. 河南中医, 12 (1): 82-84

李小林, 谢琳, 文辉才, 等. 2002. 维生素D致肥胖大鼠模型的实验研究. 江西医学院学报, 42 (6): 1-2

李雪华, 龙盛京, 谢云峰. 2004. 龙眼多糖、荔枝多糖的分离提取及其抗氧化作用的探讨. 广西医科大学学报, 21 (4): 342-344

李义. 2004. 由胰岛素信号通路筛选糖尿病药物作用靶点. 基础医学与临床, 24 (6): 601-605

李颖畅, 孟宪军, 孙靖靖, 等. 2008. 蓝莓花色苷的降血脂和抗氧化作用. 食品与发酵工业, 34 (10): 44-48

李永久. 2006. 中医治疗痤疮临床验案. 内蒙古中医药, (10): 22

李勇, 孔令青, 高洪, 等. 2008. 自由基与疾病研究进展. 动物医学研究进展, 29 (4): 85-88

李蕴. 2004. I型糖尿病发病及防治的免疫学研究进展. 微生物学免疫学进展, 32 (1): 43-47

李志勇, 凌莉, 王菊芳. 2005. 功能食品中的功能因子. 食品科学, 26 (9): 604-607

李钟灵. 2005. 痤疮病因及治疗的研究进展. 中国冶金工业医学杂志, 22 (5): 519-521

梁桂宁. 2009. 紫菜多糖保护小鼠胃黏膜免受酒精急性损伤的机制研究. 南宁: 广西医科大学硕士学位论文

梁宏, 金伟其, 王霞. 2008. 一种用于皮肤水分含量检测的短波红外光谱测量装置. 红外技术, 7: 416-420

林海, 翟凤英. 1999. 我国中老年人群中体质指数 (BMI) 的分布及其相关因素分析. 营养学报, 21 (2): 137-142

林金芳. 2005. 肥胖与女性生殖内分泌. 中国实用妇科与产科杂志, 20 (12): 720-722

林卡莉, 吕军华, 徐鹰, 等. 2009. 香菇多糖调节荷瘤小鼠的免疫功能. 解剖学杂志, (2): 166-169

林玲. 2011. 调血脂药物体外筛选模型的建立及应用. 福州: 福建中医药大学硕士学位论文

林珊. 2001. 单纯性肥胖症儿童血清锌铜铁钙的变化及意义. 广东微量元素科学, 8 (8): 40-42

林益川, 王燕红, 刘晓红, 等. 2007. 第三丁基过氧化氢诱导MIN6细胞损伤. 福建医科大学学报, 41 (6): 502-504

刘春宇, 陈艳兰, 石武祥. 2008. 微量元素与心血管疾病关系的研究进展. 现代预防医学, 35 (1): 6-7

刘娣. 2010. 锌胁迫下苹果锌吸收运转分配与有机酸的关系. 泰安: 山东农业大学硕士学位论文

刘红梅, 黄开勋, 杨劲松. 2002. 氧化固醇对不同硒状态大鼠前列环素和内皮素的影响. 营养学报, 24 (1): 70-74

刘佳璐. 2011. 苦瓜皂甙的提取纯化及功能性研究. 太原: 山西大学硕士学位论文

刘金萌, 苑林宏. 2014. 蔬菜水果摄入与老年人认知功能相关性的研究进展. 卫生研究, 05: 867-872

刘礼泉, 胡余明, 尹进. 2010. 葡萄籽提取物对人体抗氧化作用的实验研究. 实用预防医学, 17 (4): 757-759

刘丽平, 黄键, 陈必链. 2004. 天然产物降血糖成分的研究进展. 海峡药学, 16 (5): 4-7

刘璐, 乔宇, 汪兰, 等. 2014a. 无花果多糖的纯化及其抗氧化活性研究. 食品工业科技, 35 (14): 161-165

刘璐, 乔宇, 汪兰, 等. 2014b. 山药多糖的抗氧化作用研究. 食品科学, 39 (12): 212-216

刘美玉, 任发政. 2006. 降血糖功能因子的研究进展. 食品科学, 27 (10): 636-640

刘萍. 2009. 白藜芦醇对小鼠实验性胃黏膜损伤的保护作用. 中国现代应用药学, 26 (1): 11-14

刘荣, 向定成. 2007. 血清钙、镁和微量元素与冠心病. 广东微量元素科学, 14 (1): 1-5

刘绍鹏, 张梅, 慕春海, 等. 2008. 番茄水溶性膳食纤维对糖尿病小鼠降血糖作用的研究. 农垦医学, 30 (3): 164-166

刘涛, 马龙, 赵军, 等. 2007. 琐琐葡萄总黄酮对小鼠免疫性肝损伤保护作用的研究. 新疆医科大学学报, 30 (11): 1226-1229

刘玮. 2004. 皮肤光老化. 临床皮肤科杂志, 32 (7): 424-426

刘晓海, 董志, 傅洁民, 等. 2008. 倍他福林对胰岛素抵抗HepG2细胞模型的作用及其初步机制. 中国新药杂志, 17 (12): 1026-1029

刘晓鑫, 田维熙, 马晓丰. 2010. 草莓提取物对脂肪酸合酶及脂肪细胞的抑制作用. 中国科学院研究生院学报, 27 (6): 768-777

刘晓艳, 王友升, 王磊. 2009. 我国功能性化妆品的消费情况调查. 香精香料化妆品, 5: 46-48

刘新迎, 周联, 梁瑞燕, 等. 2007. 柚皮苷对前脂肪细胞3T3-L1增殖和诱导分化的影响. 中药新药与临床药理,

18（3）：176-179

刘颖, 金宏, 许志勤, 等. 2006. 南瓜多糖对糖尿病大鼠血糖和血脂的影响. 中国应用生理学杂志, 22（3）：358-361

刘永明. 1999. 肥胖者脂肪组织解偶联蛋白基因表达水平的研究. 广西医科大学学报, 16（5）：616-618

刘运俊. 1994. 微量元素与心血管疾病. 临床荟萃, 9（6）：250-252

刘昭明, 黄翠姬, 孟陆丽, 等. 2009. 核桃蛋白肽的抗氧化活性研究. 食品与发酵工业, 35（1）：16-17

刘志诚, 孙凤岷, 赵东红, 等. 2003. 针刺对肥胖大鼠脂肪组织 13-肾上腺素能受体基因表达的影响. 中医杂志,
44（7）：503-505

刘志胜, 李里特, 辰巳英三. 2000. 大豆异黄酮及其生理功能研究进展. 食品工业科技, 21（1）：78-80

刘仲荣, 范红霞, 张海龙, 等. 2004. 皮肤老化的评价及分子标记-皮肤老化与化妆品系列讲座二. 中国美容医学,
13（5）, 615-619

柳嘉, 景浩. 2010. 笃斯越橘花青素提取物对 3T3-L1 前脂肪细胞生长的抑制作用. 食品科学, 31（15）：248-252

娄少颖, 刘毅, 陈伟华, 等. 2008. 蒲黄总黄酮对 Palmitate 培养下的 C_2C_{12} 骨骼肌细胞葡萄糖代谢的影响. 上海中
医药大学学报, 22（2）：39-42

楼小亮, 廖杰芳. 2004. 睡眠相关呼吸障碍与卒中的危险. 江西医药, 39（1）：040

楼忠明, 田菊霞, 王文香, 等. 2007. 荔枝核总皂甙提取物对糖尿病小鼠的降糖疗效观察. 浙江医学, 29（6）：548-549,
605

卢义伯, 潘超. 2007. 大豆功能因子的研究进展. 现代食品科技, 23（2）：105-108

芦殿荣, 祝彼得, 芦殿香, 等. 2005. 香菇多糖对正常小鼠以及免疫抑制小鼠免疫功能的影响. 甘肃中医学院学报,
21（4）：20-22

陆晶晶, 丁轲, 杨大进. 2010. 保健品功能因子鞣花酸研究进展. 食品科学, 31（21）：451-45

陆茵, 孙志广, 赵万洲, 等. 2001. 原花青素抗促癌物诱发 H_2O_2 释放及脂质过氧化. 中国药理学通报, 17（5）：562-565

路国兵, 任春久, 崔为正, 等. 2012. 桑叶多糖 MLPⅡ 的基本结构及对糖尿病模型大鼠的降血糖作用. 蚕业科学,
37（6）：1053-1060.

吕慧芳, 刘四运, 王俊良. 2012. 黄瓜的保健价值及机理研究进展. 吉林蔬菜, （3）：57-58

吕洛. 2006. 美容保健食品对化妆品行业的影响和未来发展趋势//2006 年中国化妆品学术研讨会论文集. 中国香料
香精化妆品工业协会：4

罗傲雪, 范益军, 罗傲霜, 等. 2006. Ⅱ型糖尿病药物筛选技术研究进展. 生物医学工程学杂志, 23（4）：895-898

罗连响, 李晓玲, 胡利, 等. 2013. 番茄红素和神经疾病的研究进展. 中风与神经疾病杂志, 30（8）：760-761

罗漪, 杨继红. 2008. 高脂血症实验性动物模型的研究进展. 中外健康文摘·临床医师, 5（5）：15-17

孟庆杰, 王光全, 张丽. 2006. 山楂功能因子及其保健食品的开发利用. 食品科学, 27（12）：873-877

缪小平, 林东昕. 2003. 叶酸与肿瘤. 癌症, 22（6）：668-671

倪元颖, 李丽梅, 李景明, 等. 2004. 洋葱的风味形成机理及其生理功效. 食品工业科技, 25（10）：136-139

聂纯. 1999. 天然药物抗癌有效成分研究进展. 中草药, 30（1）：65-69

聂国胜, 续自娟, 吴培霞. 2003. 微量元素与心血管疾病关系的实验研究进展. 临沂医学专科学校学报, 25（1）：
65-66

聂艳, 苟变丽, 唐晓纯, 等. 2013. 我国保健食品监管制度的发展沿革及其分析. 食品工业科技, 34（2）：353-356,
360

潘利华, 王建飞, 叶兴乾, 等. 2014. 蓝莓花青素的提取工艺及其免疫调节活性. 食品科学, 35（2）：81-86

裴凌鹏, 惠伯棣, 金宗濂, 等. 2004. 黄酮类化合物的生理活性及其制备技术研究进展. 食品科学, 25（2）：203-207

彭晓莉, 吕晓华, 李茂全. 2007. 镁对高脂高糖膳食诱导大鼠肥胖的影响及其机理探讨. 成都医学院学报, 2（1）：
15-19

齐忻予, 刘庆洪. 2011. 苹果皮提取物对 2 型糖尿病的作用研究. 社区医学杂志, 9 (18): 11-13

钱风云, 傅德贤, 欧阳藩. 2003. 海带多糖生物功能研究进展. 中国海洋药物, (1): 55-59

秦宏伟. 2010. 甘薯功能性成分研究进展. 泰山学院学报, (3): 110-113

秦俊法, 华棣, 李增禧. 2002. 微量元素与心血管疾病. 广东微量元素科学, 9 (11): 1-20

秦正誉. 1981. 下丘脑损伤性肥胖机制的进展. 生理科学进展, 12 (1): 21-25

屈玮, 陈彦光, 吴祖强, 等. 2014. 苦瓜提取物抑制 3T3-L1 脂肪细胞脂肪沉积研究. 食品科学, 35 (5): 188-192

邵梦茹. 2014. 猴头菇多糖对胃肠黏膜保护作用的实验研究. 广州: 广州中医药大学硕士学位论文

邵盈盈. 2013. 蓝莓总黄酮的提取纯化及紫心甘薯总黄酮的抗衰老作用评价. 杭州: 浙江大学硕士学位论文

申瑞玲, 王章存, 姚惠源. 2005. 燕麦 β-葡聚糖对小鼠肠道菌群的影响. 食品科学, 26 (2): 208-212

沈威. 2013. 柑橘黄酮对血糖的调节及其作用机制研究. 上海: 华东理工大学硕士学位论文

施志仪, 郭亚贞, 等. 2000. 海带褐藻糖胶的药理活性. 上海水产大学学报, 9 (3): 268-271

石湘芸, 聂舟山, 王洪武, 等. 2005. 肥胖症和阻塞性睡眠呼吸暂停综合征. 海军总医院学报, 18 (2): 77-79

石雪萍, 姚惠源. 2008. 苦瓜皂甙降糖机理研究. 食品科学, 29 (2): 366-368.

史华伟, 王椿野, 赵振武, 等. 2014. 抑郁症学习记忆障碍的研究进展. 世界中西医结合杂志, 9 (2): 202-206

史先振, 朱圣陶, 贺峰. 2008. 木糖改善胃肠道保健功能的实验研究. 食品与药品, (9): 40-42

史先振. 2005. 木糖改善小鼠胃肠道功能的实验研究. 苏州: 苏州大学硕士学位论文

舒啸尘, 李悠慧, 严卫星. 2002. 葡萄籽多酚免疫调节功能的研究. 卫生研究, 31 (6): 457

宋欢, 韩燕. 2007. 膳食纤维生理功能及其对常量营养素吸收影响. 粮食与油脂, (11): 43-45

宋金平. 2012. 苦瓜多糖对糖尿病小鼠的降血糖作用和胰岛素水平的影响. 中国实用医药, 7 (3): 250-251

宋晓燕, 杨天奎. 2000. 天然维生素 E 的功能及应用. 中国油脂, 25 (6): 45-47

宋玉民, 王金伟, 李发财. 2013. 低聚半乳糖对几种人群肠道菌群改善及机体免疫调节的功能研究. 精细与专用化学品, (10): 19-22

粟雄高. 2012. 柠檬酸和微生态制剂对凡纳滨对虾生长、消化酶活性和免疫性能的影响. 上海: 上海海洋大学硕士学位论文

孙红艳, 孟军, 吕安坤. 2014. 国内外树莓体内研究现状. 现代中西医结合杂志, 23 (18): 2038-2042

孙焕, 陈广, 陆付耳. 2007. 介绍几种诱发性糖尿病动物模型. 中国实验方剂学杂志, 13 (2): 65-68

孙久玉, 王成忠, 孙曙光, 等. 2013. 金丝小枣多肽功能特性的研究. 山东食品发酵, (3): 3-7

孙丽华, 刘臻, 刘冬英, 等. 2010. 甘薯及其提取物辅助改善小鼠学习记忆功能实验研究. 药物生物技术, 17 (2): 157-161

孙丽英. 1982. 维生素抗癌. 浙江科技简报, (5): 25

孙秀川. 2014. 维生素 C 对机体免疫功能的影响. 内蒙古医学杂志, (2): 174-176

谭雯文, 秦宇, 2009. 海带多糖生物活性的研究进展. 广西轻工业, (7): 5-7

谭正怀, 莫正纪, 陈岷, 等. 2003. 西布曲明对金硫葡萄糖诱导肥胖动物模型的影响. 中国药理学通报, 19 (10): 1152-1155

童明庆, 施瑞华, 戴传箴, 等. 1996. 寻常痤疮致病菌的分离及其药敏结果. 临床检验杂志, 14 (6): 291-293

涂长春, 杨军平. 2001. 荷叶生物总碱对肥胖高脂血症大鼠减肥作用的实验研究. 江西中医学院学报, 13 (3): 120-121

汪蓓蓓, 陶懂谊. 2011. 类胡萝卜素对人类健康的影响研究与展望. 微量元素与健康研究, 28 (4): 55-59

王彩冰, 晋玲, 黄俊杰. 2012. 维生素 E 对胃黏膜损伤模型小鼠的保护作用研究. 中国药房, 23 (9): 811-813

王冲, 华子春. 2012. 白藜芦醇的免疫调节作用研究进展. 中国生化药物杂志, 33 (1): 84-87.

王芳, 薛杨, 杨静玉, 等. 2014. 苹果多酚对卡介苗联合脂多糖所致小鼠免疫性肝损伤的保护作用. 世界中医药, (9):

1206-1209

王国伟. 2014. 儿童肥胖症流行因素及相应干预措施的研究. 中国当代医药, 21 (12): 49-51, 54

王海霞, 李永明, 陈文华, 等. 2008. 番茄红素对小鼠脂类及细胞 DNA 氧化损伤的影响. 中国实验动物学报, 16 (5): 342-345

王红霞, 梁秀芬, 张玉敏. 2006. 我国 2 型糖尿病的流行病学及危险因素研究. 内蒙古医学杂志, 38 (2): 156-159

王华, 刘霞, 杨继红, 等. 2012. 葡萄籽原花青素抗癌活性及其机制研究进展. 安徽大学学报, 36 (4): 101-108

王慧. 2010. 黄酮类化合物生物活性的研究进展. 食品与药品, 12 (9): 347-350

王建平. 2005. 葡萄籽提取物的神奇功效. 食品与药品, 7 (02A): 59-61

王楠, 袁唯. 2006. 苦瓜的特殊功效及其应用研究进展. 食品科技, 01: 126-130

王清霞, 张忠诚, 郑蕾. 2004. 微量元素与冠心病. 微量元素与健康研究, 21 (5): 56-57

王舒然. 2001. 铬, 鱼油对饮食诱导肥胖大鼠的影响及其机理研究. 哈尔滨: 哈尔滨医科大学硕士学位论文

王维敏, 朱大龙, 朱妍, 等. 2008. 肥胖程度对血脂等相关代谢因素的影响. 中国糖尿病杂志, 16 (1): 4-6

王小彦, 王玉丽, 徐为人. 2012. 近几年治疗糖尿病热点靶点的研究进展. 药物评价研究, 31 (1): 42-45

王晓健. 2011. 肥胖与糖尿病的关系及发病机制的研究进展. 中国疗养医学, 20 (8): 723-72

王鑫. 2013. 蓝莓提取物及应用研究. 高师理科学刊, 33 (6): 63-66, 78

王秀兰, 金亮, 哈旦宝力高. 2011. 9 种蒙药 3 种组合用法对肾损伤动物模型肾功能保护作用比较研究. 辽宁中医杂志, 38 (11): 2276-2278

王璇, 王晓岚. 2009. 番茄红素纳米分散体体外清除活性氧自由基研究. 食品工业科技, (10): 152-153

王璇琳. 2003. 共轭亚油酸的免疫调节研究进展. 国外医学 (免疫学分册), 26 (4): 204-207

王娅宁, 尉亚辉, 郝浩永, 等. 2007. 白藜芦醇代谢物的研究进展. 西北植物学报, 27 (4): 4852-4857

王彦玲, 刘冬, 付全意, 等. 2008. 膳食纤维的国内外研究进展. 中国酿造, 27 (5): 1-4

王毅, 骆惠均, 王芳, 等. 2005. PC-1 转基因小鼠的建立及其与 2 型糖尿病发病的关系. 中华内分泌代谢杂志, 21 (6): 554-556

王友升, 谷祖臣, 张帆. 2012. 不同品种和成熟度树莓和黑莓果实的氧化和抗氧化活性比较. 食品科学, 33 (9): 81-86

王友升, 田元元, 蔡琦玮. 2014. 前体脂肪细胞 3T3-L1 诱导分化条件的优化. 食品科学技术学报, 32 (3): 38-42

王振, 宋洋, 彭坤. 2013. 酶抑制剂筛选模型研究进展. 中国当代医药, 22 (20): 18-20

王忠和, 初莉娅, 宋世庆. 2011. 水果中类胡萝卜素的生物学作用. 中国园艺文摘, (4): 35, 38-39

韦静彬, 蒙碧辉. 2007. 持续高血糖状态对胰岛 β 细胞功能的影响. 医学研究杂志, 36 (12): 86-88

魏来, 赵春景. 2010. 番茄红素对大鼠非酒精性脂肪肝的作用研究. 中国药业, 19 (3): 3-5

魏荣锐, 苗明三. 2010. 糖尿病动物模型及特点分析. 中医研究, 23 (2): 6-11

魏伟, 刘恭平. 2012. 叶酸和维生素 B_{12} 有效改善阿尔茨海默样记忆障碍. 华中科技大学学报 (医学版), 41 (4): 453-456

温程, 许榕仙. 2009. 叶酸在体外对人宫颈癌细胞生长抑制作用的实验研究. 预防医学论坛, 5 (1): 56-58

翁建平. 2012. 中国 1 型糖尿病研究现况及未来展望. 广东医学, 33 (18): 2699-2702

巫冠中, 郭永起, 苏欣, 等. 2009. 大豆黄素衍生物 LRXH609 的减肥作用及机理探讨. 中国临床药理学与治疗学, 14 (5): 519-523

吴碧荔, 刘浩宇, 刘锡仪. 2005. 微量元素的生物学作用及其与脂代谢和肥胖的关系. 广东微量元素科学, 12 (4): 1-6

吴华, 修玲玲. 2003. 肥胖症遗传学基础研究进展. 国外医学: 内分泌学分册, 23 (5): 331-334

吴建中, 郭开平, 陈静, 等. 2006. 番石榴多糖的降血糖作用研究. 食品与机械, 22 (6): 80-82

吴建中, 欧仕益, 陈静, 等. 2007. 番石榴多糖对糖尿病小鼠的血糖及抗氧化能力的影响. 中成药, 29 (5): 668-671

吴素萍, 葛志军. 2007. 大豆异黄酮生物学功能的研究进展. 江西科学, 25 (5): 651-655

吴晓燕, 任江华, 曹茂银. 2004. 维生素 E 对组织因子及其抑制物在冠心病中的干预作用. 临床心血管病杂志, 20 (10): 616-618

武革, 沈更新, 赵玉兰, 等. 1999. 肥胖与非肥胖男性 2 型糖尿病患者性激素结合球蛋白与胰岛素抵抗关系的探讨. 中华内分泌代谢杂志, 15 (4): 251-252

武可, 王战建. 2012. 糖尿病的病因、临床表现及治疗. 中国医药指南, 10 (16): 75-76.

向建军, 许榕仙. 2005. 叶酸及同型半胱氨酸与心血管疾病研究进展. 海峡预防医学杂志, 11 (5): 32-34

向雪松, 杨月欣. 2010. 高通量筛选在降血糖植物化学物研究中的进展. 卫生研究, (3): 346-348

肖白曼, 王海霞, 王吉刚, 等. 2009. 番茄红素对前胃癌小鼠抗氧化功能的影响. 中国公共卫生管理, 25 (5): 530-532

肖俊松, 单静敏, 曹雁平. 2012. 多酚通过肠道菌群调节能量代谢研究进展. 食品科学, 33 (3): 300-303

肖献忠. 2008. 病理生理学. 北京: 高等教育出版社

肖银霞, 徐世文, 程振涛. 2004. 硒元素对动物免疫作用的研究进展. 贵州畜牧兽医, 28 (6): 15-17

谢翠柳, 刘珂, 孟玉坤. 2013. 活性氧影响骨重建在骨质疏松发病中的作用. 中国骨质疏松杂志, 19 (2): 178-183

谢洁琼, 吕秋军. 2005. 抗 2 型糖尿病药物作用靶点的研究进展. 国外医学: 药学分册, 32 (2): 105-109

解傲, 袁杰利. 2015. 肠道菌群热点问题. 中国微生态学杂志, 27 (1): 116-120

信息快递. 2010. 研究发现饮用葡萄汁可逆转记忆衰退. 食品科技, 35 (1): 14

信息快递. 2013. 补充 B 族维生素延缓记忆减退. 食品工业, 34 (11): 23

熊何健, 周常义, 郑新阳, 等. 2008. 葡萄籽多酚对高脂膳食小鼠降血脂和抗氧化功能的影响. 江西农业学报, 20 (1): 105-107

熊珊珊, 石英英, 石汉平. 2014. 活性氧与肿瘤研究进展. 中华肿瘤防治杂志, 21 (13): 1045-1048

熊铁一, 罗禹. 2014. 猕猴桃籽油的提取、成分和增强免疫功能的研究. 中国医药指南, 12 (20): 96-98

熊正英. 2014. 自由基生物学在运动医学中的应用. 研究陕西师范大学学报, 42 (6): 100-108

修代明, 薛红莉. 2013. 学习与记忆神经机制研究进展. 生物学通报, 48 (8): 1-3

徐海燕, 辛国芹, 曹银生. 2013. 低聚木糖对益生菌及人肠道菌群的影响. 药学研究, 32 (9): 500-503

徐晋, 徐贵发. 2008. 番茄红素对心血管疾病的预防作用. 卫生研究, 37 (3): 381-382

徐洲, 张超, 魏琴. 2010. 低聚糖在改善胃肠功能中的应用. 现代农业科技, (17): 357-358

许海燕, 顼志敏, 陆宗良. 2008. 中国成人血脂异常防治指南 (2007) 概要与解读. 中华老年心脑血管病杂志, 10 (3): 238-240

许美艳, 李峰, 卢连华, 等. 2012. 玉米胚芽油辅助降血脂功能的研究. 食品与药品, 14 (7): 246-250

许效群, 刘志芳, 霍乃蕊. 2012. 山药多糖的体外抗氧化活性及对正常小鼠的免疫增强作用. 中国粮油学报, 27 (7): 42-46

延玺, 刘会青, 邹永青, 等. 2008. 黄酮类化合物生理活性及合成研究进展. 有机化学, 28 (9): 1534-1544

严克贵, 陈爱珠, 周秋芬, 等. 2009. 高血糖, 高血脂与超重和肥胖关系的研究. 实用预防医学, 16 (5): 1633-1635

严哲琳, 刘铜华. 2011. 苦瓜提取物对 Ⅱ 型糖尿病胰岛素抵抗大鼠糖脂代谢的影响. 吉林中医药, 31 (8): 809-811

阎雨, 何阳阳, 张畅, 等. 2014. 人白介素-6 受体小分子拮抗剂高通量筛选模型的建立. 军事医学, (12): 921-926

颜光美. 2009. 药理学. 北京: 高等教育出版社

杨爱君, 崔雁, 叶乔初, 等. 2005. 营养性肥胖动物模型的建立. 临床和实验医学杂志, 4 (3): 156-157

杨昌英, 邹雪, 赵儒铭. 1998. 微量元素钒铬生理生化功能对比. 微量元素与健康研究, 15 (1): 76-77

杨宏莉, 张宏馨, 李兰会, 等. 2010. 山药多糖对 2 型糖尿病大鼠降糖机理的研究. 河北农业大学学报, 33 (3): 100-103

杨君, 黄仲义, 谢永康. 2002. 肥胖症的药物治疗. 中国临床药学杂志, 11 (3): 187-190

杨磊，苏湛，黄殿芳. 2005. 痤疮严重度分级及其治疗研究进展. 滨州医学院学报，28（1）：41-42

杨柳，杨文志. 2009. 抑脂祛痘药膜对兔耳实验性痤疮的作用. 郑州大学学报（医学版），4：769-771

杨娜，孟宪丽，董光新，等. 2007. 链脲佐菌素加膳食诱导的小鼠 2 型糖尿病模型研究. 中药药理与临床，23（1）：74-76

杨潇，陈祥贵，代娟. 2006. 基于细胞水平的 2 型糖尿病药物筛选模型研究进展. 中国药房，17（19）：1504-1505

杨永宾，谭延斌，毛绚霞，等. 2006. 叶酸在心血管疾病防治中的作用. 中国临床营养杂志，14（2）：136-139

杨玉柱，王储炎，焦必宁. 2006. 叶酸的研究进展. 农产品加工学刊，（5）：31-35，39

杨远志，黄婧，辛修锋. 2008. 低聚异麦芽糖对肠道菌群的调节作用. 中国食品添加剂，（C00）：160-164

杨志刚，张燕萍. 2007. 生姜油对营养性肥胖大鼠减肥降脂作用的研究. 食品科学，28（12）：469-471

姚煜，田涛，南克俊. 2006. 白藜芦醇抗衰老免疫机制的研究. 中药材，5：464-467

印万芬，庄慧丽. 1998. 减肥食品——黄瓜和冬瓜. 植物杂志，（2）：14-14

于滨，马晓燕，李丹丹，等. 2013. 苦瓜降血糖成分及机制研究进展. 中国果菜，（3）：47-52

于刚，曹晓钢，叶小利，等. 2009. 高效液相色谱法测定 3-羟基-3-甲基戊二酸单酰辅酶 A 还原酶抑制剂的活性. 分析化学，37（1）：87-90

于华强，籍保平，柳嘉，等. 2010. 芹菜素对 3T3-L1 前脂肪细胞增殖及分化作用研究. 食品科学，（15）：260-263

于丽平，于晓华. 1994. 含硒食品的生理功效及合理利用. 广东微量元素科学，1（6）：55-56

于新凤. 2002. 人解偶联蛋白基因多态性与肥胖研究进展. 国外医学：卫生学分册，29（6）：348-351

余飞苑，刘浩宇，刘锡仪. 2005. 微量元素与血脂代谢及心血管疾病的关系. 微量元素与健康研究，22（5）：10-12

余佩玲，邹劲涛. 2001. 腹型肥胖与血压，血糖，胰岛素及血脂关系的研究. 广西医科大学学报，18（3）：371-373

俞超，杨飞，戴尅戎，等. 2013. 周期性张应变通过活性氧生成促进膝关节骨关节炎患者的软骨细胞发生凋亡. 医用生物力学，28（3）：350-356

原泽知，程开明，黄文，等. 2010. 海带多糖的提取工艺及降血脂活性研究. 中药材，33（11）：795-798

岳贤田. 2014. 橘皮中天然功能因子的研究进展. 北方园艺，（14）：210-212

曾凡勇，秦锐，郭锡熔，等. 2006. 钙代谢相关基因与单纯性肥胖症关系的研究. 中国儿童保健杂志，14（3）：259-262

曾鸣，徐良. 2014. 皮肤老化机制及老化状态评估方法的研究进展. 中国美容医学，23：2025-2028

曾翔云. 2005. 维生素 C 的生理功能与膳食保障. 中国食物与营养，（4）：52-54

曾益新. 2014. 肿瘤学. 北京：人民卫生出版社

翟清波，李诚，王静，等. 2012. 植物多酚降血糖和降血脂作用研究进展. 中国药房，23（3）：279-282

张斌，郁昕，栗磊，等. 2015. 植物甾醇的研究进展. 食品与发酵工业，（1）：190-195

张红，李小利，高海青. 2006. 微量元素与心血管疾病. 国外医学：医学地理分册，27（3）：103-105，119

张洪建，杨琳，李劲平. 2009. 海带多糖药理作用研究进展. 现代药物与临床，24（4）：217-219

张华，张成刚，姜成林. 2002. Ascofuranone 增加 HepG2 细胞 LDLR 报告基因表达的生物活性的研究. 中国抗生素杂志，27（8）：449-469

张慧慧，董英. 2006. 苦瓜碱提多糖降小鼠血糖功能的实验研究. 食品研究与开发，27（7）：7-9

张乐. 2007. 大豆异黄酮药理作用研究进展. 草业科学，24（4）：54-57

张玲，李青，夏作理，等. 2007. 预防治疗 2 型糖尿病药物分子作用靶点的相关研究与进展. 中国组织工程研究与临床康复，11（4）：729-732

张民，朱彩平，施春雷，等. 2003. 枸杞多糖-4 的提取，分离及其对雌性下丘脑损伤性肥胖小鼠的减肥作用. 食品科学，24（3）：114-117

张敏. 2007. 解偶联蛋白（UCPs）与肥胖关系研究及 UCP4 基因在脂肪细胞中的功能探讨. 南京：南京医科大学硕士学位论文

张冉, 刘泉, 申竹芳, 等. 2007. 应用 α-葡萄糖苷酶抑制剂高通量筛选模型筛选降血糖中药. 中国药学杂志, 42（10）:
　　740-743

张荣标, 林炳南, 陈铁晖. 2011. 大豆皂苷及乳酸菌对机体免疫功能影响的研究进展. 海峡预防医学杂志,（4）: 19-21

张亭亭, 李招发, 许瑞安. 2009. 皮肤抗衰老研究进展及抗衰老药物的开发前景. 医学研究杂志, 12: 12-15

张佘, 阚建全, 陈宗道. 2003. 生物类黄酮抗癌作用研究进展. 中国食品添加剂,（3）: 17-20

张伟杰. 2008. 生命科学导论. 北京: 高等教育出版社

张永军. 2004. 具有抗癌作用的维生素. 食品与健康,（11）: 12

张佘光, 王炜, 张涤生. 1995. 皮肤衰老与延缓皮肤衰老方法的研究进展. 实用美容整形外科, 2: 75-80.

张玉琦, 徐文炜, 程灶火, 等. 2013. 阿尔茨海默病的遗传流行病学研究. 现代预防医学, 40（8）: 1041-1042, 1047

张远远, 杨志伟. 2011. 啮齿类动物糖尿病模型. 中国实验动物学报, 19（3）: 269-274

张云波, 李明伟. 2014. 维生素 A 的免疫研究进展. 中国畜牧兽医, 41（3）: 137-141

张忠诚, 张素洁, 孙美. 2003. 微量元素与原发性高血压. 微量元素与健康研究, 20（4）: 56-5

赵保胜, 董淑云, 霍海如, 等. 2005. 2 型糖尿病动物模型的研究进展. 中国实验方剂学杂志, 11（5）: 62-66

赵海燕, 王勇, 马永平, 等. 2010. 胰岛素信号转导障碍与胰岛素抵抗. 新医学,（4）: 267-271

赵杰, 曹胜利, 郑晓霖, 等. 2009. 叶酸受体介导的抗肿瘤药物研究进展. 药学学报, 44（2）: 109-114

赵晶, 戴德哉. 2003. 糖尿病并发症的药物治疗. 药学进展, 27（2）: 88-91

赵娟娟. 2010. 番茄红素的抗氧化活性研究. 食品科技, 35（7）: 62-65

赵丽军, 孙长颢, 张晓红, 等. 2006. 膳食铁对饮食诱导肥胖大鼠代谢影响. 中国公共卫生, 22（1）: 74-76.

赵连成, 武阳丰, 周北凡, 等. 2002. 体质指数与冠心病, 脑卒中发病的前瞻性研究. 中华心血管病杂志, 30（7）:
　　430-433

赵霖. 1996. 缺锌对大鼠生长发育及脂代谢的影响. 营养学报, 18（3）: 305-312

赵敏, 杨丽, 翟所迪. 2010. 新作用靶点的抗糖尿病药物临床研究进展. 中国新药杂志,（3）: 199-202

赵胜利, 康真, 李颖, 等. 2009. 复合营养素减肥及调节血脂作用. 中国公共卫生,（8）: 977-978

赵晓燕, 张超, 马越, 等. 2010. 紫玉米花色苷对小鼠免疫功能的影响. 湖北农业科学, 49（8）: 1933-1936

赵秀玲. 2012. 蓝莓的成分与保健功能的研究进展. 中国野生植物资源, 30（6）: 19-23

赵艳, 吴坤. 2006. 原花青素生物学作用研究进展. 中国公共卫生, 22（1）: 110-111

赵艳红, 李建科, 赵维, 等. 2009. 常见药食植物提取物体外抗氧化活性的评价. 食品科学, 30（3）: 104-108

郑斌, 陈红. 2007. 以电针为主综合治疗单纯性肥胖 55 例临床观察. 中国中医药信息杂志, 14（1）: 57-58

郑丽, 徐涛. 2012. 糖尿病研究进展. 生命科学, 24（7）: 606-610

郑鹏, 嵇武. 2014. 肠道菌群与肠道疾病的研究进展. 医学综述, 20（24）: 4479-4481

郑全美, 郭绍春, 何景宏, 等. 2002. ELISA 方法测定 8-羟基-脱氧鸟苷（8-OH-dG）含量及其临床意义. 中国卫生
　　检验杂志, 12（2）: 145-146

郑义, 李超, 王乃馨. 2010. 金针菇多糖的研究进展. 食品科学,（17）: 425-428

郑奕迎, 刘声远, 刘海霞, 等. 2006. 硒维生素 E 和碘对营养性肥胖小鼠的影响. 微量元素与健康研究, 23（5）: 3-5

支惠英, 赵泽贞. 1997. 维生素类抗突变抗癌及其机理的研究概况及展望. 癌变. 畸变. 突变, 9（4）: 247-251, 252

仲山民, 胡芳名, 田荆祥. 2003. 常山胡柚果实的综合利用研究. 江西林业科技,（2）: 15-17

周虹, 张超凡. 2003. 甘薯膳食纤维的开发应用. 湖南农业科学,（1）: 55-56

周开国, 何桂珍, 张睿. 2011. 维生素的临床应用及其研究进展. 中国实用内科杂志, 31（5）: 381-383

周冉冉, 曹茂红. 2014. 叶酸联合维生素 B（12）对糖尿病大鼠记忆能力及 Tau 蛋白过度磷酸化影响. 交通医学,（6）:
　　586-589

周筱丹, 董晓芳, 佟建明. 2010. 维生素 E 的生物学功能和安全性评价研究进展. 动物营养学报, 22（4）: 817-822

周星娟，凌树才. 2008. 学习与记忆机制研究进展. 国际病理科学与临床杂志，28（2）：138-141

朱桂兰，童群义. 2012. 微生物多糖的研究进展. 食品工业科技，33（6）：444-448

朱家恩. 2007. 白芍对去卵巢大鼠肥胖的抑制作用研究. 兰州：兰州大学硕士学位论文

朱俊东，杨家驹. 1998. 大豆异黄酮抗癌作用的研究进展. 国外医学：卫生学分册，25（5）：257-259，284-286

朱敏. 2015. 香菇多糖注射液静脉滴注致严重过敏反应 1 例. 临床医药，24（1）：88

朱思明，于淑娟，杨连生，等. 2005. 橙皮苷及其衍生物抗氧化活性的机理分析. 华南理工大学学报（自然科学版），33（4）：79-82，91

祝德秋，刘中申. 1996. 软枣猕猴桃抗衰老作用的研究. 海南医学院学报，2：54-57

祝炼，袁莉. 2004. 胰岛素信号转导与肝胰岛素抵抗. 世界华人消化杂志，12（10）：158-161

宗敏，汤立新，韩维嘉，等. 2004. 抗氧化微量元素与心血管疾病的防治. 广东微量元素科学，11（4）：14-17

邹元生，徐瑞，温中平，等. 2012. 沙棘籽原花青素提取物对小鼠免疫调节实验研究. 国际沙棘研究与开发，10（1）：5-11

Abul K A，Jordan S P，Andrew H L. 2003. Cellular and Molecular Immunology. New York：W. B. Saunders

Almeida I F，Fernandes E，Lima J L F C，et al. 2008. Walnut（*Juglans regia*）leaf extracts are strong scavengers of pro-oxidant reactive species. Food Chemistry，106（3）：1014-1020

Al-Sheraji S H，Ismail A，Manap M Y，et al. 2012. Purification，characterization and antioxidant activity of polysaccharides extracted from the fibrous pulp of *Mangifera pajang* fruits. LWT-Food Science and Technology，48（2）：291-296

Anantharam V，Kaul S，Song C，et al. 2007. Pharmacological inhibition of neuronal NADPH oxidase protects against 1-methyl-4-phenylpyridinium（MPP+）induced oxidative stress and apoptosis in mesencephalic dopaminergic neuronal cells. Neurotoxicology，28（5）：988-997

Annie C，Susan Y C，Alexa B K. 2003. The response of skin disease to stress. Archives of Dermatology，139：897-900

Aruoma O I，Murcia A，Butler J，et al. 1993. Evaluation of the antioxidant and prooxidant actions of gallic acid and its derivatives. Journal of Agricultural and Food Chemistry，41（11）：1880-1885

Asensi-Fabado M A，Munné-Bosch S. 2010. Vitamins in plants：occurrence，biosynthesis and antioxidant function. Trends in Plant Science，15（10）：582-592

Atef M A. 2011. Antioxidant effect of vitamin E treatment on some heavy metals-induced renal and testicular injuries in male mice. Saudi Journal of Biological Sciences，18（1）：63-72

Azuma K，Ippoushi K，Ito H，et al. 1999. Evaluation of antioxidative activity of vegetable extracts in linoleic acid emulsion and phospholipid bilayers. Journal of the Science of Food and Agriculture，79（14）：2010-2016.

Baker J C，Orlandi E W. 1995. Active oxygen in plant pathogenesis. Annual Review of Phytopathology，33：299-321.

Barbosa A C L，Pinto M S，Sarkar D，et al. 2010. Varietal influences on antihyperglycemia properties of freshly harvested apples using in vitro assay models. Journal of Medicinal Food，13（6）：1313-1323

Bernhard D，Tinhofer I，Tonko M，et al. 2000. Resveratrol causes arrest in the S-phase prior to Fas-independent apoptosis in CEM-C$_7$H$_2$ acute leukemia cells. Cell Death and Differentiation，7（9）：834-842

Bhatt K H，Pandey R K，Dahiya Y，et al. 2010. Protein kinase Cδ and protein tyrosine kinase regulate peptidoglycan-induced nuclear factor-κB activation and inducible nitric oxide synthase expression in mouse peritoneal macrophages *in vitro*. Molecular Immunology，47（4）：861-870.

Brown R K，Kelly F J. 1994. Role of free radicals in the pathogenesis of cystic fibrosis. Thorax，49：738-742

Chalmers J，MacMahon S，Mancia G，et al. 1998. 1999 World Health Organization-International Society of Hypertension Guidelines for the management of hypertension. Guidelines sub-committee of the World Health Organization. Clinical and Experimental Hypertension（New York，NY：1993），21（5-6）：1009-1060

Chen M D, Lin P Y, Lin W H. 1991. Investigation of the relationships between zinc and obesity. The Kaohsiung Journal of Medical Sciences, 7 (12): 628-634

Chi A, Kang C Z, Zhang Y, et al. 2015. Immunomodulating and antioxidant effects of polysaccharide conjugates from the fruits of Ziziphus Jujube on Chronic Fatigue Syndrome rats. Carbohydrate Polymers, 122 (20): 189-196

Chiesi M, Huppertz C, Hofbauer K G. 2001. Pharmacotherapy of obesity: targets and perspectives. Trends in Pharmacological Sciences, 22 (5): 247-254

Cook C H, Centner R L, Michaels S E. 1979. An aene grading method using photographic standards. Archives of Dermatology, 115 (5): 571

Cotero V E, Routh V H. 2009. Insulin blunts the response of glucose-excited neurons in the ventrolateral-ventromedial hypothalamic nucleus to decreased glucose. American Journal of Physiology-Endocrinology and Metabolism, 296 (5): E1101-E1109

Cousin S P, Hügl S R, Wrede C E, et al. 2001. Free fatty acid-induced inhibition of glucose and insulin-like growth factor I-induced deoxyribonucleic acid synthesis in the pancreatic β-cell line INS-1. Endocrinology, 142 (1): 229-240

Cziraky M J, Watson K E, Talbert R L. 2008. Targeting low HDL-cholesterol to decrease residual cardiovascular risk in the managed care setting. Journal of Managed Care Pharmacy, 14 (8 Suppl): S3-28; quiz S30-1

Davalos A, Gomez C C, Bartolome B. 2004. Extending Applicability of the Oxygen Radical Absorbance capacity (ORAC2Fluorescein) Assay. Journal of Agricultural and Food Chemistry, 52 (1): 48-54

Di M G, Matera M G, De M B, et al. 1993. Relationship between zinc and obesity. Journal of Medicine, 24 (2-3): 177

Diane T. 2004. Acne: Hormonal concepts and therapy. Clinics in Dermatology, 22 (5): 419-428

Dou J, Meng Y H, Liu L, et al. 2015. Purification, characterization and antioxidant activities of polysaccharides from thinned-young apple. International Journal of Biological Macromolecules, 72: 31-40

Dweck A C. 1997. Skin treatment with plants of the Americas: Indigenous plants historically used to treat psoriasis, eczema, wounds and other conditions. Cosmetics and Toiletries, 112 (10): 47-66

Endo A, Monacolin K. 1980. A new hypocholesterolemic agent that specifically inhibits 3-hydroxy-3-methylglutaryl coenzyme A reductase. The Journal of Antibiotics, 33 (3): 334-336

Epstein L H, Gordy C C, Raynor H A, et al. 2001. Increasing fruit and vegetable intake and decreasing fat and sugar intake in families at risk for childhood obesity. Obesity Research, 9 (3): 171-178

Flegal K M, Carroll M D, Ogden C L, et al. 2010. Prevalence and trends in obesity among US adults, 1999-2008. Journal of the American Medical Association, 303 (3): 235-241

Flegal K M, Graubard B I, Williamson D F, et al. 2005. Excess deaths associated with underweight, overweight, and obesity. Jama, 293 (15): 1861-1867

Fowler M J. 2008. Microvascular and macrovascular complications of diabetes. Clinical diabetes, 26 (2): 77-82

Frankel E N, Waterhouse A L, Kinsella J E. 1993. Inhibition of human LDL oxidation by resveratrol. Lancet, 341 (8852): 1103-1104

Gandini, Merzenich H, Robertson C, et al. 2000. Meta-analysis of studies on breast cancer risk and diet: the role of fruit and vegetable consumption and the intake of associated micronutrients. European Journal of Cancer, 36 (5): 636-646

Gilchrest B A. 1996. A review of skin ageing and its medical therapy. British Journal of Dermatology, 135 (6): 867-875.

Gitt A K, Juenger C, Jannowitz C, et al. 2009. Guideline-oriented ambulatory lipid-lowering therapy of patients at high risk for cardiovascular events by cardiologists in clinical practice: the 2 L cardio registry. European Journal of Cardiovascular Prevention & Rehabilitation, 16 (4): 438-444

Giuseppe V, Gerald R, Claude S, et al. 2001. Effect of benzoyl peroxide on antioxidant status, NF-κB activity and interleukin-1α gene expression in human keratinocytes. Toxicology，165（2-3）：225-234

Glogau R G. 1997. Physiologic and structural changes associated with aging skin. Dermatologic Clinics，15（4）：555-559.

Gollnick H，Cunliffe W，Berson D，et al. 2003. Management of acne: a report from a global alliance to improve outcomes in acne. Journal of the American Academy of Dermatology，49（1）：S1-S37.

Goncalves B，Landbo A K，Let M，et al. 2004. Storage affects the phenolic profiles and antioxidant activities of cherries （*Prunus avium* L.）on human low-density lipoproteins. Journal of the Science of Food and Agriculture，84（9）：1013-1020

Gragnani A，Mac Cornick S，Chominski V，et al. 2014. Review of major theories of skin aging. Advances in Aging Research，3：265-284

Hancock J T，Desikan R，Chark A. 2002. Cell signaling following plant/pathogen interactions involves the generation of reactive oxygen and reactive nitrogen species. Plant Physiology and Biochemistry，40（9）：611-617

Harman D. 1956. Aging: a theory based on free radical and radiation chemistry. Gerontol，11（3）：298-300

Harman D. 2003. The free radical theory of aging. Antioxidants and Redox Signaling，5（5）：557-561.

Hirohiko A，Setsuko N，Hiroko S，et al. 1993. Effect of roxithromycin on neutrophil reactive oxygen species: Another possible mechanism of action in acne. Journal of Dermatological Science，6（1）：80

Hogan S，Himms-Hagen J. 1980. Abnormal brown adipose tissue in obese（ob/ob）mice: response to acclimation to cold. American Journal of Physiology，239（4）：E301-E309

Howarth N C，Saltzman E，Roberts S B. 2001. Dietary fiber and weight regulation. Nutrition Reviews，59（5）：129-139

Ingalls A M，Dickie M M，Shell G D. 1950. Obese, a new mutation in the house mouse. Journal of Heredity，41（12）：317-318

Jeandet P，Bessis R，Shaghi M，et al. 1995. Production o f the phytoalex in resveratrol by grape as response to Botryis attack under natural conditions. Phytopathology，143（3）：135-139

Jiang Q. 2014. Natural forms of vitamin E: metabolism，antioxidant，and anti-inflammatory activities and their role in disease prevention and therapy. Free Radical Biology and Medicine，72：76-90

Kaminsky A. 2003. Less common methods to treat acne. Dermatology，206（1）：68-73

Kanlayavattanakul M，Lourith N. 2011. Therapeutic agents and herbs in topical application for acne treatment. International Journal of Cosmetic Science，33（4）：289-297.

Kaplan N M. 1989. The deadly quartet: upper-body obesity，glucose intolerance，hypertriglyceridemia，and hypertension. Archives of Internal Medicine，149（7）：1514-1520

Kasai H，Fukada S，Yamaizumi Z，et al. 2000. Action of chlorogenic acid in vegetables and fruits as an inhibitor of 8-hydroxydeoxyguanosine formation *in vitro* and in a rat carcinogenesis model. Food and Chemical Toxicology，38（5）：467-471

Kaviarasan S，Sundarapandiyan R，Anuradha C V. 2008. Protective action of fenugreek（*Trigonella foenum graecum*）seed polyphenols against alcohol-induced protein and lipid damage in rat liver. Cell Biology and Toxicology，24（5）：391-400

Kim S S，Baik J S，Oh T H，et al. 2008. Biological activities of Korean Citrus obovoides and Citrus natsudaidai essential oils against acne-inducing bacteria. Bioscience，Biotechnology and Biochemistry，72（10）：2507-2513

Kluge，Scherneck S，Schürmann A，et al. 2012. Pathophysiology and genetics of obesity and diabetes in the New Zealand obese mouse: a model of the human metabolic syndrome. Methods in molecular biology，933：59-73

Kohen R，Fanberstein D，Tirosh O. 1997. Reducing equivalents in the aging process. Archives of Gerontology and Geriatrics，24（2）：103-123.

Kohen R, Gati I. 2000. Skin low molecular weight antioxidants and their role in aging and in oxidative stress. Toxicology, 148: 149-157

Kongkachuichai R, Charoensiri R, Yakoh K, et al. 2015. Nutrients value and antioxidant content of indigenous vegetables from Southern Thailand. Food Chemistry, 173: 838-846

Kosmadaki M G, Gilchrest B A. 2004. The role of telomeres in skin aging/photoaging. Micron, 35 (3): 155-159

Krishnaiah D, Bono A, Sarbatly R, et al. 2015. Antioxidant activity and total phenolic content of an isolated *Morinda citrifolia* L. methanolic extract from Poly-ethersulphone(PES)membrane separator. Journal of King Saud University-Engineering Sciences, 27: 63-67

Laporta O, Pérez-Fons L, Mallavia R, et al. 2007. Isolation, characterization and antioxidant capacity assessment of the bioactive compounds derived from *Hypoxis rooperi* corm extract (African potato). Food Chemistry, 101 (4): 1425-1437

Laslett L J, Alagona P J, Clark B A, et al. 2012. The worldwide environment of cardiovascular disease: prevalence, diagnosis, therapy, and policy issues: a report from the American College of Cardiology. Journal of the American College of Cardiology, 60 (25): S1-S49

Laukkanen J, Lehtolainen P, Gough P J, et al. 2000. Adenovirus transfer of a secreted for human macrophage scavenger receptor inhibits modified low density lipoprotein degradation and foam cell for mation in macrophages. Circulation, 101 (10): 1091-1096

Lee H C, Jenner A M, Low C S, et al. 2006. Effect of tea phenolics and their aromatic fecal bacterial metabolites on intestinal microbiota. Research in Microbiology, 157 (9): 876-884

Li H Y, Deng Z Y, Liu R H, et al. 2013. Carotenoid compositions of coloured tomato cultivars and contribution to antioxidant activities and protection against H_2O_2-induced cell death in H9c2. Food Chemistry, 136 (2): 878-888

Li T, Fan G X, Wang W, et al. 2007. Resveratrol induces apoptosis, influences IL-6 and exerts immunomodulatory effect on mouse lymphocytic leukemia both *in vitro* and *in vivo*. International Immunopharmacology, 7 (9): 1221-1231

Liu B Q, Gao Y Y, Niu X F, et al. 2010. Implication of unfolded protein response in resveratrol-induced inhibition of K562 cell proliferation. Biochemical and Biophysical Research Communications, 391 (1): 778-782

Lizée G, Gantu M A, Hwu P. 2007. Confronting the Barriers to Cancer Immunotherapy. Clinical Cancer Research, 13 (18): 5250-5255

Ma J Z, Yang L X, Shen X L, et al. 2014. Effects of traditional Chinese medicinal plants on anti-insulin resistance bioactivity of DXMS-induced insulin resistant HepG2 cells. Natural Products and Bioprospecting, 4 (4): 197-206

Mansouri A, Makris D P, Kefalas P. 2005. Determination of hydrogen peroxide scavenging activity of cinnamic and benzoic acids employing a highly sensitive peroxyoxalate chemiluminescence-based assay: structure—activity relationships. Journal of Pharmaceutical and Biomedical Analysis, 39 (1-2): 22-26

Mantena S K, Katiyar S K. 2006. Grape seed proanthocyanidins inhibit UV-radiation-induced oxidative stress and activation of MAPK and NF-κB signaling in human epidermalk eratinocytes. Free Radical Biology and Medicine, 40 (9): 1603-1614

Mark D F, Eileen I. 2004. Acne: Inflammation. Clinics in Dermatology, 22 (5): 380-384

Martine M R, Bueno-de-Mesquita H B, Kampman E, et al. 2012. Fruit and vegetable consumption and risk of aggressive and non-aggressive urothelial cell carcinomas in the European Prospective Investigation into Cancer and Nutrition. European Journal of Cancer, 48 (17): 3267-3277

Martinez T M, Garcfa C F, Murcia M A. 2001. Comparison of the antioxidant and prooxidant activities of broccoli amino acids with those of common food additives. Journal of the Science of Food and Agriculture, 81 (10): 1019-1026

Masuzaki H，Ogawa Y，Isse N，et al. 1995. Human obese gene expression: adipocyte-specific expression and regional differences in the adipose tissue. Diabetes，44（7）：855-858

Matschinsky F M. 2009. Assessing the potential of glucokinase activators in diabetes therapy. Nature Reviews Drug Discovery，8（5）：399-416

Mcdonald M，Mila I，Scalbert A. 1996. Precipitation of metal ions by plant polyphenols optimal conditions and origin of precipitation. Journal of Agricultural and Food Chemistry，44（2）：599-606

Michael P P. 2003. Defensins and acne. Molecular Immunology，40（7）：457-462

Nathan D M，Cleary P A，Backlund J Y，et al. 2005. Intensive diabetes treatment and cardiovascular disease in patients with type 1 diabetes. The New England journal of medicine，353（25）：2643-2653

Nerurkar P V，Lee Y K，Motosue M，et al. 2008. Momordica charantia（bitter melon）reduces plasma apolipoprotein B-100 and increases hepatic insulin receptor substrate and phosphoinositide-3 kinase interactions. British Journal of Nutrition，100（4）：751-759

Nervi F I，Marinouie I，Rogott A，et al. 1988. Regulation of biliary cholesterol secrettion: functional relationship between the canalicular and sinusoidal cholesterol secretory pathways in the rat. Journal of Clinical Investigation，82（6）：1818-1826

Neubauer N，Kulkarni R N. 2006. Molecular approaches to study control of glucose homeostasis. Institute of Laboratory Animal Resources，47（3）：199-211

Oberley. 1988. Free radicals and diabetes. Free Radical Biology and Medicine，5（2）：113-124

Palozza P，Serini S，Di Nicuolo F，et al. 2003. Prooxidant effects of bet a-carotene incultured cells. Molecular Aspects of Medicine，24（6）：353-362

Panasenko O M，Sharov V S，Briviba K，et al. 2000. Interaction of peroxynitrie with carotenoids in human low density lipoproteins. Archives of Biochemistry and Biophysics，373（1）：302-305

Panda B C，Mondal S，Devi K S P，et al. 2015. Pectic polysaccharide from the green fruits of *Momordica charantia*（Karela）: structural characterization and study of immunoenhancing and antioxidantproperties. Carbohydrate Research，401（12）：24-31

Parikh S J，Yanovski J A. 2003. Calcium intake and adiposity. The American Journal of Clinical Nutrition，77（2）：281-287

Perkins M N，Rothwell N J，Stock M J，et al. 1981. Activation of brown adipose tissue thermogenesis by the ventromedial hypothalamus. Nature，289（5796）：401-402

Pocrnich C E，Liu H，Feng M，et al. 2009. P38 mitogen activated protein kinase protects human retinal pigment epithelial cells exposed to oxidative stress. Canadian Journal of Ophthalmology，44（4）：431-436

Polidori M C，Stahl W，Echiler O，et al. 2001. Profiles of antioxidant sin human plasma. Free Radical Biology and Medicine，30（5）：456-462

Pothitirat W，Chomnawang M T，Gritsanapan W. 2010. Anti-acne-inducing bacterial activity of mangosteen fruit rind extracts. Medical Principles and Practice，（19）：281-286

Prasad N R，Jeyanthimala K，Ramachandran S. 2009. Caffeic acid modulates ultraviolet radiation-B induced oxidative damage in human blood lymphocytes. Journal of Photochemistry and Photobiology B: Biology，95（3）：196-203

Rahman I. 2002. Oxidative stress and gene transcription in asthma and chronic obstructive pulmonary disease: antioxidant therapeutic targets. Current Drug Targets-Inflammation & Allergy，1（3）：291-315

Requena T，Monagas M，Pozo-bayonma，et al. 2010. Perspectives of the potential implications of wine polyphenols on human oral and gut microbiota. Trends in Food Science and Technology，21（7）：332-344

Rittié L，Fisher G J. 2002. UV-light-induced signal cascades and skin aging. Ageing Research Reviews，1（4）：705-720

Roginsky V, Barsukova T. 2001. Superoxide dismutase inhibits lipid peroxidation in micelles. Chemistry and physics of lipi, 111 (1): 87-91

Rosa L A D L, Alvarez-parrilla E, González-aguilar G A. 2010. Fruit and Vegetable Phytochemicals: Chemistry, Nutritional Value and Stability. Ames: Blackwell Publishing

Sánchez-Moreno C. 2002. Review: methods used to evaluate the free radical scavenging activity in foods and biological systems. Food Science and Technology International, 8 (3): 121-137

Sartor R B. 2010. Genetics and environmental interactions shape the intestinal microbiome to promote inflammatory bowel disease versus mucosal homeostasis. Gastroenterology, 139 (6): 1816-1819

Sartorelli D S, Franco L J, Cardoso M A. 2008. High intake of fruits and vegetables predicts weight loss in Brazilian overweight adults. Nutrition Research (New York, NY), 28 (4): 233-238

Scalbert A, Manach C, Morand C, et al. 2005. Dietary polyphenols and the prevention of diseases. Critical Reviews in Food Science and Nutrition, 45 (4): 287-306

Scheier L. 2001. Salicylic acid: one more reason to eat your fruits and vegetables. Journal of the American Dietetic Association, 101 (12): 1406-1408

Serafini M, Testa M F, Villano D, et al. 2009. Antioxidant activity of blueberry fruit is impaired by association with milk. Free Radical Biology and Medicine, (46): 769-774

Shalita A R. 1989. Comparison of a salicylic acid cleanser and a benzoyl peroxide wash in the treatment of acne vulgaris. Clinical Therapeutics, 11 (2): 264-267.

Simon V. 2013. Vitamin D and obesity. Nutrients, 5 (3): 949-956

Simopoulos A P. 1989. Executive Summary//Dietary omega-3and omega-6 fatty acids: Biological effects and Nutritional Essentiality. Series A: Life Sciences. NewYork: Plenum Press: 391-402.

Slavin J L. 2005. Dietary fiber and body weight. Nutrition, 21 (3): 411-418

Student A K, Hsu R Y, Lane M D. 1980. Induction of fatty acid synthetase synthesis in differentiating 3T3-L1 preadipocytes. The Journal of Biological Chemistry, 255 (10): 4745-4750

Sugamura K, Keaney J F. 2011. Reactive oxygen species in cardiovascular disease. Free Radical Biology and Medicine, 51 (5): 978-992

Sung N Y, Byun E B, Song D S, et al. 2014. Anti-inflammatory action of γ-irradiated genistein in murine peritoneal macrophage. Radiation Physics and Chemistry, 105 (12): 17-21

Sung P, Faiyaz A, Andrew P, et al. 2012. Resveratrol ameliorates aging-related metabolic phenotypes by inhibiting cAMP phosphodiesterases. Cell, 148 (3): 421-433

Tang L, Lee A H, Su D D, et al. 2014. Fruit and vegetable consumption associated with reduced risk of epithelial ovarian cancer in southern Chinese women. Gynecologic Oncology, 132 (1): 241-247

The Expert Panel. 1988. Report of the national cholesterol education program expert panel on detection, evaluation, and treatment of high blood cholesterol in adults. Archives of Internal Medicine, 148 (1): 36-69

Tomás-Barberán F A, Gil M I. 2008. Improving the health-promoting properties of fruit and vegetable products. Woodhead Publishing

Tracey K J. 2002. The inflammatory reflex. Nature, 420 (6917): 853-859

Vallejo F, Tomas B F A, Ferreres F. 2004. Characterisation of flavonols in broccoli by liquid chromatography-UV diode-array dctection-electrospray ionisation mass spectrometry. Journal of Chromatography A, 1054(1-2): 181-193

van Heek M, Compton D S, Davis H R. 2001. The cholesterol absorption inhibitor, ezetimibe, decreases diet induced hypercholesterolemia in monkeys. European Journal of Pharmacology, 415 (1): 79-84

Wang Q B, Chen Y, Wang X L, et al. 2014. Consumption of fruit, but not vegetables, may reduce risk of gastric cancer: Results from a meta-analysis of cohort studies. European Journal of Cancer, 50 (8): 1498-1509

Wang Y W, Jones P J. 2004. Conjugated linolic acid and obesity control: efficacy and mechanisms. International Journal of Obesity and Related Metabolic Disorders, 28 (8): 941-955

Wang Y, Li F, Wang Z Z, et al. 2015. Fruit and vegetable consumption and risk of lung cancer: A dose–response meta-analysis of prospective cohort studies. Lung Cancer, 88 (2): 124-130.

Wolff G L, Roberts D W, Galbraith D B. 1986. Prenatal determination of obesity, tumor susceptibility, and coat color pattern in viable yellow (Avy/a) mice: The yellow mouse syndrome. Journal of Heredity, 77 (3): 151-158

World Health Organization Databank. 2010. WHO Statistical Information System. Geneva: World Health Organization; Year. Available at: http: //www. who. int/whosis. Last accessed 2/16/2010.

Yamamoto H, Manabe T, Okuyama T. 1990. Apparatus for coupled high-performance liquid chromatography and capillary electrophoresis in the analysis of complex protein mixtures. Journal of Chromatography A, 515: 659-666

Yang B, Wang J S, Zhao M M, et al. 2006. Identification of polysaccharides from pericarp tissues of litchi (Litchi chinensis Sonn.) fruit in relation to their antioxidant activities. Carbohydrate Research, 341 (5): 634-638

Yatsunenko T, Rey F E, Manary M J, et al. 2012. Human gut microbiome viewed across age and geography. Nature, 486 (7402): 222-227.

Yoshiki Y, Iida T, Akiyama Y, et al. 2001. Imaging of hydroperoxide and hydrogen peroxide-scavenging substances by photon emission. Luminescence, 16 (5): 327-335

Zhang H N, He J H, Yuan L, et al. 2003. In vitro and in vivo protective effect of Ganoderma hcidum polysaecharides on alloxan in duced pancreatic islets damage. Life Sciences, 73 (18): 2307

Zhou K, Yu L. 2006. Total phenolic contents and antioxidant properties of commonly consumed vegetables grown in Colorado. LWT-Food Science and Technology, 39 (10): 1155-1162

Zucker L M, Zucker T F. 1961. Fatty, a new mutation in the rat. Journal of Heredity, 52 (6): 275-278

第 3 章　果蔬生理活性物质的影响因素

3.1　采 前 因 素

3.1.1　品种特性

不同种类的果蔬所含的功能成分有较大差异。各种果蔬的功能成分含量见表 3.1。通常认为，青椒和柿子含有较多的维生素 C，但不同颜色辣椒中维生素 C 的含量也不同，可以从 62 mg/100 gFW 到 124 mg/100 gFW；一般来说，青色、红色和橙色品种的维生素 C 含量高于绿色、紫色和白色品种。芒果、甜瓜、橙子则 β-胡萝卜素含量较高；此外，橙色番茄就比红色番茄的类胡萝卜素含量高，而红色品种的番茄红素含量是黄色番茄的 10 倍；46 种不同草莓品种中绿原酸含量最高可以相差 12 倍（Dorais and Ehret，2008）。

1. 桃果实

不同品种桃的果实酚类组成不同。'Corona'桃果实含有绿原酸、新绿原酸、氯化锦葵色素苷、芦丁、槲皮素 3-葡萄糖苷、原花青素和儿茶素等酚酸，'Bolinha'则没有氯化锦葵色素苷，'Halford'没有芦丁和槲皮素 3-葡萄糖苷，'An-dross'、'Kakamas'、'Ross'、'Walgant'、'18-8-23'5 个品种桃果实均不含有氯化锦葵色素苷、芦丁和槲皮素 3-葡萄糖苷。

不同品种桃果肉花色苷的种类也存在差异，桃果实中花色苷种类有矢车菊素3-葡萄糖苷和矢车菊素 3-芸香糖苷，其中红肉桃果肉含有这 2 种花色苷，其他品种桃果实只含矢车菊素 3-葡萄糖苷。

桃果实中各类型酚和各酚类含量在不同品种间普遍存在差异，油桃'Brite Pearl'、'Fire Pearl'高出 10 倍左右，普通桃'Snow King'果肉中的酚酸类和原花青素类的含量最高；在对 6 个普通桃和 6 个油桃的研究中，白肉油桃'Silver Rome'相较其他品种含有高水平的绿原酸、新绿原酸和儿茶素（严娟等，2014）。Chang等（2000）对 15 个品种的桃果肉酚类组分进行了分析对比，发现'Reliance'的绿原酸含量比其他品种高，'El-berta'的新绿原酸、咖啡酸、儿茶素和原花青素 B_3 含量高，其中儿茶素和原花青素 B_3 比'Madison'高 6～9 倍，'Halford'果皮中的绿原酸、新绿原酸、儿茶素和原花青素 B_1 含量均显著高于其他品种。

表 3.1　不同果蔬的生理活性物质单位质量（鲜重，FW）（Dorais and Ehret，2008）

种类	纤维素 (mg/g)	维生素 A (IU/G)	维生素 C (μg/g)	维生素 E (μg/g)	维生素 B$_1$ (μg/g)	维生素 B$_2$ (μg/g)	维生素 B$_3$ (μg/g)	Ca (μg/g)	Fe (μg/g)	K (mg/g)	Na (mg/g)
苹果	24~27	0.53	46~58	1.81	0.14	0.14	0.72	72	1.45	1.15	0
杏	20~23	26.11	100~114	8.90	0.29	0.29	5.71	143	5.71	2.97	微量
鳄梨	50~62	6.21	71~173	19.7~26.45	1.07	1.07	17.86	107	10.71	6.43	0.11
香蕉	24~26	0.81	87~93	1.02	0.42	1.02	5.08	59	3.39	3.96	0.01
黑莓	53	1.65	210	11.70	0.28	0.42	4.17	319	5.56	1.96	0
蓝莓	24~27	1.00	97~131	5.72	0.48	0.48	3.45	62	1.38	0.89	0.06
杨桃	27	4.93	209~344	1.54	0.33	0.22	4.40	44	2.20	1.63	0.02
樱桃	21~23	2.15	71~73	0.73	0.44	0.59	4.41	147	4.41	2.24	0
黄瓜	7	0.74	25~32	0.29	0.17	0.08	0.84	143	1.68	1.48	0.02
葡萄柚	11~16	0.1~2.59	312~382	1.28	0.33	0.16	1.63~2.54	116	0.83	1.38	0
猕猴桃	30~34	1.75	928~974	14.60	0.26	0.53	5.26	263	3.95	3.32	0.05
柠檬	28	0.29	529~534	1.55	0.34	0.17	1.72	259	5.17	1.38	0.02
芒果	18	38.94	278	11.21	0.61	0.55	6.06	103	1.21	1.56	0.02
甜瓜	8	32.24	367~425	—	0.38	0.19	5.63	112	1.88	3.09	0.09
哈密瓜	6	0.40	180~247	—	0.76	0.18	5.88	59	0.59	2.71	0.10
油桃	17	7.36	51~54	7.72	0.15	0.44	9.56	51	1.47	2.12	0
橘子	24	2.05	533	1.83	0.84	0.38	3.05	397	0.76	1.81	0
木瓜	18	2.84	620	7.30	0.29	0.29	3.57	243	0.71	2.57	0.03
桃	15~20	5.35	61~66	7.35	0.20	0.41	10.02	51	1.02	1.97	0

续表

种类	纤维素 (mg/g)	维生素 A (IU/G)	维生素 C (μg/g)	维生素 E (μg/g)	维生素 B₁ (μg/g)	维生素 B₂ (μg/g)	维生素 B₃ (μg/g)	Ca (μg/g)	Fe (μg/g)	K (mg/g)	Na (mg/g)
梨	24~36	0.20	38~42	1.21	0.18	0.42	1.20	108	2.41	1.25	0
菠萝	13	0.23	155~362	0.19	0.90	0.39	4.52	71	3.87	1.13	0.01
车前草	23	11.27	184	1.40	0.50	0.56	6.70	28	6.15	4.99	0.04
李子	15	3.23	91~95	2.57	0.45	0.91	4.55	45	1.52	1.73	0
小南瓜	11	10.82	49	—	0.33	0.78	4.08	151	5.71	2.30	0.01
树莓	65~68	1.30	252~262	8.70	0.33	0.89	8.94	219	5.69	1.52	0
南瓜	11~19	1.96	150~170	1.24	0.62	0.35	5.31	203	4.42	1.95	0.02
草莓	22	0.27	566~592	2.78	0.18	0.66	2.41	138	3.61	1.66	0.01
甜辣椒	17~20	6.32~57	804~1900	5.92~15.8	0.67	0.27	5.37	87	4.70	1.77	0.02
柑橘	18~23	9.2	267~309	2.02	1.07	0.24	1.19	143	1.19	1.57	0.01
西红柿	12	6.23	125~189	5.32	0.61	0.5	6.11	50	4.44	2.22	0.09
西瓜	4~5	3.66	81~99	0.49	0.79	0.2	1.97	79	1.97	1.16	0.02

2. 黄瓜

黄瓜品种分为短果型和长果形，黄瓜果长遗传是多基因控制的数量性状遗传。短果型黄瓜组平均瓜长 24.8 cm，长果型黄瓜组平均瓜长 34.1 cm。研究表明，短果型黄瓜比长果型黄瓜可溶性糖含量高 0.5 个百分点，粗纤维含量低 0.37 个百分点。一般来说，黄瓜可溶性糖含量越高，口食甜味越浓，粗纤维含量越低，瓜肉越细嫩而脆；对不同品种黄瓜的研究发现，不同品种的品质差异明显，津春 4 号黄瓜的维生素 C 和钙含量最高，而铁的含量最低；相比而言，温棚 3 号黄瓜的可溶性总糖和铁含量最高（李红丽等，2007）。

3. 洋葱

洋葱中主要类黄酮为槲皮素衍生物或其单糖苷。对 75 个品种洋葱槲皮素含量进行比较发现，黄皮、粉皮、红皮洋葱的槲皮素含量要远高于白皮品种，例如，红皮品种 20356G、粉皮品种 20352G 总槲皮素含量的最高含量分别为（202.2±12.7）mg/kg FW 和（158.19±8.8）mg/kg FW，而白皮品种鳞茎中槲皮素含量最高只有（1.41±0.17）mg/kg FW，表明品种是影响洋葱槲皮素含量差异的主要原因（陈贵林等，2005）。

4. 西瓜

不同品种西瓜中类胡萝卜素的含量和种类不同。有研究表明，红、黄、桃红、粉与白瓤瓜都含六氢番茄红素、β- 与 ζ-胡萝卜素；除白瓤瓜未发现含番茄红素外，其他颜色的瓜瓤都含有番茄红素，但红瓤瓜中含量最高；此外，在红色与桃红色瓜瓤中还检测到 γ-胡萝卜素，红色与黄色瓤瓜中还分离检测到叶黄素类（赵文恩等，2008）。

3.1.2　环境因素

1. 光照

光照是保证果实品质的重要生态因子，光照强度低，坐果量减少，果实体积变小、品质下降。据报道，光照不足的柑橘园中柑橘叶片变薄，最终导致树体营养不良，果实品质低劣。光照强度高，植物光合作用增强，从而可以提供足够的碳骨架，为莽草酸或苯丙烷途径提供前提，用于次生代谢产物合成。研究表明，遮挡 32%光照栽培的温室番茄，果实花色苷含量下降（Dorais and Ehret，2008）。据报道，果实遮光处理会影响蔗糖代谢，进而对果实中的糖代谢起调节作用；遮光处理后，果皮中蔗糖占总糖量的比率明显提高，汁囊中糖的积累略有减少；这主要有两方面原因，一是由于遮光后果实光合作用受到抑制，没有同化物形成；二是由于遮光后果实对糖分的需要只依赖于叶的光合作用，加剧了果实内各组织之间对同化物分配的竞争，导致汁囊中糖占果实全糖量的比率下降（王贵元，2009）。此外，光照还影响果实着色，在光照低于40%全日照的树冠区，果实着色不良；40%～60%全日照的适光区，果实着色正常；60%全日照以上优质光照区着色最好。研究表明苯丙氨酸解氨酶（PAL）属光诱导酶，光对PAL的诱导是通过光敏素来完成的。而光通过光敏色素诱导出PAL的活性，可能是酶的重新合成，也可能是原有酶的激活。PAL活性的增强，又促进了黄酮类物质的代谢（张光伦，1994）。虽然增加光照有利于果蔬中功能成分的合成，但如果在高温下，光照过强，则会引起日灼伤，造成果蔬功能成分含量下降。有研究显示，高光强会影响番茄果实番茄红素的合成（Dorais and Ehret，2008）。

同时，日照时数对果实的品质影响较大。温州蜜柑可溶性固形物含量、总糖含量与旬日照时数在35.4～67.3 h范围内呈极显著正相关。10月的日照时数与脐橙果实的含糖量呈显著相关性。山田温州蜜柑树冠相对光合有效辐射（PAR）在33%以上的区域、雪柑PAR为22%以上的区域、椪柑PAR为18%以上的区域所结果实品质较好。在江苏吴县的秋季阴雨低温天气中，随着日照时数的增加，温州蜜柑全糖量与酸含量均相应增加，维生素C含量、糖酸比和固酸比等随日照时数的增加而下降。

此外，果蔬中功能成分和光质也有关系。红光更有利于绿熟番茄中类胡萝卜素的合成，而远红外则起到抑制作用。UV-B会导致氧化应激反应，从而诱导果蔬合成大量的具有抗氧化功能的物质，用来保护正常组织（Dorais and Ehret，2008）。

2. 温度

温度直接影响植物的代谢，从而影响功能成分的含量。各种生态因子中，温度是早期研究最多、最重要的因子。果树只有在一定温度条件下才能生存、生长、发育，达到一定产量、品质。温度对果实外观和内质都有重要作用。一般来说，温度升高将会导致果实中维生素C含量减少（Dorais and Ehret，2008）。

大多数柑橘品种在炎热潮湿热带低地，表现为果个大、风味淡、含糖量高、含酸量低、色泽不良、果皮粗糙等，风味不如亚热带地区，市场吸引力差。我国甜橙在日均气温大于10℃、活动积温低于8000℃时，随年积温增加，含糖量和糖酸比升高，含维生素C量逐渐降低（张光伦，1994）。

同时，温度还是影响果实色泽的重要因素。番茄红素能在12～21℃下合成，β-胡萝卜素在杏中最佳的合成温度是15～21℃，而对于生长在热带的木瓜来说，最大合成温度在30℃。对苹果而言，低温下果皮因呼吸作用而消化的碳水化合物减少，花青素合成的前提物质增加，从而可以促进花青素的合成，高温则会降低 PAL 的活性，从而抑制花青素合成。

昼夜温差同样影响着果实中功能成分的含量，亚热带秋冬季夜间凉爽，多数柑橘品种的果汁和可溶性固形物含量增多，同时还能加速叶绿素分解和类胡萝卜素合成（张光伦，1994）。昼夜温差大，可以增加草莓中酚酸和类黄酮的含量（Dorais and Ehret，2008）。

3. 土壤

土壤是仅次于气候对果实品质起重要生态作用的自然生态因素，其中以无机营养和水分影响的研究较多。叶片含 N 量每增加 1%，果实着色率下降 31%。钾含量高的柑橘果个，着色增加，果皮厚度和肉质粗糙度改良，酸和维生素 C 含量增加，但果汁总量、可溶性固形物含量和糖酸比降低（张光伦，1994）。据报道，氮、磷、钾施用量分别为中等水平时，番茄果实中维生素 C 含量最高，而施用量过低或过高，都使番茄中的维生素 C 含量降低（李远新等，1997）。

4. 地形

据报道，在一定范围内，苹果果实的糖、酸、维生素 C 和可溶性固形物含量随海拔高度升高而增加，色泽和形状发育良好，L/D 增大，果皮蜡层增厚，果胶酶活性降低，果实硬度增加，耐贮性和抗逆性增强，在生态最适带高度范围内达最佳。如我国横断山脉区中、北段多在 1900～2800 m，西北黄土高原多在 1000～1500 m，成为山地果树区划发展和栽培技术的基本依据。坡向或沟（谷）向的作用，则以南（阳）坡、背风坡或高山峡谷的东西沟（谷）向比北（阴）坡、迎风坡或南北沟（谷）向者，果实色泽艳丽，果面光洁，糖、酸和维生素 C 含量高，香甜味浓，品质优良（张光伦，1994）。

5. 水

水主要影响果实的大小、质地、汁水、风味等。适度灌水的梨果实含糖量较低，酸和水含量差异不大，纤维素和石细胞较少，质地脆嫩；而降水过多者，果面光洁度、着色、品质和耐贮性差，病虫害重（张光伦，1994）。

水分胁迫对果实花青素的积累有促进效应。采收时期对葡萄施加水分胁迫可以使果实中总花青素含量提高 37%～57%；干旱处理可明显提高葡萄果实中的花青素含量；调亏灌溉可明显提高桃果实的可溶性固形物含量，并且能有效促进果实着色。但果实采收前大量灌水不利于果实的着色，这主要是因为采收前大量灌水会降低果实的含糖量，而果实含糖量与果实着色有密切关系。糖是果实花青素苷的组分之一，而一般情况下果实中花青素苷的含量随着糖含量的增加而增加。

"玫瑰露"葡萄的糖含量达到 14%时，其果实着色才好，而"康可"葡萄的含糖量低于 8%时不利于果实着色。

据报道，干旱胁迫和衰老均可导致苹果抗坏血酸代谢发生改变，提高苹果抗坏血酸合成和再生能力，维持抗坏血酸含量和氧化还原状态的平衡，可提高苹果抵御胁迫的能力，但随着氧化胁迫程度的加强，其含量和相关代谢酶活性开始下降；水分胁迫下的鲜食葡萄果实的维生素 C 含量有 15.3%～42.2%的提高；适度的水分胁迫可以提高番茄果实可溶性固形物、总糖、维生素 C、有机酸含量，且控制灌水量还可提高水分利用率（熊江等，2014）。

3.1.3　农业技术措施

1. 反光膜

铺设反光膜可促进果实着色、提高果实的品质，目前在苹果、柑橘、梨、葡萄、枇杷等果树生产上得到了广泛的应用。铺设反光膜可以改善整个果园尤其是树冠下部及内膛的光照条件，促进光合作用的增加，增加花青素合成酶的活性，促进叶绿素的降解，从而使这些部位的果实尤其是果实不易着色的部位充分着色，增加着色果（Dorais and Ehret，2008）。红星苹果树盘覆盖反光膜对不同冠层入射光的影响不大，但下层反射光强度可显著增强，盖膜树下部果实的着色指数显著高于对照，整株全红果率平均比对照增加 59.8%；秋季在地膜上再加反光膜，既能控水，又能增加光照，提高果实着色，明显改善品质，全树果色为橘红色（对照为淡绿黄色），尤其是中下部、内膛果与对照相比效果十分明显；红象牙芒果铺设反光膜后，树冠中、下部果实（离地 80 cm）及果实背阴面的着色面积比对照增加 150%（王利芬和朱军贞，2011）。其他研究结果也表明，行间铺设反光膜可改善树冠温度和光照，从而提高桃果实酚酸和原花青素的积累（严娟等，2014）。

2. 套袋

套袋可以减少果实病虫害、机械伤、日灼伤和裂果的发生，可以改变果实微环境，如温度、相对湿度、二氧化碳、氧气、乙烯和光照等，从而引起果实功能成分含量的变化。据报道，套袋的遮光作用可使果实花青苷合成酶、PAL、查尔酮合成酶（CHS）等酶的表达受到抑制，花青素合成受阻，叶绿素和简单酚类的合成也受到抑制，果皮黄化。不套袋桃果实花青素的含量是套袋果实的 4.5 倍。但若在采收前能将果实去袋，则花青素的合成不受影响，这是由于套袋后花青苷的前体物质，如原花色素、糖、受光体、光合酶仍然充足。这些前体物质可通过其他途径合成。套袋果实去袋后，PAL 含量迅速升高，花青苷及其前体物质的合成积累也迅速增加（Dorais and Ehret，2008）。

据报道，与未套袋的绿色果实相比，套袋的黄化苹果需少量光辐射就能形成大量花青苷。去袋后 13 h，花青苷合成酶被激活，4～8 d 后果实着色超过不套袋果；套袋的黄化苹果在去袋后，表皮和亚表皮几乎同时形成花青苷，而不套袋的果实首先在表皮形成花青苷，然后随着果实成熟，花青苷合成部位渐渐内移；但因果皮变薄和着色时间短等原因，虽着色迅速均匀，果皮中花青苷总量一般不及对照果，贮藏后可能出现褪色现象（赵志磊等，2003）。研究表明，富士苹果花后 40～50 d 套双层纸袋后叶绿素含量迅速下降，到采前降到最低水平，未套袋果的果皮叶绿素含量尽管也随果实的发育逐渐降低，但至采收前其含量为套袋果实的 2 倍。套袋果的花青苷含量开始时较低，其光吸收度仅为 32.3/100 cm^2，去袋后 10 d 花青苷含量迅速升高，光吸收度达到 60/100 cm^2，一直到采收仍然继续增加。未套袋果皮的花青苷含量虽然也随果实发育逐渐增加，但至采收时花青苷含量仍较低，仅为套袋果的一半（王文江和孙建设，1996）。

类似地，套袋显著抑制了桃果实生长过程中酚酸和黄烷醇的合成，但并不影响成熟果实中的含量，采前拆袋和未套袋果实的酚酸和黄烷醇含量没有差异；相比而言，套袋可增加成熟果实花色苷和黄酮醇的积累，采前拆袋果实中花色苷和黄酮醇的含量显著高于未套袋果，其中采前拆袋果实花色苷含量为未套袋的 1.74 倍（严娟等，2014）。

3. 嫁接

嫁接可以提高果蔬对低温、高盐等逆境的抗性，有利于营养物质的吸收利用，可以增加植株的活力，延长采收期，提高果实的品质和营养价值。

以西瓜为例，N 型南瓜砧木嫁接可以显著提高西瓜果实维生素 C 含量，提高幅度达 33%；而以京欣砧 1 号（葫芦）、超丰 F1（葫芦）、黑籽南瓜、京欣砧 2 号（南瓜）为砧木，嫁接抗裂京欣西瓜，对果实维生素 C 含量影响不大；同样地，以南瓜杂交种 PS 1313 为砧木的嫁接西瓜果实还原型抗坏血酸含量与自根西瓜无显著差异，但氧化态抗坏血酸和总抗坏血酸（氧化态抗坏血酸+还原态抗坏血酸）含量分别比自根西瓜高 13%和 7%；野生西瓜、三丰瓠瓜、葫芦型砧木中砧 1 号、海砧 2 号和中砧 25 号嫁接则显著降低了西瓜果实维生素 C 含量，其中三丰瓠瓜嫁接比自根西瓜降低了 71%；以世纪星白籽南瓜作砧木嫁接薄皮甜瓜，成熟果实中维生素 C 含量比自根甜瓜降低；在一定的条件下，嫁接甜瓜维生素 C 含量高于自根甜瓜，其中南瓜砧木圣炎甜砧嫁接提高幅度达到 67%（黄远等，2012）。

此外，以野生西瓜和葫芦为砧木嫁接，无籽西瓜果实番茄红素含量分别提高了 10%和 30%。；以南瓜杂交种 PS 1313 为砧木嫁接,西瓜番茄红素含量增加 40%，高的番茄红素含量可能与较高的钾素吸收有关。嫁接还可以提高西瓜果实氨基酸含量，尤其是瓜氨酸含量，增幅达 35%；葫芦砧木将军和三丰瓠瓜嫁接西瓜果实总游离氨基酸含量分别增加了 18%和 34%；然而，以京欣砧 1 号（葫芦）、超丰F1（葫芦）、黑籽南瓜、京欣砧 2 号（南瓜）为砧木嫁接则降低了西瓜果实中总游离氨基酸含量；在甜瓜上的研究表明，以白籽南瓜圣砧 1 号为砧木嫁接，大部分果实游离氨基酸含量降低，果实品质下降（黄远等，2012）。

　　不同的砧穗组合还能影响果实中酚类的积累。嫁接于砧木 GF677、'Penta'和 'Montclar'上的桃果实果肉中酚酸含量均基本相同；而 'Montclar'果实的花色苷含量比其他两种砧木高；嫁接于 'Penta'果实的原花青素含量最高（严娟等，2014）。

　　对于黄瓜来说，用黑籽南瓜嫁接，嫁接苗所产的黄瓜每 100 g 鲜重总氨基酸含量比自根苗少 0.06 g。嫁接后谷氨酸、胱氨酸、异亮氨酸、蛋氨酸、酪氨酸有不同程度的下降，尤其是谷氨酸。谷氨酸是形成鲜味的主要成分，谷氨酸的这种变化可能是嫁接后风味降低的主要原因之一。另外，嫁接后含量增加的氨基酸有颉氨酸、亮氨酸、苯丙氨酸、脯氨酸等。嫁接苗黄瓜与自根苗黄瓜相比，维生素C 含量相同，蛋白质高出 4.8%，总糖增加 5.8%（李红丽等，2007）。

　　4. 肥料

　　钾缺乏或过量均会导致叶绿素含量的降低，使光合电子传递及光合磷酸化受阻，从而影响果树的光合作用。钾一方面可以增加叶片叶绿素含量，促进果树的光合作用，增加碳水化合物数量，为果树合成更多的同化产物提供条件；另一方面可以促进蛋白质的活性，提高树体和果实中的蛋白质含量，这是因为植物氮代谢中的关键酶——天冬酰胺酶可被 K^+ 活化，而且钾对蛋白质合成的关键环节——氮的吸收和运输也有重要的影响。钾可以促进果实中的淀粉向糖转化，从而提高果实含糖量。另外，钾能促进光合产物的运转，对氮代谢起协同作用（Dorais and Ehret，2008）。此外，钾是氨酰-tRNA 合成酶、多肽合成酶、硝酸还原酶等的活化剂，因此增施钾肥能显著提高果实干物质含量，而且在供钾良好的条件下形成的高能物质还可促进次生代谢，如促进维生素 C 的合成。据报道，施钾可以提高脐橙果实维生素 C 的含量，施钾处理的果实可溶性固形物含量比不施钾处理的提高 1.1 个百分点。对葡萄、梨、桃增施钾肥后，果实中的可溶性糖和维生素 C 含量比不施钾的高，其中，可溶性糖含量分别提高 0.9%、0.3%、1.1%，维生素 C 含量分别提高 0.1 mg/kg、3.7 mg/kg、0.8 mg/kg，同时酸度降低。对富士苹果树施钾可显著提高果皮花青素含量和果实着色指数，这是由于钾有利于可溶性糖的形成，为进一步合成花青素提供了物质条件，而果皮中花青素含量越高，红色果实的着色度就越高（孙骞等，2006）。随着钾肥施用量的增加，西瓜果实的维生素 C、糖含量有所提高（汤谌等，2009）。然而钾的施肥量达到一定程度后，继续施钾则效果不明显（Dorais and Ehret，2008）。

氮素是果实生长的基础，一定范围内，随着施氮量的增加，含糖量增加，维生素 C 也增加，但是过量，则会造成枝叶繁茂，遮挡阳光，进而影响果蔬中功能成分的合成，还会降低坐果率，而且会增加果皮厚度，降低可食率和含糖量。偏施氮肥，甜瓜的甜度显著降低，从而影响果实的品质；随着氮肥施用量的增加，虽然单瓜重略有增加，但收获时烂瓜数增多，导致商品瓜产量降低（李红丽等，2007）。一定范围内随着施氮量的增加，甜瓜果实含糖量和维生素 C 也增加，但是施肥过量就有下降趋势（汤谌等，2009）。不同形态氮素有一定的影响。氨态氮可以造成土壤酸化，从而可以增加果实中铁、锌和钙等矿质元素的含量，而硝态氮则会造成土壤碱化，从而起到反作用（Dorais and Ehret，2008）。

许多试验表明，果实组织中维持较高的钙水平可以更长时间地保持果实硬度，降低呼吸速率，抑制乙烯产生，促进蛋白质合成，减少冷害发生，从而延长果实贮藏寿命，提高果实商品价值。钙对苹果品质的影响远比氮、磷、钾、镁重要，许多果实的生理失调症状都与缺钙有密切关系。例如，苹果的苦痘病、水心病、果肉内部溃败、鸭梨黑心病、柑橘浮皮病、甜樱桃及荔枝裂果、果肉空腔式凹陷、糊状种子、团块结构等都认为与果实中钙不足有关。钙也影响果实的其他性质，如维生素 C 含量、香味物质的产生等（张承林，1996）。叶面喷施钙可增加番茄红素的含量（Dorais and Ehret，2008）。钙能够使黄瓜中可溶性糖的含量提高134.5%～166.9%，钙的含量提高 33.3%～79.2%，但对维生素 C 和镁的含量没有影响；在黄棕壤型酸性土施用钙肥和镁肥，可显著提高番茄果实中抗坏血酸和还原糖的含量（李红丽等，2007）。

5. 留果量

留果量对酚类积累的影响还不是很明确。Buendía 等（2008）报道留果量对酚含量没有显著影响，低留果量仅仅轻微提高了果皮中花色苷的含量；而 Andreotti 等（2008）的研究则显示酚酸和黄烷酮的含量与留果量成负相关，这可能是由于低留果量在提高糖、有机酸等初生代谢产物的同时，可以显著提高次生代谢产物酚类的富集，或者是果量少而同化物丰富，从而削弱了初生代谢产物和次生代谢产物之间的平衡。

6. 植物生长调节剂

乙烯、茉莉酸甲酯、生长素（IAA）、赤霉素（GA）和脱落酸（ABA）都是重要的植物生长调节剂，对果蔬的生长、发育和品质形成具有重要作用。乙烯可以通过调控乙烯受体基因，增加果实中花青素的含量。采前喷施茉莉酸甲酯，可增加树莓中总酚和类黄酮的含量，同时还能提高果实的抗氧化能力（Dorais and Ehret，2008）。施用外源 IAA 可以减轻和延缓网纹甜瓜植株早衰，提升果实品质并增加产量；嫁接往往导致品质下降，通过用不同浓度的 GA 和 ABA 在嫁接西瓜坐果后对果实进行喷施处理，可不同程度地提高可溶性糖含量（汤谧等，2009）。

对于葡萄来说，体内及外源激素会影响葡萄浆果中花青苷和叶绿素的含量，使用植物生长调节剂对葡萄果实着色起到一定的调控作用。在果实着色时用乙烯利喷布或浸果穗，可促进果实成熟与着色，用浓度在 500 mg/L 以上的乙烯利处理能加速有机酸的分解，促进果实着色，而外源 ABA 处理效果则比乙烯利更明显；无核葡萄花前用 GA3 处理花序，也可加快着色，并且对果实着色度有增加趋势，藤稔葡萄、‘Sovereign Coronation’也有相似的结果，但采前 3 个月喷施 10 mg/L 的 GA3 可明显抑制着色过程；N-(2-chlor-4-pyridy1)-N'-phenylurea（CPPU）是一种细胞分裂素类的植物生长调节剂，可以调节植物花青苷的产生，对其起到抑制作用，对葡萄果实上色度的负影响较大，花后用 CPPU 处理的确可以推迟果实开始着色的时期 2～3 d，但果实最终着色整齐，且着色期缩短，CPPU+GA 配合使用则可以起到更好的着色效果（郁松林等，2008）。

植物生长调节剂对果实着色调控体现在两方面：一是花前施用 GA3、6-BA 能起到疏果的作用，在一定程度上改善光照条件，可促进果实着色；另一方面则是对葡萄果实成熟的调控，早期的研究认为，内源 ABA 水平是启动葡萄果实进入始熟期的信号，而果实内 IAA 水平降低是浆果着色的根本原因，这一观点在后来的研究中得到证明：果实发育后期的 ABA 水平的提高与 IAA 水平的降低均能刺激植物体产生乙烯，从而增强 PAL 活性以及细胞膜透性，促进糖向细胞内运转，对花色苷的合成和积累可能起到直接效应。在果实发育早期使用植物生长调节剂 GA、CTK 均可调节其发育后期内源 ABA 和 IAA 水平，从而调控着色。在后期施用外源 GA 和 CTK 则可能调节了果实内源 CTK、GA 水平，抑制果实中叶绿素降解，对花色素苷合成能起到延迟作用。由于葡萄是无呼吸高峰的果实，成熟期乙烯含量减少，此时外源乙烯、ABA 能增加其呼吸强度，促进成熟，这也可能与花青苷的合成有关，ABA、乙烯可增强葡萄果皮中花色素苷生物合成的控制点——类黄酮 3, 5-糖苷转化酶（UFGT）的基因表达作用，并增加 CHLASE1 mRNA 的含量和叶绿素酶的合成。另外，糖作为花色素苷合成的一种原料，其代谢和积累受 IAA、ABA、GA、CTK 的调控，因此植物生长调节剂也可能直接通过刺激果实内源激素来完成对糖的调控，进而影响着色。葡萄果实风味品质还包括维生素 C、酚类、氨基酸、芳香物质等方面，其合成的基础原料是果实蔗糖、果糖及葡萄糖，其代谢与果实糖、酸代谢也密切相关，植物生长调节剂既然能对葡萄果实的糖分、有机酸的积累起到一定的调控作用，必然也会在某种程度上影响这些品质的形成（郁松林等，2008）。

番茄果实的功能成分同样受到植物生长调节剂的调控，与自然成熟的果实相比，用乙烯利进行株上涂抹和采后浸果两种方式催熟的果实中维生素 C 和番茄红素含量均显著降低，而且株上催熟的果实中维生素 C 和番茄红素的含量要明显高于采后催熟的，但 3 种方式成熟的果实中可溶性固形物、总糖、滴定酸的含量均无显著差异（李红丽等，2007）。

3.2　采　　收

果实的品质一般包括感官品质、风味品质及营养品质等，采收成熟度不同，果实的品质也会存在很大差异。不同成熟度果实，决定色泽的各种物质含量也不尽相同。杏和桃果实中的维生素 C 含量随着成熟度的增加而增加，而苹果、芒果则反之。未成熟的柑橘果实的维生素 C 含量高于成熟果实（Dorais and Ehret，2008）。成熟度低的枣果皮叶绿素的含量高于成熟度高的果实，但在存放过程中，二者叶绿素的含量均有下降；对于菱角果实，储运中成熟度低的果实皮部完整厚实，叶绿素和花青素只有轻微的降解，易保持良好的新鲜状态；采后树莓在贮藏过程中第 2 d 起初熟果实表观颜色比适熟和完熟果实更加鲜艳，但随着时间的变化，果实逐渐失去光泽，由光亮变得灰暗；采收时的外观绿色稍微减退，阳面少量着色的桃果实，在低温贮藏中红色没有明显变化，但随着采收期的延迟，其红色变化速度明显加快（高豪杰等，2012）。伴随桃果实成熟，酚酸类（绿原酸、新绿原酸、绿原酸甲酯）和黄烷醇（儿茶素、表儿茶素、原花色素）的含量逐渐下降，黄酮醇（槲皮素糖苷、山柰酚糖苷、异鼠李素糖苷）在果实发育早期含量较高，而后逐渐降低，果实着色初期骤然上升，到成熟后期又急剧下降；Redhaven 桃的花色苷含量随果实发育逐渐升高，其他酚酸类（绿原酸、新绿原酸、原花青素 B_2、槲皮素 3-葡萄糖苷、槲皮素 3-半乳糖苷、槲皮素 3-芸香苷、矢车菊 3-葡萄糖苷和矢车菊 3-芸香糖苷）的含量存在波动，但均表现为在花后 94 d 达最高，花后 100 d 有所下降，成熟时再次升高，其中矢车菊 3-葡萄糖苷和矢车菊 3-芸香糖苷在成熟时含量升高了约 10 倍（严娟等，2014）。

不同采收期的蔬菜中类黄酮含量差异也很大。造成生菜、苣麦菜、韭葱中类黄酮含量差异的主要原因是季节变化，这 3 种蔬菜夏季采收比其他季节采收时类黄酮含量要高出 3～5 倍；不同采收期樱桃番茄中槲皮素含量差异明显；但在紫甘蓝中，季节变化对类黄酮含量的影响非常小（陈贵林等，2005）。辣椒要在绿熟期采收，此时果实形状、蜡质、硬度、光泽和耐藏性都好，如果采收的辣椒成熟度太低，在储运过程中将会快速失水萎蔫（高豪杰等，2012）。李燕等（2010）对不同成熟度辣椒的维生素 C 含量的测定表明，福椒 3 号、4 号的红熟果的维生素 C 含量高于绿熟果；强丰 7301 和辣丰 3 号的红熟果维生素 C 含量低于绿熟果。龙眼果实，随着成熟度的增加，其总糖、总酸和维生素 C 含量都有所变化。欧洲酸樱桃果实在中期采收时可溶性固形物的含量最高，风味品质最好。番茄果实中的番茄红素从绿熟期的 0.1 μg/g FW 增加到红熟期的 70 μg/g FW，但完全转红后，番茄红素不再合成，果实还会腐烂变软，品质下降。

枸杞子为茄科植物宁夏枸杞的干燥成熟果实。采收于 8 月中旬～11 月中旬的 7 个韩国枸杞子品种，其中 5 种粗蛋白、粗脂、灰分和甜菜碱含量随着采收期的延迟而增加，总糖、总多酚和提取物随着采收期的延迟而降低。沙棘为药食两用植物，通过对 3 年内 4 个沙棘品种在成熟期间生育酚和生育三烯酚的含量测定显示，采收期、品种和年份不同，生育酚和生育三烯酚含量有较大波动。在成熟早期 α-生育酚水平较高；成熟后期，δ-生育酚水平逐渐增高；而在成熟期间不同胡萝卜素含量逐渐增加，根据品种、采收期和年份的不同，含量范围为 120～1 425 μg/g（DW 总类胡萝卜素）；在浆果成熟期，脱镁叶绿酸 A 和叶绿素 A 衍生物含量逐步降低，因此脱镁叶绿酸 A 可作为判断沙棘成熟程度的指标。梨是"百果之宗"，对梨皮的乙醇-二氯甲烷粗提物以链格孢分生孢子进行 TLC 生物分析发现，在膨大期、采收期和采后冷藏 100 d，palmitate methyl、oleic acid methyl、linolenic acid methyl 和三十碳六烯存在于各个采收阶段，而在果皮膨大阶段含量最高，随着果实的发育又快速降低；采收期及采后 100 d 冷藏期果皮中 phthalate alkyl esters 含量较高。橘子在成熟和幼果阶段采收所得的橘皮，经干燥分别为中药陈皮和青皮；对茶枝柑、大红袍和朱橘 3 个品种橘皮的 HPLC 指纹图谱研究发现，7 月是青皮最佳采收时间，而 11 月、12 月采收陈皮较好（戴一，2012）。

采收成熟度对果实香气成分的释放起着调控作用。对于未成熟的葡萄果实几乎检测不到香气成分，随着果实成熟度的提高，其芳香物质的含量逐渐上升。黄中透红的枇杷果实香味优于青果和黄果；对于樱桃果实，随着采收成熟度的提高，酸类、乙醇和酮类成分含量逐渐上升。草莓果实，红熟期时酯类化合物的含量是粉熟期的 4 倍，而醇类化合物则有所下降。采收成熟度不同，果实的香气成分含量及种类都会发生变化（高豪杰等，2012）。

3.3　采 后 处 理

采后处理的目的是使果蔬能够尽快适应其采后生理要求的环境，从而尽可能保持果蔬原有的外观、新鲜度和营养价值（谢国芳等，2012）。控制果蔬采后损失的措施主要有：①减缓其衰老进程，一般通过抑制呼吸作用来实现；②抑制微生物，主要通过控制腐败菌的生长来实现；③减少内部水分蒸发，主要通过对环境相对湿度的控制和细胞间水分的结构化来实现（魏香奕等，2007）。采后处理对果蔬生理活性物质有重要影响，这种影响通常是通过改变生理活性物质区域化分布和其代谢有关酶而实现的。

3.3.1　物理处理

1. 热处理

热处理是指在采后以适宜温度（一般在 35～50℃）处理果蔬，以杀死或抑制病原菌的活动，降低果蔬的呼吸作用，抑制乙烯的产生，钝化某些酶的活性，改变果蔬表面结构特性，诱导果蔬的抗逆性，从而减少果蔬采后贮藏过程中的腐烂，达到延长保鲜期的技术。常用的热处理方法有热水浸泡处理、热蒸汽处理、强力热空气处理等，具有无化学残留、安全高效、简便易行、耗能低、无污染等优点（谭兴和等，2003）。

1）热处理对果蔬抗氧化酶活性的影响

热处理能增加逆境条件下果蔬活性氧清除酶活性和维持内源抗氧化体系的稳定性，通过调节活性氧代谢平衡来抑制活性氧的大量产生，从而减轻活性氧对果蔬组织细胞膜结构的损坏，延缓采后果蔬的衰老。例如，经热空气（45℃、3 h）处理的 Selva 草莓 SOD、APX 的活性并没有立即受到影响，但在 0℃贮藏 14 d 则快速增加，表明热空气处理可改变 Selva 草莓的活性氧代谢，减轻果实产生过量活性氧对果实造成的伤害（Vicente et al.，2006）；类似地，经 42℃热水处理 60 min 和 48℃热水处理 30 min 后的黄瓜放入薄膜袋中在 2℃条件下冷藏 3 周，可提高 SOD 和 CAT 的活性，降低超氧阴离子和 H_2O_2 的产生速率（侯建设等，2004）。

2）热处理对果蔬酚类物质的影响

新鲜果蔬在贮藏过程中的褐变主要是由酚类物质的酶促褐变引起的。酶促褐变的底物主要为酚类物质，涉及的酶有 PAL、多酚氧化酶（PPO）和过氧化物酶（POD）等，其中 PAL 与酚类物质的生物合成直接相关，PPO 和 POD 则与酚类化合物氧化有关。酚类物质及酚酶在细胞中的区室化分布通过一系列完整的膜系统来实现，当遭受逆境胁迫时，果蔬组织的细胞膜结构和功能首先受到伤害，细胞膜透性增大，加速细胞膜结构完整性的破坏，引起膜系统区室化功能丧失，导致酚酶和褐变底物接触，从而引起果蔬组织褐变发生。

用 45℃、24 h 热空气处理茄子，在 4℃贮藏 6 d，对照果实总酚含量高于热处理果实，可知，热处理可有效抑制茄子果实采后酚类物质积累的下降（赵云峰等，2012）。Guilin 荸荠放入沸水浴 30 s 后进行鲜切，于 4℃贮藏 12 d，其总酚含量下降程度和 PAL、PPO、POD 活性可得到显著抑制（孔祥佳等，2011）。50℃热水处理 10 min 可有效降低龙眼果实在 15℃贮藏期间的果皮褐变指数，使皮保持较高的总酚含量，这可能与降低果皮 PPO 和 POD 活性，提高果皮 PAL 活性有关（赵云峰等，2014）。

3）热处理对果蔬花青素的影响

花青素对 pH、温度、光照、金属离子十分敏感，稳定性差。研究表明，10 s、20 s 热蒸汽处理能够明显抑制 4℃低温冷藏 12 d 内草莓果实的花青素积累，但是，更长时间（30 s 和 40 s）的热蒸汽处理则导致果实热伤害（杜正顺等，2009）。

4）热处理对果蔬维生素 C 的影响

采用 48℃的热空气处理青椒 30 min 后，置常温（18～20℃）条件下贮藏 24 d，热空气处理延缓了维生素 C 含量的下降（王静等，2008）。

5）热处理对果蔬品质及活性氧代谢影响的综合评价

最近，我们利用多变量解析法系统考察了采后热空气处理对"法兰地"草莓在 3℃贮藏期间果实品质及活性氧代谢的影响。单因素方差分析表明，热处理 60 min 可有效降低草莓贮藏后期腐烂指数、固酸比和 MDA 含量，提高贮藏 14 d 时总酸和蛋白质的含量，同时还相应提高了贮藏后期 CAT、PPO、POD 以及贮藏前期 SOD 的活性。相比而言，热处理 30 min 可有效降低贮藏 7 d 时果实的 b^* 和 L^* 值，并显著提升 14 d 时果实总黄酮及 GSH 含量。热处理 45 min 则对于提升贮藏前期的果实总抗氧化能力以及后期的果实总酚含量更为有效。主成分分析结果显示，热处理 60 min 对草莓果实 b^* 值、总酸含量、CAT、APX 活性、腐烂指数、呼吸强度有显著影响。结合偏最小二乘法回归及通径分析可知，草莓腐烂指数与过氧化氢、固酸比以及 a^* 值呈显著正相关，与总酸、pH、b^* 值呈显著负相关（李健等，2013）。

2. 预冷处理

预冷处理是将准备冷藏、冷运的果实在采收后立即进行冷却处理，以减少果实在田间的受热时间。预冷可降低果蔬采后的呼吸强度、抑制酶和乙烯的释放、降低果蔬生理代谢率、减少生理病害（吕盛坪等，2013）。

预冷要求达到的温度，一般略高于该果实冷藏最适温度，具有冷却速度快、效果均匀、能耗低、产品不会受到污染等特点（谭兴和等，2003）。当前应用较为广泛的预冷技术主要有差压预冷、冷水预冷、冰水预冷、空气对流预冷和真空预冷等。

1）预冷处理对果蔬抗氧化酶的影响

研究表明，冷冲击处理（−18℃、10 min）的青椒在常温贮藏期间有着较低的 POD 活性和 MDA 含量（唐文等，2010）。此外，进行立即预冷（1.0℃±1.0℃）的荷兰豆置于 3% O_2+5% CO_2、1℃贮藏，在出库后的 2 d 常温货架期期间具有较高的 POD、SOD 活力，同时超氧阴离子和 MDA 含量保持在较低水平（Karapinar and Sengun，2007）。

2）预冷处理对维生素 C 的影响

青花菜中含有丰富的维生素 C，但青花菜在 5℃贮藏 30 d 内含量是呈现降低趋势的，而真空预冷（终温 5℃左右）青花菜维生素 C 含量更高，这可能是因为真空冷却处理抑制了青花菜维生素 C 代谢相关酶的活性（刘芬等，2009）。另有研究表明，真空预冷（真空度为 0.08～0.1 MPa、温度 0～2℃)）、0℃冰水预冷和 0～2℃冷库自然预冷均可减缓芦笋在随后贮藏期间（0～2℃，20 d）维生素 C 的下降（陈杭君等，2007）。草莓和蟠桃在真空预冷（终压 300Pa）后于 4℃冷藏 8 d，维生素 C 含量的降低速度均低于未经预冷处理的对照组（鄂晓雪等，2014）。

3）预冷处理对果蔬品质及活性氧代谢影响的综合评价

黑莓真空预冷处理（10℃、1 h）后在 0℃贮藏 21 d，果实的色泽 L^*、a^*、b^* 值和可溶性固形物的升高受到抑制，LOX 活性以及花青素的升高被推迟，同时总还原能力得到提高，表明真空预冷处理可有效延缓黑莓果实的品质劣变（赵茜等，2010）。

3. 紫外照射处理

紫外照射处理能够消毒并延缓微生物的生长，因此可以延长园艺产品的采后货架期，其波长可在 100～400 nm，而这一区间还可以进一步分为 UV-A（315～400 nm）、UV-B（280～315 nm）、UV-C（200～280 nm）三个波长段。其中 UV-C 段在低剂量下可以产生良好的抑制病原菌作用。

1）紫外照射处理对维生素 C 含量的影响

维生素 C 是果汁和果蔬中最不稳定的生物活性化合物，在鲜切芒果贮藏过程中，较长时间的紫外线辐照对维护维生素 C 有负面的影响，经过辐照的鲜切芒果中维生素 C 含量显著降低，这是由于紫外线辐照时间的增加引起维生素 C 的氧化增加（González-Aguilar et al.，2007）。

2）紫外照射处理对酚类物质含量的影响

在 5℃下贮藏，紫外处理 10 min 的鲜切芒果的总酚含量最高，其次依次为处理 5 min、3 min、1 min 的果实，即紫外线照射时间对鲜切芒果总酚含量具有积极的作用并具有浓度效应（González-Aguilar et al.，2007）。类似地，紫外线处理 12 h 后的草莓比未经辐照的具有更高的酚类化合物增量和 PAL 活性。紫外线照射导致的总酚含量增加，主要归因于 PAL 活性增加（Pan et al.，2004）。在紫外照射处理葡萄时，会诱导二苯乙烯类化合物（主要是白藜芦醇）的产生（Cantos et al.，2000）。

3）紫外照射处理对黄酮类含量的影响

紫外照射 10 min 和 5 min 的鲜切芒果片在 5℃贮藏 3 d 后黄酮类物质含量迅速增加，并在贮藏期间连续增加，而对照果实黄酮类物质含量保持不变（González-Aguilar et al.，2007）。但紫外线处理对葡萄和石榴中的花青素含量没有明显影响

（López-Rubira et al.，2005）。

4）紫外照射处理对类胡萝卜素含量的影响

紫外照射会破坏类胡萝卜素的稳定性（孙明奇等，2007）。研究发现，果蔬中 β-胡萝卜素含量受辐照和贮藏时间的影响，紫外照射 10 min 和 5 min 可使鲜切芒果中 β-鲜胡萝卜素含量大量减少，其次是紫外线辐照 3 min 和 1 min 的果实（González-Aguilar et al.，2007）。

5）紫外照射对果蔬品质及活性氧代谢影响的综合评价

研究表明，采后常温（20℃）贮藏过程（7 d）中，蒜薹的呼吸强度上升、光泽降低、颜色泛黄，导致蒜薹的品质降低，紫外照射处理加速了蒜薹劣变过程，其中处理 15 min 的效果最显著。主成分分析发现，$a*$、$b*$ 是影响紫外照射处理对蒜薹劣变作用的主要决定指标，H_2O_2 含量，SOD、MDA、PPO 活性，总酚、花青素、GSH 含量是主要决定指标。相关性分析、偏最小二乘回归分析和通径分析的结果都表明：H_2O_2 含量与 SOD 活性呈显著正相关，与总酚含量呈显著负相关；可食率与 DPPH 自由基清除能力呈显著正相关，与 GSH、MDA 和花青素含量呈显著负相关（王友升等，2014）。

3.3.2 化学处理

1. 臭氧处理

当用一定浓度的臭氧处理果实时，可使果蔬表皮气孔关闭，从而减少水分的蒸腾和养分消耗，改变果蔬的采后生理状态。臭氧还可快速氧化分解乙烯，最后生成二氧化碳和水，因而臭氧在延长果蔬的贮藏期方面发挥了重要的作用（杨晓光等，2009）。此外，臭氧作为一种强氧化型杀菌剂，其氧化强度是氯的 1.5 倍，杀菌速度是氯的 600～3000 倍，而且比氯有更宽的杀菌谱，对各种致病性微生物均具有极强的杀灭效果（王秋芳等，2010）。

1）臭氧处理对果蔬的抗氧化酶活性的影响

定期用 7 mg/m³ 的臭氧对 0℃贮藏的红富士苹果进行处理，在贮藏 6 个月期间臭氧处理可保持苹果中较高的 POD 活性（牛锐敏等，2009）。

2）臭氧处理对果蔬类黄酮的影响

臭氧水处理的荔枝果皮类黄酮含量在贮藏过程中有一段较长的平稳期，并高于对照，这说明臭氧水延缓了荔枝果皮类黄酮含量的下降（胡位荣等，2005）。

3）臭氧处理对果蔬花色素苷的影响

臭氧水能够影响荔枝果皮花色素苷的含量，经不同浓度（1.0 mg/L、0.5 mg/L和 0.25 mg/L）的臭氧水浸泡 5 min 后，荔枝在 0℃贮藏 35 d 内花色素苷含量的下降趋势得到不同程度的减缓（胡位荣等，2005）。用 0.574 mg/mL 的臭氧处理草莓

30 s，可抑制其在 2℃贮藏 18 d 期间花青素的降解（龚吉军等，2010）。

4）臭氧处理对果蔬白藜芦醇的影响

将无核白葡萄置于不同臭氧浓度（3.88 g/L 和 1.67 g/h）的气体中处理 1～5 h，4℃贮藏 14 d 后可诱导二苯乙烯类化合物（主要是白藜芦醇）的生物合成（Beltrán et al.，2005）。但由于高臭氧浓度和较长的接触时间会导致果实感官性状降低，所以不建议使用这种方法来提高鲜葡萄中白藜芦醇含量，但这种处理适用于葡萄汁及其衍生产品。

5）臭氧处理对果蔬维生素 C 的影响

经 1.00～1.99 mg/L 的臭氧水处理，−1℃贮藏 75 d 后，可显著减缓冬枣中维生素 C 含量的下降（杨晓光等，2009）；经 5 L/min O_3 处理 3 min 后，常温贮藏 4 d 的草莓中维生素 C 含量得到了不同程度的保持（耿胜荣等，2003）；臭氧处理（21.04 mg/m³、44.62 mg/m³、81.41 mg/m³、131.14 mg/m³）可不同程度地延缓−0.5～0.5℃条件下贮藏 98 d 期间葡萄维生素 C 含量的下降（谢晶等，2008）。然而，采用 7 mg/m³ 臭氧处理红富士苹果后，在 0℃贮藏 180 d 期间，维生素 C 含量低于对照果（牛锐敏等，2009）。

2. 1-甲基环丙烯处理

1-甲基环丙烯（1-methylcyclopropene，1-MCP）是一种环丙烯类化合物，为含双键的环状碳氢化合物，在常温下以气体状态存在，无异味，沸点为 10℃，在液体状态下不太稳定。它是一种新型的乙烯作用抑制剂，它能不可逆地作用于乙烯受体，从而阻断与乙烯的正常结合，抑制其所诱导的与果实后熟相关的一系列生理生化反应，能明显延缓呼吸跃变型果蔬的后熟，但对非呼吸跃变型果蔬的影响却有所不同，不仅无显著影响，有时甚至会促进乙烯的产生和腐烂（陈金印和刘康，2008）。

1）1-MCP 对果蔬总糖量的影响

茅林春等（2004）研究发现，用 1～10 μL/L 1-MCP 熏蒸杨梅后置于 20℃下贮藏，5 d 后处理的杨梅果蔬总糖与对照比无显著性差异。

2）1-MCP 对果蔬酚类物质的影响

在 26～30℃贮藏 9 d 后，相比于对照组，1 μL/L 1-MCP 熏蒸 12 h 显著促进了杏果实总酚含量的增加（郭香风等，2006）。在 0℃冷库贮藏至 14 周时，经 8 μL/L 1-MCP 熏蒸 24 h 的梨果实的总酚含量比对照含量高 22.4%（赵科军等，2008）。

3）1-MCP 对果蔬类黄酮物质的影响

杏果实室温贮藏中（9 d），1-MCP 处理对采后果实中类黄酮的积累有促进作用（郭香风等，2006）；8 μL/L 1-MCP 处理还可提高 0℃贮藏 14 周时梨的类黄酮含量（赵科军等，2008）。

4）1-MCP 对果蔬维生素 C 的影响

不同浓度（0.5 μL/L、1.0 μL/L、1.5 μL/L）的 1-MCP 均可抑制 15℃条件下贮藏第 10 d 时柿果维生素 C 含量的下降（马冲等，2008）。另外，0.2～0.8 μL/L 1-MCP 处理能够减少 0～2℃条件下贮藏 96 h 后桑葚果实维生素 C 的分解与转化（霍宪起，2011）。

5）1-MCP 对果蔬品质及活性氧代谢影响的综合评价

5 μg/L 的 1-MCP 可延缓李果实 20℃与 0℃贮藏及货架时期的硬度下降，而主成分分析结果显示，硬度及色泽可显著区分李果实 0℃、20℃贮藏以及货架期的品质；20℃贮藏时，1-MCP 处理对李果实的影响主要表现在提高了 SSC，对李果实色泽比的影响在贮藏 18 d 后也较为显著；0℃贮藏 104 d 时，1-MCP 对李果实 SSC 的影响最为显著，通过主成分分析构建的综合评价模型可知，1-MCP 提高了 0℃贮藏及货架期期间李果实的综合品质（郭晓敏等，2010a）。

用 5 μg/L 的 1-MCP 处理黑莓（20℃、24 h），在 0℃贮藏 21 d 后 1-MCP 处理抑制了黑莓果实色泽 $L*$、$a*$、$b*$值和可溶性固形物的升高，推迟了 LOX 活性、花青素含量的上升，降低了 MDA 的积累和总还原能力，说明 1-MCP 可有效延缓黑莓果实的品质劣变（赵茜等，2010）。

在 1℃贮藏期间及货架期期间，1-MCP（5～15μL/L）可有效延缓蓝莓好果率下降，抑制呼吸速率、pH、GSH 和 MDA 含量的升高；在贮藏前期，15μL/L 1-MCP 可显著促进蓝莓果实 H_2O_2 含量降低，而贮藏 47 d 时，1-MCP 有效延缓了 H_2O_2 含量下降。主成分分析结果表明，在贮藏前期，5μL/L 1-MCP 影响蓝莓果实 PPO、POD 活性和 MDA 含量的变化，且在随后货架期期间，对蓝莓果实 pH、呼吸速率、GSH 含量以及 CAT 活性的影响较为显著；贮藏后期，蓝莓果实 POD 活性和 MDA 含量主要受 15μL/L 1-MCP 影响，而在货架期后期，5μL/L 1-MCP 对好果率和 APX、LOX、SOD 活性变化影响较大。偏最小二乘分析与通径分析的结果表明，APX、LOX 和 SOD 活性是影响蓝莓果实好果率的关键因子；呼吸速率、MDA 和蛋白质含量对好果率的影响主要通过 CAT 活性和 GSH 含量体现；H_2O_2 含量则主要受 CAT 和 SOD 活性变化的影响，且 MDA 对蓝莓果实 H_2O_2 含量的影响主要通过 GSH 含量体现（王友升等，2013）。

3. 茉莉酸甲酯

茉莉酸甲酯（methyl jasmonate，Me JA）作为与损伤相关的植物激素和信号分子，广泛存在于植物体内，已经基于其可以诱导植物化学防御外源的原理而应用于保鲜。研究发现，经 22.4 mg/L 茉莉酸甲酯熏蒸（20℃，24 h）的草莓，在 7.5℃低温贮藏 12 d，果实中酚类物质含量一直高于未经处理的果实（Ayala et al.，2005）。

4. 水杨酸

水杨酸（SA）是一种新的植物内源激素，对抑制乙烯合成具有重要的作用，研究表明施用 SA 可提高多种果品的保鲜效果（Babalar et al.，2007；Xu and Tian，2008）。

1）SA 对果蔬糖类的影响

用 0.1～0.3 g/L 水杨酸处理柑橘果实，然后在温度为（7±1）℃、湿度为 85%～90% 的条件下贮藏，果实中总糖的下降得到延缓（王淑娟等，2012）。

2）SA 对果蔬维生素 C 的影响

用水杨酸处理（0.1～0.3 g/L）柑橘果实，可延缓 7℃、湿度为 85%～90% 的条件下贮藏的果实维生素 C 的下降，保持了果实的品质（王淑娟等，2012）。

3）水杨酸对果蔬品质及活性氧代谢影响的综合评价

主成分分析结果显示，20℃贮藏时，1 mmol/L 的水杨酸及其与 1-MCP（5 μg/L）复配处理对李果实的影响主要表现在提高 SSC，对李果实色泽比的影响在贮藏 18 d 后也较为显著；0℃贮藏 104 d 时，水杨酸及其与 1-MCP 的复配处理对李果实 SSC 的影响最为显著；通过主成分分析构建的综合评价模型可知，水杨酸及其与 1-MCP 的复配处理显著延缓了 20℃贮藏及货架期期间李果实品质的劣变（郭晓敏等，2010a）。

5. 钙处理

钙离子对果蔬保鲜的作用具体表现为：钙离子能够抑制多种细胞壁酶活性，限制细胞壁酶对果实软化的影响；外源钙参与细胞壁的形成，增加果实细胞壁中 Ca^{2+} 的含量和盐桥数量，增加原果胶的聚合度，从而明显抑制中胶层过早地溶解，维持细胞壁结构的完整性（张进献等，2006）。

1）钙处理对果蔬酚类物质的影响

4% $CaCl_2$ 处理的皇冠梨在 0℃冷藏 120 d 内果皮中具有较低的酚类物质含量，从而减少了酚类物质的氧化（Xua et al.，2006）。

2）钙处理对果蔬中维生素 C 含量的影响

0.2% $CaCl_2$ 处理能明显减缓常温贮藏 5 d 后番茄果实中维生素 C 含量的降低（陈莉等，2009）。

3）钙处理对果蔬有机酸含量的影响

用浓度为 10%、15% 的 $CaCl_2$ 处理采后番茄，于 25℃贮藏 16 d 后，较高浓度的 $CaCl_2$ 对采后番茄有机酸下降有较明显的抑制作用（陈书霞等，2006）。

4）钙处理对果蔬品质及活性氧代谢影响的综合评价

10 mmol/L 的氯化钙和丙酸钙处理均能有效降低于 20℃贮藏 12 d 后李果实

的发病率，其中氯化钙的作用效果更显著，但对果皮与果肉色泽没有显著影响；10 mmol/L 的乳酸钙则可加速李果实的病害发生，降低李果皮 a*值、果肉 L*值与 b*值，提高果肉 a*值；三种钙处理均诱导了采后李果实过氧化氢含量的积累，加剧了总抗氧化能力、超氧阴离子自由基清除能力、DPPH 自由基清除能力的下降，提高了羟自由基清除能力，但李果实的腐烂率与过氧化氢含量和总抗氧化能力之间不存在显著相关性。李果实总抗氧化能力、超氧阴离子以及 DPPH 自由基清除能力与总酚、总黄酮含量呈极显著正相关（郭晓敏等，2010c）。

6. 壳聚糖涂膜保鲜

以壳聚糖为保鲜膜，具有可选择的透气性、较低的透水性，能阻隔外界环境的有害影响。

1）壳聚糖涂膜对果蔬抗氧化酶活性的影响

0.75 g/L 壳聚糖处理，0℃条件下贮藏 20 d 的梅杏果实可获得较高的 POD、SOD、CAT 等保护酶的活性（江英等，2010）。

2）壳聚糖涂膜对果蔬花青素的影响

用壳聚糖处理草莓，发现花青素的含量明显降低，说明壳聚糖处理果蔬有利于延缓果蔬的转色（邹良栋，1999）。

3）壳聚糖涂膜对果蔬维生素 C 的影响

2%壳聚糖涂膜可以抑制采后"珍珠"番石榴果实维生素 C 含量的下降（刘玉清和谢冬娣，2007）。壳聚糖能够有效延缓出库红富士苹果维生素 C 的损失，能较好地保持红富士苹果品质（王颖等，2012）。经壳聚糖浸泡处理后的葡萄果实，在（4±1）℃条件下贮藏 25 d 后，维生素 C 含量为 2.3 mg/100 g，显著高于对照果实（胡晓亮，2011）。

3.3.3　生物防治

果蔬采后病害生防拮抗微生物主要包括细菌、霉菌和酵母菌等，其中酵母菌由于拮抗效果好、营养需求低、安全性高，引起越来越多的关注。

1. 拮抗酵母对果蔬抗氧化酶的影响

运用拮抗酵母菌罗伦隐球酵母（*Cryptococcus laurentii*）和茉莉酮酸甲酯来处理柑橘，结果表明，经过该处理的柑橘 POD 和 CAT 活性都增加了（Guo et al.，2014）。单独拮抗酵母菌处理与结合水杨酸处理均能提高草莓果实 POD、CAT、SOD、APX、PAL 和 β-1,3-葡聚糖酶等活性氧防御酶系的活性（秦晓杰等，2013）。研究表明，单独接种病原菌 *Monilinia fructicola* 或拮抗菌 *C. laurentii*+*M. fructicola* 均能诱导甜樱桃果实超氧化物歧化酶（SOD）、过氧化氢酶（CAT）和过氧化物酶（POD）

活性升高并加速脂质过氧化作用，但与病原菌 *Monilinia fructicola* 相比，拮抗酵母菌 *C. laurentii* 对甜樱桃果实的抗氧化酶体系、脂质过氧化程度以及 PPO 同工酶谱的作用效果相对较弱（王友升和田世平，2007）。

2. 拮抗酵母菌对果蔬维生素 C 的影响

用 *C. laurentii* 喷洒的草莓在 4℃放置 12 d 后，发现可延迟维生素 C 的减少（Wei et al.，2014）。但研究表明，接种 *C. laurentii* 或 *C. laurentii*+*M.fructicola* 均能降低桃果实中还原型维生素 C 的含量，暗示果实中还原型维生素 C 受到不同程度的氧化。相比而言，单独接种拮抗酵母菌 *C. laurentii* 的桃果实中还原型维生素 C 含量在整个实验期间始终保持在最终水平，表明还原型维生素 C 被氧化程度最高（王友升，2012）。

3. 拮抗酵母菌对果蔬次生代谢产物的影响

拮抗酵母菌 *Pichia menbranefacies* 可诱导柑橘果实 POD 活性升高，并促进柑橘果实酚类和黄酮类抗氧化物质生成，从而抑制柑橘 *Pencilium italicum* 和 *Penicilium digitatum* 病害的发生（Luo et al.，2012）。*Candida famata* 在防治柑橘绿霉菌的过程中，可诱导果实产生 6,7-二甲氧基香豆素和 7-羟基-6-甲氧基香豆素，且其浓度受拮抗酵母菌与病原菌接种时间先后的影响：先于 *P. digitatum* 24 h 接种 *C. famata* 时，在接种 96 h 后果实中 6,7-二甲氧基香豆素和 7-羟基-6-甲氧基香豆素含量可高达 189 μg/g 和 37 μg/g FW。而 *P. digitatum* 与 *C. famata* 同时接种时，果实中 6,7-二甲氧基香豆素和 7-羟基-6-甲氧基香豆素含量减少为 47 μg/g 和 11 μg/g。只接种 *P.digitatum* 时果实仅有少量 6,7-二甲氧基香豆素产生（Arras，1996）。*Pichia guilliermondii* 在防治红辣椒炭疽病 *Colletotrichum capsicg* 的过程中，可诱导果实产生甜椒醇，接种 72 h 后果实中甜椒醇含量高达 58 μg/g FW（Nantawanit et al.，2010）。

3.4　贮　　藏

3.4.1　低温贮藏

果蔬的代谢速率在一定范围内与储存温度有直接关系，较低的温度可以降低呼吸速率及其他生理代谢速率，同时也能抑制贮藏期间腐败病原菌的生长，从而延长果蔬贮藏寿命（Lamikanra and Imam，2005）。采后贮藏的最佳温度因产品品种和成熟度不同而不同，如马铃薯的最佳温度为 4～6℃，热带果蔬产品的最佳温度为 7～14℃（Tomás-Barberán and Gil，2008）。低于最适温度，代谢途径不同，将导致冷害的发生，最终可能会导致细胞死亡和组织崩溃，从而影响果蔬的生理活性物质的组成。

1. 低温贮藏对果蔬氨基酸的影响

冰温（−0.5℃，相对湿度 85%）贮藏 35 d，甜瓜所含的人体必需氨基酸、鲜味氨基酸、甜味氨基酸均有不同程度的增加，主要原因是在冰点温度附近甜瓜会释放水溶性分子而切断蛋白质，引起蛋白质降解为氨基酸（申江等，2009）。在（0±1）℃贮藏时，核桃果实氨基酸总量、必需氨基酸、味觉氨基酸及药效氨基酸含量均在贮藏 30 d 时升至最高，之后保持下降趋势，这种变化趋势的幅度受品种的影响较大（马艳萍等，2013）。与采后直接常温自然后熟的南果梨相比，经过冷藏的果实出库后在常温下后熟至最佳食用期时氨基酸总量无显著差异，但异亮氨酸、半胱氨酸和亮氨酸含量有所提高，缬氨酸、丙氨酸和蛋氨酸含量有所降低（张丽萍，2013）。

2. 低温贮藏对果蔬酚类的影响

在 5℃和 10℃贮藏 13 d，草莓中酚类物质含量会持续增加，但在 0℃下贮藏时，草莓中的酚类物质无变化，说明贮藏温度对草莓中酚类物质有很大的影响（Ayala et al.，2004）。'Jonagold' 苹果在 0℃贮藏 120 d 总酚含量由 520 mg/100 g 增加到 600 mg/100 g，随后再在 16℃贮藏 7 d 后总酚含量提高到 640 mg/100 g，而 'S'ampion' 苹果仅在转入 16℃冷藏 7 d 后才表现出酚类物质的积累，表明冷藏对果实酚类物质的影响与品种有关（Leja et al.，2003）。类似地，在（6±1）℃贮藏 65 d 后，3 个柑橘品种中酚类物质含量显著升高，而另外 2 种柑橘中酚类含量不变或下降（Rapisarda et al.，2008）。当贮藏于 1℃下 7 d 后，莴苣和菊苣中黄酮醇苷的含量下降了 7%～46%，下降的速度也因品种而不同（DuPont et al.，2000）。

3. 低温贮藏对果蔬胡萝卜素的影响

据报道，冷藏（0℃、6 个月）不影响胡萝卜中 α-胡萝卜素、β-胡萝卜素和类胡萝卜素的含量（Koca and Karadeniz，2008）；然而，在短期储存时，如果胡萝卜失水（多达 11%），胡萝卜素含量会降低（Zude et al.，2007）。红肉脐橙在 4～6℃下约 3 个月后，果肉中 β-胡萝卜素含量比采收时增加了 77%，表明红肉脐橙果实在冷藏后仍在合成 β-胡萝卜素（王璠等，2007）。类似地，当芒果先贮藏在 5℃，然后在 20℃后熟时，胡萝卜素含量会增加（Talcott et al.，2005）。

4. 低温贮藏对果蔬花青素的影响

在 0℃和 5℃条件下贮藏 5 d 后，草莓的花青素含量呈下降趋势，但在 10℃冷藏下果实中花青素含量显著增加。在−18℃冻藏 6 个月的蓝莓，与采收时相比，花青素损失了 59%（Reque et al.，2014）。在 0℃贮藏 120 d 后，两个品种（Jonagold 和 S'ampion）苹果花青素的含量分别由 158 mg/100 g、160 mg/100 g 减少为 119 mg/100 g、103 mg/100 g（Lejia et al.，2003）。红树莓在 4℃贮藏 3 d，然后在 10℃存放 24 h，花青素水平没有任何变化（Mullen et al.，2002）。

5. 低温贮藏对维生素 C 的影响

维生素 C 的损失程度与温度有关，此类研究在酸性水果如柑橘类中研究得多，因为维生素 C 在酸性环境下更稳定。一些果蔬如香蕉、菠萝在低温下极易遭受冷害，而冷害会加速寒冷敏感作物维生素 C 含量的损失（Lee and Kader，2000）。在不同温度（3℃、5℃、8℃）贮藏 7 周后，哈密瓜果实中维生素 C 含量均呈下降趋势，其中 3℃环境中的哈密瓜维生素 C 含量最低，同时冷害率最高（刘同业等，2015）。

6. 低温贮藏对果蔬挥发性物质的影响

在 4℃低温条件下储存 70 h 后，从早熟桃果肉和果核中部位分别测得 21 种和 16 种挥发性物质成分，与常温（20℃）的果实相比，低温下挥发性物质种类较少，含量较低，但乙醛、癸醛和 2-己烯醛含量高于常温，说明低温同时抑制了桃果肉和果核中香气物质的挥发（陈华君等，2005）。冷藏 3 个月后南果梨香气成分的相对百分含量比对照果实减少了 10.51%，冷藏 5 个月后则减少了 17.89%，说明冷藏对梨果实香气的产生有一定的抑制作用，这种抑制作用是通过降低脂肪酸的含量和钝化 LOX、氢过氧化物裂解酶（HPL）、醇酰基转移酶（AAT）的活性来实现的（张丽萍，2013）。

7. 低温贮藏对果蔬葡萄糖异硫氰酸盐的影响

葡萄糖异硫氰酸盐是许多蔬菜特别是十字花科蔬菜中大量出现的次生代谢产物。研究证实，低温（<4℃）可以保持较高的葡萄糖异硫氰酸盐的含量，可能原因是通过维持细胞的完整性，从而防止硫代葡萄糖苷与芥子酶的混合（Jones et al.，2006）。据报道，在 1℃下长期储存 100～115 d 的白菜中葡萄糖异硫氰酸盐总含量不变（Nilsson et al.，2006）；于 4℃贮藏 7 d 后，西兰花中的甲基亚磺酰丁基葡萄糖异硫氰酸盐也没有损失，但在 20℃下贮藏期间减少了 50%（Rangkadilok et al.，2002）。

西兰花、白萝卜、球茎甘蓝种子芽的葡萄糖异硫氰酸盐含量在贮藏期间（4℃）呈现出总的稳定趋势（Force et al.，2007）。然而，在芝麻菜的芽叶（Force et al.，2007）和莴苣（Kim and Ishii，2007）中发现，冷藏过程中硫代葡萄糖苷含量并不稳定。

8. 低温对果蔬品质及活性氧代谢影响的综合评价

我们研究了不同贮藏温度下李果实品质以及近果皮与近果核部位果肉抗氧化能力的变化。结果表明，与在 20℃贮藏时相比，2℃贮藏可显著延缓李果实硬度、超氧阴离子自由基、羟自由基和 DPPH 自由基清除能力的降低，以及 pH、总抗氧化能力、总酚和总黄酮含量的升高；相关性分析的结果表明，李果实中酚类、黄酮类物质含量与总抗氧化能力具有极显著相关性（$P<0.01$）；李果实近果皮及近果核处果肉的总抗氧化能力、羟自由基清除能力、总酚及总黄酮含量均存在显著性差异；李果实 SSC 与近果皮果肉总抗氧化能力、清除超氧阴离子自由基及 DPPH自由基能力、总酚含量的相关系数大于近果核，而 pH 与近果核处总抗氧化能力、清除超氧阴离子自由基及羟自由基能力、总酚及总黄酮含量的相关系数大于近果皮果肉。李果采后品质劣变可能与清除超氧阴离子自由基、羟自由基及 DPPH 自由基能力的降低有关（郭晓敏等，2010b）。

3.4.2　气调贮藏

气调贮藏（controled atomosphere，CA），是通过调整在采后贮藏及运输过程中果蔬所处的环境中气体组分、温度、湿度等因素，来抑制果蔬新陈代谢的速度，从而延长果蔬保鲜期。CA 具有保藏效果好、贮藏时间长、安全无污染等特点。CA 主要分为气调库贮藏和自发气调保鲜（modified atmosphere packaging，MAP），后者主要是通过调节保鲜袋内的特定气体环境来实现保鲜效果的。由于CA 贮藏的氧浓度往往只在厌氧呼吸的交界点之上，这意味着当氧化还原状态的辅酶 NADH-NAD 和 NADPH-NADP$^+$的氧化还原状态或磷酸化状态变化为腺苷磷酸盐低氧水平时，代谢途径的速率发生改变。因此，CA 可以改变果蔬活性成分的代谢。

1. CA 贮藏对果蔬糖类的影响

在 CA 贮藏条件下，糖类的含量会发生变化。枇杷在温度为 8～10℃、气体组分为 [（6%～8% O_2）＋（4%～6% CO_2）] 的贮藏环境时总糖含量始终保持在较高水平，贮藏 53 d 后比对照高 5%，在 [（8%～10% O_2）＋（6%～8% CO_2）]气调环境的枇杷总糖含量则表现为下降趋势，贮藏 53 d 时总糖比对照低 17%，说明高氧、高二氧化碳加速了枇杷贮藏过程中糖的消耗（何志刚等，2004）。在（0±0.5）℃、相对湿度 90%～95%贮藏环境中，杏果还原糖含量呈现前期上升后期下降的趋势，气调贮藏（2% O_2+10% CO_2+88% N_2）能减缓杏果贮藏 90 d后还原糖含量的下降（王伟，2007）。

有关贮藏条件对膳食纤维影响的研究中，已报道 CA 对小白菜（Wennberg et al.，2002，2003）、胡萝卜（Nyman et al.，2005）、洋葱（Marlett，2000；Benkeblia and Shiomi，2006）、苹果（Marlett，2000；Suni et al.，2000）和土豆（Mullin et al.，1993）的影响较小，但对芦笋（Redondo et al.，1997；Villanueva et al.，1999）的影响较大。

2. CA 贮藏对果蔬蛋白质的影响

调节金针菇包装袋内不同氧气含量（1%～5%），置于（2±1）℃、相对湿度 95%冷库贮藏，结果表明，与对照相比，低氧环境可以有效抑制金针菇蛋白质及游离氨基酸含量的下降（边晓琳，2010）。采用气调保鲜（3～6℃、85%～95%湿度、O_2 浓度 3 vol %～5 vol %、CO_2 浓度 3 vol %～5 vol %）贮藏荔枝，其初期（0 d）氨基酸总量为 2.93 mg/g，贮藏 42 d 后，荔枝果实中氨基酸总量增加到 3.13 mg/g（陈卓慧等，2013）。

3. CA 对果蔬酚类的影响

苹果是有关酚含量研究中最多的水果，已有多篇文献报道表明苹果中酚类物质含量在长期低温（<4℃）气调环境中贮藏会相对稳定（Awad and Jager，2003；Golding et al.，2001）。相反，Jonagold 和 S'ampion 苹果在 CA（2% O_2+2% CO_2）、10℃贮藏 120 d 再在 16℃下放置 7 d 后，总酚含量显著增加（Leja et al.，2003）。

'Rocha' 梨在 CA [2% O_2+（0～5% CO_2）]、2℃贮藏 4 个月，对羟基肉桂酸衍生物和黄酮的含量保持稳定，但黄烷-3-醇水平下降，熊果苷浓度随贮藏时间延长而增加（Galvis et al.，2004）。鸭梨果实在 17℃贮藏 28 d 贮藏期，MAP 增加了果实黑心病发生率的同时，减少了总酚的含量；同时，MAP 贮藏增加了果实 PPO 的活性，抑制了果实内 CAT 和 APX 活性，提高了 MDA 和 H_2O_2 的含量（李健等，2013）。

利用 MAP 方法处理的鲜食葡萄 'Superior seedless' 在 0℃贮藏 7 d 随后 8℃贮藏 4 d 后，酚类化合物含量没有变化，但在模拟货架期（20℃，2 d）有轻微下降（Artes-Hernandez et al.，2006）。提高 O_2 浓度可诱导贮藏期间草莓初始阶段产生的酚类化合物的积累，但在长时间贮藏处理时，O_2 也可以促进酚类化合物的氧化（Zheng et al.，2007）。在 5℃储存 35 d 后，相比于 40% O_2 或正常的空气，60%～100% O_2 处理的高丛蓝莓中总酚含量显著增加（Zheng et al.，2003）。

4. CA 对果蔬花青素的影响

在 5℃下高氧环境中贮藏的草莓花青素含量减少，这是由于在高氧浓度下花青素作为抗氧化色素抑制基本活动，从而导致一定的消耗（Ayala et al.，2007）。

5. CA 对果蔬维生素 C 的影响

将梨果实经过 3 周的预冷（−1℃）处理后再转入 CA（2.5% O_2, 0.7% CO_2, −1℃）贮藏 17 周，其维生素 C 含量缓慢降低。（Franck et al., 2003）。

用非穿孔的或微穿孔的聚丙烯薄膜包装西兰花，内部充入（5% O_2+6% CO_2）或（14% O_2+2.5% CO_2），均储存在 1℃，21 d 后气调包装贮藏的西兰花中维生素 C 的损失与对照相比减少了一半（Serrano et al., 2006）。

6. CA 对果蔬葡萄糖异硫氰酸盐的影响

O_2 浓度不低于 1% 的 CA 可以有效保持青花菜品质，但 CA 对硫苷含量的影响仍然不确定（Jones et al., 2006）。西兰花在 5℃ 以上，高氧气 CA[21% O_2+（10%~20% CO_2）] 贮藏 5 d 促进了硫代葡萄糖苷含量的升高，而在 20 d 内，低 O_2 浓度 CA 处理 [1% O_2+（0~10% CO_2）]，引起甲基亚磺酰丁基芥子油苷含量持续下降（Xu et al., 2006）。相反，低温 CA（1.5% O_2+6% CO_2）贮藏 25 d 的西兰花中萝卜硫苷的含量显著高于正常空气中的蔬菜（Rangkadilok et al., 2002）。在 0℃空气或 CA 贮藏（3% O_2+5% CO_2）贮藏 56 d 的西兰花、芥子油苷分布无差异，但在空气中贮藏的样品芥子油苷水平增加（Hodges et al., 2006）。

在 1℃储存 7 d 后，再转入 15℃下贮藏 3 d，采用薄膜包裹的西兰花 48%~65% 的甲基亚磺酰丁基葡萄糖异硫氰酸盐和 71%~80%的总芥子油苷流失（Vailejo et al., 2003）。

在 8℃下气调处理 7 d，以芸薹属蔬菜中葡萄糖异硫氰酸盐含量的保留为评价指标，发现（8% O_2+14% CO_2）是迷你西兰花最合适的环境，而（1% O_2+21% CO_2）更适合小菜花，说明这些小型蔬菜应各自采用适宜的 MAP（Schreiner et al., 2006）。

3.4.3 减压贮藏

减压保鲜技术具有"快速降氧、快速降压、快速降温"的特点，可使采收后的果蔬尽快散掉田间热和呼吸热，能有效降低果蔬呼吸代谢、减少微生物危害及生理病害的发生，延长果蔬的保鲜期。

1. 减压贮藏对果蔬糖类的影响

采用三阶段减压贮藏（2~4℃，相对湿度 85%~95%）绿芦笋，即前 3 d 真空压力（绝对压力）控制在 10~20 kPa，之后 1 周真空压力控制在 20~30 kPa，其后真空压力保持在 35~50 kPa 的三阶段减压贮藏保鲜过程，结果表明，贮藏 50 d 内减压处理可显著抑制绿芦笋还原糖向非还原糖、膳食纤维的转化（李文香等，2007）。经 2 个月的减压贮藏（70～80 kPa、20℃、湿度为 50%左右）后，茭白仍能保持较高的可溶性总糖水平（房祥军等，2013）。在 -1～2.5℃、80 kPa 贮藏条件下，减压贮藏能够抑制大铃铛枣贮藏 60 d 内还原糖量的上升（周拥军等，2005）。

2. 减压贮藏对蛋白质的影响

茭白在 2℃、湿度 50%左右、70～80 kPa 压力下贮藏 2 个月后，POD、PAL 和肉桂醇脱氢酶（cinnamyl-alcohol dehydrogenase，CAD）的活性维持在较低水平，木纤化程度较轻，保持了茭白独特的商品价值（房祥军等，2013）。

在 (0±0.5) ℃冷藏时，两种减压贮藏条件（50～60 kPa，20～30 kPa）均能够有效保持黄花梨果实 SOD 活性，并抑制 CAT 活性的上升（陈文恒等，2004）。

菜花在 (1.0±0.5) ℃条件下贮藏 40 d，处理压力为 60.7 kPa 时 PPO 和 POD 活性分别比对照降低了 28.8%和 32.7%（刁小琴等，2011）。

经三阶段减压贮藏（2～4℃，相对湿度 85%～95%）的绿芦笋，与常压样品相比，其可溶性蛋白的降解、总游离氨基酸的积累均得到延缓（李文香等，2007）。

3. 减压贮藏对果蔬酚类物质的影响

杨梅在（2±0.5）℃贮藏的前 3 d，减压处理［(85±5) kPa、(55±5) kPa、(15±5) kPa］与对照组差异不显著，从第 6 d 开始，减压组果实总酚含量开始上升，并显著高于对照，说明减压诱导了杨梅果实总酚的产生（成龙杰，2011）。

4. 减压贮藏对果蔬类胡萝卜素的影响

在常压和减压两种贮藏条件下，绿芦笋类胡萝卜素的含量均随着贮藏时间的延长呈下降趋势，比较而言，常压冷藏条件下类胡萝卜素下降速度较快，贮藏 25 d 后其类胡萝卜素含量与入储当天相比下降了 47.91%，而三阶段减压贮藏条件下类胡萝卜素含量下降速度不到常压冷藏下的 50%，说明三阶段减压贮藏工艺能显著降低类胡萝卜素的降解速率（李文香等，2007）。

5. 减压贮藏对果蔬维生素 C 的影响

黄花梨在常压贮藏前期（0.5℃）维生素 C 含量下降缓慢，40 d 后开始急剧下降，90 d 时仅为初始的 24.5%，减压贮藏则可明显减少维生素 C 的损失，处理 A（50～60 kPa）和 B（20～30 kPa）贮藏 90 d 后，维生素 C 含量分别为初始时的 58.5% 和 67.9%（陈文恒等，2004）。

　　0.01～0.03 MPa 低压下，冬枣的维生素 C 含量总是显著高于常压对照，低压使冬枣维生素 C 含量最大值的出现推迟 12 d，至第 96 d 时低压枣果的维生素 C 含量比常压高出 46.55 mg/100 g，说明低压有效地保持了枣果维生素 C 的含量，提高了枣果食用品质与商品价值（薛梦林等，2003）。

　　菜花在（1.0±0.5）℃条件下贮藏 40 d，处理压力为 60.7 kPa 时，维生素 C 含量比对照果实高 55.6%（刁小琴等，2011）。在 2～4℃、相对湿度 85%～95%的环境贮藏至 25 d，三阶段减压贮藏条件下维生素 C 保持率可达 72.38%，而常压冷藏条件下维生素 C 保持率仅为 32.86%，说明三阶段减压贮藏能显著抑制维生素 C 的降解，提高绿芦笋的保鲜品质（李文香等，2007）。

　　减压处理（20 d）和减压预处理（12 h、24 h）可延缓水蜜桃维生素 C 含量的下降，尤其是减压能明显抑制其下降，可能由于减压可抑制抗坏血酸氧化酶的活性，同时低氧浓度及低温环境能减少对维生素 C 的破坏而保持相对较高的含量（杨曙光等，2014）。

6. 减压贮藏对果蔬品质及活性氧代谢影响的综合评价

　　综合主成分分析、偏最小二乘回归分析、通径分析以及相关性分析探讨减压处理对草莓果实氧化及抗氧化活性的影响。结果表明，两种减压处理（51.3 kPa 和 76.3 kPa）均抑制了贮藏前期草莓腐烂指数的增加，相对而言，76.3 kPa 的作用效果更为显著。此外，减压处理还提高了贮藏 2 d 时果实中 GSH 的含量，延缓了羟自由基、超氧阴离子、ABTS 自由基清除能力及 PPO 活性的下降。主成分分析结果显示，76.3 kPa 对草莓贮藏前期的总抗氧化能力、总酚含量及后期腐烂指数、超氧阴离子清除能力、DPPH 自由基清除能力、过氧化氢及 MDA 含量均具有显著的影响；而 51.3 kPa 则对贮藏后期花青素含量、CAT 活性及总还原能力作用效果更为显著。从偏最小二乘回归分析可知草莓果实腐烂指数与 LOX 活性、MDA 含量呈正相关，与过氧化氢含量、GSH 含量、超氧阴离子清除能力、DPPH 自由基清除能力、羟自由基清除能力呈负相关。由通径分析可得过氧化氢含量与 CAT 对草莓的腐烂指数起决定作用（王友升等，2015）。

3.5　加　　工

　　目前，国内外果蔬加工趋势主要有功能型果蔬制品、鲜切果蔬、脱水果蔬、谷/菜复合食品、果蔬功能成分的提取、果蔬汁的加工、果蔬综合利用等（王希敏等，2007）。然而，由于世界各地不同的加工方式和饮食习惯，与新鲜水果和蔬菜相比，不同的加工和贮藏方式对果蔬生理活性物质的影响也有差异。

3.5.1　清洗

许多果蔬制品在加工之前原材料必须彻底清洗以去除泥土和污物，或者同时进行护色处理。如果表皮组织被破坏，那么水溶性活性成分会减少。

1. 清洗对果蔬酚类物质的影响

据报道，海军豆、红芸豆、黑白斑豆、黑龟汤豆等浸泡会导致自由酚酸、酚酸酯、不溶性酚酸和总酚酸分别损失 35%、9%、39% 和 22%（Drumm et al.，1990）。

2. 清洗对果蔬维生素 C 的影响

研究发现，最佳护色保鲜剂组合（0.1%抗坏血酸+0.1%柠檬酸+2.0% $CaCl_2$+0.4%植酸）可使鲜切富贵菜保持较高的叶绿素、POD 活性和较低 MDA 含量的同时，较好地保持维生素 C（李素清，2006）。

3.5.2　去皮去核

许多果蔬加工过程中弃掉的表皮组织或种子中含有大量的活性物质，这会直接导致加工后产品中功能成分的损耗。

1. 去皮和去核对果蔬酚类的影响

据研究，手工和碱液辅助去皮方法均可引起桃果实总酚含量大幅下降（Asami et al.，2003）。红枣浓缩汁加工中，去皮和去核处理都能够明显降低红枣酚类物质的含量，去皮和去核造成的红枣总酚的损失率分别为 12.3% 和 5.8%（黄微，2012）。

2. 去皮和去核对番茄红素的影响

因为果皮里番茄红素比果肉中多 2 倍，而且 98% 的黄酮醇存在于表皮，因此番茄中大量的番茄红素和黄酮醇可能会在去皮过程中丢失（Al-Wandawi et al.，1985；Stewart et al.，2000）。

3.5.3　加热处理

在果蔬生产中，通常以热处理方式进行杀菌和钝化酶。目前常用的方法有热空气、微波热烫技术等（张微，2010）。

1. 加热处理对酚类的影响

绿豆罐头样品分别在 100℃、115℃和 121℃温度下加热 20 min 后，其总酚含量分别降低了 40%、32% 和 23%（Jiratanan and Liu，2004）。类似地，在传统和微波烹饪过程中，西兰花中酚类物质随着时间延长而大量损失［花 (72%)、茎 (43%)］，这可能是由于酚类物质溶解进入烹饪水中（Zhang and Hamauzu，2004）。不同的是，在 88℃ 下处理番茄泥一定时间（2 min、15 min、30 min），结果显示热处理并不影响果泥中总酚的含量（Dewanto et al.，2002）。热处理对酚类物质的影响还与处理时间有关，在 104℃ 下处理 10 min 的水蜜桃损伤了 21% 的总酚，在 110℃ 处理 2.4 min 损伤 11%，而在 101℃ 下处理 40 min 的水蜜桃总酚含量未变化（Asami et al.，2003）。

2. 加热处理对黄酮类物质的影响

与新鲜样品相比，加工过程中的热处理环节对黄酮类化合物含量的影响因产品种类而异。3 种温度（105℃、115℃、125℃）下热处理灌装甜菜 30 min，总黄酮含量均显著增加。不同的是，绿豆罐头经不同温度（100℃、115℃ 和 121℃）热处理 20 min 后，其黄酮类物质含量下降了 60% 左右（Jiratanan and Liu，2004）。另一项关于绿豆的研究结果显示，在罐装盐水绿豆中总槲皮素、总山奈酚、总类黄酮含量（＞78%）被较好地保留，比较而言，山奈酚（85%）比槲皮素（78%）保留得好（Price et al.，1998）。黄酮醇类槲皮素和山奈酚在微波加热（650W）的洋葱、绿豆、豌豆中得到很好的保留（Ewald et al.，1999）。

研究发现，在 105℃、115℃ 和 125℃ 温度下处理 30 min 后，甜菜罐头中花青素的含量分别下降了 24%、62% 和 81%（Jiratanan and Liu，2004）。在 104℃ 下处理 10 min 的水蜜桃中，原花青素单体和二聚体分别减少了 49% 和 88%，而原花青素三聚体完全损失（Hong et al.，2004）。

3. 加热处理对类胡萝卜素的影响

商业低酸性蔬菜罐头在灭菌环节所需的高温（＞120℃）下会使甘蓝、红薯、菠菜和胡萝卜中类胡萝卜素含量分别增加 50%、22%、19%、16%，并且类胡萝卜素由反式到顺式的转变也很明显（Lessin et al.，1997）。当受到温和的热处理（巴氏灭菌）时，水果中类胡萝卜素可以得到很好的保留，在木瓜泥中几乎无损失（Rodrigues and Rosa，1999）。但脉冲微波热烫会导致胡萝卜的类胡萝卜素损失 43%（Ramesh et al.，2002）。类胡萝卜素的降解遵循一级反应动力学规律，高温短时处理可最大化保留果蔬中类胡萝卜素（Shi et al.，2003）。

4. 加热处理对番茄红素的影响

在各种番茄制品中，热处理可使番茄红素总顺式异构体含量由 3.6% 增加至

6%（Nguyen and Schwartz，1998）。

5. 热处理对挥发性物质的影响

巴氏灭菌是果汁加工中常用的灭菌手段，菠萝蜜汁经巴氏灭菌（85℃、15 min）后减少的香气组分有 9 种，分别是乙酸乙酯、乙酸丙酯、异戊醇、乙酸叶醇酯、乙酸庚酯、乙酸癸酯、2,4-十二碳二烯醛、1,9-十二碳二烯醛和反油酸乙酯；增加的香气组分有 8 种，分别是丁酸丙酯、己酸乙酯、异戊酸己酯、2-甲基丁基己酸酯、α 基香柑油烯、苯甲酸-2-甲基丁酯、十六碳烯酸乙酯和亚麻酸乙酯（皋香等，2014）。

6. 热处理对维生素的影响

硫胺素是热加工过程中最不稳定的维生素，尽管它的降解程度取决于产品，但在热加工过程中硫胺素的含量下降很多。罐藏过程中核黄素的保留量远远高于硫胺素，研究显示蘑菇和扁豆的保留量为 68%，芦笋、甜马铃薯和桃子的保留量为 95% 以上。将西兰花分别进行水煮（食物：水=1∶5，10 min）和微波加热（2450 Hz，300 W，30 min），在水煮条件下维生素 C 含量降低了大约 20%，而微波造成维生素 C 几乎全部损失（Nicoli et al.，1999）。

3.5.4　高压电场处理

高压电场处理是果蔬热处理一个很好的替代方法，尤其适用于均质的食物，具有耗能低、卫生、易控制等特点，在果蔬加工领域中的应用主要包括干燥和杀菌，目前常用的高压电场处理方法有高压静电场（high voltage electrostatic field，HVEF）和脉冲电场（pulsed electric fields，PEF）两种（张璐和李法德，2001；王维琴和王剑平，2004）。

1. 高压电场对果蔬类胡萝卜素的影响

采用 PEF 处理（场强为 33.33 kV/cm、处理时间为 680 μs）胡萝卜，其类胡萝卜素含量为原来的 108.3%，略有增长，可能原因是 PEF 处理会导致细胞破裂，从而使得更多的细胞内容物溶出（潘东芬，2011）。

2. 高压电场对果蔬类维生素 C 的影响

鲜切青花菜经过不同强度（176.8 kV、278.8 kV、443.4 kV）的高压静电场作用 10～25 min 后，其维生素 C 含量均有一定程度的下降，比较而言采用极板电压为 278.8 kV 的静电场、处理时间为 20 min 时青花菜的维生素 C 含量降低速率最慢。原因可能是高压静电放电时要产生臭氧，而静电场和臭氧可能对青花菜组织具有轻微的促进代谢作用,导致其维生素 C 含量有轻微的损失(蒋耀庭等,2012)。与原桃汁相比,经过高压脉冲电场处理(70 kV/cm,脉冲数 4,20℃)的桃汁中维生素 C 含量几乎没有变化(王丹,2005)。

3.5.5　高压处理

高压处理是一种采用 50～1000 MPa 压力处理食品的非热加工技术,用以杀灭食品中的微生物、纯化内源酶,而 100～1000 MPa 的加压处理又称高压技术(high pressure processing,HPP)或高静水压技术(high hydrostatic pressure,HHP)。高压处理几乎不会破坏氨基酸、维生素、香气成分等低分子化合物的共价结合,可最大限度地保持食品的营养价值(周林燕等,2009)。

1. 高压处理对糖类的影响

50 MPa 高压处理 5 min 后,生菜中葡萄糖、果糖含量有增加现象(张学杰,2012)。不同的是,高压(300 MPa/15 min、400 MPa/5 min、500 MPa/2.5 min、600 MPa/1 min)处理后芒果中糖含量变化不显著(刘凤霞,2014)。

2. 高压处理对抗氧化酶的影响

研究表明,高压处理(室温,200 MPa/20 min)对鲜切生菜保护酶活性无影响,生菜各种抗氧化酶对高压的相对敏感性依次为 PPO＞ASO＞GSH-Px＞PAL＞CAT＞APX＞POD(张学杰,2012)。

3. 高压处理对果蔬酚类物质的影响

高压处理对果蔬酚类物质的影响报道不一致。刘凤霞(2014)等发现 300～600 MPa 高压处理 1～15 min 后,芒果的总酚含量显著上升;而王寅(2013)报道高压(500 MPa/15 min)可使蓝莓汁的总酚含量下降 7.45%。张学杰(2012)则认为高压处理对鲜切生菜的主要单酚物质 —— 绿原酸、咖啡酸及总酚含量无影响。

4. 高压处理对果蔬花青素的影响

据报道,与高温处理相比,草莓酱的花青素在高压处理(200～800 MPa)后被很好地保留(Gimenez et al.,2001)。类似地,高压(500 MPa/15 min)条件下蓝莓汁花青素保留率为 98.58%,损耗很小(王寅,2013)。

5. 高压处理对果蔬类胡萝卜素的影响

高压(300 MPa/15 min、400 MPa/5 min、500 MPa/2.5 min、600 MPa/1 min)

处理后芒果中总类胡萝卜素变化不显著（刘凤霞，2014）。类似地，高压处理番茄酱（400 MPa、25℃、15 min）比低温热处理（70℃、30 s）、高温热处理（90℃、1 min）及巴氏杀菌对类胡萝卜素的损耗更小（Sanchez et al.，2006）。经高静水压处理，鲜切甜瓜的 β-胡萝卜素表现出良好的保留率（86%～140%）（Wolbang et al.，2008）。

6. 高压处理对维生素 C 的影响

用不同条件的高压（300 MPa/15 min、400 MPa/5 min、500 MPa/2.5 min、600 MPa/1 min）处理芒果，其维生素 C 变化均不显著（刘凤霞，2014）。高压（500 MPa/15 min）条件下蓝莓汁维生素 C 保留率为 94.20%，略有下降（王寅，2013）。在高静水压处理下，鲜切红色生菜和甜瓜中维生素 C 损失最大（Wolbang et al.，2008）。

7. 高压处理对挥发性物质的影响

经 500 MPa 的压力处理 15 min 后橙汁中柠檬烯含量下降了 75%，而月桂烯和 α-蒎烯受高压影响较小；α-松油醇、香芹酮含量经高压处理后迅速增加；醛类特征香气成分基本不受高压影响；酯类成分在高压下总体变化不显著（潘见等，2009）。将杏原汁在 500 MPa 压力、25℃温度条件下处理 20 min 后，其香气成分中己醛、2-己烯醛、糠醛、己醇、叶醇、芳樟醇、橙花醇、β-苯乙醇等香味成分的质量分数分别增长了 68.14%、95.26%、46.76%、61.11%、58.56%、35.75%、37.75% 和 42.30%；酯类、内酯类的香气成分的含量有所降低；酮类香味成分的含量则没有明显变化（张峻松等，2008）。高压处理（400 MPa，10 min，25℃）蓝莓汁后，萜烯类和酯类含量下降，醇类和醛类含量上升，其中柠檬烯、萜品油烯、己酸乙酯的保留率分别为 94.70%、85.22%、94.16%，芳樟醇和 β-松油醇含量分别增加了 9.77% 和 26.70%（王寅，2013）。

3.5.6　高压二氧化碳处理

高压二氧化碳处理（high pressure carbon dioxide，HPCD）是指用较高压强的二氧化碳气体在较低温度下杀灭果蔬中的微生物和使酶钝化的技术，能够最大限度地保持果蔬原有营养成分、色泽和口感等品质（曾庆帅，2011）。

1. 高压二氧化碳处理对果蔬糖类的影响

在香蕉汁加工中，HPCD 处理（60℃、19 MPa、50 min）香蕉果肉后，可溶性固形物无明显变化，打浆后的果汁果胶含量、黏度和粒径降低，所带电荷增加，色泽更亮，澄清度显著增加（汪少华，2013）。

2. 高压二氧化碳处理对果蔬酚类的影响

对比不同杀菌处理对荔枝汁的影响，发现热杀菌处理造成果汁抗氧化能力及酚类物质有较大损失，而在 36℃条件下采用 8 MPa 的高压二氧化碳杀菌 2 min，可以相对较好地保持果汁的酚类物质含量及抗氧化能力，提高其营养价值（曾庆帅，2011）。

3.5.7　脱水处理

目前，国内外在脱水果蔬的加工中应用的方法主要有日光干燥、常压热风干燥、微波干燥、冷冻干燥、远红外干燥、渗透脱水和热泵（于勇等，2003；董全，2005）。

1. 脱水处理对果蔬酚类的影响

在脱水过程中，不同类型的酚类化合物保留显著不同，这可能与它们对酶促氧化的敏感性有关。比较日光干燥、热水浸泡后干燥、热水浸泡和二氧化硫处理后干燥 3 种不同脱水处理对葡萄干中酚类物质的影响发现，热水浸泡和二氧化硫处理后干燥的葡萄干可比日光干燥、热水浸泡后干燥的样品保留更多的羟基肉桂酸和较少的氧化肉桂酸，这表明二氧化硫处理促进氧化作用；在 3 种不同处理中黄酮醇的保留是不同的，热水浸泡和二氧化硫处理后干燥比另外两种方法处理的葡萄干保留较多的槲皮素糖苷、较少的芦丁和两种山奈酚苷（Karadeniz et al.，2000）。

采用热风干燥在 70℃条件下对苦瓜进行干燥处理 5～25 h，结果表明在新鲜苦瓜干燥过程中，随着干燥时间的延长，总酚含量呈显著下降趋势（黄龙，2011）。

与新鲜梨果实相比，日晒干燥后分别只有 4%、9% 和 32% 的羟基桂皮酸、儿茶素单体和原花青素留存在干果中，熊果苷是唯一在晒干过程中没被降解的酚类化合物，可能是由于多酚氧化酶对该化合物的低亲和力，这种大量原花青素损失的结果是由于在晒干过程中果实细胞壁多糖的不可逆结合造成的（Ferreira et al.，2002）。

2. 脱水处理对果蔬类胡萝卜素的影响

已有相关文献研究了不同脱水方法对果蔬中类胡萝卜素的影响，结果表明，光照条件下，30℃处理 20 d 后总类胡萝卜素含量比未处理的样品高，达到 5.49 mg/g，分别是 25℃处理、35℃处理和 30℃避光处理的 1.07 倍、2.34 倍和 2.12 倍（井凤等，2013）。

辣椒在缓慢干燥过程中，类胡萝卜素（包括 β-胡萝卜素、玉米黄素、辣椒红素、辣椒玉红素等）呈现出先升后降的变化趋势（Minguez et al.，1994）。干燥温度、时间、光照是影响类胡萝卜素的主要因素，研究发现采用先热风 85℃ 干燥 45 min 后再真空 75℃ 干燥 135 min，类胡萝卜素的损失率最少，仅为 2.1%，说明与传统热风干燥相比，辅助真空干燥能够保留更多的类胡萝卜素（张学杰等，2007）。

3. 脱水处理对果蔬花青素的影响

据报道，与新鲜冷冻草莓相比，冷冻干燥、真空微波干燥和热风干燥样品（干燥至相同的水分活性）中总花青素分别保留 73%、49% 和 18%（Kwok et al.，2004）。

4. 脱水处理对果蔬番茄红素的影响

相比于真空干燥和热风干燥，渗透真空干燥会导致番茄红素更多的保留和更少的异构化作用。因为番茄表面糖的保护作用可以防止氧气进入果实内部氧化番茄红素，但热风干燥中热量和氧的副作用破坏了这层防护，从而导致番茄红素损失更多，同时含有更多的顺式异构体（Shi et al.，1999）。

5. 脱水处理对果蔬维生素 C 的影响

蓝莓在高果糖浆（70±1°Brix）中，经不同的温度（45℃、55℃、65℃）渗透脱水 180 min 后，蓝莓中维生素 C 出现不同程度的损失，其中 65℃ 下处理对维生素 C 的含量影响最大，45℃ 下渗透脱水维生素 C 的损失最少，原因可能是维生素 C 是热敏感性物质，其分解速度受温度等因素的影响（董全，2005）。

3.5.8　酶处理

果蔬细胞组织结构由不同含量的纤维素、半纤维素、木质素的微纤丝以及某些伸展蛋白在初生细胞壁与细胞间层中相互交联组成，而表现出固有的形态，果胶酶、果浆酶、纤维素酶和 α-淀粉酶是果蔬汁、果酒、速溶粉、果蔬泥加工业中常用的酶（陈望华，2007）。

1. 酶处理对果蔬酚类的影响

在红枣浓缩汁加工中，经过酶处理（果胶酶 0.13%、蛋白酶 0.30%，55℃，270 min）后红枣汁中的酚类化合物含量下降了 0.58%（黄微，2012）。

2. 酶处理对果蔬挥发性物质的影响

苹果汁（皮）中存在着结合态与游离态两种形式的芳香组分，结合态芳香组分与糖以糖苷键形式相连接，酶解（β-葡萄糖苷酶）可以有效地解离糖苷键，使苹果汁（皮）中潜在的芳香组分释放出来，达到自然增香的目的（孙爱东，2002）。

3. 酶处理对果蔬维生素 C 的影响

添加不同量（0.1～0.5 g/100 g）的果胶酶后，红树莓果汁中维生素 C 的含量明显低于对照，在酶添加量 0.3 g/100 g、酶解时间 2 h、酶解温度 0℃时，红树莓果汁中维生素 C 的含量损失最低（李娜，2010）。

3.5.9　超声波处理

超声波为频率高于 2 万 Hz 的有弹性的机械振荡，由于其所形成的空化作用而成为一种有效的辅助灭菌方式，当前在果蔬活性物质提取、液体果蔬制品灭菌及干燥中的应用有较多研究（赵旭博等，2005）。

1. 超声处理对果蔬酚类的影响

研究发现，超声处理（100W，50℃，10 min）使红枣汁总酚含量提高了 4.2%（黄微，2012）。类似地，经超声（150W，50℃，15 min）处理后的树莓干红酒与未经超声处理的相比酚类物质增长率为 13.7%（申远等，2014）。但采用不同条件超声处理（25℃、300 Hz、8 min；25℃、300 Hz、4 min；25℃、300Hz、2 min；20℃、300 Hz、8 min；35℃、300 Hz、8 min）鲜切马铃薯，均能抑制在 4℃贮藏4～7 d 后总酚含量的升高，这可能由于超声抑制了马铃薯中苯丙氨酸解氨酶的活性，从而抑制了酚类物质的合成（王宁馨等，2014）。

2. 超声处理对果蔬维生素 C 的影响

在 30℃下用功率 180 W、频率 40 kHz 的超声波处理鲜切豇豆菜 10 min，在贮藏 11 d 内，与对照相比其维生素 C 无明显变化（燕平梅等，2010）。

3.5.10　包装和贮藏

加工后的果蔬传统上被包装在金属容器和玻璃瓶中，产品贮藏在玻璃和金属容器中，由于容器的耐久性和良好的隔氧防潮的防护性能，通常能长时间保持它们的营养和感官品质。而塑料包装材料由于其重量轻、不易破和方便的特点，最近越来越受欢迎。

1. 包装和贮藏对果蔬酚类的影响

包装在保护食品组分不受氧气和光照的影响中扮演着不可或缺的角色，对非常容易氧化的脱水粉末尤为重要。在贮藏期间，加工后的类胡萝卜素和多酚物质的稳定性受温度、光照、氧气和化学作用的影响，据报道，桃浆在 40℃下贮藏 4 周后绿原酸含量迅速下降（Talcott et al.，2000a）。类似地，虽然在 40℃下贮藏 1 周后胡萝卜泥酚类物质和抗氧化能力有所提高，但在贮藏的 1~4 周内直线下降，表儿茶素和黄酮醇苷在贮藏期间也会损失（Talcott et al.，2000b）。樱桃在 2℃下贮藏 5 个月会分别损失 20%和 16%的表儿茶素和黄酮醇苷类，在 22℃贮藏会损失 16%的表儿茶素，但黄酮醇苷却增加 9%（Chaovanalikit and Wrolstad，2004）。贮藏温度和贮藏时间对红枣浓缩汁中的酚类化合物的影响显著，4℃贮藏时，没食子酸、阿魏酸、对羟基苯甲酸、原儿茶酸、咖啡酸以及芦丁的含量下降缓慢，绿原酸、异绿原酸、槲皮素和高良姜素下降幅度较大，香豆酸先上升后呈现下降趋势；25℃贮藏时，没食子酸、阿魏酸、对羟基苯甲酸、原儿茶酸、咖啡酸、芦丁、绿原酸、异绿原酸和槲皮素的下降幅度均加大，对香豆酸先下降后上升，高良姜素先迅速下降后缓慢下降；37℃贮藏时，没食子酸、阿魏酸、对羟基苯甲酸、原儿茶酸、咖啡酸、芦丁、绿原酸、异绿原酸和槲皮素的下降程度最大，绿原酸、异绿原酸和槲皮素在贮藏后期可能完全损失，对香豆酸一直上升，高良姜素先下降后缓慢上升（黄微，2012）。

2. 包装和贮藏对果蔬花青素的影响

贮藏期间果蔬用液体罐装介质包装会浸出水溶性活性成分。在贮藏 3 个月后，桃罐头中原花青素单体、二聚体、三聚体、四聚体分别下降了 10%、16%、45%和 80%，五聚体完全转变成八聚体（Hong et al.，2004）。对罐装果汁的分析显示，在贮藏期间水果中原花青素的损失主要是其转移到糖浆中造成的。在 2℃和 22℃下，贮藏 5 个月的樱桃罐头中的花青素分别减少了 12%和 42%（Chaovanalikit and Wrolstad，2004）。

3. 包装和贮藏对果蔬类胡萝卜素的影响

在长期贮藏过程中脱水果蔬中类胡萝卜素容易氧化，需要特殊的包装材料来排除光和氧气或气体冲洗处理以完全排除氧气（Shi and Maguer，2000）。

4. 包装和贮藏对果蔬维生素 C 的影响

在 4℃和常温贮藏条件下，红树莓果汁中的维生素 C 损失较大，贮藏 2 个月后维生素 C 分别降低了 45%、90%，说明两种贮藏方式相比较而言，4℃是相对较好的贮藏条件（李娜，2010）。

3.6 果蔬生理活性物质的制备

3.6.1 提取分离

1. 概述

水果和蔬菜含有多酚类（黄酮醇，花青素，儿茶素等）、类胡萝卜素（β-胡萝卜素，叶黄素，番茄红素）、甾醇类（菜油甾醇，谷甾醇，豆甾醇）和生物碱类（可卡因，可可碱，茶碱等）等不同化学结构类型的生理活性成分。因此，水果和蔬菜既是健康饮食的重要部分，也可以制备成特定的产品用于食品（保健品）、药品、化妆品、香料等。例如，柑橘除生食外，还可以提取制备出香精油，柠檬油精，黄酮类物质如橘皮素、橘皮苷和新橘皮苷，果胶等产品，这些成分统称为提取物。提取分离就是处理果蔬原材料，分离原材料中的活性物质或复杂分离物，除去使营养价值或药理学活性降低的物质，从而得到高附加值产品的过程。

虽然果蔬中的生理活性物质可以利用传统的有机溶剂（甲醇，乙酸乙酯，氯仿）提取方法获得，然而这些传统化学成分提取工艺具有如下局限性：①需要在后续操作中通过蒸发，除去有机溶剂，而用于除去溶剂的加热法对热不稳定物质非常不利；②政府对于有机溶剂的使用要求越来越严格；③最终产品中残留的有机溶剂的安全性有待质疑。因此，亟须开发环境友好、成本低廉的有效提取技术。

当前，引起广泛关注的新型提取技术主要有：超临界流体萃取法（SFE）、微波萃取（MWE）、低频脉冲电场（PEF）、高压法（HPP）、超声波萃取（UE）和欧姆加热（OH）等，这些技术自身的特点可以解决传统有机溶剂提取技术存在的许多弊端。表 3.2 列出了不同果蔬生理活性物质的提取所使用的传统和新型提取技术。

2. 超临界 CO_2 萃取

物质存在的普遍状态是固态、液态和气态，目前出现第四种状态——超临界状态。在 $T=f(P)$ 的状态图中，液-气平衡曲线是有限定的，以 CO_2 为例，在液-气平衡曲线上，如果在恒压下温度升高，液体会变成气体；如果恒温下，压强增加，气体会变成固体；这一种二元性——气体或液体，会在被称作是 $P\text{-}T$ 临界点——临界压力（P_c=73 bar）和临界温度（T_c=32℃）的位置终止。在临界值时，CO_2 处于超临界状态，即当温度或压力增加时，它既不变成气态也不变成液态。因此，它具有不同于两者的具体特性，即超临界 CO_2 作为溶剂所需要的特性。表 3.3 描述了气态、液态和超临界状态下 CO_2 的密度、黏度和扩散系数的不同。

表 3.2 不同果蔬生理活性物质的提取技术

原材料	提取方法	营养(g)	生物活性成分	提取条件					回收率(%)	参考文献
				T (℃)	P (MPa)	f.r. (L/min)	t (h)	c-s		
葡萄	HPP	n.i.	花青素	70	600	n.i.	1	乙醇：水：50：50	n.i.	Corrales et al., 2008
葡萄	UE	n.i.	花青素	70	n.i.	n.i.	1	no	n.i.	Corrales et al., 2008
葡萄	PEF	n.i.	花青素	25~28	no	n.i.	0.004~0.01	no	75	Corrales et al., 2008
柠檬	蒸汽蒸馏	n.i.	萜烯, 倍半萜烯	25~100	0.1	n.i.	7~10	no	1.1	Gamarra et al., 2006
胡萝卜	PEF+CA	n.i.	水溶液	18, 25, 35	n.i.	n.i.	0.25	no	96	El-Belghiti et al., 2007
胡萝卜	SC-CO$_2$	2	α-, β-胡萝卜素	40, 50	12~33	1.2	8	no	n.i.	Saldaña et al., 2006
胡萝卜	SC-CO$_2$	2	α-, β-胡萝卜素, 叶黄素	40, 55, 70	27.6, 41.3, 55.1	0.5, 1, 2	4	0, 2.5%, 5%菜籽油	0.19**	Sun and Temelli, 2006
橄榄壳	SC-CO$_2$	n.i.	不饱和脂肪酸	35~37	10.4~18	n.i.	n.i.	no	n.i.	Esquivel et al., 1999
红甜菜根	PEF	n.i.	甜菜红色素	25	no	n.i.	0.05~0.06	no	90	Fincan et al., 2004
番茄	UMAE	n.i.	番茄红素	no	no	n.i.	0.05~0.14	no	n.i.	Lianfu and Zelong, 2008
番茄	UAE	n.i.	番茄红素	53, 60, 70, 80	no	n.i.	0.22~0.78	no	n.i.	Lianfu and Zelong, 2008
番茄	SC-CO$_2$	0.3	番茄红素	60, 85, 110	40.5	1.5 mL/min	0.83	丙酮, 甲醇, 乙醇, 己烷, 二氯甲烷	100	Ollanketo et al., 2001
番茄	SC-CO$_2$	3	番茄红素	32~86	13.8~48.3	n.i.	n.i.	no	61	Rozzi et al., 2002
番茄	SC-CO$_2$	20	番茄红素	40	32	n.i.	n.i.	no	n.i.	Ruiz del Castillo et al., 2003

注：T 表示温度；P 表示压强；f.r. 表示流速；t 表示时间；c-s 表示助溶剂；n.i. 表示未标示。

表 3.3　液态、气态和超临界状态 CO_2 的主要区别特性

特性	气态 （1bar，室温）	超临界流体 （T_c，P_c）	超临界流体 （T_c，$4 \times P_c$）	液态（室温）
密度（g/dm^3）	0.6～2	200～500	400～900	600～1600
黏度（$Pa \cdot s$）	0.01～0.03	0.01～0.02	0.03～0.09	0.2～3
扩散系数（cm^2/s）	0.1～0.4	0.7×10^{-3}	0.2×10^{-3}	0.2×10^{-5}～2×10^{-5}

超临界流体的特点是兼具液态和气态的特性，它的密度接近液态，黏性接近气态，扩散系数则处于气态和液态之间。因此，超临界 CO_2 是一种很好的提取流体（高密度），相比于传统固体/液体提取，其可被视为浓缩的载体——只有适量的压力损失（较低黏度）和可提高的提取速率（较高扩散系数）。此外，超临界 CO_2 提取的最大优点之一是无有害溶剂。

同时，由于 CO_2 的分子对称性，在超临界状态下的 CO_2 是非极性溶剂，它主要应用于化学亲脂性物质的提取。对于更强极性的成分或更少溶剂亲脂性的物质，可通过添加少量乙醇到 CO_2 中来提高溶解性。

超临界萃取主要用于果蔬油的生产。传统生产果蔬油的工艺非常复杂，包含许多步骤：原油通过冷榨原材料，或者用己烷提取原材料或冷榨的残留物而获得。无论何种工艺，原油都需要进行精炼，即除去游离脂肪酸、极性脂质、色素、气味和其他杂质。利用超临界萃取技术的另一个优点是低温操作，这可以保护在蒸汽蒸馏过程中易发生热敏成分的降解。尽管超临界使用简便且无有机溶剂残留，但该工艺比传统工艺成本高，因此目前它仅用于生产高附加值的油，例如，鳄梨、树莓、琉璃苣、月见草等主要用于化妆品、功能食品和药品的植物油。超临界萃取对于那些油含量较低，不能被有效冷榨的原材料更为有效。CO_2 和乙醇都是目前既有的标准认可的用于有机果蔬油提取生产的亲脂性溶剂。

超临界 CO_2 萃取也可用于类胡萝卜素、叶黄素、胡萝卜素、番茄红素和玉米黄素等具有高营养价值的亲脂性成分的制备。Ranalli 等（2004）的研究表明：相比于传统商业油（170 mg 胡萝卜素/kg 和 1726.2 mg 甾醇类/kg），使用 SC-CO_2 提取的胡萝卜油脂具有更高含量的胡萝卜素（1850 mg/kg）和甾醇类（30248.4 mg/kg）。

此外，Vatai 等（2009）比较了传统提取方法（CEM）（提取温度为 20℃，40℃，60℃，提取 2 h）和 SC-CO_2 方法（温度为 40℃，压力为 15～30 MPa）对葡萄残渣中酚类物质的提取效果，发现 CEM 可比 SC-CO_2 获得更高的酚类物质的产量，其中多酚成分和花青素产量最高的提取条件使用混合提取溶剂（50%乙醇-丙酮-水提取多酚和 50%乙醇或乙酸乙酯-水提取花青素）；但是 CEM 也存在提取物中的溶剂残留和贮藏过程中的降解等缺点。

3. 膜分离技术

根据物质分子大小，可采用微滤、超滤、纳滤和反渗透对水溶性成分进行分离。当然天然提取物是一个复杂的介质，所以残留物间可能会发生分子相互作用，这使得膜渗透工艺比简单的分子筛更加复杂。然而，相比于传统液-液萃取，超滤、纳滤、反渗透等滞留低分子质量的膜过滤技术可更方便、安全地分离小分子物质。

以小分子质量的前花青素醇类（从单体到十聚体）的制备为例，典型的传统工艺包含的步骤为：①固-液萃取：水和溶于水的有机溶剂的混合物，丙酮或乙醇（甲醇、乙醇或异丙酮）；②真空下去除有机溶剂；③使用乙酸乙酯对液液提取物进行浓缩；④在某些情况下，还需通过添加二氯甲烷等卤代溶剂从乙酸乙酯中沉淀出最高分子质量的单宁。利用耦合纳滤和超滤，可以从原提取物中制备富含前花青素醇类的物质。

膜分离技术在分离生物活性物质中的应用非常广泛。王永刚等（2010）使用微滤膜除杂，纳滤膜浓缩后，花生壳提取液中多酚的纯度从 9% 提高到 18.67%，体积减少 95.6%，固形物含量由 5.4% 提升到 43.9%；范远景等（2010）比较 3 种微滤膜、4 种超滤膜及 2 种反渗透膜对绿原酸提取液的过滤特性以及浓缩液的洗滤对绿原酸截留率的影响，并筛选优化了膜组合。研究结果显示，使用微虑膜 1-超滤膜 1-反渗透膜 2 的组合效果最好，最终绿原酸回收率可达 67.75%，产品纯度可达 13.21% 以上，而且洗滤可进一步提高处理效果；韩骁等（2008）利用超声耦合膜分离技术回收橡子淀粉生产过程中浸泡废水的单宁，把橡子超声浸泡液过一级膜除杂，再经过二级膜浓缩，喷干得到纯度为 88.73% 的单宁，得率为 11.3%；王文渊等（2011）采用纤维素酶辅助提取竹叶中的黄酮，并利用微滤和超滤二级膜联用分离除去竹叶黄酮提取液中的杂质，提取液经过孔径为 0.22 μm 的醋酸纤维素微滤膜一级处理和截留分子质量为 6 kDa 的改性聚醚砜膜超滤二级处理后，提取液中 67.16% 固形物和 82.71% 蛋白质等杂质被去除，竹叶黄酮保留率达 91% 以上。但黄微（2012）等报道在红枣浓缩汁加工过程中，超滤（室温，截留分子质量 30 kDa，超滤跨膜压差 0.03 MPa，循环模式）能够大幅度减少酚类化合物的含量，总酚含量下降了 42.0%。

4. 微波技术

1）真空微波水蒸馏法（VMHD）

长期以来，蒸汽蒸馏及相关技术已成为生产香精油的唯一途径（冷榨柑橘香精油是例外）。但蒸汽蒸馏主要存在高能量/载荷率和热敏感成分易降解的缺点。传统的水蒸馏法，通常有两种方式生产蒸气，蒸气可从外部锅炉产生，再注入蒸馏室来冲洗载物，或者可直接在蒸馏室中从浸没有原材料的沸腾的水中产生。这两种情况下，温度都接近 100℃，水都需要被添加到工艺中且被加热。即使在最佳条件下（蒸气注入），香精油也经常遭受到热降解，整个工艺能量耗费非常巨大。

VMHD 技术可使蒸气从新鲜原材料包含的水中产生，不需要添加水分。在工艺的起始阶段，在密封的容器中使用微波，使植物被加热。由于微波能量会被植物负载直接吸收，所以温度会迅速升高直到达到预设值，预设值通常在 85℃ 以下。在特殊的温度下，容器内会产生 50～100 mbar 的真空度。压力的迅速降低会引起存在于热的原植物材料中的水分变成蒸汽，从而使得芳香族成分被释放出来。富含挥发性物质的低温蒸汽通过冷凝和冷却装置而被重获。

因为水到蒸汽的转变需要消耗能量，植物负载的温度降低到凝结水流速接近零的特定值。容器中的微波能量不足以保持所需的温度值，容器会被带回到大气压（停止水分变为蒸汽的转换）下；由于微波仍然进行，载物的温度会迅速升高到预设值，因此就会形成一个真空萃取循环。通过聚集几次循环的提取物，植物材料中完整的芳香族物质得到提取。循环的次数依赖于植物的水分含量和香精油的挥发性。

研究表明，VMHD 工艺生产的香精油和具有芳香气息（接近原材料香气的）的芳香水剂，和传统蒸馏法生产出的提取物的质量差别非常明显。传统工艺中，香精油由 100℃ 的水蒸气蒸馏出来，这些香精油显示出特有的煮熟气息，然而在较低温度下和较短的提取时间内，VMHD 可以避免含硫成分降解，芳香性气味与新鲜原料相似。

2）微波辅助溶剂萃取

微波辅助溶剂萃取结合微波炉和传统的溶剂，是一种相对较新的提取技术。它所用的溶剂必须具有相对高的极性以吸收微波能量，并因此获得良好的提取效率。相比较传统的溶剂萃取，微波辅助萃取具有萃取时间短、溶剂用量少、提取效率高等许多优点。

微波辅助溶剂萃取是特定的能量和物质转移的结果。在传统的使用加热法的固-液溶剂萃取中，萃取容器先被加热，接着是溶剂，最后是原材料。萃取的发生由缓慢的扩散机制所驱动。在微波辅助溶剂萃取中，微波能量直接被原材料中的极性成分所吸收。甚至对于干植物（残留的水分通常 5%～15%），微波也可以直接透过部分溶剂（烃类和果蔬油），直接加热固体原材料，提取时间将更短——通常在 30 s 和 30 min 内。

较短的提取时间有时会对选择性不利。不同溶解度的成分并不是都溶解或在相同速率下被提取，提取可能在达到热力学平衡之前就停止。这不仅依赖于提取时间，也依赖于如溶剂黏度、温度、微波功率系数和能量、原材料的水分含量和颗粒大小等其他参数。所以很难预测最佳的工艺参数，经常采用试错法来选择最佳提取条件。对于 VMHD，原则是最佳提取条件要保留热敏性成分。由于提取时间极短，微波辅助溶剂萃取技术仅在工厂规模的持续性模式内使用。

适合于微波的溶剂需要满足能量工艺的需求，极性溶剂，如乙醇、水、丙三醇、乙二醇均可使用。微波辅助溶剂萃取技术著名的生产实例是欧洲 Crodarom 公司用该技术从樱桃、柚子、牛蒡、海藻、绿茶、熊果、洋甘菊、旱金莲，龙胆、桦树等不同植物中制备出大约 40 种提取物。工业提取装置在连续模式中每小时可处理 100 kg 干植物。使用微波辅助溶剂萃取技术可使活性成分在 2 min 内有选择性地从植物材料中释放出来，但是色素则不会被提取。

国内对于实验室阶段的研究报道较多。例如，闫蕊等（2008）使用微波辅助溶剂萃取技术提取芦荟中的黄酮类化合物，与传统乙醇回流法相比，提取时间由 4 h 缩短到 30 s，提取黄酮类化合物的量提高了 1.6 倍。王琴等（2002）报道微波辅助溶剂萃取技术芝麻油的提取率比常规索氏提取高 5%。张鹰等（2010）优化出微波辅助溶剂萃取技术提取山毛豆籽油的工艺条件：微波功率为中火、微波时间 90 s、液料比 14 mL/g、提油率为 8.43%；叶琳等（2010）得到紫甘蓝天然色素的微波提取工艺为：25%乙醇为溶剂、微波功率 300W、微波时间 3 min。

5. 其他提取技术

脉冲电场（PEF）通过使用外部的电场而增强传质效率，在基体细胞膜上产生电势，从而使热降解最小化，并可以改变质构特性。PEF 被看作用于提高提取效率的非热能步骤，也增加了细胞膜的渗透性。殷涌光采用 PEF 技术提取桦褐孔菌多糖，优化得到最佳提取工艺条件为：电场强度 30 kV/cm、脉冲数 6、料液比 25 mg/L，在此工艺条件下，桦褐孔菌多糖的提取率达到 49.8%，是热碱提取法的 1.67 倍，是微波辅助溶剂萃取法的 1.12 倍，多糖的纯度是超声辅助提取法的 1.4 倍。此外，将 PEF 与水离心提取方法相结合，在 18～35℃下可从胡萝卜中提取类胡萝卜素，15 min 即可达到 96%的产量，这可能是由于在 PEF 处理过程中可使胡萝卜组织软化（El-Belghiti et al.，2007）。也有利用 PEF（1 kV/cm，25℃，处理 3～4 min）技术从红甜菜根中提取甜菜红色素的报道（Fincan et al.，2004）。

高压法（HPP）在保留食物质量和增强传质、细胞渗透性和增强扩散方面有巨大潜力。HPP 消除了加热的不利影响，显著地提高了质地。相比于传统提取方法，HPP 使用高压、适当的温度，使得提取时间较短。

超声提取（UE）是通过空化作用增强传质效率。用 UE 方法在固液间产生的气泡能爆发性地崩塌而产生局部性的压力，从而提高细胞内物质和溶剂间的相互作用，促进植物化学物质的提取。贲永光等（2007）利用双频超声波强化提取三七总皂苷的研究，发现在同样的条件下，双频超声波对三七总皂苷的提取率高于单频超声。曹雁平等（2008）应用多频超声波连续逆流浸取黄芩中的黄芩苷的研究表明：利用 25 kHz/50 kHz 双频复合连续逆流浸取 27 min，提取率比单频、双频交变连续逆流浸取分别提高了 18.6%和 17.4%，是回流提取的 492 倍、超声波间歇浸取的 131 倍。

Corrales 等（2008）比较了利用 HPP、UE 和 PEF 从葡萄中提取花青素的效果，发现虽然由于使用了不同的工艺条件（HPP：70℃，600 MPa 提取 1 h，UE：70℃，1 h，PEF：25～28℃，15～60 s），三者之间很难进行直接比较，但相比于 HPP 和 CEM，PEF 和 UE 可使花青素提取产量分别增加 10%和 17%；而且使用这三种提取方法得到的提取物都不含有机溶剂。此外，有研究比较了超声辅助萃取（UAE）和超声/微波辅助萃取（UMAE）从番茄中提取番茄红素，UAE 的最佳提取工艺为：温度 86℃，料液比 1∶8（W/V），时间为 29 min，提取率为 99.4%；而 UMAE 的最佳工艺条件为：98 W 微波和 40 kHz 的超声处理，料液比 1∶10.6（W/V），提取时间仅为 6 min，提取率就达到 97.4%，表明 UMAE 具有更高的提取效率（Lianfu and Zelong，2008）。

3.6.2　果蔬生理活性成分的分析

水果或蔬菜的化学成分复杂，而且生理活性成分浓度通常相对较低，需要精确的分析方法确定这些化合物；此外，这些活性成分往往对温度、气体和光线比较敏感，因此构建完整的分析程序（采样，提取，检测和定量）并不容易。

水果和蔬菜的化学成分种类繁多，本节主要就某些特征性植物化学成分进行分析，主要从提取程序（主要是通过溶剂萃取）、基于活性物质的溶解性和最新的分析方法进行介绍。

1. 硫代葡萄糖苷及其衍生物

硫代葡萄糖苷属于有机硫化物，是 β-硫糖苷-N-羟基硫酸盐类植物次生代谢物，主要存在于所有十字花科的植物中，包括芽甘蓝、花椰菜、花椰菜、卷心菜、西洋菜、油菜、芥菜等。目前，已分离鉴定出 120 多种具有不同侧链的硫代葡萄糖苷，但并非所有的都来自于可食用果蔬。

硫代葡萄糖苷被芥子酶水解，可以转换为相应的糖苷配基，然后分解成异硫氰酸酯、硫氰酸盐或腈，在生理 pH 下主要产物是异硫氰酸盐（Fenwick et al.，1983）。在正常条件下，植物细胞内的硫代葡萄糖苷和芥子酶是区域化分布的（Kelly et al.，1998），但组织在受到冻结和解冻、切碎、咀嚼等物理伤害时，区域化会遭到破坏，芥子酶与硫代葡萄糖苷接触，并催化其发生代谢转化（Rodrigues and Rosa，1999）。

硫代葡萄糖苷的分解产物类型高度依赖于组织的 pH、底物及与之反应的亚铁离子，因此用传统的方法鉴定"初始"的硫代葡萄糖苷非常困难，结果重复性差。本节主要介绍硫代葡萄糖苷及其分解产物的分析（主要是异硫氰酸盐、

硫氰酸盐、吲哚)。

1) 硫代葡萄糖苷的分析

总硫代葡萄糖苷的测定: 植物提取物总硫代葡萄糖苷的测定, 主要通过将这些提取物与过量的纯芥子酶混合作用, 通过各种方法测定形成的葡萄糖的量。然而, 与 HPLC-MS 等分离和鉴定方法相比, 这些方法灵敏度较低, 结果不准确且费时。

不同硫苷的分析: 目前, 已经有几种方法用于检测硫代葡萄糖苷和它们的水解产物。总硫苷含量的测定方法往往是采用测定酶法释放的葡萄糖 (Thies, 1985)。由这些基于推定的水解产物进行鉴定分析的方法都高度依赖于外部因素。液相色谱法可有效分离芥子油苷及其相应的芳基硫酸酯酶的水解产物, 显著改善分析结果, 可用于对种子、根或叶组织的检测; 该方法的优点主要表现为: 检测速度快 (30 min), 以及可实现苄基、4-羟基苄基、烯丙基芥子油苷的定量回收。检测步骤包括: ①酶法消除硫酸酯基团; ②三甲基甲硅烷基衍生; ③气-液色谱法。该方法的缺点是可能会导致某些芥子油苷的降解, 对分析结果的准确性有一定影响。

2) 硫代葡萄糖苷分解产物的分析

硫代葡萄糖苷酶水解结合 HPLC 是最常用的硫代葡萄糖苷分解产物定量分析法, 先在分离柱上直接进行脱硫, 随后再用 HPLC 检测。但脱硫步骤会导致分析结果的复杂化, 因为存在 pH、时间和酶活性 (即黑芥子硫苷酸活性) 的影响, 并且脱硫步骤会影响目标分子的生物活性。此外, 分子经直接脱硫后, 无法作为黑芥子酶的底物, 所以, 无法测定其同源异硫氰酸酯的生物活性或其环化缩合产物 (Fahey et al., 2001)。

通常, 通过黑芥子酶消化硫代葡萄糖苷及测定释放的异硫氰酸酯的分析程序可能不准确, 因为水解可以导致产生一系列不同的产物 (Sang and Truscott, 1984)。此外, 所产生的吲哚硫代葡萄糖苷异硫氰酸酯不稳定, 会进一步降解产生异硫氰酸盐离子。Prestera 等 (1996) 通过整合色谱和光谱手段, 建立了在中性条件下原始硫苷葡萄糖苷的分离和鉴定方法, 此过程没有衍生化步骤, 从而避免了硫苷分解。离子对色谱法通过黑芥子酶水解硫代葡萄糖苷, 将释放的异硫氰酸酯苷元与对苯二酚环合定量这种方法中, 质谱片段测定及其解析尤为关键 (Fahey et al., 2001)。Tian 等 (2005) 建立了基于 LC-ESI/MS/MS 的硫代葡萄糖苷和衍生产物的快速分析方法, 并利用该方法分析了西兰花、椰菜芽、芽甘蓝和花椰菜等蔬菜中的 10 种硫代葡萄糖苷及其分解产物。

2. 异硫氰酸酯/萝卜硫素的分析

有机异硫氰酸酯, 也称为芥子油, 广泛分布于芥末和辣根等调味品来源植物的种子中，具有强烈的刺鼻味道。硫代葡萄糖苷通过黑芥子硫苷酶酶解处理后，通过 HPLC 鉴定异硫氰酸酯。因此，这些通过衍生化分离和比色法测定异硫氰酸酯的方法是间接的，前处理步骤降低了它们的特异性和灵敏度（Daxenlichler and Van Etten，1977）。

Zhang 等（1996）利用异硫氰酸酯与 1，2-苯硫酚反应形成一个环状硫代羰基化合物（即 1，3-苯并二硫杂环戊二烯-2-硫酮）的原理建立了一种快速、高灵敏的直接检测异硫氰酸酯的方法。反应产物在近紫外线（UV）范围具有非常高的消光系数，可检测所有脂族和芳族异硫氰酸酯（除叔丁基）与过量 1，2-苯硫酚的反应。此方法可用于测量 1 nmol 或更少的异硫氰酸酯（纯的或在粗混合物），并且可以用于测量这些分子的色谱馏分或测定硫代葡萄糖苷黑芥子硫苷酸酶的裂解度。

萝卜硫素［1-异硫氰酸根合-4-(甲基亚磺酰基)丁烷］属于异硫氰酸酯类。Bertelli 等（1998）提出了一种快速、精确和重复性强的萝卜硫素定性定量测定方法：①简单的溶剂（二氯甲烷）提取，可经过或未经盐酸水解；②用硅胶固相萃取（SPE）纯化提取物（用乙酸乙酯洗脱非萝卜硫素化合物；用甲醇洗脱萝卜硫素）；③蒸发甲醇萃取液，过滤、悬浮于水-四氢呋喃（95：5，体积/体积）中；④HPLC 分析检测，条件为：色谱柱 Li Chrospher 100RP18（250 mm×4 mm），采用等度梯度：水-四氢呋喃（95：5，体积/体积），流速为 1 mL/min。

3. 谷胱甘肽及其他巯基化合物

巯基化合物（或生物衍生的硫醇）是保护细胞免受氧化损伤的最重要的抗氧化剂。硫醇是一类包括巯基官能团的硫醇。谷胱甘肽（GSH）（y-glutamyl-cyste-inylglycine）广泛分布在其体内，具有多种功能，是研究最广泛的巯基化合物之一。

1）分光光度法测定

在各种生物样品中，基于具有不同二硫化物与硫醇反应的量化，非蛋白巯基通常由分光光度法测定，最广泛使用的是 5，5′-二硫代双（2-硝基苯甲酸）（DTNB）。通常在室温下，用过量的二硫化物与硫醇定量反应，从而得到混合的二硫化物和相应的硫醇：RSH+R′SSR′⟶RSSR′+R′SH。相应的硫醇产物与反应物中的二硫化物和原始硫醇吸收波长不同，总硫醇通过测量释放的黄色硝基巯基酸的吸光度来确定。

由于在水溶液中的不稳定性和易氧化成二硫化物，GSH 和其他硫醇的测量比较复杂。在正常情况下，GSH 二硫化物只占总谷胱甘肽的一小部分，但在氧化应激情况下会增加。通常需要同时测量 GSH 和氧化型谷胱甘肽（GSSG）（Winters et al.，1995）。

2）衍生化分析

巯基化合物首先经过衍生化预处理，再经高效液相色谱法和荧光检测测定，测定方法直接且成本较低。Demirkol（2004）测定了多种水果蔬菜中的生物硫醇，即基于化合物 N-（1-芘基）马来酰亚胺（NPM）与含有游离巯基的化合物反应形成荧光衍生物，利用 HPLC 测定样品中 GSH 的含量，对 GSH 和 GSSG 均具有较高的回收率；生物硫醇含量（以下列物质总和计算：谷胱甘肽，N-乙酰半胱氨酸，巯甲丙脯酸，高半胱氨酸，半胱氨酸，γ-谷氨酰半胱氨酸）在水果和蔬菜中分别为 3～349 nmol/L 和 4～136 nmol/L（湿重）。

4. 大蒜素、硫代亚磺酸酯和硫化物的降解产物

当大蒜（*Allium sarivum* L.）被压碎后，由于蒜氨酸、S（+）-烷基-L-半胱氨酸亚砜与蒜氨酸酶（EC 4.4.1.4）的作用而迅速产生一些二烷基硫代亚磺酸酯 RSS（O）R。

大蒜素（diallyl thiosulfinate）在经粉碎和均质的大蒜中，以及在热或有机溶剂的存在下不稳定，可形成各种降解化合物：烷基单硫和多硫化物、阿霍烯（Block et al.，1986）及硫代亚磺酸酯等（Lawson et al.，1991）。

气相色谱法（GC）是测定大蒜素和其他硫代亚磺酸酯的降解产物的主要手段，已用于分析烯丙基和甲基单、二硫化物和三硫化物（Block et al.，1986；Lawson，1991）。但 GC 主要分析新鲜大蒜，不能同时分析大蒜产品中的大蒜素（硫代亚磺酸酯）和二烯丙基二硫化物。HPLC 也是常见的测定大蒜素和其他硫代亚磺酸酯降解化合物的分析方法，目前通常采用反相 HPLC 分析大蒜提取物。

5. 鞣花酸

鞣花酸是一种膳食羟基苯甲酸，在植物中以游离形式存在，在蓝莓、黑莓、草莓等浆果中含量丰富。利用三氟乙酸回流水解鞣花酸，然后通过反向 HPLC 分析。虽然这种前处理可以将苷转化成其相应的苷元，但鞣花单宁的水解并不彻底。

Wilson 和 Hagerman（1990）研究发现，将水稀释的粉碎浆果样品、甲醇溶液和 HCl（终浓度 1 mol/L）混合物回流 20 h，冷却，然后蒸发至干，溶解在 2mL 甲醇中，并过滤。通过 HPLC（RP-18C）对鞣花酸进行定量，得到鞣花酸的检出限为 1μg，相对标准偏差为 0.8%。

6. 酚类化合物

果蔬中总酚含量可以用简单的分光光度法测定，最常见的是采用福林-酚试剂。该方法在碱性条件下利用，利用多酚可将磷钨钼酸还原成蓝色，蓝色深浅与

多酚含量呈正相关，并在 760 nm 处具有最大吸收来检测，通常以没食子酸（GAE）当量或儿茶素当量来表示。但由于福林–酚试剂可与抗坏血酸、还原糖、氨基酸等的其他化合物反应，因此利用该方法测定的总酚含量通常要高于实际值。此外，多酚类包括许多这些化合物之外的其他类黄酮类化合物，如酚酸类、苷类、木脂素类化合物，由于缺乏商业标准，且许多酚类化合物的结构尚未阐明，因此总多酚含量通常被低估。

目前通常采用 HPLC 分析果蔬的花青素（苷元花青素）、黄烷醇（儿茶素）、黄烷酮和黄酮苷类、黄酮和黄酮醇等黄酮类化合物；对于苷类化合物分析通常先将苷水解，即在 HCl 溶液中冷凝回流水解，所用溶液可以是含 50%甲醇的 2mol/L HCl。

参 考 文 献

贾永光，丘泰球，李金华. 2007. 双频超声强化对三七总皂苷提取的影响. 江苏大学学报：自然科学版，28（1）：12-16

边晓琳. 2010. 不同气体成分和包装材料对金针菇采后品质和活性氧代谢的影响. 南京：南京农业大学硕士学位论文

曹雁平，程伟. 2009. 多频超声连续逆流浸取黄芩中的黄芩苷. 食品科学，29（11）：219-222

常燕平，王如福，王国盛. 2005. 减压处理对梨枣果实采后生理及贮藏效果的影响. 中国农学通报，21（2）：196-198，209

陈贵林，李建文，何洪巨. 2007. 蔬菜类黄酮研究进展. 中国食物与营养，（1）：57-59

陈杭君，邬海燕，毛金林，等. 2007. 预冷方式及 MAP 贮藏对芦笋采后生理变化的影响，7（4）：85-88

陈华君，马焕普，刘志民，等. 2005. 两种温度条件下早熟桃果实中挥发性物质成分分析. 植物生理学通讯，41（4）：525-527

陈金印，刘康. 2008. 1-甲基环丙烯（1-MCP）在果蔬贮藏保鲜上的应用研究进展. 江西农业大学学报，30（2）：215-219

陈莉，郝浩永，程朝霞，等. 2009. 采后氯化钙处理对番茄生理的影响. 长江蔬菜，8：27-29

陈书霞，魏玲，房玉林. 2006. 钙处理对番茄采后成熟生理品质的影响. 西北农业学报，15（1）：156-159

陈望华. 2007. 酶法生产果蔬饮料、速溶粉及其稳定性研究. 南昌：南昌大学硕士学位论文

陈文恒，邬海燕，毛金林，等. 2004. 黄花梨减压贮藏保鲜技术研究. 食品科学，25（11）：326-329

陈卓慧，胡卓炎，吕恩利，等. 2013. 不同贮藏方式对双肩玉荷包荔枝氨基酸变化的影响. 现代食品科技，29（8）：1955-1960

戴一. 2012. 采收期对药用植物生物活性成分影响的研究进展. 安徽农业科学，（3）：1421-1423，1425

刁小琴，关海宁，张润光，等. 2011. 减压处理对菜花贮期生理效应的影响. 食品科学，32（2）：302-304

丁昌江，梁运章. 2004. 高压电场干燥胡萝卜的试验研究. 农业工程学报，20（4）：220-222

董全. 2005. 蓝莓渗透脱水和流化床干燥的研究. 重庆：西南农业大学硕士学位论文

杜正顺，巩惠芳，汪良驹，等. 2009. 贮前热蒸汽处理对草莓果实保鲜效应的研究. 南京农业大学学报，32（4）：37-42.

鄂晓雪，柳建华，王融，等. 2014. 上海理工大学学报，36（1）：75-80

范远景，马凌云，徐晓伟，等. 2010. 膜技术分离金银花绿原酸提取液工艺研究. 食品科学，31（20）：43-46

房祥军，邬海燕，宋丽丽，等. 2013. 减压贮藏保持茭白采后品质及调控细胞壁物质代谢. 农业工程学报，29（12）：257-263

皋香, 施瑞城, 谷风林, 等. 2014. 巴氏灭菌对不同品种菠萝蜜汁挥发性香气成分的影响. 食品科学, 35（9）：63-68

高豪杰, 贾志伟, 李雯, 等. 2012. 采收成熟度与果实贮藏保鲜关系的研究进展. 安徽农业科学, （5）：2897-2898, 2900

耿胜荣, 段颖, 顾振新, 等. 2003. O$_3$ 处理对草莓果贮藏品质的影响. 食品与发酵工业, 29（11）：28-30

龚吉军, 唐静, 李振华. 2010. 臭氧与高氧处理对采后草莓品质的影响. 中南林业科技大学学报, 30（9）：76-80

郭香凤, 梁华, 赵胜娟, 等. 2006. 1-MCP 对杏果实采后贮藏品质的影响. 农业机械学报, 37（8）：107-110

郭晓敏, 安琳, 王友升, 等. 2010a. 不同温度下 1-MCP 与水杨酸处理对"安哥诺"李果实品质影响的主成分分析. 食品科学, 31（18）：416-422

郭晓敏, 安琳, 王友升, 等. 2010b. 两种贮藏温度下"黑琥珀"李果实品质及不同部位抗氧化活性的变化规律. 食品科学, 31（20）：425-429

郭晓敏, 王友升, 王贵禧, 等. 2010c. 采后钙处理对"安哥诺"李果实的贮藏效果及抗氧化能力的影响. 食品科学, 31（22）：467-472

郭鑫. 2013. 青菜动态气调保鲜的研究. 无锡：江南大学硕士学位论文

韩骁, 陈莹, 夏炎, 等. 2008. 超声耦合膜技术提取橡子中单宁的研究. 化学与生物工程, 25（10）：52-53

何志刚, 李维新, 林晓姿, 等. 2004. 贮藏温度及气体成分对枇杷的保鲜效果. 果树学报, 21（5）：438-442

侯建设, 席玙芳, 李中华, 等. 2004. 贮前热处理对 2℃贮藏黄瓜抗冷性和自由基生物学的影响. 食品与发酵工业, 30（5）：138-142

胡位荣, 庞学群, 刘顺枝, 等. 2005. 采后处理对荔枝果皮花色素苷含量和花色素苷酶活性的影响. 果树学报, 22（3）：224-228

胡晓亮. 2011. 天然保鲜剂对马陆葡萄贮藏保鲜效果的影响. 上海：上海理工大学硕士学位论文

黄龙. 2011. 苦瓜和甜玉米酚类物质与抗氧化活性的品种差异及热加工对其影响. 武汉：华中农业大学硕士学位论文

黄微. 2012. 加工和贮藏对红枣浓缩汁酚类物质的影响. 西安：西北大学硕士学位论文

黄远, 别之龙, 孔秋生, 等. 2012. 嫁接对西瓜和甜瓜果实品质影响的研究进展. 中国蔬菜, （4）：10-18

霍宪起. 2011. 1-MCP 对桑葚采后生理效应的影响. 食品科学, 32（2）：310-313

江英, 胡小松, 刘琦, 等. 2010. 壳聚糖处理对采后梅杏贮藏品质的影响. 农业工程学报, 26（1）：343-349

蒋耀庭, 常秀莲, 李磊. 2012. 高压静电场处理对鲜切青花菜保鲜的影. 食品科学, 33（12）：299-302

井凤, 刘峰, 傅茂润, 等. 2013. 杭椒干制过程中类胡萝卜素含量的变化. 食品科学, 34（11）：5-9

鞠秀芝. 2015. 减压贮藏对大铃铛枣营养指标的影响. 安徽农学通报, （3）：121, 126

孔祥佳, 郑俊峰, 林河通, 等. 2010. 热处理对果蔬贮藏品质和采后生理的影响及其应用. 亚洲农业工程, 29（3）：34-39

李红丽, 于贤昌, 王华森, 等. 2007. 果菜类蔬菜品质研究进展. 山东农业大学学报（自然科学版）, （2）：322-326

李健, 张萌, 李丽萍, 等. 2013. 热处理对草莓品质与活性氧代谢影响的多变量解析. 食品科学, 34（16）：306-310

李健, 赵丽丽, 刘野, 等. 2013. 自发气调对鸭梨果实生理生化品质的影响. 食品工业科技, 34（3）：320-323

李娜. 2010. 红树莓果汁稳定性的研究. 哈尔滨：东北农业大学硕士学位论文

李素清. 2006. 鲜切富贵菜保鲜技术的研究. 雅安：四川农业大学硕士学位论文

李文香, 孙宝山, 张恩盈, 等. 2007. 三阶段减压贮藏工艺对采后绿芦笋营养品质的影响. 食品工业科技, 28（1）：221-224

李燕, 孙思胜, 李琴, 等. 2010. 不同成熟度辣椒果实中 VC 含量的测定. 现代农业科技, （2）：116-118

李迎秋. 2007. 脉冲电场对大豆蛋白理化性质及脂肪氧化酶的影响. 无锡：江南大学硕士学位论文

李远新, 李进辉, 何莉莉, 等. 1997. 氮磷钾配施对保护地番茄产量及品质的影响. 中国蔬菜, （4）：12-15

刘芬, 张爱萍, 刘东红. 2009. 真空预冷处理对青花菜贮藏期间生理活性的影响. 农业机械学报, 40（10）：106-110

刘凤霞. 2014. 基于超高压技术芒果汁加工工艺与品质研究. 北京：中国农业大学硕士学位论文

刘玉清, 谢冬娣. 2007. 壳聚糖涂膜延长番石榴货架寿命的研究. 贺州学院学报, 23（2）：128-129

龙杰. 2011. 减压贮藏对杨梅果实采后生理和品质的影响. 南京：南京农业大学硕士学位论文

吕盛坪, 吕恩利, 陆华忠, 等. 2013. 果蔬预冷技术研究现状与发展趋势. 广东农业科学, 40（8）：101-104

马冲, 苏晶, 刘凤娟, 等. 2008. 不同浓度 1-MCP 处理对柿果贮藏品质的影响. 佳木斯大学学报（自然科学版）,
　　26（3）：421-424, 427

马艳萍, 吕新刚, 刘丹, 等. 2013. 鲜食核桃冷藏期间氨基酸组分及含量的变化. 食品研究与开发, 34（21）：112-115

茅林春, 方雪花, 庞华卿. 2004. 1-MCP 对杨梅果实采后生理和品质的影响. 中国农业科学, 37（10）：1532-1536

蒙丽霞, 李凯, 陆登俊, 等. 2014. 超滤, 反渗透技术在制糖业应用的研究进展. 甘蔗糖业, （1）：49-53

牛锐敏, 陈雀民, 于蓉, 等. 2009. 臭氧处理对红富士苹果生理变化及贮藏品质的影响. 安徽农业科学, 37（8）：
　　3749-3751, 3797

潘东芬. 2011. 高压脉冲电场处理对胡萝卜汁的杀菌效果及品质影响研究. 福州：福建农林大学硕士学位论文

潘见, 王海翔, 谢慧明, 等. 2009. 超高压处理对鲜榨橙汁中主要香气成分的影响. 农业工程学报, （5）：239-243

秦晓杰, 肖红梅, 罗凯, 等. 2013. 水杨酸结合拮抗酵母菌处理对冷藏草莓果实的抗性影响. 食品科学, 34（18）：
　　290-294

申江, 和晓楠, 王素英. 2009. 冰温贮藏与冷藏对甜瓜氨基酸及其他品质的影响对比. 中国制冷学会 2009 年学术年
　　会论文集, 4：1384-1387

孙爱东. 2002. 苹果汁加工中典型芳香成分的形态、变化及香气调控的研究. 泰安：山东农业大学硕士学位论文

孙明奇, 胡建中, 潘思轶. 2007. 柑橘皮类胡萝卜素提取物稳定性研究. 食品科学, 28（10）：46-49

孙骞, 杨军, 张绍阳, 等. 2006. 钾营养与果树光合生理及果实品质关系研究进展. 广东农业科学, （12）：126-129

谭兴和, 甘霖, 王仁才, 等. 2003. 利用冷、热处理提高冷藏果实贮藏效果及其机理研究进展. 保鲜与加工, 3（4）：
　　4-7

汤谧, 别之龙, 张保才, 等. 2009. 西瓜、甜瓜果实品质及调控研究进展. 长江蔬菜, （2）：10-14

唐文, 吴颖, 刘玉仙. 2010. 骤冷处理对青椒采后生理及品质的影响. 食品工业科技, （5）：321-323

汪少华. 2013. HPCD 处理对香蕉果肉多酚氧化酶及香蕉汁品质的影响. 长沙：中南林业科技大学硕士学位论文

王丹. 2005. 桃汁高压脉冲电场非热杀菌研究. 长春：吉林大学硕士学位论文

王璠, 伊华林, 郭琳琳. 2007. 冷藏和留树保鲜对红肉脐橙果实类胡萝卜素种类和含量的影响. 华中农业大学学报,
　　26（6）：854-855

王贵元. 2009. 生态因子与果实品质的关系研究进展. 现代农业, （9）：103-105

王瑾, 陈均志, 刘毅. 2009. 壳聚糖及其衍生物作为果蔬保鲜剂和食品助剂的研究进展及应用. 食品工业科技, （6）：
　　388-391

王静, 张辉, 李学文, 等. 2008. 热处理对采后青椒品质的影响. 保鲜与加工, 8（6）：50-53

王利芬, 朱军贞. 2011. 反光膜对果实品质影响的研究进展. 北方园艺, （15）：228-230

王宁馨, 赵彤, 王雅蓉, 等. 2014. 超声处理对鲜切马铃薯中营养成分的影响. 现代生物医学进展, （26）：5023-5026

王聘, 郜海燕, 周拥军, 等. 2012. 减压处理对新疆白杏果实软化和细胞壁代谢的影响. 农业工程学报, 28（16）：
　　254-258

王琴, 关建山. 2002. 微波法萃取芝麻油的工艺研究. 中国油脂, 27（4）：11-12

王秋芳, 乔勇进, 陈召亮, 等. 2010. 臭氧处理对巨峰葡萄微生物及贮藏品质的影响. 安徽农业科学, 38（9）：
　　4784-4787

王淑娟, 陈明, 陈金印. 2012. 水杨酸对"遂川金柑"采后生理及贮藏效果的影响. 果树学报, 29（6）：1110-1114

王维琴, 王剑平. 2004. 高压脉冲电场在食品灭菌方面的应用. 农机化研究, （1）：205-308

王伟，张有林. 2008. 减压处理对采后杏果实软化的生理控制效应. 西北植物学报，28（1）：131-135

王伟. 2007. 减压、臭氧和气调贮藏对杏果实采后生理效应的影响. 西安：陕西师范大学硕士学位论文

王文江，孙建设. 1996. 红富士苹果套袋技术研究. 河北农业大学学报，（4）：28-31

王文渊，龙红萍，唐守勇. 2011. 膜技术耦合酶法提取竹叶总黄酮的研究. 中国酿造，30（7）：74-77

王希敏，孟秀梅，刘昌衡，等. 2007. 果蔬加工研究现状及发展前景. 长江蔬菜，（7）：38-40

王寅. 2013. 超高压处理对蓝莓汁的品质影响研究. 北京：北京林业大学硕士学位论文

王颖，曾霞，王春. 2012. 壳聚糖在果蔬保鲜中的应用研究进展. 食品工业，（5）：107-109

王永刚，李卫. 2010. 膜技术分离纯化对花生壳多酚提取液品质的影响. 食品研究与开发，31（9）：72-74

王友升，蔡琦玮，安琳，等. 2013. 1-甲基环丙烯对蓝莓果实品质与活性氧代谢影响的多变量解析. 食品科学，
　　34（14）：340-345

王友升，蔡琦玮，谷祖臣，等. 2014. 紫外照射处理对蒜薹品质与活性氧代谢影响的多变量解析. 食品科学，35（14）：
　　223-228

王友升，田世平. 2007. 罗伦隐球酵母、褐腐病菌与甜樱桃果实在不同温度下的互作效应. 中国农业科学，40（12）：
　　2811-2820

王友升. 2012. 拮抗酵母菌与果蔬采后病害防治. 北京：知识产权出版社

王赵改，杨慧，朱广成. 2013. 减压处理对香椿贮藏品质的影响研究. 华北农学报，（6）：181-185

魏香奕，贾利蓉，吕远平，等. 2007. 天然多糖涂膜保鲜果蔬的研究进展. 食品科技，32（2）：252-254

谢国芳，谭书明，王贝贝. 2012. 果蔬采后处理和天然保鲜技术的研究进展. 食品工业科技，33（4）：421-426

谢晶，蔡楠，韩志. 2008. 弱光照射对果蔬冷藏品质的影响. 食品科学，29（3）：471-474

熊江，卢晓鹏，李静，等. 2014. 水分胁迫对果实品质的影响研究进展. 湖南农业科学，（18）：56-60

薛梦林，张继澍，张平，等. 2003. 减压对冬枣采后生理生化变化的影响. 中国农业科学，36（2）：196-200

闫蕊，尚庆坤，戴欣. 2008. 微波法提取芦荟中黄酮类化合物. 东北师大学报：自然科学版，40（1）：85-89

严娟，沈志军，蔡志翔，等. 2014. 桃果实中酚类物质研究进展. 果树学报，（3）：477-485

燕平梅，苏丽荣，赵惠玲，等. 2010. 超声波气泡清洗对鲜切豇豆菜品质的影响. 现代食品科技，（2）：140-144

杨晓光，张子德，刘晓军. 2009. 臭氧水冷激处理对冬枣保鲜品质的影响. 食品科技，34（10）：28-31

姚瑞祺，马兆瑞. 2015. 不同减压处理对大樱桃保鲜效果的研究. 保鲜与加工，15（1）：20-22

叶琳，宋晓秋，章苏宁，等. 2010. 微波萃取紫甘蓝色素及其稳定性研究. 食品工业，（4）：22

殷涌光，崔彦如，王婷. 2008. 高压脉冲电场提取桦褐孔菌多糖的试验. 农业机械学报，39（2）：89-92

于勇，胡桂仙，王俊. 2003. 脱水蔬菜的研究现状及展望. 粮油加工与食品机械，（4）：63-65

郁松林，肖年湘，王春飞. 2008. 植物生长调节剂对葡萄果实品质调控的研究进展. 石河子大学学报（自然科学
　　版），（4）：439-443

曾庆帅. 2011. 荔枝果汁加工和贮藏过程中酚类物质及抗氧化活性的变化. 武汉：华中农业大学硕士学位论文

张承林. 1996. 果实品质与钙素营养. 果树科学，（2）：119-123

张光伦. 1994. 生态因子对果实品质的影响. 果树科学，（2）：120-124

张进献，李冬杰，张广华，等. 2006. 不同钙处理对采后草莓果实细胞壁酶活性、果胶含量的影响. 北方园艺，（2）：
　　24-26

张峻松，张世涛，毛多斌，等. 2008. 超高压处理对杏汁香气成分的影响. 农业工程学报，24（4）：267-270

张丽萍. 2013. 冷藏及 1-MCP 处理对南果梨挥发性香气物质代谢的影响及其调控. 沈阳：沈阳农业大学博士学位
　　论文

张璐，李法德. 2001. 高压静电场在食品加工上的应用研究. 山东食品科技，3（2）：9-10

张微. 2010. 超高压和热处理对热带果汁品质影响的比较研究. 广州：华南理工大学硕士学位论文

张学杰，赵永彬，尹明安. 2007. 胡萝卜渣干燥过程中水分、类胡萝卜素的变化规律及工艺比较. 中国农业科学，
　　40（5）：995-1001

张学杰. 2012. 高压对鲜切生菜品质与微生物的影响及机理研究. 北京：中国农业科学院硕士学位论文

张鹰，何兴值，于新. 2010. 微波辅助法提取山毛豆种子油脂的工艺研究. 粮油加工，（11）：10-12

赵科军. 2008. 1-MCP 对黄冠梨和丰水梨采后生理及贮藏效果的影响. 呼和浩特：内蒙古农业大学硕士学位论文

赵茜，王友升，王郅媛，等. 2010. 1-MCP 和真空预冷对"三冠王"黑莓果实贮藏效果及活性氧代谢的影响. 食品
　　科学，31（18）：405-410

赵文恩，康保珊，胡国勤. 2008. 西瓜瓤类胡萝卜素研究进展. 果树学报，（6）：908-915

赵旭博，董文宾，于琴，等. 2005. 超声波技术在食品行业应用新进展. 食品研究与开发，26（1）：3-7

赵云峰，林河通，林艺芬，等. 2014. 热处理延缓采后龙眼果实果皮褐变及其与酚类物质代谢的关系. 现代食品科
　　技，（5）：218-224

赵云峰，林瑜，吴玲艳. 2012. 热处理对冷藏茄子果实褐变及酚类物质代谢的影响. 食品科技，37（11）：45-49

赵志磊，李保国，齐国辉，等. 2003. 套袋对富士苹果果实品质影响的研究进展. 河北林果研究，（1）：81-86

周林燕，廖红梅，张文佳，等. 2009. 食品高压技术研究进展和应用现状（续前）. 中国食品学报，9（5）：165-176

周拥军，邹海燕，陈文煊，等. 2005. 柿果减压贮藏试验研究. 食品科学，26（11）：227-230

邹良栋. 1999. 壳聚糖涂膜常温保鲜草莓试验. 北方园艺，（4）：24-25

Al-Wandawi H，Abdul R M，Al S K. 1985. Tomato processing wastes as essential raw materials source. Journal of
　　Agricultural and Food Chemistry，133（5）：804-807

Andreotti C，Ravaglia D，Ragaini A，et al. 2008. Phenolic compounds in peach (*Prunus persica*) cultivars at harvest and
　　during fruit maturation. Annals of Applied Biology，153（1）：11-23

Arras G. 1996. Mode of action of an isolate of Candida famata in biological control of *Penicillium digitatum* in orange
　　fruits. Postharvest Biology and Technology，8（3）：191-198

Artés-Hernández F，Tomás-Barberán F A，Artés F. 2006. Modified atmosphere packaging preserves quality of SO_2-free
　　'Superior seedless' table grapes. Postharvest Biology and Technology，39（2）：146-154

Asami D K，Hong Y J，Barrett D M，et al. 2003. Processing-induced changes in total phenolics and procyanidins in
　　clingstone peaches. Journal of the Science of Food and Agriculture，83（1）：56-63

Awad M A，Jager A D. 2003. Influences of air and controlled atmosphere storage on the concentration of potentially
　　healthful phenolics in apples and other fruits. Postharvest Biology and Technology，27（1）：53-58

Ayala Z J F，Wang S Y，Wang C Y，et al. 2005. Methyl jasmonate in conjunction with ethanol treatment increases
　　antioxidant capacity，volatile compounds and postharvest life of strawberry fruit. European Food Research and
　　Technology，221（6）：731-738

Ayala Z J F，Wang S Y，Wang C Y，et al. 2007. High oxygen treatment increases antioxidant capacity and postharvest life
　　of strawberry fruit. Food Technology and Biotechnology，45（2）：166-173

Ayala-Zavala J F，Wang S Y，Wang C Y，et al. 2004. Effect of storage temperatures on antioxidant capacity and aroma
　　compounds in strawberry fruit. LWT-Food Science and Technology，37（7）：687-695

Babalar M，Asghari M，Talaei A，et al. 2007. Effect of pre-and postharvest salicylic acid treatment on ethylene
　　production，fungal decay and overall quality of Selva strawberry fruit. Food Chemistry，105（2）：449-453

Beltrán D，Selma M V，Tudela J A. 2005. Effect of different sanitizers on microbial and sensory quality of fresh-cut potato
　　strips stored under modified atmosphere or vacuum packaging. Postharvest Biology and Technology，37（1）：37-46

Benkeblia N，Shiomi N. 2006. Hydrolysis kinetic parameters of DP 6，7，8，and 9-12 fructooligosaccharides (FOS)
　　of onion bulb tissues. Effect of temperature and storage time. Journal of Agricultural and Food Chemistry，54（7）：

2587-2592

Bernardo-Gil G，Oneto C，Antunes P，et al. 2001. Extraction of lipids from cherry seed oil using supercritical carbon dioxide. European Food Research and Technology，212（2）：170-174

Bernardo-Gil M G，Grenha J，Santos J，et al. 2002. Supercritical fluid extraction and characterisation of oil from hazelnut. European Journal of Lipid Science and Technology，104（7）：402-409

Bertelli D，Plessi M，Braghiroli D，et al. 1998. Separation by solid phase extraction and quantification by reverse phase HPLC of sulforaphane in broccoli. Food Chemistry，63（3）：417-421

Beveridge T H，Girard B，Kopp T，et al. 2005. Yield and composition of grape seed oils extracted by supercritical carbon dioxide and petroleum ether：varietal effects. Journal of Agricultural and Food Chemistry，53（5）：1799-1804

Block E，Ahmad S，Catalfamo J L，et al. 1986. The chemistry of alkyl thiosulfinate esters. 9. Antithrombotic organosulfur compounds from garlic：structural，mechanistic，and synthetic studies. Journal of the American Chemical Society，108（22）：7045-7055

Bouic P J，Lamprecht J H. 1999. Plant sterols and sterolins：a review of their immune-modulating properties. Alternative Medicine Review，4（3）：170-177

Brachet A，Christen P，Veuthey J L. 2002. Focused microwave-assisted extraction of cocaine and benzoylecgonine from coca leaves. Phytochemical Analysis，13（3）：162-169

Bridle P，Timberlake C F. 1997. Anthocyanins as natural food colours-selected aspects. Food Chemistry，58（1）：103-109

Britton G，Liaaen J S，Pfander H. 2004. Carotenoids：handbook. Berlin：Springer Science & Business Media

Buendía B，Allende A，Nicolás E，et al. 2008. Effect of regulated deficit irrigation and crop load on the antioxidant compounts of peaches. Journal of Agrucultural and Food Chemistry，56（10）：3601-3608

Cantos E，García-Viguera C，Pascual-Teresa S D，et al. 2000. Effect of postharvest ultraviolet irradiation on resveratrol and other phenolics of cv. Napoleon table grapes. Journal of Agricultural and Food Chemistry，48（10）：4606-4612

Chang S，Tan C，Frankel E N，et al. 2000. Low-density lipoprotein antioxidant activity of phenolic compounds and polyphenol oxidase activity in selected clingstone peach cultivars. Jouranl of Agricultural and Food Chemistry，48（2）：147-151

Chaovanalikit A，Wrolstad R E. 2004. Anthocyanin and polyphenolic composition of fresh and processed cherries. Journal of Food Science，69（1）：73-83

Chen L，Jin H，Ding L，et al. 2008 Dynamic microwave-assisted extraction of flavonoids from Herba Epimedii. Separation and Purification Technology，59（1）：50-57

Chiu K L，Cheng Y C，Chen J H C，et al. 2002. Supercritical fluids extraction of Ginkgo ginkgolides and flavonoids. The Journal of Supercritical Fluids，24（1）：77-87

Corrales M，Toepfl S，Butz P，et al. 2008. Extraction of anthocyanins from grape by-products assisted by ultrasonics，high hydrostatic pressure or pulsed electric fields：a comparison. Innovative Food Science & Emerging Technologies，9（1）：85-91

Crowe T D，White P J. 2003. Oxidation，flavor，and texture of walnuts reduced in fat content by supercritical carbon dioxide. Journal of the American Oil Chemists' Society，80（6）：569-574

Danielski L，Zetzl C，Hense H，et al. 2005. A process line for the production of raffinated rice oil from rice bran. The Journal of supercritical fluids，34（2）：133-141

Daxenbichler M E，Van Etten C H. 1977. Glucosinolates and derived products in cruciferous vegetables：gas-liquid chromatographic determination of the aglucon derivatives from cabbage. Journal-Association of Official Analytical Chemists，60（4）：950-953 de França L F, Reber G, Meireles M A A, et al. 1999. Supercritical extraction of carotenoids and lipids from buriti (Mauritia flexuosa), a fruit from the Amazon region. The Journal of Supercritical Fluids, 14 (3): 247-256

del Castillo M R, Gomez-Prieto M S, Herraiz M, et al. 2003. Lipid composition in tomato skin supercritical fluid extracts with high lycopene content. Journal of the American Oil Chemists' Society, 80 (3): 271-274

Del Valle J M, Bello S, Thiel J, et al. 2000. Comparision of conventional and supercritical CO_2-extracted rosehip oil. Brazilian Journal of Chemical Engineering, 17 (3): 335-348

Delorenzi J C, Attias M, Gattass C R, et al. 2001. Antileishmanial Activity of an Indole Alkaloid from Peschiera australis. Antimicrobial Agents and chemotherapy, 45 (5): 1349-1354

Demirkol O, Adams C, Ercal N. 2004. Biologically important thiols in various vegetables and fruits. Journal of Agricultural and Food Chemistry, 52 (26): 8151-8154

Dewanto V, Wu X, Adom K, et al. 2002. Thermal processing enhances the nutritional value of tomatoes by increasing total antioxidant activity. Journal of Agricultural and Food Chemistry, 50 (10): 3010-3014

Dorais M, Ehret D L. 2008. Agronomy and the Nutritional Quality of Fruit. Cambridge: Woodhead Publishing

Drumm T D, Gray J I, Hosfield G L, et al. 1990. Lipid, saccharide, protein, phenolic acid and saponin contents of four market classes of edible dry beans as influenced by soaking and canning. Journal of the Science of Food and Agriculture, 51 (4): 425-435

DuPont M S, Mondin Z, Williamson G, et al. 2000. Effect of variety, processing and storage on the flavonoid glycoside content and composition of lettuce and endive. Journal of Agricultural and Food Chemistry, 48 (9): 3957-3964

Duthie G G, Gardner P T, Kyle J A. 2003. Plant polyphenols: are they the new magic bullet? Proceedings of the Nutrition Society, 62 (03): 599-603

El-Belghiti K, Rabhi Z, Vorobiev E. 2007. Effect of process parameters on solute centrifugal extraction from electropermeabilized carrot gratings. Food and Bioproducts Processing, 85 (1): 24-28

Esquivel M M, Bernardo-Gil M G, King M B. 1999. Mathematical models for supercritical extraction of olive husk oil. The Journal of Supercritical Fluids, 16 (1): 43-58

Ewald C, Fjelkner-Modig S, Johansson K, et al. 1999. Effect of processing on major flavonoids in processed onions, green beans, and peas. Food Chemistry, 64 (2): 231-235

Fahey J W, Zalcmann A T, Talalay P. 2001. The chemical diversity and distribution of glucosinolates and isothiocyanates among plants. Phytochemistry, 56 (1): 5-51

Fenwick G R, Heaney R K. 1983. Glucosinolates and their breakdown products in cruciferous crops, foods and feedingstuffs. Food Chemistry, 11 (4): 249-271

Ferreira D, Guyot S, Marnet N, et al. 2002. Composition of phenolic compounds in a Portuguese pear (*Pyrus communis* L. var. S. Bartolomeu) and changes after sun-drying. Journal of Agricultural and Food Chemistry, 50 (16): 4537-44

Fincan M, DeVito F, Dejmek P. 2004. Pulsed electric field treatment for solid-liquid extraction of red beetroot pigment. Journal of Food Engineering, 64 (3): 381-388

Force L E, O'hare T J, Wong L S, et al. 2007. Impact of cold storage on glucosinolate levels in seed-sprouts of broccoli, rocket, white radish and kohl-rabi. Postharvest Biology and Technology, 44 (2): 175-178

Francis F J, Markakis P C. 1989. Food colorants: anthocyanins. Critical Reviews in Food Science & Nutrition, 28 (4): 273-314

Franck C, Baetens M, Lammertyn J, et al. 2003. Ascorbic acid mapping to study core breakdown development in 'Conference' pears. Postharvest Biology and Technology, 30 (2): 133-142

Fullmer L A, Shao A. 2001. The role of lutein in eye health and nutrition. Cereal Foods World, 46 (9): 408-413

Galvis-Sánchez A C，Fonseca S C，Morais A M M B，et al. 2004. Effects of preharvest，harvest and postharvest factors on the quality of pear（cv. 'Rocha'）stored under controlled atmosphere conditions. Journal of Food Engineering，64（2）：161-172

Gamarra F M C，Sakanaka L S，Tambourgi E B，et al. 2006. Influence on the quality of essential lemon（*Citrus aurantifolia*）oil by distillation process. Brazilian Journal of Chemical Engineering，23（1）：147-151

Gimenez J，Kajda P，Margomenou L，et al. 2001. A study on the colour and sensory attributes of high-hydrostatic-pressure jams as compared with traditional jams. Journal of the Science of Food and Agriculture，81（13）：1228-1234

Giovannucci E. 2002. A review of epidemiologic studies of tomatoes，lycopene，and prostate cancer. Experimental Biology and Medicine，227（10）：852-859

Golding J B，McGlasson W B，Wyllie S G. 2001. Relationship between production of ethylene and α-farnesene in apples，and how it is influenced by the timing of diphenylamine treatment. Postharvest Biology and Technology，21（2）：225-233

Gómez-Prieto M S，Caja M M，Herraiz M，et al. 2003. Supercritical fluid extraction of all-trans-lycopene from tomato. Journal of Agricultural and Food Chemistry，51（1）：3-7

Gómez-Prieto M S，Caja M M，Santa-Maria G. 2002. Solubility in supercritical carbon dioxide of the predominant carotenes of tomato skin. Journal of the American Oil Chemists' Society，79（9）：897-902

González-Aguilar G A，Villegas-Ochoa M A，Martínez-Téllez M A，et al. 2007. Improving antioxidant capacity of fresh-cut mangoes treated with UV-C. Journal of Food Science，72（3）：197-202

Goodman G E，Thornquist M D，Balmes J，et al. 2004. The Beta-Carotene and Retinol Efficacy Trial：incidence of lung cancer and cardiovascular disease mortality during 6-year follow-up after stopping β-carotene and retinol supplements. Journal of the National Cancer Institute，96（23）：1743-1750

Granado F，Olmedilla B，Blanco I. 2003. Nutritional and clinical relevance of lutein in human health. British Journal of Nutrition，90（3）：487-502

Guo J，Fang W W，Lu H P，et al. 2014. Inhibition of green mold disease in mandarins by preventive applications of methyl jasmonate and antagonistic yeast Cryptococcus laurentii. Postharvest Biology and Technology，（88）：72-78

Hallikainen M A，Sarkkinen E S，Uusitupa M I. 2000. Plant stanol esters affect serum cholesterol concentrations of hypercholesterolemic men and women in a dose-dependent manner. The Journal of Nutrition，130（4）：767-776

Hasegawa R，Chujo T，Sai-Kato K，et al. 1995. Preventive effects of green tea against liver oxidative DNA damage and hepatotoxicity in rats treated with 2-nitropropane. Food and Chemical Toxicology，33（11）：961-970

Heinemann T，Axtmann G，Bergmann K V. 1993. Comparison of intestinal absorption of cholesterol with different plant sterols in man. European Journal of Clinical Investigation，23（12）：827-831

Hodges D M，Munro K D，Forney C F，et al. 2006. Glucosinolate and free sugar content in cauliflower（Brassica oleracea var. botrytis cv. Freemont during controlled-atmosphere storage. Postharvest Biology and Technology，40（2）：123-132

Holser R A，Bost G. 2004. Hybrid Hibiscus seed oil compositions. Journal of the American Oil Chemists' Society，81（8）：795-797

Hong Y J，Barrett D M，Mitchell A E. 2004. Liquid chromatography/mass spectrometry investigation of the impact of thermal processing and storage on peach procyanidins. Journal of Agricultural and Food Chemistry，52（8）：2366-2371

Hughes D A. 2001. Dietary carotenoids and human immune function. Nutrition，17（10）：823-827.

Illés V，Szalai O，Then M，et al. 1997. Extraction of hiprose fruit by supercritical CO_2 and propane. The Journal of

Supercritical Fluids，10（3）：209-218

Inagake M，Yamane T，Kitao Y，et al. 1995. Inhibition of 1，2-dimethylhydrazine-induced oxidative DNA damage by green tea extract in rat. Cancer Science，86（11）：1106-1111

Jiratanan T，Liu R H. 2004. Antioxidant activity of processed table beets（*Beta vulgaris* var，conditiva）and green beans（*Phaseolus vulgaris* L.）. Journal of Agricultural and Food Chemistry，52（9）：2659-2670

Jones P J，Ntanios F Y，Raeini-Sarjaz M，et al. 1999. Cholesterol-lowering efficacy of a sitostanol-containing phytosterol mixture with a prudent diet in hyperlipidemic men. The American Journal of Clinical Nutrition，69（6）：1144-1150

Jones R B，Faragher J D，Winkler S. 2006. A review of the influence of postharvest treatments on quality and glucosinolate content in broccoli（*Brassica oleracea* var. italica）heads. Postharvest Biology and Technology，41（1）：1-8

Karadeniz F，Durst R W，Wrolstad R E. 2000. Polyphenolic composition of raisins. Journal of Agricultural and Food Chemistry，48（11）：5343-5350

Karapinar M，Sengun I Y. 2007. Antimicrobial effect of koruk（unripe grape—*Vitis vinifera*）juice against Salmonella typhimurium on salad vegetables. Food Control，18（6）：702-706

Katz S N. 1987. Decaffeination of Coffee. London：Elsevier Applied Science.

Kelly P J，Bones A，Rossiter J T. 1998. Sub-cellular immunolocalization of the glucosinolate sinigrin in seedlings of Brassica juncea. Planta，206（3）：370-377

Kidmose U，Yang R Y，Thilsted S H，et al. 2006. Content of carotenoids in commonly consumed Asian vegetables and stability and extractability during frying. Journal of Food Composition and Analysis，19（6）：562-571

Kim H J，Lee S B，Park K A，et al. 1999. Characterization of extraction and separation of rice bran oil rich in EFA using SFE process. Separation and Purification Technology，15（1）：1-8

Kim J，Choi Y H. 2000. SPE of ephedrine derivates from Ephedra sinica. Proceedings of 5th International Symposium on Supercritical Fluids，Atlanta，GA：1-12

Kim S J，Ishii G. 2007. Effect of storage temperature and duration on glucosinolate，total vitamin C and nitrate contents in rocket salad（Eruca sativa Mill.）. Journal of the Science of Food and Agriculture，87（6）：966-973

Klipstein G K，Launer L，Geleijnse J M，et al. 2000. Serum carotenoids and atherosclerosis：the Rotterdam Study. Atherosclerosis，148（1）：49-56

Klopotek Y，Otto K，Böhm V. 2005. Processing strawberries to different products alters contents of vitamin C，total phenolics，total anthocyanins，and antioxidant capacity. Journal of Agricultural and Food Chemistry，53（14）：5640-5646

Koca N，Karadeniz F. 2008. Changes of bioactive compounds and anti-oxidant activity during cold storage of carrots. International Journal of Food Science & Technology，43（11）：2019-2025

Kong J M，Chia L S，Goh N K，et al. 2003. Analysis and biological activities of anthocyanins. Phytochemistry，64（5）：923-933

Kwok B H L，Hu C，Durance T，et al. 2004. Dehydration techniques affect phytochemical contents and free radical scavenging activities of saskatoon berries（Amelanchier alnifolia Nutt.）. Journal of Food Science，69（3）：122-126

Lack E，Seidlitz H. 1993. Commercial Scale Decaffeination of Coffee and Tea Using Supercritical CO_2. Berlin：Springer Netherlands

Lamikanra O，Imam S H. 2005. Produce Degradation：Pathways and Prevention. Florida：CRC Press

Law M R. 2000. Topic in Review：Plant sterol and stanol margarines and health. Western Journal of Medicine，173（1）：43-47

Lawson L D, Wang Z J, Hughes B G. 1991. Identification and HPLC quantitation of the sulfides and dialk (en) yl thiosulfinates in commercial garlic products. Planta Medica, (57): 363-70

Lee S K, Kader A A. 2000. Preharvest and postharvest factors influencing vitamin C content of horticultural crops. Postharvest Biology and Technology, 20 (3): 207-220

Leja M, Mareczek A, Ben J. 2003. Antioxidant properties of two apple cultivars during long-term storage. Food Chemistry, 80 (3): 303-307

Lessin W J, Catigani G L, Schwartz S J. 1997. Quantification of cis-trans isomers of provitamin a carotenoids in fresh and processed fruits and vegetables. Journal of Agricultural and Food Chemistry, 45 (10): 3728-3732

Li S, Hartland S. 1992. Influence of co-solvents on solubility and selectivity in extraction of xanthines and cocoa butter from cocoa beans with supercritical CO_2. The Journal of Supercritical Fluids, 5 (1): 7-12

Li S, Varadarajan G S, Hartland S. 1991. Solubilities of theobromine and caffeine in supercritical carbon dioxide: correlation with density-based models. Fluid Phase Equilibria, (68): 263-280

Lianfu Z, Zelong L. 2008. Optimization and comparison of ultrasound/microwave assisted extraction (UMAE) and ultrasonic assisted extraction (UAE) of lycopene from tomatoes. Ultrasonics Sonochemistry, 15 (5): 731-737

Liao Z G, Wang G F, Liang X L, et al. 2008. Optimization of microwave-assisted extraction of active components from Yuanhu Zhitong prescription. Separation and Purification Technology, 63 (2): 424-433

Lopes I M, Bernardo-Gil M G. 2005. Characterisation of acorn oils extracted by hexane and by supercritical carbon dioxide. European Journal of Lipid Science and Technology, 107 (1): 12-19

López-Rubira V, Conesa A, Allende A, et al. 2005. Shelf life and overall quality of minimally processed pomegranate arils modified atmosphere packaged and treated with UV-C. Postharvest Biology and Technology, 37 (2): 174-185

Luo Y, Zeng K F, Ming J. 2012. Control of blue and green mold decay of citrus fruit by Pichia mambranefaciens and induction of defense responses. Scientia Horticulturae, 135: 120-127

Makris D P, Kallithraka S, Kefalas P. 2006. Flavonols in grapes, grape products and wines: Burden, profile and influential parameters. Journal of Food Composition and Analysis, 19 (5): 396-404

Manninen P, Pakarinen J, Kallio H. 1997. Large-scale supercritical carbon dioxide extraction and supercritical carbon dioxide countercurrent extraction of cloudberry seed oil. Journal of Agricultural and Food Chemistry, 45 (7): 2533-2538

Marlett J A. 2000. Changes in content and composition of dietary fiber in yellow onions and Red Delicious apples during commercial storage. Journal of AOAC International, 83 (4): 992-996

Marrone C, Poletto M, Reverchon E, et al. 1998. Almond oil extraction by supercritical CO_2: experiments and modelling. Chemical Engineering Science, 53 (21): 3711-3718

Mazza G, Brouillard R. 1987. Recent developments in the stabilization of anthocyanins in food products. Food Chemistry, 25 (3): 207-225

McHugh M, Krukonis V. 2013. Supercritical Fluid Extraction: Principles and Practice. Amsterdam: Elsevier

Middleton E, Kandaswami C, Theoharides T C. 2000. The effects of plant flavonoids on mammalian cells: implications for inflammation, heart disease, and cancer. Pharmacological Reviews, 52 (4): 673-751

Minguez M M I, Homero M D. 1994. Formation and transformation of pigments during the fruit ripening of *Capsicum annuum* Cv. Bloa and Agridulce. Journal of Agricultural and Food Chemistry, 42 (1): 38-44

Mohamed R S, Saldaña M D, Mazzafera P, et al. 2002. Extraction of caffeine, theobromine, and cocoa butter from Brazilian cocoa beans using supercritical CO_2 and ethane. Industrial & Engineering Chemistry Research, 41 (26): 6751-6758

Molero G A, Pereyra L C, Martinez de la Ossa E. 1996. Recovery of grape seed oil by liquid and supercritical carbon dioxide extraction: a comparison with conventional solvent extraction. The Chemical Engineering Journal and the Biochemical Engineering Journal, 61 (3): 227-231

Moreau R A, Whitaker B D, Hicks K B. 2002. Phytosterols, phytostanols, and their conjugates in foods: structural diversity, quantitative analysis, and health-promoting uses. Progress in Lipid Research, 41 (6): 457-500

Mullen W, Stewart A J, Lean M E J, et al. 2002. Effect of freezing and storage on the phenolics, ellagitannins, flavonoids and antioxidant capacity of red raspberries. Journal of Agricultural and Food Chemistry, 50 (18): 5197-5201

Mullin W J, Wolynetz M S, Emery J P, et al. 1993. The effect of variety, growing location, and storage on the dietary fiber content of potatoes. Journal of Food Composition and Analysis, 6 (4): 316-323

Murga R, Ruiz R, Beltrán S, et al. 2000. Extraction of natural complex phenols and tannins from grape seeds by using supercritical mixtures of carbon dioxide and alcohol. Journal of Agricultural and Food Chemistry, 48 (8): 3408-3412

Murga R, Sanz M T, Beltrán S, et al. 2002. Solubility of some phenolic compounds contained in grape seeds, in supercritical carbon dioxide. The Journal of Supercritical Fluids, 23 (2): 113-121

Murga R, Sanz M T, Beltrán S, et al. 2003. Solubility of three hydroxycinnamic acids in supercritical carbon dioxide. The Journal of Supercritical Fluids, 27 (3): 239-245

Nantawanit N, Chanchaichaovivat A, Panijpan B, et al. 2010. Induction of defense response against Colletotrichum capsici in chili fruit by the yeast Pichia guilliermondii strain R13. Biological Control, 52 (2): 145-152

Nguyen M L, Schwartz S J. 1998. Lycopene stability during food processing. Experimental Biology and Medicine, 18 (2): 101-105

Nicoli M. C, Anese M, Parpinel M. 1999. Influence of processing on the antioxidant properties of fruit and vegetables. Trends in Food Science & Technology, 10 (3): 94-100

Nilsson J, Olsson K, Engquist G, et al. 2006. Variation in the content of glucosinolates, hydroxycinnamic acids carotenoids, total antioxidant capacity and low-molccular-weight carbohydrates in Brassica vegetables. Journal of the Science of Food and Agriculture, 86 (4): 528-538

Normén L, Dutta P, Lia Å, et al. 2000. Soy sterol esters and β-sitostanol ester as inhibitors of cholesterol absorption in human small bowel. The American Journal of Clinical Nutrition, 71 (4): 908-913

Nyman E M G L, Svanberg S J M, Andersson R, et al. 2005. Effects of cultivar, root weight, storage and boiling on carbohydrate content in carrots (Daucus carota L). Journal of the Science of Food and Agriculture, 85 (3): 441-449

Oliveira R, Rodrigues M F, Bernardo-Gil M G. 2002. Characterization and supercritical carbon dioxide extraction of walnut oil. Journal of the American Oil Chemists′ Society, 79 (3): 225-230

Ollanketo M, Hartonen K, Riekkola M L, et al. 2001. Supercritical carbon dioxide extraction of lycopene in tomato skins. European Food Research and Technology, 212 (5): 561-565

Omoni A O, Aluko R E. 2005. The anti-carcinogenic and anti-atherogenic effects of lycopene: a review. Trends in Food Science & Technology, 16 (8): 344-350

Pan J, Vicentel A R, Martínez G A, et al. 2004. Combined use of UV-C irradiation and heat treatment to improve postharvest life of strawberry fruit. Journal of the Science of Food and Agriculture, 84 (14): 1831-1838

Panfili G, Cinquanta L, Fratianni A, et al. 2003. Extraction of wheat germ oil by supercritical CO_2: oil and defatted cake characterization. Journal of the American Oil Chemists′ Society, 80 (2): 157-161

Patel S B. 2008. Plant sterols and stanols: their role in health and disease. Journal of Clinical Lipidology, 2 (2): S11-S19

Pereira C G, Leal P F, Sato D N, et al. 2005. Antioxidant and antimycobacterial activities of Tabernaemontana catharinensis extracts obtained by supercritical CO_2 cosolvent. Journal of Medicinal Food, 8 (4): 533-538

Perretti G, Miniati E, Montanari L, et al. 2003. Improving the value of rice by-products by SFE. The Journal of Supercritical Fluids, 26 (1): 63-71

Piironen V, Lindsay D G, Miettinen T A, et al. 2000. Plant sterols: biosynthesis, biological function and their importance to human nutrition. Journal of the Science of Food and Agriculture, 80 (7): 939-966

Piironen V, Toivo J, Puupponen-Pimiä R, et al. 2003. Plant sterols in vegetables, fruits and berries. Journal of the Science of Food and Agriculture, 83 (4): 330-337

Plat J, Mensink R P. 2001. Effects of diets enriched with two different plant stanol ester mixtures on plasma ubiquinol-10 and fat-soluble antioxidant concentrations. Metabolism, 50 (5): 520-529

Plat J, Mensink R P. 2005. Plant stanol and sterol esters in the control of blood cholesterol levels: mechanism and safety aspects. The American Journal of Cardiology, 96 (1): 15-22

Podsędek A. 2007. Natural antioxidants and antioxidant capacity of Brassica vegetables: A review. LWT-Food Science and Technology, 40 (1): 1-11

Porrini M, Riso P, Testolin G. 1998. Absorption of lycopene from single or daily portions of raw and processed tomato. British Journal of Nutrition, 80 (4): 353-361

Prestera T, Fahey J W, Holtzclaw W D, et al. 1996. Comprehensive chromatographic and spectroscopic methods for the separation and identification of intact glucosinolates. Analytical Biochemistry, 239 (2): 168-179

Price K R, Colquhoun I, Barnes K A, et al. 1998. Composition and content of flavonol glycosides in green beans and their fate during processing. Journal of Agricultural and Food Chemistry, 46 (12): 4898-4903

Proestos C, Komaitis M. 2008. Application of microwave-assisted extraction to the fast extraction of plant phenolic compounds. LWT-Food Science and Technology, 41 (4): 652-659

Raicht R F, Cohen B I, Fazzini E P, et al. 1980. Protective effect of plant sterols against chemically induced colon tumors in rats. Cancer Research, 40 (2): 403-405

Ramesh M N, Wolf W, Tevini D, et al. 2002. Microwave blanching of vegetables. Journal of Food Science, 67 (1): 390-398

Rangkadilok N, Nicolas M E, Bennett R N, et al. 2002. Developmental changes of sinigrin and glucoraphanin in three Brassica species (*Brassica nigra*, *Brassica juncea* and *Brassica oleracea* var. italica). Scientia Horticulturae, 96 (1): 11-26

Rao A V, Agarwal S. 2000. Role of antioxidant lycopene in cancer and heart disease. Journal of the American College of Nutrition, 19 (5): 563-569

Rao A V, Shen H. 2002. Effect of low dose lycopene intake on lycopene bioavailability and oxidative stress. Nutrition Research, 22 (10): 1125-1131

Rapisarda P, Bianco M L, Pannuzzo P, et al. 2008. Effect of cold storage on vitamin C, phenolics and antioxidant activity of five orange genotypes [*Citrus sinensis* (L.) Osbeck]. Postharvest Biology and Technology, 49 (3): 348-354

Rates S M K, Schapoval E E S, Souza L, et al. 1993. Chemical constituents and pharmacological activities of Peschiera australis. Pharmaceutical Biology, 31 (4): 288-294

Redondo C A, Villanueva S M J, Rodriguez-sevilla M D, et al. 1997. Changes in insoluble and soluble dietary fiber of white asparagus (*Asparagus officinalis* L.) during different conditions of storage. Journal of Agricultural and Food Chemistry, 45 (8): 3228-3232

Reid R C, Prausnitz J M, Poling B E. 1987. New York: The properties of gases and liquids

Reque P M, Steffens R S, Jablonski A, et al. 2014. Cold storage of blueberry (*Vaccinium* spp.) fruits and juice: Anthocyanin stability and antioxidant activity. Journal of Food Composition and Analysis, 33 (1): 111-116

Revilla E, Ryan J M. 2000. Analysis of several phenolic compounds with potential antioxidant properties in grape extracts and wines by high-performance liquid chromatography-photodiode array detection without sample preparation. Journal of Chromatography A, 881 (1): 461-469

Rice E C A, Miller N J, Paganga G. 1996. Structure-antioxidant activity relationships of flavonoids and phenolic acids. Free Radical Biology and Medicine, 20 (7): 933-956

Rissanen T H, Voutilainen S, Nyyssönen K, et al. 2003. Serum lycopene concentrations and carotid atherosclerosis: the Kuopio ischaemic heart disease risk factor study. The American Journal of Clinical Nutrition, 77 (1): 133-138

Rodrigues A S, Rosa E A S. 1999. Effect of post-harvest treatments on the level of glucosinolates in broccoli. Journal of the Science of Food and Agriculture, 79 (7): 1028-1032

Rodriguez M J, Villanufjva M J, Tenorio M D. 1999. Changes in chemical composition during storage of peaches (*Prunus persica*). European Food Research and Technology, 209 (2): 135-139

Rozzi N L, Singh R K, Vierling R A, et al. 2002. Supercritical fluid extraction of lycopene from tomato processing byproducts. Journal of Agricultural and Food Chemistry, 50 (9): 2638-2643

Saldaña M D, Sun L, Guigard S E, et al. 2006. Comparison of the solubility of β-carotene in supercritical CO_2 based on a binary and a multicomponent complex system. The Journal of supercritical fluids, 37 (3): 342-349

Sánchez M C, Plaza L, Ancos B D, et al. 2006. Nutritional characterisation of commercial traditional pasteurised tomato juices: carotenoids, vitamin C and radical-scavenging capacity. Food Chemistry, 98 (4): 749-756

Sang J P, Truscott R J W. 1984. Liquid chromatographic determination of glucosinolates in rapeseed as desulfoglucosinolates. Journal of the Association of Offical Analytical Chemists (USA)

Schreiner M C, Peters P J, Krumbein A B. 2006. Glucosinolates in mixed-packaged mini broccoli and mini cauliflower under modified atmosphere. Journal of Agricultural and Food Chemistry, 54 (6): 2218-2222

Serrano M, Martinez R D, Guillén F, et al. 2006. Maintenance of broccoli quality and functional properties during cold storage as affected by modified atmosphere packaging. Postharvest Biology and Technology, 39 (1): 61-68

Shen Z, Palmer M V, Ting S S, et al. 1996. Pilot scale extraction of rice bran oil with dense carbon dioxide. Journal of Agricultural and Food Chemistry, 44 (10): 3033-3039

Shen Z, Palmer M V, Ting S S, et al. 1997. Pilot scale extraction and fractionation of rice bran oil using supercritical carbon dioxide. Journal of Agricultural and Food Chemistry, 45 (12): 4540-4544

Shi J, Maguer M L, Bryan M, et al. 2003. Kinetics of lycopene degradation in tomato puree by heat and light irradiation. Journal of Food Process Engineering, 25 (6): 485-498

Shi J, Maguer M L. 2000. Lycopene in tomatoes: chemical and physical properties affected by food processing. Critical Reviews in Food Science and Nutrition, 40 (1): 1-42

Shia J, Maguerb M L, Kakudab Y, et al. 1999. Lycopene degradation and isomerization in tomato dehydration. Food Research International, 32 (1): 15-21

Sotelo A, Alvarez R G. 1991. Chemical composition of wild Theobroma species and their comparison to the cacao bean. Journal of Agricultural and Food Chemistry, 39 (11): 1940-1943

Stewart A J, Bozonnet S, Mullen W, et al. 2000. Occurrence of flavonols in tomatoes and tomato-based products. Journal of Agricultural and Food Chemistry, 48 (7): 2663-2669

Sun M, Temelli F. 2006. Supercritical carbon dioxide extraction of carotenoids from carrot using canola oil as a continuous co-solvent. The Journal of Supercritical Fluids, 37 (3): 397-408

Suni M, Nyman M, Eriksson N A, et al. 2000. Carbohydrate composition and content of organic acids in fresh and stored apples. Journal of the Science of Food and Agriculture, 80 (10): 1538-1544

Talcott S T, Howard L R, Brenes C H. 2000a. Contribution of periderm material and blanching time to the quality of pasteurized peach puree. Journal of Agricultural and Food Chemistry, 48 (10): 4590-4596

Talcott S T, Howard L R, Brenes C H. 2000b. Antioxidant changes and sensory properties of carrot puree processed with and without periderm tissue. Journal of Agricultural and Food Chemistry, 48 (4): 1315-1321

Talott S T, Moore J P, Lounds-Singleton A J, et al. 2005. Ripening associated phytochemical changes in mangos (*Mangifera indica*) following thermal quarantine and low-temperature storage. Journal of Food Science, 70 (5): 337-341

Thies W. 1985. Determination of the glucosinolate content in commercial rapeseed loads with a pocket reflectometer. Fette, Seifen, Anstrichmittel, 87 (9): 347-350

Tian Q, Rosselot R A, Schwartz S J. 2005. Quantitative determination of intact glucosinolates in broccoli, broccoli sprouts, Brussels sprouts, and cauliflower by high-performance liquid chromatography-electrospray ionization-tandem mass spectrometry. Analytical Biochemistry, 343 (1): 93-99

Tomás-Barberán F A, Gil M I. 2008. Improving the Health-Promoting Properties of Fruit and Vegetable Products. London: Woodhead Publishing

Uquiche E, Jeréz M, Ortíz J. 2008. Effect of pretreatment with microwaves on mechanical extraction yield and quality of vegetable oil from Chilean hazelnuts (*Gevuina avellana* Mol). Innovative Food Science & Emerging Technologies, 9 (4): 495-500

Vailejo F, Tomks-Barbfran F, Garcia-Viguera C. 2003. Health-promoting compounds in broccoli as influenced by refrigerated transport and retail sale period. Journal of Agricultural and Food Chemistry, 51 (10): 3029-3034

Vicente A R, Martínez G A, Chaves A R, et al. 2006. Effect of heat treatment on strawberry fruit damage and oxidative metabolism during storage. Postharvest Biology and Technology, 40 (2): 116-122

Villanueva S M J, Redondo C A, Rodriguez S M D, et al. 1999. Postharvest storage of white asparagus (*Asparagus officinalis* L.): Changes in dietary fiber (nonstarch polysaccharides). Journal of Agricultural and Food Chemistry, 47 (9): 3832-3836

Wei Y Y, Mao S B, Tu K. 2014. Effect of preharvest spraying *Cryptococcus laurentii* on postharvest decay and quality of strawberry. Biological Control, (73): 68-74

Wennberg M S, Engqvist G M, Nyman E M G L. 2002. Effects of harvest time and storage on dietary fibre components in various cultivars of white cabbage (*Brassica oleracea* var. capitata). Journal of the Science of Food and Agriculture, 82 (12): 1405-1411

Wennberg M S, Engqvist G M, Nyman E M G L. 2003. Effects of boiling on dietary fiber components in fresh and stored white cabbage (*Brassica oleracea* var. capitata). Journal of Food Science, 68 (5): 1615-1621

Wilson T C, Hagerman A E. 1990. Quantitative determination of ellagic acid. Journal of Agricultural and Food Chemistry, 38 (8): 1678-1683

Wolbang C M, Fitos J L, Treeby M T. 2008. The effect of high pressure processing on nutritional value and quality attributes of Cucumis melo L. Innovative Food Science & Emerging Technologies, 9 (2): 196-200

Xu C J, Guo D P, Yuan J, et al. 2006. Changes in glucoraphanin content and quinone reductase activity in broccoli (*Brassica oleracea* var. italica) florets during cooling and controlled atmosphere storage. Postharvest Biology and Technology, 42 (2): 176-184

Xu X B, Tian S P. 2008. Salicylic acid alleviated pathogen-induced oxidative stress in harvested sweet cherry fruit. Postharvest Biology and Technology, 49 (3): 379-385

Zhang D L, Hamauzu Y. 2004. Phenolics, ascorbic acid, carotenoids and antioxidant activity of broccoli and their changes during conventional and microwave cooking. Food Chemistry, 88 (4): 503-509

Zhang Y, Wade K L, Prestera T, et al. 1996. Quantitative determination of isothiocyanates, dithiocarbamates, carbon disulfide, and related thiocarbonyl compounds by cyclocondensation with 1, 2-benzenedithiol. Analytical Biochemistry, 239 (2): 160-167

Zheng H, Wang C Y, Wang S Y, et al. 2003. Effect of high oxygen atmospheres on blueberry phenolics, anthocyanins, and antioxidant capacity. Journal of Agricultural and Food Chemistry, 51 (24): 7162-7169

Zheng Y H, Wang S Y, Wang C Y, et al. 2007. Changes in strawberry phenolics, anthocyanins, and antioxidant capacity in response to high oxygen treatments. LWT-Food Science and Technology, 40 (1): 49-57

Zude M, Birlouez-Aragon I, Paschold P, et al. 2007. Non-invasive spectrophotometric sensing of carrot quality from harvest to consumption. Postharvest Biology and Technology, 45 (1): 30-37

第4章 水果的生理活性物质及其高值化

4.1 梨 果 类

4.1.1 苹果

1. 概述

苹果（*Malus pumila* Mill.）为蔷薇科（Rosaceae）落叶乔木的果实。我国苹果2013年产量达到3800万t，约占世界总产量的56.32%，主要集中在渤海湾（鲁、冀、辽、京、津）、西北黄土高原（陕、甘、晋、宁、青）、黄河故道（豫、苏、皖）和西南冷凉高地（云、贵、川）4大产区。

苹果含有丰富的蛋白质、维生素、糖分和微量元素，以及多酚、三萜等功能成分。苹果的营养成分具有很好的抗氧化、抗肿瘤、预防心脑血管疾病、保肝和增强记忆等作用（王皎等，2011）。

2. 生理活性物质

1）糖类

苹果含糖量为 12.3 g/100 g（付兴虎等，2003）。苹果成熟度越高，含糖量越高，并且越靠近果核部位，其含糖量越高（熊婷等，2014）。苹果多糖是许多相同或不同单糖以 α-或 β-糖苷键连接而成的多聚物化合物，其相对分子质量一般为数万甚至数百万，主要包括可溶性糖、淀粉、果胶、纤维素、半纤维素、木质素等，含量可达 55%～60%。

2）酚类

多酚主要有黄烷醇、黄酮醇、二氢查耳酮、花青苷和羟基肉桂酸酯 5 类，前4 类为类黄酮化合物。虽然不同品种所含的类黄酮不同，但二氢查耳酮类类黄酮为苹果所特有；已报道的苹果果肉含有儿茶素、表儿茶素、原花青素 B_1、原花青素 B_2、原花青素 B_3、原花青素 C_1 6 种黄烷醇类类黄酮，根皮素 2'-木糖葡萄糖苷、根皮素木糖半乳糖苷、根皮素木糖葡萄糖苷、根皮苷 4 种二氢查耳酮类类黄酮以及黄酮醇类类黄酮槲皮素 3-鼠李糖苷；此外，不同基因型的苹果总黄酮含量差异明显，野生型总黄酮含量在果实发育不同阶段均远高于栽培品种（戚向阳等，2003c；聂继云等，2009）。

3）萜类

目前已从苹果皮中分离得到了大量三萜类化合物，主要为五环三萜，包括乌苏烷型和齐墩果烷型，先后报道了熊果酸、2 果酸羟基熊果酸、3, 13-二羟基-11-乌苏烯-28-羧酸、3-肉桂酰氧基-2-熊果酸-12-乌苏烯-28-羧酸、齐墩果-12-乌苏烯-2, 3-二醇等 24 种三萜类成分（He and Liu，2007；He and Liu，2008）。

4）维生素

苹果含有多种维生素，如维生素 A、维生素 C、维生素 E 和 β-胡萝卜素等，其中含维生素 C 非常丰富（陈艳彬，2012）。

5）矿质元素

苹果含有人体必需的微量元素，如钙、铁、钾、锰、锌、镁、铜、硫等（王皎等，2011）。

6）氨基酸

苹果中主要的氨基酸为天门冬氨酸、谷氨酸、甘氨酸、缬氨酸、蛋氨酸、赖氨酸、丙氨酸、精氨酸等多种氨基酸（于继洲等，1998）。

7）有机酸

苹果中主要的有机酸为苹果酸、琥珀酸、草酸、酒石酸、乙酸、柠檬酸等，其中苹果酸含量最高，琥珀酸次之，不同品种中草酸、酒石酸、乙酸、柠檬酸含量有差异（王海波等，2010）。

3. 生理功能

1）抗氧化

研究表明，苹果多酚作为一类氧化还原电位很低的还原剂，首先，其分子中大量的酚羟基具有很强的供活泼氢质子能力，可将单线态氧还原成活性较低的三线态氧，从而减少氧自由基产生的可能性，同时也可有效地清除各种自由基（冉军舰，2013）；其次，苹果多酚可在邻位二酚羟基与金属离子螯合，减少金属离子对氧化反应的催化；再者，苹果多酚能与氧化酶发生沉淀，抑制氧化酶活性，对自由基进行间接清除（张泽生等，2011）。

2）减肥

据报道，苹果原花青素低聚物可抑制小鼠和人体胰脂肪酶的活性，从而抑制甘油三酯的吸收；此外，苹果多酚还可抑制葡萄糖的运输，明显地降低血糖浓度和增加饱足感，有效控制体重（Sugiyama et al.，2007）。

3）预防心血管疾病

苹果原花青素可减少肠上皮细胞 Caco-2/TC7 的胆固醇酯化作用及脂蛋白分泌（Vidal et al.，2005）。此外，苹果多酚中的缩合鞣质类约占总多酚的一半，且其 ACE 抑制活性比儿茶素和表儿茶素要高（孙建霞等，2004）。

4）抗肿瘤

研究表明，苹果多酚抑制 Caco2 和 HepG2 细胞增殖的最适浓度在 1～64 mg/mL，其中表儿茶素、根皮苷和绿原酸的抑制作用最强（冉军舰，2013）。

5）抗炎

以源于猪胰脏舒血管素（KK）以及盐酸组胺（H）为致痒物质，构建 Hartley 系雄性土拨鼠瘙痒模型，考察苹果活性成分 AP（一类结构相近、性质相似多酚化合物组成）的抗炎作用，结果表明，1% AP 对瘙痒行为有明显抑制作用（$P<0.01$）（怡悦，2002）。另有研究发现 AP 组成成分原花青素、绿原酸、表儿茶素、根皮苷等，均具有抗炎活性（白雪莲，2011）。

6）抗辐射

苹果多酚抑制细胞活性和质粒 DNA 单链及双链的断裂的结果表明，其浓度为 0.2 mg/mL 的苹果多酚可抑制由辐射引起的小鼠胸腺细胞损伤，2 mg/mL 时可抑制由辐射引起的 DNA 断裂（Chaudhary et al.，2006）。在对小鼠灌胃高剂量（2500 mg/kg BW）苹果提取物 30 d 后，用 7 Gy 辐射剂量对小鼠一次性辐射后，第 7 d 小鼠白细胞数量比对照组提高了 112%（$P<0.01$），第 14 d 提高了 52%（$P<0.05$）；服用中、高剂量（833 mg/kg、2500 mg/kg BW）苹果提取物的小鼠比辐射对照组平均存活天数分别提高了 72%（$P<0.01$）和 69%（$P<0.01$）（戚向阳等，2003c）。

7）抑菌

苹果多酚提取物对芽孢杆菌、大肠杆菌、假单胞菌的最低抑制浓度（MIC）为 0.1%。苹果多酚提取物的抑菌活性具有很好的热稳定性，在 pH 5～6 及低于 0.3 mol/L 无机盐环境条件下其抑菌效果最佳（戚向阳等，2003a）。另外，苹果多酚对龋齿菌变形链球菌（*StrPetococuc mutans*）的转葡萄糖基酶（GTase）具有很强的抑制作用，比 EGCG 高 100 倍，其主要抗龋齿成分是苹果缩合单宁（ACT）（田边正行等，1996；Yangaida et al.，2000）。

4. 高值化利用现状

1）活性物质的提取制备

（1）苹果多糖。

目前从苹果渣中提取苹果多糖的方法主要有碱提、酸提和酶提以及各种法结合的多级提取法，碱提法优化工艺为 4 mol/L 氢氧化钠溶液 70℃浸提 1 h；酸提法优化工艺为 pH 2.3，100℃提取 3 h；酶提法时的最佳复合酶组合为先加 3%复合果胶酶，再加 3%纤维素酶，最后加入 5% α-淀粉酶，每次加新酶后于 50℃保温 2 h；对苹果多糖进行多级提取的得率可高达（489.8±14.4）g/kg（苏钰琦等，2008）。

（2）苹果多酚。

据报道，苹果皮渣多酚物质的超声辅助乙醇最佳提取工艺：超声功率500 W、料液比1∶30、温度65℃、提取时间10 min、总酚提取率可达4.53 mg/g DW（李珍等，2014）。

微波辅助提取苹果渣多酚的最佳工艺条件：微波功率650W、乙醇体积分数60%、料液比1∶2（g/mL），提取时间53 s，多酚得率达0.618 mg/g DW（白雪莲等，2010）。

利用纤维素酶处理苹果皮渣得到多酚的最佳酶解条件为：加酶量125U/g、酶解温度50℃、酶解时间22 min，多酚的提取率可达3.433 mg/g DW（裴海闰等，2009）。

2）产品开发

（1）苹果果酒。

以苹果、菠萝为原料制备清澈透明、具有浓郁的苹果、菠萝混合果香果酒的生产工艺流程为：苹果汁、菠萝汁→混合→调配→接种→发酵→陈酿→澄清→过滤→灌装，复合果酒苹果汁与菠萝汁的体积比为3∶2，初始糖度25%，pH 4.5，发酵温度24℃，活性干酵母菌（安琪）用量0.015%（王汉屏等，2012）。

在鲜啤酿造过程中，主发酵高泡期添加苹果浓缩汁，苹果浓缩汁稀释后添加量为30%，发酵度控制在65%条件下，制得兼具鲜啤酒和苹果风味的酒（刘连成和陆正清，2013）。

（2）苹果果醋。

将从自然发酵苹果醪中选育出的优良醋酸菌株GUC-7用于发酵制取天然的苹果醋液，其工艺流程为：选果→清洗→破碎打浆→酒精发酵→醋酸发酵→后熟→淋醋陈酿→杀菌→醋液与苹果汁混合→调制→混匀→精滤→灌装杀菌→成品；用苹果汁、蜂蜜和甜菊糖苷对苹果醋液进行调配的最佳配方为：每100 mL溶液中加苹果醋10 mL，加苹果汁8 mL，蜂蜜4 g，甜菊糖苷0.05 g，可制得风味独特的苹果醋饮料（侯爱香等，2012）。

（3）苹果酸奶。

以苹果、燕麦、鲜奶为主要原料，通过乳酸菌发酵制备苹果燕麦酸奶的最佳配方条件为：苹果果粒燕麦浆15%、蔗糖7%、接种量3%（均为质量分数），（42±1）℃发酵4 h，所制得的产品风味独特、酸甜适度（相炎红等，2011）。

以浓缩苹果汁和全脂及脱脂奶粉为主要原料，制备凝固型浓缩苹果汁酸奶的最佳工艺条件为：加入10 g蔗糖，采用93℃、25 min巴氏杀菌处理牛奶，冷却后进行接种，菌种接种量为4%，在37℃条件下培养10 h，加入7%浓缩苹果汁（韩国斗山食品会社），在4℃条件下进行冷藏，所得产品口感柔和爽快，风味独特（权伍荣等，2009）。

（4）苹果果酱。

无花果苹果复合果酱的最佳配方：无花果浆与苹果浆的比例为 4∶5，加糖量为 14%，糖酸比为 50∶0.0575，制得的无花果苹果复合果酱色泽、风味、口感、组织状态俱佳（汤慧民等，2013）。

苹果胡萝卜复合果酱的最佳配方：苹果/胡萝卜的配比为 1∶1（质量比）、加入 0.1%维生素 C、6.0%白砂糖、0.80%柠檬酸和 0.05%山梨酸钾，可得到酸甜可口、色香味俱佳的苹果胡萝卜复合果酱（付红军和彭湘莲，2010）。

4.1.2　梨

1. 概述

梨（*Pyrus* spp.）是蔷薇科苹果亚科梨属植物，古代称宗果、快果、玉乳、蜜父等。梨栽培历史已有 1600 多年。梨的品种极其丰富，仅中国就有 3500 多种，其栽培品种可分为东方梨（亚洲梨）和西洋梨（西方梨），东方梨包括沙梨、白梨和秋子梨等，主要产于中国、日本、韩国等亚洲国家；西洋梨主产国有美国、意大利、西班牙、德国等（李秀根和张绍铃，2006）。我国是重要的梨生产国，2005 年产量达 110 万 t，有"梨果之乡"之称（张俊霞，2011）。

梨全身都是宝，梨的根、皮、枝、叶以及果实、果皮都经常用来入药，成为家喻户晓的良方，具有软化血管、促进钙质运输等积极作用（王杰，2011）。

2. 生理活性物质

1）糖类

梨果的糖分主要由果糖、葡萄糖、蔗糖和山梨醇组成，其中果糖含量最高；不同品种之间果糖和葡萄糖含量相对稳定，蔗糖和山梨醇含量变化幅度较大。不同栽培种中，果糖含量稳定，其余糖分含量存在较大差异。根据糖组分的分布划分，白梨为高葡萄糖和高山梨醇型，砂梨为高蔗糖和高山梨醇型，西洋梨为高果糖和高山梨醇型，秋子梨为高葡萄糖和高蔗糖型，新疆梨为高果糖和高葡萄糖型（姚改芳等，2010）。

2）酚类

据报道，梨幼果中多酚类物质十分丰富，主要含有熊果苷、没食子酸、儿茶素、绿原酸、表儿茶素、咖啡酸、香草醛、阿魏酸、芦丁等酚类物质，其中熊果苷含量最高，占总含量的 74.1%（赵梅等，2013）。

3）有机酸

梨含有的有机酸主要有草酸、酒石酸、苹果酸、乳酸、柠檬酸、富马酸、琥珀酸，其中苹果酸和柠檬酸为主要有机酸；不同品种、系梨汁中各有机酸含量差别较大（高海燕等，2004）。

3. 生理功能

1）抗氧化

研究表明，南果梨的 95%乙醇提取物具有较强的抗氧化性能，且呈现量效关系，其抑制率的 IC_{50} 为 13.20 mg/mL FW；酥梨、皇冠梨、玉梨的 IC_{50} 分别为 1.20 mg/mL、1.70 mg/mL、2.30 mg/mL FW（侯冬岩等，2005；鲁芳和吴春莲，2013）。

2）抗肿瘤

据报道，梨全果、果肉、果皮未经消化处理和在实验浓度范围内模拟胃消化的样品，都不表现出抗 Caco-2 细胞增殖活性。模拟肠消化过程中，对照组在实验浓度范围内无抗增殖活性，消化组除梨皮不表现出抗增殖活性外，其余样品均表现出抗增殖剂量效应。模拟肠消化可以显著增强梨的抗 Caco-2 细胞增殖活性，消化酶的作用显著，且相同浓度下，抗增殖活性总是全果＞果皮＞果肉（熊云霞，2013）。

3）抗炎

雪花梨用乙醇提取后，经石油醚、乙酸乙酯、正丁醇分步萃取，得到不同极性部位提取物，其对二甲苯所致的小鼠急性耳肿胀和冰醋酸所致小鼠血管通透性均有抑制效果，其中乙酸乙酯部分抗炎活性最好，抑制率超过 40%（张俊英等，2012）。

4. 高值化利用现状

1）活性物质的提取制备

（1）多糖。

用浸提法提取豆梨多糖的最佳工艺为：料液比 1∶15，提取温度 95℃，浸提时间 2 h，在此条件下得到的多糖提取率最高可达 3.04%（刘旭辉等，2011）。

（2）酚类。

梨幼果多酚的最佳提取工艺条件为：乙醇浓度 60%，料液比 1∶30，提取温度 70℃，提取时间 2 h，在该工艺条件下多酚得率可达到 1.47 mg/g FW（赵梅等，2013）。

2）产品开发

（1）梨果酒。

梨果酒的生产工艺：梨果→挑选→清洗→破碎→榨汁→澄清→过滤→调整糖度→接种→发酵→澄清→过滤→灌装→杀菌→冷却→成品。技术要点：鲜梨经破碎榨汁，果胶酶澄清后，调整糖度至 200 g/L；用 50 g/L 的蔗糖水溶液将干酵母活化 1 h（28℃）；果汁中添加 0.13 g/L 经活化的酵母（按酵母干重计），混匀，20℃ 发酵 7～10 d 至残糖为 5 g/L 左右；添加 0.11 g/L 食用明胶（明胶配成 100 g/L 溶液加入），于 0～4℃下进行澄清处理 2～3 d；罐装，杀菌（95℃，5 min），冷却即为成品（牛天声和刘凤珠，2004）。

（2）梨果醋。

梨果醋的生产工艺：梨果→挑选→清洗→破碎→榨汁→澄清→过滤→酒精发酵→醋酸发酵→过滤→灌装→杀菌→冷却→成品。技术要点：鲜梨经破碎榨汁，果胶酶澄清后进行酒精发酵，发酵至残糖降至 5 g/L，酒精度上升至 6%左右后接种 10%醋酸菌培养液，32℃摇床培养（130 r/min）4～5 d 至酸度不再上升；罐装，杀菌（95℃，5 min），冷却即为成品（刘凤珠和李国富，2004）。

（3）梨果汁。

以鲜梨为原料，生产梨果汁的工艺为：梨果→挑选→清洗→破碎→榨汁→粗滤→澄清→过滤→灌装→杀菌→冷却→成品。技术要点：选择新鲜成熟梨，经清洗、破碎（3～4 mm）后榨汁；压榨汁经 100～150 目筛网粗滤后，加入 0.14 g/L 的果胶酶制剂，50～60℃保温 2 h 后离心过滤；将所得梨清汁加热到 80℃，趁热灌装，然后经杀菌（95℃，5 min）、冷却即为成品（张亚伟等，2010）。

（4）糖水梨罐头。

糖水梨罐头的生产工艺：分级→去皮→切块→去果心、果柄→盐水浸泡→烫煮→装罐→封罐→杀菌、冷却。技术要点：原料选用鲜嫩多汁、成熟度在八成以上、果肉组织致密、石细胞少、风味正常的梨果实；去皮后立即浸入 1%～2%盐水中护色；将果块倒进 80～100℃水中烫煮 10 min，取出沥干水分；加糖水，趁热将果块装入已消毒的玻璃罐中，灌入糖水 200 g；糖水配制方法为 75 kg 水中加入 25 kg 砂糖和 150 g 柠檬酸，加热溶化后过滤；装罐时糖水温度要在 80℃以上；趁热封罐，密封；封罐后立即投入沸水浴中杀菌 15～20 min，然后分段冷却（褚维元，2011）。

（5）梨脯。

以鲜梨、白糖、石灰为原料生产梨脯的工艺：选坯→制坯→灰漂→焯坯→煨糖→下锅→收锅→起锅。技术要点：选成熟、青皮、心小的细沙梨；先用刨刀将果皮刨净，剖成两半，去除中间梨籽；将果坯立即放入水、石灰比为 100：5 水中，浸泡 4 h；将果坯放入清水浸泡 20 min；将果坯倒入开水锅中焯煮约 3～5 min；放入清水中冷却；将果坯放入蜜缸，加入冷糖水；1 d 后将果坯连同糖水倒入锅内，煮沸后起锅蜜渍；下锅后隔 1～2 d 再将果坯连同糖水倒入锅内熬煮 30 min 左右，待糖温达到 108℃时起锅蜜渍；将果坯连同糖水一起放入锅内，熬煮 30 min 左右，待糖温达到 112℃时起锅，晾冷至 60℃后上糖衣，即为成品（张宏路和王献增，2001）。

4.1.3　山楂

1. 概述

山楂（*Crataegus pinnatifida*）属于蔷薇科、苹果亚科植物，核果类水果，质硬，果肉薄，味微酸涩，根据口感人们将其命名为山楂（中国农业科学院，1987）。山楂起源于我国，具有 3000 多年的栽培历史，包括山楂（原变种）、山里红和山楂无毛变种三个变种（赵焕谆和丰宝田，1996）。据统计，1996 年我国山楂栽培面积已达 70 万亩[①]，年产山楂 10 万余吨（陈佳和宋少江，2005）。

山楂的果实中含有丰富的营养物质，是"药食同用"的上等补品，具有较高的消食、化积、健胃等药用价值，并且其叶、核也可入药（方文贤等，1998）。现代医学研究表明，山楂具有许多药理活性，在临床上可用于肉食积滞、胃脘胀满、泻痢腹痛、心腹刺痛、高脂血症等（国家药典委员会，2012）。

2. 生理活性物质

1）糖类

山楂富含糖分，主要包括蔗糖、葡萄糖、鼠李糖、山梨糖、果糖以及果胶等（刘霞等，1996）。山楂果实的含糖量一般为 6%～15%，其中蔗糖含量为 0.02%～3.44%，葡萄糖为 2.44%～5.55%，果糖为 3.24%～6.30%（韩翠萍，2010）。山楂果实中的果胶主要为水溶性果胶，其构成糖均含有鼠李糖、半乳糖、葡萄糖以及半乳糖醛酸（王娜等，2007）。

2）酚类

山楂果酚酸类包括安息香酸、没食子酸、原儿茶酸、绿原酸、β-香豆酸、咖啡酸、龙胆酸等（吴士杰等，2010）。

3）黄酮

目前，从山楂中分离得到 60 余种黄酮类化合物，其主要苷元为芹菜素、山奈酚类、木犀草素、槲皮素类及二氢黄酮类等（陈佳和宋少江，2005）。研究发现牡荆素、芦丁、金丝桃苷三种黄酮成分在山楂果实、果核及叶中的含量有很大差异。叶中含量最高，其次是果实，果核中很少（孟庆杰等，2006）。

4）萜类

山楂中三萜类化合物包括乌苏烷型、环阿屯烷型、齐墩果烷型、羊毛脂烷型和羽扇豆烷型这 5 种类型。其中乌苏烷型含有熊果酸（ursolic acid）和科罗索酸（corosolic acid）；环阿屯烷型含有环阿屯（cycloartenol）；齐墩果烷型有 β-香树脂

---

① 亩，面积单位，1 亩≈66.67m²。

（β-amyrin）、熊果醇（uvaol）、齐墩果酸（oleanolic acid）及山楂酸（crataegolic acid）；羊毛脂烷型含有牛油树醇（butyrospermol）和 24-亚甲基-24-二氢羊毛脂甾醇（24-Methylene-24-dihydrolanosterol）；羽扇豆烷型含有白桦醇（betulin）（吴士杰等，2010）。

5）维生素

山楂维生素 C 含量平均为 53 mg/100 g，维生素 E 含量为 7.32 mg/100 g，胡萝卜素含量为 100 μg/100 g，视黄醇为 17.1 μg/100 g，硫胺素为 0.02 mg/100 g，核黄素为 0.02 mg/100 g，尼克酸为 0.4 mg/100 g FW（中国预防医学科学院营养与食品卫生研究所，1992）。

6）蛋白质

山楂果实中含有 17 种氨基酸，其中 7 种人体必需氨基酸，如谷氨酸盐（gluta-mine）、甲硫氨酸亚砜（methionine sulfoxide）、天冬氨酸（aspartic acid）、天冬酰胺酸（asparagine）、谷氨酸（glutamic acid）、肌氨酸（sarcosine）、瓜氨酸（citrulline）、脯氨酸（proline）、氨基乙酸（glycine）、丙氨酸（alanine）和缬氨酸（valine）等，氨基酸含量占山楂总量的 1.57%～2.90%（刘霞，1998）。

7）有机酸

山楂果实含酸量在 2.0%～3.0%，以柠檬酸为主，还含有苹果酸、酒石酸等有机酸（孟庆杰等，2006）。

3. 主要功能

1）抗氧化

山楂果实具有抗氧化作用的物质主要有黄酮类化合物和原花青素等。山楂原花青素表现出较强的清除自由基和抑制脂质氧化的能力，在脂质体系中，山楂原花青素抑制脂质过氧化的能力远大于维生素 E（金宁和刘通讯，2007）；山楂黄酮提取物清除 ABTS 和 DPPH 自由基的能力随提取物剂量的增加而升高，EC_{50} 分别为 88 μg/mL、112 μg/mL；山楂多酚清除 OH·、O_2·、DPPH· 的 IC_{50} 值分别为 53.4 μg/mL、42.3 μg/mL、63.3 μg/mL（柳嘉等，2010；高鹏飞等，2012）。

2）降血脂

据报道，山楂及山楂黄酮可以显著提高大鼠低密度脂蛋白的受体蛋白水平（林秋实和陈吉棣，2000）。山楂汁和山楂黄酮还能使高脂血症大鼠血清甘油三酯、肝脏甘油三酯、肝脏胆固醇明显降低，对高脂血症大鼠的甘油三酯代谢具有良好的改善作用（高莹和肖颖，2002）。进一步研究表明，山楂黄酮类通过调节机体肝脏低密度脂蛋白 rRNA 转录，降低血脂水平（李刚等，2009）。应用山楂降血脂冲剂治疗 50 例原发性高脂血症患者，结果用药前后血清总胆固醇、甘油三酯、低密度脂蛋白以及极低密度脂蛋白水平变化显著，说明山楂有良好的降血脂作用（张淑娥，1998）。此外，山楂中的三萜酸类可以增加冠状血管血流量，并能提高心肌对强心苷作用的敏感性，增加心排出量，减弱心肌应激性和传导性，具有抗心室颤动、心房颤动和阵发性心律失常等作用（聂国钦，2001）。

3）改善胃肠功能

山楂中含有的维生素及多种有机酸，直接食用能增加胃中消化酶的分泌，增强酶的活性，促进消化。山楂中的有机酸可促进健康小鼠的胃肠运动，并对阿托品引起的小鼠小肠运动抑制有调节作用，但对新斯的明引起的运动亢进没有作用，说明其对于小肠运动只具有单向调节作用（吴建华和孙净云，2009）。

4）抗炎抗过敏

据报道，以山楂提取物为主要杀菌成分的皮肤消毒剂，对 *E.coli*、金黄色葡萄球菌（*Staphylococcus aureus*）、白色念球菌（*Candida albicans*）具有较好的杀菌效果（李长青等，2007）。山楂果实中的栎皮酮等黄酮类化合物具有抗过敏作用，其机制在于抑制了抗原的结合或者在抑制介质释放等环节上产生了效应（李刚等，2009）。

4. 高值化利用现状

1）活性物质的提取制备

（1）糖类。

山楂粉与蒸馏水的固液比为 1∶10（g/mL），95℃水浴 1 h，提取 4 次，合并提取液浓缩至原体积的 1/6，加入 2 倍体积的 95%乙醇，室温下静置 4 h，离心、脱水、离心、回收沉淀，再加入 2 倍体积的丙酮洗脱，抽滤、干燥后即得果胶，得率为 10.52% DW（金山，2008）。

（2）黄酮。

酶解法提取山楂黄酮类物质的最优条件为：酶质量浓度为 0.15 mg/mL，酶解pH 为 5.0，酶解温度为 55℃，酶解时间为 90 min，料液比为 1∶12（g/g），在此条件下，黄酮的提取率可达到 90% DW（刘晓光等，2010）。

2）产品开发

（1）山楂果醋。

山楂果醋的工艺流程：山楂→清洗、去核→加入偏重亚硫酸钾、打浆→加热浸提→过滤→成分及酸度调整→巴氏杀菌→酒精发酵→醋酸发酵→过滤→调配→包装→巴氏杀菌→成品。主要技术参数：山楂果汁糖度 13%、pH 4，活性干酵母（安琪）接种量 0.2%，在 30℃下发酵时间 7 d；山楂酒液酒度 6%时接入 10%醋酸菌，在 30℃下发酵 4 d；将酸度为 4.5%的山楂醋 10%添加山楂果汁 15%、蜂蜜 5%、绵白糖 10%进行调配，所得山楂果醋饮料具有食醋的清香和山楂的果香，风味独特（张新荣等，2011）。

（2）山楂汁。

山楂汁热浸提法的加工工艺：山楂→分选→洗涤→破碎→软化→浸渍→过滤→山楂汁。主要技术参数为：加热温度 80℃、加热时间 30 min、浸提时间 12 h；酶法浸提最佳技术参数为酶用量 0.15%、酶解时间 90 min、温度 50℃（代守鑫等，2011）。

（3）山楂酱。

罐藏山楂酱工艺流程：原料验收→清选→加热软化→配料→真空浓缩→装罐→密封→杀菌→冷却→储存→包装。主要技术参数：配料为山楂浆 100 kg、白砂糖 50 kg、柠檬酸 0.5～1.0 kg、果胶 0.4～0.9 kg；真空浓缩至可溶性固形物达 64%；密封时真空度要求在 –0.03 MPa 以上；贮藏温度为 37℃，7 d（刘瑞宸等，2004）。

（4）山楂果脯。

山楂果脯的工艺流程：山楂→挑选→清洗→捅核→漂洗→沥水→热烫→填充→真空渗糖→浸渍→烘烤→裹包防腐→烘干→包装→辐照→贮藏。主要技术参数：果坯热烫 100℃、2 min；填充 0.5% 琼脂+0.5% CMC、煮沸 5 min、浸渍 30 min；糖液浓度 50%、真空度 0.06 MPa、抽真空时间 15 min、充气时间 45～60 min；防腐裹包膜液 0.01%乳酸链球菌+0.1%鹿蹄草浸液+0.5%茶多酚，复合食品袋抽空包装（孔瑾等，2004）。

（5）山楂果糕。

红枣山楂复合果糕的工艺流程：山楂、红枣→清洗去核→锅中煮沸→打浆→混入糖浆→浓缩→果浆倒入瓷盘→凝结→成品。主要技术参数：红枣浆和山楂浆的配比为 1∶1.2，料水比为 2∶1，沸水煮 15 min，加入 1%琼脂和 10%木糖醇，冷却凝固成型（袁亚娜等，2013）。

4.2　核　果　类

4.2.1　桃

1. 概述

桃［*Prunus persica*（L.）Batsch］是蔷薇科（Rosaceae）李属（Prunus）植物。全世界桃品种多达 3000 多种，目前我国已达 800 多种，分为食用桃和观赏桃两大类；食用桃又可分为离核桃、黏核桃、光桃和毛桃，也有春桃、夏桃、秋桃、冬桃之分，根据果肉颜色可划分为白、绿、黄、红；果肉（包括近核处）含有红色物质较常见（渠红岩，2009）。

桃果实含有膳食纤维，故可防止便秘；所含的天然果糖，具有利痰润肺的作用；鞣酸，具有止咳、镇咳的作用；含有丰富的铁，具有活血化瘀、益气血、润肤色的功效（苏明申等，2008）。

2. 生理活性物质

1）糖类

桃果实的可溶性糖主要是蔗糖，约占总可溶性糖的 73%；此外还含有葡萄糖和果糖，大多数品种果实内的葡萄糖和果糖相近，分别为 9.03 mg/g FW 和 9.14 mg/g FW（牛景等，2006）。

目前从桃果实中分离出 2 种多糖，分别命名为 HTP1（中性多糖）和 HTP2（酸性多糖），HTPI 主要单糖组成为呋喃构型的葡萄糖（D-Glc）、半乳糖（D-Gal）、阿拉伯糖（D-Arb）和鼠李糖（L-Rha），HTP2 主要单糖组成为乳糖醛酸（D-GalA）、甘露糖（D-Gal）、半乳糖（D-Man），两者的含量比约为 7 : 3（陈留勇等，2004b）。

2）酚类

目前已从桃果实中分离到儿茶素、表儿茶素、绿原酸、新绿原酸、芦丁、槲皮素、没食子酸、阿魏酸、根皮苷和根皮素 10 余种酚类物质；红、黄、白色类型桃果肉中酚类物质组分，红肉桃的含量均显著高于白肉桃和黄肉桃；红肉桃主要成分为表儿茶素、儿茶素、绿原酸和新绿原酸，黄肉桃为新绿原酸、绿原酸和儿茶素，白肉桃为新绿原酸、儿茶素和芦丁；红肉桃含量最高的酚类为表儿茶素（78.91～673.90 mg/kg FW），黄肉桃为新绿原酸（7.28～25.57 mg/kg FW），白肉桃的规律不明显，以新绿原酸（3.17～6.16 mg/kg FW）和儿茶素（4.21～14.55 mg/kg FW）较高（严娟等，2014）。

3）维生素

桃中含有维生素 C、维生素 B_1 和烟酸等，其含量分别为 0.161～0.753 mg/kg、21.4～32.1 mg/kg、0.113～0.121 mg/kg（刘小莉等，2009）。

4）蛋白质

据报道，桃可食部位的蛋白质含量在幼果时达到 8%，完全成熟时接近 0，而且蛋白质含量与果实的相对生长速度及花后天数有明显的相关关系，在花后 20 d 时蛋白质含量最高（邓月娥等，1998）。南宁扁桃果肉中游离的丙氨酸、谷氨酸、精氨酸以及 γ-氨基丁酸平均含量分别为 36.92 mg/100 g FW、21.55 mg/100 g FW、20.51 mg/100 g FW、11.15 mg/100 g FW（黄艳，2012）。

5）矿质元素

桃中含有多种矿物质，每 100 g 桃含无机盐 0.7 g、钙 7 mg、磷 32 mg、铁 0.8 mg 等（胡云红等，2006）。

6）有机酸

桃中水溶性有机酸包括烟酸、苹果酸、柠檬酸、琥珀酸，其含量分别为
0.103 mg/mL、2.331 mg/mL、1.174 mg/mL、1.387 mg/mL（刘小莉等，2009）。

3. 生理功能

1）抗氧化

南宁扁桃样品 DPPH 自由基清除能力平均为 671 μmol/L Trolox 等量抗氧化能
力（黄艳，2012）。当黄桃多糖浓度为 125 μg/mL 时，HTP1 的清除率为 3.76%，
而 HTP2 则高达 41.67%，可见 HTP2 对羟基自由基的清除能力明显大于 HTP1；
HTP1 和 HTP2 对羟基自由基均有显著的清除作用，且 HTP2 在浓度为 1000 μg/mL
时，清除率最大为 91.05%；HTP1 对超氧阴离子自由基有明显清除作用，其 IC_{50}
约为 401.3 μg/mL（陈留勇等，2004a）。

2）抗肿瘤

利用 Lewis 肺癌足趾接种的疗效试验对桃多糖的抗肿瘤性能进行研究，黄桃
多糖 HTP1 和 HTP2 各分别以 100 mg/kg、200 mg/kg 进行灌胃，结果表明黄桃多
糖对小鼠 Lewis 肺癌足趾皮下接种的抑瘤率分别为 54.69%、43.44%及 47.08%、
44.48%（陈留勇等，2004a）。0.5～1.0 g/kg 的扁桃提取液可明显抑制荷瘤小鼠肿
瘤的生长，对 HepA、S180 胃癌、7901 细胞系、白血病 K562 细胞系的最大抑制
率分别为 11.2%、19.1%、22.9%和 15.8%（杜潇利等，2005）。

3）增强免疫力

黄桃水溶性多糖 HTP1 和 HTP2 对 Lewis 肺癌小鼠 NK 细胞毒活性有明显的
激活作用，且能明显促进淋巴细胞的转化，表明桃多糖对提高免疫力具有一定促
进作用（陈留勇等，2004a）。

4）抑菌

桃粗多糖对 *E. coli*、*A. niger* 均有一定的抑制作用，而黄桃粗多糖 HTP 则只
对 *E.coli* 具有抑制作用（陈留勇等，2004a）。

4. 高值化利用现状

1）活性物质的提取制备

（1）糖类。

采用水提醇沉法从黄桃果肉中提取水溶性粗多糖的工艺条件为：浸提温度
90℃、液固比 2∶1（v/w）、浸提时间 3 h，得到的粗多糖为黄褐色粉末；过氧化
氢氧化法除去色素后，经 DEAE-SePharose 离子柱层析得到两个组分，分别出现
在水洗脱部分和盐洗脱部分，减压浓缩后，蒸馏水透析 48 h，冷冻干燥得纯白色
多糖 HTP1 和 HTP2，两者的含量比约为 7∶3（陈留勇等，2004b）。

（2）酚类。

桃果肉总酚的超声波辅助提取的最佳提取条件：60%乙醇在料液比为 1∶10、40℃下超声波（40 kHz、300W）提取 60 min，酚类的提取效果最好（严娟等，2013）。

2）产品开发

（1）桃果醋。

以水蜜桃为原料的果醋的工艺流程为：桃浆、麸皮分别于 90℃杀菌 30 min；干酵母接种量为 7.6%，32℃发酵 96 h，使酒精度可达到 6.5 mg/100 g 以上。酒精发酵完成后冷却到室温，醋酸菌接种量为 7.1%，加入 23%在 90℃蒸煮 30 min 的麸皮，加水量为 10%，经 12 d 敞口醋酸发酵，酸度达 5.8%时，加入 10% NaCl 溶液淋醋，即可得到澄清透明的桃醋（李自强，2007）。

（2）桃乳饮料。

以水蜜桃为材料生产桃乳饮料的工艺流程为：水蜜桃→清洗去皮→切片→打浆→榨汁→过滤→杀菌→冷却至 40℃左右加入驯化后的保加利亚乳杆菌和嗜热链球菌→发酵→加入已灭菌的稳定剂等辅料→二次灭菌→装罐→成品。桃原汁与蒸馏水的最佳配比为 9∶1，最适发酵时间为 7 h，复合稳定剂的最适添加量为海藻酸钠 0.10%、羧甲基纤维素钠 0.05%、食用明胶 0.15%，以最优参数研制的水蜜桃乳酸菌发酵饮料黏度适当、口感协调、具较高的稳定性（陈晓华等，2014）。

（3）桃果酱。

桃果酱的生产工艺流程为：原料→选料、清洗→切半→去核→护色、软化→去皮→打浆→配料→浓缩、添加辅料→装罐→密封→杀菌→冷却→成品。桃酱的最佳配方为白砂糖 14%、柠檬酸 0.7%、蛋白糖 0.07%、果胶 0.8%或明胶 0.9%，所制得的桃酱可溶性固形物含量为 26%，pH 为 3.38，其成品风味宜人、色泽自然、果酱凝胶稳定、涂抹性良好（曹彦清，2010）。

（4）桃脯。

以桃为原料制作桃脯的生产工艺流程为：桃→清洗→去皮→切分、去核→入发酵罐→接种植物乳杆菌和赖氏乳杆菌（接种量 5%）→发酵→浸糖→沥糖→烘制→真空包装→乳酸菌发酵桃脯。制备方法：45%的糖液煮至桃没有生心，糖煮时间 10 min，常温浸糖时间 24 h，将浸糖后成型的桃块放入烘箱中，60℃烘制 20 h，按工艺制得的桃脯酸甜可口，不仅桃味浓郁，而且还具有乳酸菌发酵产品特有的风味（张晓黎等，2011）。

4.2.2 李

1. 概述

李（*Prunus salicina* Lindl.）是蔷薇科植物，原产于我国，至今已有 3000 余年的历史，仅我国就有 800 多个品种和类型（杨建民，2000）。李在我国陕西、甘肃、四川、云南、贵州、湖南、湖北、江苏、浙江、江西、福建、广东、广西和台湾及世界各地均有栽培（杨建民，2000）。据不完全统计，2003 年我国李树栽培总面积和总产量分别达 14.5 万 hm^2 和 44.8 万 t（张广燕等，2004）。

李果实、根皮、树枝、叶、种子都可作药用，中医认为李果实性平，味甘、酸、苦，入肝、肾经，可帮助身体抵御疾病，具有生津止渴、健胃消食、清肝除热、利水的功效。现代药理研究表明，李可促进消化酶和胃酸的分泌，增加胃肠蠕动，对胃酸缺乏、食后饱胀、大便秘结者适用（南京中医药大学，2006）。

2. 生理活性物质

1）糖类

大石早生、龙园秋李、黑宝石、安哥诺 4 个李品种中果实生长过程中主要糖分的变化为：李果实发育初期，蔗糖含量较少，仅占总糖的 4.41%，随果实成熟，蔗糖积累最高，占总糖的 48.4.%，葡萄糖占比仅为 19.92%。此外，不同品种李果实总糖含量亦不同，其中以龙园秋李果实含量最高（赵树堂等，2003）。

2）酚类

李果实总酚含量为（291.01±1.24）mg GAE/100 g（陈冠林，2014）。单宁是多酚中高度聚合的化合物，李子果肉中可溶性缩合单宁成分的化学结构主要属于原花青定类型；聚合物组成上，主要是由各聚合程度不同的原花青定的均聚物组成，平均分子质量为 1583.7u（张亮亮等，2008）。

不同品种李的花色苷含量差异显著。黑宝石、安哥诺李果皮中花青苷含量最高，达 1.14 μg/g FW 和 0.76 μg/g FW；李果皮色泽表现也主要受花青苷的影响，如大石早生呈红色，龙园秋李果实呈紫红色，黑宝石、安哥诺呈黑紫色（张元慧等，2004）。李果皮中花色素苷主要有矢车菊素-3-葡萄糖苷（cyahin-3-glucoside）、矢车菊素-3-芸香糖苷（cyahin-3-rutinoside）和红色素（张学英，2008）。

3）氨基酸

不同品种李果实的氨基酸含量存在差异。比较福建田黄李、胭脂李、皇后李、黑琥珀李等 8 个李品种的氨基酸组成和含量发现，田黄李氨基酸含量最高，达 492.84 mg/100 g；此外，李果实中不同氨基酸含量的差异也较为显著，其中以天冬氨酸含量最高，田黄李中天冬氨酸含量达 261.98 mg/100 g；李果实中必需氨基酸含量占总氨基酸的 20.42%，为 59.23～100.41 mg/100 g；皇后李和田黄李中还含有较高含量的天冬氨酸、谷氨酸和赖氨酸，其总量分别为 366.95 mg/100 g 和 355.49 mg/100 g（周丹蓉等，2012）。

4）有机酸

据报道，安哥诺李果实中含有草酸、酒石酸、苹果酸、丙酮酸、乙酸、柠檬酸及琥珀酸 7 种有机酸，其中苹果酸的含量最高（6.328 mg/g）（王婧，2014）。

3. 生理功能

1）抗氧化

李果肉中多酚物质具有较高的自由基清除能力，对多种活性氧具有清除作用，还能与维生素 C、维生素 E 等抗氧化剂之间产生协同效应，具有增效剂的作用（Hatano et al.，2005）。研究表明，李果肉中单宁的自由基清除能力强于抗坏血酸，其半数有效浓度（EC_{50}）为 57.98 mg/L（张亮亮，2008）。

2）抗肿瘤

研究表明，5%和 10%李果实提取物作用 HepG2 细胞 48 h 后，能明显抑制细胞的增殖（杨成流等，2014）。

3）抑菌

据报道，紫叶李果实多酚对 *E. coli*、*B. cereus* 和沙门氏菌（*Salmonella* sp.）均有抑制作用，且具有浓度效应（汪洪涛等，2014）。

4. 高值化利用现状

1）活性物质的提取制备

（1）酚类。

李果实中总多酚的最佳提取工艺为：乙醇体积分数 50%、料液比 1∶120（g/mL）、提取温度 70℃、提取时间 90 min，此条件下总多酚得率为 18.13 mg/g DW（汪洪涛等，2013）。

（2）黄酮。

李果实花色苷的最佳提取条件为：甲醇浓度 65%、料液比 1∶40、温度 15℃、提取时间 3.5 h。此时，其相对含量为 12.73（吸光度值与相应提取液体积的乘积）；此外，pH 对李果实中花色苷的提取率影响很大，在 pH 2.5 左右色素最稳定（王原羚等，2001）。

李子皮中的红色素在水中不易被提取，而在无水乙醇、50%乙醇及酸性乙醇等提取液中易于提取，且提取液为深橙红色（卢翠英，2004）。通过比较溶剂法、微波提取法、纤维素酶提取法等对安哥诺李果实红色素的提取效果，发现溶剂法的最佳提取工艺为：40%乙醇水溶液，料液比为 1∶18，提取温度为 65℃，提取时间为 1 h，3 级提取后提取率 96.04%；微波法的最佳工艺条件为：微波功率为 480W，料液比为 1∶20，提取时间为 50 s，3 级提取后提取率 97.04%；相比而言，纤维素酶法的最佳工艺条件为：加酶量为 1.2%，pH 为 3，提取温度为 30℃，提取时间为 1.5 h，1 级提取后提取率就达 97.26%（纪花，2007）。

2）产品开发

（1）李果醋。

李子果醋的生产工艺为：①酒精发酵，果汁的初始糖度 16%，酵母菌（安琪高活性干酵母）接种量 10%，发酵温度 20℃，发酵 7 d 左右；②醋酸发酵，醋酸菌（A104，陕西省微生物制品研究所提供）接种量 12%，初始酒精度 8%，发酵温度 30℃，发酵 8 d。酿制出的李子果醋香味独特，品位纯正（陈丽，2009）。

（2）李果汁。

研究表明，酶榨法制备安哥诺李果汁的最佳工艺条件为：热烫时间为 4 min、维生素 C 添加量 0.06%；果胶酶处理条件：酶用量 0.10%，酶作用时间 4 h，50℃，pH 4.0；加 2 倍水榨汁，出汁率可达 80.3%（孟宇竹，2008）。

（3）复合蛋白饮料。

安哥诺李果肉致密，风味浓郁，质地香、甜、脆，并富含多种营养物质，将其与香气浓郁、营养丰富的杏仁浆调和，进行风味和营养的互补，可制备出新型复合蛋白饮料。李、杏仁复合蛋白饮料最佳配方：李汁和杏仁浆的配比为 10：11，复合乳化剂（HLB=8）为 0.13%，复合稳定剂（黄原胶：卡拉胶=1：2）为 0.12%，蔗糖为 10%（孟宇竹，2007）。

（4）李蜜饯。

冷冻法制作李蜜饯的加工工艺流程为：李胚→脱盐→烘干→加入香料液、糖液、苯甲酸钠→料液配制→煮沸→冷却→完全冻结→自然解冻→测果肉含糖量→第一次调糖浸 24 h→测果肉糖度→第二、第三、第四次调糖浸 24 h→测果肉含糖量→烘干→成品→包装。其最佳工艺条件为：冷冻温度-15℃，糖液初始浓度 30%，冻结渗糖时间 8 h（罗莉萍和李秋红，2006）。

4.2.3　樱桃

1. 概述

樱桃（*Cerasus pseudocerasus*）是樱桃属蔷薇科李属樱亚属植物，目前栽培的樱桃品种主要有中国樱桃、欧洲甜樱桃、欧洲酸樱桃、毛樱桃和杂种樱桃。甜樱桃原产于欧洲黑海沿岸和亚洲西部，19 世纪末 70 年代初由西方传教士和侨民、船员等引入我国，至今已有 100 多年的历史，是欧美和日本的主栽品种；我国的栽培品种主要有中国樱桃、甜樱桃、酸樱桃和毛樱桃 4 种（张浩玉等，2011）。

樱桃果实性温味甘，有调中益脾、调气活血、平肝之效；种核性平，味苦辛，具透疹、解毒之效；种子油中含亚油酸，是治疗冠心病、高血压的药用成分。

2. 生理活性物质

1）糖类

研究表明，樱桃多糖经 DEAE-52 纤维素柱分离后得到 PTTP-A、PTTP-B、PTTP-C 3 种组分，前 2 种均由阿拉伯糖、甘露糖、鼠李糖及葡萄糖组成，第 3 种组分包括由半乳糖、甘露糖、木糖、阿拉伯糖、鼠李糖和葡萄糖组成，且均存在 β-糖苷键（Bell and Gochenaur，2006）。

2）黄酮

据报道，酸樱桃中的花色苷主要为矢车菊-3-葡萄糖苷、矢车菊-3-葡萄糖基鼠李糖苷、矢车菊-3-槐糖苷和矢车菊-3-芸香苷，另外还含有少量的矢车菊-3-木糖鼠李糖苷、芍药素-3-葡萄糖苷、芍药素-3-芸香苷和矢车菊-3-龙胆二糖苷等（Valentina et al.，2005）。

樱桃含有相对较高的槲皮素，一般加工樱桃的槲皮素含量为鲜果的 2 倍，达到 3.2 mg/100 g（闫国华等，2008）。

3）脂类

樱桃籽含油量为 11%～13%，属油酸-亚油酸型油脂，其不饱和脂肪酸含量较高（Farrohi and Mehran，1975）。烟台大樱桃籽仁中的脂肪酸共有 10 种，主要为亚油酸（39.14%）、油酸（36.09%）、棕榈酸（7.79%）、硬脂酸（2.96%）、花生酸（1.49%），其中不饱和脂肪酸质量分数达 76.2%（王春玲，2015）。

4）褪黑激素

褪黑激素是一种吲哚类色胺，化学名称为 N-乙酰-5-甲氧基色胺，是由脑下端的松果体产生的激素。据报道，樱桃中褪黑激素的含量显著高于其他水果及哺乳动物；而且酸樱桃中含量显著高于甜樱桃，例如，美国酸樱桃的褪黑激素含量为 27 mg/100 g，而甜樱桃则为 7 mg/100 g（Feng et al.，2014；Burkhardt et al.，2001）。

3. 生理功能

1）抗氧化

樱桃中含有的花色苷、红色素等很多色素物质都具有抗氧化能力。当樱桃花色提取物质量浓度在 0.031～0.5 mg/mL 范围时其抗氧化能力随着浓度增加而增强，其中对羟基自由基和超氧阴离子的抑制率最高分别达到 79.56%和 50.7%（肖军霞等，2011a）；此外，从酿酒剩余皮渣中采用水浸提-大孔吸附树脂分离纯化的甜樱桃红色素，当为 5 mg/mL 时对亚油酸过氧化和邻苯三酚自氧化的最大抑制率分别可达到 99.53%和 99.11%（刘杰超等，2006）。

据报道，褪黑素能有效地清除羟自由基、过氧烷自由基、过氧化氢、超氧阴离子自由基及单线态氧，其抗氧化能力高于类胡萝卜素、谷胱甘肽、维生素 C 和维生素 E（Tan et al.，2012）。

研究表明，樱桃籽提取物的原液浓度为 50.0 mg/mL，清除 DPPH 自由基和羟自由基清除能力分别为 94.06%和 52.54%（姚东瑞等，2012）。水提法制备的樱桃核活性成分的还原能力、羟基自由基抑制率和超氧阴离子抑制率分别达到 0.27%、61.5%和 38.7%（甄天元和肖军霞，2014）；樱桃核乙醇提取的类黄酮对 Fe^{2+} 诱发的卵黄脂蛋白多不饱和脂肪酸脂质过氧化均具有较强的抑制作用（张敬敏等，2010）。

对衰老模型小鼠进行不同剂量的酸樱桃汁灌胃，发现酸樱桃汁能明显改善衰老模型小鼠的学习记忆能力，提高脑、胸腺及脾指数，显著降低脑组织中丙二醛及脂褐素含量，增加谷胱甘肽过氧化物酶活性，降低乙酰胆碱酯酶活性，说明酸樱桃汁对小鼠具有显著的抗衰老作用（王春梅等，2001）。

2）减肥

用樱桃花色苷饲喂鼠，可以抑制高脂食物引起的体重增加，因而服用樱桃有助于控制体重；高脂食物引起的典型病症如高血糖症、高胰岛素症等，均可因附加花色苷的饮食而正常化（Tsuda et al.，2003）。

3）防治心血管疾病

酸樱桃花色苷有助于降低血脂。用不同量的全樱桃粉饲喂鼠 90 d，结果显示樱桃可以显著降低血浆中的 TC 和 TG，轻微提升 HDL，从而显著提高血液的抗氧化能力。樱桃膳食还能减少 TG 和胆固醇在肝脏中的积累，降低脂肪肝（Seymour et al.，2007）。用 100 mg/kg 的红樱桃提取物来喂养高胆固醇兔子，可以发现兔子的血清 TG 显著下降，则证明樱桃可以降低胆固醇，预防动脉粥样硬化（Sozanski et al.，2014）。此外，酸樱桃中的槲皮素等其他酚类物质可以保护 LDL 免受氧化损伤，从而减少动脉硬化的发生（Safari et al.，2003）。

4）抗肿瘤

樱桃花色苷和矢车菊素有降低患直肠癌风险的功效。动物实验表明，饲喂樱桃、花色苷或矢车菊素的 Apc 鼠产生的盲肠腺瘤组织显著少于对照；花色苷或矢车菊素可以减少人的直肠癌细胞的生长，因而酸樱桃的花色苷和矢车菊素可以降低患直肠癌的危险（Kang et al.，2003）。

5）抗炎症

据报道，高剂量（300 mg/kg）樱桃花色苷对佐剂性关节炎大鼠模型的 T 淋巴细胞亚群和免疫功能有调节作用，并能显著降低炎症细胞因子 IL-6 和足爪 PGE2 水平，从而减轻模型大鼠的关节炎损伤（何颖辉等，2005）。此外，樱桃冻干粉对痛风性关节炎致大鼠足爪肿胀程度有明显的抑制作用，明显降低大鼠肿胀足爪组织中的炎性因子 NO PGE2 的水平和血清中促炎因子 IL-6、TNF-α 的水平（韩文婷，2005）。

6）改善睡眠

研究表明，混合果汁饮料能使人体内总褪黑素含量明显增加，显著改善中度及重度失眠症老年人的睡眠质量（Pigeon et al.，2010）。和安慰剂相比，喝樱桃汁（每天 2 次，每次 30 mL）7 d 的受试者总睡眠时间大约增加 25 min，睡眠质量提高 6%（Garrido et al.，2010）。也有研究表明，摄入 Montmorency 酸樱桃果汁可以增加外源褪黑素含量，进而改善身体健康的青年人睡眠持续时间及睡眠质量，也可帮助老年人减缓睡眠失调症状（Howatson et al.，2012）。

7）缓解痛风症状

早在 1950 年，就有人认为樱桃有助于缓解关节痛和痛风引起的疼痛。服用樱桃后，病人血液中的尿酸水平下降，而尿酸水平的升高是痛风的发生和进程中相伴随的重要指标。研究发现，20～40 岁的健康妇女服用 280 g 樱桃，过夜后血液中尿酸水平下降了 15%，同时 NO 和 C-反应蛋白水平也下降了（Jacob et al.，2003）。

4. 高值化利用现状

1）活性物质的提取制备

（1）糖类。

水提法制备毛樱桃粗多糖的工艺条件：液料比 30∶1（mL/g），浸提时间 2.3 h，浸提温度 83℃，在此条件下，毛樱桃粗多糖提取率为 7.52%（彭晶，2014）。微波提取樱桃多糖：用微波功率 1000W，提取温度 140℃，以不同提取时间 5 min、10 min 和 20 min，分别对樱桃中的多糖进行提取，随着微波提取时间延长，多糖相对分子质量逐步降低，但多糖得率与抗氧化性无显著变化（范会平等，2009）。

（2）酚类。

以乙醇为萃取剂对樱桃核中活性类黄酮进行抽提，类黄酮最佳提取参数为温度 65℃，乙醇 65%（体积分数），提取时间 2 h，固液比为 1∶32，在此提取条件下类黄酮的提取量最高可达 0.86%（张敬敏等，2010）。

运用聚乙二醇-硫酸铵双水相萃取提取东北山樱桃核中的总黄酮，在聚乙二醇相对分子质量为 400、聚乙二醇和硫酸铵的质量比为 1∶1.5，pH 为 5.6，温度为 50℃的条件下，东北山樱桃核总黄酮成分的得率最高，两相间平均分配系数为 130.66，东北山樱桃核总黄酮的平均得率为 99.95% FW（陈丽华，2013）。

樱桃花色苷的适宜浸提条件为 pH 为 3 的 80%乙醇溶液，料液比 1∶7，30℃提取樱桃 2 h，浸提 2 次，在此条件下花色苷提取量为 26.01 mg/100 g（鲜果）（肖军霞等，2011）。

有研究表明，利用 75%乙醇和 10%盐酸（10∶1）提取溶剂提取，测定得出樱桃中的槲皮素含量为 0.46 μg/g（王万慧和胡骥，2010）。还有学者认为碱溶酸沉法提取槲皮素的工艺最为合理和简便，可以得到其含量为 0.45 μg/g（施瑛等，2013）。

（3）油脂。

运用超声波辅助提取方法来提取樱桃籽油，其最佳工艺：提取频率为 60 kHz，提取溶剂为正己烷，物料粒度 30 目，溶剂用量 9.7 mL/g，超声时间 52 min，超声温度 64℃，该方法下樱桃籽提油率为 10.18%（陈倩等，2009）。之后，又有研究应用响应面优化超声波提取樱桃籽油的方法，最佳工艺参数为料液比 18∶1（g/mL），超声时间 56 min，超声温度 40℃，超声频率 110 kHz，超声功率 300W，在此条件下，樱桃籽油的得率达到 12.40%（王宁娜等，2013）。

2）产品开发

（1）樱桃发酵甜酒。

以沂蒙山区的鲜樱桃榨汁，添加 0.03%（W/V）果胶酶，接种 0.09%（W/V）酿酒高活性干酵母，23～27℃适温发酵，经过陈酿、人工下胶澄清、调整成分、冷热处理等，研制出半甜型樱桃酒，其质量符合企业与国家有关标准要求。主要步骤为榨汁、主发酵、后发酵、陈酿、倒罐、澄清等（庄志发等，2009）。

（2）樱桃果醋及果醋饮料。

樱桃果醋及樱桃果醋饮料的制备工艺：樱桃→选果→清洗→破碎→添加果胶酶→调整糖浓度→酒精发酵→压榨分离→过滤→调整酒精度→醋酸发酵→发酵原液→杀菌→发酵饮料的调制→精滤→装瓶→杀菌→冷却→成品；酿造工艺条件为：樱桃酒发酵液酒精含量调整为 5%，以 5%的接种量接入醋酸菌，在32℃情况下发酵 7 d 左右，酿制的樱桃果醋具有食醋清香和樱桃果香，酸味柔和；樱桃果醋饮料调配的优化参数为：樱桃果醋发酵液 12%、樱桃果汁 15%、蜂蜜 5%、苹果酸 0.07%，调制的樱桃果醋饮料澄清透明，酸甜爽口（冯志彬，2009）。

（3）樱桃果酱。

樱桃果酱主要工艺流程：樱桃果→选果→清洗→软化→打浆→调配→胶体磨→真空浓缩→热灌装→高温瞬时杀菌→冷却→贴标→检验→入库→成品。选用成熟度高的优质新鲜大红樱桃，经微波热烫技术进行软化处理后，采用真空浓缩法对酱体进行浓缩，所得的樱桃果酱酱体呈红色，均匀一致，色泽晶莹剔透，酸甜可口，细腻无渣，具有樱桃酱特有的浓厚风味（王超萍等，2010）。

（4）樱桃罐头。

樱桃罐头的生产工艺流程：原料选择、清洗→去梗→硬化→预煮→染色→护色→装罐→配汤→罐汤→排气、杀菌→冷却→检验。具体参数为：硬化剂（氯化钙）浓度为 0.10%，预煮时间为 100 s，染色剂（红曲红素与胭脂红比例为 3∶1）

浓度为 0.25%，护色剂（柠檬酸）浓度为 0.40%；樱桃罐头制品果实呈红色且均匀一致，糖水呈浅红色至红色，口味酸甜适中（曹莹莹等，2008）。

（5）樱桃果脯。

樱桃果脯的制作工艺：选果→除梗→分级→硬化→去核→预煮→染色→固色→糖制→干燥→成品。樱桃果脯主要用于现代餐饮、糕点和什锦蜜饯的点缀，樱桃果实经糖制以后，表面不带糖浆，糖分含量一般在 65% 以上，水分含量 20%以下（孙义章，1999）。

4.2.4　枣

1. 概述

枣（*Zizyphus jujuba* cv.）为鼠李科枣属植物，原产于我国，在我国南北各地都有分布。我国枣资源十分丰富，有枣品种 736 个，其中制干或鲜食制干品种 224个，全国栽培面积 67 hm^2；红枣年产 78 万多吨，占世界总产量的 90% 以上（李玲和陈常秀，2009）。

红枣的营养保健作用，在远古时期就已被人们发现并利用。《诗经》已有"八月剥枣"的记载；《礼记》上有"枣栗饴蜜以甘之"，并用于菜肴制作；《战国策》有"北有枣栗之利⋯⋯足食于民"，指出枣在中国北方的重要作用；《韩非子》记载了秦国饥荒时用枣栗救民的事，所以民间一直视枣为"铁杆庄稼"、"木本粮食"之一；《本草纲目》记载"枣润心肺、止咳定喘、补五脏、治虚损、调营卫、缓阴血、生津液、悦颜色、除肠胃癖"等功效（梁鸿，2006）。现代医学红枣多糖具有明显的抗补体活性和促进淋巴细胞的增殖功能，对于抗氧化、抗衰老、提高抗体免疫力具有重要的作用（张庆等，2001）

2. 生理活性物质

1）糖类

枣中含有大量膳食纤维，膳食纤维分为可溶性膳食纤维和不溶性膳食纤维。经测定，红枣膳食纤维的持水力和膨胀力分别为 854.92% 和 1398 mL/g（张向前等，2012）。

枣中除含有大量果糖、葡萄糖外，还含有低聚糖和多糖，红枣中性多糖的组成单糖为：L-阿拉伯糖、D-半乳糖和 D-葡萄糖；酸性多糖的组成单糖为：L-鼠李糖、L-阿拉伯糖、D-半乳糖、D-甘露搪、D-半乳糖醛酸，其中半乳醛酸占酸性多糖的 41.6%（林勤保等，1998）。

2）酚类

枣果含有丰富的结合酚、游离酚、酯化酚等形态的酚类物质，不同成熟期（全绿、绿白、半红、全红）的总酚含量分别为 8.91 mg/g、10.23 mg/g、9.47 mg/g、1.88 mg/g，全红期总酚含量最低，且游离酚含量较酯化酚和结合酚含量高，主要成分是表儿茶素；游离酚在全红期含量最低为 0.73 mg/g，而结合酚在全红期含量最高为 0.67 mg/g（念红丽等，2011）。金丝小枣枣皮、枣核多酚含量分别为12.5 mg/g、9.8 mg/g；枣核多酚类物质主要为间苯三酚，含量达 3.3625 mg/g，而枣皮则主要为间苯三酚（2.19 mg/g）和邻苯二酚（1.74 mg/g）（郝婕等，2014）。

3）黄酮

不同品种的枣中所含总黄酮不同，湖北黄冈金丝小枣、新疆和田玉枣和湖北随州大红枣中总黄酮含量分别为 18.13 mg/g、13.89 mg/g 和 11.49 mg/g（姜莉莉，2011）。

4）维生素

鲜枣的维生素 C 含量高达 400～600 mg/100 g，是苹果的 70～100 倍，此外还含有少量的维生素 B 及尼克酸等多种维生素（王军等，2003）。

5）蛋白质

据报道，陕北红枣果实中含有至少 16 种氨基酸，平均总含量为（4.57±0.60）mg/100 g，其中 Thr、Val、Met、Ile、Leu、Phe 和 Lys 7 种人体必需氨基酸的平均质量分数为 20.35%±4.14%；2 种儿童必需氨基酸 His 和 Arg 的平均质量分数为 2.43%±0.46%；9 种药效氨基酸 Asp、Glu、Gly、Met、Leu、Tyr、Phe、Lys、Arg 的平均质量分数为 36.17%±2.98%；6 种芳香族氨基酸的 Val、Leu、Tyr、Phe、Lys 和 Arg 的平均质量分数为 17.33%±3.61%；4 种鲜味氨基酸 Asp、Glu、Ala 和 Gly 的平均质量分数为 22.71%±3.94%；4 种甜味氨基酸 Ala、Gly、Pro 和 Ser 的平均质量分数为 58.48%±3.09%；3 种支链氨基酸 Val、Leu 和 Ile 的平均质量分数为 7.15%±0.48%；支链氨基酸与芳香族氨基酸的比值（支/芳比值）为 42.98%±9.37%（陈宗礼等，2012）。

6）矿质元素

红枣富含 K、Ca、Fe、Mn、Zn 等人体常缺乏的矿物质，例如，甘肃临泽小枣含 K 量高达 1020 mg/100 g，黑疙瘩枣 Fe 含量达 11.5 mg/100 g，此外还含有 N、P、S、Zn 等多种矿物质（王军等，2003）。

7）环腺苷酸

据报道，44 个枣品种、59 个酸枣品种中，枣、酸枣成熟果肉的 cAMP 含量平均值分别为 38.05 nmol/g FW、23.87 nmol/g FW，其中山西木枣中 cAMP 含量最高，达到 302.5 nmol/g FW（刘孟军和王永蕙，1991）。

8）其他

红枣还含有苹果酸、水杨酸、油酸等活性物质，并含有大枣皂苷Ⅰ、大枣皂苷Ⅱ（郭盛等，2012）。

3. 生理功能

1）抗氧化

比较不同品种枣提取物的抗氧化能力发现，抗亚油酸过氧化能力、还原力、DPPH 自由基清除率的强弱顺序相同，均依次为金丝小枣、牙枣、尖枣、骏枣和三变红枣，其中金丝小枣、牙枣和尖枣的抗氧化能力均强于维生素 E（李进伟等，2000）；红枣总黄酮对油脂有明显的抗氧化作用，并且对羟自由基有明显的清除作用，当红枣总黄酮浓度为 50 μg/mL 时，羟基清除率可达 50%（霍文兰等，2006）。枣果皮中酚类物质清除 DPPH 自由基、$ABTS^+$· 和铁还原能力的动态反应过程表明，枣果皮酚类物质具有很强的抗氧化能力，并且清除 DPPH 自由基和铁还原的能力与合成的抗氧化剂 BHT 相当（薛自萍等，2009）。对不同成熟期枣皮的酚类物质形态以及抗氧化活性的研究发现，枣果皮中的游离态和酯化态酚类物质对于总抗氧化能力、清除 DPPH 自由基和铁还原能力起主要作用（念红丽等，2009）。比较红枣多糖对全血化学发光中的全血白细胞呼吸爆发中产生的活性氧（H_2O_2、O_2^-·、·OH）、连苯三酚自氧化法产生的 O_2^-· 以及抗坏血酸、Cu^{2+}、H_2O_2 体系产生的·OH 清除作用效果，发现红枣多糖具有消除自由基的作用，其活性大小与多糖的用量呈正相关，相比而言，对全血化学发光中活性氧的消除能力最强（李雪华和龙盛京，2000）。

2）抗肿瘤

据报道，浓度为 25.50 mg/mL 和 9.46 mg/mL 的红枣水提取物有显著抑制白血病 K562 细胞增殖及集落形成的能力；硒酸醋多糖在≤50 μg/mL 时，对 K562 细胞几乎无作用，但若与枣水提物联合，则促进其对 K562 细胞的增殖抑制作用，呈协同效应，抑制效果提高约 2 倍（魏虎来，1996）；此外，大枣多糖提取物可明显抑制人肝癌细胞 HepG2 的增殖，并对 s180 荷瘤鼠有较强的肿瘤效应（辛娟，2005）。

3）增强免疫力

红枣多糖可增强小鼠免疫功能和抗放射性损伤，具有明显的抗补体活性，也可促进淋巴细胞和脾细胞的增殖（郎杏彩和李明淋，1991；张庆雷，1998）。

4）保肝护脾

红枣粗多糖、中性多糖和酸性多糖均可明显促进淋巴细胞、脾细胞的增殖，其中中性多糖的作用效果强于酸性多糖，其刺激作用方式呈先上升后下降趋势（张庆等，2001）；通过建立 CCl_4 损伤大鼠肝脏模型，用红枣煎剂喂 CCl_4 损伤肝脏的大鼠 1 周后，大鼠血清总蛋白和白蛋白较对照组明显增加，说明红枣可减轻有毒物质对肝脏的损害，有保护肝脏的作用（苗明三等，2011）。

5）其他

用红枣浓缩液喂养经烹调油烟染毒的小鼠 35 d，发现红枣浓缩液对小鼠精子畸变的抑制率非常明显，抑制率达 50%以上（孙喜泰等，1995）。

4. 高值化利用现状

1）活性物质的提取制备

（1）糖类。

热水提取法提取红枣多糖的最佳条件：固液比为 6∶1，温度 90℃，提取时间为 6 h（林勤保和赵国燕，2005）。采用木瓜蛋白酶酶解法提取红枣多糖的最佳条件：酶浓度 0.5 mg/mL，酶解温度 55℃，pH=7，酶解时间 2.5 h，红枣多糖的提取率高达 6.7%（孟志芬等，2006）。超声波提取枣多糖最佳的提取条件：超声波功率 86～96W，料液比 20∶1（g∶mL），提取温度 45～53℃，提取时间 20 min，枣多糖得率 7.63%，纯度可达 35.57%（李进伟等，2006）。

以陕北木枣为试材，采用 α-淀粉酶酶解法提取红枣中的膳食纤维的最适酶解条件：温度 65℃，时间 70 min，pH 6.0（张向前等，2012）。枣渣中提取可溶性膳食纤维的最佳方案：糖化酶（比活力 10 万 U/g）、纤维素酶（酶底物比 1∶1000，m/m）的加酶量分别为 0.4%、0.5%，酶解时间 60 min,；碱解 pH=12，碱解时间 90 min，碱解温度 70℃，在此条件下提取率为 11.32%（陶永霞等，2009）。

（2）黄酮。

超声波法提取和田玉枣、湖北随州大红枣、湖北黄冈金丝小枣黄酮的最佳条件为：75%乙醇、料液比 1∶40、提取时间 120 min。在此条件下，湖北黄冈金丝小枣、新疆和田玉枣和湖北随州大红枣中总黄酮含量分别为 18.13 mg/g、13.89 mg/g 和 11.49 mg/g DW（姜莉莉，2011）。

（3）cAMP。

微波萃取冬枣中 cAMP 的最优条件：料液比 1∶20，浸泡时间 6 h，微波功率 200W，处理时间 3 min，提取率为 239.30 μg/g DW（崔志强和孟宪军，2007）。超声波辅助萃取赞皇枣中 cAMP 的最优化条件：超声功率 75W，超声时间 15 min，超声温度 40℃，料液比 1∶20，在此条件下，cAMP 的提取率为 644.46 μg/g DW，比最佳水浴条件的提取率高 41.6%（严静等，2010）。

2）产品开发

（1）枣酒。

以陕北狗头枣为主要原料生产果酒的工艺流程：残次枣→前处理→前发酵→浆渣分离→补糖→后发酵→原酒→后熟。当适宜料液比为 1∶3，耐高温酒用酵母（广东丹宝利酵母有限公司）用量为 1.5%，SO₂ 用量 30 mg/L，果胶酶用量 0.1‰，25℃发酵 15 d，所得的枣酒产率为 77%，酒精度为 8.4%（体积分数），维生素 C 含量 3.58 mg/g，甲醇含量 0.082 g/L，制得风味良好的枣酒（王晨等，2011）。

冬枣和赤霞珠酿酒葡萄（质量比 1.75∶1）混合发酵，F10 酵母添加量

$1.2×10^{-4}$，利华果胶酶添加量 $2×10^{-4}$，Hallzyme C 果胶酶为 10 mL/t，糖度为 180 g/L，酸度为 7 g/L，发酵温度为 25℃，明胶添加量 1.2 g/1000 mL，陈酿时间 为 6～10 个月，冷冻温度为−5℃，冷冻时间 7 d，可制得美味、澄清鲜枣干红（刘 建华等，2007）。

（2）枣醋。

红枣果醋的发酵工艺：酒精发酵，葡萄酒酵母与乳酸菌按 2∶4 的比例混合， 接种量 3%，可溶性固形物含量 14%，发酵温度 30℃，时间 3 h；醋酸发酵，为醋 酸菌 A1 摇床发酵，转速 180 r/min，发酵温度 34℃，时间 5 h，接种量 11%，装 液量占容器体积的 40%；调配比例为红枣醋 10%，红枣汁 12%，蜂蜜 0.6%，蛋白 糖 1.6%，乙基麦芽酚 0.06%（刘建华等，2007）。

以金丝小枣为原料，提取枣汁，得到的枣汁和枣渣枣汁经过 5℃、2 h 酶解、 过滤后得到澄清透明的枣汁 1，所剩枣渣再添加定量水后，经捣碎离心分离工艺 后得到枣汁 2。利用枣汁 2 经酒精发酵 60 h、温度 30℃、接种量 0.5%，醋酸发酵 72 h、温度 30℃、接种量 10%，发酵制得枣醋，再回添至枣汁 1 中，制得枣醋爽 饮料（孙曙光等，2011）。

（3）枣饮料。

以河南新郑大枣和杏仁为主要原料，研究了大枣-杏仁复合植物蛋白饮料的加 工工艺。结果表明，该饮料的最佳配方：大枣汁∶杏仁浆=3∶1，pH 为 4.05， 复合乳化稳定剂（黄原胶∶海藻酸钠=1∶HLB=8）0.09%；最佳杀菌工艺参数为： 杀菌温度 100℃、杀菌时间 20 min（孟宇竹等，2011）。

以红枣和胡萝卜为原料，制备红枣-胡萝卜复合饮料的工艺为：酶法提取枣汁， 加水量为枣重的 7 倍，果胶酶用量 0.25%，45℃提取 4 h；最佳配方为：红枣汁 40%，胡萝卜 45%，蔗糖 8%，柠檬酸 0.10%，稳定剂（海藻酸钠）0.15%，制得 的复合饮料色泽红润、口感细腻、酸甜适口，具有胡萝卜和枣浓郁的复合香气（刘 娟等，2009）。

（4）枣脯。

制备枣脯的工艺流程为：去核干枣→挑选→清洗→晾干→浸泡复水→煮制→ 浸渍→烘干→检验→包装→成品。在煮制的糖液中加入多种原果汁，去核干枣最 佳复水水温 50℃，复水时间 1.5 h；糖液糖度 51%，酸度 0.5%；糖液中不同果汁 的含量为 25%糖度的山楂浓缩汁 7.5%，32%糖度的橙汁 0.5%，71%糖度的苹果浓 缩汁 5%，制得的产品枣脯色泽鲜艳、酸甜适口、枣香浓郁（陈树俊和张海英，2006）。

（5）枣干。

枣干的加工工艺为：清洗→煮枣→去核去皮→打浆→浓缩→刮片→烘烤→ 切片→包装。熬煮浓缩时应添加 8%白糖、0.5%柠檬酸和 1.5%淀粉，并不断搅拌， 刮片厚度约 5 mm，烘烤温度 60～70℃，时间 8～9 h（纳纹娟等，2009）。

4.2.5　芒果

1. 概述

芒果（*Mangifera indica* L.）为漆树科芒果属（*Mangifera* L.）常绿乔木，是热带、亚热带著名水果，有"热带果王"的美称。芒果分布很广，目前世界上有 100 多个国家生产芒果，90%集中在亚洲的印度、巴基斯坦、孟加拉、缅甸、马来西亚等国，非洲的东部和西部及美洲的巴西、墨西哥、美国等也均有栽培（何燕和张平，2006；刘兴艳，2007），在我国海南、云南、广西等省区广泛种植（王花俊等，2007）。

中医认为，芒果甘、酸、凉，益胃止呕，理气止咳。《食性本草》记载："妇人经脉不通，丈夫营卫中血脉不行，叶可作汤疗渴疾"（夏翔和施杞，2006）。

2. 生理活性物质

1）糖类

每 100 g 芒果中含有碳水化合物 11～19 g（王世宽和郭春晓，2006）。芒果中总膳食纤维达到 51.20%，可溶性膳食纤维达到 12%～23%（去脂）（Ajila and Prasada，2013）。

2）酚类

从芒果树皮中分离鉴定了 7 种酚类化合物，分别为芒果苷、西瑞香素、杨梅素、杨梅苷、芦丁、槲皮素和谷甾醇（余晓霞等，2013）。

3）维生素

每 100 g（鲜重）芒果中含维生素 B_1 0.01～0.03 mg、维生素 B_2 0.01～0.04 mg、尼克酸 0.3～0.4 mg、维生素 C 14～41 mg、维生素 E 1.21 mg、维生素 A 150～347 μg 视黄醇当量、胡萝卜素 897～2080 μg（杨月欣等，2002；华景清和蔡健，2004）。

4）蛋白质

每 100 g 芒果中含有蛋白质 0.65～1.31 g。不同芒果品种果肉的游离氨基酸含量水平范围为 30～126 mg/100 g，所有品种中都含有丙氨酸、谷氨酸、组氨酸、异亮氨酸、脯氨酸、缬氨酸，赖氨酸浓度范围为 39～76 mg/100 g，酪氨酸的含量为 38～52 mg/100 g（王世宽和郭春晓，2006；蒋鹏等，2008）。

5）矿质元素

每 100 g 芒果中含有钙 7 mg、铁 0.2～0.5 mg、磷 11～12 mg、钾 138～304 mg、钠 2.8～3.6 mg、铜 0.06～0.1 g、镁 10～14 mg、锌 0.09～0.14 mg、硒 0.25～1.44 μg、锰 0.2～0.24 mg（华景清和蔡健，2004）。对攀枝花市盐边县吉禄、瓦橙、金白花、凯特 4 种芒果中硒的含量进行测定，吉禄芒果肉硒量为 $13.2594×10^{-3}$ μg/g，金白

花芒果肉硒量为 14.6115×10^{-3} μg/g，瓦橙芒果肉硒量为 159.2457×10^{-3} μg/g，凯特芒果肉硒量为 77.4807×10^{-3} μg/g（刘兴艳，2007）。

3. 生理活性

1）抗氧化

研究表明，"台农"、"金煌"、"贵妃" 3 个芒果品种芒果核乙醇提取物（主要活性物为酚类）均具有一定的清除 DPPH 自由基、$ABTS^+$·、羟自由基和抗脂质氧化的能力，比较而言"台农"果核提取物抗氧化能力较强，并且清除率和质量浓度间存在剂量依赖关系（陈昱洁等，2011）。芒果中丰富的维生素 C、胡萝卜素、硒、锌、铜、锰则也在抗氧化和清除自由基方面起着重要作用（刘兴艳，2007；杨月欣，2008）。

2）防治心血管疾病

芒果的膳食纤维含量较高，能与胆汁盐（胆固醇的代谢产物）结合而排出，降低血清中胆固醇的浓度，有效防治高血脂和冠心病；芒果的维生素 C 与钾有助于降低胆固醇和甘油三酯，抑制高血压与动脉粥样硬化；芒果中的芒果苷和芒果酮酸，也具有降血脂等作用（杨月欣，2008；郑素芳和黄循精，2008）。

3）抗肿瘤

研究表明，芒果苷抗肿瘤效果显著，0.1%芒果苷可显著降低由偶氮甲烷（AOM）导致的肠肿瘤的发生率（Yoshimi et al.，2001）；芒果苷对肝癌细胞株有明显的毒性作用，能诱导肝癌细胞凋亡和阻滞细胞周期于 G2/M 期（黄华艺等，2002）；芒果苷对由苯并芘导致的肺癌具有预防功效（Rajendran et al.，2008）。芒果含有的番茄红素、栎精、膳食纤维也具有抗癌的作用（郑素芳和黄循精，2008）。

4）增强免疫力

据报道，200 mg/（kg·d）芒果皮黄酮能显著增加正常小鼠脾脏重量；200 mg/（kg·d）、400 mg/（kg·d）剂量组可提高小鼠血液碳粒廓清速率；在体外能显著增强小鼠腹腔巨噬细胞吞噬中性红的能力，且具有剂量效应关系（王维民等，2007）。

5）抑菌

据报道，芒果皮 85%乙醇萃取物在浓度为 2 mg/mL 时，能抑制沙门氏菌、金黄色葡萄球、大肠杆菌（ACTT 8739）、大肠杆菌（MIG 1.42）、志贺氏菌的生长，而且在相同浓度、pH、温度条件下，其抑菌效果明显好于苯甲酸钠以及山梨酸钾（徐志和吴莉宇，2002）。

6）止咳祛痰

芒果含有的芒果苷、槲皮素等成分，能明显提高红细胞过氧化氢化酶的活力和降低红细胞血红蛋白，有祛痰止咳的功效，对咳嗽、痰多、气喘等症有辅助治疗作用（郑素芳和黄循精，2008）。

4. 高值化利用现状

1）活性物质的提取制备

（1）糖类。

芒果皮多糖的最佳提取工艺条件为：提取溶剂为水，料液比 1∶5（g/mL），温度 90℃，时间 2 h，芒果皮中粗多糖提取率高达 3.54%（王维民等，2005）。

酶法协助提取芒果中可溶性膳食纤维的工艺条件为：纤维素酶量 2.7 U/L，料液比 1∶27（g/mL），提取时间 2.5 h，醇沉时间 6 h，提取温度 55℃，在此条件下可溶性膳食纤维得率为 18.30%（刘铭等，2014）。

（2）酚类。

采用微波萃取法提取芒果多酚的最佳工艺条件为：乙醇浓度 60%，料液比 1∶15（g/mL），微波功率为 385W，提取时间 2.5 min，提取率 4.25%（李春美等，2010）。微波萃取法提取芒果核多酚的最佳工艺条件为：乙醇浓度 60%，料液比 1∶30（g/mL），微波功率为 385W，提取时间 1 min，抽提 3 次，提取率为 10.56%（何丽芳等，2012）。

2）产品开发

（1）芒果酸奶。

发酵型芒果酸奶的工艺流程为：完熟芒果→去皮、去核→切片→打浆（果肉∶水=1∶1）→过滤→果酱还原奶制备（加糖）→预热（40℃）→均质→加热灭菌（90℃、10 min）→冷却（40℃）→搅拌均匀→装罐→发酵（41.5℃、3 h 左右）→冷却后熟（4℃）。主要技术参数为：添加 15%的芒果酱、8%奶粉、8%糖。所制得的凝固型芒果酸奶组织状态好，口感细腻，风味独特（黄君红等，2008）。

（2）芒果饮料。

芒果汁发酵乳饮料的工艺流程为：芒果→芒果汁→加入牛奶等配料→灭菌→接种→发酵→冷却→包装→成品。主要技术参数：牛奶 65%，芒果汁 10%，蔗糖 7.0%，混合发酵菌（保加利亚乳杆菌和嗜热链球菌）接种量 2.5%，发酵时间 3.5 h，温度 40℃（苏伟等，2012）。

（3）芒果罐头。

芒果罐头制备的工艺流程为：原料选择清洗→去皮→去核→切分→盐水处理→硬化、护色处理→热烫→装罐封罐→杀菌、冷却→成品。主要技术参数：食盐含量 5%、亚硫酸钠含量 0.1%～0.2%、糖水温度 90℃、糖水浓度 20%～22%、pH 3.5～4.0、固形物含量不低于 50%、真空度为 600～620 mmHg、杀菌冷却式为 5-20-8 min/100℃，得到的罐头果肉含糖量增加，开罐后酸甜适口，脆感好（鲍晓华，2001）。

（4）芒果干。

芒果干的生产工艺流程为：鲜芒果挑选→清洗、消毒→预处理（去皮、切片、去核）→无硫护色、常温浸渍→真空浸渍→烘干→包装→成品。主要技术参数：浸泡糖液量与芒果量比例为 1 : 3、浸泡糖液初始温度为 30℃、糖液初始浓度为 30°Brix、D-异抗坏血酸钠用量为 0.3‰，在 0.07 MPa 下维持真空 3 h（冯春梅等，2008）。

4.2.6　杨梅

1. 概述

杨梅（*Myrica rubra*）为杨梅科杨梅属、多年生绿性乔木，原产中国东南各省和云贵高原，野生种生长史已有 7000 多年，人工栽培也有 2000 多年，是我国著名的亚热带果树之一，主要分布于长江流域以南各地（何新华等，2006）。杨梅既无外果皮，又无内果皮，是典型的肉柱型鲜果，其果实色泽艳丽，柔软多汁，酸甜适口，营养丰富（朱正军等，2006）。全世界杨梅科植物有 2 个属 50 多种，中国有 1 个属 6 个种和 1 个变种，即毛杨梅、青杨梅、矮杨梅和杨梅 4 个种，缘叶杨梅和大杨梅 2 个新种，青杨梅的 1 个变种为恒春杨梅（李兴军和吕均良，1999）。

杨梅为果中珍品，内含丰富的蛋白质、铁、镁、铜和维生素 C、柠檬酸等多种有益成分。《本草纲目》记载：杨梅"止渴，和五脏，能涤肠胃，除烦溃恶气"（夏其乐和程绍南，2005）。

2. 生理活性物质

1）糖类

杨梅果实中的总糖含量为 7.1%～10.8%，还原糖含量为 2.2%～4.3%（张泽煌等，2011）。杨梅果实中积累的糖主要是蔗糖，果糖和葡萄糖仅占总糖的 1/4，杨梅果实成熟时蔗糖占总糖的 69% 以上，葡萄糖和果糖次之，分别占 13%～17% 和 10%～14%（谢鸣等，2005）。

杨梅渣的总膳食纤维占杨梅渣干基的 64.33%～73.02%，杨梅渣中的膳食纤维主要是不可溶性膳食纤维，其占总膳食纤维的 82.72%～93.96%（周劭桓等，2009）。

2）黄酮

杨梅的黄酮类化合物主要为槲皮素（quercetin）、杨梅素（myricetin）、异槲皮苷（quercetin-3-*O*-D-glucoside）、槲皮苷（quercetin-3-*O*-α-L-rhamnoside）、杨梅苷（myricetrin）、杨梅素-3-*O*-β-D-葡萄糖苷（myricetin-3-*O*-β-D-glucoside），其中杨梅苷（3′, 4′, 5′, 5, 7-五羟基黄酮-3-*O*-α-L-鼠李糖苷）是由杨梅素（3, 5, 7, 3′, 4′, 5′-六羟基黄酮）的 3 号位上连接一个鼠李糖苷而形成的黄酮苷类化合物，而二氢杨梅素（3, 5，7, 3′, 4′, 5′-六羟基-2, 3 双氢黄酮醇）是由杨梅素的 2、3 位上加氢而形成的双氢黄酮醇类化合物（Engelkeg et al., 1992；王定勇等，2008）。

杨梅的花色苷主要为矢车菊花色素-3-葡萄糖苷以及少量天竺葵花色苷元-3-单糖苷和飞燕草花色苷元-3-单糖苷（叶兴乾等，1994）。杨梅渣中 3-葡萄糖矢车菊素的含量为 3.07～6.22 mg/g DW，占总花色苷的 85.95%～95.05%（陈根洪和周志，2005）。

3）蛋白质

不同品种杨梅果实中氨基酸总量从 354.35 mg/100 g 至 701.85 mg/100 g 不等，杨梅果实含有苯丙氨酸、苏氨酸和赖氨酸等 7 种人体必需氨基酸，以及组氨酸和精氨酸等 2 种半必需氨基酸（张泽煌等，2011）。

3. 生理功能

1）抗氧化

杨梅的酚类物质对自由基的清除率均随着其质量浓度的升高逐渐增大，当浓度达到 80 μg/mL 时，对 DPPH 自由基、羟自由基以及超氧阴离子的清除率分别为90%、60%和 80%（夏国聪，2011）。杨梅素、杨梅苷及二氢杨梅素清除 DPPH 自由基的 IC_{50} 分别为 18.34 μg/mL、28.89 μg/mL、10.70 μg/mL，二氢杨梅素强于维生素 C（IC_{50}=14.69 μg/mL）（赵丽等，2012）。

2）降血脂

对高脂模型小鼠灌胃杨梅黄酮可显著降低血液 TG 和 TC，证明杨梅黄铜具有较强的降血脂作用（梁铁等，2009）。

3）抗肿瘤

杨梅酮体外能诱导人肺腺癌细胞 A549 细胞凋亡，杨梅酮（2.5～10.0 μg/mL）引起的 A549 细胞的早期凋亡率为 23.9%～34.9%；此外，杨梅酮（2.5～10.0 μg/mL）还可引起 A549 细胞周期阻滞，表现在 G_0/G_1 期细胞比例增加，说明杨梅酮可能是治疗肺腺癌的关键有效物质之一（陈璇等，2015）。

4）抗血小板损伤和血小板活化因子

杨梅多酚能够抑制大、小白鼠在化学和辐射损伤中血小板的减少，说明杨梅多酚对血小板损伤可起到治疗作用（迟文等，2002）。杨梅素可浓度依赖地拮抗血小板活化因子（platelet activating factor，PAF）与兔血小板膜受体的特异性结合，抑制 PAF 诱发的兔血小板黏附与兔多形核白细胞内钙离子浓度的升高，表明杨梅素可阻断 PAF 的反应，缓解血小板及白细胞活化，为 PAF 受体拮抗剂（臧宝霞等，2003）。

5）抑制 DNA 损伤

杨梅黄酮提取物对 DNA 损伤有一定的抑制作用，且随着浓度的增加，抑制作用增强。在 1.5～9.0 mg/mL 范围，杨梅黄酮提取物对 DNA 损伤的抑制作用与其质量浓度之间呈良好的线性增大关系，IC_{50} 为 5.269 mg/mL（李培培等，2011）。

6）抗过敏反应

研究表明，杨梅素能减轻致敏皮肤蓝斑程度，显著降低小鼠过敏皮肤的通透性，抑制小鼠同种、异种被动皮肤过敏反应和右旋糖酐引起的小鼠瘙痒反应，同时对免疫性炎症模型有抑制效果，但是杨梅素剂量在 50～200 mg/kg 内的抗过敏作用未显示量效关系（佟岩，2009）。

4. 高值化利用现状

1）活性物质的提取制备

杨梅中黄酮类化合物提取工艺：杨梅果肉匀浆后，按料液比为 1∶10 的比例加入 70%、pH 3.0 的乙醇水溶液，45℃水浴浸提 3 h，抽滤后将滤液调 pH 5.0～5.5，在 50℃下真空浓缩得杨梅果浆原浓缩液。浓缩液过 AB-8 树脂吸附柱，用水洗后，用 60%、pH 3.0 的乙醇冲洗，将洗脱液调 pH 5.0～5.5，50℃下真空浓缩得杨梅黄酮提取物的浓缩液（李培培等，2011）。

杨梅花色苷最佳提取工艺条件为：提取温度 40℃、提取料液比 1∶10、乙醇体积分数 70%、pH 3、提取时间 2 h。在此条件下，花色苷的提取率为 91.83%。用 AB-8 和 D101 两种大孔树脂分离得到的提取物中花色苷得率分别为 70.00% 和 67.08%（刘传菊等，2009）。

2）产品开发

（1）杨梅果酒。

杨梅果酒的制作工艺为：杨梅→挑选→清洗→打浆→接种发酵→压榨→调配→澄清→陈酿→膜过滤→成品。主要技术参数：发酵温度 18℃，红曲加量 2%，糖汁比 4∶6，酵母加量 10%（蒋益虹和郑晓冬，2003）。

（2）杨梅果醋。

杨梅果醋的加工工艺为：杨梅→清洗、去核、打浆→杨梅果浆→糖度调整→接种酵母→酒精发酵→酒度调整→接种醋酸菌醋→酸发酵→杨梅果醋→过滤、澄清、调配。其工艺参数：酵母接种量为 11%、酒精度为 7.5%、发酵温度为 30.5℃（卢可等，2011）。

（3）杨梅果脯。

杨梅果脯的加工工艺为：原料选择→制坯→脱盐→硬化处理→真空渗糖→浸糖→调酸→烘制→上糖粉→包装→成品。主要技术参数：糖液浓度 40%、真空渗糖时间为 35 min、浸糖时间 12 h、柠檬酸添加量 1.8%，在 50～60℃的温度下烘箱干燥 12 h（陈根洪和周志，2005）。

（4）杨梅固体饮料。

杨梅固体饮料工艺流程为：原料挑选→清洗→榨汁→过滤→澄清→均质→喷雾干燥→混料→制粒→干燥→整粒→成品。主要技术参数：加入 0.06%单宁-明胶混合物为澄清剂，保持 8～10℃的低温静置 3 h，添加 20%的麦芽糊精作为助干剂，喷雾干燥条件为进风温度 160～170℃，出风温度 80～90℃，压力 0.3 MPa（黄玉花和郭大捷，2015）。

4.2.7　杏

1. 概述

杏（*Prunus armeniaca* L.）为蔷薇科（Rosaceae）落叶乔木植物，原产于中国，2000 多年前已有栽培。杏按用途可分为鲜食杏、加工杏、仁用杏和观赏杏四大类。凡以杏仁为主要产品的杏统称为仁用杏。我国的仁用杏分为两大类：一类是山杏（西伯利亚杏）和辽杏（东北杏），其杏仁味苦，苦杏仁苷含量高，统称为苦杏仁；另一类是大扁杏（普通杏和西伯利亚杏自然杂交形成的地方良种群体），其杏仁味甜，苦杏仁苷含量低，统称为甜杏仁（张华和于淼，2005）。

2. 生理活性物质

1）脂肪酸

杏仁含有丰富的脂肪酸，其中小白杏杏仁油中含量最高的脂肪酸是油酸，其次是亚油酸，前者含量为 69.38%，后者含量为 24.52%。其他如棕榈 4.29%、棕榈-烯酸 0.6%、十七碳-烯酸 0.12%、硬脂酸 1.06% 等含量相对较少，此外还发现小白杏杏仁油中 93.90% 脂肪酸为不饱和脂肪酸（牟朝丽等，2005）。

2）维生素

苦杏仁苷，即维生素 B_{17}，是苦杏仁中主要的活性成分。苦杏仁苷分子由一单元苯甲醛、一单元氢氰酸和两单元葡萄糖组成，其分子式为 $C_{20}H_{27}NO_{11}$，广泛存在于杏、桃、李子等多种蔷薇科植物种子中，尤其在山杏中含量最多，为 2%～3%（邢国秀等，2003）。

3）氨基酸

研究表明，苦杏仁含有 17 种氨基酸，总量为 26.725%，其中 7.922% 为 8 种人体必需氨基酸，占氨基酸总量的 29.64%；3.320% 为 2 种儿童必需氨基酸；6.093% 甜味氨基酸及 9.259% 鲜味氨基酸（史清华和李科友，2002）。

4）矿质元素

苦杏仁中含丰富的常量和微量元素，常量矿物元素钾、钙、磷的含量非常高，此外，还含有如镁、铁、铜、锰、锌、磷以及非金属元素硒等（王利兵，2008）。

3. 生理功能

1）抗氧化

马景蕃等（2005）研究了香白杏果实的总酚、黄烷醇、类黄酮及缩合单宁含量及其对羟自由基、超氧阴离子、脂质自由基的清除作用。结果表明香白杏中类黄酮、黄烷醇的含量近乎相等，两者远大于缩合单宁的含量。香白杏提取物具有很强的抗氧化活性，对羟自由基、超氧阴离子有较明显的清除效果，但它对脂质自由基的清除效果较差。

2）防治心血管疾病

张淑英和张旭辉（2002）采用杏仁油治疗高血脂症患者 30 例，治疗前后血清胆固醇、甘油三酯高密度脂蛋白有显著差异（$P<0.01$），其中显效 16 例，有效 8 例，表明杏仁油是一种有效的降血压、血脂药物。

3）抗肿瘤

研究表明，杏仁粗多糖可促进荷瘤小鼠的脾脏淋巴细胞增殖、刺激小鼠血清中肿瘤坏死因子 α 水平明显升高，其机制可能是杏多糖在发挥抑瘤效应的同时调动并增强机体抗肿瘤免疫-T 细胞介导的细胞免疫，体内 T 淋巴细胞数量增加，增殖转化能力增强，增强机体抗肿瘤免疫功能而发挥抗肿瘤作用（曾献春等，2005）。苦杏仁苷及其水解所产生的氢氰酸和苯甲醛体外试验均被证明有抗癌作用，被用作治疗癌症的辅助药物（邢国秀等，2003）。杏仁中硒的含量为各类仁果之冠（杨春，1999）。苦杏仁的植物油富含不饱和脂肪酸，其含量在 95%以上，尤其是油酸、亚油酸含量颇高，能预防癌变和抑制肿瘤细胞转移（王利兵，2008）。

4）防治糖尿病

据报道，利用 Protamex 和 Alcalase 两种酶复合水解杏仁蛋白制备低苦味、高水解度的杏仁多肽能显著降低糖尿病大鼠的血糖值，且杏仁多肽的降糖效果呈现明显的剂量效应关系；杏仁多肽对血糖正常的大鼠具有一定的调节作用（刘雪峰，2010）。

4. 高值化利用现状

1）活性物质的提取制备

（1）杏仁油。

杏仁油的最佳提取条件：提取溶剂为正己烷，料液比为 1∶12（g/mL）、浸提温度 60℃、浸提时间 60 min、浸提 2 次，提取率为 58.76%，通过精炼加工，去除异常滋味、气味，制得清香透明的高级精炼杏仁油（李强等，2006）。

（2）杏仁蛋白。

山杏仁蛋白的最佳提取条件为：提取溶剂为水，调节 pH 至 9.0，液料比为 1∶14（g/mL），提取温度 37℃，提取时间 60 min，采用该工艺条件，山杏仁蛋白的提取率达到 92.35%DW（顾欣等，2010）。采用酶法制备巴旦杏蛋白：中性蛋白酶提取巴旦杏蛋白的最佳条件为加酶量 5%、料水比 1∶35、时间 75 min、温度 50℃、pH 为 7.25（陶永霞等，2012）。

（3）苦杏仁苷。

据报道，利用水提取杏仁中的苦杏仁苷时，影响提取效果的主次顺序为提取时间＞料液比＞浸泡时间；最佳提取参数为：提取时间 20 min，料液比 1：10，浸泡时间 3 min，提取 2 次（李强和陈锦屏，2006）。

（4）多酚类物质。

据报道，杏多酚的最佳提取条件为：乙醇浓度 50%、料液比 1：5（g/mL）、温度 70℃、提取时间 40 min（熊素英等，2007）。

2）产品开发

（1）杏仁乳料。

杏仁乳料的生产工艺为：通过预煮、磨浆过滤、调配、均质后的杏仁浆注入清洗消毒的瓶中，封盖，沸水中保持 20～25 min 杀菌，冷却后即得到成品——杏仁乳饮料；具体工艺参数为：沸水煮 1～2 min，用 60℃左右的温水浸泡 7 d；调味汤汁配方为：生姜 100 g、小茴香 20 g、精盐 10 kg、味精 500 g、山梨酸钾 50 g、水 260 kg；真空封灌压强 400 mmHg 柱左右（高海生和林树林，1992）。

（2）杏脯。

无硫低糖杏脯生产的最佳工艺条件为：杏果经清洗、去皮、硬化后在含 0.3% 氯化钙、0.6%柠檬酸、0.6%氯化钠和 0.3% D-异抗坏血酸钠的护色液烫漂（3～8 min），再放入 0.5%明胶溶液中浸胶，用 40%的糖液第 1 次糖煮，真空糖渍 24 h，再用 45%糖液进行第 2 次糖煮，真空糖渍 24 h，55～65℃烘制，即得杏脯，该方法与传统果脯生产方法相比，具有产品安全性高、含糖量低等优点（张芳和张永茂，2011）。

（3）杏果糕。

以杏为原料生产杏果糕的生产工艺为：熬煮温度为 95～100℃，熬煮后可固含量为 45%～50%，烘烤第 1 阶段条件，65℃、烘烤 4 h，第 2 阶段条件，50℃、正面干燥 18 h、反面干燥 6 h，所得的杏果糕色泽金黄、表面光滑、富有弹性、柔韧、爽滑可口、风味浓厚（侯智德等，2014）。

4.3　浆　果　类

4.3.1　葡萄

1. 概述

葡萄（*Vitis* sp.）又称蒲桃，属落叶藤本植物，葡萄折藤栽种，易成活。葡萄在我国的种植范围较广，品种众多，世界上约有上千种，总体上可以分为酿酒葡萄和食用葡萄两大类。中国栽培历史久远的"无核白"、"牛奶"、"黑鸡心"等均属于东方品种群，"玫瑰香"、"佳丽酿"等属于欧洲品种群。据统计，2005 年我国葡萄栽培面积为 40.81 万 hm^2，产量为 579.4 万 t（翟衡等，2007）。

葡萄素有"水果之神"的称号，不仅可以鲜食，还可以酿成葡萄酒，深受消费者的青睐。葡萄是传统医学中的补气药之一，《神农本草经》曾记载其果实有"益气倍力，强志，令人肥健"的功效，葡萄的果、根、藤均可入药（孙芸等，2006）。

2. 生理活性物质

1）糖类

葡萄果实成分中除水分外，含糖量最高，一般在 15%～25%，以果糖和葡萄糖为主，蔗糖的浓度很低。葡萄浆果中五碳糖或戊糖是非发酵糖，在葡萄汁中微量存在（0.3～18 g/L），其中以阿拉伯糖占主要成分，另也有痕量木糖存在（王振平和奚强，2005）。

葡萄皮渣中总膳食纤维含量较高，占皮渣干质量的 75%左右，可溶性膳食纤维含量占总膳食纤维含量的 24%～45%（孙艳等，2010）。

2）酚类

酚类物质是葡萄的重要次生代谢产物，主要分布在果皮、种子和果梗中（赵权等，2010）。葡萄中酚酸类化合物主要有对羟基苯甲酸、香草酸、咖啡酸、香豆酸、没食子酸、原儿茶酸、阿魏酸、绿原酸、芥子酸等，其中 20%～25%的酚酸都以游离态的形式存在（李华，2000）。在果实成熟时，对羟基苯甲酸、鞣花酸两种物质总含量达到 0.016 mg/g DW（赵权等，2010）。葡萄果实含儿茶酸最多的部位是葡萄籽（唐传核和杨晓泉，2003）。

白藜芦醇在葡萄树体以及叶子中存在较多，其次为葡萄果皮，在种子中也有存在（唐传核和杨晓泉，2003），在果实完全成熟时含量达到最大值，为 0.082 mg/g DW（赵权等，2010）。

3）黄酮

葡萄中的黄酮醇类物质主要为杨梅酮-3-O-葡萄糖苷酸、杨梅酮-3-O-葡萄糖苷、斛皮素-3-O-半乳糖苷、斛皮素-3-O-葡萄糖苷酸、斛皮素-3-O-葡萄糖苷、山萘酚-3-O-葡萄糖苷、杨梅酮、斛皮苷、山萘酚-3-O-半乳糖苷和芦丁等，其中斛皮素及其衍生物含量约占整个黄酮醇的 80%（姜寿梅等，2008）。葡萄籽是天然食品中儿茶素类化合物的重要来源，主要含有（+）-儿茶素、（–）-表儿茶素、（±）-表儿茶素、（±）-表没食子儿茶素（李奕等，2000）。

一般酿酒用葡萄的花色素含量为 500～1000 mg/kg，主要为矢车菊素、飞燕草素、锦葵色素、甲基花青素以及矮牵牛昔配基等 5 种花色素诱导体（李光宇和彭丽萍，2007）。

4）维生素

葡萄每百克鲜果中含维生素 B_1 0.04 mg、维生素 B_2 0.01 mg、维生素 B_5 0.10 mg、维生素 C 25 mg（杨淑文，2011）。

5）脂类

葡萄的脂肪酸主要存在于葡萄籽中，已鉴定出 28 种，其中不饱和脂肪酸占总含量的 81.84%。不饱和脂肪酸的主要成分是 (Z, Z)-9, 12-十八碳二烯酸（亚油酸），相对含量为 80.83%；饱和脂肪酸中含量最多的成分是十六烷酸（棕榈酸），相对含量为 18.79%；其次为十八烷酸（硬脂酸），相对含量为 0.84%（边梅娜等，2012）。

6）蛋白质

葡萄籽中含有 16 种氨基酸，其中必需氨基酸有 7 种，且总氨基酸含量较高，为 7.76%（许申鸿等，2000）。

7）矿质元素

葡萄籽中矿质元素含量丰富，其中 K、P、Ca、Fe、Mn 等营养元素含量较高，分别为 2.77 mg/g、2.20 mg/g、2.41 mg/g、0.29 mg/g、0.03 mg/g（许申鸿等，2000）。

8）有机酸

葡萄果实中的有机酸主要是苹果酸、酒石酸和柠檬酸，一些葡萄品种还含有少量的草酸、琥珀酸等（Lamikanra and Inyang，1995）。

3. 生理功能

1）抗氧化

体外抗氧化实验表明，葡萄籽丙酮浸提液对超氧阴离子自由基和 1, 1-二苯基-2-苦肼基自由基均有较强的清除作用（许申鸿等，2000）。葡萄籽原花青素提取物具有极强的抗氧化及清除自由基活性，在体内的抗氧化活性为维生素 C 的 20 倍、维生素 E 的 50 倍（Bagchi et al.，2002）。从葡萄皮渣中提取的白藜芦醇在三种不同浓度下（0.1 mg/mL、0.3 mg/mL、0.5 mg/mL）均具有清除羟自由基 $OH\cdot$ 和超氧自由基 $O_2\cdot$ 的能力，且呈现出浓度效应（毕海丹，2006）。

2）抗肿瘤

白藜芦醇在癌细胞的起始、促进及扩展 3 个阶段中均具有化学防癌活性，已发现其对前列腺癌、乳腺癌、肝癌、肺癌、肠癌、甲状腺癌、垂体腺癌和血液肿瘤等多种肿瘤具有化学防癌或抗癌活性（刘会宁和陈在新，2000）。血管生成是促进肿瘤发展的一个关键过程，研究显示用葡萄籽原花青素饲养肿瘤移植鼠能通过减少血管内皮生长因子的分泌来抑制肿瘤内微脉管系统的形成（Yance et al.，2006）。

3）降血脂

研究发现，葡萄籽原花青素提取物可能通过降低血清 TC、LDL、TG 和 HDL

的作用以及抑制 LDL 的氧化而发挥抗动脉粥样硬化作用（闫少芳等，2003）。

4. 高值化利用现状

1）活性物质的提取制备

（1）膳食纤维。

据报道，酸提法制备葡萄膳食纤维的工艺条件：HCl 浓度 0.389 mol/L，提取温度 75℃，提取时间 75 min，料液比为 1∶20（g/mL），提取率为 27%～45% DW；纤维素酶法制备葡萄膳食纤维的工艺条件：纤维素酶用量 2%，提取温度 55℃，提取时间 210 min，料液比为 1∶20（g/mL），提取率为 24%～42% DW（孙艳等，2010）。

（2）原花青素。

葡萄中原花青素的提取方法包括超声波法、超临界 CO_2 萃取法等。超声波法最佳提取条件为：超声功率 200W、频率 40 kHz，提取温度 44.99℃，料液比 1∶12（g/mL），提取时间 15.37 min，提取率为 19.97% DW（郭燕等，2015）。

（3）白藜芦醇。

葡萄中白藜芦醇的提取主要采用有机溶剂法。果皮采用乙酸乙酯做浸提溶剂，25℃条件下浸提 24 h，提取量为 3.51 μg/g FW；种子采用甲醇做浸提溶剂，在 25℃条件下浸提 48 h，提取量为 8.81 μg/g FW（李晓东等，2006）。

（4）有机酸。

有机酸的提取方法：将葡萄样品破碎除籽后研磨成粉状，每克样品加入含 0.8% 磷酸的蒸馏水，在 25℃水浴中振荡浸提 10 min（崔婧和段长青，2010）。

2）产品开发

（1）葡萄酒。

玫瑰香葡萄酒的工艺流程：原料→破碎→葡萄汁成分调整→二氧化硫处理→加入酵母→主发酵→分离皮糟→后发酵→澄清→倒灌→储存→玫瑰香葡萄酒。主要技术参数为：葡萄汁含糖量为 21%，温度为 28℃，SO_2 添加量为 70 mg/L（刘绍军，2011）。

（2）葡萄果醋。

以新鲜葡萄玫瑰香为原料，采用液态发酵法酿制葡萄果醋的工艺流程为：新鲜葡萄→清洗消毒→去梗破碎→酒精发酵→醋酸发酵→葡萄果醋。酒精发酵的技术参数：蔗糖量 17 g/L、发酵时间 7 d、发酵温度 28℃；醋酸发酵的技术参数：发酵时间 12 d、发酵温度 28℃、醋酸菌接种量 0.5%（王学英和安冬梅，2014）。

（3）葡萄果汁。

葡萄汁的工艺流程：糖液→调和糖液→调配液→匀质→冷冻→过滤→杀菌→灌装→封盖→杀菌→检验→贴标→成品。主要参数有：糖液及调和糖液采用热溶法，保持 55%糖度；浓缩山葡萄汁（折合原汁）≥20%；红景天提取液 2%～4%；
蔗糖 12%；总酸 0.3%～0.35%；匀质后在−2～0℃下冷藏 1～3 d；二次杀菌温度
70～80℃，15～20 min；采用 75℃—55℃—35℃逐级冷却（文连奎等，2000）。

4.3.2　猕猴桃

1. 概述

猕猴桃（*Actinidia chinensis*）属于猕猴桃科猕猴桃属浆果类落叶藤本果树的
果实，又称为阳桃、羊桃、藤梨及猕猴梨等。猕猴桃起源于中国，约有 2000 余年
的历史，早在公元前《诗经》中就有对于猕猴桃的记载，李时珍在《本草纲目》
记载猕猴桃："其形如梨，其色如桃，而猕猴喜食，故有诸名"。目前，全世界
猕猴桃多达 66 个品种，除尼泊尔猕猴桃、越南沙巴猕猴桃、日本山梨猕猴桃及白
背叶猕猴桃 4 种外，其余 62 种均分布在中国（李家福等，1998）。我国除青海、
新疆、内蒙古以外，其他各地均有猕猴桃，其集中分布区在中国的秦岭以南和横
断山脉以东的地带，以及中国南部的山地林中。

猕猴桃具有非常高的保健作用与药用价值。唐代《本草拾遗》记载："猕猴
桃味咸温无毒，可供药用，主治骨节风、瘫缓不随、长年白发、痔病等"（黄宏
文，2001）。猕猴桃的维生素 C、维生素 E、食用纤维及微量元素含量非常高，并
且含有多种无机盐和蛋白质水解酶、猕猴桃碱等（左长清，1996），而猕猴桃籽油
中含有种类繁多的脂类、维生素、不饱和脂肪酸、酚类、黄酮类、微量元素、硒
以及其他生物活性物质（李加兴等，2005）。

2. 生理活性物质

1）糖类

猕猴桃含糖 8%～14%，主要为葡萄糖（15.27%）、果糖（6.57%）、蔗糖（2.91%）。
此外，猕猴桃中还含有淀粉和纤维素。淀粉为平均粒径 5.5 μm 的圆形颗粒，由
14.4%水分、0.17%粗蛋白、0.11%脂肪、0.14%灰分组成，X 射线衍射证明猕猴桃
淀粉是 B 型，DSC 测定的胶凝温度为 72℃（Fuke and Matsuoka，1984）。猕猴桃
粗纤维平均为 1800 mg/100 g，高于麦片的含量，相当于大多数谷类食品所含纤维
量的 5～25 倍（左长清，1996）。

2）酚类

狗枣猕猴桃多酚复合物中含有香豆酸、香草酸、绿原酸、山奈酚、儿茶素、
白藜芦醇、对香豆酸、异鼠李素 3-*O*-葡萄糖苷、槲皮素 3-*O*-己糖苷、槲皮素-鼠
李糖苷、原花青素 B_3、原花青素 B_2 和原花青素 B_4 以及原花青素的二聚体等成分
（Helen et al.，1999；左丽丽，2013）。

3）维生素

每 100 g 猕猴桃鲜果维生素 C 含量为 100～420 mg，其平均值约为建议每日摄取量的 2300%，其在人体内的利用率达到 84%，营养密度大于 57.5%。每 140 g 猕猴桃中的维生素 E 约为建议每日摄取量的 10%，是鄂梨以外维生素 E 含量最高的果实。猕猴桃含有约为建议每日摄取量 10%的叶酸（黄宏文等，2001）。

4）脂类

猕猴桃果实中种子含粗脂肪 22%～35% DW。经测定，猕猴桃籽油中富含多种不饱和脂肪酸、脂类等生物活性物质，其中亚油酸、亚麻酸等不饱和脂肪酸占 75%以上，特别是亚麻酸含量达 64.1%，这是目前发现的除苏子油外亚麻酸含量最高的天然植物油（姚茂君等，2001）。

5）有机酸

猕猴桃总酸含量为 1.4%～2.0%，一般为 1.8%（左长清，1996）。已从猕猴桃中检测出苹果酸、柠檬酸、棕榈酸、油酸、亚油酸、草酸、酒石酸、奎宁酸、乳酸、醋酸、琥珀酸等 10 多种有机酸，而不同品种间含量和比例有差异，如华优、哑特和果丰楼猕猴桃的柠檬酸含量分别为 6.75 mg/g FW、10.73 mg/g FW 和 7.91 mg/g FW（高芸等，2007；周元和傅虹飞，2013）。

6）矿质元素

猕猴桃含有钙、硒、锰、钾、铁、碘、磷、锌、铬等多种矿质元素，可作为人体每天补充微量元素的优质来源。每 100 g 猕猴桃鲜果含钾平均超过 320 mg，高于香蕉、橙子等富钾食品；还含有磷 42 mg、铁 1.6 mg、铬 0.035 mg，并且钙的含量相当高，达 58 mg/100 g 左右，几乎高于所有水果（李加兴，2006）。

3. 生理功能

1）降血脂

据报道，猕猴桃籽油给大鼠灌胃（剂量 0.670 g/kg BW）30 d 后，大鼠血清中 TC、TG 水平显著降低，表明猕猴桃籽油具有辅助降低血脂的作用（陈旭，2002）。

2）抗肿瘤

猕猴桃多糖能够诱导胃癌 MFC 细胞凋亡，下调 MFC 细胞 Mcl-1、Bcl-2、Bcl-xl 蛋白和上调 Bax、Bak 蛋白表达，表明猕猴桃多糖的抗肿瘤机制与其通过 Bcl-2 家族蛋白所参与的细胞凋亡途径有关（申力等，2014）。猕猴桃多酚可以抑制 HepG2、HT-29、HeLa 以及 A549 细胞的增殖活性，并能显著提高连续给药 10 d 肿瘤小鼠的存活时间，50 mg/（kg·d）、100 mg/（kg·d）、150 mg/（kg·d）剂量对 S180 实体瘤的抑制率分别为 20.91%、38.17%和 44.27%（左丽丽，2013）。

3）增强免疫力

研究表明，猕猴桃多糖复合物对小鼠免疫系统起调节作用，猕猴桃多糖复合物不仅可加强巨噬细胞的吞噬功能，有效地恢复被环磷酰胺抑制了的迟发超敏（DTH）反应，还能明显增加特异花结形成细胞（SRFC）的数量，但对抗体形成细胞（PFC）无任何影响，因此，猕猴桃多糖是一种能有效地抗细菌感染的免疫调节剂（张菊明，1986）。此外，有研究报道猕猴桃多糖具有调节 T 淋巴细胞的功效，此免疫调节作用与诱导 T4 淋巴细胞并产生 IL-2 有关（林佩芳等，1989）。

4）改善胃肠功能

用猕猴桃果汁饲喂便秘小鼠 7 d，能明显促进便秘小鼠的小肠推进运动，缩短便秘小鼠的首次排便时间并增加其所排粪便量，表明猕猴桃果汁具有润肠通便功能（李加兴等，2007）。

4. 高值化利用现状

1）活性物质的提取制备

（1）糖类。

猕猴桃多糖的提取方法包括稀酸浸提法、稀碱浸提法、乙醇浸提法、热水浸提法、微波提取法等。采用热水浸提法提取野生猕猴桃多糖的最佳工艺为：15 倍量水，70℃提取 4 h，多糖提取率为 9.27% FW（单云岗等，2015）。

以猕猴桃皮渣为原料，采用酸水解法从猕猴桃皮渣中提取可溶性膳食纤维的工艺条件为：料液比 1∶37（g/mL）、浸提液 pH 2.5、提取温度 80℃、提取时间 100 min，在该条件下可溶性膳食纤维的得率为 47.74% DW（李加兴等，2009）。

（2）脂类。

猕猴桃残渣用自来水反复漂洗，精选洁净的猕猴桃籽烘干、碾碎，置石油醚中冷浸 6 h 以上，间断搅拌、减压回收溶剂后，再继续减压干燥、除杂得到浅黄色透明状猕猴桃籽油，提取率为 23.5% DW（姚茂君等，2002）。

2）产品开发

（1）猕猴桃果酒。

猕猴桃果酒的发酵工艺流程为：鲜果→挑选→清洗→打浆→酶解→接种酵母→前发酵→倒罐→后发酵→陈酿→降酸→过滤→调配→密封装瓶→猕猴桃果酒成品；工艺条件为发酵温度 23℃，酵母（安琪酵母 BV818）接种量 0.4%，SO_2 添加量 100 mg/L，初始糖度 250 g/L（罗秦等，2014）。

（2）猕猴桃果醋。

以猕猴桃为原料，生产果醋的工艺流程为：猕猴桃果→打浆→果浆→果胶酶处理→酒精发酵→酸发酵→粗滤→陈酿→调配→精滤→灌装→杀菌→猕猴桃果醋。猕猴桃果浆在添加 0.04 g/L 复合果胶酶（3000 U/g）并保温 45℃处理 2.5 h 后，进行发酵的最佳工艺条件为酵母（安琪 RA-4-葡萄酒高活性干酵母）接种量 0.05 g/L，发酵醪酒度达 6%（V/V）时接入 0.07‰（V/V）醋酸杆菌，于 30℃发酵

5 d，成品中的乙酸含量可达 6.17 g/100 mL（李加兴等，2011）。

（3）猕猴桃果汁饮料。

以成熟猕猴桃为原料，制作猕猴桃果汁的工艺流程为：成熟猕猴桃预处理→打浆粗滤→蛋白酶酶解去除蛋白质→灭酶→明胶澄清脱涩去单宁等酚类物质→复合酶处理去除果胶→灭酶→冷却压滤→高澄清度猕猴桃果汁。工艺参数为：Protamex 复合蛋白酶添加量 0.2%，恒温 55℃慢速搅拌 1 h；明胶添加量为 0.14%；去除果胶条件为 0.2%复合果胶酶、0.15% α-淀粉酶于 45℃净化 2 h；助滤剂为 0.7%硅藻土，压滤压强为 0.3 MPa。制备的产品澄清度超过 95.2%，维生素 C 保存率高达 91.7%（朱建华等，2010）。

（4）猕猴桃果脯。

以新鲜猕猴桃为原料，利用微波渗糖技术制备低糖猕猴桃果脯的工艺流程：原料选择→清洗→去皮→切片→浸泡护色→硬化→预煮→微波渗糖→恒温干燥→包装。主要参数为：异抗坏血酸钠作为护色剂，最佳浓度为 0.2%，护色时间 2 h；CaCl$_2$ 作为硬化剂最佳浓度为 1.5%，硬化时间 2 h；65℃条件下最佳干燥时间为10.5 h，采用最佳工艺制作的低糖猕猴桃果脯颜色为浅褐色，外形美观，甜酸适中，口感极佳（张永清等，2013）。

4.3.3　石榴

1. 概述

石榴（*Punica granatum* Linn.），别名安石榴、海榴，为石榴科石榴属植物的果实，浆果近球形，成熟期 9～10 月，外种皮肉质半透明、多汁，内种皮革质。石榴原产于伊朗和阿富汗等中亚地区，后引种进入我国，当前国内 5 个石榴的主产区为陕西临潼、山东枣庄、安徽怀远、四川会理和云南蒙自（黄寿波等，2005）。

石榴果实不仅营养丰富，而且具有较为广泛的药用价值，在唐代《本草拾遗》和明代《本草纲目》中均有记载，石榴有生津化食、抗胃酸过多、软化血管、解毒的功能；石榴皮可涩肠、止血、驱虫止痛；石榴花能止血、消肿、调经止带（林佳等，2005）。现代医学研究发现，石榴富含多酚类物质、黄酮类化合物和植物雌激素等生理活性成分，具有抗氧化、保护心脑血管和缓解更年期综合征等功效（Aviram and Dornfeld，2001；Mori-Okamoto et al.，2004）。

2. 生理活性物质

1）糖类

石榴果汁中可溶性糖组分有蔗糖、葡萄糖、果糖和山梨醇，其中葡萄糖和果糖含量最高，分别占总糖含量的 43.84%～48.36%和 49.18%～50.67%（秦改花等，

2011)。石榴果皮中也含有糖类物质,可溶性糖含量高达 37.8%(邓小莉等,2011)。此外,石榴果实中糖组分在不同品种及成熟度间存在一定差异,例如,白皮甜石榴中果糖和葡萄糖的含量分别为 7.58%、6.66%,而红酸石榴中的含量分别为 3.18%、3.74%(郑敏燕等,2010);未成熟的石榴中以蔗糖含量较多,到成熟时则转化糖增多,总糖量为 11%~16.8%(高翔,2005)。

2)酚类

酚类物质在石榴果实各部位均有分布。石榴皮中酚类成分包括安石榴苷、没食子酸、表儿茶素、绿原酸等 9 种,其中安石榴苷含量约为 116.23 mg/g,占总酚含量的 48.76%(李国秀,2008)。相比石榴皮,石榴汁中的多酚成分组成更为丰富,总酚含量约为 0.11%,其中包括安石榴苷、表儿茶素、绿原酸、儿茶素、咖啡酸以及鞣花酸、石榴素、芹菜配基、芹菜配基-7-O-β-D-吡喃葡萄糖苷、芦丁、3,3 喃,4 喃,5,7-五羟基黄烷酮、3,3 羟,4 羟,5,7-五羟基黄烷酮-6-D-吡喃葡萄糖苷等(徐静等,2010)。石榴渣中总酚含量为 0.83%,鉴定出 10 种酚类成分,含量较高的有安石榴苷、表儿茶素、芦丁、没食子酸、儿茶素等(李国秀,2008)。

3)黄酮

目前从石榴中分离到的黄酮类成分主要有黄酮、黄酮醇、花色素等。酮类物质含量在石榴果实的不同部位有差异,果皮中黄酮类物质含量在 64.5~68.5 mg/g,平均总黄酮含量为 66.5 mg/g;石榴渣中黄酮类物质含量在 19.45~20.80 mg/g,平均总黄酮含量为 20.40 mg/g(许宗运等,2003)。此外,石榴果实中黄酮物质受成熟度影响,如果汁中花色素的种类和含量随着果实的成熟而逐渐增多(陈红梅和丁之恩,2006)。

4)维生素

石榴富含维生素 B_1、维生素 B_2、维生素 B_6 及维生素 C,其中以维生素 C 含量最高,比苹果、梨要高 1~2 倍(马齐等,2007)。

5)脂类

石榴所含脂肪酸主要集中在种子里,主要为石榴酸,占 86.8%,其次为亚油酸 5.14%、油酸 3.81%、棕榈酸 2.91%、硬脂酸 1.52%、亚麻酸 0.61%、α-桐酸 0.15%、β-桐酸 0.06%,不饱和脂肪酸含量达 95%以上(王惠和李志西,1998;苗利利,2010)。

6)蛋白质

石榴籽中蛋白质相对较高,蛋白质含量约占 13.62%,并且石榴籽蛋白质中氨基酸组成较完全,必需氨基酸含量为 31.98%(杭志奇等,2010)。其中,谷氨酸含量最高,胱氨酸含量最少(李志西等,1994)。

7)矿质元素

石榴的矿质元素 K、Na、Ca、Mg、Cu 等含量较高,其中以 K 含量最高,可达 216~249.1 mg/100 g,其次是 Ca、Mg 元素,分别为 1.06~2.98 mg/100 g、6.5~

6.76 mg/100 g（郝军虹，2012）。

　　8）其他

　　石榴中还含有苯丙素类化合物、甾体类化合物、生物碱、有机酸和类固醇激素等活性成分。生物碱主要分布于石榴皮中，包括石榴皮碱、伪石榴皮碱等（李海霞等，2002），有机酸主要存在石榴汁中，如酒石酸、奎尼酸和琥珀酸等（Poyrazoğlu et al.，2002）。

　　3. 生理功能

　　1）抗氧化

　　研究人员对 1000 种中草药的抗氧化活性进行了测定及比较，发现石榴皮的抗氧化能力位居前四，并确定多酚为其主要的抗氧化物质（Saito et al.，2008）。石榴皮多酚提取物能够提高小鼠血液肝脏及脑组织中 SOD 活性和小鼠血液肝脏中 CAT、GSH-Px 的活性，降低小鼠血液肝脏及脑组织中 MDA 含量（李国秀和李建科，2010）。

　　石榴不同的部位和状态，其抗氧化和清除自由基的活性也不同。通过 LDL 体外氧化模型对石榴汁及石榴皮中的抗氧化活性物质进行测试的结果发现，石榴皮所含的天然抗氧化物质能有效清除 $O_2 \cdot$、$OH \cdot$、$ROO \cdot$ 等自由基、抑制 LDL 氧化，各种活性均强于果汁提取物（李云峰等，2004）。

　　2）防治心血管疾病

　　研究发现，石榴汁在离体条件下对血清血管紧张素转化酶（ACE）的活力有很强的抑制作用；受试者每天服用 50 mL 石榴汁（总多酚 1.5 mmol），2 周后收缩压、血清中 ACE 活性及颈动脉内膜中层厚度均显著降低（Aviram and Dornfeld，2001）。

　　3）抗肿瘤

　　据报道，石榴提取物能够抵抗人体内前列腺癌细胞增殖，并促进其死亡（Albrecht et al.，2004）。此外，石榴果实的类黄酮能引起白血病细胞的分化，使癌细胞转换回正常非癌细胞（Kawaii and Lansky，2004）。

　　4）防治糖尿病

　　据报道，对于链脲佐菌素（streptozotocin，STZ）诱导的大鼠糖尿病，用 150～600 mg/kg 剂量的石榴籽甲醇提取物饲喂，12 h 后血糖含量降低（Das et al.，2001）。此外，在 STZ 模型中，30 mg/kg 石榴皮乙酸乙酯提取物能对抗 STZ 引起的糖尿病小鼠的胰岛面积萎缩、空泡变，促进胰岛素分泌，显著降低 STZ 诱导的血糖升高（张奂之等，2012）。

　　5）促进面部健康

　　石榴提取物对人表皮角化细胞和真皮成纤维细胞影响的研究表明，石榴提取物组分有利于皮肤的修复，如其果皮提取物能促进皮层的再生，而其种籽油则能促进表皮的再生（Aslam et al.，2006）。石榴多酚的保湿功能源于其保湿性和对影响皮肤保水功能酶的抑制作用，石榴多酚分子能够通过抑制透明质酸酶的活性达到深层保湿的效果（Katsuyoshi et al.，2006）。

6）抗菌

体外试验结果表明，石榴皮提取物对金黄色葡萄球菌（*Staphylococcus aureus*）、溶血性链球菌（*Streptococcus*）、霍乱弧菌（*Vibrio cholerae*）、痢疾杆菌（*Shigella castellani*）、大肠杆菌（*Escherichia coli*）、铜绿假单胞菌（*Pseudomonas aeruginosa*）等有明显的抑制作用，以上抗菌作用可能与所含大量鞣质有关（武云亮，1999）。另外，石榴皮中黄酮类化合物也具有一定的抑菌作用（杨林和周本宏，2007）。

4. 高值化利用现状

1）活性物质的提取制备

（1）糖类。

石榴籽多糖的最佳提取条件为：提取温度 40℃，提取时间 90 min，料液比 1：25，石榴籽多糖得率为 20.12 mg/g FW（郭传琦等，2013）。

（2）酚类。

石榴皮单宁的最佳提取工艺条件为：提取温度 100℃，提取时间 1 h，料液比 1：20，pH=7，添加 0.5% $NaHSO_3$，提取 3 次，在此最佳工艺组合下石榴皮单宁的平均提取率可达 90% FW（郭珊珊，2007）。

（3）黄酮。

石榴皮中黄酮类化合物提取工艺条件为：乙醇浓度 70%，提取温度 80℃，提取时间 3 h，料液比 1：20，此时黄酮得率为 7.53%（陈红梅和丁之恩，2006）。

（4）蛋白质。

碱溶法优化石榴籽蛋白的最优提取工艺条件为：料水比 1：12，料液温度 45℃，调整料液 pH 为 8，浸提 2 次，可使蛋白质的提取率达到 80% DW 以上（邹圣冬等，2012）。

2）产品开发

（1）石榴酒。

石榴酒的生产有两种方法，一是将石榴原汁与其他原酒进行勾兑生产配制酒；二是发酵酿造法，一般工艺为：石榴原汁→配料改良→入罐发酵→储存→勾兑杀菌→石榴酒（张家训，1998）。石榴发酵酒生产的最适工艺条件为：石榴原汁 50%，添加蔗糖 22%，添加酒石酸钾调 pH 到 3.3，95℃杀菌 15 s，25℃接种酵母，25℃发酵 1 d，再 20℃发酵，添加 150 mg/L 的果胶酶，硅藻土过滤，再微滤，即为成品石榴酒（夏天兰等，2008）。石榴果酒发酵过程中添加 SO_2，可促进发酵的进程，并且对 pH、滴定酸几乎没影响（吴连军等，2007）。

（2）石榴果醋。

石榴果醋的生产工艺流程为：石榴→清洗→去皮、榨汁→过滤→灭菌→酶解→糖度及酸度调整→酒精发酵→醋酸发酵→陈酿→澄清处理→灭菌→成品。酒精发酵的主要技术参数：发酵温度 30℃，酵母菌（安琪 SY 酵母）接种量 0.07%，发酵时间 5 d；醋酸发酵主要技术参数为：醋酸菌（*Acetobacter pasteurianus sub* sp. *pasteurianus DeLey et Frateur*）接种量 12%，酒精浓度 8%，发酵温度 34℃（毛海燕等，2013）。

（3）石榴汁。

石榴汁制作的一般工艺流程为：石榴→清洗→剥皮、去隔膜→打浆→磨浆→粗滤→石榴汁原液→护色→酶解→絮凝→过滤→透亮的石榴汁→低温保存→调配→无菌过滤→无菌灌装→成品饮料。鲜石榴汁饮品较优工艺条件为：0.01%维生素 C 与 0.2%柠檬酸护色，在 50℃下，采用由果胶酶（0.08%）、淀粉酶（0.06%）、纤维素酶（0.06%）组合而成的复合酶酶解 2 h，再经由明胶（50 ppm）、皂土（0.02%）、海藻酸钠（0.02%）组合而成的复合絮凝剂的澄清，低温存放 24 h（王超萍和李敬龙，2011）。

4.3.4　草莓

1. 概述

草莓（*Fragaria ananassa*）为蔷薇科多年生、常绿、草本植物的果实，又名地莓、洋莓果、凤梨草莓，有些地方称之为地果或草果，果实鲜红艳丽、味道鲜美、酸甜多汁，具有浓郁的芳香和独特的味道，因此有"水果皇后"的美誉。草莓品种繁多，有 2000 多个品种，目前我国草莓生产面积约 7 万 hm^2，南起海南，北到黑龙江，东自上海，西到新疆乌鲁木齐均有栽培（韩莉，2011）。

传统医学认为草莓具有解酒、明目养肝、消暑解热、润肺生津、健脾和胃、滋补养血、利尿止泻等功效（黄连琦，2012）。现代医学证明，草莓可治动脉硬化、坏血症、冠心病、脑溢血、高血压、高血脂，且具有改善胃肠功能等功效（黄连琦，2012）。

2. 生理活性物质

1）糖类

草莓是一种低糖低热量的水果，据测定每 100 g 果实中含糖 5～12 g（提伟钢，2011）。草莓中总膳食纤维（DF）、壳聚糖纤维（SDF）及不溶性膳食纤维（IDF）

分别占总鲜重的 0.3%、0.15% 和 0.15%，其 SDF 中的单糖绝大部分是半乳糖醛酸（82%），其他中性单糖所占比例很小，这些成分可能是从细胞壁的半纤维素分子上分解下来的；在 IDF 中除半乳糖醛酸之外，木糖（14.4%）、岩藻糖（13%）和半乳糖（12.2%）的含量都超过了 10%，说明这些糖是草莓细胞壁的重要结构元素（吕明霞等，2012）。

2）酚类

草莓的酚酸类物质主要有没食子酸、原儿茶酸、对羟基苯甲酸、咖啡酸、香豆酸、鞣花酸，还有表食子儿茶素、儿茶素、锦葵色素葡萄糖苷、槲皮苷、木犀草素以及高含量的没食子儿茶素，此外还含有儿茶素没食子酸酯、矢车菊素和肉桂酸（刘文旭，2012）。

3）黄酮

草莓中主要的黄酮类有槲皮素、山奈酚以及它们的糖苷（Navindra et al.，2006）。野生草莓中的黄酮醇主要有异鼠李素和山奈酚，其中包括异鼠李素-3-葡萄糖酸苷、山奈素-3-乙酰基糖苷、山奈素-3-香豆素糖苷、山奈素-3-丙二酰基糖苷以及山奈素-3-葡萄糖苷（Mikulic-petkovsek et al.，2012）。

在草莓果实中检测到 9 种花色苷，其中花葵素 3-葡糖苷、花葵素 3-芸香苷、花葵素-丙二酰葡糖苷、花青素 3-葡糖苷和花葵素 3-甲基丙二酰葡萄糖苷在草莓中含量较多，尤以花葵素 3-葡糖苷含量最高，占总花色苷的 58.6%～93.6%（罗赟等，2014）。

4）维生素

草莓中含有较多的维生素，每 100 g 果实中维生素 C、维生素 B_1 及维生素 B_2、烟酸含量分别为 139 mg、0.0261 mg、0.0168 mg 和 0.0656 mg（王雪梅等，1999）。

5）脂类

草莓籽中脂肪含量 18.08%，其中不饱和脂肪酸含量为 94.15%，亚油酸和亚麻酸 2 种人体必需脂肪酸含量为 78.61%，还有油酸、棕榈酸、硬脂酸及二十碳烯酸（张晓荣等，2014）。

6）蛋白质

据测定，每 100 g 果实中含蛋白质 0.4～0.6 g（提伟钢，2011）。草莓籽蛋白质含量达到 13.17%，且其中含有除蛋氨酸外的 16 种人体必需氨基酸，营养成分丰富（张晓荣等，2014）。

3. 生理功能

1）抗氧化

总酚是草莓抗氧化作用的重要物质基础，花青素与抗坏血酸是草莓抗氧化能力的主要组成参数（罗娅等，2011）；草莓汁的 FRAP 值为（3.29±0.30）mmol/100 g FW，其体外抗氧化能力较强（徐静等，2007）。

2）减肥

草莓果肉渣的乙醇提取物再经乙酸乙酯萃取的有效组分对脂肪酸合酶具有强抑制作用，且分别对脂肪酸合酶的底物丙二酸单酰辅酶 A、乙酰辅酶 A 呈非竞争性和竞争性抑制，还可有效抑制 3T3-L1 前脂肪细胞中脂滴的积累（刘晓鑫等，2010）。

3）抗肿瘤

草莓对于食道癌大鼠具有保护作用（Daniel and Stoner，1991）。此外，草莓提取物能够有效抑制肺上皮癌细胞 A549 的增殖，用草莓提取物预处理鼠 JB6 P+表皮细胞，可阻止佛波脂（TPA）诱导的细胞恶性转化（Shiow，2005）。分别喂食五叶草莓 1.6 g/kg 及 3.61.6 g/kg 给荷瘤小鼠，发现五叶草莓组小鼠抑瘤率、生存期、IL-2 水平明显高于空白组，说明五叶草莓煎液能有效地抑制肿瘤生长，并且延长荷瘤小鼠存活期（李巧兰等，2007）。

4）镇痛消炎

通过小鼠耳肿胀、大鼠足肿胀及大鼠棉球性肉芽肿模型考察五叶草莓乙醇提取物的抗炎作用，结果表明五叶草莓乙醇提取物具有显著的镇痛及抗炎作用（李巧兰等，2006）。另有研究表明，草莓多糖可以通过调节小鼠抗炎细胞因子，保护巨噬细胞凋亡（Liu and Lin，2012）。

4. 高值化利用现状

1）活性物质的提取制备

（1）糖类。

利用超声波进行草莓多糖提取的最佳提取条件为：提取溶剂为乙醇，浸提时间 20 min，超声波功率为 300W，料液比 1∶50（g/mL），浸提 2 次，在该条件下多糖提取量达到 14.97 mg/g DW（李粉玲等，2013）。

（2）酚类。

草莓酚类物质的最佳提取条件为：提取温度 40℃，乙醇浓度 70%，料液比 1∶20（g/mL），提取时间 40 min，在此条件下草莓酚类物质提取率达 0.845 mg/g FW（黄午阳等，2013）。

（3）黄酮。

草莓黄酮的最佳提取条件为：乙醇体积分数 90%，提取时间 3 h，固液比 1∶40（g/mL），提取温度 80℃，提取率为 2.89% DW（李志洲等，2007）。此外，草莓总黄酮的最佳提取工艺条件为：固液比 1∶35（g/mL）、乙醇浓度 55%、提取时间 130 min、提取温度 60℃，此条件下总黄酮得率为 5.13 mg/g FW（扶庆权等，2011）。

超声波辅助提取草莓花色苷的最佳工艺条件为：超声波作用时间 30 min，料液比 1：15（g/mL），提取液（乙醇）浓度 60%，超声波功率 300 W，在该条件下花色苷量为 33.24 mg/100 g FW，比不用超声波辅助的溶剂提取提高了 1.3 倍（孙建霞等，2014）。

2）产品开发

（1）草莓果酒。

草莓果酒的生产工艺流程为：草莓→速冻→压榨→调整成分→糖度 350 g/L 草莓醪→控温发酵（酸度调节剂）→检测→终止发酵→分离压榨→澄清过滤→稳定性处理（添加明胶和皂土）→草莓浓甜酒基→调配→冷冻处理→板框过滤→检测→微孔过滤→灌装→成品。主要技术参数：草莓澄清汁发酵最适的基质组成为酵母（白酒王安琪酿酒高活性干酵母）添加量 0.2%，葡萄糖浓度 22%，调味剂浓度 0.01%，起始 pH 3.0，发酵温度前 7 d 为 25℃，后 10 d 为 15℃或 20℃（贾君等，2012）。

（2）草莓果醋。

草莓果醋的生产工艺流程为：草莓→预处理→洗净→果肉破碎打浆→果胶酶处理→过滤→调配发酵液→酒精发酵（加酵母培养液）→醋酸发酵（加醋酸菌悬液）→过滤→后熟→杀菌（调配）→成品。酒精发酵的最优条件为：发酵温度 28℃、初始糖度 16°Brix、酵母（安琪）接种量 10%；醋酸发酵的最优条件为：发酵温度 30℃、酒精度 7%、接种量 14%；草莓果醋饮料调配的优化参数：草莓醋原汁 10 mL、蜂蜜 10 g、蔗糖 11 g，以草莓汁定量为 200 mL，酿制出来的草莓醋颜色为红棕色，澄清透亮，醋味浓郁，同时具有草莓的特殊清香味（王倩等，2010）。

（3）草莓浓缩清汁。

草莓浓缩清汁的生产工艺流程为：原料验收→浮洗→拣选→预破碎→微波杀菌→冷打精制→酶解澄清→卧螺→离心→超滤→反渗透→蒸发→冷却→成品罐→杀菌→无菌灌装→成品。主要技术参数：果胶酶（30 000 U/g）添加量 0.06%，酶解时间 80 min，酶解 pH 3.8，酶解温度 40.0℃，草莓出汁率最高为 90.40%，草莓清汁透光率 88.98%（田野等，2013）。

（4）草莓乳酸菌饮料。

草莓乳酸菌饮料的工艺流程为：草莓汁、酸奶混合→加辅料调配、定容、调香→加稳定剂均质→杀菌→无菌灌装、包装→检验→入库→成品。主要技术参数：酸奶中保加利亚乳杆菌：嗜热链球菌=1：1，不存在凝块，酸度为 90～95 °T；均质压力为 18～20 MPa，杀菌温度为 70～90℃，时间为 3～5 min；采用超高温灭菌法，温度为 95～115℃，时间为 1～4 s，冷却至 20～30℃（祝美云等，2006）。

（5）草莓罐头。

以新鲜草莓为原料，经预处理、抽真空染色（真空度 0.06 MPa，染色剂浓度

3‰，染色液温度 40～45℃，添加 8‰乳酸钙）、装罐、加糖水、密封、低温连续滚动杀菌，可以得到果实完整、果肉和汤汁呈红色至红褐色、具有浓郁草莓芳香味的产品（詹士立，2004）。

4.3.5 树莓

1. 概述

树莓（*Rubus* spp.）属蔷薇科悬钩子属植物，为多年生灌木型果树，又称盘马林果、覆盆子、插田泡，有"黄金水果"美称（王文芝，2001）。通常所说的树莓主要包括三大种群，即树莓种群（raspberry）、黑刺莓种群（blackberry）和露莓种群（dewberry）。欧洲、北美是树莓栽培历史较早、面积和产量最高的地区，以种植红树莓为主，其中波兰栽培面积最大，占世界第一位（李亚东等，2001）。树莓在我国人工种植始于 21 世纪初，由俄罗斯传教士带入东北，到目前为止，从美国、加拿大、波兰等国家先后引入兔眼树莓、高丛树莓、半高丛树莓和矮丛树莓等抗寒、丰产的树莓优良品种 70 余个。我国栽培树莓起步较晚，与世界其他树莓生产国还有相当的差距（王友升等，2001）。

此外，树莓除了具有很高的营养价值之外，其果实、茎、根皆可入药，具有很高的药用价值（徐玉秀等，2003）。据《本草纲目》记载，中药覆盆子和悬钩子均由树莓叶和果实制成，有止渴、生津、止血、镇痛、利尿、通便、清热、化痈、补肾等功效（王学勇和张均营，2010）。现代医学研究表明，树莓有抗氧化、抗肿瘤、降血糖、减肥、增强心脏功能、消除体内炎症、防治糖尿病及糖尿病引起的其他疾病等保健功效（Kafkas et al.，2008）。

2. 生理活性物质

1）糖类

树莓果实成熟时含糖量可达 8%以上，除多糖外，还含有易被人体吸收的葡萄糖和果糖（赵文琦等，2007）。

2）酚类

树莓富含酚类，有的品种中含量可达 359～512 mg/100 g。树莓酚类主要包括黄酮类、单宁和水解单宁以及二苯乙烯类和酚酸（高玉李和辛秀兰，2011）。

树莓中鞣花酸含量相当高，居各类可食用植物之首。有些栽培品种鞣化酸含量在 207～244 mg/kg，个别品种含量超过 300 mg/kg。树莓中游离鞣花酸含量很低，主要是以鞣花单宁形式存在，经酸水解释放鞣花酸（Mullen et al.，2003）。此外，每 100 g 红树莓含有高达 0.5～2.5 mg 水杨酸，被称为"天然阿司匹林"（Venskutoins et al.，2007）。

3）黄酮

有研究对 20 个树莓品种进行了分析，结果表明，其总黄酮含量平均为 4.76 mg/100 g，最高可达 5.86 mg/100 g（赵文琦等，2007）。树莓富含花色苷，目前从其果实中分离到 11 种花色苷，其中矢车菊素-3-葡萄糖苷和矢车菊素-3-槐糖苷含量较高，占 70%以上（Zhang et al.，2008）。树莓花色苷多数是非酰基化的单糖苷，花青素部分主要是矢车菊色素，天竺葵色素含量极少，糖苷部分主要有葡萄糖苷、芸香糖苷和槐糖苷。不同类型树莓所含的花色苷类型差异较大，黑树莓的花色苷含量高于红树莓，种类有 8 种，其中矢车菊素-3-木糖芸香糖苷占 49%～58%，矢车菊素-3-芸香糖苷占 24%～40%（黎庆涛等，2011；王远辉和王洪新，2011）。

4）维生素

树莓富含多种维生素，特别是它所含的维生素 E、氨基丁酸等抗衰老物质，远远高于现有的人工栽培及野生水果，维生素 A 是苹果的 13 倍，维生素 C 是苹果的 5 倍、葡萄的 6 倍；此外，还含维生素 B_1、维生素 B_2、叶酸等多种维生素（黎庆涛等，2011；冯少菲，2014）。

5）脂类

树莓中含有脂肪 0.49%～0.71%，其中饱和脂肪酸 4.97%～20.31%，单不饱和脂肪酸 14.65%～18.47%，多不饱和脂肪酸 62.85%～78.68%（Kafkas et al.，2008）。

6）蛋白质

树莓中 SOD 含量居各种水果之首，新疆野生红树莓果实 SOD 含量为 606.927 U/mL（赵文琦等，2007）。树莓中总氨基酸含量超过 1%，且氨基酸种类齐全。新疆野生红树莓果实营养成分分析结果表明，树莓鲜果含有 18 种氨基酸，其中人体必需的氨基酸含量高达 320 mg/100 g，非必需氨基酸中谷氨酸含量为 180 mg/100 g，还包括少量烟酸、氨基丁酸（韩加和刘继文，2008）。

7）矿质元素

树莓中富含大量矿物质，每 100 g 红树莓鲜果中含有钙 22 mg、磷 22 mg、镁 22 mg、钠 1 mg、钾 168 mg（刘建华和张志军，2004）。

8）有机酸

树莓的有机酸含量超过 2%，主要是柠檬酸和苹果酸，柠檬酸占总酸的 90%以上（赵文琦等，2007）。

3. 生理功能

1）抗氧化

研究表明，红树莓花色苷提取物的还原能力、对羟自由基和超氧阴离子自由基的抑制率均随质量浓度的升高而增加，红树莓花色苷提取物抑制羟自由基和超氧阴离子自由基的 EC_{50} 分别为 0.175 mg/mL 和 0.699 mg/mL（肖军霞等，2011）。

2）减肥

树莓酮对高脂饮食喂养的单纯性肥胖大鼠具有减肥作用，即树莓酮通过调解糖脂代谢紊乱、改善瘦素抵抗和胰岛素抵抗等综合作用来降低肥胖大鼠的体重（Ross et al.，2007）。24 名健康女性每天服用 200 mg 树莓酮，连续服用 6 周后基础代谢量平均提高了 8.9%，体重人均减少了 1.3%，体内脂肪含量平均下降约 1%，腰围平均减少了 1.5 cm，表明树莓酮具有减肥功能（Morimoto et al.，2005）。

3）降血脂

树莓酮能显著降低高脂血症大鼠 TC、TG、LDL-C 水平及高脂血症大鼠肝脏质量与体质量的比值，升高 HDL-C 和血清 ApoA-I 水平，而 ApoB 水平显著降低，并能显著降低血清 hs-CRP、TNF-R 和 IL-6 等炎症因子水平，说明树莓酮具有调节高脂血症大鼠血脂的作用，并能改善高脂血症低度炎症状态（孟宪军等，2012）。

4）抗肿瘤

研究表明，树莓鞣花酸对化学物质引起的癌症，如结肠癌、食道癌、肝癌、肺癌和皮肤癌有显著的抑制作用（Shiow et al.，2009）。其作用机理可能是通过激活细胞中的蛋白分子，把侵入人体细胞的致癌物质裹起来，并利用细胞膜的逆吞噬功能，将致癌物排出体外，从而阻止了致癌物对细胞核的损伤（刘建华等，2004）。

5）抗炎

树莓的水杨酸具有解热镇痛、消炎、抗风湿作用，适用于感冒发热、神经痛、肌肉痛、关节疼痛及风湿痛、风湿性关节炎等症，对于急性风湿性关节炎可迅速缓解症状（Riitta and Liisa，2005）。

4. 高值化利用现状

1）活性物质的提取制备

树莓中黄酮类物质的提取方法为：采用 70%乙醇以料液比 1∶10(g/mL)，80℃下回流提取 3 h，经 AB-8 大孔吸附树脂纯化后红树莓总黄酮含量达到 21.93% FW（白立敏等，2008）。

2）产品开发

（1）果酒。

树莓果酒的加工工艺为：糯米→筛选去杂→清洗→浸渍→蒸饭→糖化（加入淀粉酶）→糯米醪→除菌；树莓→选果→清洗→打浆（加入 SO_2、果胶酶）→主发酵（加入糯米醪和活化的干酵母）→分离→后发酵→倒桶→澄清→陈酿→

精滤→无菌灌装→打塞→检验→贴标→成品。最佳糖化条件是底物浓度（料水比）1∶2，淀粉酶用量 0.05%，糖化温度 45℃；最佳发酵条件为酵母（安琪）用量 0.03%，发酵温度为 20℃，果浆糖化醪比 3∶1（王雪松等，2014）。

（2）果醋。

树莓果醋的生产工艺为：树莓果清洗→榨汁→调整糖酸含量→酒精发酵→醋酸发酵→生醋→陈酿→下胶澄清→过滤→杀菌→检验→成品。主要参数为：发酵原料酸度 0.8～1.2 g/mL，pH 在 3.5；加入 1%～2%食盐及少量花椒，进行陈酿，时间为 1～2 个月或半年，滤出清液，即为熟醋（王静华等，2004）。

（3）果汁。

树莓果汁的生产工艺为：原料→挑选→清洗→软化→破碎→果胶酶分解→榨汁→粗滤→澄清、过滤（均质、）脱气→成分调整→杀菌→罐装。主要参数为：果胶酶用量依据酶活性而定，一般每千克浆果需用 1500～2000 单位活力果胶酶；预煮时加热温度为 60～70℃，时间 15～30 min（王华，2011）。

4.3.6　蓝莓

1. 概述

蓝莓（*Vaccinium corymbosum* L.）又称蓝浆果或越橘，是杜鹃花科越橘亚科越橘属植物的果实，果肉细腻，且种子极小，其果味甜酸适度，风味独特，具有香爽宜人的香气。蓝莓品种分为栽培种高丛蓝莓、兔眼蓝莓和野生种矮丛蓝莓 3 大类（孙贵宝，2006）。蓝莓栽培最早起始于美国，分布于全世界亚寒带、温带及亚热带（陈介甫，2010）。我国蓝莓栽培主要分布在辽宁、吉林、黑龙江大兴安岭、长白山区、西南山区，长江流域有少量分布（黄春辉等，2011）。

蓝莓具有独特的风味及营养保健功能，如抗氧化、防衰老、改善记忆和视力、消炎抗菌、治疗心血管疾病等，因此被联合国粮食及农业组织列为人类五大健康食品之一（聂飞等，2007）。

2. 生理活性物质

1）糖类

蓝莓果中的游离单糖以果糖、葡萄糖、半乳糖为主，总量为 24.18～33.18 mg/g FW，其中果糖含量占总量的 93%以上。蓝莓多糖由赤藓糖、阿拉伯糖、鼠李糖、岩藻糖、木糖、果糖、半乳糖、葡萄糖 8 种单糖构成，含量为 3.54～5.87 mg/g FW（郭弘璇等，2013）。

2）酚类

蓝莓中酚类物质主要有咖啡酸、绿原酸、p-香豆酸、阿魏酸等，其组成及各成分含量与品种、生长环境、成熟度有关，如蓝莓中羟基肉桂酸含量随着成熟度的增加而降低（Taruscio et al.，2004；Castrejón et al.，2008）。

3）黄酮

蓝莓鲜果中的花青素含量为所有蔬菜和水果之首，主要有飞燕草素、锦葵花素、芍药素、矮牵牛素等（胡雅馨等，2006）。

4）维生素

蓝莓果实的维生素 C 含量在 10 mg/100 g 左右，维生素 E 和维生素 A、维生素 B 等含量也较为丰富（杨红澎和蒋与刚，2010）。

5）脂类

蓝莓的脂肪含量占 0.75 g/100 g，其中人体必需脂肪酸亚麻油酸的含量约 0.25 g/100 g（Bere，2007）。

6）蛋白质

蓝莓果实总氨基酸含量占成熟果实干重的 1.08%～2.55%，约有 15～17 种氨基酸，其中以谷氨酸含量最高（Tian et al.，2005）。

7）有机酸

在成熟的蓝莓果实中，有机酸含量占 1% 左右，其中枸橼酸占 83%～93%，少部分为奎宁酸、苹果酸等（杨红澎和蒋与刚，2010）。

3. 生理功能

1）抗氧化

体外研究中发现，蓝莓提取物可通过抗氧化作用减缓海马神经细胞氧化应激损伤，蓝莓提取物处理的细胞 SOD 活性显著升高，而 MDA 含量及细胞凋亡率显著低于 H_2O_2 组（杨红澎，2010）。蓝莓多糖对 OH· 和 DPPH 自由基都具有较好的清除作用，且其清除能力随质量浓度的增加而增高（孟宪军等，2010）。蓝莓花色苷还具有抗油脂和脂质体氧化能力（王姗姗，2010）。

2）降血脂

摄入不同剂量（50 mg/kg BW、100 mg/kg BW、200 mg/kg BW）蓝莓花色苷后，高脂血症大鼠血脂水平和动脉粥样硬化指数均较高脂组显著降低，说明蓝莓花色苷具有调节血脂和预防动脉硬化的作用（李颖畅等，2008）。

3）抗肿瘤

蓝莓中的没食子酸对体外肝癌细胞具有显著抑制力，能延长荷艾氏腹水癌小鼠的生命，对加入亚硝酸钠所致的小鼠肺腺癌有强烈的抑制作用（马艳萍等，2009）。蓝莓中的鞣花酸可通过与人体内有害自由基的结合，对结肠癌、食管癌、肝癌、肺癌、舌及皮肤肿瘤产生抑制作用（Stoner and Morse，1997；Kalt et al.，1999）。

4）促进面部健康

蓝莓果实中含有多种改善面部健康的活性物质——复合体-维生素 B_5，也被称为抗糙皮病因子，在促进胶原蛋白形成适度交联的同时，可有效预防皮肤"过度交联"，提高皮肤的弹性；熊果苷，具有增白和消除雀斑的作用；花色素苷，具有抗皱和消除雀斑作用；鞣花酸，具有抑制酪氨酸酶过剩的作用，从而抑制黑色素的形成（王姗姗等，2010；卜庆雁和周晏起，2010）。

5）保护视力

蓝莓中的花色苷可以使眼睛视网膜上的维生素 A 与视紫蛋白（opsin）构成视紫素（rhodopsin），有益于视力的改善，对近视、远视、老花眼、视网膜退化、夜盲、青光眼、老年白内障有一定防治作用（陈介甫等，2010）。

4. 高值化利用现状

1）活性物质的提取制备

（1）糖类。

蓝莓多糖纤维素酶法协助提取的工艺条件为：酶解时间 100 min，酶解温度 40℃，酶添加量 0.6%，料水比 1∶60（g/mL），蓝莓多糖的得率为 2.32% DW。超声波辅助法提取的工艺条件为：提取时间 40 min，提取温度 50℃，超声波功率 80 W，料水比 1∶60（g/mL），蓝莓多糖的得率为 2.34% DW（孟宪军等，2010）。

（2）花青素。

蓝莓中花青素提取的方法包括有机溶剂萃取法和超声法等。乙醇浸提法的最佳条件为 pH 3.5、浸提温度 50℃、浸提 60 min，浸提剂乙醇浓度为 50%，提取 1 次，该条件下提取率为 5.80% FW（徐美玲和赵德卿，2008）。超声提取最佳工艺条件为：超声功率 730 W、料液比 1∶18、提取时间 40 min、提取温度 55℃，此工艺条件下花青素提取率为 5.79%（伍锦鸣等，2012）。

2）产品开发

（1）蓝莓果酒。

蓝莓果酒的工艺流程为：原料→破碎→带皮酶解→成分调整→发酵→倒灌→下胶处理→过滤→陈酿→冷冻浓缩→均衡调配→灭菌→冷冻→过滤→除菌过滤→灌装→成品。主要技术参数：果胶酶用量 0.06%～0.08%；酵母用量：0.015%～0.02%；发酵温度：22～24℃；发酵 5～15 d；下胶剂：皂土添加量为 0.06%～0.08%（郭意如等，2014）。

（2）蓝莓果酱。

低糖蓝莓果酱的生产工艺流程：原料选择→清洗→破碎→打浆→配料→浓缩→装罐、密封→杀菌→冷却→检验→贴标→成品。主要技术参数：蓝莓原浆含量 40%，糖酸比 40∶1，白砂糖用量 30%，增稠剂最佳配比为变性淀粉 3%、

CMC-Na 0.4%、黄原胶 0.1%，最佳杀菌条件为 85℃、15 min（陈祖满和江凯，2014）。

（3）蓝莓果脯。

蓝莓果脯的工艺流程：原料挑选→清洗→烫漂→护色→硬化→浸糖→渗糖→低温渗糖→沥干→干燥→成品。主要技术参数：漂洗后的蓝莓采用 0.4% δ-葡萄糖酸内酯硬化处理 4 h；蓝莓在 0.085 MPa 真空度、温度为 55℃下真空渗糖 50 min，而后在低温 4~8℃浸糖 48 h；在真空度 0.085 MPa、温度 60℃下干燥 1 h 后，50℃真空干燥 4 h，得到蓝莓果脯（王春荣等，2012）。

4.3.7　沙棘

1. 概述

沙棘果为胡颓子科沙棘属植物沙棘（*Hippophae rhamnoides* L.）的果实，又名醋柳果、酸刺果，主要分布在欧亚大陆的广大地区，以俄罗斯、蒙古、中国分布最多，我国主要分布在西北、华北、东北及西南等 10 多个省区（王太明等，2000）。

沙棘果实极具营养保健价值，早在公元 8 世纪藏医名著《医药月帝四部医典》就记载到，沙棘果可用于治疗肺部疾病、肺脓肿、热性"培根"病、"木布"病、胃病（葛孝炎和史国富，1986）。

2. 生理活性物质

1）黄酮

沙棘中的黄酮类物质按化学结构可分为 6 类约 32 种，其中以槲皮素和异鼠李素黄酮醇为主（中国药典委员会，2000；刘锡建等，2004）。沙棘果中的总黄酮含量与种植地海拔有关，常见沙棘果中青海大通沙棘果的总黄酮含量最高可达 1.27%，然后依次是甘肃天水沙棘果、山西右玉沙棘果、辽宁建平沙棘果，总黄酮含量分别为 1.13%、0.95%、0.89%（马建滨和都玉蓉，2008）。

2）维生素

据测定，每 100 g 沙棘果中含有维生素 C 400~500 mg，维生素 E 250~400 mg，维生素 B_1 0.05~0.30 mg，维生素 B_2 0.03~0.15 mg，维生素 B_{12} 0.20~0.88 mg，P 族维生素 20~350 mg（王艳凤，2011）。

3）脂类

沙棘果富含棕榈酸、棕榈烯酸、硬脂酸、油酸、亚油酸、亚麻酸等多种脂肪酸（张荣，2014）。沙棘果油和沙棘籽油中脂肪酸组成有明显差异，饱和脂肪酸含量分别为 32.54%、13.10%，不饱和脂肪酸之和分别高达 66.92%、86.52%，其中单不饱和脂肪酸分别为 53.71%和 26.05%，多不饱和脂肪酸分别为 13.21%、60.47%

（薄海波和秦榕，2008）。

　　4）矿质元素

　　沙棘果油中含有多种矿质元素，包含铁、硒、锌、钾、钠、钙、镁、铜、锰、铅、砷、汞、镉等 13 种元素等，其中钾、钠、钙、镁最为丰富（张荣，2014）。

3. 生理功能

1）抗氧化

　　研究表明，大果沙棘果渣总黄酮对超氧阴离子、羟基自由基、DPPH·自由基、ABTS$^+$·自由基的清除能力都较高，相同浓度下，清除效果略低于芸香苷、儿茶素标准对照品（焦岩等，2014）。沙棘油的延缓衰老、防止脂质过氧化作用大于同等剂量的纯维生素 E（邓小娟等，2009）。

2）防治心血管疾病

　　沙棘提取物对缺血性心血管病、冠状动脉粥样硬化性心脏病、心绞痛、心肌梗死等防治作用较好（Eccleston et al.，2002）。从沙棘籽中提取的有效成分沙棘黄酮可降低高血压、血黏度、血胆固醇水平和低密度脂蛋白，预防血栓形成，软化血管，改善血液循环，从而起到防治心血管疾病的作用（程体娟等，2002；Johansson et al.，2000）。

3）抗肿瘤

　　沙棘果渣黄酮对 HT29 肿瘤细胞具有抑制生长和促进凋亡作用，这种作用可能是通过对肿瘤细胞的 DNA 损伤来实现的（焦岩等，2011）。此外，沙棘汁可在大鼠体内阻断 NDMA 合成，保护大鼠免受 NDMA 的毒害，其抗肿瘤作用优于同浓度的维生素（黎勇，1987）。

4）改善胃肠功能

　　研究发现，沙棘果肉油对水浸应激性、利血平型、幽门结扎型胃溃疡的治疗作用明显，对乙酸型胃溃疡也具有促愈合作用（邢建峰等，2003）。另外，沙棘籽油在治疗反流性食管炎、功能性消化不良等方面的效果均非常显著，且未出现不良反应（马瑜红，2005）。

5）提高免疫力

　　沙棘油对小鼠抗体生成细胞数、血清溶血素水平、巨噬细胞吞噬指数和吞噬率、NK 细胞活性均明显优于对照组，说明沙棘油对小鼠的免疫功能具有正向调节作用（张娟妮等，2008）。临床研究显示，沙棘中黄酮等生物活性成分对多种免疫系统疾病如免疫功能低下等有很好的作用，并对增强血液免疫、提高新陈代谢也有一定作用（Tochikura，1989；Mukhtar and Wang，1992；刘天洁等，2001）。

6）防治呼吸系统疾病

　　近年来，沙棘中的黄酮类化合物得到越来越多的深入研究，已证明其具明显祛痰、止咳、平喘作用，可以治疗咽喉炎、扁桃腺炎等上呼吸道慢性炎症，现已成为临床治疗急、慢性支气管炎的主要药物成分（金怡和姚敏，2003）。

7）护肝

沙棘籽油对四氯化碳所致肝损伤小鼠的丙二醛和血清丙氨酸氨基转移酶的升高有明显抑制作用，可以防止脂肪肝形成，减少肝脏总脂质及组分的含量（程体娟等，1996）。沙棘中含有的苹果酸、草酸等有机酸具有缓解抗生素和其他药物毒性的作用，可促进细胞代谢，改善肝功能，并有促进肝细胞恢复蛋白质合成的能力（朱燕，2003）。

4. 开发利用现状

1）活性物质的提取和制备

（1）黄酮。

超声-微波协同提取法提取沙棘黄酮的最佳条件为：乙醇浓度 50%，料液比为 1∶50（g/mL），微波功率 240 W，提取时间 180 s，沙棘总黄酮最高得率为 1.72 mg/g DW（杜广芬等，2012）。

（2）脂类。

以正己烷为提取溶剂提取沙棘果油的最佳条件为：颗粒度为 40 目，料液比 1∶7（g/mL），提取时间 45 min，提取温度 65℃，提取率为 20.80% DW（陈恺等，2013）。

2）产品开发

（1）沙棘果酒。

沙棘果酒的生产工艺：在 100 L 发酵规模的中试生产中，沙棘果表面酵母 C2.2 与普通酿酒活性干酵母的最佳配比为 7∶3，接种量为 15%，发酵温度 22℃，两次补糖（接种前加入量为 100 g/L，补加量为 70 g/L），果胶酶加入量为 200 mg/L，SO_2 的添加量为 80 mg/L，发酵时间 12～15 d，降酸后总酸为 7 g/L，0.15 g/L 的壳聚糖或 0.3 g/L 的 PVPP 作为澄清剂（刘洪林，2012）。

（2）沙棘果醋。

沙棘果醋的制作工艺：初始酒精度 5.5%vol，pH 为 4.0，装液量 96 mL/500 mL，摇床转数 125 r/min，在此条件下沙棘果醋的醋酸转化率为 98.75%（牛广财等，2013）。

（3）沙棘果汁茶饮料。

沙棘果汁茶饮料工艺流程：①沙棘果→挑选→清洗→破碎→榨汁→过滤→沙棘清汁；②沙棘叶→烘干→破碎→浸提→过滤→茶汁；③白砂糖→稳定剂→溶解；①+②+③复合调配→均质→真空脱气→灌装→封口杀菌→冷却→检验→成品。产品最佳配方为沙棘果汁添加量 12%，沙棘叶浸提液添加量 50%，白砂糖添加量 12%，柠檬酸添加量 0.10%，以 CMC-Na 和黄原胶（0.1%+0.1%）作为复合稳定剂（孟祥敏，2014）。

4.3.8 桑葚

1. 概述

桑葚（*Fructus Mori*），又名桑枣、桑果，是多年生木本植物桑科桑属（*Morus alba* L.）的长椭圆形聚合果。其果实呈长椭圆形，4～6 月变红时采收。中国桑葚资源丰富，全国各省市均有桑葚的分布，主产于江苏、浙江、湖南、四川等地。中国共有 15 个种，4 个变种，3000 多个种质资源（李冬香和陈清西，2009）。

桑葚现已被国家卫生部认定为"既是食品又是药品"的水果之一，其味甘而性寒，归肝、肾经，具有滋阴补血、生津、润肠等功效（刘玉玲和纪国力，2012）。《本草纲目》记载其："利五脏关节，通血气。久服不饥，安魂镇神，令人聪明，变白不老。"《食疗本草》记载桑葚："食性微寒。食之，补五脏，使耳目聪明。利关节，和经脉，通血气，益精神"（刘丹阳，2007）。

2. 生理活性物质

1）糖类

桑葚多糖（mulberry amylose，MA）由鼠李糖、岩藻糖、木糖、甘露糖、葡萄糖、半乳糖组成（田仁君，2014）。

2）酚类

据报道，桑葚的白藜芦醇含量为 7.875 μg/g（牛培勤和郭传勇，2006）。该类物质是由两个芳基苯和一个双键组成的化合物，具有典型的 Ar—X=X—Ar 结构（王元成，2011）。

3）黄酮

野生桑葚中总花色苷含量为 154.27 mg/100 g，含有的花色苷为矢车菊 3-葡萄糖苷、矢车菊 3-芸香糖糖苷、天竺葵素 3-葡萄糖苷，相对含量分别为 67.52%、31.29% 和 1.06%（陈亮等，2012）。此外，还检测出桑葚中含有矢车菊素 3-*O*-（6-*O*-鼠李糖-葡萄糖苷）（C3RG）、矢车菊素 3-*O*-(6-*O*-素鼠李糖-半乳糖苷)（C3RGa）、矢车菊素 3-葡萄糖苷（C3G）、矢车菊素 3-*O*-半乳糖苷（C3Ga）和矢车菊素 7-葡萄糖苷（C7G）等花色苷成分（Du et al.，2008）。桑葚花色苷属多酚类物质，易溶于水或稀醇，不溶于非极性的有机溶剂；在 20～100℃温度范围内较为稳定，对光也有很好的稳定性；铁离子、铜离子、锌离子对色素没有影响，而 K^+、Na^+、Mg^{2+}、Al^{3+} 对其有护色作用（陈建国等，1996）。

4）维生素

桑葚的维生素 C 含量约为 1.02%，维生素 B_1 含量为 0.053%，维生素 B_2 含量为 0.02%，维生素 E 含量为 0.07%（李冬香和陈清西，2009；王超等，2011）。

5）脂类

桑葚的脂肪酸主要为亚油酸（68.3%）、油酸（12.67%）、棕榈酸（11.85%）以及少量的豆蔻酸、肉酸、硬脂酸和亚麻酸。桑籽油中不饱和脂肪酸含量为 81.2%（刘志农等，2007）。磷脂组分中以磷脂酰胆碱含量最高，约为 32.15%，其次为溶血磷脂酰胆碱（19.30%）、磷脂酰乙醇胺（15.91%）、磷脂酸（12.4%）、磷脂肌醇（10.53%）（许益民等，1989）。

6）蛋白质

桑葚的粗蛋白含量为 1.01%，大约是苹果蛋白质含量（0.4%）的 2.5 倍；游离氨基酸有 19 种，其中 7 种为人体必需氨基酸，含量为 64.02 mg/100 g，占总氨基酸含量的 22%，其中苏氨酸和蛋氨酸含量较高，分别为 33.82 mg/100 g、14.73 mg/100 g；天门冬氨酸含量为 19.01 mg/100 g，谷氨酸含量为 20.01 mg/100 g，赖氨酸含量为 0.2 mg/100 g，精氨酸含量为 9.15 mg/100 g（吴祖芳和翁佩芳，2005；王超等，2011）。

7）矿质元素

桑葚硒含量为 4.6 μg/100 g，居百果之首。钙元素含量为 1873.65～4437.52 mg/kg，钾元素含量为 10.860～15.269 mg/kg，镁元素为 904.48～1033.11 mg/kg，硫元素为 49.35～642.25 mg/kg，磷元素含量为 317 mg/kg（肖更生，2001；吴祖芳和翁佩芳，2005；Akbulut，2009）。

3. 生理功能

1）抗氧化

研究表明，桑葚多糖浓度为 0.7 mg/mL 时，对羟基自由基的清除率为 52.7%，与维生素 C 清除羟基自由基的能力相当；对超氧阴离子的清除率为 31.2%。当桑葚多糖浓度升高为 1.249 mg/mL 时，对 DPPH 自由基、羟基自由基和超氧负离子的最高清除率分别达 90.01%、76.40%、49.85%（（李颖和李庆典，2010；王锐等，2012）。

2）防治心血管疾病

生物碱是主要的降血糖成分，在桑葚中发现的多羟基生物碱 1-去氧野芫霉素（1-deoxyno jirimycin，DNJ），能同小肠中的麦芽糖酶、蔗糖酶和乳糖酶等二糖酶结合，阻碍二糖与 α 糖苷酶的结合，从而能够明显控制饭后血糖的上升（王超，2011）。动物实验表明，黑桑葚组大鼠血清和肝脏的胆固醇、甘油三酯含量均显著低于对照组，血清中低密度脂蛋白胆固醇和致动脉硬化指数也明显下降，而高密度脂蛋白胆固醇和抗动脉硬化指数显著升高，表明黑桑葚对高脂血症大鼠具有显著的降脂作用（杨小兰等，2005）。

3）抗肿瘤

BALB/c 裸鼠接种乳腺癌 MDA-MB-453 细胞后，用桑葚花色苷提取物膳食饲养裸鼠，发现桑葚花色苷提取物膳食干预可显著抑制乳腺癌移植瘤的生长，说明花色苷类化合物对乳腺癌具有防治作用（王湛等，2011）。

4）防治糖尿病

桑葚多糖能显著改善糖尿病大鼠血糖水平、血脂指标（TG、TC、HDL-C、LDL-C）、脂质过氧化水平（MDA）和血清抗氧化状态（谷胱甘肽过氧化物酶、SOD 及总抗氧化能力），说明桑葚多糖具有降血糖作用（王强等，2014）。

5）抗疲劳

桑葚多糖可延长小鼠负重游泳的时间，降低游泳后血清尿素氮水平，升高小鼠肝糖原储备，说明桑葚多糖有促进糖原储备或减少糖原消耗的作用，具有一定的抗疲劳作用（王忠等，2012）。

4. 高值化利用现状

1）活性物质的提取制备

（1）多糖。

桑葚多糖的提取方法主要有热水浸提法、酶解法。酶解法提取桑葚多糖的最佳条件：加纤维素酶量 4.0 mL，反应温度 45℃，酶解时间 150 min，在此条件下桑葚多糖的最佳提取率为 14.77%（刘晓露等，2012）。

碱浸后再水提取桑葚膳食纤维的最佳提取工艺为：碱浸浓度 0.25 mol/L、碱浸时间 1.5 h、碱浸温度 70℃、料液比 1∶25（g/mL）、水提时间 2 h，在此条件下可溶性膳食纤维提取率达 31.62% DW（廖李等，2014）。

（2）白藜芦醇。

桑葚白藜芦醇的提取方法主要有有机溶剂提取、有机溶剂超声提取。有机溶剂超声提取桑葚白藜芦醇的最优条件为：在室温下，无水乙醇以 1∶25（g/mL）的用量，超声时间为 5 min，超声提取次数为 2 次（许敬英等，2007）。

（3）花色苷。

桑葚花色苷最佳提取条件为：料液比为 1∶25（g/mL），提取时间为 135 min，提取温度 62℃，提取率为 5.09 mg/g（程秀玮等，2014）。

2）产品开发

（1）桑葚果酒。

桑葚果酒的生产工艺流程：采果→分选→清洗→破碎压汁→初滤→汁液调整→接种发酵→后发酵→澄清→调整→陈酿→精滤→灌装→杀菌。主要技术参数：发酵温度 26℃，酵母菌用量 0.015%，SO₂ 添加量 80 mg/L，糖度为 140 g/L（杜琨，2010）。

（2）桑葚果醋。

桑葚果醋的工艺流程：桑葚→挑拣→清洗→榨汁→调整糖度→酒精发酵→醋酸发酵→陈酿→调配→过滤澄清→瞬时灭菌→桑葚保健果醋。主要技术参数：调整含糖量至 14%，初始酸度 pH 4.4，接入 0.25%活化干酵母（安琪），25℃发酵 10 d；然后接入驯化的醋酸菌（A104），在 30℃发酵 10 d（南亚，2008）。

（3）桑葚饮料。

桑葚红茶饮料的制作工艺为：桑葚→清洗→捣碎→酶处理→过滤→桑葚汁与浓茶汤混合调配→粗滤→调糖度→护色→均质→精滤→脱气→灭菌→灌装→成品。主要技术参数：灭菌温度为 105℃，茶叶浸提 pH 控制在 4.5 左右，维生素 C 添加量为 0.03%（陈明明，2012）。

（4）桑葚果脯。

桑葚果脯的工艺流程为：桑葚→清洗→护色硬化→漂洗→漂烫→糖制→烘干→成品。主要技术参数：硬化时间为 4 h 时，选用 50%糖液（蔗糖含量为 40%，低聚异麦芽糖为 60%）为浸渍液，糖液的配制中，需添加羧甲基纤维素钠（CMC）、柠檬酸及氯化钠，糖液浓度 45%、柠檬酸浓度为 0.7%、CMC 浓度为 0.5%，50～55℃热风干燥至水分含量为 16%～18%（张利等，2009）。

（5）桑葚果冻。

桑葚果冻的工艺流程：桑葚汁制取→配料浓缩→成形→包装→灭菌→冷却→成品。主要技术参数：果汁入锅，迅速加热升温，分次加入 75%蔗糖 50 kg，煮制浓缩，当可溶性固形物达 67%～68%、温度达 105～106℃时，依次加入柠檬酸 150 g、琼脂 100 g、山梨酸钾 30 g，再煮 2 min，趁热装入洗净的玻璃瓶内，当瓶中心温度达 80℃左右时，用沸水杀菌 15 min，分段冷却至常温即成。

4.3.9 无花果

1. 概述

无花果（*Ficuscarica Linn*）原产阿拉伯，后传入叙利亚、土耳其、中国等地，目前地中海沿岸诸国栽培最盛。无花果大约在唐代传入我国，至今约有 1300 余年的历史。国内的主要分布地区为新疆、山东、江苏、广西等地。目前全国栽培总面积约 4.5 万亩，属国内栽培面积最小的果树种类之一（马凯等，1999）。

据《本草纲目》记载，"无花果，味甘平，无毒，主开胃，止泄痢，治五痔肿痛"；《常氏方》中称"无花果不拘量……治疗胃幽门癌"。据报道，无花果还含有丰富的钙、磷、铁、胡萝卜素、维生素等成分和 18 种氨基酸；还含有丰富的酶类及许多有益的微量元素（汪允侠和周永生，2007）。

2. 生理活性物质

1）糖类

无花果多糖为灰色粉末，易溶于水，难溶于有机溶剂，碘-碘化钾反应为阴性，为非淀粉多糖；得率为 4.1%，总糖含量 91%。紫外扫描表明不含蛋白质和核酸，红外光谱显示主要为吡喃多糖，相对分子质量在 $5.92 \times 10^6 \sim 1.95 \times 10^6$，主要由鼠李糖、阿拉伯糖、木糖、甘露糖、葡萄糖和半乳糖组成，其分子质量比值为 1.93：3.86：0.46：0.55：7.42：2.87（张秀丽等，2012）。

2）蛋白酶

无花果蛋白酶是一类巯基蛋白酶，主要存在于无花果的乳胶及花托蛋白质中，是一种用途广泛的植物蛋白酶，除参与蛋白质的分解与迁移外，还与细胞信号的传导有关。从无花果中提取纯化的蛋白酶，因其稳定性好、蛋白水解能力强，对多种蛋白质均具有很好的降解作用（Morcelle et al.，2004）。

3）酚类

无花果中的酚类物质包括没食子酸、绿原酸、丁香酸、（+）-儿茶酸、（−）-表儿茶素、芦丁，其中芦丁（28.7 mg/100 g FW）的含量最高，其次是（+）-儿茶酸（4.03 mg/100 g FW）、绿原酸（1.71 mg/100 g FW）、（−）-表儿茶素（0.97 mg/100 g FW）、没食子酸（0.38 mg/100 g FW），最少的是丁香酸（0.1 mg/100 g FW）（Veberic et al.，2008）。无花果黄酮类物质含量约为 1.34%（王振斌和马海乐，2005）。

4）香豆素类

目前已从无花果的乙酸乙酯提取物中分离得到 3 个香豆素类化合物：补骨脂素、佛手柑内酯和 6-(2-甲氧基，顺-乙烯基)7-甲基吡喃香豆素（尹卫平等，1997）。

5）微量元素

据报道，无花果的铜含量在 16.06～22.61 mg/kg，铁含量在 7.94～38.30 mg/kg，锌含量在 20.50～45.50 mg/kg，锰含量在 10.99～34.33 mg/kg，铅含量在 65.39～416.69 mg/kg，镉含量在 11.32～191.41 mg/kg，硒含量在 4.91～1648.80 mg/kg（张英等，2010）。

3. 生理功能

1）抗氧化作用

无花果粗多糖具有较强的还原力、抑制脂质过氧化能力，对超氧阴离子自由基的清除能力达 85.39%，表明无花果多糖具有抗氧化活性（邱松山等，2011）。

2）抗肿瘤作用

据南京农业大学和江苏肿瘤防治研究所的试验，无花果对 EAC 瘤株、S180 瘤株、Lewis 瘤株和 HAC 瘤株的抑癌率分别为 53.8%、41.82%、48.85%和 44.4%。

胃癌病人服用无花果提取液后病情明显好转，镇痛效果也十分明显（王志国，2010）。日本科学家从无花果汁中提取出了苯甲醛、佛手柑内脂、补骨酯素等物质，这些物质对癌细胞抑制作用明显，尤其对胃癌有奇效。尹卫平等（1997）从无花果分离得到 6-(2-甲氧基，顺-乙烯基)7-甲基吡喃香豆素，具有明显的抗表皮癌、抑制人胃癌 BGC-823 瘤细胞和人结肠癌 HCT 细胞的活性。无花果的乳液中含有大量的酚类物质，可通过抑制 DNA 合成、诱导细胞凋亡和细胞周期阻滞来抑制癌细胞的增殖并对其有强大的毒性，然而对正常的细胞几乎不起作用（Wang et al.，2008）。

3）增强免疫力

据报道，无花果多糖可促进免疫抑制小鼠腹腔巨噬细胞产生和分泌 IL-1α，脾细胞产生和分泌 IL-2，促进 ConA 和 LPS 刺激的脾细胞增殖，降低血清 SIL-2R 水平（苗明三等，2009）。此外，无花果多糖可显著提高免疫抑制小鼠腹腔巨噬细胞的吞噬百分率和吞噬指数，显著促进溶血素形成、明显促进溶血空斑形成，无花果多糖对氢化可的松致免疫抑制小鼠免疫功能有好的免疫促进作用（徐坤和苗三明，2011）。

4. 高值化利用现状

1）活性物质的提取制备

（1）多糖类化合物。

采用水提醇沉的方法提取无花果多糖的最佳工艺条件为：提取时间 21 min、提取温度 90℃、液料比 49 mL/g，在此条件下无花果多糖第 1 次提取率达到 3.03%，经过 2 次提取，多糖提取率和得率分别达到 3.86% 和 94.62%（王振斌等，2014）。

（2）黄酮类化合物。

无花果残渣中黄酮类的最佳提取条件为：乙醇浓度 50%，提取时间 15 min，提取温度 80℃，黄酮提取率达到 1.0455%；料液比在试验范围内对提取率没有显著影响，结合生产实际可选择料液比 1：5（王振斌等，2005）。

2）产品开发

（1）无花果果酒。

无花果果酒的制备工艺流程为：无花果→挑选、清洗→打浆→灭菌→接种→发酵→倒灌→陈酿→倒灌→澄清→调整成分→冷冻→精滤→灌装→热处理→成品。主要技术参数：添加 0.03% 果胶酶，接种 0.06% 葡萄酒活性干酵母，18～22℃发酵 10～14 d（冯紫慧等，2006）。

（2）无花果果醋。

无花果果醋的生产工艺流程：无花果→挑选→清洗→破碎→榨汁→澄清→过滤→加 SO₂→调糖→蔗糖→酒精发酵→醋酸发酵→硅藻土过滤澄清→调配→蔗

糖→蜂蜜→无花果汁杀菌→灌装→产品。主要技术参数：酒精发酵条件为还原糖含量 17%左右，发酵温度 26℃，至酒精度达到 7%；醋酸发酵条件为转速 220 r/min，温度 33℃，接种量 5.39%，发酵时间 5～7 d，该条件下发酵醋酸含量可以达到 52 g/L（缪静等，2014）。

（3）无花果果酱。

无花果果酱的制作工艺流程：选果→清洗→打浆→配料→加热排气→装罐→密封→杀菌冷却→成品。主要技术参数：将无花果和水按 1∶1 的比例放入粉碎机中打浆，成品糖含量不低于 57%。将调配好的果酱加热到 85℃左右，排出打浆时裹进的空气。装罐时酱的温度应在 85℃以下。在沸水中杀菌 20～25 min，分段快速冷却至 37℃（隆旺夫，2006）。

（4）无花果罐头。

无花果罐头的生产工艺流程：原料挑选→清洗→去皮→漂洗→中和→预煮→修整→装罐→加汤→封口→杀菌→入库→检验→包装。主要技术参数：将选好的无花果原料放入清水中清洗，并漂洗去除杂质，然后捞出放入微沸的 10%～20%的烧碱溶液中 1～3 min；将捞出的果实用流动水充分漂洗，除去残留的碱液，并用 0.1%～0.2%的盐酸溶液浸泡，进行中和护色；预煮时沸水下锅，时间 1～3 min，以煮透为宜（软硬适度），预煮时水中加 0.1%～0.15%的柠檬酸；预煮后迅速用流动水冷却至 30℃左右。预煮冷却后的原料经过修整，去除斑点、果蒂、残皮，剔除软烂、变色、开裂、畸形的果实（汪允侠和周永生，2007）。

（5）低糖无花果果脯。

以无花果为原料加工低糖无花果果脯的工艺流程：挑选→清洗去柄→护色、硬化→糖煮→浸糖→沥糖→调整风味→摆盘→烘烤整形→下盘→回潮→包装→成品。主要技术参数：用 0.3%的亚硫酸氢钠（或焦亚硫酸钠）加上 0.2%的氯化钙溶液浸泡 2～3 h。然后将无花果与糖水按 2∶3 的比例，放入夹层锅中煮制。随后隔段加 40%冷糖液和白砂糖，煮沸时间约 40 min。当最终糖液的浓度为 40%时，将煮好的无花果连同糖液一起放入缸内浸泡 12 h。烘房依次调温至 50℃、65℃、50℃，进行分段烘烤至无花果不黏手时为止（隆旺夫，2006）。

4.4 柑 果 类

4.4.1 概述

柑橘是世界性的大宗水果，热带、亚热带各国均有分布。2008 年世界栽培面积达 670 万 hm²，产量 11 000 万 t，其中中国、巴西、美国、墨西哥和西班牙为世界五大柑橘主产国，产量占世界总产的 60%以上（乔宪生，2010）。中国也是柑橘的主要起源地，已有 4000 多年的栽培历史，栽培种类主要有宽皮柑橘、柚、橙、柠檬、金柑及杂柑等（李泽碧和王正银，2006；方志军，2011）。湖南、广东、江西、四川、福建、湖北、广西、重庆和浙江为主产区，产量占全国总产量的 93%以上。2008 年全国柑橘种植面积 206.74 万 hm^2，产量达 2331.3 万 t，居世界首位（沈兆敏，2013）。

柑橘类果实外形美观，味道鲜美，营养丰富，作为中草药和生药中的原料，具有理气健胃、燥湿化痰、散结止痛、下气止喘、促进食欲、醒酒及抗疟等多种功效。现代医学研究表明，柑橘富含多种活性物质，具有抗氧化、抗炎症、抗过敏、降血脂、抑制微生物活性、预防癌症和动脉粥样硬化等重要生理功能（Tripoli et al.，2007）。

4.4.2 生理活性物质

1. 糖类

柑橘果皮可溶性膳食纤维（SDF）含量高达 8.89%～15.39%，是膳食纤维的良好来源（马亚琴等，2010）。柠檬类（柠檬）、柚类（柚）、柑类（温州蜜柑）、橘类、橙类（脐橙）和杂柑类（胡柚）等 6 大类的柑橘属果皮和果肉 SDF 含量的比较结果表明，除柠檬和脐橙果肉的 SDF 含量稍多于果皮中的含量外，其他各组分均是果皮中的含量大于果肉；除果皮中总膳食纤维和不溶性膳食纤维的品种间变异较小外，其他组分在品种间的变异均较大；柠檬果实中总膳食纤维和可溶性膳食纤维含量都高于其他柑橘类水果（祝渊，2003）。

2. 黄酮

目前从柑橘中鉴定出来的黄酮类化合物有 60 多种，主要分为黄酮、黄烷酮、黄酮醇以及花色苷，其中黄酮醇只有在柠檬中含有一部分，而花色苷类仅存在于红橙中。黄烷酮是柑橘中含量最多的类黄酮，在果皮、果肉、果核中含量较高，而在果汁中含量较低（仅为 1%～5%）（赵雪梅等，2002）。黄烷酮配糖体橘皮苷是橙子的最主要类黄酮，而柚皮苷是葡萄柚中最主要的类黄酮（徐旭耀，2011）。

此外，柑橘类特有的聚甲氧基类黄酮（polymethoxyflavones，PMFs），如川陈皮素、红橘素和甜橙黄酮含量不是很多，但具有比一般类黄酮更强的生理活性。目前，从柑橘中分离鉴定出的 PMFs 已超过 20 种，其中以川陈皮素（nobiletin）、红橘素（tangeretin）、橙黄酮（sinensetin）等较为常见（叶兴乾等，2008）。

3. 萜类

类柠檬苦素是一类高度氧化的四环三萜类植物次生代谢物质，目前从柑橘属植物中分离和鉴定的柠檬苦素类化合物达 50 余种，其中柠檬苦素（limonin）、奥巴叻酮（obacunone）、诺米林（nomilin）、脱乙酰诺米林（deacetylnomilin）、诺米林酸（nomilinacid）及其配糖体是柑橘果实中常见且含量较为丰富的柠檬苦素类似物（张珉和钟晓红，2009）。类柠檬苦素在柑橘果实中的总含量因品种的不同而有差异，以葡萄柚和柚类最为丰富，在葡萄柚种子中，类柠檬苦素含量达种子鲜重的 1.5%（Brano，2000）。不同品种间类柠檬苦素含量依次为：邓肯葡萄柚＞琯溪蜜柚＞南充实生甜橙＞锦橙＞大红袍红橘（曾凡坤等，2003）。在柑橘果实内，类柠檬苦素主要分布在种子、果皮和果肉中，以种子中的含量最高，果皮次之，果肉中的含量最低（孙崇德等，2002）。

4. 色素

柑橘果实中类胡萝卜素主要包括 α-胡萝卜素（α-carotenoid）、β-胡萝卜素（β-carotenoid）、β-隐黄质（β-cryptoxanthin）、玉米黄素（zeaxanthin）、番茄红素（lycopene）、紫黄质（violaxanthin）、叶黄素（lutein）以及 β-柠乌素（β-citraurin）等，其中 β-隐黄质、叶黄素和玉米黄素最为丰富，在宽皮柑橘果肉中 β-隐黄质含量高达 7.38 $\mu g/g$ FW，叶黄素和玉米黄素含量分别为 2.71 $\mu g/g$ FW、1.28 $\mu g/g$ FW（唐传核和彭志，2000）。类胡萝卜素主要存在于柑橘果实的果皮和果肉中，以果皮中含量较高，如宽皮柑橘皮中叶黄素、玉米黄素、β-隐黄质为果肉的 2.5～15 倍（陶俊等，2003）。

5. 其他

柑橘类果实还含有较多其他功能性成分，如香豆素类、丙烯酸类以及糖脂质（DLGG）等。香豆素类化合物是一类具有芳香气味的邻羟基桂皮酸内酯化合物，目前从柑橘中分离纯化出来的香豆素单体已超过 20 种（赵雪梅等，2007）。据报道，单一成分的香豆素在每千克干燥柚皮中的含量介于几毫克到几十毫克之间（冯宝民和裴月湖，2000）。香豆素在柚的根皮、茎皮及果皮中均有分布，但主要分布在柚类的果皮中，包括橙皮内酯（meranzin）、异橙皮内酯（isomeranzin）、7-羟基香豆素（7-hydroxycoumarin）、橙皮油素（auraptene）、花椒毒酚（xanthotoxol）、异前胡素（isoimperatorin）等（赵雪梅等，2007）。

4.4.3　主要功能

1. 抗氧化

据报道，柑橘类特有的 4 种多甲氧基黄酮纯品的体外抗氧化能力均强于芦丁（单杨，2007）。

2. 减肥

葡萄柚鲜果、葡萄柚果汁和葡萄柚胶囊均有较好的减肥效果（Fujioka et al.，2006）。柑橘中的辛弗林还有增加能量消耗，促进新陈代谢，控制食欲等效果（Haaz et al.，2006）。

3. 降血脂

橙皮素及其代谢物可显著减少血浆总胆固醇与甘油三酯的水平，即减弱胆固醇的合成与酯化（Kim et al.，2003）；而且川陈皮素可以用于调节动脉硬化症（Eguchi et al.，2006）。

4. 抗肿瘤

Kawaii 等（1999）对 27 种柑橘黄酮的抗肿瘤细胞增殖活性进行了研究，发现其中 7 种具有较强的抗肿瘤细胞增殖活性。柑橘类特有的聚甲氧基类黄酮比一般类黄酮具有更强的抗癌活性，橙皮苷可防止致肿瘤药剂引发的炎症与增生（Koyuncu et al.，1999）。类柠檬苦素化合物特别是其配基形式，也具有较强的抗癌活性，此活性也与其含有的呋喃环有关，A、B、A′ 环经修饰后，其抗癌活性降低，D 修饰后活性几乎不存在变化（刘亮等，2007）。

5. 抗炎

研究表明，80 mg/kg 剂量的芦丁、槲皮素、橙皮苷可以用于抑制急性与慢性炎症（Mizushima 模式），其中以芦丁的抑制效果最好（Guardia et al.，2001）；香叶木苷（10 mg/kg）、橙皮苷（10～25 mg/kg）可以有效减少结肠损害（Crespo et al.，1999）。

6. 抑菌

柠檬、宽皮柑橘、葡萄柚和甜橙香精油能有效杀灭真菌（Viuda et al.，2008）。橙皮苷对 *E.coli*、*S. aureus*、*S. epidermidis*、*B. typhosus* 和 *E. cloacae* 都表现出良好的抑菌效果（Yi et al.，2008）。此外，4 种多甲氧基黄酮均可有效抑制胶孢炭疽菌菌丝体的生长（Almada et al.，2003）。

7. 其他

柑橘提取物和柑橘精油具有消除疲劳、减少焦虑、延长睡眠时间、增加抗压能力等功效（Carvalho-Freitas and Costa，2002；Komiya et al.，2006；Gargano et al.，2008；Shah et al.，2011）。

4.4.4　高值化利用现状

1. 活性物质的提取制备

1）果胶

以柑橘皮为原料，采用盐酸提取、真空浓缩、乙醇沉淀的方法提取柑橘中的果胶，最佳的工艺条件为提取温度 80℃，料液比 1∶15，提取液 pH 1.5，浸提时间 2 h，乙醇用量 80%。在此条件下，果胶提取率可达到 11.82%（管春梅等，2012）。

2）黄酮

柑橘皮黄酮类化合物的最佳提取工艺条件为乙醇体积分数 60%、料液比 1∶40（g/mL）、提取时间 50 min、提取温度 70℃，黄酮类化合物的提取率可达 5.89%（冯纪等，2013）。

3）柠檬苦素

柑橘柠檬苦素的最佳提取工艺条件为料液比 1∶7（W/V）、提取温度 50℃、提取时间 30 min、粒径 80 目，反复提取 4 次即可达到提取完全（张朝晖等，2009）。

4）陈皮素

采用超声波提取柑橘皮中川陈皮素的提取工艺条件为：90%甲醇，料液比 1∶50（g/mL），提取温度 50℃，提取时间 60 min，用优化后的提取条件进行加标回收实验，回收率达 90.5%（徐旭耀等，2012）。

2. 产品开发

1）柑橘果醋

以红橘、芦柑为原料，生产柑橘果醋的工艺为：原料挑选→清洗→热烫，去皮→去络→打浆→混合汁渣→果胶酶处理→调整糖浓度和含氮量→杀菌→冷却→酒精发酵→醋酸发酵→过滤→杀菌→陈酿→果醋。主要技术参数：果汁与果渣比为 7∶3，发酵温度 28～32℃，起始糖浓度 10%（还原糖 4%），接种量酒母 10%，醋母 15%（王维香，2000）。

2）柑橘饮料

在柑橘果醋内加入一定量的柑橘果汁，生产柑橘饮料的工艺流程为：红橘→热烫去皮去络→打浆→果汁、果渣破碎→混合汁、渣→（酵母）酒精发酵→（醋酸菌）醋酸发酵→过滤→杀菌→陈酿→甜橙汁、红橘果醋、混合糖浆→调配→均质→灌装→杀菌→冷却→检验→柑桔醋酸饮料。主要技术参数：果汁 10%、果醋 4%、糖 9%、稳定剂 0.05%（吴永娴和刘译汉，1997）。

3）柑橘罐头

柑橘罐头的加工工艺流程为：原料选择→清洗→热烫剥皮（90℃泡 1～2 min

迅速冷却）→去络→分瓣→酸碱处理→漂洗→整理→分选→装罐排气→封罐→杀菌→冷却→擦罐→入库→检验→成品。用该方法做出的柑橘罐头中的柑橘片呈橙黄色或金黄色，色泽较一致（喻凤香等，2012）。

4.5　坚　果　类

4.5.1　板栗

1. 概述

板栗（*Castanea mollissima*）又名栗，是我国栽培最早的果树之一，已有2000～3000年的栽培历史。板栗在我国分布北起辽宁，南至海南岛，东起台湾及沿海各省，西至内蒙古、甘肃、四川、贵州等省，跨越了温带至热带的5个气候带。我国是世界最大的板栗生产国，栽培面积111万 hm^2，年产量100万t，占世界栗产量的60%（徐同成等，2011）。

板栗籽是可以直接食用的部分，含有多种营养物质，经常食用可以减少肾虚的症状；板栗壳为板栗外果皮，药性甘、涩、平，具有降逆、止血的功效，主治反胃、鼻衄、便血等症（王瑞斌和薛成虎，2010）。现代医学认为板栗是一种补养治病的良药，对高血压、冠心病和动脉硬化等疾病有较好的预防和治疗作用，且具有补肾的功效（杨利剑，2010）。

2. 生理活性物质

1）糖类

研究表明，100g板栗的可食部分含碳水化合物44.3g（徐志祥等，2004）。板栗多糖的组成单糖主要为葡萄糖、甘露糖、木糖、阿拉伯糖，其物质的量比为0.58∶1.00∶0.33∶0.18（陈和生等，2002）。

2）酚类

板栗壳多酚含量为 75.9mg/g（李金凤等，2010）；板栗中的黄酮类成分有芦丁和槲皮素等（陈在新等，2003）。

3）维生素

板栗中100g可食部分含胡萝卜素0.24mg、硫氨酸0.19mg、核黄素0.13mg、尼克酸112mg、维生素C 4mg（徐志祥等，2004）。

4）脂类

板栗中有7种脂肪酸，含量分别为豆蔻酸0.123%、棕榈酸13.933%、棕榈油酸0.451%、硬脂酸0.77%、油酸43.691%、亚油酸33.988%、亚麻酸6.355%、未知酸总和 0.683%（于修烛等，2003）。

5）氨基酸

板栗的蛋白质总含量为 5%～11%，高于稻米；蛋白质由 18 种氨基酸组成，其中赖氨酸、异亮氨酸、蛋氨酸、半胱氨酸、苏氨酸、缬氨酸、苯丙氨酸、酪氨酸等氨基酸的含量超过 FAO/WHO 的标准（张袖丽等，1996；于修烛等，2003）。

6）矿质元素

板栗中 100 g 可食部分含钙 5 mg、磷 9 mg、铁 117 mg 等元素（徐志祥等，2004）。

3. 生理功能

1）抗氧化

板栗壳多酚具有较强的清除自由基的能力，在 25～200 mg/L 范围内，随质量浓度升高其还原能力和 DPPH·、·OH、O_2· 的能力逐渐增强。当浓度为 200 mg/L 时其还原能力达 0.841，DPPH·抑制率达 89.7%，均高于同质量浓度的 2,6-二叔丁基对甲酚(BHT)，但低于同质量浓度维生素 C；对 O_2·和·OH 的清除率分别为 93.2% 和 94.0%，均高于同质量浓度 BHT 和维生素 C（李金凤等，2010）。

2）降血糖

以板栗壳甲醇回流提取物（组分 I）、板栗籽甲醇回流提取物（组分 II）和板栗壳甲醇浸泡提取物（组分III）为样品，对腹腔注射链脲佐菌素 160 mg/kg 制高血糖小鼠模型灌胃，发现板栗组分III能显著降低高血糖小鼠体内的血糖、TC、MDA，提高 SOD 活性；板栗组分 II 与模型对照组相比只在总胆固醇上具有显著性差异（刘海鑫等，2012）。

3）抗肿瘤

在 10～160 μg/mL 浓度范围内，板栗蛋白对肝癌细胞 HepS 和小鼠肉瘤细胞 S180 的增殖均有抑制作用，其抗肿瘤作用机制可能通过提高机体免疫力和诱导细胞凋亡来实现（李艳等，2003）。

4）抗菌、抗炎

研究表明，板栗壳浸膏能抑制巴豆油所致的小鼠耳廓肿胀及醋酸所致的小鼠腹膜炎症渗出；体外对痢疾杆菌（*Dysentery bacterium*）、大肠杆菌（*Escherichia coli*）、绿脓杆菌（*Pseudomonas aeruginosa*）和金黄色葡萄球菌（*Staphylococcus aureus*）具有不同程度的抑制和杀灭作用（吴龙云等，2002）。板栗壳色素对 *E.coli*、枯草芽孢杆菌（*Bacillus subtilis*）、*S. aureus*、啤酒酵母（*Saccharomyes cerevisive*）、赤酵母（*Rhodotorula* sp.）、假丝酵母（*Candia* sp.）、黑曲霉（*Aspergillus flavus*）、桔青霉（*Penicillium citrinum*）、黄曲霉（*Aspergillus flavus*）均有抑菌作用，对酵母菌的抑制作用较强，其次是霉菌和细菌，其最低抑菌浓度依次为 0.75%、1.5%和

3%（李云雁等，2004）。

4. 高值化利用现状

1）活性物质的提取制备

（1）糖类。

取已去皮、晒干的板栗，粉碎后称取 100 g，经热水提取，冷却后离心，用 20% H_2O_2 脱色，用 Sevag 法和三氯醋酸除蛋白多次，直至紫外检测无蛋白质（280 nm 左右）和核酸（260 nm 左右）及其他杂质特征吸收峰，然后用蒸馏水透析 3 d，减压蒸馏、浓缩。相继用无水乙醇、丙酮、乙醚洗涤，真空干燥，得白色粉末状多糖 13.2 g，即产率为 13.2% DW（陈和生等，2002）。

（2）酚类。

板栗壳多酚的最佳提取条件为：乙醇体积分数 59.7%，料液比 1∶8（g/mL），浸提温度 52.6℃，浸提 3 次。在此最优工艺条件下板栗壳多酚提取得率为 75.9 mg/g DW（李金凤等，2010）。

2）产品开发

（1）板栗酒。

板栗酒的制备工艺流程为：板栗→脱壳去衣→打浆→液化→糖化→过滤→调整糖度→接种酵母→发酵→澄清过滤→灌装→灭菌→成品。主要技术参数为：液化温度 65℃，pH 为 6.5，加 α-淀粉酶（4000 U/g）量 10 U/g；糖化温度 60℃，pH 为 4.5，加糖化酶（50 000U/g）量 80U/g，糖化时间 100 min（王蔚新等，2011）。

（2）板栗饮料。

板栗饮料的生产工艺流程：板栗→原料选择→剥壳去衣→破碎→护色→磨浆→过滤→煮浆→调配→均质→灌装→杀菌→包装→成品。主要配方参数：栗浆 [m (板栗)∶m (水)=1∶15] 30%、白砂糖 6%、苹果酸 0.04%、柠檬酸 0.2%、复配增稠剂 [m (瓜尔豆胶)∶m (黄原胶)∶m (海藻酸钠)∶m (耐酸 CMC)=1.2∶3∶1∶1] 0.25%（杨芙莲等，2003）。

（3）板栗酸乳。

板栗酸乳的生产工艺流程为：板栗→挑选→煮熟→脱壳去衣→护色→磨浆→配料→均质→杀菌→冷却→接种→分装→发酵→后熟→成品。主要配方参数为 10%的板栗浆液、85%的鲜酸奶、0.2%的接种量、6%的白砂糖，在 43℃下进行发酵培养（张洪坤和张瑞菊，2014）。

（4）栗子奶。

栗子奶的生产工艺流程为：板栗→拣选→烘制→剥壳→清洗除杂→磨浆→煮制酶解→离心分离→调制→高压均质→灌装、封口→杀菌、冷却→包装、入库。

主要技术参数为：板栗浸糖烘烤条件为 210℃，30 min；麦芽用量 2.0%，温度 65℃，pH 6.5，时间 65 min，酶解液 DE 理想值在 15 左右；最佳配方参数为板栗仁 10.0%、麦芽 2.0%、奶粉 1.2%、蔗糖 6.0%。制得的产品色泽微黄、气味香甜略带淡雅奶香，风味、滋味俱佳（张齐军和韦丽，2012）。

（5）板栗果脯。

低糖板栗果脯的生产工艺流程为：原料选择→清洗→去衣→冷水冲洗→切分→调配→煮制→烘干→果脯→真空包装。最佳配方为：100 g 板栗果脯中添加蜂蜜和蔗糖各 2 g，柠檬酸 0.2 g，柠檬酸钾 0.1 g，水 25 mL 煮制烤干 5 min（肖玫等，2008）。

（6）板栗罐头。

板栗罐头的生产工艺流程为：原料选择→人工剥壳去皮→护色→硬化→配糖液 30%煮→沥干表面糖液→裹包→烘干→加糖液罐装→排气→杀菌→成品。主要参数为：在煮制中添加 0.9% EDTA-2Na、2%柠檬酸、1% NaHSO$_3$ 等组成的护色液，用 0.2% CaCl$_2$ 进行硬化，用 1%壳聚糖裹包（顾军等，2003）。

4.5.2　核桃

1. 概述

核桃（*Juglans regia* Linn.）又名胡桃、羌桃，系胡桃科核桃属植物的种子，与扁桃、腰果、榛子并列为世界四大干果（郗荣庭和张毅萍，1996）。核桃原产于欧洲东南部、西亚等地区，我国已有 2000 多年的栽培历史。现在已经在北美洲、北非、东亚等地区广泛栽培，在我国栽种核桃的地区分布也很广泛，主要种植于沿长江流域的浙江、安徽、湖南、湖北、贵州、广西、云南等省份（李俊香，2014）。2000 年我国核桃产量约 30 万 t，产量居世界首位（严贤春，2003）。

核桃的保健功能很早就为人们所认识和推崇，被誉为"万岁子"、"长寿果"。据《本草纲目》记载，核桃能补气益血，调燥化痰，治肺润肠，且味甘性平，对于"温补肾肺，定喘化痰"有一定的疗效；《食疗本草》中称核桃可"通筋脉，润血脉，常服骨肉细腻光滑"（王利华，2007）。民间普遍认为，孕妇多吃核桃可使胎儿的骨骼发育良好；儿童、青少年经常食用核桃有利于生长发育，增强记忆力，保护视力；青年人常吃核桃可使身体健美，肌肤光润；中老年人常吃核桃可保心养肺，益智延寿（严贤春，2003）。

2. 生理活性物质

1）糖类

据测定，每 100 g 核桃仁含碳水化合物 10.3 g（杨虎清和席玙芳，2002）。

2）酚类

从核桃仁多酚乙醇提取物的正丁醇萃取部位分离出 15 种单宁类化合物，分别为 2, 3-*O*-(*S*)-六羟基联苯二酰基-D-吡喃葡萄糖、异小木麻黄素（isostrictinin）、长梗马兜铃素（pedunculagin）、木麻黄鞣亭（casuarictin）、木麻黄素（strictinin）、特里马素Ⅰ（tellimagrandin Ⅰ）、特里马素Ⅱ（tellimagrandin Ⅱ）、皱褶菌素 C（rugosin C）、鞣花氨酰基-橡椀酰基-葡萄糖（praecoxin A）、木麻黄鞣宁（casuarinin）、stenophyllanin A、stachyuranin B，以及 3 种结构未知的鞣花单宁衍生物（Fukuda et al.，2003）。

3）维生素

每 100 g 核桃仁含维生素 A 0.036 mg，维生素 B_1 0.26 mg，维生素 B_2 0.15 mg，烟酸 1.0 mg（杨虎清和席珉芳，2002）。

4）脂类

核桃种仁中脂肪含量在 70%左右，其脂肪酸的主要成分是不饱和脂肪酸，约占其总量的 90%，其组成为棕榈酸约 8.0%、硬脂酸 2.0%、油酸 18.0%、亚油酸 63.0%、*α*-亚麻酸 9.0%、肉豆蔻酸 0.4%，其中人体必需的亚油酸含量为普通菜籽油含量的 3～4 倍（王晓燕等，2004；孙俊等，2014）。

5）蛋白质

据测定，每 100 g 核桃仁含蛋白质 14.6 g，核桃仁蛋白是一种可高度消化的蛋白质，用胃蛋白酶时，核桃蛋白消化率可达 74%～90%，在大鼠喂养试验中核桃蛋白消化率可达 87.02%。核桃蛋白生物价（BV）可达 9877（Szetao et al.，2000；杨虎清和席珉芳，2002）。

核桃仁中还有丰富的氨基酸，每 100 g 核桃仁中含有谷氨酸 354 mg、精氨酸 2621 mg、天冬氨酸 1656 mg、亮氨酸 117 mg、丝氨酸 934 mg、异亮氨酸 328～625 mg、赖氨酸 234～425 mg、蛋氨酸 134～246 mg、苯丙氨酸 421～711 mg、苏氨酸 327～596 mg、色氨酸 136～170 mg、缬氨酸 499～753 mg、组氨酸 447～696 mg（陆斌等，2006）。

6）矿质元素

每 100 g 核桃仁含有磷 280 mg、钙 85 mg、铁 2.6 mg、钾 3.0 mg（杨虎清和席珉芳，2002）。

7）褪黑素

核桃中含有褪黑素，含量为 2.5～3.5 ng/g（Reiter et al.，2005）。

8）其他

核桃青龙衣的 $CHCl_3$ 活性部位有 8 种化合物，分别是 20 (*S*)-原人参二醇-3-酮、达玛烷-20, 24-二烯-3-醇、茸毛香杨梅酮、胡桃宁 A、2*α*, 2*β*-三羟基-12-烯-28-齐墩果酸、2*α*, 3*β*, 23-三羟基-12-烯-28-熊果酸、齐墩果酸以及熊果酸（周媛媛等，2010）。

3. 生理功能

1）抗氧化

据报道，核桃仁 95%乙醇提取物对 DPPH 自由基、碱性连苯三酚体系产生的 O_2^- 自由基都有很强的清除作用，而乙酸乙酯提取物对 DPPH 自由基有清除能力，并对亚油酸的氧化体系亦有抗氧化作用，但都弱于 95%乙醇提取物（孟洁等，2001）。

核桃仁中含有褪黑素，采用放射免疫分析得出老鼠食用核桃后血清中褪黑素含量增加，而且血清的抗氧化能力和对铁的还原能力增强（Reiter et al.，2005）。连续 3 个月每日喂饲核桃仁 10 g/kg 的老龄大鼠，其过氧化物含量下降而其 SOD 活性增高，同时核桃仁对由氯化高汞所致的大鼠血液、肝、脑组织中过氧化物浓度的升高和大鼠胸骨骨髓细胞微核率的增高均有显著抑制作用（江城梅等，1995）。通过小鼠灌胃实验，发现精制的核桃油加维生素 E 组成的复合物，具有明显的抗衰老作用（王志平等，2000）。

2）抗肿瘤

据报道，核桃主要用于防治食管癌、胃癌、贲门癌、肺癌、卵巢癌、宫颈癌、甲状腺癌、皮肤癌等癌症，能明显改善症状，部分缩小肿块（高海生和刘秀凤，2004）。除了赖氨酸、胡萝卜素，核桃青皮中所含有的胡桃醌物质也具有抗肿瘤作用。核桃青龙衣冷、热醇提取部位对荷瘤小鼠均有明显的抑瘤作用，可延长生存期，能显著降低小鼠肿瘤细胞膜表面涎酸（sialic acid，SA）含量，同时显著提高荷瘤小鼠红细胞膜表面 SA 含量（季宇斌等，2004）。

3）降血脂

研究表明，核桃油能明显降低雄性高脂血症大鼠血液中的 TC 和 TG、升高载脂蛋白 AI（Apo-AI），明显降低雌性高脂血症大鼠血中的 TG 水平，升高其 Apo-AI（杨栓平等，2001）。临床研究结果证实，核桃仁中的油脂可以增加人体血清白蛋白含量，使胆固醇下降，有利于老年人健康长寿（高海生等，2008）。据报道，每天吃 3 个核桃（约 30 g），可使患心脏病的危险率减少大约 10%，这归因于核桃中富含的亚油酸具有使胆固醇排出体外、多余胆固醇不易被吸收的作用（石文，2002）。

4）辅助改善记忆

研究表明，核桃提取物在一定的剂量范围内（100～400 mg/kg）可以提高发育期小鼠的神经递质及 NO 水平，调节海马长时程增强效应，具有改善小鼠学习与记忆的作用（赵海峰等，2004）。Morris 水迷宫行为学测试表明，饲喂食用核桃油会增强大鼠空间学习记忆能力（陈亮，2010）。

5）镇痛作用

核桃青皮具有与咖啡相似的明显镇痛作用，其作用持续时间长，强度与剂量相关，研究表明核桃青皮是通过多种途径发挥镇痛作用的（杜旭等，2000）。

4. 高值化利用现状

1）活性物质的提取制备

（1）酚类。

核桃内种皮多酚提取工艺条件为：乙醇体积分数 45%、固液比 1∶60（g/mL）、提取温度 70℃、提取时间 60 min。在此条件下，多酚得率为 25.05%（张春梅等，2014）。

（2）黄酮。

核桃隔膜中总黄酮的最佳提取条件为乙醇浓度 57%，提取时间 30 min。将此最佳工艺条件放大 5 倍，得总黄酮提取率为 7.24%（张淑兰等，2010）。

（3）鞣质。

核桃青皮中总鞣质的最佳提取工艺为加 10 倍量水回流提取 3 次，每次 1 h，鞣质提取率达 26.65 mg/g（姜金慧等，2013）。

2）产品开发

（1）核桃乳。

核桃乳的主要制作工艺流程为：原料→清洗→浸泡→去皮→磨浆→胶体磨处理→离心过滤→调浆→均质→真空脱气→灌装→杀菌→冷却→成品。主要技术参数：脱壳后的核桃仁在温度为 95℃、浓度为 1.0% 的氢氧化钠溶液中浸泡 10 min；磨浆后核桃乳中加入 0.2% 的磷酸氢二钠、0.2% 的柠檬酸和 1.0% 的维生素 C 进行护色；第二次均质前加入 0.2% 单甘酯+0.2% 蔗糖酯复合乳化剂（于明等，2010）。

（2）核桃油。

由核桃加工而成的油脂，其不饱和脂肪酸含量之高（90% 左右）是其他油脂不能相比的。核桃仁油的提取可采取压榨法和溶剂萃取法。因为超声波具有热效应、机械效应和空化效应，利用超声波可以强化溶剂提取过程，缩短提取所用时间，减少溶剂的使用量，提高出油效率；采用超临界 CO_2 流体萃取技术提取核桃油，萃取率可达 93.98%（吴彩娥等，2001）；采用水代法取油，就是利用油料中非油成分对水和油的"亲和力"的差异，同时利用水、油的密度不同，用物理方法分离出油脂来，其出油率可达 90% 以上（刘淼等，2004）。

（3）核桃粉。

核桃粉的制作工艺流程：核桃仁→挑选→去皮→两次磨浆分乳→均质→杀菌→浓缩→喷粉→包装→成品。采用喷雾干燥法生产的核桃粉，产品颗粒蓬松多孔，流动性、速溶性好，冲调时溶解迅速而不易分层；采用超微粉碎法生产的核桃粉，具有很强的表面吸附力，因而具有很好的分散性和溶解性，易于消化吸收（高海生等，2008）。

（4）核桃仁。

琥珀核桃仁的生产工艺流程为：选料→漂洗→预煮→脱涩→冷却→套糖→油炸→甩油→吹凉→挑选装罐→封口→入库。主要技术参数：预煮液配方为糖15.0%、盐 3.0%，煮制时间 10 min，油炸温度 150℃，油炸时间 2.5 min（杜琨和何健鹏，2007）。

4.5.3　榛子

1. 概述

榛子（*Corylus heterophylla*）又名山板栗、尖栗或榧子，为桦木科（Betulaceae）榛属落叶的灌木或小乔木，其果实为黄褐色，接近球形，直径 0.7～1.5 cm，成熟期在 9～10 月，成熟后即为我们平常所食的"榛子"，是国际畅销的名贵干果，也是世界上四大干果之一，并有"坚果之王"的美誉。榛子在我国的种植历史悠久，目前全国 22 个地区都有榛属植物分布，资源丰富，特别是东北、山西、内蒙古、山东以及河南等地（梁维坚，1987）。

榛子的有效活性成分主要集中在榛子壳和种仁中，榛仁亦可入药，其精氨酸的含量相较于其他坚果更高，可增加精氨酸酶的活性以排除血中的氨；此外，榛子仁中富含的脂肪酸有助于降低血液中的 LDL 和 TC（孙俊，2014）。

2. 生理活性物质

1）脂类

榛子油脂肪酸组成主要是油酸、亚油酸、亚麻酸和棕榈酸等，其中油酸含量最高，是其他植物油脂无法比拟的（陆美芳，2006）。榛子中各脂肪酸含量因品种而异，辽宁岫岩榛子饱和脂肪酸含量为 10.88%，不饱和脂肪酸含量为 89.12%，其中油酸含量最高为 76.85%；美国大榛子饱和脂肪酸含量为 14.74%，不饱和脂肪酸含量为 85.26%，其中油酸含量最高，为 74.18%（关紫烽等，2003）；辽宁沈阳的榛子的脂肪酸中油酸和亚油酸含量较多，分别为 82.1%、12.7%，棕榈酸、硬脂酸、亚麻酸和十六碳烯酸较少，含量分别为 2.5%、1.3%、1%和 0.2%，榛子油不饱和脂肪酸含量高达 90%以上，且不含特殊的可造成异味的有毒有害成分（王明，2003）。

2）蛋白质

有对红松籽仁中氨基酸组成与含量的研究，发现红松籽仁中含氨基酸至少有17 种，谷氨酸的含量最高为 7.96%，天门冬氨酸次之，为 4.31%，酪氨酸含量最低，为 0.37%（陈红滨等，1990）。

3）萜类

已有研究表明，榛子里包含着抗癌化学成分紫杉醇（彭司勋，2000）。紫杉醇是四环萜酰胺类化合物，分子式为 $C_{47}H_{51}NO_{14}$，不溶于水，可溶于氯仿、甲醇、丙酮等有机溶剂，在 pH 4～8 的范围较稳定（秦宇，2012）。

4）维生素

榛子含有多种重要的维生素，如维生素 B_1、维生素 B_2、维生素 B_6 和维生素 E，其中维生素 E 的含量高达 33.9 mg/100 g（珍珍，2005）。

3. 生理功能

1）抗氧化

据报道，榛子壳棕色素浓度为 1.0 mg/mL 时，达到了完全清除 OH^- 的效果，0.6 mg/mL 的榛子壳棕色素的效果约能达到抗坏血酸的 20%（陶希婧等，2010）。

2）防治心血管疾病

榛子中含有丰富的不饱和脂肪酸，可以预防和治疗高血压、动脉硬化等心脑血管疾病（Balta et al.，2006；Alasalver et al.，2009）。用 SD 大鼠建立高脂血症模型并灌胃处理，连续饲喂平欧榛子油［剂量为 1000 mg/（kg·d）］有助于降低高脂血症大鼠肝脏脂质沉积（吕春茂等，2014）。

3）抗疲劳

据报道，榛仁多糖能够提高小鼠的抗疲劳和耐缺氧能力。对受试小鼠按 0.2 mL/10 g 体重连续 7 d 灌胃榛仁多糖（12.5 mg/mL）后，榛仁多糖显著增长了小鼠爬杆爬绳、无负重游泳时间，并增强了小鼠的耐缺氧能力，小鼠的累计耗氧量及存活期总耗氧量均减少（孙睿等，2010）。

4）抑菌

榛子壳棕色素对金黄色葡萄球菌（*S. aureus*）有明显的抑制作用，其最小抑菌浓度为 0.05 g/mL（陶希婧等，2013）。

4. 高值化利用现状

1）活性物质的提取制备

（1）酚类。

采用超声提取法对东北野生山榛子果皮的紫杉醇进行提取的最佳工艺条件为：乙醇浓度 80%，超声频率 300 Hz，提取温度 50℃，料液比 1∶3（g/mL），提取时间 60 min，果皮中紫杉醇的提取率为 0.0059%（陶冬冰等，2012）。

（2）棕色素。

据报道，水提法提取榛子壳棕色素的最佳条件为：料液比 1∶30，温度 95℃，时间 140 min（陶希婧，2013）。

采用微波辅助法提取榛子壳棕色素的最佳工艺条件为：功率 800 W，处理时间 180 s，液料比 20∶1（mL/g），采用该方法提取棕色素的色价比普通提取法提高了 48.56%。此外，采用超声波辅助酶法提取榛子壳色素的最佳工艺条件为：酶用量为 2.2%，液固比 15∶1，超声时间 25 min，超声功率 300 W（赵玉红等，2010）。

（3）油脂。

超声波辅助提取榛子油的最佳工艺条件为：以石油醚作为提取剂，液料比（mL/g）8∶1，温度 60℃，超声波功率 500 W，时间为 60 min，榛子油得率为 74.89%（杨青珍等，2011）。

Alcalase 碱性蛋白酶水酶法的条件为：加酶量 1.6%，酶解温度 51℃，酶解时间 1.9 h，料液比 1∶5.6，酶解 pH=10，在优化酶解条件下，榛子提油率可达 92.92%（王胜男等，2011）。

（4）蛋白质。

提取榛子蛋白质的最佳条件：料液比为 1∶6、碱液 pH 8.0、温度 40℃、时间 0.5 h 及酸沉 pH 4.5、蛋白质等电点为 4.52、蛋白质吸油性为 3.72 mL/g（马勇等，2008）。用乙醇浸出法生产榛仁浓缩蛋白的最佳工艺条件为：乙醇体积分数 65%，固液比 1∶9，浸提温度 55℃、浸提 4 次（30 min/次），由该条件制备的产品中粗蛋白质量分数为 81.73%（矫春娜等，2012）。

2）产品开发

（1）榛子酸奶。

榛子酸奶的生产工艺流程为：原料与前处理→浸泡→加水→磨浆→细磨→调配→过滤→均质→加热杀菌→冷却→接种灌装→保温发酵→冷却→冷藏后熟→检验→成品。主要技术参数：榛子 100 g、水 800 mL、奶粉 24 g、白砂糖 56 g、蒸馏单甘酯 1.6 g、稳定剂 3.2 g、发酵时间 3 h、后熟时间 12 h（郭新力等，2006）。

（2）榛子乳饮料。

榛子乳饮料的加工工艺流程为：原料榛子→挑选→去壳除杂→称量→浸泡→漂烫→去皮→洗涤→预热→磨浆细化→调配混合→均质→灌装→杀菌→成品。主要技术参数：在榛子乳饮料中添加 0.08%卡拉胶，0.08%瓜尔豆胶，0.1%蔗糖脂，0.15%复合稳定剂，稳定效果最佳；70℃、35 MPa 均质，121℃、20 min 杀菌（李延辉等，2009）。

（3）榛子牛奶。

以榛子和牛奶为原料，生产榛子牛奶的工艺流程为：榛子原料选择→破壳→浸泡→漂烫→去皮→磨浆过滤→冷却暂存→加冷却的原奶调配→均质→灌装→灭菌→成品制作。主要技术参数为：牛奶与榛子浆的体积比为 100∶35，磨浆工艺为加水质量是榛仁质量的 8 倍，50%蔗糖溶液添加量为 0.6%，25%柠檬酸溶液添加量为 0.1%，复合稳定剂为 m（微晶纤维素）：m（卡拉胶）：m（海藻酸钠）为 7：1：2，复合乳化剂为 m（单甘酯）：m（蔗糖酯）为 1：9，用量均为 0.4%时，复合饮料口感细腻，具有良好的稳定效果（李丽杰等，2013）。

（4）榛子甜菊糖。

以榛子、甜菊糖为主要原料，生产榛子甜菊糖的工艺为：原料混合→化糖→熬制→加入聚葡萄糖混合→熬制→冷却→与去皮榛子混合均匀→冷却切割→成品。主要技术参数：榛子仁 8 g，甜菊糖 0.030 g，聚葡萄糖 56 g，木糖醇 8.0 g，苹果酸 0.055 g（李倩等，2014）。

4.5.4　松子

1. 概述

松子为松科植物油松（*Pinus tabuliformis*）、马尾松（*Pinus massoniana*）、云南松、红松等的成熟种子去皮后所得到的种仁的统称，又名松子仁、松仁、海松子、新果松子、松果、松实、松元、罗松子。松子呈倒卵状三角形，无翅，红棕色，长 12～16 mm，宽 7～10 mm，种皮坚硬，破碎后可见卵状、长圆形种仁，有松脂样香气，味淡有油腻感（吴国芳等，1992）。

松子自古以来就被视为延年益寿的"长生果"，食用松子的历史至今已有3000 多年。据明代《本草经疏》记载："松子味甘补血、血气充足、则五脏自润、发黑不饥、故能延年、轻身不老"；《本草纲目》记载："松仁性温，味甘，无毒，主治关节风湿，头眩，润五脏，逐风痹寒气，补体虚，滋润皮肤，久服轻身不老"；此外，在《太平广记》、《日华本草》、《开宝本草》中都有关于食松子能美容、长寿、抗衰老的记载（于俊林等，2001）。现代医学研究证明，松子有降血脂、软化血管等作用（贾生平，2007）。

2. 生理活性物质

1）糖类

据报道，每 100 g 松仁中含碳水化合物 9.8 g，松仁中有 4 种多糖，其中 PNP1-a由鼠李糖和葡萄糖组成，物质的量比为 1：2.57，PNP1-b 由阿拉伯糖和葡萄糖组成，物质的量比为 1：4.03，PNP2-a 和 PNP3-a 均由葡萄糖单糖一种糖组成，且都为 β-构型的吡喃糖（贾生平，2007；刘荣等，2008）。

2）酚类

有研究表明，松子油中总酚含量为 584.1 mg/kg（徐鑫等，2014）。

3）维生素

松仁中维生素含量较为丰富，其中维生素 E、维生素 C 含量较高，分别为

19.3 mg/100 g、19.28 mg/100 g，维生素 B_1、维生素 B_2 及维生素 B_6 的含量分别为 0.236 mg/100 g、0.21 mg/100 g、0.4 mg/100 g（于海伟等，2007）。

4）脂类

松仁中粗脂肪含量高达 60.85%，包含棕榈酸（5.51%）、油酸（31.33%）、亚油酸（44.39%）、皮诺林酸（11.70%）、硬脂酸（2.90%）、反式亚油酸（1.81%）、亚麻酸（1.83%）及二十碳二烯酸（0.54%）等脂肪酸（徐鑫等，2014）。松籽油中总磷脂成分含量达 0.75%～0.81%，其中脂酰胆碱占 45.5%～49.1%，磷脂酰乙醇胺占 27.4%～28.3%，磷脂酸占 17%～20%（许益民等，1991）

5）蛋白质

据报道，松仁中蛋白质含量在 13%～20%（王振宇和景秋菊，2006）。从松子分离出人体所必需的 8 种氨基酸，其中谷氨酸含量高达 16.3%（陈宝等，2010）。

6）甾醇

松子油中总甾醇含量为 2076.62 mg/kg，含有角鲨烯、芝麻素、菜油甾醇、谷甾醇和 16-α-羟基孕甾烯醇酮及虾青素，含量分别为：41.72 mg/kg、143.66 mg/kg、402.65 mg/kg、1673.97 mg/kg、444.07 mg/kg 和 185.38 mg/kg（徐鑫等，2014）。

3. 生理功能

1）抗氧化

松仁蛋白经酶解得到浓度为 20 mg/mL 的松仁肽，其还原能力达到维生素 C 的 84.3%，对羟基自由基、超氧阴离子和 ABTS 自由基的清除率分别为 96.91%、58.59%、100%（綦蕾和王振宇，2010）。松仁红衣的黄酮对 DPPH、羟自由基和超氧阴离子均具有较好的清除作用，对 Fe^{2+} 诱发卵黄低密度脂蛋白多不饱和脂肪酸过氧化反应也具有较强的抑制作用，且效果均好于芦丁和维生素 C（吴琼等，2011）。

2）减肥

研究表明，红松仁不饱和脂肪酸能显著降低大鼠的体重、脂体比、血清总甘油三酯、肝脏脂褐质和血清 TC 水平，而肝脂酶水平和总脂酶水平则显著提高（王振宇等，2008）。

3）增强免疫力

张立钢等（2010）以 150 mg/(kg·d)、300 mg/(kg·d)、600 mg/(kg·d) 剂量的红松松仁多肽灌喂昆明种雄性小鼠，30 d 后通过检测免疫器官重量、细胞免疫、体液免疫和单核-巨噬细胞吞噬功能，发现松仁蛋白多肽能增强小鼠免疫功能。

刘中禄（2010）利用从松子壳中提取的酸性多糖成分，考察小鼠体外诱生 IL-2 及 TNF-α 分泌的影响，结果表明松子壳多糖对小鼠脾免疫细胞的毒性较低，对小鼠 T 细胞分泌 IL-2 和腹腔巨噬细胞分泌 TNF-α 均表现出显著的增强作用。

4）抗病毒

母连志等（2009）以 Vero 和 F81 为受体细胞，以不同剂量的松子壳多糖和不同顺序作用于犬瘟热病毒和犬细小病毒复制周期的各个阶段，发现浓度 15.6～1000 mg/L 的松子壳多糖均可不同程度地抑制病毒的致细胞病变作用，松子壳多糖 31.2 mg/L 时对 2 种病毒仍有抑制效果，细胞存活率均在 49.08% 以上。

4. 高值化利用现状

1）活性物质的提取制备

（1）糖类。

微波辅助提取松仁多糖的最佳工艺条件：料液比为 1∶15，微波功率 320 W，微波处理时间为 5 min，浸泡时间为 60 min，用此方法，多糖的提取率为 6.01%（王振宇和景秋菊，2006）。

采用热水浸提法提取松子壳酸性多糖的最佳条件：浸提温度 80℃，时间 2 h，固液比为 1∶3.5，反复浸提 2 次，提取物中多糖平均含量为 46.92%（张大伟等，2006）。

（2）黄酮。

松仁红衣中总黄酮提取的最佳工艺为：乙醇浓度 50%，提取时间 2 h，提取温度 70℃，固液比 1∶20（g/mL），提取次数 2 次，最大提取率为 3.23%（吴琼等，2011）。

（3）蛋白质。

松仁蛋白提取的最佳条件：料液比 1∶10，碱提 pH 10.0，碱提时间 120 min，碱提温度为 40℃，在 pH 4.6 时提取蛋白质，其收率最高为 17.48%（蒋丽萍等，2005）。

松仁盐溶蛋白的最佳提取工艺为温度 37℃，料液比 1∶30，pH 8，提取时间 120 min，盐溶液浓度选择 0.12 mol/L，此条件下蛋白质的提取率可达 87.24%（吴晓红等，2005）。

2）产品开发

（1）松仁乳饮料。

松仁乳饮料的生产工艺流程为：松仁挑选→浸泡→磨浆→配料→均质乳化→灌装→杀菌→冷却→检验→成品。主要技术参数：松仁在 20℃ 的温水中浸泡 12 h 磨浆；白糖、黄原胶、海藻酸钠、CMC 配比分别 4%、0.2%、0.2%、0.15%；杀菌条件 110℃、10～15 min（冯彦博和白凤翎，2003）。

（2）松仁奶酪。

松仁干酪的生产工艺流程为：松仁→烘烤（90℃，20 min）→脱皮→磨浆浸泡→过滤→松仁浆→与新鲜牛乳混合→巴氏杀菌（63℃，30 min）→冷却至 37℃→添加发酵剂→发酵→添加 CaCl₂、凝乳酶→凝乳→切割→静置→升温搅拌→排乳清→堆酿→加盐→热烫拉伸→压榨成型→真空包装→成熟。主要技术参数：松仁 5%，发酵剂 1%，凝乳酶 0.008%，CaCl₂ 0.02%，凝乳 pH 5.5，凝乳温度 40℃，凝乳时间 28 min，在此生产工艺条件下松仁奶酪凝乳细腻、凝块有弹性，风味与色泽均与纯牛乳干酪相似（李德海等，2009）。

（3）松仁罐头。

松仁罐头的生产工艺流程为：原料→去壳→去皮→脱涩→装罐→注入调味汤汁→排气→封罐→杀菌→检验→成品。主要技术参数：50℃左右的温水浸泡 3～5 d 以脱涩；每罐装 240 g，再加入调配好的调味汤汁 260 g，柠檬酸调 pH 至 5.0～5.5；杀菌条件为 10～30 min/10℃，杀菌后玻璃瓶分段冷却至 40℃，保温（37℃）5～7 d（冯彦博和白凤翎，2003）。

4.5.5　香榧

1. 概述

香榧（*Torreya grandis*）又称细榧、真榧、榧子、木皮子、玉山果、赤果、细榧、玉榧、羊角榧等，是红豆杉科榧属常绿乔木，其果实是榧属植物中品质最优良的一种，是世界珍贵稀有干果之一（任钦良等，1998）。香榧为我国特有的经济树种，已有 1300 多年栽培历史，仅分布在我国北纬 27°～32°亚热带丘陵山区（主要在浙、皖、赣、闽等 10 省市），浙江省绍兴市会稽山区是香榧的主栽区（傅雨露等，1999）。

有很多古书记录了香榧的药用功能。例如，《神农本草经》记载香榧"主腹中邪气，去三虫"；《食疗本草》认为香榧"令人能食，消谷，助筋骨，行营卫明目"；《本草新编》认为"榧子杀虫最胜…。凡杀虫之物，多伤气血，唯榧子不然"；《本草从新》认为香榧"治肺火，健脾士，补气化痰，止咳嗽，定咳喘，去瘀生新"；《本草纲目》认为"常食香榧，治三痔，去三虫蛊毒，鬼疟恶毒。"榧子油能有效地驱除肠道中绦虫、蛔虫等各种寄生虫，并且对人体没有伤害（陈力耕等，2005），香榧油脂可以帮助脂溶性维生素的吸收，改善胃肠道功能状态，起到增进食欲，健脾益气，消积化谷的作用（陈振德等，1996）。

2. 生理活性物质

1）酚类

据报道,香榧子二氯甲烷相、正丁醇相及乙醇粗提物的总酚含量分别为 17.65 μg、21.57 μg、12.94 μg 邻苯二酚/mg（王焕弟，2008）。

2）萜类

萜类成分是香榧的重要生理活性物质，尤其在香榧外种皮中含量丰富，包括柠檬烯、α-荜澄茄油烯、δ-杜松烯、石竹烯、8（14），15-海松二烯、芳松香三烯、贝壳杉烯、罗汉松烯酮、（8）14,15-海松二烯-19-醇、芳松香三烯-19-醛、罗汉松三烯甘油酯、芳松香三烯-19-酸甲酯、海松二烯醇、7,15-海松二烯-3-酮、罗汉松-7-

烯-3-醇等 10 多种（王贝贝等，2008）。

3）维生素

据报道，香榧种仁的维生素 B_1、维生素 B_2、维生素 D_3、烟酸及叶酸的含量分别为 0.412 mg/kg、1.040 mg/kg、129 mg/kg、207.9 mg/kg、226.5 mg/kg（黎章矩等，2005）。

4）脂类

据报道，每 100 g 香榧种仁（果肉）含有脂肪 44.1 g。香榧籽油中的脂肪酸包括亚油酸、油酸、棕榈酸及特殊脂肪酸金松酸等，含量分别为 39.6%、35.4%、10.24% 及 8.65%（王向阳和修丽丽，2005；牛丽颖等，2011）。

5）蛋白质

香榧的蛋白质总含量为 136.4 g/kg。香榧种仁中含有 17 种氨基酸，主要是天门冬氨酸、谷氨酸、精氨酸和缬氨酸，氨基酸总量达 118.1 g/kg，有 7 种人体必需氨基酸，占氨基酸总量的 38.61%（黎章矩等，2005）。

6）矿质元素

在香榧种仁中已经发现了 18 种矿质元素，其中钾、钙、铁、锌、硒等元素含量丰富，具有很高的营养价值（黎章矩等，2005）。据报道，每 100 g 香榧种仁（果肉）含钙 71 mg、磷 275 mg、铁 3.6 mg（王向阳和修丽丽，2005）。

3. 生理功能

1）抗氧化

香榧中多酚 FRAP 值为 155AAE/mg，DPPH 自由基清除力为 58%，还原力高于维生素 C 当量（Saeed et al.，2007）。假种皮提取液质量浓度为 300 μg/mL 时，清除 DPPH 自由基的清除率可达 90% 以上，羟基自由基清除率最大可达 91.2%，对超氧阴离子自由基的抑制率最高可达 60.2%（余勇等，2014）。

2）降血脂

香榧种子油可促进大鼠前列环素（PGI2）合成，抑制血浆血栓素（TXA2）分泌，防治动脉粥样硬化形成，同时降低 TC、TG 水平，达到降脂作用（陈振德等，2000）。此外，香榧提取物杉糖平（3200 mg/kg、1600 mg/kg）可显著降低高血脂大鼠的血清 TC、TG，调节血脂，但从肝脏系数和体脂系数看，该药并未缓解高脂血症导致的脂肪肝症状（牛娜等，2006）。

4. 高值化利用现状

1）活性物质的提取制备

（1）酚类。

香榧外种皮中多酚类物质的超声提取工艺最佳条件为：提取溶剂 30% 乙醇，

提取时间 40 min，料液比 1∶25（g/mL），提取功率 200W，提取两次，香榧假种皮总多酚得率可达到 14.65 mg/g DW（鲍建峰和吴晓琴，2010）。

（2）黄酮。

用超声辅助乙醇法提取香榧假种皮总黄酮的最佳条件：乙醇体积分数 60%、料液比 1∶30（g/mL）、温度 50℃、提取时间 40 min，在此条件下总黄酮得率为 18.74 mg/g DW（余勇等，2014）。

（3）油脂。

用超临界二氧化碳萃取香榧籽油的最佳工艺为：萃取压 30 MPa，温度 50℃，萃取时间 2 h，萃取率达 16.2% DW，且其单不饱和脂肪酸与多不饱和脂肪酸较为均衡（阙斐等，2013）。

2）产品开发

椒盐香榧的加工工艺流程为：准备工作→盐加热→第 1 次炒制→分筛→浸泡→第 2 次炒制→包装。主要参数：香榧和粗盐按 1∶1（g/g）比例进行炒制，第一次 20～30 min；5%盐水浸泡 20～30 min；第二次炒制 35～40 min（邬玉芬等，2011）。

4.6　热带及亚热带水果

4.6.1　荔枝

1. 概述

荔枝（*Litchi chinensis* Sonn.）属无患子科，是典型的南业热带常绿果树。果实呈心脏形或球形，果皮具多数鳞斑状突起，呈鲜红、紫红、青绿或青白色，假果皮新鲜时呈半透明凝脂状，多汁，味甘甜。我国已有 2000 多年的荔枝栽培历史，广泛分布于海南、广西、云南、福建、贵州、四川、广东、台湾等省区，2012 年栽培面积 55.33 万 hm²，产量 190.66 万 t（庞新华等，2014）。此外，泰国的清迈、房县及 Lamphum 等地，印度的比哈尔省、西孟加拉和 Uttatpredsh，南非的 Fransvaa-l Lowveld 地区，马拉加西共和国的西海岸一带，留尼旺的西海岸，澳大利亚东海岸的新南威尔士和昆士兰州一带，美国的夏威夷和佛罗里达州，毛里求斯，越南，孟加拉，西班牙等 20 多个国家均有栽培（宋光泉等，1999）。

长期以来，荔枝一直被视为"果中珍品"，具有生津、益血、理气、止疼等功效（方文贤等，2002）。《本草纲目》记载："常食荔枝，补脑健身"；《随身居饮食谱》记载："荔枝甘温而香，通神益智，填精充液，辟臭止痛，滋心营，养肝血，果中美品，鲜者尤佳"；《食疗本草》载云："益智、健气"；《玉揪药解》则说其"暖补脾精，滋补肝血"（刘阴，2003）。据报道，每 100 g 荔枝鲜果肉含糖分 16.53 g、蛋白 0.83 g、脂肪 0.44 g、膳食纤维 1.3 g、钙 5 mg、铁 0.31 g、镁 10 mg、磷 31 mg、钾 171 mg、钠 1 mg、锌 0.07 mg、含维生素 C_7 1.5 mg、硫胺素 0.011 mg、核黄素 0.065 mg、烟酸 0.603 mg、维生素 B_6 0.1 mg、总叶酸 14 mg、维生素 E 0.07 mg（王燕等，2009）。

2. 生理活性物质

1）糖类

荔枝中主要的糖类为葡萄糖和蔗糖（Wei et al.，2011）。荔枝品种不同，其果肉中多糖的含量不同，如荔枝干果肉中多糖为：糯米核＞槐枝＞桂味＞黑叶＞妃子笑＞白蜡（张仲，2014）。三月红荔枝干多糖平均质量分数为 4.36%（唐小俊等，2005）。

2）酚类

荔枝不同品种、部位，所含的多酚量不同，其中"白糖罂"荔枝所含的多酚总量最大，为 662.51 mg/kg FW。荔枝果肉酚的类组成有原儿茶酸、绿原酸、咖啡酸、表儿茶素、丁香酸、p-香豆酸、芦丁、阿魏酸；此外，荔枝果皮中还含有儿茶素；荔枝核中含儿茶素、咖啡酸、表儿茶素、丁香酸、p-香豆酸、芦丁、阿魏酸 7 种多酚（王敏等，2010）。

3）黄酮

据报道，成熟的荔枝果皮中主要的类黄酮有黄酮醇和花青素，花青素主要有花青咙-3-芸香糖普、花著陡-3-葡萄糖普、樹皮素-3-芸香糖营和棚皮素-3-葡萄糖，黄酮醇主要有表儿茶素、原花青素 B_4、原花青素 B_2 和表儿茶素（Pascale et al.，2000）。

4）维生素

早熟品种"Kaimana"荔枝维生素 C 含量 33.2 mg/100 g，"Groff"和"Bos-worth-3"荔枝的后熟果实维生素 C 含量分别为 21.2 mg/100 g 和 22.5 mg/100 g（Wall，2006）。

5）矿质元素

荔枝中最丰富的矿物质为钾（Wei et al.，2011）。每天吃荔枝 100 g 即能摄取每天 2%～4%的 6 种矿物（磷，钾，镁，铁，锌，锰）和 22%的铜的推荐摄入量（DRI）（Wall，2006）。

6）其他

苹果酸为荔枝的主要有机酸，氨基丁酸、丙氨酸是主要氨基酸（Wei et al.，2011）。

3. 生理功能

1）抗氧化

鲜荔枝果肉具有清除氧自由基的能力，并且清除能力为：鲜荔枝果肉＞冷冻

1 d 的荔枝果肉＞冷冻 5 d 的荔枝果肉（吴华慧等，2004）。荔枝多糖可抑制小鼠红细胞氧化损伤、保护红细胞膜，并且可抑制 H_2O_2 诱导的脂质过氧化物 MDA 的生成（董周永，2006）。

2）降血脂

通过高膳食喂养小鼠，同时灌胃给予 500 mg/（kg·d）的荔枝果肉多酚（其中酚类物质约占 67%），发现荔枝果肉多酚可提高肝脏胆固醇外运，促进高密度胆固醇形成，同时降低脂肪酸的合成，荔枝果肉多酚抑制肝脏 miR-33 和 miR-122 的表达从而发挥降血脂功效（苏东晓等，2014）。

3）抗肿瘤

利用荔枝果皮提取物抗乳腺癌进行体外体内实验的结果表明，荔枝果皮提取物对乳腺癌均有抑制增生、诱导凋亡的作用（Wang et al.，2006）。用荔枝果皮提取成分处理离体人肝癌细胞或喂食患有肝癌的小鼠，结果表明其能明显抑制离体癌细胞生长，其 IC_{50} 为 80 mg/g，处理剂量 0.14 g/(kg·d)、0.3 g/(kg·d)、0.6 g/(kg·d)，对肿瘤细胞的抑制率分别为 17.3%、30.77%、44.02%（Wang et al.，2006）。

4）防治糖尿病

研究表明，荔枝口服液能降低糖尿病大鼠的空腹血糖水平（钟鸣等，1996）。另有研究者通过从鲜荔枝肉中提取水溶性多糖，观察其对四氧嘧啶致糖尿病小鼠的降血糖作用，并得出同样的结论（张忠等，2013）。

5）抑菌作用

荔枝皮原花青素提取物对金黄色葡萄球菌、大肠杆菌、啤酒酵母和黑曲霉均有一定的抑菌作用，对金黄色葡萄球菌和大肠杆菌最低抑菌浓度为 2.5 mg/mL，同时具有杀菌能力；而对酵母菌和霉菌的最低抑菌浓度为 5 mg/mL，无杀灭能力（周玮婧，2010）。

4. 高值化利用现状

1）活性物质的提取制备

（1）糖类。

荔枝多糖的提取方法主要有复合酶法、微波提取、超声提取等。荔枝多糖的微波协助提取的最佳提取条件为：提取溶剂为水，微波时间 10 min，微波功率 640 W，料液比 1∶8（g/mL），荔枝粗多糖的产率为 6.17%，其多糖含量为 60.1%（董周永，2006）。

（2）酚类。

荔枝果肉中游离态多酚可用丙酮、甲醇、乙醇、乙酸乙酯等有机溶剂提取。研究表明：果肉按重量体积比 1∶2 加入 4℃预冷的 80%甲醇、80%丙酮、80%乙醇、80%乙酸乙酯，测定游离多酚的提取量，其中丙酮水溶液提取量最高。

荔枝果肉中结合酚可以用酸水解法和碱水解法来提取。酸水解法：荔枝果渣按 1 : 4 的料液比用甲醇/硫酸混合溶液（体积比 9 : 1）85℃水解 20 h，中和至中性，乙酸乙酯萃取 6 次，合并有机溶剂，在真空条件下 35℃蒸发干，再用甲醇/水（体积比 85 : 15）复溶，得到的结合态总酚、总黄酮和水解单宁分别是 61.27 mg/100 g、29.74 mg/100 g、37.37 mg/100 g FW；碱水解法：荔枝果渣溶于 2 mol/L 氢氧化钠溶液中搅拌水解 18 h，盐酸中和，余下步骤同酸水解法，得到的结合态总酚、总黄酮和水解单宁分别是 30.71 mg/100 g、18.16 mg/100 g、15.86 mg/100 g FW（苏东晓，2014）。

（3）黄酮。

荔枝果皮中类黄酮的提取条件为：乙醇质量分数 60%、提取温度 50℃、固液比 1 : 20（g/mL）、提取时间 2 h，1 次提取后荔枝果皮类黄酮质量分数为 7.68%（宋凤艳等，2010）。荔枝核的黄酮类化合物超声法提取的最佳条件为：超声波功率 100 W，提取温度 100℃、时间 60 min、50%乙醇溶剂、料液比 1 : 15（g/mL），提取率 5.98%（林大专等，2013）。

荔枝果皮中原花青素的最佳提取条件为：提取时间 105 min、提取温度 61℃、乙醇浓度 68%、料液比 1 : 20（g/mL），提取 3 次，得到原花青素浓度为 0.594 mg/mL，得率为 1.2%（周玮婧，2010）。

2）产品开发

（1）荔枝果汁。

荔枝果汁生产的工艺流程：①荔枝原汁：原料选择→清洗→预处理（去核、去皮）→榨汁→过滤→装罐→冻藏。②果汁饮料：荔枝原汁→调配→杀菌→灌装→封口→二次杀菌→冷却→成品。操作要点：①用荔枝专用去核器，去除核后，剥去外壳，用螺旋榨汁机榨汁；②制作荔枝原汁时，应趁热装罐，冻藏温度冻藏（-20℃）；③荔枝果汁饮料较佳配方为：原浆含量≥枝果汁、含糖量 11%～13%、含酸量 0.2%左右（吴锦铸等，2003）。

（2）荔枝罐头。

荔枝罐头生产的工艺流程：原料挑选→清洗→去皮→去核→整理→清洗→装罐→注液→排气封罐→杀菌→冷却→检验。操作要点：①挑选核小肉厚，糖分高，风味香味浓，八九成熟度鲜荔枝；②清洗时可加入 0.1%的高锰酸钾，再用净水冲洗；③去核去皮的荔枝最好用 1%盐水、0.1%柠檬酸混合溶液浸泡护色。用糖盐水替代传统糖水作为罐头溶液，改善了传统荔枝罐头加工中的果肉变红、肉质变软、风味变差等问题（王德培和张伟，2006）。

（3）荔枝果干。

荔枝果干的生产工艺流程：原料挑选→去枝梗→初焙→回湿→复焙→回湿→烘干→散热→包装→成品。操作要点：①易选用小核品种；②工业化生产易采用改良固定床热风干燥，可变换热风风向，克服了干燥过程中翻料导致的果实破损、温度不均的缺点（胡卓炎等，2013）。

4.6.2　龙眼

1. 概述

龙眼（*Dimocarpus longan* lour.），俗称桂圆，原产于我国南部及西南部，与荔枝、香蕉、菠萝同为华南四大珍果，在历史上有"南方桂圆北人参"之称。龙眼果实外形圆滚，皮青褐色，去皮则剔透晶莹偏浆白，隐约可见肉里的红黑色果核，极似眼珠，故以"龙眼"命名。龙眼在我国已有 2000 多年的种植历史，现主要分布于广东、广西、福建和台湾等省，此外，海南、四川、云南和贵州也有小规模的栽培。2009 年我国龙眼种植面积约有 39 万 hm^2，年产量已经超过 100 万 t，栽培面积和产量均居世界首位（郑少泉等，2010）。此外，泰国、越南、老挝、缅甸、斯里兰卡、印度、菲律宾、马来西亚、印度尼西亚、马达加斯加、澳大利亚的昆士兰州、美国的夏威夷州和佛罗里达州等国家和地区也栽培龙眼（查春节，2013）。

龙眼是我国卫生部公布的药食同源食品，果实富含营养成分，自古被视为珍贵补品。明代李时珍："食品以荔枝为贵，资益以龙眼为良，龙眼肉味甘，性平无毒。入心、脾二经。不热不寒，和平可贵"。中医认为龙眼性温味甘，益心脾，补气血，具有良好的滋养补益作用，民间主要用于心脾虚损、气血不足所致的疲劳、健忘、惊悸、眩晕等病症。现代医学的研究表明，龙眼具有抗氧化、抗肿瘤、增强免疫力等功效（蔡长河等，2002）。

2. 生理活性物质

龙眼含有丰富的糖类、脂类、多肽类、皂苷类、多酚类、微量元素等。《中华本草》（1999，第 1 版）记载，龙眼（干果肉）水分含量占 0.85%，其中可溶性组分占 79.77%，不溶性组分占 19.39%，灰分占 3.36%。在可溶性组分中，葡萄糖占 24.91%，含氮化合物（腺嘌呤和胆碱）占 6.31%，蛋白质占 5.6%，酸类（以酒石酸计）占 1.26%，脂肪占 0.5%，蔗糖占 0.22%。此外，龙眼中维生素与矿物元素的含量也很丰富（李升锋等，2004）。

1）糖类

龙眼鲜果中的单糖和寡糖主要为果糖、葡萄糖、蔗糖 3 种糖，其中蔗糖含量最高，达 517.28 mg/g FW（林婧烨等，2009）。

2）酚类

龙眼壳中存在大量多酚类物质"乌龙岭"。龙眼果壳含有没食子酸、花酸、鞣花酸等 17 种酚类物质（He et al.，2009）。从龙眼果肉分离纯化到 4-*O*-甲基没食子酸和（−）-表儿茶素（Sun et al.，2007）。检测没食子酸、鞣花单宁、鞣花酸在龙眼果实不同部位的含量，发现龙眼核的酚类物质含量最高，果壳次之，果肉最低（Rangkadilok et al.，2005）。

3）维生素

据分析，龙眼肉(广东)每 100 g 可食用成分中含尼克酸 8.9 mg，维生素 C 0.04 mg（黄淑炎，2003）。

4）脂类

龙眼核含丰富的脂肪油，其含大量连接有长短不同碳链的环丙烷类脂肪酸和二氢苹婆酸，其中二氢苹婆酸含量约为 17.4%，但与其他植物油相比，龙眼核中含环丙烷类脂肪酸的量相当高（Kleiman et al.，1969）。

据报道，龙眼肉的总磷脂含量为 3.95 mg/g，其中溶血磷脂酰胆碱（lyso-phosphatidylcholine，LPC）含量比例为 13.8%、磷脂酰胆碱（phosphatidylcholine，PC）为 49.5%、磷脂酰肌醇（phosphatidylinositol，PI）为 2.4%、磷脂酰丝氨酸（phosphatidylserine，PS）为 3.8%、磷脂酰乙醇胺（phosphatidyl ethanolamine，PE）为 8.0%、磷脂酸（phosphatidate，PA）为 2.8%、磷脂酰甘油（phosphatidyl glycerol，PG）为 19.7%（李立等，1995）。

目前已从龙眼肉中分离出大豆脑苷脂 I（soyacerebrosides I）、大豆脑苷脂 II（soyacerebrosides II）、龙眼脑苷脂 I（longancerebroside I）、龙眼脑苷脂 II（longancerebroside II）、苦瓜脑苷脂 I（momor-cerebroside I）以及商陆脑苷脂（phytolaccacerebroside）等 6 种脑苷脂，它们带有 2-羟基脂肪酸的鞘氨醇或植物鞘氨醇葡糖脑苷脂的几何异构体（Ryu et al.，2003）。

5）蛋白质

龙眼果肉含有丰富的氨基酸类成分，种类主要有谷氨酸、天冬氨酸、丙氨酸、精氨酸、赖氨酸等 18 种；总氨基酸质量分数为新鲜龙眼果肉 4.01%、干制龙眼肉 2.89%，游离氨基酸质量分数为新鲜龙眼果肉 0.93%、干制龙眼肉 0.64%（汪惠勤等，2009）。

龙眼核中含有至少 17 种氨基酸，以谷氨酸、天氨酸、精氨酸、苏氨酸等为主，其中含有 7 种人体必需氨基酸，氨基酸含量合计为 4.88 g/100 g DW（李升锋等，2004）。此外，在龙眼核中分离鉴定出 3 种不饱和氨基酸，分别为 2-氨基-4-甲基-己炔（5）酸，2-氮基-4-羟甲苦-己炔（5）酸及 2-氨基-4-羟基-庚炔（6）酸（Sung et al.，1969）。

6）矿质元素

据分析，龙眼肉（广东）每 100 g 可食用成分中含有钾 129 mg、钠 7.3 mg、钙 39 mg、镁 55 mg、铁 3.9 mg、锰 0.43 mg、锌 0.65 mg、铜 0.65 mg、磷 120 mg

等（黄淑炎，2003）。

7）甾体

研究发现，龙眼主要含有 β-谷甾醇（β-sitostero1）、β-胡萝卜苷（β-daucosterin）、豆甾醇（stigmasterol）、（24R）-豆甾-4-烯-3-酮、豆甾醇-D-葡萄糖苷（stigmasteryl-D-glucoside）等甾醇成分（Mahato et al.，1971）。

8）核苷类

目前已从 18 个龙眼品种的果肉中分离出 9 种核苷物质，包括尿嘧啶（uracil）、腺苷（adenosine）、尿苷（uridine）、胞苷（cytidine）、胸腺嘧啶（thymine）、次黄嘌呤核苷（inosine）、鸟苷（guanosine）、胸苷（thymidine）、腺嘌呤（adenine）等。比较而言，鸟苷、尿苷、腺苷含量较高，多数龙眼品种为 30～70 μg/g；胸腺嘧啶、胞苷含量次之，普遍在 10～30 μg/g；胸苷、尿嘧啶含量较低，在 3～10 μg/g（黄炳雄等，2008）。

3. 生理功能

1）抗氧化

潘英明等（2006）以 95%乙醇为溶剂，采用超声波、微波、冷凝回流和常温浸泡 4 种方法对龙眼壳进行提取，并对四种提取物用 DPPH 法进行了自由基清除实验，结果显示这些提取物均具有很强的自由基清除能力，其中效果最好的是微波提取物。龙眼果肉在体外可有效清除超氧阴离子、ABTS、DPPH 等自由基，其中没食子酸和鞣花酸起主要作用，体内可显著提高小鼠血液 GSH-Px活力（Guo et al.，2003；Aparecida et al.，2008）。此外，发现龙眼核提取物比龙眼果肉提取物的抗氧化活性强，而抗氧化活性的强弱与龙眼核、果肉的多酚含量相关（Rangkadilok et al.，2007）。

2）抗肿瘤

研究表明，在 50～400 μg/mL 浓度范围内，龙眼多糖对人肺腺癌细胞 A549、HeLa 细胞、HepG2 肝癌细胞均表现出良好的抑制肿瘤细胞作用（Yi et al.，2013）。动物实验也证明龙眼多糖能显著抑制 S180 肉瘤小鼠体内肿瘤的生长（Zhong et al.，2010）。此外，给尚能存活半年的癌症患者服用龙眼粗体浸膏，可改善高达 90%的癌症症状，癌细胞增殖被抑制 50%（陈可翼，1989）。

3）防治糖尿病

研究表明，龙眼 50%甲醇和水溶液提取物有较高的抑制 α 溶葡萄糖苷酶的活性（黄儒强等，2005）。动物实验发现，龙眼壳提取液可有效地缓解由四氧嘧啶诱发的糖尿病的小鼠体内的高血糖症状，降血糖率达 77.4%，这可能与提高了胰岛素信号通路中胰岛素受体底物 1、过氧化物酶体活化受体 γ、葡萄糖载体 4 等相关基因的表达有关（Yi et al.，2011）。

4）增强免疫力

龙眼壳多糖对 ConA 诱导小鼠脾淋巴细胞的增殖能力有明显增强作用，对 ConA 诱导小鼠脾淋巴细胞分泌 IL-2 有促进作用，两者结果与剂量呈正相关（秦洁华等，2009）。龙眼果肉分离出的多糖组分能在体外显著增强脾淋巴细胞、NK 细胞和巨噬细胞活性（Yi et al.，2011）。

5）调节神经系统

研究者通过研究小鼠冲突缓解实验评价抗焦虑活性，发现龙眼肉提取物在 2 g/kg 用量时有明显活性，其主要活性物质为腺苷，表明龙眼果肉有调节内分泌及神经系统的活性（Okuyama，1999）。龙眼多糖能降低脑梗塞面积和脑含水量，同时降低脑组织中 NO 含量，证明龙眼果肉多糖能显著改善大鼠神经功能障碍（Chen et al.，2010）。

6）抗炎抑菌

研究表明，龙眼核 95%乙醇提取物能有效抑制 E. coli、普通变形杆菌（*Proteas vulgaris*）、沙门氏菌（*Salmonella*）、铜绿假单胞菌（*Pseudomonas aeruginosa*）、枯草芽孢杆菌（*Bacillus subtilis*）、金黄色葡萄球菌（*Staphylococous aureus*）、白色念珠菌（*Candida albicans*）的生长，最小抑菌浓度均不高于 100 mg/mL，抑菌活性随 pH 升高有下降趋势，抑菌活性物质有较强的热稳定性。此外，龙眼壳中含有的木栓酮及其衍生物具有不同程度的抗炎和抑制真菌生长的作用（吴妮妮和李雪华，2006）。

4. 高值化利用现状

1）活性物质的提取和制备

（1）糖类。

利用酶解协助提取龙眼肉多糖的最佳条件为：纤维素酶添加量 1.2%、液料比 6∶1（mL/g）、酶解温度 45℃、酶解时间 187 min。在此条件下，龙眼多糖的得率可达 12.23 mg/g FW（贺寅等，2011）。

（2）酚类。

龙眼核多酚的最优提取条件为：乙醇体积分数为 58%，提取温度 64℃，料液比为 1∶9，提取时间 106 min，在此条件下多酚得率为 42.69 mg/g DW（吴兰兰等，2010）。

（3）黄酮。

龙眼核的黄酮最佳提取条件为：甲醇浓度为 50%，料液比为 1∶30（g/mL），提取温度 71℃，提取时间为 70 min，按照此工艺提取黄酮，测得黄酮得率为 1.64 DW%（黄晓兵等，2012）。

2）产品开发

（1）果酒。

龙眼果酒的制备工艺流程为：原料→拣选→清洗消毒→取果肉→打浆→果胶酶

酶解→榨汁过滤→滤液→离心澄清→龙眼汁→调整成分→发酵→压滤→后酵→调配→陈酿→装瓶。主要技术参数：龙眼汁含糖量为 22%，按照可溶性固形物含量：$(NH_4)_2HPO_4=900:1$ 的比例添加$(NH_4)_2HPO_4$，pH 为 4～5，温度 30℃，酵母（安琪）接种量为 15%。在此条件下酒精发酵 75 h 后，酒精含量高达 12.7%（王金亮，2009）。

（2）果醋。

龙眼果醋的工艺流程：龙眼清洗→剥壳去核→热烫护色→冷却→打浆→磨浆→酶解→酵母活化→调整糖酸→灭菌→酒精发酵→醋酸发酵→调配→成品。主要技术参数：添加 0.1%柠檬酸、0.1%异抗坏血酸钠和 0.05% EDTA-2Na 对龙眼果肉的褐变有较好的抑制作用；最佳酶解工艺条件：酶用量为果胶酶 0.05%+纤维素酶 0.10%，酶解温度为 45℃，酶解时间为 90 min；发酵工艺条件：发酵温度为 35℃，酒精度为 8%，通气量为 1:4，接种量为 8%。发酵 10 d，产酸量可达 5.64 g/100 mL（黄秋云，2010）。

（3）龙眼果干。

龙眼肉干制技术主要有日晒、炭火烘烤、热风干燥、红外热辐射干燥、真空干燥、微波干燥和真空冷冻干燥等。不同干制方式龙眼果肉中总酚含量为新鲜龙眼＜热风干制龙眼＜热风-日晒干制龙眼，尿苷含量为新鲜龙眼＜热风-日晒干制龙眼＜热风干制龙眼，CAA 抗氧化活性则表现为新鲜龙眼＜热风-日晒干制龙眼＜热风干制龙眼（陈彦林，2014）。

4.6.3　香蕉

1. 概述

香蕉（*Musa nanalour*）属于芭蕉科芭蕉属，多年生草本植物，香蕉是热带四大水果（香蕉、荔枝、菠萝、椰子）之一，在我国广东、广西、福建、云南、贵州等地大量种植（李玉萍和方佳，2008）。

香蕉深受人们的喜爱，它性甘寒，可清热、润肠、解毒，有"百果之冠"之称，适宜于肺燥咳嗽、肠燥便秘、慢性咽炎及高血压的人群（蔡健，2005；赵广河和陈振林，2013）。

2. 生理活性物质

1）糖类

香蕉中含有还原糖、蔗糖、淀粉等物质，每 100 g 香蕉皮中含还原糖 5.2～5.9 g、蔗糖 0.15～0.58 g、淀粉 1.51～2.3 g（赵国建，2005）。

2）酚类

香蕉皮中含 10 多种酚类物质，主要成分及含量为：儿茶素 0.435 mg/g FW、表儿茶素 1.027 mg/g FW、芦丁 0.674 mg/g FW、绿原酸 1.345 mg/g FW、咖啡酸 0.32 mg/g FW、丁香酸 0.238 mg/g FW、对香豆酸 0.149 mg/g FW、阿魏酸 0.26 mg/g FW、二羟基苯甲酸 0.341 mg/g FW、反式肉桂酸 0.026 mg/g FW、根皮素 0.014 mg/g FW（王娜，2014）。

3）维生素

据报道，每 100 g 香蕉含胡萝卜素 0.25 mg，维生素 B_1 0.02 mg，维生素 B_2 0.05 mg，尼克酸 0.7 mg，维生素 C 微量（王铎，2005）。

4）脂类

香蕉皮脂肪酸中十六碳酸的含量最高为 45.90%，两种必需脂肪酸 α-亚麻酸 [(Z, Z, Z)-9, 12, 15-亚麻酸] 和亚油酸 [(Z, Z)-9, 12-亚油酸] 的含量分别为 20.75%和 19.56%（郭先霞等，2008）。

5）矿质元素

香蕉中含有丰富的钙、磷、铁、钾元素，还含有少许镁、硫、铜元素，每 100 g 香蕉含钙 9 mg、磷 9 mg、铁 0.6 mg（王铎，2005）。

3. 生理功能

1）抗氧化

研究表明，采用水和 40%乙醇提取的香蕉多糖均具有明显的抗氧化活性，其中用 40%乙醇提取的香蕉多糖对 CCl_4 致小鼠肝组织脂质过氧化和对羟基自由基诱导红细胞溶血的抑制作用较强（陈建林等，2002）。

2）降血脂

大鼠用高脂饲料喂养 40 d，治疗组给予香蕉皮多酚后，与模型对照组相比，血清 TC、TG 和 LDL-C 水平明显降低，HDL-D 水平升高，表明香蕉皮多酚具有一定的降血脂、预防动脉粥样硬化形成的作用（赵磊等，2012）。

3）抗肿瘤

香蕉粗多糖可明显抑制小鼠体内实体瘤生长，体外对 Hela 细胞和前列腺癌 PC-3M 细胞有明显的诱导凋亡作用，且随时间的延长，凋亡率增加（熊燕飞等，2005）。

4）防治糖尿病

以 100 mg/kg 的剂量给雌性四氧嘧啶性糖尿病小鼠灌胃香蕉多糖，连续 10 d 后，可明显降低小鼠的血糖值，并且香蕉多糖对正常小鼠的血糖值没有影响，说明香蕉多糖具有非常明显的降糖功能（伍曾利等，2014）。

5）抑菌

香蕉皮的有机酸对大肠杆菌（*E.coli*）、枯草芽孢杆菌、金黄色葡萄球菌（*S. aureus*）、绿脓杆菌、黄曲霉、黑曲霉、华根霉、红酵母均有明显的抑制效果（梁盛年等，

2007）。此外，香蕉皮多酚对豚鼠小孢子癣菌皮肤感染有显著疗效（刘莎等，2009）。

4. 高值化利用现状

1）活性物质的提取制备

（1）糖类。

超声波法提取香蕉低聚糖的最优条件为：超声时间 40 min、超声功率 500W、料液比 1∶2.5（g/mL），香蕉低聚糖的得率为 17.89%；微波法提取香蕉低聚糖的最优条件：微波时间 2.5 min、微波功率 462W、料液比 1∶15（g/mL），香蕉低聚糖的得率为 17.72%（沈建林等，2004）。

酶法提取膳食纤维的工艺条件为：α-淀粉酶加入量 0.2%、酶解时间 40 min、酶解温度 70℃；木瓜蛋白酶加入量为 0.1%、酶解时间 40 min、酶解温度 45℃（陈军等，2007）。

（2）酚类。

利用螯合剂辅助提取香蕉皮多酚的工艺最佳提取条件：添加螯合剂六偏磷酸（SHMP）1.02%，提取温度 70℃，乙醇体积分数 60%，时间 60 min，在此优化提取条件下，多酚提取率可达 1.42%（赵国建等，2012）。

香蕉皮单宁的最佳提取工艺条件为：用丙酮-水体系（6∶4）作为提取剂，液料比 14∶1（mL/g），温度 40℃，10 h，单宁提取率为 0.91%（鲍金勇等，2005）。

2）产品开发

（1）香蕉酒。

香蕉酒的生产工艺流程：香蕉→清洗→去皮→打浆→调整成分→发酵→压滤→后酵→调配→陈酿→装瓶→果酒。主要技术参数：在香蕉果肉中加入果肉重 50%的水，以及 0.1% H_2SO_3、0.01%维生素 C、3%果胶酶液，3%果胶酶液；用捣碎机捣烂，静置 4～5 h，调糖至 25%，调酸至 0.5%；加入 5%果酒酵母种子液，28～30℃下发酵 5 d，压滤出新酒液，下胶澄清，补糖调酒度，封坛陈酿（黄发新等，1999）。

（2）香蕉醋。

香蕉醋的制备工艺流程为：香蕉→剥皮→打浆→加果胶酶等调配→脱胶→酒精发酵→调酒精度→醋酸发酵→过滤加盐→灭菌→陈酿。主要技术参数：香蕉∶水为 1∶1.5（g/mL），糖度为 14%、酵母菌（*Sacc haromyces cerevisiae* Ym2011，Ym2035）接种量为 5%；酒度调整为 9°；醋酸菌（*Acetobacter rincens* Ym1001、*Acetobacter* sp. Ym1002、*Acetobacter* sp. Ym1003）接种量为 10%、发酵温度 25℃，可得到酸度在 6.47%、口感纯正、香味浓郁、风味协调的浅黄色新型果醋（杨晓红等，2001）。

（3）香蕉酸奶。

香蕉酸奶的工艺流程为：香蕉去皮→打浆护色→均质→灭菌→接种→灌装→

发酵→冷却后熟→成品。主要技术参数：香蕉最佳护色工艺为 100℃，热烫 8 min 后加入 0.2%柠檬酸、0.1%半胱氨酸及 0.1%维生素 C 混合打浆；凝固型香蕉酸奶的最佳配方为：乳酸菌用量 5%，脱脂奶粉用量 12%，香蕉浆用量 6%，蔗糖用量 6%。产品清香爽口、凝乳均匀、酸甜适当、营养丰富、风味独特，在 4℃下可储存 9 d。通过果蝇生存试验证实，该酸奶具备延缓衰老的功效（赵为，2010）。

（4）香蕉果酱。

香蕉果酱的工艺流程为：原料选择→清洗→预处理→热烫→护色→打浆→预煮→配料→加热浓缩→装罐封口→杀菌→冷却→成品。主要技术参数：香蕉果肉用沸水热烫 5 min，每 100 g 香蕉果肉用 $NaHSO_3$（0.05%）和维生素 C（0.1%）混合溶液护色 8 min，加入白砂糖 45 g、柠檬酸 0.7 g、羧甲基纤维素 1.7 g、山梨酸钾 0.05 g（叶伟娟等，2010）。

（5）香蕉片。

香蕉片的制备工艺流程为：香蕉去皮、去络等→切片→称重→装盘→单层→分别插上温度感应器并置于冰箱（或超低温冰箱）中预冻→设置冻干参数→冷冻干燥至恒重→曲线保存、出仓→称重→检测→密封保存。主要技术参数：香蕉片物料厚度取 5～7 mm，成熟度 7～8 分熟，采用速冻方法冻结，加热板温度 0℃，干燥室真空度控制在 70 Pa，采用 L-半胱氨酸护色（庄远红等，2011）。

（6）香蕉粉。

香蕉粉的制备工艺流程：香蕉汁→调配（添加麦芽糊精和阿拉伯胶）→30 MPa 均质→喷雾干燥→冷却→包装。主要技术参数：进风温度为 170.0℃、热空气流量为 36.08 m^3/h、压缩空气流量为 489.70 L/h 时，出风温度为 76～80℃，产品得率达 44.28%，所制备的香蕉粉含水率低于 5%（陈启聪等，2011）。

4.6.4　番木瓜

1. 概述

番木瓜（*Carica papaya*）也称木瓜、万寿瓜，为番木瓜科（Caricaceae）多年生草本植物，属热带、亚热带果树的果实。番木瓜原产于南美洲，17 世纪传入我国，为我国南方名优水果。番木瓜在世界热带、亚热带地区均有分布。

番木瓜鲜果具有丰富的营养和食疗保健价值，有健脾胃、助消化、通便、清暑解渴、解酒毒、降血压、解毒消肿、通乳、驱虫等功效（刘思等，2007）。

2. 生理活性物质

1）糖类

番木瓜果肉中多糖含量为 2.89%，其中酸性多糖为果胶，中性多糖为杂多糖，由鼠李糖（10.12%）、阿拉伯糖（11.02%）、半乳糖（23.08%）、葡萄糖（28.75%）、甘露糖和木糖（24.43%）、果糖（2.61%）组成（潘慧芳，2010）。还分离出 4 个糖的衍生物：乙基 *α*-D-果糖苷、乙基 *β*-D-果糖苷、苄基 *β*-D-葡萄糖苷、2-*O*-*β*-D-葡萄糖苷-3, 6-二羟乙基-5-苯基-1, 4-二氧己基-2-醇（黄娟娟等，2011）。

2）酚类

番木瓜中酚类物质包括：咖啡酸含量为 0.25 mg/g（干叶）、*p*-香豆酸含量为 0.33 mg/g（干叶）、儿茶酸为 0.11 mg/g（干叶）、5, 7-二甲基香豆素为 0.14 mg/g（干叶）（肖健和谭恩灵，2012）。

3）黄酮

番木瓜中含有丰富的黄酮类物质，研究者测定了番木瓜中总黄酮的含量，结果表明，番木瓜中黄酮的平均含量为 5.07%（王文平等，2005）。

4）萜类

据报道，番木瓜中的萜类化合物有齐墩果酸（oleanolic acid）（都述虎，2003）、熊果酸、3-*O*-乙酰熊果酸（3-*O*-acetylursolic acid）（Talapatra et al.，1981）、羟基熊果酸、香豆酰基白桦脂酸、3-*O*-乙酰坡模醇酸（3-*O*-acetylpomolic acid）（Guangyi et al.，1989）、桦木酸（betulinic acid）、羽扇三醇等 20 余种五环三萜化合物（汪修意等，2013）。

5）色素

番木瓜果实中含隐黄素、蝴蝶梅黄素、*β*-胡萝卜素、*δ*-胡萝卜素和隐黄素环氧化物等色素，是天然食用色素的良好来源。果实成熟期间，胡萝卜素的含量从 0.3 mg 增加到 20 mg（袁志超和汪芳安，2006）。

6）维生素类

果实成熟期间的番木瓜维生素 C 的含量从 42 mg 增加到 55 mg，维生素 B_1 为 0.025～0.030 mg，维生素 B_3 为 0.238～0.399 mg（袁志超和汪芳安，2006）。

7）蛋白质

木瓜蛋白酶（papain）是由未成熟番木瓜的新鲜乳汁经干燥而得，其中至少含有 4 种酶类：木瓜蛋白酶（papain）、木瓜凝乳蛋白酶（chymopapain）、木瓜蛋白酶 Ω（papayaproteinase Ω）、木瓜凝乳蛋白酶 M（chymopapain M）（Bernard et al.，1995）。此外，从番木瓜中可以分离出 1 种能溶解纤维蛋白的蛋白水解酶，该蛋白由 212 个氨基酸缩合而成，相对分子质量 21 000～27 000，该酶在体外可激活纤溶酶原或直接降解纤维蛋白从而溶解血栓，以尿激酶为标准，标定该蛋白纤溶活性为 17.85 IU/mL（宾石玉和盘仕忠，1996；孟爱霞等，2012）。

8）矿质元素

据报道，番木瓜钙元素含量为 17.5～18.3 mg，磷元素含量为 11.8～15.5 mg，铁含量为 0.25～0.42 mg（袁志超和汪芳安，2006）。

3. 生理功能

1）抗氧化

番木瓜提取液体外给药能明显抑制 H_2O_2 所致红细胞溶血，并抑制小鼠肝匀浆自发性或 Fe^{2+}-维生素 C 诱发的脂质过氧化反应，对 H_2O_2 所产生的羟自由基也有直接的清除作用，并可提高大鼠血浆超氧化物歧化酶活力（栾萍等，2006）。

2）防治心血管疾病

流行病学数据显示，经常食用番木瓜果可降低血压和改变血脂，减少自由基和胆固醇引发的疾病（Rahma et al.，2004）。研究表明，未成熟番木瓜的乙醇提取物对患高血压小鼠的平均动脉压有显著抑制作用，28%乙醇提取物的抑制作用比肼苯哒嗪（hydralazine）还要强（Eno et al.，2000）。

3）抗肿瘤

据报道，番木瓜含有的异硫氰酸苄酯（benzylisothiocyanate，BITC）是公认的防癌抗癌成分，番木瓜种子提取物中 BITC 的浓度达到 5 μmol/L（相当于 0.745 mg/L）时，对肝癌 HepG2 细胞、肺癌 A549 细胞、乳腺癌 MFC-7 细胞、大肠癌 HCT-8 细胞、宫颈癌 HeLa 细胞和前列腺癌 DU-145 细胞的生长抑制率均达到 70%以上，其中，HepG2 最敏感（周骊等，2012）。此外，番木瓜中硫代葡萄糖苷及其水解产物都具有较强的抗癌活性（McNaughton et al.，2003）。

4）抗菌消炎

未成熟番木瓜的果肉、种子及果汁均具有抗菌作用。据报道，成熟与未成熟的番木瓜提取物对 *S.aureus*、蜡状芽孢杆菌（*B. cereus*）、*E. coli*、*P. aeruginosa* 和 *S. Flexneri* 均具有显著的抑菌作用（Emeruwa et al.，1982）。番木瓜的水提物能有效促进糖尿病大鼠伤口的愈合（Nayak et al.，2007）。腹腔注射含量为 99.31%的木瓜蛋白酶，对角叉菜胶引起的大鼠足趾肿胀有显著的抑制作用（王丽彬等，2008）。

4. 高值化利用现状

1）活性物质的提取制备

（1）糖类。

微波协助提取番木瓜的果胶最佳工艺条件: pH 为 2.0, 料液比为 1∶25(g/mL)，辐射功率为 460W，辐射时间为 30 s，果胶产率达 20%（杨明等，2012）。

（2）黄酮。

番木瓜黄酮的最佳提取条件：以无水甲醇作为提取溶剂，料液比 1∶100（g/mL），温度 70℃，时间 5 h，在最佳工艺条件下提取率可达 4.27% DW（陈翠等，2012）。

（3）萜类。

番木瓜中齐墩果酸的最佳提取条件为：采用无水乙醇提取，料液比 1∶16（g/mL）、温度 53℃、时间 45 min，在此条件下，齐墩果酸含量可达 0.14% DW（孟祥敏和殷金莲，2012）。

番木瓜中熊果酸的最佳提取条件为：以无水乙醇为提取溶剂，料液比 1∶25（g/mL），时间 30 min，在最佳条件下，齐墩果酸含量可达 0.33% DW（冯华等，2011）。

（4）色素。

番木瓜中类胡萝卜素提取的最佳提取条件：95%乙醇，料液比 1∶13（g/mL），温度 35℃，时间 100 min，再用石油醚对所剩滤渣进一步提取，得番木瓜果肉中总类胡萝卜素含量为 (73.3±80) μg/g FW（郭鹏飞等，2009）。

2）产品开发

（1）番木瓜果酒。

番木瓜果酒的酿造工艺流程为：番木瓜→清洗→去皮籽→打浆（SO₂）→静置澄清→调整成分（酸、白砂糖、酵母菌）→发酵→陈酿→过滤→杀菌→成品。主要技术参数：固液比为 1∶1.5（g/mL），装瓶量为 91%，接种量为 0.10%，发酵时间为 6 d。在此条件下制得的番木瓜果酒金黄透明，香气浓郁，具有番木瓜的独特风味（赵翾等，2010）。

（2）番木瓜果汁。

番木瓜果汁工艺条件为：原料选择→清洗消毒→蒸汽处理→冷却→切分去籽→打浆→过滤→胶磨→调配→均质→脱气→一次杀菌→罐装→封口→二次杀菌→冷却→成品。主要技术参数为：饮料中原果汁含量为 25%～35%，配以白砂糖 10%、柠檬酸 0.1%并辅以黄原胶 0.025%和羧甲基纤维素钠 0.03%作为稳定剂组合，添加 0.05%的抗坏血酸抗氧化剂加以调配（谌素华等，2005）。

（3）番木瓜果奶。

番木瓜果奶制作工艺流程为：番木瓜→分洗→清洗→去皮、切分、去籽→破碎→热烫→微磨→均质→脱气→杀菌→番木瓜浆→制成溶胶（鲜牛乳、蔗糖）→柠檬酸→调配→均质→高温瞬时杀菌→成品。果奶的最佳配方为：番木瓜浆量 30%，奶粉量 2%，白砂糖量为 8%，柠檬酸量 0.1%，净化水 60%（张雁等，2005）。

（4）番木瓜果脯。

低糖番木瓜果脯的工艺流程为：番木瓜挑选→清洗→去皮→切分→硬化→漂洗→热烫→一次抽真空渗糖→二次抽真空渗糖→沥糖→烘干→包装。主要技术参数：采用二次抽真空渗糖，第一次用含糖量为 30%的糖液，在 0.09 MPa 的真空度下处理 20 min，然后在常压下浸 1～1.5 h；第二次用含糖量为 50%的糖液，在相同真空度下处理 20 min，然后在常压下浸 4 h（吴青等，1998）。

4.6.5 番石榴

1. 概述

番石榴（*Psidium guajava* L.）俗称鸡失果或拔子，为桃金娘科番石榴属的常绿灌木或小乔木的果实。果实呈圆形至椭圆形，颜色乳青至乳白，极其漂亮，果较大，果肉脆，不易软化。番石榴原产美洲热带地区，300 多年前传入我国，目前引种栽培的省份有广东、广西、福建、海南、台湾，另外，云南、贵州和四川的一些地方也有栽培（刘建林等，2004）。

番石榴营养丰富，可增加食欲，促进儿童生长发育（王波和刘衡川，2005）。此外，许多研究还发现番石榴具有抗老化、加强心脏健康，控制高血压和胆固醇等功效（Jimenez et al.，2001）。

2. 生理活性物质

1）糖类

番石榴果实总糖含量为 4.3%～9.0%，糖类主要包括果糖、葡萄糖、蔗糖等，其中果糖含量为 3.4%、葡萄糖 2.8%、蔗糖 0.3%（刘建林等，2004）。

2）酚类

番石榴果肉中总酚含量为 (309 ± 6.81) mg/100 g，主要有没食子酸、绿原酸、阿魏酸、咖啡酸、根皮苷、原儿茶酸、山奈素等 7 种多酚类物质（Calderón et al.，2011；曹增梅，2013）。

3）萜类

目前，从番石榴果实中共分离鉴定出 9 种三萜类化合物，分别为乌苏酸、1β，3β-二羟基乌苏烷-12 烯-28 酸、2α，3β-二羟基-12-烯-28-乌苏酸、3β，19α-二羟基-12-烯-28-乌苏酸、19α-羟基-12-烯-28-乌苏酸-3-O-α-L-阿拉伯吡喃糖、3β，23-二羟基-12-烯 2-28-乌苏酸、3β，19α，23-三羟基-12-烯-28-乌苏酸、2α，3β，19α，23-四羟基-12-烯-28-乌苏酸、3α，19α，23,24-四羟基-12-烯-28-乌苏酸（舒积成等，2009）。

4）维生素

番石榴中含有维生素 C、维生素 A、维生素 B、胡萝卜素等。维生素总含量一般为 250 mg/100 g，其中维生素 C 含量为 200～336.8 mg/100 g，最高可达 1014 mg/100 g，胡萝卜素含量为 0.69 mg/100 g（刘建林等，2004）。

5）矿质元素

不同品种和地区的番石榴所含矿物质的量不同，番石榴果中主要矿物质从高到底依次是 Cu、Zn、Cr、As、Ni、Pb、Cd、Hg，其中 Cu、Zn 含量大于 3 mg/Kg

（黄际薇等，2011）。

3. 生理功能

1）抗氧化

研究表明，番石榴果肉提取物具有显著的自由基清除能力和还原三价铁的能力（Luximon et al.，2003）。此外，番石榴多酚（GP）具有很高的抗氧化性，总抗氧化能力大小为 GP4＞维生素 C＞GP3＞GP2＞PGP＞GGP＞GP1（邝高波和黄和，2014）。

2）防治糖尿病

用番石榴提取物给糖尿病大鼠喂药，可降低大鼠血糖水平（Basnet，1995）。番石榴多糖不仅具有降血糖功能，而且能够明显逆转糖尿病小鼠血清和肝脏中 SOD 和 MDA 含量的异常改变，使糖尿病小鼠的抗氧化水平趋于正常（吴建中等，2007）。番石榴蛋白也具有降血糖作用，对糖尿病小鼠灌胃番石榴果实粗蛋白提取液，7 d 后小鼠血糖明显降低（庄东红等，2011）。

3）增强免疫力

将番石榴提取液作用于健康小鼠，通过检测小鼠胸腺重量、脾脏重量、胸腔吞噬细胞吞噬功能、淋巴细胞转化率和血清血溶素含量，发现番石榴提取液可提高小鼠的免疫能力（赵立香等，2014）。

4）抑菌作用

据报道，番石榴多酚对金黄色葡萄球菌（*S. aureus*）、大肠埃希氏杆菌（*E. coli*）、单增李斯特菌（*L. monocytogenes*）、铜绿假单胞菌（*P. aeruginosa*）、腐败希瓦氏菌（*S. putrefaciens*）和枯草芽孢菌群（*B. subtilis*）具有较好的抑制效果，并且在 pH＝4～5 时抑菌活性最强（邝高波，2014）。

4. 高值化利用现状

1）活性物质的提取制备

（1）酚类。

以乙醇-水作为提取溶剂提取番石榴酚类物质，最佳工艺为：乙醇浓度 58%，提取温度 95℃，提取时间 40 min，料液比为 1∶9（g/mL），提取率为 3.25 mg/g；超声波辅助提取法：超声功率 350 W，乙醇浓度 40%，超声时间 30 min，料液比 1∶30，提取率为 4.65 mg/g（曹增梅，2013）。

（2）黄酮。

微波萃取法提取番石榴黄酮的工艺条件：提取剂 50%乙醇，料液比 1∶40（g/mL），微波功率 300 W，时间 15 min，黄酮提取量可达 55.56 mg/g DW（徐金瑞等，2008）。

2）产品开发

（1）番石榴果酒。

番石榴果酒的生产工艺流程为：果肉打浆后，添加 600 mg/kg 果胶酶水解（酶解温度 50℃，酶解时间 2 h），滤渣后添加焦亚硫酸钾（用量 15 g/100 kg）、蔗糖（调至外观糖度 20%）并调节至 pH 4.0，调整成分后的果汁中接种 11%酵母液，发酵温度 25℃，主发酵和后发酵时间约 9 d，再经陈酿、过滤、调配和杀菌等工艺得到最终成品（于辉等，2008）。

对以客家酒曲为菌种，新鲜番石榴果实为原料制备果酒的发酵工艺条件为：温度 22℃，可溶性糖 22%，客家酒曲溶液（100 g/L）接种量 6%，初始 pH 4.3 时，带渣发酵 10 d，添加食用酒精勾兑酒醪至酒精度为 10%，继续发酵 2 d，过滤后添加蜂蜜 95 g/L 进行调味（杨胜远等，2011）。

（2）番石榴果汁。

番石榴果汁制备的工艺流程：原料挑选→清洗→切分→打浆→加热处理→过滤→调配→离心过滤→均质→加热→装罐→密封→杀菌→冷却→包装→成品。主要技术参数：①用含有 0.1%的漂白粉的净水浸泡 10～15 min，清洗；②用片式热交换器加热浆液到 80～85℃，冷却；③调配至糖度为 12%～13.5%，酸度为 0.20%～0.22%，固形物含量为 1.6%～1.8%；④用 160～180 kPa 压力均质，以改善成品的稳定性和口感；⑤在 30～40 s 内加热至 90℃，然后立即装罐、杀菌、冷却（何金兰，2004）。

（3）番石榴低糖果脯。

制备番石榴低糖果脯工艺流程：原料挑选→清洗、切分、去籽巢→护色→漂烫→真空渗糖 1 空常压浸糖→真空渗糖 2 空常压浸糖→干燥→整形→真空包装。主要技术参数：①番石榴果片放入含有抗坏血酸浓度为 0.1%溶液中，浸泡 30 min，然后用清水漂洗果胚表面数次，再用 95℃的热水热烫 3 min；②用多次渗糖法，第 1 次渗糖：加入适量蔗糖、葡萄、柠檬酸、明胶，用蒸馏水溶解，加热到 40℃左右，把果片倒入，在此温度 0.085 MPa 的真空中浸糖 20 min 后，再常压浸糖 4 h；第 2 次渗糖：方法条件同第 1 次（黄俊生，2012）。

4.6.6 罗汉果

1. 概述

罗汉果（*Siraitia grosvenorii*）是葫芦科多年生藤本植物的果实，别名拉汗果、假苦瓜、光果木鳖、金不换、罗汉表、裸龟巴等（齐一萍和唐明仪，2001）。我国是罗汉果的原产地，现主要栽种于两广、贵州、江西、湖南南部等地区，其中广西的永福、临桂两县为罗汉果的栽培起源中心（何伟平等，2012；黄善松等，2000）。

2008 年我国罗汉果产量达 4 亿多个（张俐勤，2004）。

罗汉果为国家首批批准的药食两用材料之一，而在民间的药用历史已超过 300 年。据《岭南采药录》记载："味甘，理痰火咳嗽，和猪精肉汤服之，或将其鲜品捣烂取汁兑茶饮之治咽喉炎、百日咳，效果甚佳"（萧步丹，2009）。罗汉果味甘、性凉，有清热解暑、润肺止渴作用，临床上可用于治疗高血压、肺结核、哮喘、胃炎、百日咳、急慢性气管炎和急慢性扁桃腺炎等疾病（卢凤来等，2009）。

2. 生理活性物质

1）糖类

已从罗汉果中发现 2 个多糖 SGPS1 和 SGPS2，相对分子质量分别为 430 000、650 000，其中 SGPS1 为酸性杂多糖，组成为鼠李糖（rhamnose，Rha）、阿拉伯糖（arabinose，Ara）、木糖（xylose，Xyl）、半乳糖（galactose，Gal）、葡萄糖（glucose，Glc）和葡萄糖醛酸（glucuronic acid，GlcA），各糖残基的物质的量比为 Rha∶Ara∶Xyl∶Gal∶Glc∶GlcA=1.00∶2.30∶1.40∶9.07∶39.53∶2.46；SGPS2 的单糖组成为鼠李糖、葡萄糖醛酸，各糖残基的物质的量比为 Rha∶GlcA=8.24∶0.99（李俊等，2008；黄翠萍等，2010）。罗汉果果肉中的多糖及总糖含量高于种子中的含量（李琦和肖聪，2008）。

2）黄酮

从罗汉果鲜果中可得到 2 种黄酮苷：罗汉果黄素即山奈酚 3-O-α-L-鼠李糖-7-O-[β-D-葡萄糖基-(1-2)-αL-鼠李糖苷]和山奈酚-3, 7-α-L-二鼠李糖苷（斯建勇，1994）。罗汉果鲜果中总黄酮含量为 5～10 mg/个（陈全斌等，2003）。

3）萜类

罗汉果的主要有效成分是葫芦素烷三萜类化合物，它们有共同的苷元结构，即罗汉果醇（张维等，2014）。目前罗汉果中已发现 11 种葫芦烷三萜类化合物：罗汉果苷Ⅳ、罗汉果苷Ⅴ、罗汉果苷Ⅲ、罗汉果苷ⅡE、罗汉果苷ⅢE、罗汉果苷Ⅵ、罗汉果苷 A、罗汉果新苷、赛门苷Ⅰ、罗汉果二醇苯甲酯、光果木鳖皂苷Ⅰ等（Lu et al.，2012）。其中罗汉果苷Ⅴ是主要成分，其 24 位连接了 5 个糖基，具有甜度高、热量低、热稳定性好等特点（李倩等，2011）。

4）维生素

每 100 g 罗汉果中含有 339～487.52 mg 维生素 C，比一般水果高 5～120 倍（周欣欣，2003）。

5）脂类

罗汉果种仁含有 48.5%油脂，其中不饱和脂肪较多，以角鲨烯（三十碳六烯）为主，占种仁油总量的 51.52%，其次是[z, z]-9, 12-十八碳二烯酸，含量为 23.89%，第三位是 3-羟基-1, 6, 10, 14, 18, 22-二十四碳六烯，含量为 9.58%（陈全斌等，2004）。

6）蛋白质

罗汉果干果中除色氨酸未被检测出外，18 种氨基酸齐全，含量较高的有：谷氨酸（108.2～113.3 mg/kg）、天冬氨酸（93.9～112.5 mg/kg）、缬氨酸（52.5～55.5 mg/kg）、丙氨酸（49.9～66.8 mg/kg）及亮氨酸（48.5～56.7 mg/kg）。蛋白质总含量为 7.1%～7.8%（黎海彬等，2006）。

7）矿质元素

罗汉果的成熟果实中钾（12290 mg/kg）、钙（667 mg/kg）、镁（550 mg/kg）含量较高，其中硒含量达到 0.1864 mg/kg，是粮食的 2～4 倍（黎海彬等，2006；史德芳等，2006）。

8）其他

目前已从罗汉果中分离得到了川芎哚、3-羧基川芎哚、1-乙酰基-β-咔啉、环-(亮氨酸-脯氨酸)、环-(丙氨酸-脯氨酸)、环-(亮氨酸-异亮氨酸)、环-(亮氨酸-缬氨酸)、厚朴酚、山橘脂酸等化合物（黄锡山，2003）。

3. 生理功能

1）抗氧化

罗汉果皂苷水提取物对 Fe^{2+} 和 H_2O_2 诱导的大鼠肝组织过氧化损伤具有保护作用，能减少红细胞溶血的发生（戚向阳等，2006）。此外，罗汉果提取液可明显促进小鼠肝组织 SOD、GSH-Px 活性的升高，显著抑制肝组织 MDA 的升高，有效阻止或抑制机体脂质过氧化，对运动造成的肝组织及其膜性结构损伤有明显的保护作用（姚绩伟等，2008）。

2）减肥

以雄性大鼠为实验对象进行了罗汉果降脂减肥食品的研究，发现在同等进食量 28 d 后，罗汉果降脂减肥品试验组的体重比对照组下降 11.9%、体内脂肪减少 35.7%、血清甘油三酯下降 38.9%、总胆固醇下降 21.2%、低密度脂蛋白胆固醇下降 37.8%（朱晓韵等，2011）。

3）抗肿瘤

用佛波酯（12-O-tetradecanoylphorbol-13-acetate，TPA）诱导建立的小鼠皮肤癌模型发现，罗汉果苷 V 和 11-氧化罗汉果苷 V 均表现出显著的抑制癌变作用（Takasaki et al.，2003）。

4）防治糖尿病

罗汉果提取物和罗汉果苷 V 对胰岛素的分泌有显著促进作用（周英等，2009）。罗汉果提取物对四氧嘧啶诱发的糖尿病小鼠有防治作用，且表现出剂量效应关系，其降血糖的机制可能是与罗汉果苷 V 的抗氧化及消除自由基有关（戚向阳等，2003）。罗汉果皂苷可以降低大鼠血糖和游离脂肪酸含量，并减轻糖尿病发展进程中的氧化应激反应，保护血管内皮，其抗氧化作用可能由抗氧化应激蛋白 HO (heme oxygenase)-1 系统发挥（白玉鹏等，2009）。

　　5）增强免疫力

　　罗汉果甜苷能显著提高环磷酰胺免疫抑制小鼠的巨噬细胞吞噬功能和 T 细胞的增殖作用（王勤等，2001）。罗汉果多糖 SGPS1 可使小鼠胸腺、脾脏等免疫器官重量增加，使小鼠腹腔巨噬细胞吞噬鸡红细胞百分率及吞噬指数增加，提高小鼠血清溶血素水平，增加小鼠淋巴细胞转化率及胸腺、脾脏指数（李俊等，2008）。

　　6）改善胃肠功能

　　已有研究表明，罗汉果水提物不仅对乙酰胆碱或氯化钡所诱导的家兔或小鼠回肠痉挛均有拮抗作用，对肾上腺所致家兔回肠痉挛也有拮抗作用，表明罗汉果具有改善胃肠功能（王勤，2001）。

　　7）抗炎

　　罗汉果提取物具有消炎作用，其抗炎机制是能够有效地抑制脂多糖诱导炎症中的诱生型一氧化氮合成酶（NO synthase，iNOS）的上调和巨噬细胞中环加氧酶-2（cyclooxygenase-2，COX-2）的表达（Pan et al.，2009）。

　　8）活血化瘀

　　罗汉果黄酮对血栓的形成有一定的保护作用，能抑制腺苷-5-二磷酸钠盐诱导的大鼠血小板聚集，延长小鼠的凝血时间，表明罗汉果黄酮具有一定的抗血栓形成、抗血小板聚集、抗凝血等活血化瘀药理作用（陈全斌等，2005）。

　　9）镇咳祛痰

　　罗汉果甜苷的口服剂量大于 15 g/kg 时可以显著降低小鼠的咳嗽次数，增加气管分泌物的量（陈瑶等，2006）。此外，研究罗汉果皂苷 V 对小鼠酚红排泄量和组胺致豚鼠离体回肠及离体气管痉挛的影响，发现罗汉果皂苷 V 具有一定的镇咳、祛痰、解痉活性（刘婷等，2007）。

　　10）抑菌

　　研究发现，变形链球菌（Streptococcus mutans）在含罗汉果浓缩汁培养液中的生长速度和黏附性均显著低于蔗糖（$P < 0.05$），在含罗汉果甜苷的培养液中几乎不生长繁殖，与木糖醇差异不显著（$P > 0.05$），表明罗汉果浓缩汁是一种低致龋性蔗糖替代品，尤其是罗汉果甜苷，可作为保健型高倍甜味剂（赵燕，2010）。

　　11）保肝

　　罗汉果甜苷对 CCl_4 所致小鼠急性肝损伤有保护作用，对 CCl_4 所致大鼠慢性肝损伤有防治作用，并有一定的抗肝纤维化作用（肖刚和王勤，2013）。

4. 高值化利用现状

1）活性物质的提取制备

（1）糖类。

利用超声协助提取罗汉果多糖的最佳条件：提取溶剂为水，料液比为 1∶30（g/mL），在 50℃下超声波提取 5 min，提取 3 次，罗汉果多糖收率可达 13.66 mg/100 g DW（李俊等，2007）。

（2）黄酮。

罗汉果黄酮的最佳提取条件：乙醇浓度为 76.59%、提取温度为 84.29℃、提取时间为 0.76 h，罗汉果黄酮得率为 1.54% DW（崔彬等，2012）。

（3）萜类。

鲜罗汉果提取皂苷的提取条件为：以水为溶剂料液比 1∶10（g/mL），煮沸提取 3 次，澄清剂 $Ca(OH)_2$ 用量为 10%，洗脱液为 50%～70%乙醇溶液，梯度洗脱并收集 40%以上乙醇洗脱液，成品得率 1.41% FW，总苷含量 83.7%、皂苷Ⅴ含量 32.25%（何超文等，2011）。

（4）脂类。

以石油醚为提取溶剂，采用索氏提取法、回流提取、超声波提取罗汉果籽时，其出油率可达 8.05%～11.46% DW，角鲨烯含量达 10.5%～12.5% DW（陈全斌等，2012）。

2）产品开发

（1）罗汉果酒。

制备罗汉果酒的工艺流程为：鲜罗汉果→清洗→去壳→粉碎→过滤去籽→酶解→调糖→调酸→灭菌→接种→主发酵→粗滤、换桶→后发酵→陈酿→澄清→成品。主要技术参数：主发酵前将果浆初始糖度调整为 17%，pH 调整至 3.6，接入活化后的黄酒酵母（安琪）5%，在 22℃下发酵 7 d 左右，所得原酒的残糖含量约 3.8%，酒精含量达 10%，酒体黄褐色，有光泽，果香浓郁，品质最好（杨洪元和蒋向军，2011）。

（2）罗汉果低糖饮料。

罗汉果低糖饮料的制备工艺流程为：原料→挑选→粉碎、过筛→浸提→过滤→罗汉果汁、甜茶提取物→调配→灌装→杀菌→冷却→检验→成品。主要技术参数：罗汉果汁制备工艺为料液比 1∶50（g/mL），提取时间 40 min，提取温度 90℃；甜茶提取液制备工艺为料液比 1∶90（g/mL），提取时间 1 h，提取温度 90℃；罗汉果甜茶复合饮料的配方为罗汉果与甜茶的比例为 3∶1，罗汉果和甜茶混合液所占饮料的比例为 50%，蜂蜜 2%，柠檬酸 0.10%，食盐

0.05%，所制备的罗汉果甜茶复合低糖饮料酸甜可口、色泽香气俱佳（任仙娥等，2009）。

（3）罗汉果乳酸饮品。

罗汉果乳酸饮品的制备工艺流程为：罗汉干果→清洗去尘→破碎→微波浸提→热水浸提→抽滤→原汁→灭菌→调配→发酵→调配→灌装→成品。主要技术参数：采用微波法和 70℃热水二次浸提得原液，发酵乳酸菌杆、球菌比例 1∶4（卜春文和孙金凤，2004）。

（4）罗汉果速溶粉。

以无籽罗汉果鲜果为原料，通过酶解生产鲜罗汉果速溶粉的工艺为：鲜果粗破碎并经胶体磨研磨，添加 0.10 mL/L 植物蛋白酶、0.25 mL/L 果胶酶，在 50℃下酶解 60 min，最后采用进风温度 160℃、入料流量 15 mL/min、喷头转速 20 000 r/min 的操作条件进行喷雾干燥，得到的鲜罗汉果速溶粉品质良好，水分含量低于 3%，总苷含量达 9.96%，甜苷 V 含量达 5.42%（杨洪元等，2011）。

4.6.7　杨桃

1. 概述

杨桃又名三廉、三稳子、洋桃、阳桃、五棱子、五敛子等，成熟时黄绿色至鲜黄色，其横切面如五角星，故国外又称之为"星梨"（谢善梅和申湘忠，2007），一年可多次收获。杨桃原产于东南亚的热带和亚热带地区。据历史考证，杨桃在晋朝时就从马来西亚及越南传入我国，已有 2000 多年的栽培历史。李时珍在《本草纲目》中描述："五敛子出岭南及闽中，闽人呼为杨桃。其大如拳，其色青黄润绿，形甚诡异。上有棱，如刻起作"（李瑞梅等，2007）。因其悬挂枝头而称为"桃"，且因此水果是过洋而来的，故称为"洋桃"，后因笔误称为"杨桃"。杨桃主要分布在我国广东、广西、福建、海南、台湾及云南等省区（戴聪杰和李萍，2010）。杨桃在海南有 10 多个品种，主要有马来西亚香蜜杨桃、台湾蜜丝杨桃，又可分为甜、酸两大类，酸杨桃果大而味酸，称"三捻"，多加工成干果或做菜用；甜杨桃可分为"大花"、"中花"、"白壳仔"三个品系（叶其蓝等，2009）。

杨桃具有较高的营养价值和保健作用。据《本草纲目》载"杨桃具有去风热、生津止渴、解酒毒、止血、拔毒生肌等多种功效"（朱银玲等，2008）。现代研究表明，杨桃中含有较丰富的糖类、有机酸及维生素 C，有生津利尿、解毒、增强机体抗病的能力，对口腔溃疡、咽喉炎症、风火牙痛等均有治疗作用（钱爱萍，2012）。然而，杨桃中含一种兴奋的神经毒素，肾功能衰竭患者应禁食（冯婉贞等，1999）。

2. 生理活性物质

1）多糖

研究发现，杨桃多糖中含有β-D-甘露吡喃糖、α-D-半乳吡喃糖和α-D-甘露吡喃糖 3 种成分（朱银玲和谭竹钧，2008）。

2）色素

杨桃果实的类胡萝卜素总含量为 22 µg/g FW。不同品种果实的类胡萝卜素类型有所不同，主要有六氢番茄红素（17%）、ζ-胡萝卜素（25%）、β-隐黄素（34%）、mutatoxanthin（14%）；此外，还有少量的β胡萝卜素、β-反-8′-胡萝卜素、隐黄素、隐色素、叶黄素（Gross et al.，1983）。

3）挥发类物质

从杨桃的挥发性成分中确定了 56 个成分，其中主要成分为醋酸丁酯、癸酸乙酯和棕榈酸（Pino et al.，2000）。同时，含量最丰富的挥发性物质是邻氨基苯甲酸甲醋（Wilson et al.，1985）。

4）矿质元素

钱爱萍（2012）对香蜜杨桃、红龙杨桃、马来西亚长春杨桃、台湾软枝杨桃和泰国杨桃等 5 种杨桃的矿质元素含量进行了测定，杨桃鲜果中含有丰富的矿物质，其中磷、钾的含量较高，特别是钾的含量最高，在 5 个品种中的含量为 1249～1374 mg/kg，其次是磷的含量，在 5 个品种中的含量为 259～271 mg/kg。

5）有机酸

杨桃果实的有机酸主要是草酸、苹果酸，其中草酸含量最高。杨桃果实（鲜果）的水溶性草酸含量为 0.29～305.03 mg/100 g，酸溶性草酸含量为 126.13～620.88 mg/100 g（钟云等，2009）。

6）维生素

杨桃果实富含维生素 C、维生素 B_1、维生素 B_2 等，其中维生素 C 含量为 14～50 mg/100 g FW（Wagner et al.，1975）。

3. 生理功能

1）抗氧化

Titov（2007）比较了杨桃、菠萝蜜、番荔枝、莲雾、橄榄、毗黎勒 6 种果实的无水乙醇提取物清除 DPPH 自由基的能力，发现杨桃的无水乙醇提取物表现出最强的清除 DPPH 自由基能力。

2）防治糖尿病

黄桂红等（2009）利用链脲佐菌素选择性地破坏小鼠胰岛 B 细胞，使机体内胰岛素分泌不足，使血糖值持续稳定升高而建立糖尿病模型，经杨桃根多糖治疗 14 d 后，高剂量组可明显缓解糖尿病小鼠体重的减轻、提高糖尿病小鼠存活率趋势；同时杨桃根多糖高、低剂量组对改善糖尿病小鼠的高血糖状态均有良好的作用。

4. 高值化利用现状

1）活性物质的提取制备

（1）杨桃多糖。

杨桃多糖的提取工艺：原料→干燥→粉碎→加入 2 倍体积（100 mL）的氯仿：甲醇（2:1）→水浴回流脱脂→残渣→乙醇水浴回流→残渣→水浴中回流提取→合并三次滤液→粗提液→旋蒸浓缩至原体积的 1/6→冷却→加入 6 倍体积的 95% 乙醇→沉淀→离心→洗涤→冷冻→真空干燥→粗品（朱银玲和谭竹钧，2008）。多糖的纯化主要是去蛋白，工艺流程：多糖粗品→溶于蒸馏水→调整 pH 为 7→加入胰蛋白酶→保温 1.5 h→加入 Sevag 试剂→絮状凝聚物→离心 15 min→除去沉淀→重复直至无凝聚物生成→溶液加入无水乙醇 100 mL→静置过夜→离心→干燥→纯多糖→层析纯化（朱银玲和谭竹钧，2008）。

（2）酚类。

利用乙醇提取杨桃果实的多酚的工艺条件：提取溶剂为 60%乙醇、料液比 1:2（g/mL）、提取温度 55℃、提取时间 60 min，多酚提取量大于 3.9 mg/g FW（李群梅等，2010）。微波法提取杨桃渣中多酚的工艺条件：杨桃渣→冻干→粉碎、过筛→称取 0.5 g→按比例加入提取溶剂→微波提取→3000 r/min 离心 10 min→60℃下旋转蒸发→成品，主要技术参数为：乙醇浓度 50%，物料颗粒 30 目，液料比 1:70（g/mL），微波功率 700 W，提取时间 60 s，在此条件下从杨桃渣中提取的多酚浓度可达 18.725 mg/g DW（吕群金等，2009）

2）产品开发

（1）杨桃果酒。

杨桃果酒的工艺流程：杨桃→挑选→加偏重亚硫酸钾→清洗→破碎→榨汁→分离→果汁→调整成分→加酵母→主酵母→转罐→后发酵→调酒度→陈酿→澄清→装瓶。主要技术参数：杨桃果汁含糖量调整为 17%，发酵液温度控制为 20℃，每百毫升果酒以 25 mL 蒸馏酒（25 度）调整酒度至 12.5 度（v%）；产品具有杨桃果实的清香，酒香纯正，甜酸适度，口味柔和清爽（董华强，1999）。

（2）杨桃果汁饮料。

杨桃果汁乳饮料的工艺流程：杨桃清洗→修整→护色（烫漂）→打浆→过滤→滤液（杨桃汁）→调配→均质→灌装→杀菌→冷却→检验→产品。主要技术参数：杨桃汁 10%+鲜牛奶 8%+柠檬酸 0.4%+白砂糖 15%为产品的最佳配比；酸甜比 1:31。产品具有果汁和牛奶混合后的应有色泽，奶香浓郁，均匀细腻，有相应的果汁风味（程维蓉，2008）。

（3）杨桃果脯。

脆香杨桃脯加工过程中采用低温而高于酶纯化或破坏的临界温度处理防褐，采用合适的络合剂减少游离金属离子的含量，添加抗氧化剂，保持香气，防止变色。采用真空包装，辅以紫外线消毒，能有效防止果脯氧化变质，减少微生物的污染，延长保质期。利用该方法生产的杨桃果脯，有光泽，均匀一致，清甜香脆干爽，口感好，化渣，有杨桃典型香味（李万颖，2002）。

4.6.8 榴莲

1. 概述

榴莲（*Durio zibethinus* Murr.）是属木棉科热带落叶、乔木植物的果实，又名韶子。榴莲名来源于马来语"duri"，意思是"带刺的东西"，因为果实覆盖着锐刺而得名。榴莲在完熟时会发出不喜人的气味，但榴莲仍以这种浓郁的香味和风味而出名（青莲，2005）。印度和马来西亚是榴莲的原产地，后传入菲律宾、斯里兰卡、泰国、越南和缅甸等国，在泰国最负盛名，有"水果之王"的美称。我国广东、广西、海南、云南南部和台湾南部也有小量栽培，品种有金枕头、差尼、长柄、谷夜套（范士忠，2010）。

榴莲可强身健体，健脾补气，补肾壮阳，属滋补有益的水果。《辞海》和《本草纲目》记载榴莲"可供药用，味甘温，无毒，主治暴痢和心腹冷气"（黄循精，2004）。现代医学表明，榴莲营养成分丰富，具有强壮补益、活血散寒、缓解经痛、改善腹部寒凉等保健价值（李冬梅和尹凯丹，2009）。

2. 生理活性物质

1）脂类

对榴莲的种籽、种皮、内果皮及外果皮的饱和脂肪酸和不饱和脂肪酸含量的研究表明，饱和脂肪酸主要有十二碳酸、十四碳酸、十六碳酸、十八碳酸、二十碳酸及二十二碳酸等饱和脂肪酸，其中十六碳酸含量最高，在 4 个部位的含量分别为 26.99%、46.22%、41.12%和 25.41%；十八碳酸含量分别为 1.36%、1.55%、3.27%和 3.20%。此外，在内果皮中还含有 0.50%的二十碳酸，外果皮中含有 1.54%的二十二碳酸。

在不饱和脂肪酸中，以 9,12-十八碳二烯酸（E,E）为主要的不饱和脂肪酸，并普遍存在于种籽、种皮、内果皮及外果皮中，占比分别为 11.49%、10.12%、8.03%、16.28%。种籽中含有高达 68.61%的不饱和脂肪酸，除 9,12-十八碳二烯酸（E,E）外，榴莲种籽中还含有十八碳二烯酸（双键位置不详）、十九碳二烯酸、16-十八碳烯酸和 9, 12, 15-十八碳三烯酸（r-亚麻酸），占比分别为 20.13%、14.77%、8.17% 和 8.17%。榴莲的种皮、内果皮、外果皮中的不饱和脂肪酸略少于种籽，分别约占 48.98%、51% 和 56.37%（刘倩等，1999a）。

2）蛋白质

榴莲中氨基酸的种类齐全，含量丰富，包括：谷氨酸、天冬氨酸、亮氨酸、脯氨酸、赖氨酸、精氨酸、甘氨酸、缬氨酸、苯丙氨酸、丝氨酸、异亮氨酸、苏氨酸、丙氨酸、胱氨酸、酪氨酸、组氨酸和蛋氨酸，含量分别为 6760 μg/g、2830 μg/g、1780 μg/g、1680 μg/g、1460 μg/g、1380 μg/g、1380 μg/g、1190 μg/g、1020 μg/g、1000 μg/g、870 μg/g、870 μg/g、820 μg/g、750 μg/g、490 μg/g、450 μg/g 和 200 μg/g（刘冬英等，2004）。

3）矿质元素

榴莲果中含有人体必需的矿质元素，其中 K 和 Ca 的含量特别高（叶琼兴等，2006）。榴莲中矿质元素含量的测定结果表明：榴莲中钾的含量最多，为 4530 μg/g，其次是钙的含量，为 2170 μg/g，锌 256 μg/g、镁 214 μg/g、钠 136 μg/g、铁 41 μg/g、锰 11 μg/g、铜 11 μg/g（刘冬英等，2004）。

4）维生素

榴莲果含有丰富的维生素 C、维生素 A、维生素 B$_1$、维生素 B$_2$ 和 β-胡萝卜素，其中维生素 C 含量最高，为 890.0 μg/g；其次为维生素 A，为 3.86 μg/g，维生素 B$_2$ 为 0.90 μg/g、β-胡萝卜素为 0.18 μg/g、维生素 B$_1$ 为 0.10 μg/g（刘冬英等，2004）。

5）挥发性物质

（1）果皮组分。

榴莲果皮分内果皮和外果皮，组分中均以酯类和酸类为主；榴莲果皮中的挥发性组分有 124 种化合物，其中主要的化学成分为：十九烷（5.40%）、十八烷（5.09%）、十七烷（4.22%）、二十烷（3.95%）、11-丁基-二十二烷（3.78%）、二十九烷（3.68%）、二十七烷（3.63%）、二十二烷（2.84%）、3, 5-二羟基-苯甲酸（2.65%），鉴出率占全油的 95.97%（张继等，2003）。进一步研究发现，在榴莲内果皮所鉴定出的 49 种主要的化合物中，主要成分分别为 13-十八烯酸甲酯（18.64%）、棕榈酸（16.96%）、棕榈酸甲酯（10.41%）、邻苯二甲酸二（2-甲基）丙酯（6.77%）、亚油酸甲酯（5.51%）等；榴莲外果皮中鉴定出 14 种主要的化合物，主要成分为 2-甲基丁酸乙酯（17.21%）、十八碳烯酸（16.77%）、棕榈酸乙酯（14.91%）、油酸乙酯（12.52%）、棕榈酸（9.79%）、二乙基二硫醚（4.31%）等。（张博等，2012）。此外，榴莲果皮中的挥发性组分以酯类化合物为主，含量以丙酸乙酯最高，占比为 47.37%，接近果皮挥发物总含量的半数（张弘等，2008）。

（2）果肉组分。

榴莲果肉以含硫化合物和酸类化合物为主，主要成分为二烯丙基三硫醚（26.83%）、棕榈酸（15.24%）、二烯丙基二硫醚（10.8%）、二烯丙基四硫醚（5.48%）、S-三聚硫代甲（5.24%）等。以含硫化合物与酸类化合物为主分别占挥发油总含量的 50.79% 和 19.2%（张博等，2012）。此外，果肉的气味组成中还包含有酯类物质，如 2-甲基-丁酸甲酯（0.48%）、丁酸乙酯（0.47%）、丙酸丙酯（0.38%）、2-甲基-丁酸乙酯（9.73%）、十六酸乙酯（1.51%）等（刘倩等，1999b）。

3. 生理功能

1）抗氧化

榴莲中富含有黄酮、多聚糖凝胶、花青素、黄烷醇等有效成分，因此均有较好的抗氧化性能。研究表明，榴莲壳中黄酮类物质清除超氧阴离子的能力为 20.33%～40.32%，清除羟自由基的能力为 32.45%～40.32%，清除亚硝酸盐的能力为 53.66%～89.58%（李娜，2011）。榴莲皮中的提取物可以有效地降低拘束负荷诱发应激性肝损伤小鼠血浆 MDA 水平，对肝组织 STI 含量也有一定程度的改善作用（洪军等，2014）。

2）止咳作用

榴莲壳提取物（DSE）对小鼠的止咳作用有显著疗效。DSE 不仅能有效延长咳嗽的潜伏期，而且可以显著降低小鼠的咳嗽量，具有良好的镇咳效果。此外，榴莲壳提取物也可以很好地抑制由于二氧化硫引起的小鼠咳嗽的潜伏期及咳嗽次数，这表明榴莲壳提取物对化学性刺激物质引起的支气管黏膜感受器有较好的抑制作用（吴敏芝等，2010）。

3）镇痛作用

醋酸致小鼠扭体反应及热板法实验结果表明，榴莲壳提取物（DSE）能明显抑制醋酸所致小鼠的扭体反应的潜伏期及扭体次数，但不影响热板法所致的疼痛阈值，DSE 对化学刺激所致的疼痛抑制作用优于物理性所致的疼痛抑制作用（吴敏芝等，2010）。

4）消炎作用

动物实验研究表明，榴莲提取物（DSE）对 2,4-二硝基氟苯（2,4-DNFB）所致小鼠变应性接触性皮炎有一定的抑制效果，且量效关系良好；不同剂量组 DSE 对棉球引起的小鼠皮下肉芽肿增生慢性炎症也有显著的抑制作用（谢果等，2015）。

5）抗菌

榴莲中的活性物质在抑菌方面也有一定的作用，但抑菌活性的强弱具有选择性。采用二倍稀释法观测榴莲提取物（DES）对 4 种常见细菌的作用效果，结果表明 DSE 仅对绿脓杆菌（*P. aeruginosa*）有抑制效果（吴敏芝等，2010）。进一步的实验结果发现，浓度为 1.25～10 mg/mL 的 DES 对金黄色葡萄球菌（*S. aureus*）和绿脓杆菌（*P. aeruginosa*）有较强的抑制能力，但对大肠杆菌（*E. coli*）和巨大芽孢杆菌（*Bacillus megaterium*）均无抑制作用（洪军等，2014）。

6）抗亚硝化反应

亚硝胺是目前所知道的最强的化学致癌物之一，能引起人和动物的胃、肝脏等多种器官的恶性慢性肿瘤（许钢和张虹，2001）。榴莲壳中以丙酮为浸提剂的组分中能有效阻断 NDMA 合成，说明该有效活性成分主要是具有较强极性的物质（陈纯馨等，2005）。

7）对重金属的吸附作用

榴莲壳内的高酯果胶、低酯果胶及黄酮可吸附重金属，但榴莲壳内皮中提取物果胶及黄酮对不同重金属元素吸附作用具有差异，对铅吸附能力为：高酯果胶＞低酯果胶＞黄酮；对镉的吸附能力：低酯果胶＞高酯果胶＞黄酮（王晓波等，2012）。

8）护肝

榴莲壳醇提物对拘束负荷诱发小鼠应激性肝损伤具有一定的保护作用，其作用机制可能与清除自由基和减少拘束负荷小鼠氧化应激水平有关（谢果等，2008）。

4. 高值化利用现状

1）活性物质的提取制备

（1）糖类物质。

微波提取榴莲壳中多糖类的最优条件为：提取溶剂为水，料液比 1∶30（g/mL），微波功率 450 W，提取时间 6 min，提取次数为 1 次，多糖含量平均值为 17.02% DW（王章姐，2012）。

榴莲皮膳食纤维提取工艺流程：榴莲皮粉→接种菌种→固体发酵→洗涤→干燥→质量检测。通过以保加利亚乳杆菌和嗜热链球菌为菌种进行发酵生产膳食纤维的最优条件为：接种量 10.5%、发酵时间 22.0 h、发酵温度 38.3℃，可获得最高膳食纤维产量为 29.50%（李家洲，2012）。

（2）黄酮类物质。

不同的提取方法对总黄酮的提取率有很大的区别，在最佳提取条件下，通过乙醇回流提取法和超声波提取法提取榴莲皮中的总黄酮含量分别为 21.9306 mg/g 和 30.0046 mg/g（李娜，2011）。此外，以 70%乙醇为溶剂对榴莲壳中的黄酮类物质进行提取，其总黄酮含量仅为 8.31 mg/g（吴静姝等，2014）。

2）产品开发

密闭式发酵法可将榴莲果肉与菠萝果汁一起发酵，酿制出融榴莲和菠萝香味于一体、风味独特的榴莲菠萝果酒。榴莲果酒的一般工艺流程为：菠萝→洗净→去皮→榨汁→过滤→滤液→果汁成分调整→主发酵→换瓶→后发酵→陈酿→换瓶（2~3 次）→下胶澄清→装瓶（成品）。通过进一步的工艺条件筛选，确定了在卡因菠萝品种果酒中榴莲添加量为 1∶30 以上，在菲律宾菠萝等果酒中，则添加 1∶30 为最佳量，以 22%含糖量酿制榴莲菠萝果酒为最佳（董华强等，1999）。

此外，根据榴莲、芒果的香味和风味特点，以榴莲和芒果双果发酵得到榴莲芒果原酒，并采用白酒浸泡榴莲和芒果得到浸泡榴莲芒果原酒，然后对两者进行调配，酿造出品质上乘的榴莲芒果果酒（叶琼兴等，2006）。

参 考 文 献

白立敏，王晓杰，辛秀兰，等.2008. 红树莓总黄酮的提取纯化及含量测定. 湖北农业科学，47（11）：1328-1330

白雪莲，岳田利，章华伟，等.2010. 响应曲面法优化微波辅助提取苹果渣多酚工艺研究. 中国食品学报，10（4）：169-177

白雪莲.2011. 苹果渣多酚分离鉴定与体外抗氧化和抗炎活性初步研究. 西安：西北农林科技大学硕士学位论文

白玉鹏，李娜，顾晔.2009. 罗汉果皂苷提取物对实验性糖尿病大鼠的血管保护作用及机制. 上海医学，32（5）：400-406

鲍建峰，吴晓琴.2010. 香榧假种皮中总多酚的超声提取工艺研究. 食品工业科技，31（11）：293-295

鲍金勇，梁淑如，赵国建，等.2005. 香蕉皮单宁的提取工艺及其与褐变关系的研究. 食品研究与开发，26（6）：3-6

鲍晓华.2001. 青芒果罐头的研制. 食品工业科技，22（1）：65-66

毕海丹.2006. 酿酒葡萄皮渣中反式白藜芦醇的提取纯化及其抗氧化性的研究. 哈尔滨：东北农业大学硕士学位论文

边梅娜，白红进，曾红，等.2013. 赤霞珠葡萄籽油的提取及脂肪酸成分分析. 食品科学，34（16）：297-300

宾石玉，盘仕忠 .1996. 木瓜蛋白酶在生长猪日粮中的应用. 粮食与饲料工业，（7）：24-26

薄海波，秦榕.2008. 沙棘果油与沙棘籽油脂肪酸成分对比研究. 食品科学，29（5）：378-381

卜春文，孙金凤.2004. 罗汉果在酸奶中的应用研究. 食品科技，（2）：72-74

卜庆雁，周晏起.2010. 浅析蓝莓的营养保健功能及开发利用前景. 北方园艺，8：215-217

蔡长河，唐小浪，张爱玉，等.2002. 龙眼肉的食疗价值及开发利用前景. 食品科学，23（8）：328-330

蔡健.2005. 浅谈香蕉的保健作用. 食品与药品，7（3）：65-67

曹彦清.2010. 低糖桃酱加工工艺的研究. 农产品加工，（11）：75-76

曹莹莹，张爱萍，孟兆刚，等.2008. 樱桃罐头生产工艺研究. 甘肃农业大学学报，43（6）：131-134

曹增梅.2013. 番石榴多酚的提取分离及保鲜应用研究. 湛江：广东海洋大学硕士学位论文

陈宝，南江，王星，等.2010. 松子的开发与利用. 现代农业科技，20：160

陈纯馨，陈忻，刘爱文，等.2005. 榴莲壳提取液抗亚硝化反应的研究. 食品科技，（2）：89-91

陈翠，熊德琴，李春晖.2012. 木瓜中总黄酮提取最佳工艺的研究. 广东石油化工学院学报，22（1）：15-18

陈根洪，周志.2005. 杨梅酒渣制杨梅脯加工工艺的研究. 中国林副特产，3：47-49

陈和生，孙振亚，李汉东，等.2002. 罗田板栗多糖的分离纯化及成分. 中国药学杂志，37（1）：63-64

陈红滨，刘秀坤.1990. 红松籽仁中氨基酸组成与含量. 东北林业大学学报，18（6）：94-98

陈红梅, 丁之恩. 2006. 石榴皮黄酮类化合物的最佳提取工艺. 安徽农业科学, 34（12）: 2639-2641

陈佳, 宋少江. 2005. 山楂的研究进展. 中药研究与信息, 7（7）: 22-26

陈建国, 傅逸根, 胡欣, 等. 1996. 桑葚红色素的性质及提取工艺研究. 食品工业科技,（2）: 15-18

陈介甫, 李亚东, 徐哲. 2010, 蓝莓的主要化学成分及生物活性. 药学学报, 45（4）: 422-429

陈军, 宋维春, 徐云升, 等. 2007. 从香蕉皮提取膳食纤维研究. 食品科学, 28（1）: 99-101

陈恺, 李瑾瑜, 田志. 2013. 沙棘果油提取工艺的研究. 农产品加工（学刊）, 10: 27-30.

陈可冀. 1989. 抗衰老中药学, 第一版. 北京: 中医古籍出版社

陈丽. 2009. 李子保健果醋饮料的工艺研究. 中国酿造,（4）: 164-166

陈丽华. 2013. 东北山樱桃核总黄酮成分双水相萃取条件的优化. 西北农林科技大学学报（自然科学版）, 41（10）: 137-142

陈亮, 辛秀兰, 袁其朋. 2012. 野生桑葚中花色苷成分分析. 食品工业科技, 33（15）: 307-310

陈留勇, 孟宪军, 贾薇, 等. 2004a. 黄桃水溶性多糖的抗肿瘤作用及清除自由基、提高免疫活性研究. 食品科学, 25（1）: 167-171

陈留勇, 孟宪军, 孔秋莲, 等. 2004b. 黄桃水溶性多糖的提取和分离纯化. 食品科学, 25（1）: 81-84

陈明明, 葛丹丹, 马泉来, 等. 2012. 桑葚红茶饮料制作工艺的研究. 保鲜与加工, 12（5）: 28-30, 34

陈启聪, 黄惠华, 王娟, 等. 2011. 香蕉粉喷雾干燥工艺优化. 农业工程学报, 26（8）: 331-337

陈倩, 朱传合, 金君. 2009. 超声波辅助提取樱桃籽油的工艺. 食品与发酵工业, 35（12）: 163-167

陈全斌, 程忠泉, 许子竟. 2004. 罗汉果种仁油脂的提取及其性质研究. 粮油食品科技, 12（2）: 25-27

陈全斌, 杨瑞云, 义祥辉, 等. 2003. RP-HPLC 法测定罗汉果鲜果及甜苷中总黄酮含量. 食品科学, 24（5）: 133-135

陈全斌, 义祥辉, 余丽娟, 等. 2005. 不同生长周期的罗汉果鲜果中甜苷Ⅴ和总黄酮含量变化规律研究. 广西植物, 25（3）: 274-277

陈全斌, 赵文涛, 马俊飞, 等. 2012. 不同方法提取罗汉果种籽油脂的研究. 广东化工, 39（2）: 33-34

陈树俊, 张海英. 2006. 低糖果汁型酸甜枣脯的研究. 中国食品学报, 6（1）: 106-109

陈晓华, 李建周, 符红荔. 2014. 水蜜桃乳酸菌发酵饮料稳定性的研究. 湖南农业科学, 3（3）: 71-73

陈旭. 2002. 辅助调节血脂作用试验报告单. 长沙, 湖南省公共卫生检测检验中心

陈璇, 童晔玲, 任泽明, 等. 2015. 杨梅酮对人肺腺癌 A549 细胞凋亡和细胞周期的影响. 中国现代应用药学, 32（1）: 14-17

陈彦林. 2014. 不同干制方式龙眼果肉主要活性物质的比较. 武汉: 华中农业大学硕士学位论文

陈艳彬. 2012. 不同品种苹果品质及营养成分分析. 长治学院学报, 29（5）: 72-75

陈瑶, 范小兵, 王永祥, 等. 2006. 罗汉果甜苷的止咳祛痰作用研究. 中国食品添加剂,（1）: 41-43

陈在新, 李俊凯, 陈义全, 等. 2003. 分光光度法测定板栗黄酮含量. 果树学报, 20（2）: 149-151

陈振德, 陈志良, 侯连兵, 等. 2000. 香榧子油对实验动脉粥样硬化形成的影响. 中药材, 23（9）: 551-553

陈振德, 郑汉臣, 全山丛, 等. 1996. 榧属植物的研究进展. 国外医药: 植物药分册, 11（4）: 150-153

陈宗礼, 贺晓龙, 张向前, 等. 2012. 陕北红枣的氨基酸分析. 中国农学通报, 28（34）: 296-303

陈祖满, 江凯. 2014. 果肉型低糖蓝莓果酱加工工艺研究. 中国酿造, 33（6）: 164-167

程体娟, 卜积康, 武莉薇. 1996. 沙棘籽油的保肝作用及其作用机理初探. 中国中药杂志, 19（6）: 367-370

程维蓉. 2008. 杨桃果汁乳饮料加工技术和配料的使用研究. 广西轻工业, 2: 1-2

程秀玮, 魏玮, 孙勇民. 2014. 响应面法优化桑葚花色苷提取工艺的研究. 食品研究与开发, 35（14）: 43-46

迟文, 徐静, 谭巍, 等. 2002. 杨梅多酚对大、小鼠血小板损伤的保护作用. 中国药房, 13（1）: 16-17

褚维元. 2011. 糖水梨罐头制作实验的改进. 宜春学院学报, 23（2）: 36-38

崔彬, 冯静弦, 胡琪, 等. 2012. 响应面分析法优化罗汉果黄酮提取工艺条件的研究. 湖南农业科学, 7: 112-114

崔婧，段长青，潘秋红. 2010. 反相高效液相色谱法测定葡萄中的有机酸. 中外葡萄与葡萄酒，5：25-30

崔志强，孟宪军. 2007. 微波辅助萃取冬枣环磷酸腺苷工艺研究. 食品科学，28（4）：163-166

代守鑫，周颖，王成荣. 2011. 山楂汁不同提取工艺的优化研究. 饮料工业，（6）：11-13，23

戴聪杰，李萍. 2010. 酸、甜杨桃的营养成分分析. 中国食物与营养，9：60-72

邓小娟，司传领，刘忠，等. 2009. 沙棘的药理作用研究进展. 中国药业，18（1）：63-64

邓小莉，常景玲，吴羽晨. 2011. 石榴的营养与免疫功能. 食品与药品，13（1）：68-72

邓月娥，张传来，牛立元，等. 1998. 桃果实发育过程中主要营养成分的动态变化及系统分析方法研究. 果树科学，15（1）：48-52

董华强，邓煜，上官国莲，等. 1999. 杨桃果酒酿造工艺研究. 食品科学，9：44-46

董华强，邓煜. 1999. 榴莲菠萝果酒酿造研究. 食品工业，（4）：18-20

董周永. 2006. 荔枝多糖的提取、分离纯化及抗氧化性研究. 西安：西北农林科技大学硕士学位论文

杜广芬，蔡志华，代斌，等. 2012. 超声波-微波协同提取沙棘总黄酮的研究. 食品工业科技，33（8）：330-332，343

杜琨，何健鹏. 2007. 琥珀核桃仁加工工艺研究. 安徽农业科学，35（27）：8672

杜琨. 2010. 桑葚果酒的研制. 食品工业，（6）：29-30

杜潇利，王志凡，吴彦祥. 2005. 中华扁桃提取液抗肿瘤作用的实验研究. 兰州大学学报（医学版），31（4）：51-52，62

杜旭，李玉文，倪雁，等. 2000. 中药青核桃镇痛作用研究与展望. 中国中药杂志，25（1）：7-11

范会平，符锋，Giuseppe M，等. 2009. 微波提取法对樱桃、猕猴桃和枸杞多糖特性的影响. 农业工程学报，25（10）：355-360

范士忠. 2010."水果之王"——榴莲. 家庭中医药，（3）：73

方文贤，刘萍，王巍，等. 2002. 实用临床抗衰老中药. 沈阳：辽宁科学技术出版社

方文贤，宋崇顺，周立孝，等. 1998. 医用中药药理学. 北京：人民卫生出版社

冯宝民，裴月湖. 2000. 柚皮中的香豆素类化学成分的研究. 沈阳药科大学学报，17（4）：253-255

冯春梅，李建强，黎新荣. 2008. 原味无硫芒果干工艺技术研究. 食品工业科技，29（7）：155-156

冯华，令狐昌敏，王祥培，等. 2011. 木瓜中熊果酸提取工艺的优化及含量测定. 安徽农业科学，39（10）：5763-5766

冯少菲. 2014. 红树莓发展前景及栽培技术要点. 现代农村科技，21：37

冯婉贞，李洪，陈慧. 1999. 尿毒症患者杨桃中毒. 肾脏病与透析肾移植杂志，5：448

冯彦博，白凤翎. 2003. 松仁的营养价值及其深加工. 食品研究与开发，24（4）：83-84

冯志彬，刘林德，王艳杰，等. 2009. 樱桃果醋及其饮料的研制. 食品科学，30（2）：292-294

冯紫慧，赵超，庄志发. 2006. 无花果发酵酒的研制. 食品工业，（4）：18-19

扶庆权，徐鉴. 2011. 正交试验法优化草莓中总黄酮的提取工艺研究. 中国食品添加剂，（16），30-135

付红军，彭湘莲. 2010. 苹果胡萝卜复合果酱的研究. 中国调味品，35（7）：60-62，65

付兴虎. 2003. 苹果含糖量近红外检测系统的研究. 秦皇岛：燕山大学硕士学位论文

高海生，梁建兰，朱凤妹. 2005. 低糖桃脯的生产工艺研究. 食品科学，26（7）：278-280

高海生，林树林. 1992. 苦杏仁系列蛋白食品的加工. 食品科学，（4），23-26

高海生，刘秀凤，张建才，等. 2004. 果肉型草莓饮料的生产工艺研究. 中国食品学报，4（4）：47-50

高海生，朱凤妹，李润丰. 2008. 我国核桃加工产业的生产现状与发展趋势. 经济林研究，26（3）：119-126

高海燕，王善广，胡小松. 2004. 利用反相高效液相色谱法测定梨汁中有机酸的种类和含量. 食品与发酵工业，30（8）：96-100

高鹏飞，尹爱武，田润，等. 2012. 山楂多酚物质的提取及其抗氧化活性研究. 安徽农业科学，40（19）：10276-10278

高翔. 2005. 石榴的营养保健功能及其食品加工技术. 中国食物与营养，（7）：40-42

高莹, 肖颖. 2002. 山楂及山楂黄酮提取物调节大鼠血脂的效果研究. 中国食品卫生杂志, 14 (3): 14-16

高玉李, 辛秀兰. 2011. 树莓功能性成分及提取方法的研究进展. 食品工业科技, 32 (7): 451-454

高芸, 朱晓兰, 杨俊. 2007. 毛细管气相色谱法分析猕猴桃中的有机酸. 食品科学, 28 (1): 273-275

葛孝炎, 史国富. 1986. 沙棘化学成分的研究概况. 中草药, 17 (8): 42-44

顾军, 王振斌, 林琳, 等. 2003. 板栗罐头加工工艺的研究. 食品科技, (7): 28-29, 33

顾欣, 李莉, 侯雅坤, 等. 2010. 响应面法优化山杏仁蛋白提取工艺研究. 河北林果研究, 25 (2): 162-168

关紫烽, 姜波, 王英坡. 2003. 榛子脂肪酸组成的比较研究. 辽宁师范大学学报 (自然科学版), 26 (3): 284-285

管春梅, 陈文华, 张旸, 等. 2012. 柑橘皮中果胶的提取工艺条件研究. 现代生物医学进展, 12 (16): 3084-3089

郭传琦, 王寅, 崔波, 等. 2013. 石榴籽多糖的提取工艺优化. 山东轻工业学院学报 (自然科学版), 27 (1): 8-10

郭弘璇, 吕兆林, 潘月, 等. 2013. 蓝莓果中多糖及单糖构成的研究. 北京林业大学学报, 35 (6): 132-136

郭鹏飞, 胡长鹰. 2009. 番木瓜中类胡萝卜素的提取. 中国调味品, 34 (4): 95-99

郭珊珊. 2007. 石榴中类单宁的分离纯化, 结构及活性研究. 武汉: 华中农业大学硕士学位论文

郭盛, 段金廒, 赵金龙, 等. 2012. 酸枣果肉资源化学成分研究. 中草药, 43 (10): 1905-1909

郭先霞, 宋文东, 朱圣文, 等. 2008. 香蕉皮脂肪酸的提取及 GC-MS 分析. 果树学报, (4): 604-606

郭新力, 张海悦, 王玥, 等. 2006. 榛子酸奶的研制. 食品科技, (5): 82-84

郭燕, 郭利, 胡杏林. 2015. 超声波法结合响应曲面法优化葡萄籽中原花青素的提取工艺研究. 山西大学学报 (自然科学版), 38 (1): 133-141

郭意如, 刘明, 王欣颖. 2014. 蓝莓果酒生产工艺技术研究. 保鲜与加工, 14 (4): 34-39

国家药典委员会. 2012. 中华人民共和国药典. 北京: 中国医药科技出版社

韩翠萍. 2010. 山楂的营养成分及其加工性能. 农产品加工, (4): 28-29

韩加, 刘继文. 2008. 树莓营养保健功效及开发前景. 中国食物与营养, (8): 54-56

韩文婷, 衣卫杰. 2013. 樱桃冻干粉对大鼠痛风性关节炎抗炎作用的研究. 现代预防医学, 40 (17): 3173-3179

郝婕, 王艳辉, 韩沫, 等. 2014. 金丝小枣中多酚类物质的分离纯化研究. 河北农业大学学报, 37 (4): 30-35

郝军虹. 2012. "突尼斯软籽"石榴品种的硬枝扦插. 中国果菜, (11): 36-37

何金兰, 肖开恩, 康丽茹, 等. 2004. 番石榴果汁饮料加工技术. 热带作物学报, 25 (2): 20-23

何伟平, 朱晓韵, 何超文. 2012. 罗汉果的应用研究进展及产品开发中存在的问题. 食品工业科技, (11): 400-402

何新华, 潘鸿, 佘金彩, 等. 2006. 杨梅研究进展. 福建果树, (4): 16-23

何燕, 张平. 2006. 攀枝花市芒果产业化发展的现状、问题和对策. 热带作物产业发展研究. 北京: 中国农业出版社

何颖辉, 周静, 王跃生, 等. 2005. 樱桃花青素苷对佐剂性关节炎大鼠免疫功能和炎症因子的影响. 中草药, 36 (6): 874-878

贺寅, 王强, 钟葵. 2011. 响应面优化酶法提取龙眼多糖工艺. 食品科学, 32 (2): 79-83

洪军, 胡建业, 张侠, 等. 2014. 榴莲果皮中黄酮的抗氧化及抗菌活性. 贵州农业科学, 42 (6): 41-43

侯爱香, 廖卢艳, 覃思, 等. 2012. 天然保健苹果醋饮料的研制. 中国调味品, 35 (7): 80-84

侯冬岩, 回瑞华, 杨梅, 等. 2005. 南果梨中总黄酮的光谱分析及抗氧化性能测定. 食品科学, 26 (2): 193-196

侯智德, 林银巧, 王陈强, 等. 2014. 杏果糕的加工工艺研究. 中国果菜, (34): 12: 35-39

胡雅馨, 李京, 惠伯棣. 2006. 蓝莓果实中主要营养及花青素成分的研究. 食品科学, 2 (10): 600-603

胡云红, 陈合, 雷学锋. 2006. 黄桃的多样深加工. 农产品加工·学刊, 1 (2): 67-68

胡卓炎, 余小林, 赵雷, 等. 2013. 荔枝龙眼主要加工产品生产现状. 中国果业信息, 06: 13-19

华景清, 蔡健. 2004. 仙人掌芒营养保健果酱的研制. 食品科技, (8): 29

黄炳雄, 李建光, 王晓容, 等. 2008. 18 个龙眼品种果肉中核苷物质的 HPLC 定量测定. 广东农业科学, 3: 67-69

黄春辉, 夏思进, 曲雪艳, 等. 2011. 蓝莓的栽培利用现状与发展前景. 现代园艺, (6): 41-43

黄翠萍，李俊，刘庆业，等.2010. 罗汉果多糖 SGPS2 的结构研究. 中药材，33（3）：376-379

黄发新，张剑，黄玉斌.1999. 香蕉酒的研究. 福建热作科技，24（2）：17-23

黄桂红. 邓航，黄纯真，等.2009. 杨桃根多糖对糖尿病小鼠降血糖作用的实验研究. 中成药，31（9）：1438-1440

黄宏文.2001. 猕猴桃高效栽培. 北京：金盾出版社

黄华艺，农朝赞，郭凌霄，等.2002. 芒果苷对肝癌细胞增殖的抑制凋亡的诱导. 中华消化杂志，22（6）：341

黄际薇，张永明，黄亚非，等.2011. 原子吸收光谱法测定番石榴果中微量元素. 安徽农业科学，39（26）：15929-15931

黄娟娟，胡长鹰，潘慧芳.2011. 番木瓜中糖类成分的纯化与鉴定. 食品科学，32（13）：89-93

黄君红，郑玉嫦，黄秀芬，等.2008. 发酵型芒果酸奶的研制与营养成分的测定. 中国酿造，12：96-97

黄俊生.2012. 低糖番石榴果脯的加工工艺. 食品研究与开发，33（12）：85-88

黄连琦.2012. 草莓的营养价值及高产高效栽培技术. 上海蔬菜，4：75-76

黄秋云.2010. 龙眼果肉果醋的酿制及应用. 广州：华南理工大学硕士学位论文

黄儒强，刘学铭，曾庆孝.2005. 龙眼核提取物对 β 眼葡萄糖苷酸抑制作用的研究. 现代食品科技，21（2）：62-63

黄善松，刘绍华，班强，等.2000. 广西区域性特色植物罗汉果的应用研究进展. 企业科技与发展，21：19-22

黄寿波，沈朝栋，金志凤.2005. 我国石榴产区的气候条件及其气候适应性分析. 暴雨灾害，24（2）：14-17

黄淑炎.2003. 最新食用药用保健中药管理规定及使用指南. 北京：中国林业出版社

黄午阳，刘文旭，王兴娜，等.2013. 草莓酚类物质提取工艺条件的优化. 南方农业学报，44（7）：1173-1177

黄锡山.2007. 罗汉果化学成分的研究. 南宁：广西师范大学硕士学位论文

黄晓兵，林丽静，周瑶敏，等.2012. 响应面法超声提取龙眼核黄酮工艺的优化. 江西农业学报，24（4）：116-119，
　　　123

黄循精.2004. 泰国的榴莲生产. 世界热带农业信息，（11）：27-28

黄艳.2012. 南宁扁桃果肉主要成分及抗氧化性的测定. 食品与生物，9：5-8

黄玉花，郭大捷.2015. 杨梅固体饮料的加工工艺初探. 轻工科技，（2）：1-2

霍文兰，刘步明，曹艳萍.2006. 陕北红枣总黄酮提取及其抗氧化性研究. 食品科技，（10）：45-47

纪花.2007. 安哥诺李果皮红色素的提取工艺及稳定性研究. 西安：陕西师范大学硕士学位论文

贾君，谢春芹，韩艳丽.2012. 草莓果酒加工工艺. 江苏农业科学，40（10）：251-254

贾生平.2007. 松子仁的加工. 中国农村科技，（1）：22

江城梅，丁昌玉，赵红，等.1995. 核桃仁对大鼠体内外脂质过氧化的影响. 蚌埠医学院学报，20（2）：81-82

姜金慧，霍金海，王伟明.2013. 核桃青皮中总鞣质的提取工艺优化. 中国实验方剂学杂志，（2）：14-16

姜莉莉.2011. 红枣中总黄酮的提取与比较. 医药卫生与现代农业，9：79-80

姜寿梅，金赞敏，梁娜娜，等.2008. 西拉葡萄果实成熟过程中果皮内非花色苷酚类物质的变化. 中外葡萄与葡萄
　　　酒，（6）：20-24

蒋丽萍，高吉喆.2005. 松子仁蛋白提取工艺的研究. 中国科技信息，23：98

蒋鹏，刘玲，何黎.2008. 芒果实提取液中蛋白质组份分析及免疫活性鉴定. 中国麻风皮肤病杂志，24（10）：
　　　795-796

蒋益虹，郑晓冬.2003. 杨梅果酒生产新工艺的研究. 中国食品学报，3（2）：35-40

焦岩，常影，王振宇.2011. 大果沙棘果渣黄酮对 HT29 肿瘤细胞活性抑制及 DNA 损伤作用研究. 食品工业科技，
　　　4：362-364

焦岩，常影，余世锋，等.2014. 大果沙棘果渣黄酮体外抗氧化活性. 江苏农业科学，42（9）：285-287

矫春娜，芦明春，张星.2012. 醇提法制备榛仁浓缩蛋白的工艺. 大连工业大学学报，31（6）：409-411

金宁，刘通讯.2007. 山楂原花青素的抗氧化活性研究. 食品与发酵工业，33（1）：45-47

金山.2008. 山楂果胶寡糖的分离制备及其抗菌特性的研究. 哈尔滨：东北农业大学硕士学位论文

金怡, 姚敏. 2003. 沙棘的研究概况. 中医药信息, 20 (3): 21-22

孔瑾, 宋照军, 刘占业, 等. 2004. 低糖山楂果脯的加工工艺. 食品与发酵工业, 30 (5): 76-79

邝高波, 黄和. 2014. 番石榴多酚体外抗氧化活性的研究. 食品工业科技, 35 (2): 111-115

邝高波. 2014. 番石榴多酚提取及抗氧化和抑菌活性研究. 湛江: 广东海洋大学硕士学位论文

郎杏彩, 李明淋. 1991. 酸枣仁、肉多糖增强小鼠免疫功能和抗放射损伤的实验研究. 中国中药杂志, 16(6): 366-368

黎海彬, 王邕, 李俊芳, 等. 2006. 罗汉果的化学成分与应用研究. 食品研究与开发, 27 (2): 85-87

黎庆涛, 王远辉, 王丽. 2011. 树莓功能因子研究进展. 中国食品添加剂, (2): 172-177

黎勇. 1987. 沙棘汁的防癌症保健作用研究沙棘汁对 N 亚硝基化合物合成及诱癌的阻断与防护作用. 第一次全国
　　沙棘科研学术讨论会, 12: 21-24

黎章矩, 骆成方, 程晓建, 等. 2005. 香榧种子成分分析及营养评价. 浙江林学院学报, 22 (5): 540-544

李长青, 吴伟, 佟颖. 2007. 山楂核提取物杀菌效果及影响因素的研究. 中国消毒学杂志, 24 (1): 50-52

李德海, 孙常雁, 孙莉婕. 2009. 松仁奶酪生产工艺及其感官评定研究. 食品科学, 30 (2): 50-53

李冬梅, 尹凯丹. 2009. 榴莲的保健价值和加工利用. 中国食物与营养, 03: 32-33

李冬香, 陈清西. 2009. 桑葚功能成分及其开发利用研究进展. 中国农学报, 25 (24): 293-297

李粉玲, 蔡汉权, 林曼莎. 2013. 超声波提取草莓多糖的工艺研究. 江西化工, 5: 66-70

李刚, 梁新红, 葛晓虹. 2009. 山楂化学成分及其保健功能特性. 江苏调味副食品, 26 (6): 25-28

李光宇, 彭丽萍. 2007. 葡萄酒中主要多酚类化合物及其作用. 酿酒, (34) 4: 60-61

李国秀, 李建科. 2010. 石榴皮中多酚类物质的提取工艺研究. 陕西农业科学, 3: 20-24

李国秀. 2008. 石榴多酚类物质的分离鉴定和抗氧化活性研究. 西安: 陕西师范大学硕士学位论文

李海霞, 王钊, 刘延泽. 2002. 石榴科植物化学成分及药理活性研究进展. 中草药, 33 (8): 765-766

李华. 2000. 葡萄与葡萄酒研究进展. 西安: 陕西人民出版社

李加兴, 梁坚, 陈双平, 等. 2007. 猕猴桃果汁润肠通便保健功能的动物试验. 食品与生物技术学报, 26(1): 21-24.

李加兴, 刘飞, 范芳利, 等. 2009. 响应面法优化猕猴桃皮渣可溶性膳食纤维提取工艺. 食品科学, 30(14): 143-148

李加兴, 马美湖, 张永康, 等. 2005. 猕猴桃籽油的营养成分及其保健功能. 食品与机械, 22 (4): 61-65

李加兴, 孙金玉, 陈双平, 等. 2006. 猕猴桃综合加工利用. 食品科学, 27 (11): 575-578

李加兴, 孙金玉, 陈双平, 等. 2011. 猕猴桃果醋发酵工艺优化及质量分析. 食品科学, 32 (24): 306-310

李家福, 高崇学, 等. 1998. 野果开发与综合利用. 北京: 科学技术文献出版社

李家洲. 2012. 发酵法制备榴莲皮膳食纤维的工艺研究. 现代食品科技, 08: 994-997.

李金凤, 段玉清, 马海乐. 2010. 板栗壳中多酚的提取及体外抗氧化性研究. 林产化学与工业, 30 (1): 53-58

李进伟, 丁绍东, 李苹苹, 等. 2000. 五种枣成分及功能研究. 食品工业科技, 7: 294-296

李俊, 黄锡山, 张艳军, 等. 2007. 超声波法提取罗汉果多糖的工艺研究. 中药材, 30 (4): 475-477

李俊, 黄艳, 何星存, 等. 2008a. 罗汉果多糖的结构研究. 食品工业科技, 29 (8): 169-172

李俊, 黄艳, 廖日权, 等. 2008b. 罗汉果多糖对小鼠免疫功能的影响. 中国药理学通报, 24 (9): 1237-1240

李俊香. 2014. 核桃的价值及其前景分析. 科技与创新, (8): 161

李立, 马萍, 李芳生. 1995. 龙眼肉磷脂组分的分析. 中国中药杂志, 20 (7): 426

李丽杰. 2013. 榛子牛奶复合保健饮料的研制. 河南工业大学学报 (自然科学版), 34 (2): 89-92

李玲, 陈常秀. 2009. 大枣多糖的分离及抗氧化性研究. 食品研究与开发, 9 (30): 49-51

李娜. 2011. 榴莲皮中黄酮的提取、纯化及其抗氧化性能研究. 合肥: 安徽农业大学硕士学位论文

李培培, 戚向阳, 罗彤, 等. 2011. 化学发光法研究不同杨梅黄酮提取物的抗氧化活性. 中国食品学报, 11 (7):
　　190-194

李琦, 肖聪. 2008. 罗汉果糖类成分的含量测定//建德: 中华中医药学会第九届中药鉴定学术会议论文集: 563-567

李倩, 刘瑞颖, 贾秋燕, 等. 2014. 榛子甜菊糖的生产工艺. 食品研究与开发, 35（8）: 61-64

李倩, 饶力群, 王辅恒, 等. 2011. 罗汉果苷 V 提取条件优化研究. 食品与机械, 27（4）: 48-51

李强, 陈锦屏, 崔国庭. 2006. 杏仁油的提取及精炼. 粮食与食品工业, 13（1）: 7-11

李强, 陈锦屏. 2006. 杏仁中苦杏仁甙的水提取工艺及其含量的测定. 食品科学, 27（9）: 140-143

李巧兰, 李斌, 何瑾瑜, 等. 2007. 五叶草莓煎液对荷瘤小鼠免疫功能及抑瘤率的影响. 中华中医药学刊, 25（1）: 85-87

李巧兰, 李征, 杨轶, 等. 2006. 五叶草莓乙醇提取物镇痛抗炎作用的实验研究. 现代中医药, 26（5）: 63-65

李群梅, 杨昌鹏, 李健, 等. 2010. 杨桃多酚的提取工艺研究. 安徽农业科学, 38（12）: 6524-6526

李瑞梅, 胡新文, 郭建春. 2007. 我国杨桃研究文献的计量分析. 福建果树, 2: 42-44

李升锋, 肖更生, 陈卫东, 等. 2004. 龙眼果实资源研究与开发利用. 四川食品与发酵, 40（4）: 35-39

李万颖, 蔡长河, 张爱玉, 等. 2002. 脆香杨桃脯的加工工艺研究. 中国南方果树, 5: 33-34

李晓东, 何卿, 郑先波, 等. 2011. 葡萄白藜芦醇研究进展. 园艺学报, 38（1）: 171-184

李兴军, 吕均良. 1999. 中国杨梅研究进展. 四川农业大学学报, 17（2）: 224-229

李秀根, 张绍铃. 2006. 世界梨产业现状与发展趋势分析. 中国果业信息, 23（11）: 3-5

李雪华, 龙盛京. 2000. 大枣多糖的提取抗活性氧研究. 广西科学, 7（1）: 54-56

李亚东, 吴林, 张志东. 2001. 我国树莓产业化发展的探讨. 资源与生产, （6）: 13-15

李延辉, 郑凤荣, 牛长鑫. 2009. 榛子乳饮料加工工艺及其稳定性研究. 试验报告与理论研究, 12（1）: 25-27

李艳, 张太平, 张鹤云. 2003. 板栗中蛋白质的分离鉴定及活性研究. 中国生化药物杂志, 33（4）: 365-368

李奕, 高军涛, 张志玲, 等. 2000. 毛细管区带电泳法测定葡萄籽中儿茶素类化合物. 色谱, 18（6）: 491-494

李颖, 李庆典. 2010. 桑葚多糖抗氧化作用的研究. 中国酿造, （4）: 59-61

李玉萍, 方佳. 2008. 中国香蕉产业现状与发展对策研究. 中国农学通报, 24（8）: 443-448

李云峰, 郭长江, 杨继军, 等. 2004. 石榴皮抗氧化物质提取及其体外抗氧化作用研究. 营养学报, 26（2）: 144-147

李云雁, 宋光森. 2004. 板栗壳色素抑菌性的研究. 湖北农业科学, （5）: 63-65

李泽碧, 王正银. 2006. 柑橘品质的影响因素研究. 广西农业科学, 37（3）: 307-310

李珍. 2014. 苹果皮渣多酚提取、纯化及抗氧化活性研究. 北京: 中国农业科学院硕士学位论文

李志洲, 刘军海. 2007. 草莓中黄酮的提取及其抗氧化性研究. 食品研究与开发, 128（7）: 31-34

李自强. 2007. 桃果醋酿造工艺研究. 中国酿造, （3）: 70-72

梁鸿. 2006. 中国红枣及红枣产业的发展现状、存在问题和对策的研究. 西安: 陕西师范大学硕士学位论文

梁盛年, 段志芳, 方旺标, 等. 2007. 香蕉皮化学成分的预试验及抑菌初探. 食品科技, （1）: 108-111

梁铁, 王燕燕, 张陈, 等. 2009. 杨梅黄酮降血脂作用研究. 中国实验诊断学, 12（3）: 1670-1672

梁维坚. 1987. 榛子. 北京: 中国林业出版

廖李, 姚晶晶, 程薇, 等. 2014. 桑葚果渣可溶性膳食纤维提取工艺优化. 湖北农业科学, 53（24）: 6086-6089

林大惠, 焦春, 孙全乐, 等. 2013. 超声法提取荔枝核黄酮类化合物的工艺研究. 医药导报, 32（9）: 1221-1223

林佳, 李琰, 徐丽珍. 2005. 石榴叶的化学成分研究. 中南药学, 3（2）: 70-72

林婧烨, 柯李晶, 鲁伟, 等. 2009. 高效液相色谱法测定龙眼果中水溶性单糖和寡糖. 食品与生物技术学报, 28（4）: 513-516

林佩芳. 1989. 中华猕猴桃多糖制剂对淋巴细胞及其亚群的作用. 中国免疫学杂志, 5（3）: 182-185

林勤保, 高大维, 林淑娟, 等. 1998. 大枣多糖的分离与纯化. 食品工业科技, （4）: 20-21

林勤保, 赵国燕. 2005. 不同方法提取大枣多糖工艺的优化研究. 食品科学, 26（9）: 368-371

林秋实, 陈吉棣. 2000. 山楂及山楂黄酮预防大鼠脂质代谢紊乱的分子机制研究. 营养学报, 22（2）: 131

刘传菊, 戚向阳, 任献忠, 等. 2009. 杨梅花色苷的提取分离研究. 中国食品学报, 9（1）: 59-65

刘丹阳.2007.龙眼和桑葚的药理作用.首都医药,14:52

刘冬英,谢剑锋,方少瑛,等.2004.榴莲的营养成分分析.广东微量元素科学,(11)10:57-59

刘凤珠,李国富.2004.全梨汁酿制干酒工艺研究.酿酒,31(5):108870 望部

刘海鑫,蒋卫国,宋成武,等.2012.板栗对糖尿病小鼠降血糖作用的研究.数理医药学杂志,25(1):57-60

刘洪林.2012.沙棘果酒的中试研究.呼和浩特:内蒙古农业大学硕士学位论文

刘会宁,陈在新.2000.葡萄与葡萄酒的开发利用.农牧产品开发,(2):24-25

刘建华,郭意如,张志军.2007.冬枣干红酒的技术研究.酿酒,34(1):84-86

刘建华,张志军,李淑芳.2004.树莓中功效成分的开发浅论.食品科学,25(10):370-373

刘建林,夏明忠,袁颖.2005.番石榴的综合利用现状及发展前景.中国林副特产,(6):60-62

刘杰超,焦中高,周红平,等.2006.甜樱桃红色素的体外抗氧化活性.果树学报,23(5):756-759

刘娟,田呈瑞.2009.红枣-胡萝卜复合饮料的加工工艺研究.安徽农业科学,37(25):12163-12165

刘连成,陆正清.2013.苹果保健鲜啤酒的研制.酿酒科技,(2):93-95

刘亮,戚向阳,董绪燕.2007.柑橘中柠檬苦素类似物的研究新进展.产品加工刊,(7):37-40

刘孟军,王永蕙.1991.枣和酸枣等 14 种园艺植物 cAMP 含量的研究.河北农业大学学报,14(4):20-23

刘淼,裘爱泳,苗卓,等.2004.水代法制取核桃油工艺的研究及有效成分分析.中国油脂,29(3):13-16

刘倩,周靖,谢曼丹,等.1999a.榴莲中脂肪酸成分的色谱-质谱分析.分析化学研究简报,27(3):320-322

刘倩,周靖,谢曼丹,等.1999b.榴莲中香气成分分析.分析测试学报,(2):59-61

刘荣,孙芳,陈秀丽,等.2008.松仁多糖化学结构的初步分析.林产化学与工业,28(4):115-117

刘瑞宸,韩淑杰,钦成民.2004.罐藏山楂酱加工工艺.现代化农业,(11):37

刘莎,唐玉芬,赵巧林,等.2009.香蕉皮多酚类物质的提取及其抗真菌作用研究.湖南师范大学学报(医学版),
　　4:12-14

刘绍军,周丽艳,高海生,等.2011.特色玫瑰香葡萄酒工艺研究.食品科学,32(S1):138-140

刘思,沈文涛,黎小瑛,等.2007.番木瓜的营养保健价值与产品开发.广东农业科学,(2):68-70

刘天洁,陈运贤,钟雪云.2001.沙棘对血液系统的作用.中药材,24(8):610-612

刘婷,王旭华,李春,等.2007.罗汉果皂苷的镇咳、祛痰及解痉作用研究.中国药学杂志,42(20):1534-1537

刘文旭.2012.草莓酚类物质分离纯化生物活性和结构的研究.南京:南京农业大学硕士学位论文

刘锡建,王艳辉,马润宇.2004.沙棘果渣中总黄酮提取和精制工艺的研究.食品科学,25(6):138-141

刘霞,程宏,肖有.1996.山楂果实中水溶性维生素和可溶性游离糖的分析鉴定.吉林农业大学学报,18(增刊):
　　99-101

刘霞,赵淑春,马秀杰.1998.山楂果实中蛋白质氨基酸及无机元素的分析测定.中国野生植物资源,2(17):37-39

刘小莉,周剑忠,董明盛,等.2009.高效液相色谱-二极管阵列检测器法测定水蜜桃中水溶性有机酸和维生素的含
　　量.南京农业大学学报:32(1):151-154

刘晓光,毛波,胡立新.2010.酶解法提取山楂黄酮的工艺.食品研究与开发,31(8):56-59

刘晓鑫,田维熙,马晓丰.2010.草莓提取物对脂肪酸合酶及脂肪细胞的抑制作用.中国科学院研究生院学报,
　　27(6):768-777

刘兴艳.2007.攀枝花芒果中微量硒的测定.西南师范大学学报(自然科学版),32(6):29-32

刘旭辉,姚丽,覃勇荣,等.2011.豆梨多糖提取工艺条件的初步研究.食品科技,36(3):159-163

刘雪峰.2010.酶解杏仁蛋白活性多肽及其降血糖研究.呼和浩特:内蒙古农业大学硕士学位论文

刘玉玲,纪国力.2012.桑葚中多糖的提取及含量测定.中国医药科学,2(18):109-110

刘志农,陈小红,王廷骏.2007.桑果醋的开发.中国酿造,(8):78-80

刘中禄,吕铁钢,张永亮.2010.松子壳多糖体外诱生小鼠 IL-2 和 TNF-2 的研究.广东饲料,19(4):20-21

柳嘉, David Glen Popovich, 景浩. 2010. 山楂黄酮提取物的抗氧化活性和对癌细胞生长抑制作用. 食品科学, 31 (3)：
　　220-223

隆旺夫. 2006. 无花果果脯、果酱的加工. 山西果树, (5)：51-52

卢翠英. 2004. 李子皮红色素的提取和稳定性研究. 延安大学学报 (自然科学版), 01：56-58

卢凤来, 李典鹏, 刘金磊, 等. 2009. 不同干燥处理的罗汉果化成分色谱指纹图谱分析. 广西农业科学, 40 (6)：
　　625-628

卢可, 娄永江, 周湘池. 2011. 响应面优化杨梅果醋发酵工艺参数研究. 中国调味品, 36 (2)：57-60

鲁芳, 吴春莲. 2013. 不同梨品种的抗氧化活性研究. 青海师范大学学报 (自然科学版), (3)：51-54

陆斌, 宁德鲁, 暴江山. 2006. 核桃营养药用价值与加工技术研究进展. 果蔬加工, 4：41-43

陆美芳. 2006. 坚果类食物的营养保健功能. 中外食品, (1)：52-53

吕春茂, 陆长颖, 孟宪军, 等. 2014. 平欧榛子油对高血脂大鼠的降脂作用. 食品与生物技术学报, 33 (3)：330-335

吕明霞, 李媛, 张飞, 等. 2012. 气相色谱法分析北方水果中膳食纤维的单糖组成. 中国食品学报, 12 (2)：213-218

吕群金, 衣杰荣, 丁勇. 2009. 微波法提取杨桃渣中多酚的工艺研究. 安徽农业科学, 37 (15)：7187-7189

栾萍, 刘强. 2006. 番木瓜的抗氧化研究. 中国现代应用药学杂志, 23 (1)：19-27

罗莉萍, 李秋红. 2006. 蜜饯李浸糖工艺新探. 食品科学, 27 (12)：563-565

罗秦, 孙强, 叶欣, 等. 2014. 红心猕猴桃果酒酿造工艺探究. 食品工业, 35 (5)：144-147

罗娅, 唐勇, 冯珊, 等. 2011. 6 个草莓品种营养品质与抗氧化能力研究. 食品科学, 32 (7)：52-56

罗赟, 陈宗玲, 宋卫堂, 等. 2014. 草莓果实花色苷成分组成鉴定及分析. 中国农业大学学报, 19 (5)：86-94

马建滨, 都玉蓉. 2008. 不同海拔高度地区沙棘果中总黄酮含量的研究. 安徽农业科学, 36 (25)：10942, 10953

马景蕃, 王有年, 于同泉, 等. 2005. 香白杏酚活性成分及抗氧化功能研究. 北京农学院学报, 20 (1)：15-17

马凯, 等. 1999. 无花果栽培与利用. 南京：南京大学出版社

马亚琴, 孙志高, 吴厚玖. 2010. 响应面法优化提取甜橙皮渣中果胶的工. 食品科学, 31 (4)：10-13

马艳萍, 郭才, 徐呈祥. 2009. 蓝莓的功能、用途及有机栽培研究进展. 金陵科技学院学报, 25 (2)：49-54

马勇, 张丽娜, 齐凤元, 等. 2008. 榛子蛋白质提取及功能特性研究. 食品科学, 29 (9)：318-322

马瑜红. 2005. 沙棘的有效成分及药理研究进展. 四川生理科学杂志, 27 (2)：75-77

毛海燕, 陈祥贵, 陈玲琳, 等. 2013. 石榴果醋酿造工艺研究. 中国调味品, 38 (8)：88-92

孟爱霞, 邱顺华, 钱民章. 2012. 木瓜中纤溶活性蛋白的分离与鉴定. 食品科技, 37 (6)：251-254

孟洁, 杭瑚. 2001. 核桃仁活性成分的提取及体外抗氧化性的研究. 食品科学, 22 (12)：44-47

孟庆杰, 王光全, 张丽. 2006. 山楂功能因子及其保健食品的开发利用. 食品科学, 27 (12)：873-877

孟宪军, 孙希云, 朱金艳, 等. 2010. 蓝莓多糖的优化提取及抗氧化性研究. 食品与生物技术学报, 29 (1)：56-60

孟宪军, 杨磊, 李斌. 2012. 树莓酮对高血脂症大鼠血脂及炎症因子的影响. 食品科学, 33 (13)：267-270

孟祥敏, 殷金莲. 2012. 响应面法优化木瓜果实中齐墩果酸提取工艺. 食品研究与开发, 33 (2)：37-40

孟祥敏. 2014. 沙棘果汁茶饮料的研制. 农产品加工 (学刊), 1：32-33, 36

孟宇竹, 雷昌贵, 蔡花真. 2011. 大枣、杏仁植物蛋白饮料加工工艺研究. 饮料工业, 1 (14)：24-26

孟宇竹, 雷昌贵, 陈锦屏, 等. 2008. 安哥诺李榨汁工艺的研究. 食品与药品, (3)：35-38

孟宇竹. 2007. 安哥诺李、杏仁复合蛋白饮料的加工工艺研究. 西安：陕西师范大学硕士学位论文

孟志芬, 祝勇, 张怀. 2006. 木瓜蛋白酶解法提取大枣多糖的工艺研究. 河南科技学院学报 (自然科学版),
　　34 (3)：49-50

苗利利. 2010. Alcalase 蛋白酶水解法提取石榴籽油的条件及功能性评价. 西安：陕西师范大学硕士学位论文

苗明三, 刘会丽, 杨亚蕾, 等. 2009. 无花果多糖对免疫抑制小鼠腹腔巨噬细胞产生 IL-1 糖、脾细胞体外增殖、脾
　　细胞产生 IL-2 及其受体的影响. 中国现代应用药学杂志, 26 (7)：525-528

苗明三, 苗艳艳, 魏荣锐. 2011. 枣多糖对 CCl4 所致大、小鼠肝损伤模型的保护作用. 中华中医药杂志, 26 (9): 1997-2000

缪静, 殷曰彩, 冯志彬. 2014. 无花果醋发酵工艺优化. 食品与机械, 30 (3): 218-221, 271

牟朝丽, 陈锦屏, 李强, 等. 2005. 小白杏杏仁油超声波强化提取与脂肪酸组成分析. 粮食与油脂, (6): 20-22

母连志, 张永亮, 张明军. 2009. 松子壳多糖对 CDV 和 CPV 的体外抗病毒活性. 中国兽医学报, 29 (9): 1111-1114

纳纹娟, 朱晓红, 于颖. 2009. 枣片生产工艺的研究. 农产品加工 (上), 7: 68-70

南京中医药大学. 2006. 中药大辞典. 上海: 上海科学技术出版社: 1538-1539

南亚. 2008. 桑葚保健果醋工艺研究. 食品科技, (3): 82-84

念红丽, 曹健康, 薛自萍, 等. 2009. 成熟期对冬枣多酚含量及其抗氧化活性的影响. 食品工业科技, 30 (11): 65-67

念红丽, 李赫, 曹东东, 等. 2011. 高效液相色谱测定不同成熟期枣多酚类物质. 北京林业大学学报, 33 (1): 139-143

聂飞, 韦吉美, 文光琴. 2007. 蓝莓的经济价值以及其在我国产业化发展中的前景探讨. 贵州农业科学, 35 (1): 117-119

聂国钦. 2001. 山楂概述. 海峡药学, 13 (增刊): 77-79

聂继云, 吕德国, 李静, 等. 2009. 苹果果实中类黄酮化合物的研究进展. 园艺学报, 36 (9): 1390-1397

牛广财, 朱丹, 魏文毅, 等. 2012. 沙棘果醋发酵过程中醋酸发酵条件的优化研究. 中国酿造, 31 (8): 55-58

牛景, 赵剑波, 吴本宏, 等. 2006. 不同来源桃种果实糖酸组分含量特点的研究. 园艺学报, 33 (1): 6-11

牛娜, 李岩, 吴崇明, 等. 2006. 香榧提取物对高血脂大鼠模型的预防降血脂作用. 四川中医, 24 (4): 21-22

牛培勤, 郭传勇. 2006. 白藜芦醇药理作用的研究进展. 医药导报, 25 (6): 524-525

牛天声, 刘凤珠. 2004. 梨果醋酿造工艺研究. 中国酿造, (10): 36-381

欧阳平, 张高勇, 康保安. 2003. 类黄酮提取的基本原理、影响因素和传统方法. 中国食品添加剂, (5): 54-57

潘慧芳. 2010. 番木瓜主要成分的研究 (Ⅰ). 广州: 暨南大学硕士学位论文

潘英明, 郭志雄, 潘东明. 2006. 龙眼果皮过氧化物酶的分离纯化. 福建农业大学学报 (自然科学版), 23 (6): 568-570

庞新华, 张继, 张宇. 2014. 我国荔枝产业的研究进展及对策. 农业研究与应用, (4): 58-61

裴海闰, 曹学丽, 徐春明. 2009. 响应面法优化纤维素酶提取苹果渣多酚类物质. 北京农学院学报, 24 (3): 50-54

戚向阳, 陈福生, 陈维军, 等. 2003a. 苹果多酚抑菌作用的研究. 食品科学, 24 (5): 33-36

戚向阳, 陈维军, 彭光华. 2003c. 苹果提取物抗辐射效应的研究. 营养学报, 25 (4): 397-400

戚向阳, 陈维军, 宋云飞, 等. 2003b. 罗汉果提取物对糖尿病小鼠的降血糖作用. 中国公共卫生, 19 (10): 1226-1227

戚向阳, 陈维军, 张俐勤, 等. 2006. 罗汉果皂甙清除自由基及抗脂质过氧化作用的研究. 中国农业科学, 39 (2): 382-388

齐一萍, 唐明仪. 2001. 罗汉果果实的化学成分与应用研究. 福建医药杂志, 23 (5): 158-160

綦蕾, 王振宇. 2010. 红松松仁抗氧化肽的制备及体外抗氧化活性评价. 食品与发酵工业, 36 (7): 78-82

钱爱萍. 2012. 杨桃的氨基酸组成及其营养价值评价. 中国食物与营养, 18 (4): 75-78

乔宪生. 2010. 世界水果生产的现状特点和趋势. 世界农业, 5: 37-41

秦改花, 黄文江, 赵建荣, 等. 2011. 石榴果实的糖酸组成及风味特点. 热带作物报, (11): 2148-2151

秦宇. 2012. 红豆杉组织培养体系建立与优化. 长沙: 湖南农业大学硕士学位论文

青莲. 2005. 榴莲品种介绍. 世界热带农业信息, (10): 24-27

邱松山, 周天, 姜翠翠. 2011. 无花果粗多糖提取工艺及抗氧化活性研究. 食品与机械, 27 (1): 40-42

渠红岩. 2009. 先秦时期 "桃" 的文化形态及原型意义. 中国文化研究, (1): 162-169

权伍荣, 王姝, 李官浩. 2009. 凝固型苹果汁酸奶的研制. 食品科技, 34 (3): 102-106

阙斐, 张星海, 赵灞. 2013. 香榧籽油的超临界萃取及其脂肪酸组成的比较分析研究. 中国粮油学报, 28 (2): 33-36

冉军舰. 2013. 苹果多酚的组分鉴定及功能特性研究. 西安: 西北农林科技大学硕士学位论文

任钦良，何相忠，宣益寿，等.1998.香榧良种-细榧起源考略.经济林研究，16（1）：47

任仙娥，杨锋，严政，等.2009.罗汉果甜茶复合低糖饮料的研制.食品与机械，25（2）：123-126

单杨，李高阳，李忠海.2007.柑橘皮中多甲氧基黄酮的体外抗氧化活性研究.食品科学，28（8）：100-103

单云岗，陈锡林，傅跃青.2015.野生猕猴桃多糖提取工艺研究.浙江中医杂志，50（2）：146-147

申力，张光霁，张广顺，等.2014.猕猴桃多糖对前胃癌 MFC 细胞及其原位移植瘤细胞凋亡的影响.中草药，
　　45（5）：673-678

沈建林，余龙江.2004.香蕉多糖的分离纯化及其性质研究.食品科学，25（8）：73-75

沈兆敏.2013.2013 年我国柑橘生产现状浅析及持续生产对策.果农之友，10：38-39，41

谌素华，王维民，夏杏洲.2005.番木瓜混浊果汁的工艺研究.食品研究与开发，26（3）：59-61

施瑛，孟花，李加祝，等.2013.云南野樱桃中槲皮素提取方法的研究.玉溪师范学院学报，8：60-63

石文.2002.一天三个核桃可降胆固醇.食品与健康，9：35

史德芳，杨洋，孙晓雪，等.2006.硒元素对生理机能的调节作用及富硒功能性食品的开发.食品研究与开发，
　　27（3）：134-137.

史清华，李科友.2002.苦杏仁中氨基酸的成分分析.陕西林业科技，（2）：32-34

舒积成，俞桂新，王峥涛.2009.番石榴果实中三萜类成分研究.中国中药杂志，34（23）：3047-3050

宋光泉，柳建良，古练权，等.1999.荔枝栽培、保鲜与市场开拓概况.中山大学学报论丛，4：192

苏东晓.2014.荔枝果肉多酚的分离鉴定及其调节脂质代谢作用机制.武汉：华中农业大学硕士学位论文

苏明申，叶正文，李胜源，等.2008.桃的栽培价值和发展概况.现代农业科学，15（3）：16-18

苏伟，简素平，徐静.2012.芒果汁发酵乳饮料的研制.乳业科学与技术，35（2）：26-28

苏钰琦，马惠玲.2008.苹果多糖提取的优化工艺研究.食品工业科技，29（5）：198-201

孙崇德，陈昆松，戚行江，等.2002.柑桔果实柠檬苦素类化合物的研究与应用.浙江农业学报，14（5）：297-302

孙贵宝.2006.蓝莓种类品种及其栽培特性.天津农林科技，（1）：34-36

孙建霞，孙爱东，白卫滨.2004.苹果多酚的功能性质及应用研究.中国食物与营养，（10）：38-41

孙俊，王道明，赵宝军，等.2012.核桃的营养价值及辽宁地区核桃病害的研究进展.辽宁林业科技，（3）：34-37

孙俊.2014.榛子营养价值及辽宁地区榛子病害研究进展.辽宁林业科技，（5）：51-53

孙睿，李秀霞，罗志文，等.2010.榛仁多糖对小鼠抗疲劳及耐缺氧能力的影响.食品科技，35（7）：59-61

孙曙光，吉武科，刘玉林，等.2011.金丝小枣醋爽饮料的研制.食品研究与开发，5（32）：96-99

孙喜泰，王松枝.1995.大枣绿茶提取液对烹调油烟精子畸变，生物效应的研究.癌变　畸变　突变，7（4）：225

孙艳，房玉林，张昂，等.2010.葡萄皮渣中可溶性膳食纤维提取工艺研究.西北农林科技大学学报（自然科学版），
　　38（10）：145-151，158

孙义章.1999.樱桃果脯与糖浆樱桃罐头的制作.新农村，4：20-21

孙芸，徐宝才，徐德平，等.2006.葡萄籽中几种酚类成分的分离及结构表征.河南工业大学学报，27（6）：73-77

汤慧民，普春红，郑楠，等.2013.无花果苹果复合果酱的研制.食品研究与开发，34（6）：42-45

唐传核，彭志英.2000.柑橘类的功能性成分研究概况.四川食品与发酵，4：1-7

唐传核，杨晓泉.2003.葡萄及葡萄酒生理活性物质的研究概况（Ⅰ）生理活性物质概况.中国食品添加剂，（1）：
　　41-48

唐小俊，池建伟，张名位，等.2005.荔枝多糖的提取条件及含量测定.华南师范大学学报，2：27-31

陶冬冰，孟宪军，刘彬.2012.东北野生山榛子树皮、树叶、果皮中紫杉醇的超声辅助提取方法研究.食品工业科
　　技，33（1）：299-301

陶俊，张上隆，徐建国，等.2003.柑橘果实主要类胡萝卜素成分及含量分析.中国农业科学，36（10）：1202-1208

陶永霞，闵昌荣，李靖瑜，等.2012.酶法制备巴旦杏蛋白工艺研究.食品科技，37（4）：215-218，223

提伟钢, 邵士凤, 邹佩文. 2011. 发酵型草莓果汁乳饮料加工工艺研究. 安徽农业科学, 39 (33): 20574-20576

田边正行, 神田智正, 柳田显郎. 1996. 水果多酚及其生产方法以及其用途: 中国, CN1121924. 1996

田仁君. 2014. 桑葚多糖的分离纯化及组成分析. 华西药学杂志, 29 (4): 401-404

田野, 马永强, 李春阳. 2013. 响应面法优化草莓清汁加工工艺. 食品工业科技, 34 (19): 225-229

佟岩, 王淑君, 周晓棉, 等. 2009. 杨梅素对小鼠被动皮肤过敏反应的影响. 沈阳药科大学学报, 26 (10): 822-825

汪洪涛, 陈成, 余芳, 等. 2013. 紫叶李果实总多酚的提取工艺及其抗氧化活性研究. 河南农业科学, 42(10): 153-156

汪洪涛, 陈成, 余芳, 等. 2014. 紫叶李果实中总多酚的抑菌性及稳定性研究. 食品工业, 8: 195-198

汪惠勤, 柯李晶, 项雷文, 等. 2009. 龙眼肉干制过程氨基酸组分分析. 氨基酸和生物资源, 31 (2): 14

汪修意, 胡长鹰, 虞兵, 等. 2013. 番木瓜中生物活性成分的研究进展. 食品工业科技, 34 (18): 394-398

汪允侠, 周永生. 2007. 无花果罐头加工工艺研究. 食品工业科技, 28 (1): 127-128

王贝贝, 罗金岳. 2008. 香榧外种皮的超临界 CO_2 萃取及化学成分分析. 南京林业大学学报: 自然科学版, 32 (4): 91-94

王波, 刘衡川. 2005. 番石榴的降血糖作用研究. 现代预防医学, 32 (10): 1293-1294

王超, 吕志强, 陈智, 等. 2011. 桑葚的降血糖功能及保健食品研究综述. 齐鲁药事, 30 (2): 102-104

王超萍, 冯雪荣, 曾清平. 2010. 一种低糖型樱桃果酱的技术研究. 中国调味品, (5): 69-71

王超萍, 李敬龙. 2011. 鲜石榴汁关键技术的研究. 山东食品发酵, (1): 30-35

王晨, 李志西, 郑淑彦, 等. 2011. 红枣酒发酵工艺比较研究. 中国酿造, 09: 129-131

王春玲. 2015. 烟台大樱桃仁油理化性质及脂肪酸组成分析. 中国粮油学报, 30 (2): 65-67, 73

王春梅, 李香艳, 崔新颖. 2011. 酸樱桃汁对衰老模型小鼠的抗衰老作用及其机制. 中国老年学杂志, (2): 455-457

王德培, 张伟. 2006. 糖盐水荔枝罐头工艺研究. 食品与机械, 22 (4): 102-105

王定勇, 刘恩桂, 冯玉静. 2008. 杨梅树皮中黄酮类成分研究. 时珍国医国药, 19 (5): 1149-1150

王铎. 2005. 火焰原子吸收光谱法连续测定香蕉中的铜铁锌锰. 广东微量元素科学, 12 (9): 64-66

王海波, 李林光, 陈学森, 等. 2010. 中早熟苹果品种果实的风味物质和风味品质. 中国农业科学, 43(11): 2300-2306

王汉屏, 李慧芸, 李芝婷, 等. 2012. 苹果菠萝复合果酒加工工艺的研究. 陕西农业科技, (2): 13-16

王花俊, 刘利锋, 张峻松. 2007. 白象牙芒果中挥发性成分的分析. 香料香精化妆品, 5: 1-4

王华, 徐榕, 李娜. 2011. 树莓果汁加工方法. 中国园艺文摘, (9): 190-191

王焕弟. 2008. 香榧子化学成分、抗氧化活性及可溶性蛋白研究. 上海: 上海交通大学硕士学位论文

王惠, 李志西. 1998. 石榴籽油脂肪酸组成及应用研究. 中国油脂, 23 (2): 54-55

王皎, 李赫宇, 刘岱琳, 等. 2011. 苹果的营养成分及保健功效研究进展. 食品研究与开发, 32 (1): 164-168

王杰. 2011. 梨历史与产业发展研究. 福州: 福建农林大学硕士学位论文

王金亮. 2009. 龙眼果醋发酵技术及其饮料研究. 福州: 福建农林大学硕士学位论文

王婧. 2014. 李果实冷藏期间风味物质含量及变化规律的研究. 保定: 河北大学硕士学位论文

王静华, 林茂森, 刘景芳, 等. 2004. 树莓果醋的酿造工艺. 中国酿造, (6), 28-29

王军, 张宝善, 陈锦屏. 2003. 红枣营养成分及其功能的研究. 食品研究与开发, 24 (2): 68-72

王丽彬, 欧宁. 2008. 番木瓜中生物活性物质的提取及药理作用研究. 现代中药研究与实践, 22 (4): 15-18

王利兵. 2008. 山杏开发与利用研究进展. 浙江林业科技, 06: 76-80

王利华. 2007. 核桃的营养保健功能及加工利用. 中国食物与营养, 8: 28-30

王敏, 陈磊, 黄雪松. 2010. 荔枝中多酚含量的测定. 食品与发酵工业, 36 (2): 172-175

王娜, 张陈云, 戚雨姐, 等. 2007. 山楂果胶的提取及其食品化学特性. 食品工业科技, 28 (11): 87-89

王娜. 2010. 香蕉皮中多酚物质的提取分离及含量测定. 西安: 西安理工大学硕士学位论文

王宁娜, 石珂心, 赵武奇, 等. 2013. 响应面法优化超声波辅助提取樱桃籽油的工艺研究. 食品工业科技, 35 (2):

　　　230-234

王倩, 王敏, 吴荣荣. 2010. 草莓醋酿造工艺研究. 江苏农业科学, 3: 343-345

王强, 王睿, 王存, 等. 2014. 桑葚多糖调节血糖代谢及体外抗氧化效果研究. 食品科学, 35 (11): 260-264

王勤, 王坤, 裁盛明, 等. 2001. 罗汉果甜甙对小鼠细胞免疫功能的调节作用. 中药材, 24 (11): 811-812

王勤. 2001. 罗汉果化学成分及药理作用研究进展. 中药材, 24 (3): 215-216

王锐, 何嵋, 袁晓春, 等. 2012. 桑葚多糖体外清除自由基活性研究. 安徽农业科学, 40 (2): 775-776, 779

王瑞斌, 薛成虎. 2010. 国内鞣质生理活性研究进展. 榆林学院学报, 20 (2): 47-49

王姗姗, 孙爱东, 李淑燕. 2010. 蓝莓的保健功能及其开发应用. 中国食物与营养, (6): 17-19

王世宽, 郭春晓. 2006. 芒果保健果醋的研制. 中国调味品, 10: 31-32

王太明, 房用, 刘德玺. 2000. 大果沙棘及其开发前景. 经济林研究, 18 (2): 56-57

王万慧, 胡骥. 2010. RP-HPLC 测定樱桃中槲皮素的含量. 光谱实验室, 27 (1): 112-115

王维民, 汪敏. 2005. 芒果皮粗多糖提取的影响因素及工艺的研究. 农产品加工 (学刊), Z2: 129-132

王维香. 2000. 芦柑醋生产工艺的研究. 辽宁师范学院学报 (自然科学版), 23 (4): 403-406

王蔚新, 付晓燕, 程水明. 2011. 板栗酒生产中糖化工艺研究. 中国酿造, 1: 177-179

王文平, 梁海玲, 姚元华. 2005. 木瓜提取物中总黄酮含量测定. 贵州医药, 29 (6): 546-548

王文平, 王明力. 2004. 番木瓜酸奶加工工艺的研究. 食品工业科技, 25 (8): 105-106

王文芝. 2001. 树莓果实营养成分初报. 西北园艺, (2): 13-14

王向阳, 修丽丽. 2005. 香榧的营养和功能成分综述. 食品研究与开发, 26 (2): 20-22

王晓波, 车海萍, 陈海珍, 等. 2012. 榴莲壳内皮果胶多糖和黄酮对重金属吸附作用的研究. 食品工业科技, (12): 129-131

王晓燕, 张志华, 李月秋, 等. 2004. 核桃品种中脂肪酸的组成与含量分析. 营养学报, 26 (6): 499-501

王学英, 安冬梅. 2014. 葡萄果醋加工工艺研究. 中国调味品, 39 (6): 89-92

王学勇, 张均营. 2010. 树莓和黑莓的研究进展. 安徽农业科学, 38 (10): 5070-5073

王雪梅, 高素莲, 于金文. 1999. HPLC 法测定新鲜草莓中水溶性维生素. 食品科学, 5: 52-53

王雪松, 张素敏, 隋韶奕, 等. 2014. 树莓酒酿造新工艺. 食品研究与开发, 35 (21): 55-58

王艳凤. 2011. 保健型沙棘果汁乳饮料的研制. 中国乳业, 9: 56-57

王燕, 王惠聪, 周志昆, 等. 2009. 荔枝的功能及活性成分研究现状. 果树学报, 4: 546-552

王友升, 徐玉秀, 王贵禧. 2001. 树莓育种研究进展及其在我国的发展前景. 林业科技通讯, 10: 4-6

王元成, 伍春, 陈虎, 等. 2011. 桑白皮中白藜芦醇、氧化白藜芦醇和桑皮苷的抗氧化活性. 食品科学, 32 (15): 135-138

王原羚, 郝睿, 罗云波, 等. 2011. 黑宝石李果皮花色苷的提取工艺及其稳定性研究. 食品工业科技, 09: 243-245, 360

王远辉, 王洪新. 2011. 树莓花色苷研究进展. 食品工业科技, 32 (6): 474-478, 482

王湛, 付钰洁, 常徽, 等. 2011. 桑葚花色苷的提取及对人乳腺癌细胞株 MDA-MB-453 生长的抑制. 第三军医大学学报, 33 (10): 988-990

王章姐. 2012. 榴莲壳多糖微波提取及脱蛋白方法. 安徽农业科学, 40 (12): 7417-7419

王振斌, 刘加友, 马海乐, 等. 2014. 无花果多糖提取工艺优化及其超声波改性. 农业工程学报, 30 (10): 262-269

王振斌, 马海乐, 吴守一. 2005. 无花果残渣中氨基酸和微量元素的测定. 食品研究与开发, 26 (4): 132-133

王振斌, 马海乐. 无花果残渣中黄酮类物质提取技术研究//中国机械工程学会包装与食品工程分会、中国农业机械学会农副产品加工机械分会、中国食品和包装机械工业协会. 2005 年全国农产品加工、食品和包装工程学术研讨会论文集

王振平，奚强，李玉霞. 2005. 葡萄果实中糖分研究进展. 中外葡萄与葡萄酒，（6）：26-30

王振宇，景秋菊. 2006. 磷酸化改性提高松仁分离蛋白乳化性研究. 食品工业科技，5：66-68

王振宇，牛之瑞. 2008. 红松仁不饱和脂肪酸对肥胖大鼠肝脏脂肪代谢的影响. 营养学报，30（6）：547-550

王振宇，孙芳，刘荣. 2006. 微辅助提取松仁多糖的工艺研究. 食品工业科技，27（9）：133-139

王志国，何德，金洪，等. 2010. 无花果抗癌作用的研究进展. 现代生物医学进展，11：2183-2186

王志平，杨栓平，李文德，等. 2000. 核桃油及维生素 E 复合核桃油对动物功能行为影响的研究. 山西医药杂志，
　　29（4）：325-326

王忠，厉彦翔，骆新. 2012. 桑葚多糖抗疲劳作用及其机制. 中国实验方剂学杂志，18（17）：234-236

魏虎来. 1996. 大枣水提取物和有机硒化合物抗白血病作用的实验研究. 甘肃医学院学报，9：33-35

文连奎，戴昀弟，郭菊曼，等. 2000. 山葡萄保健果汁饮料研制. 中国野生植物资源，19（4）：42-43

吴彩娥，阎师杰，寇晓虹，等. 2001. 超临界 CO_2 流体萃取技术提取核桃油的研究. 农业工程学报，17（6）：135-138

吴国芳，冯志坚，马炜梁，等. 1992. 植物学. 下册. 2 版. 北京：高等教育出版社

吴华慧，李雪华，邱莉. 2004. 荔枝、龙眼果肉及荔枝、龙眼多糖清除活性氧自由基的研究. 食品科学，25（5）：
　　166-169

吴建华，孙净云. 2009. 山楂有机酸部位对胃肠运动的影响. 陕西中医，30（10）：1402-1403

吴建中，欧仕益，陈静，等. 2007. 番石榴多糖对糖尿病小鼠的血糖及抗氧化能力的影响. 中成药，29（5）：668-671

吴锦铸，黄苇，谭耀文，等. 2003. 荔枝果汁饮料生产工艺研究. 食品工业科技，12：48-49

吴静姝，王春燕，宋照风，等. 2014. 树菠萝壳和榴莲壳总黄酮含量测定与抗氧化活性研究. 佛山科学技术学院学
　　报：自然科学版，（5）：14-18

吴兰兰，汤凤霞，何传波，等. 2010. 响应面法优化龙眼核多酚提取工艺的研究. 集美大学学报（自然科学版），
　　15（5）：342-346

吴连军，于玲，杜金华. 2007. SO_2 对石榴酒发酵的影响研究. 酿酒，34（2）：72-74

吴龙云，凌桂生，许振朝. 2002. 板栗壳浸膏的抗菌抗炎作用及对胃肠平滑肌运动的影响. 广西中医药，25（4）：
　　54-56

吴敏芝，谢果，李泳贤，等. 2010. 榴莲壳提取物止咳、镇痛及抗菌作用研究. 南方医科大学学报，30（4）：793-796

吴妮妮，李雪华. 2006. 龙眼化学成分及活性研究进展. 海峡药学，18（4）：17-20

吴青，吴进展，梁美贞. 1998. 低糖番木瓜脯的研制. 广州食品工业科技，14（1）：27-28

吴琼，陈丽娜，代永刚，等. 2011. 松仁红衣中黄酮类化合物的提取工艺. 食品研究与开发，32（5）：110-114

吴士杰，李秋津，肖学凤，等. 2010. 山楂化学成分及药理作用的研究. 药物评价研究，33（4）：316-319

吴晓红，王振宇，郑月明，等. 2009. 松仁中盐溶蛋白的提取工艺研究. 食品工业科技，30（10）：259-261

吴永娴，刘译汉. 1997. 柑橘醋酸饮料的研制. 农产品开发，4：16-17

吴祖芳，翁佩芳. 2005. 桑葚的营养组分与功能特性分析. 中国食品学报，5（3）：109-114

伍锦鸣，卓浩廉，普元柱，等. 2012. 蓝莓花青素超声提取工艺优化及在卷烟中的应用研究. 食品工业，33（4）：
　　30-33

伍曾利，陈厚宇. 2014. 香蕉多糖降血糖功能研究. 轻工科技，12：9-10

武云亮. 1999. 石榴资源的开发利用与产业化发展. 资源开发与市场，15（4）：208-209

郗荣庭，张毅萍. 1996. 中国果树志·核桃卷. 北京：中国林业出版社

夏国聪. 2011. 杨梅多酚的提取及抗氧化活性研究. 食品工业，（2）：54-56

夏其乐，程绍南. 2005. 杨梅的营养价值及其加工进展. 中国食物与营养，（6）：21-22

夏天兰，张卫佳，蒋其斌. 2008. 石榴保健酒的研制. 酿酒科技，1：94-95

夏翔，施杞. 2006. 中国食疗大全. 上海：上海科学技术出版社

相炎红，王垚，张伟杰. 2011. 苹果燕麦酸奶的工艺研究. 中国乳品工业，39（4）：60-62

萧步丹. 2009. 岭南采药录. 广州：广东科技出版社

肖刚，王勤. 2013. 罗汉果甜苷保肝作用实验研究. 中国实验方剂学杂志，19（2）：196-200

肖更生，徐玉娟，刘学铭，等. 2001. 桑葚的营养、保健功能及其加工利用. 中药材，24（1）：70-72

肖健，谭恩灵. 2012. 番木瓜叶总黄酮的生物活性研究. 现代食品科技，28（5）：508-511

肖军霞，黄国清，迟玉森. 2011. 樱桃花色苷的提取及抗氧化活性研究. 中国食品学报，11（5）：70-75

肖玫，刘学伟，廖海，等. 2008. 低糖板栗果脯的生产工艺研究. 食品科学，12（29）：786-788

谢果，宝丽，何蓉蓉，等. 2008. 榴莲壳醇提物对应激性肝损伤小鼠的保护作用. 中药新药与临床药理，19（1）：22-25

谢果，吴敏芝，成金乐，等. 2015. 榴莲皮提取物抗炎作用研究. 广州中医药大学学报，（1）：130-135

谢鸣，陈俊伟，程建徽，等. 2005. 杨梅果实发育与糖的积累及其关系研究. 果树学报，22（6）：38-42

谢善梅，申湘忠. 2007. 杨桃中微量元素的测定. 当代化工，36（6）：660-662

辛娟. 2005. 大枣多糖提取与丹皮酚胂衍生物联合抗肿瘤的体内外实验研究. 重庆：重庆大学硕士学位论文

邢国秀，李楠，杨美燕. 2003. 天然抗肿瘤药维生素 B_{17} 的研究进展. 中国新医药，2（5）：42-44

邢建峰，董亚琳，王秉文，等. 2003. 果肉油对大鼠胃液分泌的影响及抗胃溃疡作用. 中国药房，14（8）：461-463

熊素英，杨保求，李述刚. 2007. 小白杏多酚化合物的提取及对油脂抗氧化性研究. 食品科技，6：129-130

熊婷，张鞠成，徐盼盼. 2014. 应用磁共振检测苹果不同部位的蔗糖含量. 中国测试，40（4）：33-36

熊燕飞，韩志红，刘欣安，等. 2005. 香蕉多糖的提取及其抗肿瘤作用研究. 中华实用中西医杂志，18（2）：261-263

熊云霞. 2013. 体外模拟消化对苹果和梨的抗氧化活性及抗癌细胞增殖活性影响的研究. 广州：华南理工大学硕士学位论文

徐金瑞，张名位，张金奖，等. 2008. 番石榴抗氧化作用及其与黄酮含量的关系. 食品研究与开发，29（7）：9-12

徐静，郭长江，韦京豫，等. 2007. 一次性灌胃不同水果汁对大鼠外周血抗氧化力影响的研究. 中国食品学报，7（1）：18-21

徐静，韦京豫，郭继芬，等. 2010. 石榴汁中部分多酚类物质的分离鉴定. 中国食品学报，10（1）：190-199

徐坤，苗三明. 2011. 无花果多糖对氢化可的松致免疫抑制小鼠免疫功能的影响. 中医学报，26（3）：324-325

徐美玲，赵德卿. 2008. 蓝莓花青素的提取及理化性质的研究. 食品研究与开发，29（9）：187-189

徐同成，王文亮，刘洁，等. 2011. 板栗制品开发现状及发展趋势. 中国食物与营养，17（8）：17-19

徐鑫，毛文东，刘国艳，等. 2014. 松仁营养成分及松子油理化性质和活性成分分析，36（1）：99-101

徐旭耀，王汝娟，谢伟飞. 2012. 柑橘皮中川陈皮素超声提取工艺及含量分析. 食品工业科技，（9）：301-303，308

徐玉秀，王友升，王贵禧. 2003. 树莓的利用研究及其在我国的发展前景. 经济林研究，21（1）：64-66

徐志，吴莉宇. 2002. 芒果皮萃取物在抗食品病源微生物中的应用. 华南热带农业大学学报，8（4）：11-14

徐志祥，董海洲，高绘菊. 2004. 改善板栗果脯软化度的关键技术研究. 食品与发酵工业，9：56-61

许钢，张虹. 2001. 竹叶提取物对亚硝化反应抑制作用的研究. 郑州工程学院学报，22（1）：69-72

许敬英，薛梅，朱莉丽，等. 2007. 药桑中白藜芦醇的含量测定. 天然产物研究与开发，19：280-281

许申鸿，杭瑚，郝晓丽. 2000. 葡萄籽化学成分分析及其抗氧化性质的研究. 食品工业科技，21（2）：20-22

许益民，卢金朝. 1991. 松子仁油中磷脂成份的研究. 中国油脂，16（2）：7

许益民，王永珍，吴丽文，等. 1989. 桑葚磷脂成分的分析. 西北药学杂志，4（3）：19-21

许宗运，蒋慧，吴静，等. 2003. 石榴皮和石榴渣总黄酮含量的测定. 中国农学通报，19（3）：72-74

薛自萍，曹建康，姜微波. 2009. 枣果皮中酚类物质提取工艺优化及抗氧化活性分析. 农业工程学报，25（1）：153-158

闫国华，张开春，周宇，等. 2008. 樱桃保健功能研究进展. 食品工业科技，29（2）：313-316

闫少芳，李勇，吴娟，等. 2003. 葡萄籽提取物原花青素调节血脂作用及机理研究. 中国食品卫生杂志，15（4）：

302-304

严静, 陈锦屏, 张娜, 等. 2010. 超声波辅助提取赞皇枣环磷酸腺苷工艺研究. 农产品加工·学刊, 9: 48-51

严娟, 蔡志翔, 沈志军, 等. 2014. 3种颜色桃果肉中10种酚类物质的测定及比较. 园艺学报, 41 (2): 319-328

严娟, 蔡志翔, 张斌斌, 等. 2013. 果肉总酚提取和测定方法的研究. 江苏农业学报, 29 (3): 642-647

严贤春. 2003. 核桃保健食品的开发利用研究. 食品研究与开发, 24 (16): 85-87

杨成流, 刘金娟, 蒋继宏. 2004. 李子提取物诱导人肝癌HepG2细胞的凋亡及其作用机制. 食品工业科技, 35 (13): 359-361

杨春, 卢建明, 梁霞, 等. 1999. 杏仁的营养价值与开发利用. 山西食品工业, 2 (6): 23

杨芙莲, 杨大庆, 张妮. 2003. 纯板栗饮料的研究. 山西科技大学学报, 21 (3): 51-55

杨红澎, 蒋与刚. 2010. 蓝莓的活性成分、吸收代谢及其神经保护作用研究进展. 卫生研究, 39 (4): 525-528

杨洪元, 蒋向军. 2011. 发酵型罗汉果酒的生产工艺研究. 安徽农业科学, 39 (21): 13070-13072

杨洪元, 杨春城, 林华, 等. 2011. 酶解生产鲜罗汉果速溶粉工艺研究. 安徽农业科学, 39 (20): 12161-12163

杨虎清, 席玙芳. 2002. 核桃的营养价值及其加工技术. 粮油加工与食品机械, 2: 47-49

杨建民. 2000. 李优良品种及实用栽培新技术. 北京: 中国农业出版社

杨利剑. 2010. 板栗多糖的提取、成分分析及活性测定. 武汉理工大学学报, 32 (11): 14-16

杨林, 周本宏. 2007. 石榴皮中鞣质和黄酮类化合物抑菌作用的实验研究. 时珍国医国药, 18 (10): 2335-2336

杨明, 刘晓辉, 何培仪. 2012. 微波法提取番木瓜皮果胶工艺研究. 农产品加工, (8): 73-75

杨胜远, 陈楷, 叶丹红, 等. 2011. 番石榴果酒的酿制工艺. 食品科技, 36 (10): 62-66

杨淑文. 2011. 不同果蔬Vc含量的比较研究. 安徽农学通报 (下半月刊), 17 (4): 34-35

杨栓平, 常学锋, 王志平, 等. 2001. 核桃油和核桃油复合维生素E对大鼠血浆脂质的影响. 营养学报, 23 (3): 267-270

杨小兰, 毛立新, 张晓云. 2005. 黑桑葚对高脂血症大鼠的降脂作用研究. 食品科学, 26 (9): 491-492

杨晓虹, 翟书华. 2001. 香蕉醋的研制. 昆明师范高等专科学校学报, 23 (4): 64-66

杨月欣, 王光亚, 潘兴昌. 2002. 中国食物成分表 (2002版). 北京: 北京大学医学出版社

杨月欣. 2005. 中国食物成分表 (2004版). 北京: 北京大学医学出版社: 5: 112-113

姚东瑞, 郭雷, 王淑军, 等. 2012. 樱桃籽中抗氧化物质的超声提取工艺及其抗氧化活性. 食品与生物技术学报, 31 (7): 733-740

姚改芳, 张绍铃, 曹玉芬, 等. 2010. 不同栽培种梨果实中可溶性糖组分及含量特征. 中国农业科学, 43 (20): 4229-4237

姚绩伟, 唐晖, 周亮, 等. 2008. 罗汉果提取液对小鼠运动耐力及肝组织抗氧化损伤的影响. 中国运动医学杂志, 27 (2): 221-223

姚茂君, 李加兴, 张永康. 2001. 猕猴桃籽油的开发利用探讨. 食品与发酵工业, 27 (12): 28-29

姚茂君, 李加兴, 张永康. 2002. 猕猴桃籽油理化特性及脂肪酸组成. 无锡轻工大学学报, 21 (3): 307-309

叶其蓝, 林月芳, 曾纪瑶, 等. 2009. 杨桃贮藏与加工工艺研究进展. 保鲜与加工, 2: 3

叶琼兴, 钟广泉, 鲁玉侠, 等. 2006. 榴莲芒果风味果酒酿制. 现代食品科技, 22 (1): 68-69

叶伟娟, 吴少辉, 于新. 2010. 香蕉果酱加工工艺研究. 广东农业科, 12: 101-102

叶兴乾, 徐贵华, 方忠祥, 等. 2008. 柑橘属类黄酮及其生理活性. 中国食品学报, 8 (5): 1-7

怡悦. 2003. 瘙痒动物模型的制作及应用: 苹果多酚的止痒作用. 国外医学中医中药分册, 25 (3): 164

尹卫平, 陈宏明, 王天欣, 等. 1997. 具有抗癌活性的一个新的香豆素化合物. 中草药, 28 (1): 3-4

于海伟, 王立平, 李小波. 2007. 红松仁营养成分分析及松仁油制取方法的探讨. 防护林科技, (3): 117-118

于辉, 钟显昌. 2008. 番石榴果酒的研制. 中国酿造, (13): 98-100

于继洲, 杨国强, 李登科. 1998. 再植果园中苹果营养成分研究. 营养学报, 20 (1): 119-117

于俊林, 车喜泉. 2001. 松仁的化学成分及功效. 人参研究, 13 (1): 25

于明, 何伟忠, 吴新凤. 2010. 鲜核桃乳生产工艺研究. 新疆农业科学, (10): 2117-2120

于修烛, 李志西, 张莉. 2003. 板栗淀粉研究进展. 西部粮油科技, 1: 47-49

余勇, 郭磊, 吴明晖, 等. 2014. 香榧假种皮总黄酮提取及抗氧化活性研究. 食品工业, 35 (12): 23-26

喻凤香, 林亲录, 陈煦, 等. 2012. 柑橘罐头研制及其维生素 C 保存率研究. 农产品加工 (学刊), 4: 61-62, 79

袁亚娜, 张平平, 秦蕊, 等. 2013. 红枣山楂果丹皮和果糕的制作及品质评价. 食品科技, 38 (2): 107-111

袁志超, 汪芳安. 2006. 番木瓜的开发应用及研究进展. 武汉工业学院学报, 3: 15-20

臧宝霞, 金鸣, 吴伟, 等. 2003. 杨梅素对血小板活化因子拮抗的作用. 药学学报, 11: 831-833

曾凡坤, 邹连生, 焦必林. 2004. 柑桔中类柠檬苦素含量及分布研究. 中国食品学报, 3 (4): 79-81

曾献春, 江岩, 刘金宝. 2005. 杏多糖粗提物对荷瘤小鼠免疫功能的影响. 中国临床康复, 9 (18): 142-143

查春节. 2013. 龙眼多糖的流变性、结构鉴定及其清除自由基活性研究. 武汉: 华中农业大学硕士学位论文

翟衡, 杜远鹏, 孙庆华, 等. 2007. 论我国葡萄产业的发展. 果树学报, 24 (6): 820-825

詹士立. 2004. 糖水染色草莓罐头的生产工艺. 食品工业科技, 25 (2): 112-113

张贝贝. 2008. 芒果乳酸菌饮料的配方工艺研究. 广西轻工业, (11): 13-14

张博, 李书倩, 辛广, 等. 2012. 金枕榴莲果实各部位挥发性物质成分 GC/MS 分析. 食品研究与开发, 33 (1): 130-134

张朝晖, 朱中品, 李辉. 2009. 柑橘中柠檬苦素超声提取工艺及含量分析. 食品科学, 30 (8): 56-59

张春梅, 陈朝银, 赵声兰, 等. 2014. 核桃内种皮多酚提取工艺及其体外抗氧化活性的初步研究. 中国酿造, (7):
　　130-134

张大伟, 张永亮, 昆道列提. 2006. 红松松子壳酸性多糖最佳提取条件研究. 时珍国医国药, 17 (6): 997-999

张芳, 张永茂. 2011. 无硫低糖杏脯生产工艺的研究. 中国食物与营养, 17 (4): 60-62

张广燕, 王莉, 杨建民, 等. 2004. 影响李果实贮藏保鲜的因素及贮藏技术. 保鲜与加工, 4 (6): 11-13

张浩玉, 张柯, 孙卫华. 2011. 我国樱桃深加工开发利用现状. 广东农业科学, 9: 80-82

张弘, 郑华, 冯颖, 等. 2008. 金枕榴莲果实挥发性成分的热脱附-气相色谱/质谱分析. 食品科学, 10: 517-519

张宏路, 王献增. 2001. 梨脯蜜饯制作方法. 河北农业科技, (10): 45

张洪坤, 张瑞菊. 2014. 板栗风味酸乳的研制. 安徽农业科学, 42 (11): 3399-3400, 3412

张华, 于淼. 2005. 仁用杏发展及综合利用现状与潜力. 辽宁农业科学, (6): 40-42

张继, 刘阿萍, 姚健, 等. 2003. 榴莲果皮挥发性化学成分的分析. 食品科学, 24 (6): 128-131

张家训. 1998. 石榴酒酿造. 食品工业, 4: 15-16

张敬敏, 吕玲玲, 郭磊. 2010. 樱桃核中类黄酮的提取及其抗氧化性研究. 中国酿造, 6: 65-68

张菊明. 1986. 中华猕猴桃多糖的免疫药理学作用. 中西医结合杂志, 6 (3): 171-174

张娟妮, 赵立群, 王振林. 2008. 沙棘油对小鼠免疫调节作用影响的研究. 陕西医学杂志, 9: 1142-1143

张俊霞. 2011. 梨文化及其开发利用现状研究. 南京: 南京农业大学硕士学位论文

张俊英, 高文远, 李霞. 2012. 雪花梨提取物的抗炎及体外抗氧化活性的研究. 食品工业, 33 (12): 94-96

张立钢, 赵玉红, 李莉. 2010. 松仁蛋白多肽对小鼠免疫功能的影响. 东北农业大学学报, 41 (8): 94-99

张利, 李芄, 曾里, 等. 2009. 低糖桑葚果脯加工工艺研究. 食品科技, 34 (1): 42-45

张俐勤. 2004. 低热量甜味剂罗汉果皂甙的分离、分析及其生物活性评价. 武汉: 华中农业大学硕士学位论文

张亮亮, 李敏, 林鹏, 等. 2008. 李子果肉单宁结构及其抗氧化能力的研究. 林产化学与工业, 28 (4): 1-6

张珉, 钟晓红. 2009. 柑橘功能性成分研究进展. 中国农学通报, 25 (11): 137-140

张齐军, 韦丽. 2012. 果子奶制造技术的研究. 食品工业科技, (2): 273-277

张庆, 雷林生, 杨淑琴, 等. 2001. 大枣中性多糖对小鼠脾淋巴细胞增殖的影响. 第一军医大学报, 21 (6): 426-428

张庆雷. 1998. 大枣多糖体外抗补体活性及促进小鼠脾细胞的增殖作用. 中药药理与临床, 14（5）：19-21

张荣. 2014. ICP-MS 法测定沙棘果油中 13 种微量元素含量. 国际沙棘研究与开发, 3：11-14, 23

张淑娥. 1998. 降脂冲剂治疗原高发性高脂血症的临床观察. 北京医科大学学报, 30（1）：81

张淑兰, 吴燕子, 王艳梅, 等. 2010. 响应面法优化核桃隔膜总黄酮提取工艺. 中国药房, 27：2519-2521

张淑英, 张旭辉. 2002. 杏仁油治疗高脂血症疗效观察. 中医药研究, 18（3）：32-33

张向前, 任兰兰, 贺小龙, 等. 2012. 酶解法提取红枣膳食纤维的工艺研究. 安徽农业科学, 40（1）：113-115

张晓黎, 赵春燕, 吴兴壮, 等. 2011. 乳酸菌发酵桃脯制备工艺. 生产与科研经验, 37（5）：123-126

张晓荣, 刘拉平, 刘朝霞, 等. 2014. 草莓籽的营养成分分析及开发利用. 北方园艺, 11：134-136

张新荣, 严开银, 武朝霞, 等. 2011. 山楂果醋饮料的制作工艺. 农产品加工（创新版）,（11）：51-54

张秀丽, 杨小明, 何娟. 2012. 无花果多糖的部分理化性质研究. 食品研究与开发, 33（11）：35-38

张袖丽, 胡颖蕙, 檀华榕. 1996. 板栗品质的化学成分分析和评价. 安徽农业学, 24（4）：330-331, 334

张学英, 张上隆, 叶正文, 等. 2007. 不同颜色果袋对李果实着色及花色素苷合成的影响因素分析. 果树学报, 24（5）：605-610

张亚伟, 陈义伦, 刘宾, 等. 2010. 不同品种梨加工特性研究. 食品与发酵工业, 36（2）：141-144

张雁, 徐志宏, 魏振承. 2005. 番木瓜果奶的工艺研究. 中国食物与营养, 9：35-37

张英, 田源红, 王建科, 等. 2010. 不同产地无花果中微量元素的研究. 微量元素与健康研究, 27（5）：17-19

张永清, 秦烨, 刘海英. 2013. 低糖猕猴桃果脯的加工工艺. 食品研究与开发, 34（24）：147-150

张元慧, 关军锋, 杨建民, 等. 2004. 李果实发育过程中果皮色素、糖和总酚含量及多酚氧化酶活性的变化. 果树学报, 24（1）：17-20

张泽煌, 卢新坤, 林旗华, 等. 2011. 10 个杨梅品种果实糖和氨基酸含量分析. 江西农业学报, 23（7）：18-20

张泽生, 史珅, 张颖, 等. 2011. 苹果多酚的研究进展. 食品研究与开发, 32（5）：189-192

张仲, 邱银娥. 2014. 不同品种荔枝干多糖酶法提取条件的优化. 包装与食品机械, 32（2）：14-18

张癸之, 张红, 王雪飞, 等. 2012. 石榴皮对抗 STZ 诱导的小鼠血糖升高作用研究. 中药药理与临床, 28（6）：96-98

赵广河, 陈振林. 2013. 香蕉皮活性成分及功能作用的研究进展. 包装与食品机械, 2（31）：42-45

赵国建, 鲍金勇, 杨公明. 2005. 香蕉营养保健价值及综合利用. 食品研究与开发, 26（6）：175-178

赵国建, 来年年, 肖春玲. 2012. 香蕉皮多酚提取新工艺研究. 陕西农业科学, 3：11-14

赵海峰, 李学敏, 肖荣. 2004. 核桃提取物对改善小鼠学习和记忆作用的实验研究. 山西医科大学学报, 35（1）：20-22

赵焕谆, 丰宝田. 1996. 中国果树志——山楂卷. 北京：中国林业出版社

赵磊, 朱开梅, 王晓, 等. 2012. 香蕉皮多酚对高脂血症大鼠降血脂作用的实验研究. 中国实验方剂学杂志, 18（13）：201-205

赵立香, 高荣荣. 2014. 番石榴提取液对小鼠免疫功能的影响. 中国兽药杂志, 48（9）：23-26

赵丽, 徐淑萍, 李宗阳, 等. 2012. 杨梅素及其类似物抗氧化与乙酰胆碱酯酶抑制活性研究. 食品工业科技, 33（1）：56-58, 62

赵梅, 张绍铃, 齐开杰, 等. 2013. 梨幼果多酚提取工艺优化及其成分分析. 食品工业科技, 34（6）：268-271

赵权, 王军, 段长青. 2010. 山葡萄果实发育过程中花色苷和非花色苷酚成分及含量的变化. 植物生理学通讯,（46）1：105-108

赵树堂. 2003. 李果实发育过程中糖、酸、Vc 及矿质元素含量变化. 保定：河北农业大学硕士学位论文

赵为. 2010. 保健型香蕉酸奶的研制. 乳业科学与技术, 4：173-176

赵文琦, 曲长福, 王翠华, 等. 2007. 树莓的营养保健价值与市场前景浅析. 北方园艺,（6）：114-115

赵翾, 李红良, 秦诗韵. 2010. 番木瓜果酒的酿制工艺研究. 中国酿造, 11：180-182

赵雪梅, 叶兴乾, 朱大元. 2007. 柑桔属植物中香豆素类化合物研究进展. 天然产物研究与开发, 19: 718-723

赵燕. 2010. 罗汉果浓缩汁及罗汉果甜甙防龋性实验研究. 食品研究与开发, 31 (2): 87-90

赵玉平, 王春霞, 杜连祥. 2002. 山楂属植物果实和叶中化学成分的研究综述. 饮食工业, 5 (6): 8-12

珍珍. 2005. 榛子的营养与人类健康. 中外食品, (6): 52-53

甄天元, 肖军霞. 2014. 樱桃核主要成分分析及其抗氧化性研究. 食品研究与开, 35 (23): 112-115

郑敏燕, 耿薇, 刘鹏, 等. 2010. HPLC-ELSD 法检测石榴中的游离糖含量. 安徽农业科学, 14: 7692-7693

郑少泉, 姜帆, 高慧颖, 等. 2008. 超声波法提取龙服多糖工艺研究. 中国食品学报, 8 (2): 76-79

郑素芳, 黄循精. 2008. 海南省芒果产业发展问题与对策. 热带农业科学, 12 (6): 56

中国农业科学院. 1987. 中国果树栽培学. 北京: 农业出版社

中国药典委员会. 2000. 中华人民共和国药典. 北京: 化学工业出版社

中国预防医学科学院营养与食品卫生研究所. 1992. 食物成分表. 北京: 人民卫生出版社

钟鸣, 梁德乾, 朱红梅, 等. 1996. 荔枝口服液对糖尿病大鼠降血糖作用的观察. 右江民族医学院学, 18 (3): 303-305

钟云, 姜波, 蒋侬辉, 等. 2009. 不同杨桃品种品质分析及草酸含量的测定研究. 广东农业科学, (12): 67-69

周丹蓉, 廖汝玉, 叶新福. 2012. 李果实氨基酸种类和含量分析. 中国南方果树, 41 (2): 25-28

周骊, 李泽友, 沈文涛, 等. 2012. 番木瓜种子中异硫氰酸苄酯 (BITC) 的抑癌试验. 热带生物学报, 3 (2): 130-134

周劲桓, 成纪予, 叶兴乾. 2009. 杨梅渣抗氧化活性及其膳食纤维功能特性研究. 中国食品学报, 9 (1): 52-58

周玮婧. 2010. 荔枝皮原花青素的提取、纯化以及抗氧化活性研究. 武汉: 华中农业大学硕士学位论文

周英, 郑艳, 黄赤夫. 2009. 罗汉果提取物和罗汉果苷对胰岛素分泌的调节作用 (英). 药学学报, 44 (11): 1252-1257

周元, 傅虹飞. 2013. 猕猴桃中的有机酸高效液相色谱法分析. 食品研究与开发, 34 (19): 85-87

周媛媛, 王栋, 牛峰. 2010. 抗肿瘤中药青龙衣化学成分的研究. 中草药, 41 (1): 11-14

朱建华, 钟瑞敏, 麦绮云. 2010. 复合酶法高品质澄清猕猴桃果汁生产工艺研究. 江西农业学报, 22 (5): 128-129

朱晓韵, 何伟平, 夏星, 等. 2011. 罗汉果 SOSO 甜的降脂减肥作用研究. 广西轻工业, 6: 1-2

朱燕. 2003. 沙棘的医疗保健价值. 中国航天医药杂志, 5 (2): 79-80

朱银玲, 谭竹钧, 李伟才, 等. 2008. 杨桃多糖的提取研究. 食品工业科技, 29 (3): 105-107

朱银玲, 谭竹钧. 2008. 杨桃中多糖成分的纯化与鉴定. 现代食品科技, 24 (2): 161-172

朱正军, 李世杰, 陈茂彬. 2006. 杨梅深加工技术研究进展. 亚热带农业研究, 2 (1): 69-71

祝美云, 潘治利, 马伟华, 等. 2006. 草莓乳酸菌饮料的研制. 安徽农业科学, 34 (21): 5657-5658

祝渊, 陈力耕, 胡西琴. 2003. 柑橘果实膳食纤维的研究. 果树学报, 20 (4): 256-260

庄东红, 雷琦, 杨培奎, 等. 2011. 番石榴果实粗蛋白提取液的抗糖尿病作用研究. 韩山师范学院学报, 32 (3): 68-72

庄志发, 冯紫慧, 王凤艳. 2009. 发酵法半甜型樱桃酒的研制. 山东食品发酵, 2: 47-49

邹圣冬, 代绍娟, 张健. 2012. 石榴籽蛋白提取工艺的研究. 农业机械, 21: 59-61

左长清. 1996. 中华猕猴桃栽培与加工技术. 北京: 中国农业出版社

左丽丽. 2013. 狗枣猕猴桃多酚的抗氧化与抗肿瘤效应研究. 哈尔滨: 哈尔滨工业大学硕士学位论文

Ajila C M, Prasada R U J S. 2013. Mango peel dietary fiber: Composition and associated bound phenolics. Journal of Founctional Foods, 5 (1): 444-450

Akbulut M, Ozcan M M. 2009. Comparison of mineral contents of mulberry (*Morus spp.*) fruits and their pekmez (Boiled mulberry juice) samples. International Journal of Food Sciences and Nutrition, 60 (3): 231-239

Alasalver C, Amatal J S, Satir G, et al. 2009. Lipid characteristics and essential minerals of native Turkish hazelnut varieties *Corylus avellana* L. Food Chemistry, 113 (4): 919-925

Albrecht M, Jiang W, Kumi D J, et al. 2004. Pomegranate extracts potently suppress proliferation, xenograft growth, and invasion of human prostate cancer cells. Journal of Medicinal Food,7（3）：274-283

Almada R E，Martinez T M A，Hernandez A M M，et al. 2003. Fungicidal potential of methoxylated flavones from citrus for in vitro control of *Colletotrichum gloeosporioides*，causal agent of anthracnose disease in tropical fruits. Pest Management Science，59（11）：1245-1249

Aparecida D A S，Vellosa J C R，Brunetti I L，et al. 2008. Antioxidant activity，ascorbic acid and total phenol of exotic fruits occurring in Brazil. International Journal of Food Sciences and Nutrition，60（5）：439-448

Aslam M N，Lansky E P，Varani J. 2006. Pomegranate as a cosmeceutical source：pomegranate fractions promote proliferation and procollagen synthesis and inhibit matrix metalloproteinase-1 production in human skin cells. Journal of Ethnopharmacology，103（3）：311-318

Aviram M，Dornfeld L. 2001. Pomegranate juice consumption inhibits serum angiotensin converting enzyme activity and reduces systolic blood pressure. Atherosclerosis，158（1）：195-198

Bagchi D，Bagchi M，Stohs S，et al. 2002. Cellular protection with proanthocyanidins derived from grape seeds. Annals of the New York Academy of Sciences，957（1）：260-270

Balta M F，Yarigac T，Askin M A，et al. 2006. Determination of fatty acid compositions oil contents and some quality traits of hazelnut genetic resources grown in eastern Anatolia of Turkey. Journal of Food Composition and Analysis，19（6-7）：681-686

Basnet P. 1995. 用链脲霉素诱发大鼠糖尿病筛选有降血糖活性的传统药物，以对番石榴的研究. 国外医学：中医中药分册，19（1）：41-42

Bell D R，Gochenaur K. 2006. Direct vasoactive and vasoprotective properties of anthocyanin-rich estracts. Journal of Applied Physiology，100（4）：1164-1170

Bere E. 2007. Wild berries：A good source of omega-3. European Journal of Clinical Nutrition，61：431-433

Bernard P O H，Andrew M H，David J B，et al. 1995. Crystal structure of glycyl endopeptidase from Carica papaya：A cysteineendopeptidase of unusual substrate specificity. Biochemistry，34（40）：13190-13195

Brano T. 2000. Grapefruit：The last decade acquisition. Fitoterapia，71（Suppl 1）：S29-S37

Burkhardt S，Tan D X，Manchester L C，et al. 2001. Detection and quantification of the antioxidant melatonin in Montmorency and Balaton tart cherries（*Prunus cerasus*）. Journal of Agricultural and Food Chemistry，49（10）：4898-4902

Carvalho-Freitas M I，Costa M. 2002. Anxiolytic and sedative effects of extracts and essential oil from *Citrus aurantium* L. Biological & Pharmaceutical Bulletin，25：（12）：1629-1633

Castrejón A D R，Eichholz I，Rohn S，et al. 2008. Phenolic profile and antioxidant activity of highbush blueberry（*Vaccinium corymbosum* L.）during fruit maturation and ripening. Food Chemistry，109：564-572

Chaudhary P，Shukla S K，Kumar P，et al. 2006. Radioprotective properties of apple polyphenols：an *in vitro* study. Molecular and Cellular Biochemistry，288（1-2）：37-46

Chen J，Sun X，Wang Y，et al. 2010. Effect of polysaccharides of the *Euphoria longan*（Lour.）Steud on inflammatory response induced by focal cerebral is chemia/reperfusion injury in rats. Food and Agricultural Immunology，21（3）：219-225

Crespo M E，Galvez J，Cruz T，et al. 1999. Anti-inflammatory activity of diosmin and hesperidin in rat colitisinduced by TNBS. Planta Medica，65（7）：651-653

Daniel E M，Stoner G D. 1991. The effects of ellagic acid and 13-cis-retinoic acid on *N*-nitrosobenzylmethylamine-induced esophageal umorigenesis in rats. Cancer Letters，56（2）：117-124

Das A K，Mandal S C，Banerjee S K，et al. 2001. Studies on the hypoglycaemic activity of Punica granatum seed in streptozotocin induced diabetic rats. Phytotherapy Research, 15（7）: 628-629

Du Q, Zheng J, Xu Y. 2008. Composition of anthocyanins in mulberry and their antioxidant activity. Journal of Food Composition and Analysis, 21（5）: 390-395

Eccleston C Y, Tahvonen B, Kallio R, et al. 2002. Effects of an antioxidant-richjuice（sea buckthorn）on risk factors forcoronary heart disease in humans. Journal of Nutritional Biochemistry, 13（6）: 346-354

Eguchi A, Murakami A, Ohigashi H. 2006. Nobiletin, a citrus flavonoid, suppresses phorbol ester-induced expression of multiple scavenger receptor genes in THP-1 human monocytic cells. FEBS Letters, 580（13）: 3321-3328

Emeruwa A C. 1982. Antibacterial substance from Carica papaya fruit extract. Journal of Natural Products, 45（2）: 123-127

Engelkeg G, Gutowski E Z, Hammelmann M, et al. 1992. Biosynthesis of the lantibioticnisin: genomic organization and membrane localization of the NisB protein. Applied and Environmental Microbiology, 58（11）: 3730-3743

Eno A E, Owo O I, Itam E H, et al. 2000. Blood pressure depression by the fruit juice of *Carica papaya*（*L.*）in renal and DOCA-induced hypertension in the rat. Phytotherapy Research, 14（4）: 235-239

Ezeonu F C, Udedi S C, Chidume G I. 2001. Insecticidal properties of volatile extracts of orange peels. Bioresource Technology, 76（3）: 273-274

Farrohi F, Mehran M. 1975. Oil characteristics of sweet and sour cherry kernels. Journal of the American Oil Chemists Society, 52（12）: 520-521

Feng X Y, Wang M, Zhao Y Y, et al. 2014. Melatonin from different fruit sources, functional roles, and analytical methods. Trends in Food Science & Technology, 37（1）: 21-31

Fujioka K, Greenway F, Sheard J, et al. 2006. The effects of grapefruit on weight and insulin resistance. Relationship to the metabolic syndrome. Journal of Medicinal Food, 9: （1）: 49-54

Fuke Y, Matsuoka H. 1984. Studies on the physical and chemical properties of kiwifruit starch. Journal of Food Science, 49: 620-622

Fukuda T, Ito H, Yoshida T. 2003. Antioxidative polyphenols from walnuts（*Juglans regia* L.）. Phytochemistry, 63（7）: 795-801

Gargano A C, Almeida C A R, Costa M. 2008. Essential oils from citrus latifolia and Citrus reticulate reduced anxiety and prolong ether sleeping time in mice . Tree and Forestry Science and Biotechnology, 2（1）: 12-124

Garrido M, Paredes S D, Cubero J, et al. 2010. Jerte valley cherry-enriched diets improve nocturnal rest and increase 6-sulfatoxymelatonin and total antioxidant capacity in the urine of middle-aged and elderly humans. The Journals of Gerontology: Series A, 65（9）: 909-914

Gross J, Ikan R, Eckhardt G. 1983. Carotenoids of the fruit of *Averrhoa carambola*. Phytochemistry, 22（6）: 1479-1481.

Guardia T, Rotelli A E, Juarez A O, et al. 2001. Anti-inflammatory properties of plant flavonoids. Effects of rutin quercetin and hesperidin on adjuvant arthritis in rat. Farmaco, 56（9）: 683-687

Guo C J, Yang J J, Wei J Y, et al. 2003. Antioxidant activities of peel, pulp and seed fractions of common fruits as determined by FRAP assay. Nutrition Research, 23（12）: 1719-1726

Haaz S, Fontaine K R, Cutter G, et al. 2006. Citrus aurantium and synephrine alkaloids in the treatment of overweight and obesity: An update. Obesity Reviews, 7（1）: 79-88

He X J, Liu R H. 2007. Triterpenoids isolated from apple peels have potent antiproliferative activity and may be partially responsible for apples anticancer activity. Journal of Agricultural and Food Chemistry, 55（11）: 4366-4370

He X J, Liu R H. 2008. Phytochemicals of apple peels: isolation, structure elucidation, and their antiproliferative and antioxidantactivities. Journal of Agricultural and Food Chemistry, 56（21）: 9905-9910

Helen M, Dawes, Keene J. 1999. Phenolic composition of kiwifruit juice. Journal of Agricultural and Food Chemistry, 47: 2398-2403

Howatson G, Bellp P G, Tallent J, et al. 2012. Effect of tart cherry juice (*Prunus cerasus*) on melatonin levels and enhan 7ed sleep quality. European Journal of Nutrition, 51 (8): 909-916

Jacob R A, Spnozzi G M, Smon V A, et al. 2003. Consumption of cherries lowers plasma urate in healthy women. Journal of Nutrition, 133 (6): 1826-1829

Jimenez E A, Rincon M, Pulido R, et al. 2001. Guava fruit (*Psidium guajava* L.) as a new source of antioxidant dietary fiber. Journal of Agricultural and Food Chemistry, 49 (11): 5489-5493

Johansson, Korte A, Yang H, et al. 2000. Seabuckthorn berry oil inhibits platelet aggregation. The Journal of Nutritional Biochemistry, 11 (10): 491-495

Kafkas E, Ozgen M, Ozogul Y, et al. 2008. Phytochemical and fatty acid profile of selected red raspberry cultivars: A comparativestudy. Journal of Food Quality, 31 (1): 67-78

Kalt W, Forney C F, Martin A, et al. 1999. Antioxidantcapacity, vitamine C, phenolics, and anthocyanins after storage of small fruits. Journal of Agricultural and Food Chemistry, 47: 4638-4644

Kang S Y, Seeram N P, Nair M G, et al. 2003. Tart cherry anthocyanins inhibit tumor development in apc mice and reduce proliferation of human colon canceicells. Cancer Letters, 194 (1): 13-19

Katsuyoshi A, Takahiro T, Yumi M, et al. 2006. The DPPH radicalsupplement agent, the SOD active agent, the skin-lighteningagent, the 1-dopa autoxidation inhibitor, eollagenase activityinhibitors: JP 2006225286

Kawaii S, Lansky E P. 2004. Differentiation-promoting activity of pomegranate (*Punica granatum*) fruit extracts in HL-60 human promyelocytic leukemia cells. Journal of Medicinal Food, 7 (1): 13-18

KleimanR, EarleF R, Wolff I A. 1969. Dihydrosterculic acid, a major fatty acid component of Euphoria longana seed oil. Lipids, 4 (5): 317-320

Komiya M, Takeuchi T, Harada E. 2006. Lemon oil vapor causes an antistress effect via modulating the 5-HT and DA activities in mice. Behavioural Brain Research, 172 (2): 240-249

Koyuncu H, Berkarda B, Baykut F, et al. 1999. Preventive effect of hesperidin against inflammation in CD-1 mouse skin caused by tumor promoter. Anticancer Research, 19 (48): 3237-3241

Lamikanra O, Inyang I D, Leong S. 1995. Distribution and effect of grape maturity on organic acid content of red muscadinegrapes. Journal of Agricultural and Food Chemistry, 43 (12): 3026-3028

Liu C J, Lin J Y. 2012. Anti-inflammatory and anti-apoptotic effects of strawberry and mulberry fruit polysaccharides on lipopolysaccharide-stimulated macrophage through modulating pro-/anti-inflammatory cytokines secretion and Bcl-2/Bak protein ratio. Food and Chemical Toxicology, 50: 3032-3039

Lu F L, Li D P, Fu C M, et al. 2012. Studies on chemical fingerprints of *Siraitia grosvenorii* fruits (Luo Han Guo) by HPLC. Journal of Natural Medicines, 66 (1): 70-76

Luximon R A, Bahorun T, Crozier A. 2003. Antioxidant actions and phenolic and vitamin C contents of common maurittanexoticfruits. Journal of the Science of Food and Agriculture, 83 (5): 496-502

Mahato S B, Sahu N P, Chakravart R N. 1971. Chemical investigation of leaves of Euphoria longana. Phytochemistry, 10 (11): 2847-2848

McNaughton S A, Marks G C. 2003. Development of a foodcomposition database for the estimation of dietary intakes of glucosinolates, the biologically active constituents of cruciferousvegetables. British Journal of Nutrition, 90 (3): 687

Mikulic-petkovsek M, Slatnar A, Stampar F, et al. 2012. HPLC-MSn identification and quantification of flavonol glycosides in 28 wild and cultivated berry species. Food Chemistry, 135 (4): 2138-2146

Morcelle S R, Trejo S A, Canals F, et al. 2004. Funastrain C II: A cysteine endopeptidase purified from the latex of *Funastrum clausum*. The Protein Journal, 23 (3): 205-215.

Morimoto C, Satoh Y, Hara M, et al. 2005. Anti-obese: action of raspberry ketone. Life Science, 77 (2): 194-204

Mori-Okamoto J, Otawara-Hamamoto Y, Yamato H, et al., 2004. Pomegranate extract improves a depressive state and bone properties in menopausal syndrome model ovariectomized mice. Journal of Ethnopharmacology, 92 (1): 93-101

Mukhtar J, Wang Z Y. 1992. Katiqar Antlmutagenic and Anticarc-inogenic Effects. Prevent Medicine, (2): 351-360

MullenW, Yokota T, Lean E, et al. 2003. Analysis of ellagitannins and conjugates of ellagic acid and quercetin in raspberry fruits by LC-MSn. Phytochemistry, 64 (2): 617-624

Navindra P, Seeram, Rupo L H, et al. 2006. Identification of phenolic compounds in strawberries by liquid chromatography electrospray ionization mass spectroscopy. Food Chemistry, 97 (1): 1-11

Nayak S B, Pereira L, Maharaj D. 2007. Wound healing activity of *Carica papaya* Linn. in experimentally induced diabetic rats. Indian Journal of Experimental Biology, 45 (8): 739-743

Okuyama E, Ebihara H, Takeuchi H, et al. 1999. Adenosine, the antiolytic-like principle of the Aeillus of Euphoria Longana. Planta Medica, 65 (2): 115-119

Pan M H, Yang J R, Tsai M L, et al. 2009. Anti-Inflamatory effect of *Momordica grosvenori* Swingle extract through suppressed LPS-induced upregulation of iNOS and COX-2 in murine macrophages. Journal of Functional Foods, 1 (2): 145-152

Pigeon W R, Carr M, Gorman C, et al. 2010. Effects of a tart cherry juice beverage on the sleep of older adults with insomnia: A pilot study. Journal of Medicinal Food, 13 (3): 579-583

Pino J A, Marbot T R, Aguero J.2000.Volatile components of starfruit (Averrhoa carambola L.).Journal of Essential Oil Research, 12 (4): 429-430

Poyrazoğlu E, Gcharides on ık N. 2002. Organic acids and phenolic compounds in pomegranates (*Punica granatum* L.) grown in Turkey. Journal of Food Composition and Analysis, 15 (5): 567-575

Rahmat A, Abu B M F, Faezah N, et al. 2004. The effects of consumption of guava (*Psidium guajava*) or papaya (*Carica papaya*) on total antioxidant and lipid profile in normal maleyouth. Asia Pacific Journal of Clinical Nutrition, 13 (1): 106

Rajendran P, Ekambaram G, Magesh V, et al. 2008. Chemopreventive efficacy of mangiferin against benzo (a) pyrene induced lung carci-nogenesis in experimental animals. Environmental Toxicology and Pharmacology, 26 (3): 278-282

Rangkadilok N, Sitthimonchai S, Worasuttayangkurn L, et al. 2007. Evaluation of free radical scavenging and antityrosinase activities of standardized longan fruit extract. Food and Chemical Toxicology, 45 (2): 328-336

Rangkadilok N, Worasultayangkurn L, Bennett R N, et al. 2005. Identification and quantification of poly-phenolic compounds in Longan (*Euphoria longan* lam.) fruit. Journal of Agricultural and Food Chemistry, 53 (5): 1387-1395

Reiter R J, Manchester L C, Tan D X. 2005. Melatonin in walnuts: influence on levels of melatonin and total antioxidant capacity of blood. Nutrition, 21 (9): 920-924

Riitta P, Liisa N. 2005. Bioactive berry compounds-novel tools against human pathogens. Journal of Microbiology and Biotechnology, 67 (1): 8-18

Ross H A, McDougall G J, Stewart D. 2007. Antiproliferative activity is predominantly associated with ellagitannins in raspberry extracts. Phytochemistry, 68 (2): 218-228

Ryu J, Kim J S, Kang S S. 2003. Cerebrosides from LonganArillus. Archives of Pharmacal Research, 26 (2): 138

Saeed M K，DengG Y L，Dai R J，et al. 2007. Extraction，fractionation of polyphenols from Chinese medicinal plant Torreyagrandis and their anti-oxidant activity against ferric reducing ability，DPPH and reducing power activity. Chicago，IL，USA：The 233rd ACS National Meeting.

Safari M R，Rezaie M，Sheijkh N. 2003. Effects of some flavonoids on thesusceptibility of low-density lipoprotein to osidative modification. Indian Journal of Biochemistry Biophysics，40（5）：358-361

Saito K，Kohno M，Yoshizaki F，et al. 2008. Extensive screening for edible herbal extracts with potent scavenging activity against superoxide anions. Plant Foods for Human Nutrition，63（2）：65-70

Seymour E M，Snger A A，Bennink M R，et al. 2007. Cherry-enriched diets reduce metabolic syndrome and oxidative stress in Lean Dahl-SS rats. The FASEB Journal，21：225-232

Shah Y R，Sen D J，Patel R N，et al. 2011. Aromatherapy：The doctor of natural harmony of body & mind. International Journal of Drug Development & Research，3（1）：286-294

Shiow Y W，Chen C，Chien Y W. 2009. The infiuence of light and maturity on fruit quality and flavonoid content of red raspberries. Food Chemistry，112：676-684

Shiow Y W. 2005. Inhibitory effect on activator protein-1，nuclear factor-kappa B，and cell transformation by extracts of strawberries（Fragaria ananassa Duch）. Journal of Agricultural and Food Chemistry，53（10）：4187-4193

Sozanski T，Kucharska A Z，Szumny A，et al. 2014. The protective effect of the Comus mas fruit（comelian cherry）on hypertriglyceridemia and atherosclerosis through PPARα activation in hypercholesterolemic rabbits. Phytomedicin，21（13）：1774-1784

Stoner G D，Morse M A. 1997. Isocyanates and plant polyphenols as inhibitors of lung and esophageal cancer. Cancer Letters，114（1）：113-119

Sugiyama H，Akazome Y，Shoji T，et al. 2007. Oligomeric procyanidins in apple polyphenol are main active components for inhibition of pancreatic lipase and triglyceride absorption. Journal of Agricultural and Food Chemistry，55（11）：4604-4609

Sun J，Shi J，Jiang Y，et al. 2007. Identification of two polyphenolic compounds with antioxidant activities in longan pericarp tissues. Journal of Agricultural and Food Chemistry，55（14）：5864-5868

Szetao K W C，Sathe S K. 2000. Walnut（Juglans regial）proximate composition. protein solubility. protein amino acid composition and protein in vitro digestibility. Journal of the Science of Food and Agricultrue，80（9）：1393-1401

Takasaki M，Konoshima T，Murata Y，et al. 2003. Anticarcinogenic activity of natural sweeteners，cucurbitane glycosides from Momordica grosvenori. Cancer Letters，198（1）：37-42

Tan D X，Hardeland R，Manchester L C，et al. 2012. Functional roles of melatonin in plants，and perspectives in nutritional and agricultural science. Journal of Experimental Botany，63（2）：577-597

Taruscio T G，Barney D L，Exon J. 2004. Content and profile of flavanoid and phenolic acid compounds in conjunction with the antioxidant capacity for a variety of northwest Vaccinium berries. Journal of the Agricultural and Food Chemistry，52（10）：3169-3176

Tian Q G，Gtusti M M，Stoner G D，et al. 2005. Screaning for anthocyanins using high-performance liquid chromatography coupled to eleetrosprayionization tandem mass spectrometry with precursor-ionanalysis，common-neutral-loss analysis，and selected reaction monitoring. Journal of Chromatography A，1091（1-2）：72-82

Titov S. 2007. Antioxidant activities of some local bangladeshi fruits（Artocarpus heterophyllus，Annona squamosa，Terminalia bellirica，Syzygium samarangense，Avenhoa carambola and Olea europa）. Chinese Joumal of Biotechnology，23（2）：257-261

Tochikura S T，Nakashima H，Yamamoto N. 1989. Antitiral agents with activity against human retroviruses. Journal of

Acquired Immune Deficiency Syndromes, 2 (5): 441-447

Tripoli E, Guardia M, Giammanco S, et al. 2007. Citrus flavonoids: Molecular structure, biological activity and nutritionalproperties: A review. Food Chemistry, 104 (2): 466-479

Tsuda T, Horio F, Uchida K, et al. 2003. Dietary cyanid 3-o-beta-Dglycoside-rich purple com color prevents obesity and ameliorates hyperglycemia in mice. Journal of Nutrition, 133: 2125-2130

Valentina S, Spomenka K, Dajana G, et al. 2005. Determination of anthocyanins in four Croatian cultivars of sour cherries. European Food Research and Technology, 220 (5): 575-578

Veberic R, Colaric M, Stampar F. 2008. Phenolic acids and flavonoids of fig fruit (*Ficus carica* L.) in the northern Mediterranean region. Food Chemistry, 106 (1): 153-157.

Venskutoins P R, Dvaranauskaite A, Labokas J. 2007. Radical scavenging activity and composition of raspberry (Rubusidaeus) leaves from different locations in Lithuania. Fitoterapia, 78 (2): 162-165

Vidal R, Hernandez V S, Pauquai T. 2005. Apple procyanidins decrease cholesterol esterification and lipoprotein secretionin Caco-2/TC7 enterocytes. Journal of Lipid Research, 46 (2): 258-268.

Viuda M M, Ruiz N Y, Fern, 2005. AL le procyanidins decrease cholesterol esterification (*Citrus lemon* L.), mandarin (*Citrus reticulata* L.), grapefruit (*Citrus paradisi* L.) and orange (*Citrus sinensis* L.) essential oils. Food Control, 19 (12): 1130-1138

Viuda-Martos M, Ruiz-Navajas Y, Fernández-López J, et al. 2008. Antifungal activity of lemon (Citrus lemon L.), mandarin (Citrus reticulata L.), grapefruit (Citrus paradisi L.) and orange (Citrus sinensis L.) essential oils. Food control, 19 (12): 1130-1138

Wagner C J, Jr. M L B, Robert E B et al. 1975. Carambola selection for commercial production. Florida State Horticultural Society, 88: 466-469

Wall M M. 2006 . Ascorbic acid and mineral composition of longan (*Dimocarpus longan*), lychee (*Litchi chinensis*) and rambutan (*Nephelium lappaceum*) cultivars grown in Hawaii. Journal of Food Composition and Analysis, (19): 655-663

Wang J, Wang X, Jiang S, et al. 2008. Cytotoxicity of fig fruit latex against human cancer cells. Food and Chemical Toxicology, 46 (3): 1025-1033

Wang X J, Yuan S L, Wang J, et al. 2006. Anticancer activity of litchi fruit pericarp extract against humanbreast cancer *in vitro* and *in vivo*. Toxicology and Applied Pharmacology, 215 (2): 168-178

Wang X, Wei Y, Yuan S, et al. 2006. Potential anticancer activity of litchi fruit pericarp extract against hepatocellular carcinoma *in vitro* and *in vivo*. Cancer Letters, 239 (1): 144-150

Wei B, Teng J, Jia M. et al. 2011. Chemical compositional characterization of ten litchi cultivars. New Technology of Agricultural Engineering, (2): 1007-1011

Wilson Ⅲ C W, Shaw P E, Knight Jr, et al. 1985. Volatile constituents of carambola (*Averrhoa carambola* L.) . Journal of Agricultural and Food Chemistry, 33 (2): 199-201

Yance D R, Sagar S M. 2006. Targeting angiogenesis with integrative cancer therapies. Integrative cancer therapies, 5 (1): 9-29

Yangaida A, Kanda T, Tanabe M, et al. 2000. Inhibitory effects of apple polyphenols and related compounds on cariogenic factors of mutans streptococci. Journal of Agricultural and Food Chemistry, 48 (11): 5666-5671

Yi Y, Huang F, Zhang M W, et al. 2013. Solution properties and *in vitro* anti-tumor activities of polysaccharides from longan pulp. Molecules (Basel, Switzerland), 18 (9): 11601-11613

Yi Y, Liao S T, Zhang M W, et al. 2011. Immunomodulatory activity of polysaccharide-protein complex of longan

（*Dimocarpus longan* Lour.）pulp. Molecules，16（12）：10324-10336

Yi Z B，Yu Y，Liang Y Z，et al. 2008. *In vitro* antioxidant and antimicrobial activities of the extract of pericarpium citri reticulatae of a new citrus cultivar and its main flavonoids. LWT-Food Science and Technology，41（4）：597-603

Yoshimi N，Matsunaga K，Katayama M，et al. 2001. The inhibitoty effect of mangiferin，a naturally occurring glocusylxanthone in bowel carcinogenesis of male F344 rate. Cancer Letters，163（2）：163-170

Zhang Y，Liao X J，Chen F，et al. 2008. Isolation，identification，and color characterization of cyanidin-3-glucosideand cyanidin-3-sophoros ide from red raspberry. European Food Research and Technology，226（3）：395-403

Zhong K，Wang Q，He Y，et al. 2010. Evaluation of radicals scavenging，immunity-modulatory and antitumor activities of longan polysaccharides with ultrasonic extraction on in SI80 tumor mice models. International Journal of Biological Macromolecules，47（3）：356-360

第5章 蔬菜的生理活性物质及其高值化

5.1 根 菜 类

5.1.1 胡萝卜

1. 简介

胡萝卜（*Daucus carota* subsp. *sativus*）为伞形花科植物，属二年草本作物，是最常见的一种蔬菜。它原产于中亚和地中海地区，元朝传入我国，故称胡萝卜。目前，胡萝卜在世界各地广泛栽培。在我国，胡萝卜栽培面积已近 48 万 hm^2，产量超过 900 万 t，主要分布在华北、华中、西北与东北的部分省份（杨薇等，2014）。

胡萝卜以其独特的营养价值和保健价值、菜药兼用、味道芳香和清甜适口、色泽靓丽等优势备受人们的青睐。在日本，胡萝卜被作为"长寿菜"，荷兰人将胡萝卜列为"国菜"之一，我国也称胡萝卜为"土人参"、"丁香萝卜"、"菜人参"、"红根"、"金笋"、"甘笋"等（张雅稚，2009）。中医认为胡萝卜味甘，性平，有健脾和胃、补肝明目、清热解毒、壮阳补肾、透疹、降气止咳等功效，可用于肠胃不适、便秘、夜盲症、性功能低下、麻疹、百日咳、小儿营养不良等症状。

2. 生理活性物质

1）类胡萝卜素

胡萝卜的最主要营养成分是类胡萝卜素，它包括 α-胡萝卜素、β-胡萝卜素、黄体素等，其中含量最高的是 β-胡萝卜素，占胡萝卜素的 80%，每 100 g 熟胡萝卜含 β-胡萝卜素 9800 μg；每 100 g 生胡萝卜含 β-胡萝卜素 4130 μg，比白萝卜及其他各种蔬菜高出 30～40 倍，居常见水果蔬菜之首。美国于 1985 年将天然胡萝卜素编入《美国药典》，联合国粮食及农业组织（FAO）和世界卫生组织（WHO）食品添加剂联合专家委员会推荐，认定天然 β-胡萝卜素是 A 类优秀营养色素，并在世界 52 个国家和地区获准应用（阮婉贞，2007）。

2）其他成分

胡萝卜营养丰富，营养学分析表明：胡萝卜每 100 g 可食部分含蛋白质 1.0 g、脂肪 0.2 g、碳水化合物 8.8 g、纤维素 1.1 g、钙 32.0 mg、磷 27.0 mg、钠 71.4 mg、镁 14.0 mg、铁 1.0 mg、锌 0.23 mg、硒 0.63 mg、铜 0.08 mg、锰 0.24 mg、钾 190.0 mg、尼克酸 0.6 mg、维生素 C 13.0 mg、核黄素 0.03 mg、硫胺素 0.04 mg、维生素 E 0.36 mg、叶酸 14 μg、维生素 A 688 μg（阮婉贞，2007）。

3. 生理功能

1）防治心血管疾病

胡萝卜可以治疗多种疾病。美国科学家研究证实：每天吃 2 根胡萝卜，可使血中胆固醇降低 10%～20%；每天吃 3 根胡萝卜，有助于预防心脏疾病。胡萝卜中含有丰富的木质素、槲皮素和山柰酚、琥珀酸钾等成分，能增加冠状动脉的血流量、降低血脂含量、促进肾上腺素的合成分泌，具有降压、强心之功效。胡萝卜细胞壁的成分里含有极其丰富的果胶，它能加速胆汁酸的凝固，促使人体内胆固醇向胆汁酸发生转变，从而起到降低胆固醇、预防冠心病的作用（阿依加马丽·加怕尔和巴哈依定·吾甫尔，2013）。

2）抗肿瘤

类胡萝卜素还能增加自然杀伤能力，消除体内被感染的细胞和癌细胞。同时，研究表明，β-胡萝卜素能分解食物中的亚硝胺，从而也具有防癌的功能（张雅稚，2009）。

3）防治糖尿病

胡萝卜富含膳食纤维，它有利于延缓肠道葡萄糖的吸收，减少血糖上升的幅度，因此可以调节血糖水平，减少对胰岛素的需求（陈瑞娟等，2013）。

4）增强免疫力

胡萝卜中的类胡萝卜素能提高人体免疫系统 B 细胞产生抗体，从而提高其他免疫组合的活性（张雅稚，2009）。

5）促进面部健康

胡萝卜富含维生素，可刺激皮肤的新陈代谢，增进血液循环，从而使皮肤细嫩光滑，肤色红润，对美容健肤有独到的作用。同时，胡萝卜也适宜于皮肤干燥、粗糙，或患毛发苔藓、黑头粉刺、角化型湿疹者食用（阿依加马丽·加怕尔和巴哈依定·吾甫尔，2013）。

6）补充维生素 A

胡萝卜中含有丰富的胡萝卜素，尤其是 β-胡萝卜素，它作为维生素 A 源比视黄醇（维生素 A 的活性部分）效果更佳。当人体缺乏维生素 A 时，人体肝脏内维生素酶可将胡萝卜素转化为维生素 A。酶通过自动调控来实现体内维生素 A 的需求平衡，当体内维生素 A 增加到满足需要的量时，酶即停止转化。这样就不会产生维生素 A 补充过量的毒性反应，可以达到安全补充维生素 A 的目的（陈瑞娟等，2013）。

7）排毒

胡萝卜中的果胶物质能与进入体内的汞离子结合，促进人体内的汞离子排出，消除或降低汞对人体的毒害作用（陈瑞娟等，2013）。

4. 高值化利用现状

1）活性物质的提取制备

（1）胡萝卜素。

研究表明，当在胡萝卜汁中提取 β-胡萝卜素时，加入氨水/乙醇作稳定剂，提取率可提高近 2 倍，加入 2% $CaCl_2 \cdot 2H_2O$ 作沉淀剂时，β-胡萝卜素的提取量可高达 188 mg/100 g，以石油醚作为提取溶剂时，所得的 β-胡萝卜素提取率最高（胡小明等，2006）。

（2）果胶。

胡萝卜皮渣中果胶的含量可达 13%（干基）左右，其组成包括鼠李糖、阿拉伯糖、甘露糖、半乳糖、葡萄糖和少量的木糖。利用超声波辅助提取胡萝卜中果胶的最佳工艺条件为：以 pH=2 的盐酸溶液为提取剂，超声功率 320 W，提取温度 75℃，提取时间 50 min，料液比 1：350（g：mL）。与酸水解法相比，超声波辅助提取法提取时间由 70 min 缩短到 50 min，果胶得率从 12.56%提高到 22.15%（赵二劳等，2011）。

2）产品开发

（1）果酒。

用胡萝卜酿成的果酒不仅风味独特，而且营养丰富，具有许多保健功能。胡萝卜酒的具体工艺流程为：胡萝卜清洗→去皮→榨汁→蔗糖调配→灭菌、冷却→活化发酵→过滤分离→后发酵→调配→杀菌→包装→成品。工艺参数：加糖量为 200 g/L，发酵温度为 25℃左右，6～7 d 可完成发酵（黄锦铮等，2004）。

（2）果醋。

胡萝卜可酿成果醋，其工艺流程为原料选择→清洗→切块浸泡→酶法液化→压榨→加糖成分调整→巴氏杀菌→酒精发酵→醋酸发酵→澄清→灌装→杀菌→冷却→成品。主要发酵工艺为：酒精发酵时酵母菌的适宜生长温度为 28～30℃，发酵时间为 5～6 d;醋酸菌的适宜生长温度为 33℃,发酵时间为 40 d(吴红艳,2006)。

（3）脱水胡萝卜。

脱水干制是传统的食品保藏方法，将胡萝卜进行脱水干燥一方面有利于其贮藏和保存，另一方面减少了其交通和运输成本。利用热泵-远红外联合干燥胡萝卜片的工艺为：切片→预处理→热泵干燥→远红外线辐射干燥→成品。最佳工艺参数：热烫时间 120 s，热泵干燥温度 45℃，远红外热源辐射功率为 2 kW，热泵干燥与远红外切换点的物料含水率为 50%（徐刚等，2009）。

（4）胡萝卜制粉。

胡萝卜制粉也是胡萝卜在当今食品行业中的一个发展方向。这是由于胡萝卜制粉对原料的大小和形状没有严格的要求，并且能够充分地利用原料中的营养成分和膳食纤维。目前对于胡萝卜粉的研究主要集中在胡萝卜粉的制备及其粉质的特性研究（陈瑞娟等，2013）。具体工艺如下：原料预处理→切片→热烫及护色→真空冷冻干燥→超微→粉碎→品评→复合胡萝卜粉成品。切片厚度 0.6 cm，94℃热水漂烫 1 min，以 0.3%柠檬酸水溶液作为护色剂；胡萝卜通过 60 目筛下物，为其最佳工艺条件（高翼，2013）。

5.1.2　萝卜

1. 简介

萝卜（*Raphanus sativas* L.）为十字花科萝卜属，一、二年生的根类蔬菜，产于中国。萝卜栽培在中国历史悠久。2010 年，我国萝卜种植面积为 46.54 万 hm^2（胡向东等，2012）。萝卜在日本、朝鲜、印度、欧美等国家和地区也有大面积种植（徐为民等，2007）。

《本草纲目》中称萝卜"乃蔬中之最有益者"，具有消食、顺气、醒酒、化痰、治喘、止渴、利五脏、补虚等作用。李时珍早就提出"萝卜食法多样，功效卓著，可生可熟，可范可酱、可鼓可醋、可糖可腊可饭"（温红珊和郭兰，1997）。

2. 生理活性物质

1）萝卜硫素

萝卜硫素又称"莱菔子素"，是异硫代氰酸盐衍生物，易溶于水，相对分子质量 177.3，分子式 $C_6H_{11}S_2NO$。萝卜硫素是迄今为止蔬菜中发现的最强的抗癌成分（王见冬等，2002）。

2）萝卜红色素

萝卜红色素在红心萝卜中含量丰富，是天然色素的一种，具有色泽自然、安全无毒、无定型较高等优点。萝卜红色素是天竺葵素的葡萄糖苷衍生物，属水溶性花色素苷类，具有花色苷的生理功效（杨杰等，2008）。

3. 生理功能

1）抗癌

萝卜硫素对食道癌、肺癌、结肠癌、乳腺癌、肝癌及大肠癌等有很好的防治效果。通过给初生 6 d 的小雌鼠喂食萝卜硫素证明，萝卜硫素能够在动物机体的各个组织器官内诱导产生Ⅱ型解毒酶：谷胱甘肽转移酶（GST）和醌还原酶（QR），并经过上述机制对机体产生作用，从而消除化学致癌物的侵害（王见冬等，2002）。

2）促进皮肤健康

Talalay 等（2007）在临床实验中将不透光的乙烯树脂模板精确固定于 6 名健康志愿者的下背部，树脂模板上挖有 2 组平行孔（4 对共 8 孔），给药组接受 100 nmol、200 nmol、400 nmol、600 nmol 的萝卜硫素溶液局部涂擦，对照组给予不含萝卜硫素的溶液作相同处理，连续 3 d 后，用 311 nm 的 UVB 500 mJ/cm^2 辐照，辐照前测基础红斑量值，辐照 24 h 后，再测红斑量值，计算出评估红斑增量的红斑指数 a。结果表明，红斑指数 a 与外用萝卜硫素的浓度成反比，萝卜硫素能够有效抑制 UVB 对人体造成的辐射损伤（黄静红和李德如，2008）。

3）对糖尿病的作用

萝卜属中低热量、富营养、多水分的食品，白萝卜、红萝卜和心里美萝卜等的热量很低，每 100 g 可食部分含热量约为 87.9 kJ。而糖尿病患者热性体质者居多，萝卜正是其不可多得的低热卡、富营养、偏凉性的药食两宜的佳品（许伟等，2014）。

4. 高值化利用现状

1）活性物质的提取制备

萝卜红是国家许可使用的食用天然红色素。萝卜红色素是从十字花科植物红心萝卜中提取的天然食用色素。产品为红色无定型粉末，易吸潮，吸潮后结块，但不影响使用效果。与同系列色素相比，萝卜红色素具有以下特点：①化学稳定性较好。试验已证明萝卜红色素具有较好的贮藏稳定性，耐热性优于同系列其他色素，光稳定性优于合成色素胭脂红。②应用范围更广。萝卜红色素在 pH 为 1～6 时均呈鲜红色，因此其应用范围更广（高家祥，2012）。萝卜红色素的提取工艺比较固定，通常使用浸提法，大致流程为：红心萝卜洗净切片，用提取剂浸泡至色淡，真空浓缩（浓缩液为色素溶液），浓缩液加乙醇沉降过滤，真空干燥得粉末状萝卜红色素（杨杰等，2007）。

2）产品开发

（1）萝卜蜜汁。

萝卜蜜汁饮料，澄清透明，略带微黄色，口感甘爽绵长。其生产工艺流程如下：原料选取→清洗消毒→整理→热处理→榨汁→粗滤→调配→精滤→装罐、密封、杀菌→冷却→成品。热处理采用 95℃的热水漂烫 2 min，捞出立即用冷水冷却；压榨机榨汁，真空抽滤器进行粗滤；按 60%萝卜汁、20%蜂蜜、0.24%柠檬酸的比例进行调配，其余为纯净水。调配好的汁液利用高速离心机进行离心沉降，虹吸上清液。装罐密封后用 95℃热水杀菌 20 min，杀菌完毕立即冷却至 40℃左右，即得成品（刘秀凤和蔡金星，1998）。

（2）萝卜干。

萝卜干生产的一般工艺流程为：红萝卜→洗净→切制→初腌→晒制→白片→拌料入缸→翻缸→伏缸→成品。在加工腌制萝卜干的工艺流程中，均有翻缸工艺。及时翻缸是保证萝卜干质量的一个重要方面。因为萝卜干在腌制时，黏附在萝卜上的食盐与萝卜体接触后，在食盐溶液的渗透压力的作用下，使萝卜干组织中部分水分与部分可溶性物质从细胞中渗出，增加了渍液中发酵所必需的营养物质。此阶段乳酸发酵旺盛，如不及时翻缸会使乳酸发酵过度而产生过量的乳酸，使萝卜干发酸，甚至会使氨基酸水解或被氧化生成乳酸或琥珀酸，同时放出氨气或 CO_2 及热量，造成萝卜干发黏产生异味。另外，在萝卜干加工腌制时进行人工撒盐，不易均匀，及时翻缸翻池，可以加速溶化，调整萝卜干均匀地吸盐，促使萝卜干组织与萝卜干卤内可溶性物质平衡交换，同时可排出废气，散发热量，降低缸内和池内的温度，有利于抑制酪酸菌等有害菌种的活动，可起到防腐作用，保证萝卜干的质量（李学贵，2010）。

5.1.3　菊苣

1. 简介

菊苣（*Cichorium intybus* L.），属多年生草本植物，又名苦苣、法国苦苣等，菊科菊苣属宿根植物。菊苣原产于地中海、中亚和北非，在欧洲特别是意大利、法国等栽培更为普遍，为广泛食用的生食蔬菜。菊苣在欧洲国家被视为蔬菜中的上品，其叶嫩可以炒食、做汤或做色拉，软化栽培的菊苣芽球可以做成凉拌菜生吃，欧美等国家有人把菊苣肉质根加工成咖啡的添加剂（朱宝疆，2011）。

菊苣的药用价值广泛，在多部医药典籍中均有记载。《新疆中草药手册》中记载，菊科植物菊苣的地上部分（《中国药典》记载为菊科植物毛菊苣及菊苣的地上部分），味苦、性寒，具有清热解毒、利尿消肿的功能。主治湿热黄疸、肾炎水肿、胃脘胀痛和食欲不振。在《中国民族药志》中也有记载，菊苣可以清热解毒、利水消肿、健胃。用于肝火食少、肾炎水肿、胃脘湿热胀痛、食欲不振等。另据记载，菊苣还可治疗干热性或胆液质性疾病，如肝炎、胃炎、脾肿大、黄疸、尿闭水肿等（维吾尔药志编委会，1999）。菊苣中含有多种有效成分，现已确定菊苣中含有糖类、酚类以及萜类等成分（何轶，2000）。

2. 生理活性物质

1）糖类

菊苣多糖是菊苣中重要的有效成分之一，主要成分是一类结构相似的果聚糖，这类果聚糖是由果糖残基（F）之间以 β-2,1-糖苷键连接，且末端连有一个葡萄糖残基（G）的直链多糖，结构式是 G-1，（2-F-1）n-1，2-F，简写为 GFn（Edelman et al.，1986）。

2）酚类

多酚类化合物是菊苣中的另一类重要有效成分。目前，从菊苣属植物中共分离和检测到近 40 种多酚类化合物，它们多为黄酮、黄酮醇和花色素及其苷类。此外，菊苣中还含有多种酚酸类化合物，包括咖啡酸、奎宁酸、3-O-咖啡酰基奎宁酸、5-O-咖啡酰基奎宁酸、4-O 咖啡酰基奎宁酸、咖啡酰酒石酸和二甲基肉桂酰草莽酸等（Caraazzone et al.，2013）。

3）倍半萜

菊苣属植物中的倍半萜类化合物多以内酯形式存在，倍半萜内酯是该属植物具有苦味和抗拒食活性的主要原因。倍半萜类化合物主要包括莴苣苦素、去氧山莴苣素、山莴苣苦素、假还阳参苷等（龙婷等，2014）。

3. 生理功能

1）防治心血管疾病

菊苣能够改善糖代谢和脂代谢，具有防治心血管疾病的功能。动物研究表明菊苣醇提取物（α-香树脂醇）可显著降低高血糖和高血脂模型家兔的血糖与血脂水平，并降低全血及血浆黏稠度，降低动物红细胞沉降速率，改善血液流变学（张冰等，1999）。有研究观察菊苣提取物对高尿酸、高甘油三酯血症鹌鹑的血脂（TG 和 TC）和血尿酸（UA）的影响，结果显示菊苣提取物可以显著降低鹌鹑血清中 UA、TG 的含量，而对 TC 含量影响不明显（孔悦等，2004）。药理学研究认为菊苣降血脂的机制主要为：①菊苣能吸附肠道内的胆汁酸，干扰胆固醇的代谢，降低膳食中胆固醇的吸收；②菊苣可抑制胆固醇的肝肠循环；③菊苣多糖可被肠道内的有益菌发酵降解，产生短链脂肪酸，抑制胆固醇的生物合成。此外，据报道，菊苣还具有降血压的功能。采用菊苣多糖注射液静脉注射给予家兔后，观察家兔血压和尿量的变化，结果发现与对照组相比，菊苣多糖可明显增加家兔的尿量，降低家兔血压（王俭珍等，2009）。

2）抗肿瘤

Hazrab 等（2002）用小鼠试验结果发现菊苣具有抗癌作用。有研究证实，灌胃给予大鼠 3 周 5% 的菊粉，然后一次性给予 1，2-二甲肼，24 h 后处死，发现菊粉能使大鼠结肠部位细胞凋亡数量明显高于对照组，抑制 1，2-二甲肼诱导的癌变。此外，菊苣根的乙醇提取物对小鼠埃利希腹水瘤有明显的对抗作用（Hughes and Rowland，2001）。菊苣香豆素在体内和体外都具有抗肿瘤作用，对肺癌细胞较为敏感，它能够通过诱导细胞周期停滞于 G_1 期而抑制肺癌细胞生长；另外，在对非小细胞肺癌的治疗中，菊苣香豆素能增强抗肿瘤药物的疗效（孔令雷等，2012）。

3）改善胃肠功能

菊苣多糖还能促进双歧杆菌等肠道有益菌群的生长，降低肠道 pH，作为膳食纤维，持水性高，还能防止便秘（胡超等，2013）。菊苣中含有大量的菊糖，菊糖属于可溶性纤维素，其不能够被消化道消化吸收，并且，菊粉黏度高，会降低肠黏膜对葡萄糖的吸收。

菊苣纤维加入双歧杆菌 37℃，孵育 48 h 后，制得发酵的菊苣纤维。研究其对小鼠肠运动功能的影响，灌胃给予发酵菊苣纤维，并给小鼠饲喂木炭食物，测定小肠的传输功能，结果发现摄入发酵菊苣纤维小鼠的肠推进功能明显提高；采用大鼠研究发酵菊苣纤维对便秘的影响，结果发现其可明显改善便秘症状，增加粪便的排出量（Shin et al.，2014）。此外，还有研究表明，大鼠膳食中加入 5%～20%菊粉，具有提高肠道钙吸收、调节钙平衡的作用（盛国华，2000）。

4）增强免疫力

菊粉能选择性地刺激双歧杆菌的生长，使有害菌群维持在较低水平，从而调节人体机能及免疫反应。采用犬进行动物研究发现，菊苣能促进胃肠道对脂质的排泄，增加粪便中有益菌双歧杆菌的数量，增加嗜中性粒细胞的浓度，减少外周淋巴细胞浓度，增强机体免疫能力（徐雅梅等，2006）。

5）保肝作用

动物实验研究，100 mg/kg 菊苣水提物能够明显降低肝损伤和氧化应激状态下的胆红素、谷丙转氨酶、谷草转氨酶、碱性磷酸酶及谷氨酰胺转肽酶的活性，明显提高谷胱甘肽酶、超氧化物歧化酶及过氧化氢酶的活性；免疫组织病理学观察也显示给予菊苣水提物后，肝损伤状况得到明显的改善（Saggu et al.，2014）。此外，菊苣根次级代谢物青蒿素、香豆素二甲醛、山莴苣素和秦皮乙素均能提高肝细胞色素 P450 酶系的表达，从而增加肝脏解毒功能（Rasmussen et al.，2014）。

6）杀菌作用

据报道，从菊苣中提取的莴苣苦素和山莴苣苦素具有较强的抗疟疾作用（Bischoffta et al.，2004）。

4. 高值化利用现状

1）活性物质的提取制备

（1）多糖。

菊苣多糖工艺流程为：取料，组织粉碎→85℃的热水，提取 60 min→减压蒸馏→离心、分离→取沉淀得粗多糖。由于提取的粗多糖中含有蛋白质、果胶等，影响多糖的质量和药效，常采用沉淀、脱色等方法，去除杂质、脱色，分离纯化

（屠用利，1997）。

（2）酚类。

菊苣多酚是采用超声波助提法：取菊苣根部样品 1 g，加入 25 mL 95%乙醇提取液，20℃温度条件下、100 W 超声处理 60 min，取滤液即为菊苣根多酚类物质提取液。菊苣中的多酚含量为 4%～8%，黄酮含量为 3%～5%（尚红梅等，2015）。

（3）倍半萜类。

菊苣倍半萜提取方法：称取菊苣地上部分 10 kg，粉碎成粗粉→95%乙醇回流 3 次，每次 3 h→浓缩得浸膏。将回流得到的浸膏溶于 10 L 水中，分别用石油醚、三氯甲烷、醋酸乙酯萃取，其中醋酸乙酯萃取部分为 24 g，取萃取部分 30 g 拌样，120 g 硅胶装柱，经反复硅胶柱层析，制备薄层得到倍半萜化合物（娄猛猛等，2010）。

（4）香豆素类。

提取菊苣香豆素的工艺为：称取菊苣药材粉末→用其 10 倍量的 70%乙醇浸泡 6 h→提取 3 次，每次 2.5 h。然后，采用所确定的最佳工艺，进行分离、纯化和测定。实验证明能从 100 g 菊苣药材中提取得到 0.575 g 香豆素，提取效率较高，其中菊苣香豆素的含量为 47.00%（朱金芳等，2013）。

2）产品开发

（1）菊粉。

以菊苣为原料生产菊粉的工艺流程：菊苣根清洗切片→菊苣根片浸提→菊粉粗提液→除杂过滤→菊粉精液→脱色脱离子→菊粉清液→除单糖→纯化菊粉，浓缩干燥→菊粉成品（Waes et al.，1995）。得到的菊粉应用纳滤技术除去葡萄糖、果糖和蔗糖及部分低聚合度的菊糖后，才能得到高纯度的菊粉（屠用利，1997）。菊粉是良好的脂肪替代物，用于低热量食品的制造。菊粉还是良好的改良剂，可用来提高饮料的实体感，改善低热量冰淇淋的质地与口感等（何小维等，2006）。

（2）低聚果糖和高果糖浆。

低聚果糖与高果糖浆的前处理过程与菊粉生产工艺相似，应先将菊苣根清洗、切片、热处理、浸提、过滤、除杂进而制得菊粉精液，然后再用菊粉内切酶部分水解菊粉，即得低聚果糖（聚合度小于 9）。菊粉精液用菊粉酶完全水解，则可得高果糖浆（黄琼华，1995）。

（3）保健品。

目前开发的菊苣保健饮品有：菊苣减肥茶、菊苣甜饮、菊苣牛奶、菊苣色素剂、菊苣苦味素和菊苣根提取物的非酒精饮料等，另外还有菊苣饼干面团、菊苣根粉面团、菊苣面糊、菊苣宠物食品、菊苣功能性食品去除苦味剂、防浮肿药物等（徐雅梅，2006）。

（4）香料。

菊苣的肉质根含有咖啡酸和奎宁酸所形成的绿原酸和苦味质，经过焙炒可产生特殊的香味，可改善咖啡的溶解性和刺激性，改善咖啡的风味，提高其品质，可作为咖啡中的添加剂（梁宇，2008）。

5.1.4　甘薯

1. 简介

甘薯（*Ipomoea batatas*），又名红薯、白薯、山芋、地瓜等，为旋花科 1 年生草本植物。我国甘薯常年种植面积约 1 亿亩，总产量在 1 亿 t 以上（康明丽，2000）。李时珍《本草纲目》中记载：甘薯补虚乏、益气力、健脾胃、强肾阴。《金薯传习录》则认为其有"治痢疾和泄泻，治遗精和白浊，治血虚和热泻，治湿热泻，治湿热和黄疸，治小儿疳积"等药用价值；其总体营养是粮食和蔬菜中的佼佼者，被称为"第二面包"、"宇航食品"、"高级保健食品"（何川，2003）。

紫薯（*Ipomoea batatas* L. Lam）是甘薯的新品种，因皮呈紫黑色、肉质呈紫色至深紫色而得名。目前，我国各地栽培的品种有山川紫、美国黑薯、德国黑薯、济薯 18 号、京薯 6 号、群紫 1 号等。紫薯不仅拥有普通红薯的营养元素，还含有丰富的花青素。紫薯的颜色主要就是由花青素产生的（杨巍等，2011）。此外，紫薯含有的糖蛋白，可以预防心血管心痛的脂肪沉积，维持动脉血管的弹性，还可以预防肝脏和肾脏中结缔组织的萎缩，对呼吸道及关节腔具有润滑作用（高玥等，2013）。

2. 生理活性物质

1）糖类

一般甘薯块根中含有 60%～80%的水分，10%～30%的淀粉，5%左右的糖分。甘薯淀粉的支链淀粉含量高，易被人体消化吸收（商丽丽等，2012）。甘薯膳食纤维含量高，为米面的 10 倍。与甜菜及玉米膳食纤维的物理特性进行对比后发现，甘薯膳食纤维具有较好的持水、持油能力，且白色度高于其他两种膳食纤维（韩俊娟，2008）。

2）维生素

甘薯中的维生素 C 含量是苹果的 10 倍以上，维生素 B_1 和维生素 B_2 的含量为面粉的 2 倍，维生素 E 的含量为小麦的 9.5 倍，甘薯还富含胡萝卜素，尤其是黄色及橙色的甘薯品种（商丽丽等，2012）。

3）蛋白质

甘薯中的蛋白质组成合理，人体必需氨基酸含量高，尤其是粮食作物中比较缺乏的赖氨酸含量较高（李锋等，2006）。甘薯中富含黏液蛋白，它是一种多糖蛋白的混合物，属于胶原和黏多糖类物质，在机体内显示出神奇的生理机能，能增进机体健康，防止疲劳，使人精神充沛（张立明等，2003）。

4）脱氢表雄酮

甘薯中含有 DHEA 的前体物。脱氢表雄酮（DHEA），化学名称为 3β-羟基雄甾-5-烯-17-酮，是在人体肾上腺网状区皮层中大量合成的类固醇激素。DHEA 是雄激素和雌激素的中间产物，并以硫酸盐的形式存在。DHEA 能预防心血管、糖尿病等多种疾病，并能提高免疫力（李晓倩等，2010）。

5）黄酮类

紫薯富含黄酮类物质——紫薯花青素。紫薯花青素的主要组成成分是矢车菊素和芍药素。由于紫薯花青素分子结构中具有多个酚羟基，因此与红球甘蓝、紫葡萄、紫玉米等植物含有的花青素不同，是一种水溶性色素。同时，紫薯花青素含有酰化基团，比一般无酰化基团的花青素对光、热等的敏感度稳定，具有更好的耐热性和耐光性（冯晓群，2011）。

3. 生理功能

1）减肥

甘薯几乎不含有脂肪，所含的热量也较少。100 g 大米约含 1528 kJ 热量，而 100 g 甘薯含 515 kJ 热量，仅相当于同质量大米所含热量的 30%；甘薯的饱腹感强，不易造成过食；甘薯还含有均衡营养成分，如纤维素以及钾、铁、铜等 10 余种元素，其中纤维素对肠道蠕动可起到良好的刺激作用，促进排泄畅通；同时，由于纤维素在肠道内无法被吸收，有阻挠糖类变为脂肪的特殊功能。因此，营养学家称甘薯为营养最平衡的保健食品，也是最为理想而又花费不大的减肥食物（夏春丽等，2008）。

2）防治心血管疾病

甘薯中的黏液蛋白对人体有着特殊的保护作用，能抑制人体内胆固醇的沉淀，防止动脉硬化，减少高血压发生。能保持人体心血管壁的弹性，阻止动脉粥样硬化，减少皮下脂肪。甘薯富含钾，能有效防止高血压发生和预防中风等心血管疾病（夏春丽等，2008）。另外，紫薯的花色素具有保护动脉血管内壁、保持血细胞正常的柔韧性的作用，从而帮助血红细胞通过细小的毛细血管，增强全身的血液循环并增强细胞活力。花色素同样具有松弛血管从而促进血流和防止高血压的功效。花青素的另一降压功效是能防止肾脏释放出的血管紧张素转化酶所造成的血压升高（贾正华等，2010）。

3）抗肿瘤

甘薯在具有防癌保健作用的 20 种蔬菜中功效居首位，被誉为"抗癌之王"。

甘薯中多种成分具有抗癌作用。甘薯中丰富的胡萝卜素，可促使上皮细胞正常成熟，抑制上皮细胞异常分化，消除氧自由基，阻止致癌物与细胞核中的蛋白质结合。甘薯中还含有丰富的纤维素，其在肠道中不被吸收，反而可以吸收大量的水分，增加粪便体积，可以稀释脂肪浓度，减少致癌物质对人体的危害；同时纤维素可以促进肠道蠕动，减少粪便在肠道内的停留时间，又会减少致癌物质与肠黏膜的接触，从而防止直肠癌的发生（夏春丽等，2008）。

4）防治糖尿病

糖尿病型肥胖大鼠食白皮甘薯 4 周、6 周后血液中胰岛素水平分别降低了26%、60%，同时甘薯可有效抑制糖尿病型的肥胖大鼠口服葡萄糖后血糖水平的升高，进食甘薯也可以降低糖尿病大鼠甘油三酯和游离脂肪酸的水平。奥地利维也纳大学的一项临床研究发现，Ⅱ型糖尿病患者在服用白皮甘薯提取物后，其胰岛素敏感性得到改善，有助于控制血糖（关随霞，2012）。

5）改善记忆力

紫薯色素通过刺激雌激素受体 α 介导的线粒体生物合成的信号，降低p47phox、gp91phox 的表达；紫薯色素可明显抑制内质网应激诱导的细胞凋亡，阻止神经元的丢失和恢复记忆相关蛋白的表达。紫薯色素可逆转软骨藻酸所导致的认知功能障碍，增强雌激素受体 α 介导的线粒体生物合成的信号和抑制内质网在小鼠海马体内的应激途径，表明它可用于预防或治疗兴奋性和其他大脑疾病的认知障碍。另外，紫薯色素可促使突触蛋白恢复正常的突触功能，从而修复经 D-半乳糖诱导引起的小鼠空间学习和记忆障碍（吕昱和严敏，2013）。

6）保肝护肝

研究表明，给大鼠喂食四氯化碳后，大鼠体内产生游离自由基，引发急性肝炎，血清中谷氨酸-草醋酸转氨酶（GOT）、谷氨酸-焦葡萄糖酸转氨酶（GPT）激增；但给其喂食含大量花色苷的紫薯饮料后，病鼠血清中 GOT、GPT 的上升受到明显的抑制，而且表现出对血清中的硫化巴比妥酸（TBA）反应物、肝脏中的 TBA反应物及氧化脂蛋白的增加均有一定的抑制能力（刘军伟和胡志和，2012）。紫薯花色苷能够通过阻断血小板源性生长因子的信号传导通路，抑制蛋白激酶 B、细胞外调节蛋白激酶的活性和 α-平滑肌肌动蛋白的表达，来抑制肝星状细胞的增殖。肝星状细胞是肝纤维化发生的一个重要环节，而肝纤维化是所有慢性肝病向肝硬化、肝癌发展的必经的病理过程。紫薯花青素能有效地改善二甲基亚硝胺诱导的肝纤维化，可作为一种治疗和预防肝纤维化的选择（吕昱和严敏，2013）。

7）其他

甘薯中的脱氢表雄酮（DHEA）对人体呼吸道、消化道、骨关节可起到润滑和抗炎作用，还可以防止疲劳，促进人体胆固醇的代谢，减少心血管疾病的发生，对防治癌症也有一定的效果。它参与合成肾上腺分泌的多种激素。更年期妇女，当卵巢分泌雌激素功能下降后，由 DHEA 转化的雌酮将是提供老年女性雌激素的重要来源。因此，DHEA 除了对增强男性体质、改善男性的性机能状态有显著效果外，对调整更年期女性因性激素缺乏而产生的各种不良反应都有重要作用（何川，2003）。

4. 高值化利用现状

1）活性物质的提取制备

利用碱水提取紫薯色素的最佳提取条件为：2%碳酸钠溶液和紫薯的质量比为 1∶1，常温下提取 10 min（朱珠等，2013）。酶-超声波联用提取紫薯色素的最佳提取工艺条件为：纤维素酶用量 20 IU/g，酶解时间 45 min，酶解温度 50℃，酶解 pH 5.6，料液比 1∶10（g/mL），超声时间 20 min，超声温度 60℃。在最佳提取工艺条件下，最佳提取次数为 3 次时，紫薯色素的提取率可达 98.7%（李辉等，2014）。

2）产品开发

（1）紫薯酒。

以紫薯用作酿酒原料，紫薯花色苷在酿制过程中会保留在酒液中，形成漂亮的紫红色，产品的外观相当吸引人，酿制的酒兼具葡萄酒和黄酒的风味，且为低度发酵酒，符合当今酒类生产消费的发展趋势（孙金辉等，2011）。紫薯酒的生产工艺：新鲜紫薯→洗净→切丁→加水蒸煮→捣碎→冷却至室温→液化→糖化→调整糖度→添加活化后活性干酵母发酵→过滤去渣→成品。有研究报道了紫薯酒的最佳发酵条件：活性干酵母添加量 3%，pH 3.6，发酵温度 20℃。在此条件下，酿制得到的紫薯酒色泽鲜艳，酒香突出，酸味柔和，酒精度为 9.8%（体积分数），红色素保留率为 75.2%（周苏果和付湘晋，2012）。

（2）甘薯果脯。

甘薯果脯是大众喜好的休闲食品，制作工艺流程为：选料→清洗→去皮→切条→清洗→护色→硬化→加热软化→冷却→糖渍→控糖→烘烤→整形→回软→包装→检验→入库→成品。其中，护色硬化先在 0.3%～0.5%的亚硫酸钠溶液中浸泡 90～100 min，再用清水漂洗 5～10 min，然后用 0.2%～0.5%的石灰水浸泡薯块 12～16 h，待其完全硬化后取出，用清水漂洗 10～15 min。热软化方法是将足量的清水先煮沸，缓慢搅拌，保持 95℃以上，时间为 5～10 min，加热至薯条由硬变软、呈半透明、熟而不烂为宜，捞出薯条冷却，并沥干水分待用。现代工艺采用真空糖渍，方法是将甘薯放入真空浸渍罐，在 0.95 MPa 的真空度下进行 40～60 min 的抽真空处理，直到果实不产生气泡为止，然后注入糖液浸渍 10～12 h。沥去糖液后单层摆放入烘盘中，送入烘箱热风干燥 50～60℃烘烤温度下烘烤 6 h。同时，在烘烤过程中，每隔 2 h 要进行排潮，并调整烘盘上下左右位置，使其受热均匀。经过烘烤后的甘薯脯，其水分含量并不十分均匀，应放入密闭容器或塑料袋内进行冷却并放置 2～3 d，进行均湿回软处理，然后进行挑选、修整、分级、包装（王文艳等，2012）。

（3）方便甘薯粉。

方便甘薯粉的制作工艺：新鲜甘薯→称量→去皮→洗净→称净重→粉碎→打浆→过滤→沉淀→干燥→称量甘薯粉，加水加热调浆→加甘薯粉调制面团→甘薯粉条成型→汽蒸熟化→预老化→连续冷冻老化→低温干燥→切条称量→杀菌→装袋→加调味酱包、调味粉包、脱水蔬菜包→成品封口。打好的浆料完全转移到铺垫了一层细纱布的 300 目筛子上，在加入清水的同时，不断搅拌浆料，让浆料彻底洗涤，将滤液收集在一个大型的容器中，让滤液沉淀 24 h，除去水分即得所需的湿甘薯粉，然后通过热风干燥或自然风干即可得到所需的干甘薯粉。称取一定质量的水放入锅中，进行加热，使水温达到 60℃时，迅速加入已经称量好的干甘薯粉（含水量 60%），并不断搅拌甘薯浆，使甘薯浆达到七成熟，加热时间为 2 min，并迅速关火，即完成调制甘薯浆。根据上一步骤中所调制的甘薯浆中的含水量，加入已称量的干甘薯粉，边加干甘薯粉，边进行面团调制，使干甘薯粉与甘薯浆充分混合均匀，所调制的面团中水分含量约在 35%。将调好的甘薯面团加入到粉条成型机中，通过搓条、挤压成型、切条等成型方式即可得到条状、丝状、圆柱体状等形状的甘薯粉生坯，接着将制作好的甘薯粉生坯放入到蒸锅中汽蒸熟化，汽蒸的温度为 121℃，时间为 30 min。为防止熟化后的甘薯粉的黏连，先将熟化的甘薯粉放入 0～5℃冷藏室中预老化 20 min，然后将甘薯粉转到-8～-12℃的冻藏室中连续冷冻老化 5.5 h。采用 30～33℃室温条件下鼓风干燥 10～12 h，再经过切条、称量后进行紫外线消毒杀菌，最后装袋密封（陈海军和周桃英，2015）。

（4）速溶紫薯粉。

紫薯粉的生产工艺为：新鲜紫薯→挑拣、清洗→去皮→切片→护色（10 min）→蒸煮（10～15 min）→捣碎→干燥→粉碎→过筛→成品。最佳配方工艺条件是：紫薯粉粒度 80 目，白砂糖添加量 40%，椰粉用量 7%，食盐用量 4%（胡林子等，2010）。

5.1.5 牛蒡

1. 简介

牛蒡（*Arctium lappa* L.），别名恶实根、鼠黏根、牛菜等，属于菊科牛蒡属，2 年生草本植物，以肉质根为产品。近年来，我国从日本引进了牛蒡的新品种，并迅速在北京、上海、江苏、山东等地种植。目前牛蒡在国内已大面积栽培，总面积在 2.33 万 hm² 以上（魏东和王连翠，2006）。

牛蒡肉质根细长呈圆柱形，长度一般为 60～100 cm，皮呈黄褐、黑褐等色，肉质灰白色，稍粗硬，药食兼用。《本草纲目》记载其具有祛风热、消肿毒作用，可治头晕、咽痛、齿痛、咳嗽、消渴（即糖尿病）、痈疥等（时新刚等，2008）。

2. 生理活性物质

牛蒡直根肉质肥大，常作为营养保健食品食用。每 100 g 鲜品中含蛋白质 4.7 g、脂肪 0.8 g、碳水化合物 3 g、膳食纤维 2.4 g、胡萝卜素 390 mg、维生素 C 25 mg、钙 242 mg、磷 61 mg、铁 7.6 mg，并含有锌、镁、铜等微量元素（檀子贞，2006）。牛蒡根还含醛类、牛蒡酸、多炔类和挥发油类等小分子活性的成分。牛蒡根氨基酸总量占干重的 28.7%，精氨酸含量最高，约占氨基酸总量的 7.44%。

1）菊糖

菊糖的含量占干重的 34%。菊糖是由呋喃构型 D-2 果糖经 β（2→1）糖苷键脱水聚合成的果聚糖，聚合度在 2～60（陈世雄和陈靠山，2010）。

2）挥发油类物质

牛蒡根的挥发油类物质包括酯、有机酸、烯、醛等，还有醇、倍半萜、酚、烷烃、酮等。已从牛蒡中分离得到了去氢木香内酯，3-己烯酸（3-hexenoicacid），1-十五碳烯（1-pentadecene），去氢二氢木香内酯，2-甲基丙酸（2-methylpropionicacid），2-甲基丁酸（2-methylbutyricacid），2-甲氧基-3-甲基吡嗪（2-methoxy-3-methylpyrazine），苯乙醛（phenylacetaldehyde），丁香烯（caryophllene），1-十七碳烯（1-heptadecene），3-辛烯酸（3-octenoicacid）等多种化学成分（赵杨，2013）。

3. 生理功能

1）降血脂

牛蒡能显著降低高脂血大鼠的血清总胆固醇、甘油三酯和低密度脂蛋白水平，减小动脉硬化指标，对大白鼠高脂血症和动脉硬化具有较好的预防作用；牛蒡还能显著降低高脂血大鼠的肝系数、肝脏总胆固醇和甘油三酯水平，缓解肝脏的脂肪病变（魏东，2008）。

2）调节肠道菌群

徐永杰等（2009）研究了牛蒡多糖对小鼠肠道菌群的影响，将小鼠经 2 d 适应性喂养后，随机分为空白对照组、牛蒡多糖低剂量组［300 mg/（kg·d）］、牛蒡多糖高剂量组［900 mg/（kg·d）］，于每日 9 时灌胃动物，灌胃量［10 mL/（kg·d）］，对照组小鼠灌胃等量蒸馏水，连续 14 d，24 h 后无菌取粪便。结果显示与空白对照组比较，牛蒡多糖组双歧杆菌和乳杆菌数量均有增加，差异显著。牛蒡多糖高剂量组与低剂量比较，双歧杆菌和乳杆菌数量增加，且差异显著。各组的肠杆菌数量无显著性差异。

3）肝保护作用

牛蒡根的水提液对 CCl_4 或对乙酰氨基酚诱导的小鼠肝损伤有保护作用，它可以剂量依赖性地降低 SGOT 和 SGPT 的水平，从组织病理学上减轻肝损伤的程度（Lin et al.，2000）。牛蒡根的水提液还对慢性酒精消耗导致的肝损伤并被 CCl_4 加重的小鼠模型有保护作用。肝保护作用的机理很可能是牛蒡根具有抗氧化作用，可以排除肝细胞中 CCl_4 等的有毒代谢产物（Lin et al.，2002；徐传芬和孙隆儒，2006）。

4）抗突变

牛蒡根中含多种多酚物质，如咖啡酸、绿原酸、异绿原酸等，一般认为均有抗突变和抗癌的作用，也确有实验证明，牛蒡根的抗突变作用能力与其多酚含量之间可能存在正相关（魏东和王连翠，2006）。

5）抗菌、抗病毒

在体外实验中，Pereira 等（2005）发现牛蒡叶粗提物对口腔中引起牙髓感染的常见病菌，包括粪肠球菌、金黄色葡萄球菌、绿脓杆菌、枯草杆菌及白色念珠菌均有抑制效果。Gentil 等（2006）也报道了牛蒡子醋酸乙酯提取物对绿脓杆菌、大肠杆菌、嗜酸乳杆菌、变异链球菌和白色念球菌具有相当强的抑制作用。

4. 高值化利用现状

1）活性物质的提取制备

（1）菊糖。

牛蒡根中的牛蒡菊糖总含量约占干重的34%。以牛蒡根干粉为原料，以水为溶剂，料液比 1∶10，提取温度 70℃，提取时间 90 min，提取 2 次，合并提取液。将提取液经除去小分子杂质和脱色处理，减压浓缩；将浓缩液脱蛋白，离心除去滤渣；所收集的滤液，进行乙醇沉析，离心，收集滤饼；用无水乙醇、丙酮反复洗涤；真空干燥、制粉得牛蒡菊糖成品，提取率可达 90.82%（郝林华等，2004）。

（2）膳食纤维。

牛蒡根提取菊糖后的废弃物牛蒡渣，含有大量的优质膳食纤维，尤其是水溶性膳食纤维。牛蒡中水溶性纤维的提取工艺流程如下：牛蒡渣→预处理→酸浸提→过滤→醇析→洗涤→真空干燥→粉碎→水溶性膳食纤维。最佳提取工艺为：温度 80℃，pH 2.0，时间 90 min，原料水比为 1∶10（郝林华等，2003）。

2）产品开发

（1）牛蒡饮料。

牛蒡饮料的生产工艺流程：牛蒡→清洗消毒→切片→汁液提取（2～3 次）→过滤→灭菌→调配→过滤→均质→装瓶→脱气→压盖→杀菌→冷却→成品。工艺参数为：洗净的新鲜牛蒡根浸入 0.2% NaClO 溶液中 2～3 min，然后流水清洗干净切片 1.0～2.0 mm。牛蒡片加入 6 倍的饮用水，浸提 30～40 min，过滤，加入 3

倍水重复提取，合并 2 次滤液即得提取液，然后立刻升温到 95℃，5 min 后入消毒容器，流水降温至室温。根据一定比例将所需柠檬酸、维生素 C、食盐用无菌水配置成溶液，加入一定量的果葡糖浆使之溶解，加入到过滤的牛蒡汁中，补充部分软水，边加边搅拌均匀，即得牛蒡饮料。

（2）牛蒡软罐头。

牛蒡软罐头可通过以下工艺生产：牛蒡清洗→处理→漂烫→配汤→装袋→杀菌→冷却→保温→检验→成品。具体步骤为：首先用清水洗净牛蒡表面的污物，在水中浸泡 10～15 min，去皮，立即放入护色液（柠檬酸 0.5%+食盐 1.5%）护色，切丝，将牛蒡丝放入 98℃水中 2 min，牛蒡和水比为 1：3，搅拌，迅速取出流水冷却。将白糖、黄酒、精盐、生姜、味精、酱油加入一定量软水配成溶液，香料则需装入 80 目滤布袋中，在不锈钢夹层锅中微沸 30 min，然后过滤取汁用作调香物质。牛蒡入袋，抽真空封口压力 0.09 MPa。然后采用反压水杀菌，封口与杀菌间隔≤40 min，杀菌后，中心温度及时冷却到 45℃，37℃保温 5 昼夜。最后检查包装（孟秀梅，2006）。

（3）牛蒡茶。

牛蒡茶的加工工艺：精选牛蒡根→陈化→清洗→去皮洗净→护色→吹风切片→二次护色→二次吹风→入炉烘烤→调温控温→出炉冷却→半成品→分级检验→包装成品。牛蒡茶对婴幼儿以外的人群能起到增强体质的重要作用，经常食用有降血压、健脾胃、补肾壮阳等功效（蒋晗等，2011）。需要指出的是，牛蒡茶原则上不属于中国传统茶类，它是以牛蒡直根为原料经科学加工而成的茶替代保健品，基本保留了牛蒡固有的营养成分，其食疗功能较原生材料有明显增强。

5.2 茎 菜 类

5.2.1 茭白

1. 简介

茭白（*Zizania latifolia* Turcz.），又称茭笋、菰笋等，为禾本科菰属多年生水生宿根草本植物（陈守良和徐克学，1994）。茭白在古代被称作菰，最初作为粮食作物栽培，主要采食其籽粒，《周礼》中将菰米与"禾、黍、麦、稻、菽"并列为六谷（尤文雨等，2008）。后来菰受到黑粉菌（*Ustilago esculenta* P.Henn.）的寄生，植株便不能再抽穗开花，转而茎尖形成畸形肥大的菌瘿，古称菰郁，早在西周时期，人们发现这种菌瘿细嫩可食，是一种美味的蔬菜（黄洽，2001）。茭白是我国特有的水生蔬菜，全国种植面积约 7 万 hm^2，尤其是浙江省茭白面积约 3 万 hm^2，茭白产量达到 70 万 t（陈建明等，2012）。

茭白自古以来就是江南"三大名菜"之一，不但味道甜美，而且营养十分丰富，其营养价值可与陆地蔬菜番茄、冬笋相媲美。《本草拾遗》和《食疗本草》记载茭白性寒，味甘，入肝脾经，具有解烦止渴，清热解毒，催乳降压，通利二便的功效（林丽珍等，2014）。现代医学认为茭白可以预防动脉硬化，防治肠道、肿瘤疾病等（江解增，2001；邢湘臣，2002）。

2. 生理活性物质

1）糖类

研究发现，在茭白碳水化合物成分中，可溶性总糖占 30% 左右，淀粉占 20% 左右（江解增等，2005）。此外，茭白中总膳食纤维含量达 400 mg/kg，以不溶性膳食纤维为主，可溶性膳食纤维含量较低，主要组分中纤维素和半纤维素所占比例较高，木质素和果胶的比例较低，并且持水率和膨胀力均大于西方国家常用的标准麸皮膳食纤维的相应值，说明茭白属于优良的膳食纤维食品（黄凯丰等，2007）。膳食纤维的含量在茭白发育时期呈现波动变化，如木质素和纤维素在肉质茎发育的早期含量较高，随着茎的发育，其含量持续下降，发育后期二者的含量又明显上升（程龙军等，2004）。

2）氨基酸

茭白中至少含有 18 种游离氨基酸，其中以天门冬氨酸、丝氨酸、丙氨酸、酪氨酸和组氨酸的含量较高，而蛋氨酸和甘氨酸的含量相对较低（郭得平，1991）。在茭白膨大过程中，总蛋白含量表现为前期上升、后期下降的趋势，而各游离氨基酸含量的变化有很大差异：天门冬氨酸、苏氨酸以及天门冬酰胺和谷酰胺一直呈增加趋势；丝氨酸、谷氨酸、甘氨酸、丙氨酸、撷氨酸、酪氨酸和精氨酸在前期提高、后期下降；蛋氨酸、亮氨酸、异亮氨酸、苯丙氨酸、组氨酸、色氨酸和赖氨酸趋于下降，但每种氨基酸的含量和下降幅度不同（程龙军等，2004）。

3）矿质元素

研究表明，茭白氮磷钾含量在分蘖初期最高，随着生长量增大，氮磷钾含量呈下降趋势，采茭期含量最低，茭肉内氮磷钾含量明显高于其他部位的含量（邱届娟等，2002）。

3. 生理功能

1）抗氧化

已有研究表明，茭白总黄酮具有一定的抗氧化能力，尤其对超氧阴离子的清除能力较强，且其抗氧化能力和提取物的总黄酮含量相关，总黄酮含量越高则其抗氧化能力越强（夏旭等，2014）。

2）预防心血管疾病

茭白是良好的膳食纤维来源，所以常食用茭白可以辅助防治心血管疾病（闵锐等，1998）。黄凯丰等（2007）测定得到茭白肉质茎干物质的持水率和膨胀力均高于麸皮纤维的标准，证明其保健功能很好。

4. 高值化利用现状

1）活性物质的提取制备

（1）膳食纤维。

茭白下脚料茭白壳可用于制备膳食纤维，将茭白壳经过化学、生物和挤压膨化法的综合处理后，总膳食纤维可提高 50%左右，提取的膳食纤维纯度高，复水后柔软、持水性强（闵锐，2000）。

（2）黄酮。

研究表明，采用微波辅助乙醇提取茭白总黄酮的最佳提取条件为：料液比1∶90（g/mL）、微波处理时间 50 s、浸提时间 3 h、微波功率 320 W，其得率为3.78%（夏旭等，2014）。

2）产品开发

（1）茭白罐头。

目前，茭白罐头有清渍和油焖两种制备方法。

清渍茭白罐头的工艺流程：原料挑选→清洗→切根→刨皮→切段、条→漂洗→预煮、冷却→分选→整理→装罐、注汤汁→排气、密封→杀菌、冷却→保温检验→成品。技术要点为：①去皮后的原料用蔬菜切割机先切成长 10 cm 左右的鲜嫩段，再切成边长约 1 cm 的正方条，经漂洗后送去预煮；②预煮、冷却后的原料经挑选，剔除断裂、破损等不完整者，整理后送去装罐；③把合格的茭白条整齐地竖立在玻璃罐内，装罐量控制在净重的 65%以上。

油焖茭白罐头工艺流程：原料验收→切片→漂洗→沥干→焖煮、调味→装罐、注汤汁→排气、密封→杀菌、冷却→保温检验→成品。操作要点：①原料切成宽1～1.5 cm、厚 0.3～0.5 cm 的片状，经漂洗除去碎屑，沥干后送去焖煮调味；②采用加热排气法时，要求密封时的罐中心温度达 75℃以上，采用抽气密封法需要控制真空度为 41.3～53.3 kPa；③杀菌、冷却后置于 37℃贮藏 7 d（郑卫东，2004）。

（2）茭白干。

将去皮茭白放入开水中煮 5 min，晾干后切成厚和宽均为 0.5 cm 的细丝，晒干或在 60～70℃的烘箱中烘干，回软后装于塑料袋中密封防潮（何永梅和皮登高，2007）。

新鲜茭白经切片、微波杀青、护色以及热风干燥等处理后，可经微波加热茭白片使其脱水至适宜含水量。其中护色方法有 2 种，一是采用直接护色的方法，护色剂的最佳组合浓度 0.09% EDTA、0.3%柠檬酸、0.02%焦亚硫酸钠和 1.0%氯化钙（L 值 75.49）；二是采用微波杀青后再护色的方法，可使用低浓度护色剂 0.01% EDTA、0.1%柠檬酸和 0.02%焦亚硫酸钠（L=79.64）（李共国等，2001）。

（3）微加工（净菜）茭白。

挑选健壮、无损伤的茭白，去壳后，用流动水清洗 1 次，无菌水清洗 2 次，使用千分之一左右的茭白专用保鲜剂或其他专用保鲜剂浸渍，捞出后装入净菜茭白专用保鲜袋，每袋 3 根，放入保鲜库保存，销售过程中保持低温冷藏，保鲜期达 1 个月以上（王迪轩，2014）。

（4）盐渍半成品。

选择色白、无虫蛀、无黑心以及老嫩适度（七八分熟）的茭白，将鲜茭白去壳、洗净、分切或整支，每 100 kg 用盐 10 kg，另加入含盐 10% 的盐水 50 kg，面上加以一定重压。3～7 d 后，茭白已软化且食盐基本渗入茭白内部后，将盐渍后的茭白弃液沥干，再按每 100 kg 用盐 15 kg 掩后密封加压，经 15～30 d 真空包装封口后即得成品（何永梅和皮登高，2007）。

（5）休闲蜜饯型茭白。

将盐渍茭白整条或分切，漂去盐分和杂质，通过离心或压榨方法脱去 60% 左右的水分。采用糖渍、酱料渍等方式，使调味料充分渗透入味。干燥方法可选用自然干燥或烘房干燥方式干燥，一般在 60～70℃ 条件下烘至含水量为 18%～20% 时即可。烘烤过程中隔一定时间要通风排湿，并适当进行倒盘，使干燥均匀，干燥再经回软后包装（王迪轩，2014）。

5.2.2　芦笋

1. 简介

芦笋（*Asparagus officinalis* Linn.），又名石刁柏、龙须菜，属百合科天门冬属多年生草本宿根植物的可供食用的地上茎，因其外形似芦苇和竹笋的嫩茎，而称为"芦笋"。芦笋原产于地中海沿岸和小亚细亚一带，20 世纪从欧洲传入我国。目前，国内 20 多个省、自治区、直辖市均有芦笋栽培，2010 年末我国芦笋栽培面积在 46～53 万 hm^2（曾小红等，2012）。

芦笋是一种营养丰富的保健型蔬菜。《神农本草经》将芦笋列为"上品之上"，《南宁市药物志》记载其有润肺、镇咳、祛痰、杀虫、治肺热等功效；在国外，芦笋被誉为"蔬菜中的人参"、"蔬菜之王"。现代医学表明，芦笋具有抗衰老、降血脂、抗肿瘤、抗疲劳等功效（孙春艳等，2004）。

2. 生理活性物质

1）糖类

据报道，芦笋多糖由两种相对分子质量不同的多糖组成，平均相对分子质量为 85 000 和 14 500，构成多糖的糖基为木糖（xylose，XYL）、岩藻糖（fucose，

FUC）和果糖（fructose，FRU）物质的量比为 XYL：FUC：FRU=1.00：5.07：8.97（方幼兰等，1995）。

2）黄酮

芦笋的黄酮类化合物以芦丁含量最高，其他主要是以槲皮素、山柰酚和异鼠李素为苷元的黄酮苷，部分芦笋黄酮类化合物的结构式如图 5.1 所示。

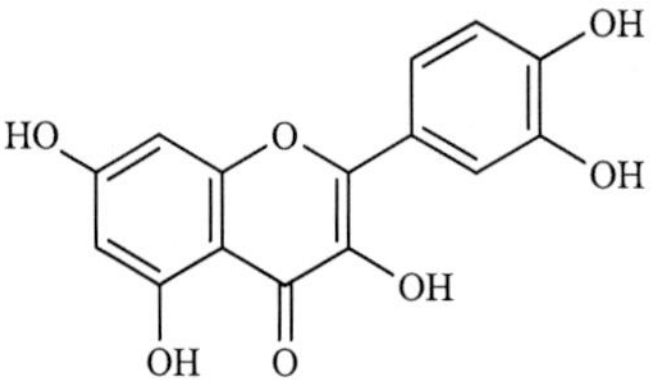

(a)

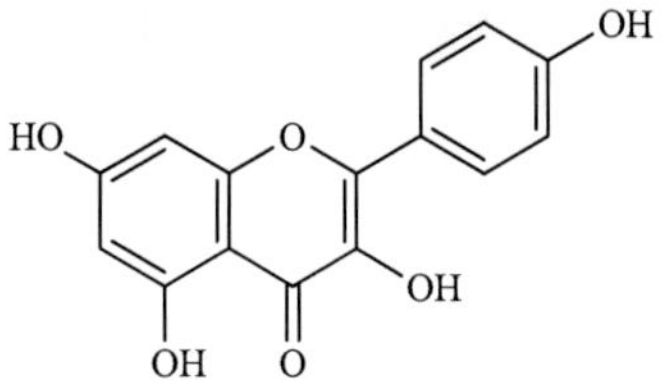

(b)

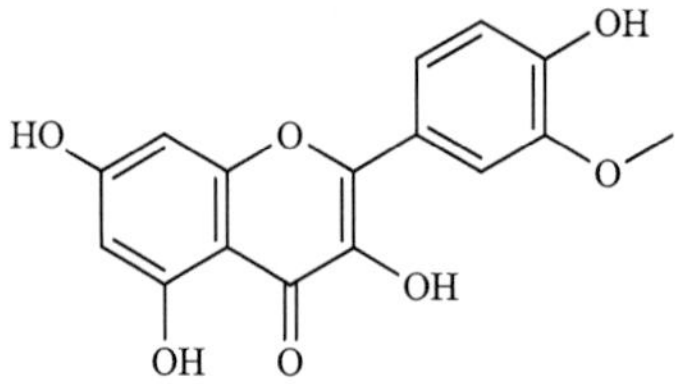

(c)

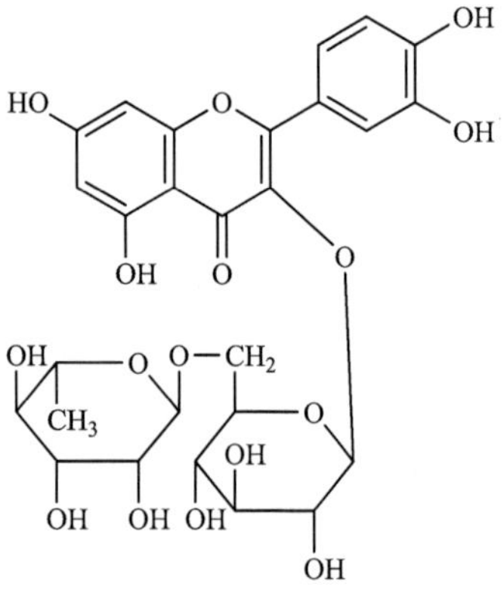

(d)

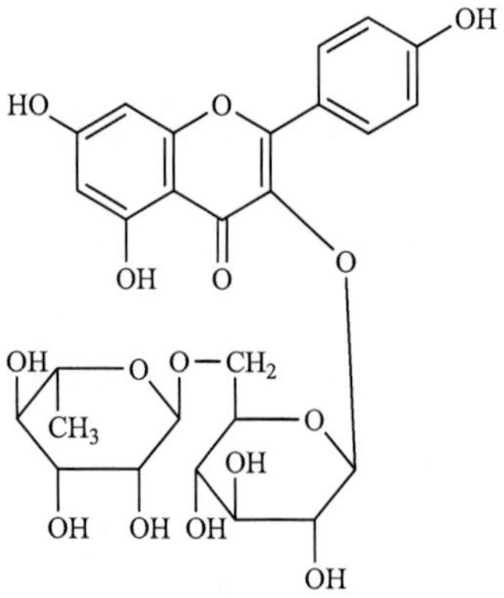

(e)

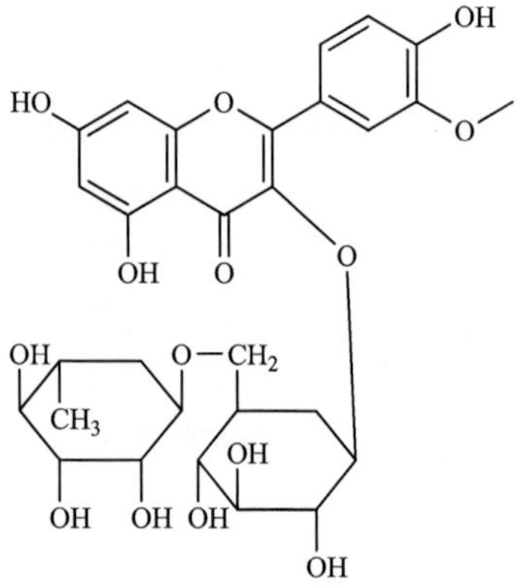

(f)

图 5.1　部分芦笋黄酮的结构（蒋丹等，2014）

（a）槲皮素；（b）山柰酚；（c）异鼠李素；（d）芦丁；（e）烟花苷；（f）水仙苷

芦笋的黄酮类化合物含量受芦笋品种、产地、季节、取用部位、贮藏方式等因素的影响。不培土而见光生长的绿芦笋无论是头芽、主茎，还是笋皮中的黄酮含量均远远高于经培土软化栽培的白芦笋（张素华等，2002）；同一产地的芦笋春季芦笋较冬季芦笋的黄酮含量高（白建波等，2013）；芦笋尖部的芦丁含量最高，其次是中部和底部（朱立华等，2007）；在 4℃±1℃冷藏 4 周，芦笋黄酮类物质呈下降趋势（涂宝军，2012）。

3）维生素

"黔园九号"芦笋干中维生素总量为 49.3 mg/100 g DW，包括维生素 C、维生素 B_1、维生素 B_2、维生素 B_6、维生素 A 等，尤以维生素 C 含量最多，达 26.1 mg/100 g DW（庄宗杰等，1994）。

4）皂苷

目前已从芦笋下脚料提取出具有抗真菌活性的皂苷 3-O-[{α-L-rhamnopyranosyl (1-2)}{α-L-rhamnopyranosyl(1-4)}-β-D-glucopyranosyl]}(25 s)spirost-5-ene-3β-ol(Suzuki et al.,1996)；从芦笋根分离出菝葜皂苷元（Sarsasapogenin）、Sarsasapogenin M、Sarsasapogenin N、（25S）-5β-spirostan-3β-ol-3-O-β-D-glu-copyranosyl-(1, 2)-[β-D-xylopyranosyl-(1, 4)]-β-D-glucopyra-noside、Asparanin A、（25S）-5β-Spirostan-3β-ol-3-O-α-L-rhamnopyranosyl-(1, 2)-[α-L-rhamnopyranosyl-(1, 4)]β-D-glucopyrano side、亚莫皂苷元（Yamogenin）、Sarsasapogenin O 等 17 种皂苷（Huang and Kong，2006；Huang et al.，2008）；最近从干芦笋茎中提取出亚莫皂苷元 II，该甾体皂苷类化合物的水解产物是菝葜皂苷元（孙春艳等，2004；Sun et al.，2010）。

5）蛋白质

据报道，芦笋 3 种品系（97-2 芦笋、绿芦笋、白芦笋）蛋白质含量在 1.72～3.25 g/100 g。97-2 芦笋中氨基酸有 18 种之多，其中必需氨基酸 8 种，占总氨基酸的比例为 34.95%；天冬氨酸含量最高，占总氨基酸的 3.05%，其次为亮氨酸、丙氨酸、缬氨酸、赖氨酸（李翠霞等，2011）。

6）矿物质

据报道，绿芦笋中 K、Ca、Mg、Fe 含量较高，其中 K 含量最高，Ca、Mg 也远高于常见蔬菜；相比而言，绿芦笋叶中各元素含量显著高于嫩尖、嫩茎、老茎部位的含量（关云静等，2014）。此外，100 g 新鲜绿芦笋叶的硒含量高达 6.98 μg，远高于一般蔬菜的硒含量（0.07～2.86 μg）（杨月欣，2004）。

3. 生理功能

1）抗氧化

据报道，芦笋提取液（每毫升提取液相当于芦笋 1.9 g）能显著抑制小鼠肝、脑组织中脂质过氧化物的生成（丁昌玉和江城梅，1995）。研究表明，芦笋茶的黄酮提取物有较强的自由基清除能力和抗脂质过氧化能力（鲁晓翔等，2007）。芦笋多糖在体外体系中可显著清除 DPPH 自由基、O_2^-·自由基，并具有抑制红细胞溶血、抑制肝线粒体肿大的作用（李姣等，2011）。

2）降血脂

研究表明，芦笋皮能使高脂症大鼠血清总胆固醇和甘油三酯及低密度脂蛋白胆固醇含量明显下降，高密度脂蛋白胆固醇含量明显提高，表明芦笋皮有降血脂功效（冯翠萍，2001）。临床实验表明，高脂血病患者服用市售的芦笋制品（Chin Yien）一个月后体内的血清胆固醇、甘油三酯及 β 血脂蛋白均有不同程度的下降，血脂三项指标下降的总有效率达 96%（梅慧生等，1996）。

3）抗肿瘤

芦笋总皂苷对人类白血病 HL-60 细胞、肝癌 HepG2 细胞、胃癌 SGC-7901 细胞生长均有抑制作用，其中芦笋皂苷对 HepG2 细胞的最大抑制率为 73.1%，半数生长抑制剂量（IC_{50}）为 172.3 mg/L，对 SGC-7901 细胞的最大抑制率为 84.1%，IC_{50} 为 177.5 mg/L（Shao et al.，1996；汲晨锋等，2007）。芦笋中的熊果酸可抑制 HL-60 细胞增殖，对 HL-60 细胞的 IC_{50} 为 8.26 μmol/L，并能诱导其发生凋亡（黄镜等，1999）。此外，临床实验表明，芦笋糖浆中的抗癌有效成分天门冬酰胺以游离态存在，对体内恶变的细胞形成一种生化障碍，阻止恶变细胞营养，从而抑制癌细胞的生长和增殖（王嘉彦等，1996）。

4）增强免疫力

研究表明，芦笋粗多糖可显著提高正常小鼠腹腔巨噬细胞的吞噬功能（$P<0.01$），促进溶血素、溶血空斑的形成，促进淋巴细胞的转化率（苗明兰和方晓艳，2003）。此外，用芦笋提取物饲喂荷马利筋肉瘤的小鼠，15 d 后发现小鼠白细胞数量增加，同时红血球凝聚速度和溶血抗体的浓度都有所增加，表明芦笋可增强癌症患者的免疫力（Diwanay et al.，2004）。

5）抗疲劳

芦笋皮对小鼠抗疲劳作用的研究表明，芦笋皮能明显地增强小鼠乳酸脱氢酶活力，有效地降低运动后血乳酸产生的量；同时，芦笋皮可有效提高小鼠肝糖原和肌糖原的储备能力，且随剂量增加，糖原储备能力增强（冯翠萍等，2003）。芦笋的抗疲劳活性可能与其高含量的天门冬氨酸、维生素 C 和锌有关，因为天门冬氨酸可增进人体体质、消除疲劳；维生素能加强氧化还原过程，从而增强机体的耐力，使之不易产生疲劳；锌是许多酶（包括乳酸脱氢酶）的功能成分和活化剂，与糖代谢活动有密切关系，可促进血乳酸转变为丙酮酸（顾景范和邵继智，1990）。

6）抗溃疡

已有研究证明，芦笋甲醇提取液可以显著减缓肠道蠕动，防止腹泻，并可以减少溃疡的发生，而抗溃疡特性归因于其对黏膜防御因素的积极影响（Goel and

Sairam，2002）。

7）保肝作用

研究表明，用芦笋嫩茎粉饲料喂养 CCl₄ 导致肝损伤的大鼠，可显著降低大鼠血清丙氨酸转氨酶活性和丙二醛浓度，提高肝组织 SOD 活性，表明芦笋对大鼠肝细胞损害有明显保护作用（郭兵，1994）。芦笋根乙醇提取物在 1～100 mg/mL 范围内可以抑制酒精诱导的肝肿瘤坏死因子的分泌，起到保肝功效（Koo et al.，2000）。

4. 高值化利用现状

1）活性物质的提取制备

（1）糖类。

以绿芦笋采收后的废弃老茎为原料，在提取温度 100℃、提取时间 3 h、料液比 1∶20（g/mL）条件下，提取 1 次的芦笋粗多糖得率高达 8.50%±1.07%，经碱性蛋白酶纯化后纯度为 52.40%±0.47%（李姣等，2011）。

（2）黄酮。

芦笋黄酮类化合物提取方法主要有溶剂提取、超声提取、微波辅助提取、索氏提取、超临界 CO₂ 流体萃取和酶法辅助提取等（蒋丹等，2014）。超声提取芦笋皮中黄酮类化合物的最佳条件：超声波强度 250 W、提取时间 75 min、乙醇浓度 80%、温度 75℃、料液比为 1∶100（g/mL），得到黄酮类化合物含量为 10.23 mg/g DW（谢建华等，2012）。

（3）膳食纤维。

芦笋膳食纤维工艺流程：芦笋皮或茎→干燥、机械粉碎→酸提→过滤→滤渣→水洗→碱提→过滤→滤渣→水洗→干燥→粉碎→水不溶性膳食纤维；两次滤液合并→沉淀→浓缩→干燥→粉碎→水溶性膳食纤维。芦笋皮膳食纤维的最优条件为酸（盐酸）浓度 1%、酸提时间 4 h，碱（氢氧化钠）浓度 0.9%、时间 1.5 h，可溶性膳食纤维和不可溶性膳食纤维的得率分别为 12.75%、60.29%；芦笋茎膳食纤维的最优工艺参数为酸浓度 2%、酸提时间 4 h，碱浓度 0.6%、碱提时间 1 h，可溶性膳食纤维和不可溶性膳食纤维的得率分别为 11.96%、36.51%（刘静娜等，2014）。

2）产品开发

（1）芦笋醋饮料。

芦笋醋饮料工艺流程为：芦笋下脚料→分选→清洗→热烫→榨汁→胶体磨→酶解→澄清过滤→调糖→酒精发酵→醋酸发酵→粗滤→离心分离→配制→预热（70℃）→灌装→密封→杀菌（95℃，10 min）→冷却→成品。芦笋保健醋饮料的最佳配方为原醋 12%、冰糖 8%、柠檬酸 0.2%，制备的芦笋醋饮料色泽透明，呈红褐色，均匀一致，具有芦笋特有的香味及醋香味（马忠明，2009）。

（2）芦笋饮料。

芦笋及下脚料汁液提取条件为：95℃、pH 4.5 左右、热烫 3 min；按芦笋原汁20%、桃汁原汁 35%、蔗糖 3%、柠檬酸 0.25%复配制得的芦笋复合饮料风味独特，色泽淡黄，澄清无杂物，有浓郁的芦笋清香味并略带桃汁风味，甜酸适口。针对芦笋中的苦味物质，可有两种脱除方式：①2%柚苷酶（60～70 U/mL）40℃处理8～10 h；②用 0.3%～0.5%β-环糊精掩盖（张素华，2002）。

（3）芦笋罐头。

芦笋罐头的加工工艺流程：选料→清洗→预煮→冷却→装罐→加汤汁→排气→封盖→灭菌→冷却→成品。工艺要点：①清洗浸泡的时间不要太长；②去皮时不能过厚也不能过薄，尽量均匀，近似于原来的形状为宜；③预煮时要分段进行，80℃预煮 3 min；④预煮后应马上用清水冲洗，使之降至常温；⑤罐液的最佳配方为糖 0.8%，食盐 2.0%，柠檬酸 0.05%，抗坏血酸 0.05%；⑥杀菌条件为 121℃，10 min（唐文婷和蒲传奋，2011）。

（4）芦笋脯。

芦笋脯的制作工艺流程：芦笋下脚料→选料→清洗→整理→预煮→护色→漂洗→浸糖→烘制→包装→成品。工艺要点：①要尽量保持笋条完整；②预煮 2～3 min，当芦笋呈乳白色并有透明感时捞出，用自来水漂洗；③将沥干水的坯料投入第 1 遍糖液中，煮沸 10 min，浸泡 24 h，捞出，再投入第 2 遍糖液中，煮沸 15 min，然后浸泡 12 h，取出沥干糖液。制好的芦笋脯，色泽金黄，有透明感，软而不黏，甜度适中，带有明显的芦笋香（贺纯秀等，1993）。

5.2.3　竹笋

1. 简介

竹笋指生于禾本科（Gramineae）竹亚科（Bambusoideae）多年生植物竹子秆基的芽眼，经过萌发、膨大形成的幼嫩茎和芽。全世界竹笋共有 120 多种，我国有 50多种，其中可食用的有 20 多种。竹笋按地下茎类可分为散生竹笋、丛生竹笋、混生竹笋，主要优良散生笋用竹有毛竹（*Phyllostachys heterocycla* var Pubescens）、早竹（*P. praecox*）、早园竹（*P. propinqua*）、哺鸡竹淡竹（*P. glauca*）、灰竹（*P. nuda*）、黄甜竹（*Acidosasa edulis*）等，主要优良丛生竹有绿竹（*Dendrocalamopsis oldhami*）、吊丝球竹（*D. beecheyana*）、麻竹（*D. latiflorus*）、版纳甜竹（*D. hamiltonii*）、龙竹（*D. giganteus*）等，主要优良混生竹笋用竹种有筇竹（*Qiongzhuoa tumidinoda*）等（石全太，2003）。

竹笋素有"寒土山珍"之称，中国传统佳肴，味香质脆，食用和栽培历史极为悠久。《诗经》中就有"加豆之实，笋菹鱼醢"、"其籁伊何，惟笋及蒲"等诗句，表明了食用竹笋已有 2500 年以至 3000 年的历史（刘连亮，2012）。《千金方》中指出"竹笋性味甘寒无毒，主消渴、利水道、益气力、可久食"，《本草纲目》记载竹笋有"化热、消痰、爽胃"之功，《随息居饮食谱》认为"笋，甘凉、舒郁、浊升清，开膈消痰，味冠素食"，《名医别录》也认为竹笋"主消渴、利水道、益气、可久食"（黄伟素和陆柏益，2008）。现代医学研究表明，竹笋具有减肥、防便秘、防肠癌、降血脂等多种保健功效（陈功，2006）。

2. 生理活性物质

1）糖类

竹笋的总糖含量低于一般蔬菜，平均为 2.5%，但其中可溶性糖占比达 60%以上，毛竹笋、雷竹笋、苦竹笋、麻竹笋中多糖含量为 231.7～253.2 mg/100 g（陆柏益，2007）。已从竹笋中分离得到阿拉伯糖基木聚糖、葡聚糖、木葡聚糖、葡甘露聚糖、硼多糖复合物等组分，并发现竹笋的多糖组成与大槭树等双子叶植物相似（Kaneko et al.，1997；Edashige and Ishii，1998）。

2）黄酮

竹笋中黄酮的含量受品种、产地、气候等因素影响。已有研究表明，同一产地的苦竹竹笋中黄酮的含量远高于衢县苦竹、斑苦竹，而采于广德的苦竹竹笋的黄酮类化合物含量高于采于黄山市的（杨永峰和黄成林，2009）。此外，雷竹笋笋体总黄酮含量均显著高于笋尖和笋蔸（孙小青等，2014）。

3）脂类

竹笋中脂肪的含量较低，仅为 0.1～4.0 g/100 g DW，牡竹是脂肪含量最低的笋种，仅为 0.1 g/100 g，发酵及罐制加工均可进一步降低竹笋的脂肪含量（陆柏益，2007）。

4）蛋白质

竹笋蛋白质中含有 17 种氨基酸，其氨基酸种类较齐全，其中必需氨基酸含量与蘑菇相当，高于普通蔬菜（中国预防医学科学院与营养与食品卫生研究所，1991）。不同品种竹笋的蛋白质含量不同，皖南地区 9 种常用竹笋的蛋白质含量变动范围为 19.01～30.66 g/100 g DW，总氨基酸含量变动范围是 8.22～28.03 g/100 g DW，必需氨基酸占氨基酸总量的百分比变化范围为 12.49%～43.35%（徐圣友等，2005）。

5）甾醇

不同品种竹笋的总甾醇含量有显著差异，其中毛竹笋最高，可达 279.6 mg/100 g；竹笋含有的植物甾醇主要有谷甾醇、β-谷甾醇、芸苔甾醇等，其中 β-谷甾醇含量最高，约占总甾醇含量的 81%，然后依次为芸苔甾醇、豆甾醇、麦角甾醇、胆甾醇以及谷烷醇（Sarangthem et al.，2003）。

3. 生理功能

1）抗氧化

竹笋液经超滤、大孔树脂精制后的竹笋寡肽成分（BSP）富含氨基酸、黄酮和酚酸类化合物等有效成分，是竹笋的最佳有效活性部位。体内实验表明不同受试剂量的 BSP 均可显著提高大鼠血清 SOD、GSH-Px 酶活力和肝脏总抗氧化能力，升高血清 NO 水平，增加肾脏 NOS 活性，并呈现剂量效应，证明 BSP 可改善大鼠的氧化应激状态（刘连亮，2012）。此外，竹笋多糖也有一定的体外抗氧化活性，浓度为 5 mg/mL 时对 DPPH 自由基和 ABTS 自由基的清除率分别达到 88.1%和86.5%（陈晓燕等，2014）。

2）防治心血管疾病

以自发性高血压大鼠（spontaneously hypertensive rats，SHRs）为试验模型的研究表明，不同剂量竹笋寡肽均能有效抑制 SHR 大鼠肺部组织中 ACE 活性，并呈现剂量依赖关系（刘连亮，2012）。

3）改善胃肠功能

发酵竹笋膳食纤维能增加小鼠肠道内双歧杆菌与乳酸杆菌等有益菌的数量，有效剂量为 5.0 g/(d·kg BW)，能显著提高便秘小鼠的小肠推进率，缩短首便、首黑便时间，增加排便量，对正常和便秘小鼠的肠蠕动都有较显著的作用，具有良好的润肠通便的功效（江年琼等，2002）。

4）抑菌作用

竹笋壳黄酮提取液对枯草杆菌（*Bacillas subitilis*）、大肠杆菌（*Escherichia coli*）、金黄色葡萄球菌（*Staphylococcus aureus*）、藤黄八叠球菌（*Sarcina lutea*）均有抑菌效果，其中对 *S. aureus* 和 *S. lutea* 的抑制作用尤为强烈（许丽旋和蔡建秀，2006）。

5）护肝

雷竹笋汁对四氯化碳所致的肝损伤大鼠的肝功能有明显的改善作用，能显著降低肝损伤大鼠血清的丙氨酸氨基转移酶和天冬氨酸氨基转移酶活性，提高 SOD 活性，降低 MDA 含量，且具有一定的剂量效应（刘彤云等，2004）。

4. 高值化利用现状

1）活性物质的提取制备

（1）糖类。

复合酶法辅助提取及醇沉竹笋多糖工艺：复合酶最佳添加量为每 0.3 g 样品分别添加纤维素酶、果胶酶、木瓜蛋白酶 360 U、1080 U、7200 U，最佳提取条件为提取温度 60℃、提取时间 2.2 h、料液比 1∶35（$m∶V$），多糖最佳醇沉条件为 80%乙醇 20℃醇沉 4 h，得率为 16.10%（陈晓燕等，2014）。

（2）黄酮。

超声波辅助提取竹笋壳总黄酮提取条件为：乙醇浓度 60%、料液比 1∶25、提取时间 30 min、提取温度 60℃。在该工艺条件下总黄酮得率达 0.80%（苏雅静等，2010）。

2）产品开发

（1）竹笋酒。

笋汁酒生产的最佳工艺：SO_2 50 mg/L，液体酒母 10%，发酵温度 26～28℃，pH 为 3.5～4.5，调配配方为酒精度 17°、总糖 15%、总酸 0.6%（赵思东等，1998）。

（2）笋汁饮料。

竹笋下脚料（去除笋尖部分）中榨出的汁液营养成分与新鲜竹笋非常接近。将竹笋下脚料在 70～90℃下煮制 20 min，1∶3 加入清水，通过压榨机破碎、榨汁，然后离心过滤，用蔗糖、柠檬酸和其他辅料调配，经澄清剂处理，得到的上清液经杀菌后可制得风味笋汁饮料（王平，1997）。

（3）清水笋（水煮笋）罐头。

清水笋罐头的加工工艺：剥壳→预煮→冷却漂洗→切分整形→注汤包装→封口和灭菌。在预煮液中添加适量的柠檬酸能促进酪氨酸和胱氨酸的溶出，进而防止清水罐头底部产生白色凝聚物（主要为酪氨酸）（陶玉贵等，2004）。以天然竹笋为主要原料，经水煮→定性（使用质量分数 0.3%的盐水）→漂洗→真空包装和杀菌等步骤，生产出的清水软罐头较好地保存了竹笋的营养和风味（赖穗雯和曹持平，2003）。

水煮可将竹笋还原糖水解，使棉子糖、水苏糖等一些难消化吸收的糖含量下降，从而提高了竹笋的食用价值。据报道，俯竹、大佛肚竹、牡竹、马来甜龙竹等 4 种竹笋经水煮后还原糖含量均不同程度地降低，其中马来甜龙竹下降最明显，从原始的 1.14 g/100 g 下降至 0.10 g/100 g，而大佛肚竹只从 0.81 g/100 g 下降至 0.59 g/100 g（Kumbhare and Bhargava，2007）。

（4）笋干。

传统工艺生产的笋干在贮藏过程中容易发生褐变，熏制过程常使用硫磺导致产品中硫含量超标。以绿竹笋为原料，经沸水中热烫 7 min，0.15%柠檬酸+0.02% EDTA 钠浸泡 3 min 后，于 85～90℃下干燥 3 h，再在 60～65℃下干燥 4 h，最后将制得的笋干进行真空包装，可有效防止绿竹笋干干制和贮藏过程中的颜色变化（张伟光等，2005）。

（5）腌制竹笋。

竹笋腌制包括发酵性腌制和非发酵性腌制，发酵性腌制的食盐用量较低，常会加入香辛料。在腌制过程中通过发酵作用增加竹笋的风味，发酵时产生的乳酸与加入的食盐和香辛料起到防腐作用，该工艺生产的产品具有明显的酸味。非发酵性腌制的食盐用量较高，间或加用香辛料，腌制过程不产生发酵或者产生轻微发酵，此工艺主要依靠高浓度的食盐、糖及其他调味品来保藏和增加产品风味（陈功，2006）。

龙笋经发酵后总游离氨基酸含量（相较亮氨酸）均从 0.12 g/100 g 下降至 0.08 g/100 g，氨基酸含量的变化主要归咎于加工过程中持续的高温降解作用；巨竹经发酵处理后其酸性纤维（ADF）含量增加了 52.6%，中性纤维提高了 57.7%，木质素从 0.56 g/100 g 提高到 1.40 g/100 g，表明发酵可大幅度提高产品的粗纤维比例（Nirmala et al.，2008）。

（6）调味笋。

调味笋的加工工艺：鲜笋蒸煮→整理切分→调味→包装和杀菌。竹笋先经油炸，捞出后加入白砂糖、酱油、盐等调味料及少量水，文火焖制，制得油量明显降低、口感更鲜香、后味更丰满的油焖笋（李伟荣等，2004）。先用质量分数 0.05% 的 NaHSO$_3$ 溶液预处理鲜笋，再用质量分数 0.1% 的 CaCl$_2$ 溶液煮沸杀青 10 min、体积分数 0.15% 的醋酸浸泡 30 min，加入味精、丁香和花椒等配料焖煮 5 min，制备的产品口感（脆性和滋味）良好，可较好地保持竹笋的色泽（白卫东等，2006）。

（7）竹笋膳食纤维。

微生物发酵法制得的初级竹笋膳食纤维和其他辅料，通过微胶囊技术可制成口感良好、摄食方便的高活性膳食纤维胶囊，总膳食纤维含量达 68.74%（李安平等，2002）。

5.2.4　香椿

1. 简介

香椿（*Toona sinensis*）又名香椿芽、香桩头、大红椿树、椿天等，是楝科香椿属的多年生落叶乔木春季初生的嫩芽和嫩枝叶。香椿在我国的栽培历史已有 2000 多年，东到台湾，西至甘肃，南到海南，北至辽宁都有香椿分布，其中山东、河南、安徽、河北等省为香椿主产区（姜新，2009）。随着食用香椿保护地栽培技术的推广，栽培香椿已远远超出了它原先的分布范围（李平，2013）。

香椿自古以来就受到人们的喜爱，对香椿的药用价值很早就有认识。《唐本草》记载香椿"叶煮水，可以治疮、疥、风、疽"，《本草汇言》也提到"香椿杀蛔虫，解蛊毒，止疳痢"（王茂丽，2006）。中医认为，香椿可以治疗肠炎、肺咳、便血、痢疾、白秃、跌打肿痛、消化不良、腮腺炎、尿道炎、子宫炎等症（程富胜和胡庭俊，2004）。现代医学研究表明，香椿叶提取物具有调节脂质代谢、缓解高血糖、提高机体免疫力等功效（薛玲和李长峰，2004；张京芳等，2007）。

2. 生理活性物质

香椿芽和嫩叶富含蛋白质、氨基酸、各种挥发油、多种维生素和微量元素等，还含有多酚类物质、黄酮、萜类、蒽醌、皂苷、鞣质、甾体、生物碱的中药药用成分，营养价值和药用价值都很高（王茂丽，2006）。

1）蛋白质及氨基酸

香椿叶中含有 16 种氨基酸，其中人体必需氨基酸 7 种，而相对含量较高的是天冬氨酸、谷氨酸、丙氨酸、精氨酸、亮氨酸等（葛多云和邹盛勤，2005）。

2）酚类

据报道，香椿叶的总酚含量为（427.53±4.31）mg/g DW（刘金福等，2012）。香椿叶多酚中含黄酮类苷和苷元、没食子酸、没食子儿茶素缩合鞣质、没食子鞣质、单体原花青素等成分（张仲平和孙英，2002）。香椿叶中总黄酮含量为 4.24%（李秀信等，2001）。

香椿叶的黄酮类成分主要是以苷的形式存在，所结合的糖为葡萄糖（张仲平和牛超，2001）。香椿叶中含有的黄酮类化合物主要有 6, 7, 8, 2′-四甲氧基-5, 6′-二羟基黄酮、5, 7-二羟基-8-甲氧基黄酮、山柰酚、3-羟基-5, 6-环氧-7-megastigmen-9-酮、没食子酸乙酯、东莨菪素、槲皮素-3-O-鼠李糖苷、槲皮素-3-O-葡萄糖苷、槲皮素等（陈铁山等，2000；罗晓东和吴少华，2001；张仲平和牛超，2001）。

3）矿质元素

香椿叶中富含多种宏量元素和微量元素，微量元素中铁含量高达 187 μg/g，锰、锌、铜分别为 46.57 μg/g、58.67 μg/g、25.27 μg/g，均高于蔬菜和一些常用药物（葛多云和邹盛勤，2005）。

3. 生理功能

1）抗氧化

研究表明，不同生长期的香椿阴干后其提取物的总抗氧化力并未表现出显著差异，香椿嫩芽、嫩叶和老叶提取物均具有清除 ·OH 的作用，且老叶清除 ·OH 的作用显著大于嫩芽和嫩叶。同时，不同生长期的香椿提取物均可有效地抑制亚油酸在 40℃时的过氧化反应（周丽，2007）。采用溶剂浸提和聚酰胺树脂获得的香椿叶提取物的抗氧化活性可达 807.64 μmol 维生素 C 当量/g 样品（刘金福等，2012）。

2）抗肿瘤

香椿提取物对多种癌细胞具有抑制作用。香椿叶提取物可以显著抑制人肠癌细胞 Caco-2、肝癌细胞 HepG2 和乳腺癌细胞 MCF-7 的生长，其 EC_{50} 分别为

（4.00±0.39）μg/mL、（153.16±13.49）μg/mL 和（193.46±14.68）μg/mL（刘金福等，2012）。另有研究报道了香椿叶粗提物能够抑制人肺腺癌细胞 A549 生长，其作用途径是通过抑制细胞周期蛋白 D_1 和 E 的表达来封锁细胞周期进程；香椿叶特定部位提取物（TSL2）能够诱导卵巢癌细胞凋亡，抑制异种嫁接鼠模型的肿瘤增长，并且未表现出明显的肾、肝毒性或者是骨髓抑制作用（Chang et al.，2006）。

3）抗糖尿病

研究表明，香椿总黄酮可显著降低四氧嘧啶糖尿病小鼠动物的血糖（张俊芳等，2008）。香椿叶乙醇提取物能增加 3T3-L1 对葡萄糖的摄取量，这主要通过改变细胞对葡萄糖的运输来实现（Wang et al.，2008）。

4）增强免疫力

研究发现，香椿蛋白可明显提高小鼠脾脏指数和巨噬细胞的吞噬率，表明香椿蛋白质对小鼠非特异性免疫有一定的促进作用（张林甦等，2012）。

5）辅助改善记忆

研究表明，给有加速老化危险的小鼠喂食香椿提取物，可降低小鼠体内的 β 类淀粉蛋白含量，提高小鼠的认知和记忆力（Liao et al.，2006）。

6）抗疲劳

研究发现，高剂量（10 g/kg）香椿水煎液可显著延长小鼠游泳时间，说明香椿水煎液有明显抗疲劳作用（贾文斌，2009）。

7）护肝

在用硫代乙酰胺（thioacetamide，TAA）诱导建立小鼠肝损伤模型中，香椿叶子粗提物可以通过增强解毒和代谢途径减轻肝纤维化（Fan et al.，2007）。

4. 高值化利用现状

1）活性物质的提取制备

（1）蛋白质及氨基酸。

香椿芽水溶性蛋白质最优提取条件为提取温度 40℃、pH 9.0、料水质量比 1：45、提取时间 70 min，此条件下香椿芽水溶性蛋白质的提取率为 81.0%（董维广和崔英资，2013）。用硫酸铵沉淀法、透析、冷冻干燥的方法提取香椿蛋白粗品，可得到的香椿粗品蛋白的含量为 84.5%，得率为 5.3%（张林甦等，2012）。

（2）酚类。

香椿多酚的提取方法为：香椿叶粗粉以丙酮-水（1：1）冷浸，减压回收丙酮，水液以乙酸乙酯萃取，萃取液经无水硫酸钠脱水，滴加氯仿至无沉淀析出，过滤得沉淀即为香椿多酚的粗品（张仲平和孙英，2002）。香椿叶黄酮提取主要采用常规溶剂回流提取、酶法提取、微波辅助提取、超声波辅助提取等。采用有机溶剂回流，即乙醇浓度 70%，料液比 1：9（g/mL），每次提取时间 90 min，提取温度

70℃，提取 4 次，每克香椿叶可提取总黄酮 20.1 mg（王贵武等，2007）。而采用表面活性剂辅助微波提取，即以水为提取溶剂，在预处理条件下料液比 1：20（g：mL），90℃预煮 10 min，加入质量分数为 0.8%的椰子油脂肪酸二乙醇酰胺溶液，微波功率 180 W 下提取 10 min，提取 5 次后香椿叶总黄酮提取率可达 98.7%（李秀信和张军华，2011）。

2）产品开发

（1）香椿汁。

香椿汁加工工艺：原料挑选→清洗→热烫→冷却→护绿斩切→打浆→榨汁→调配→抽空排气→过滤→瓶盖清洗→消毒→灌装→封口→杀菌→冷却→成品。操作要点有：①选用新鲜、柔嫩的香椿芽，清洗干净；②放入 100℃的 200 mg/L 的醋酸铜与 150 mg/L 的亚硫酸钠护绿液中浸泡，漂洗干净；③放入多功能食品打浆机中打浆，再用榨汁机榨汁，过滤得香椿汁；④在香椿汁中加入味精、食盐、环状糊精，灌入四旋瓶中，拧紧瓶盖，杀菌，即成。制备的香椿汁呈均匀的半透明状态，淡绿色，具有浓郁的香椿清香味（王士林，2008）。

（2）香椿酱。

以香椿嫩叶为原料，香椿油树脂的提取条件为：香椿嫩叶在质量分数为 0.5%的 NaHCO₃ 溶液中浸泡 20～30 min，再放入 95～100℃水中漂烫 1～2 min，打浆后在体积分数为 60%的乙醇、料液比 1：4（g：mL）、温度 60℃的条件下浸提 3 h。

用香椿油树脂制作香椿酱的最佳配方有 2 个：①香椿油树脂 60、白醋 3、食盐 3、味精 0.8、柠檬酸 3、CMC-Na 20、水 20（质量比）；②香椿油树脂 60、白醋 8、食盐 3、柠檬酸 0.4、抗坏血酸 0.2、白胡椒粉 1.2、白糖 1.5、菜油 10、香油 1、碳酸钙 0.2、CMC-Na 20、水 30（质量比）（张京芳等，2006）。

（3）罐头香椿。

盐水香椿罐头的工艺流程：原料选择→清洗→预煮→冷却→装罐→排气密封→杀菌→冷却→检验→成品。产品近似新鲜香椿芽的绿或紫色，组织脆嫩，口感爽滑，香鲜可口。而香椿油罐头的工艺流程：原料选择→清洗→保色脱涩→切碎→调料→配制→炸香椿→装罐→检验→成品。制备的产品叶色翠绿，尖端紫红，香味浓郁（任志，2009）。

（4）速冻香椿。

香椿芽的速冻保鲜和脱水加工技术要点为：①速冻保鲜处理用碱含量为 1%时，95℃下漂烫的香椿芽可以保持较好的色泽；②香椿芽漂烫后，在低温条件下，浸泡时间越久颜色越好；③速冻香椿的包装，每袋应装入 0.5 kg 以下，且平摊装入塑料袋中，香椿芽头尾排列应整齐，以折叠袋口的方式包装贮藏，快速冷冻，这样处理的色泽最佳（周建梅等，2011）。

（5）糖渍香椿芽。

将鲜嫩的香椿芽先用 1%碳酸氢钠用 30℃温水清洗，后用 3%食盐+0.6%抗坏血酸浸泡 1 h，压紧。出缸后晾至叶面无浮水，再用含 7%～8%蔗糖、12%～13%食盐、0.6%抗坏血酸、适量焦亚硫酸钠的糖浆浸渍。每 3～4 h 翻缸 1 次，10～12 h 后即可捞出（贾盛苹，1995）。

（6）脱水香椿芽。

脱水香椿芽的制备要点为：①烫漂：选料时要保持香椿芽完整，浸入含 0.5%小苏打的沸水里，不断搅拌，烫漂 2～4 min；②烘烤：烫漂后的香椿芽立即移入加有 0.25%小苏打或少量柠檬酸 5～10℃的水中浸泡 10 min，捞出后在 70～80℃烘烤 7～12 h；③成品：食用时用水浸泡 0.5 h 即可恢复新鲜状态（玉章，2006）。

（7）腌香椿。

选择壮树上 15 cm 左右的叶厚肥大、梗粗鲜嫩的正枝、正朵，以红芽和绿芽两种为主，清洗干净，晾干。撒上精盐轻轻揉搓，装入陶瓷缸等容器中，分层压实，同时加入少许酒、醋和红糖，其作用主要是加速腌制，杀死有害细菌，防止腐烂。然后用塑料布封口与空气隔绝，以减少有氧呼吸，将其放置在阴凉低温贮藏处或冷藏库保存。一般封存贮藏 10 d 后即可成品（钰松，2004）。

5.2.5 马铃薯

1. 简介

马铃薯（*Solanum tuberosum* L.）又名土豆、洋芋、地蛋、山药蛋等，属于茄科 1 年生草本植物的地下茎部分。原产于南美洲的哥伦比亚、秘鲁和玻利维亚的安地斯山地区及西部沿海岛屿，在明朝末期传入我国（季志强等，2014）。目前，世界上马铃薯的主栽地区为亚洲、北美洲、非洲南部和澳大利亚。2013 年全球马铃薯栽培面积为 944.5 万 hm^2，产量为 3.68 亿 t，而我国马铃薯种植面积和产量分别是 577.48 万 hm^2 和 8898.7 万 t，均位居世界首位（陈志敏和滚双宝，2015）。

马铃薯含有高质量的蛋白质、碳水化合物、多种矿物质及维生素，除具有很高的食用价值外，还具有一定的医药价值。我国传统医学认为马铃薯性平味甘，具有利湿、和胃调中、健脾益气的功效，对于神疲乏力、胃肠馈疡、习惯性便秘等症均有功效（宋国安，2004）。据《湖南药物志》记载，马铃薯能"补中益气，健脾胃，消炎解毒"（杨有权等，1998）。

2. 生理活性物质

1）糖类

马铃薯的淀粉含量因品种而异，一般早熟品种含 11%～14%淀粉，中、早熟品种含 14%～17%，晚熟品种含 18%～26%（白雪梅，2012）。与其他淀粉相比，马铃薯淀粉团粒较大，晶体结构不太紧密，具有最大的颗粒、较长的分子结构、较高的支链含量（80%）和最大的膨化系数（郝琴和王金刚，2001）。由于马铃薯淀粉中每 200～400 个葡萄糖单位出现 1 个磷酸盐基团，赋予淀粉特殊的功能和性质，使其糊化和可溶性都优于谷物淀粉（孔凡真，2000）。

目前，马铃薯废渣中的膳食纤维引起了广泛关注。据分析，干马铃薯渣中含有 30%左右的膳食纤维，其中纤维素占 85.4%左右，半纤维素占 13.1%左右，木质素占 1.5%左右（Mayer and Hillebrandt，1997）。

2）酚类

马铃薯块茎总酚含量以干重计在 0.1%～0.3%，芽含量高达 0.8%（Burton，1989）。酚类化合物主要存在于马铃薯的皮和皮层之间，约 50%存在于皮及邻近组织中，越靠近块茎中心，浓度越低（Friedman，1997）。

马铃薯的酚类物质主要是绿原酸，占马铃薯总酚类物质的 90%，其他酚类还有芥子酸、咖啡酸、阿魏酸、单宁、酪氨酸、香豆酸、7-羟基-6-甲氧基香豆素、6-羟基-7-甲氧基香豆素及黄酮等（Friedman，1997）。不同马铃薯品种所含酚类物质有很大差别，Purple valley（紫皮、紫瓤）、Atlantic（黄皮、黄瓤）、Early Valley（黄皮、黄瓤）马铃薯的绿原酸含量分别为 362.4 mg/100 g、38.1 mg/100 g、174.4 mg/100 g，咖啡酸含量分别为 136.4 mg/100 g、5.6 mg/100 g、85.9 mg/100 g，阿魏酸含量分别为 82.8 mg/100 g、4.1 mg/100 g、56.3 mg/100 g（李葵花等，2014）。

不同颜色的马铃薯块茎所含花色素种类不同，相同颜色的块茎所含花色素种类也可能不同。紫马铃薯皮、肉的花色苷含量分别可达 900 mg/100 g、368 mg/100 g FW（Brown，2005）。

紫马铃薯花色苷主要为矮牵牛色素、芍药色素、锦葵色素及飞燕草色素的酰化衍生物等，可占到总花色苷的 98%（Fossen and Andersen，2000）。如紫马铃薯"甬紫一号"含有的花色苷 A 为矮牵牛色素-3-O-对香豆酰芸香糖苷-5-O-葡萄糖苷，花色苷 B 为芍药素-3-O-对香豆酰芸香糖苷-5-O-葡萄糖苷（吴奇辉，2014）。

3）维生素

马铃薯含有维生素 A（胡萝卜素）、维生素 B_1（硫胺素）、维生素 B_2（核黄素）、维生素 B_3（烟酸）、维生素 E（生育酚）、维生素 B_5（泛酸）、维生素 B_6（吡哆醇）、维生素 M（叶酸）和生物素 H 等，其中维生素 C 含量高达 25 mg/100 g，与番茄相当，所以在冬季缺乏水果的高寒山区，马铃薯可作为维生素 C 的主要来源（戴朝曦，2008）。

4）蛋白质

据报道，马铃薯蛋白质中含有 30%～40%贮藏蛋白（分子质量为 39～45 kDa）、50%蛋白酶抑制剂（分子质量为 4～25 kDa）、10%～20%多酚氧化酶等其他蛋白质（分子质量均大于 40 kDa），其中马铃薯贮藏蛋白中约含 25%球蛋白和 40%糖蛋白（Park，1983；Mayer and Hillebrandt，1997；Pouvreau et al.，2001；Barta et al.，2008）。马铃薯球蛋白是一种盐溶性蛋白质，可消化性好，含有 19 种氨基酸，其中必需氨基酸含量占氨基酸总量的 47.9%（张泽生等，2007）。

马铃薯蛋白主要分为酸性和碱性两个组分，酸性组分主要为糖蛋白，其中含有中性糖和氨基己糖，且有一定的酶活性（Racusen and Foote，1980）；碱性组分的主要成分为蛋白酶抑制剂（Ralet and Gueguen，2000；潘牧等，2012），主要包括抑制剂 I、抑制剂 II、半胱氨酸抑制剂、Kimitz 型蛋白酶抑制剂、肽酶抑制剂等（Bryant et al.，1976；Tatuana et al.，1998）。

5）矿质元素

马铃薯的块茎中包含大量矿物质如钙、磷、铁、钾、钠、锌、锰等，并且它的矿物质比一般谷类粮食作物高 1~2 倍，含磷尤其丰富（周蓓，2008）。

6）其他

马铃薯含有的糖苷生物碱 95%为 α-茄碱和 α-查茄碱，并且后者占总糖生物碱的 60%；此外，马铃薯还含有大量打碗花精 A_3 和打碗花精 B_2，以及少量的打碗花精 B_1、打碗花精 B_3 和打碗花精 B_4，其中打碗花精 A_3 和打碗花精 B_2 都是具有高效选择性的糖苷酶抑制剂（杨津等，2009）。

3. 生理功能

1）抗氧化

马铃薯中的维生素 E、维生素 C、胡萝卜素、酚类等抗氧化活性物质可保护活性氧和自由离子受损的细胞和组织，起到延缓细胞老化和预防疾病的作用（Lachmana et al.，2008）。

李葵花等（2014）以不同马铃薯品种为试材，通过 DPPH 方法测定了其抗氧化活性，结果表明不同马铃薯品种间抗氧化活性差异显著，Purple valley、Atlantic 和 Early Valley 马铃薯的抗氧化活性 RC_{50} 值分别为 49.9 μL、214.1 μL 和 62.4 μL。据报道，马铃薯皮的多酚化合物可减少由 H_2O_2 引起的小鼠和人红细胞形态及结构的变化，防止抗坏血酸亚铁对红细胞膜蛋白的氧化损伤（Singh et al.，2008b）。

2）减肥

研究表明，用 0.1%和 0.5%紫马铃薯花色苷提取物（AEPPF）饲喂四周后，大鼠体重明显低于高脂饲料组，且添加花色苷各组的大鼠 Lee's 指数均显著低于高脂饲料组，另外 0.1% AEPPF 饲喂的大鼠肾周脂肪及附睾脂肪总重量也明显低于高脂饲料组，表明 AEPPF 具有降低大鼠体重的作用（吴奇辉，2014）。

3）防治心血管疾病

马铃薯中含有丰富的黏蛋白，它能保持呼吸道的润滑，从而预防心血管疾病。此外，马铃薯蛋白水解后的超滤后产物对血管紧张素转化酶（angiotensin-converting enzyme，ACE）有抑制作用，这种血管紧张素转化酶抑制剂（ACE inhibitor，ACEI）是一种小分子活性肽，能阻止 ACE 将血管紧张素 I 转化为血管紧张素 II，防止缓激肽等其他肽类激素失活，并能清除超氧阴离子、羟自由基，可预防并治疗动脉粥样硬化（Pihlanto et al.，2008）。

4）抗肿瘤

Wang 等（2011）比较了 Northstar、Mountain Rose、Purple Majesty、Bora Valley 和 *Solanum pinnatisectum* 5 个品种马铃薯的提取物对结肠癌及肝癌的抑制作用，结果显示来源于墨西哥的野生品种 *S.pimatisectum* 具有最强的抑癌活性，抑癌活性与提取物的抗氧化活性呈正相关，与总酸含量呈负相关。

5）保肝作用

研究表明，令小鼠口服马铃薯皮提取物（100 mg/kg，7 d）和 CCl_4（3 mL/kg），用马铃薯皮提取物预处理过的小鼠未因体内 CCl_4 破坏而引发急性肝损伤，证明马铃薯皮提取物具有保肝作用（Singh et al.，2008a）。

6）抗菌消炎

目前，已从 Golden Valley 马铃薯中分离并鉴定出 1 种与马铃薯蛋白酶抑制剂有同源性的抗微生物肽（Potide-G），可抑制人和植物体内的致病菌（Kim et al.，2006）。

4. 高值化利用现状

1）活性物质的提取制备

研究发现，鲜马铃薯处理量 300 g，在微波功率 500 W、微波时间 5 min、破碎粒度 60 目、料水比 1∶1 时淀粉提取率最高，达到 93.85%，比传统水浸渍提取法增加 6.31%。此条件下制备的马铃薯淀粉洁白有光泽，与传统工艺相比，不需采用护色剂（刘婷婷等，2013）。

2）产品开发

（1）马铃薯酸乳。

马铃薯酸乳的加工工艺流程：马铃薯清洗→熟化→去皮→加入牛乳液混合、打浆→均质→灭菌→冷却→接种→发酵→灌装→冷藏成熟→成品。乳酸菌可将牛乳中的乳糖、添加蔗糖及马铃薯中的部分碳水化合物分解，产生大量有机酸（如乳酸）、醇类及各种氨基酸，可提高其消化率，还能改善肠道菌群的分布，刺激巨噬细胞的吞噬功能，有效防治肠道疾病（徐坤，2002）。

（2）风味马铃薯果脯。

风味马铃薯果脯的工艺流程：马铃薯清洗→去皮→切片→护色→硬化→清洗→漂烫→糖制→烘烤→成品。由于风味马铃薯果脯以新鲜马铃薯和蔗糖为主要原料，除具有马铃薯的营养功能外，还具有口味纯正、色泽诱人、软硬适中、酸甜可口的特点（徐坤，2002）。

（3）马铃薯冷冻薯条。

冷冻薯条又称法式薯条，是西式快餐的主要品种之一。速冻薯条的生产工艺流程如下：马铃薯清洗→去皮→修整→切条→分级→漂烫脱水→油炸→沥油→预冷→速冻→计量包装→成品入冷库。速冻薯条生产有严格的质量标准，生产过程中除加少量护色剂之外，不添加任何其他物质，而且对加工用薯有特定要求：还原糖含量低于 0.25%，耐低温贮藏，比重在 1.085～1.100，浅芽眼，长椭圆形或长圆形（郝琴和王金刚，2001）。

（4）马铃薯固体饮料。

马铃薯固体饮料的工艺流程为：马铃薯清洗、去皮、切片→煮熟→加水打浆→过胶体磨（两次）→酶处理、灭活→调配→均质→干燥→调配→冷却→包装。具体工艺参数为：酶解温度 95℃，酶添加量 0.5%，pH 5.5，喷出物黏度（水：马铃薯）1∶1.0，进风温度 200℃，喷雾压力 0.7 kg/cm²，稳定剂为 0.4%卡拉胶。所得的马铃薯固体饮料营养丰富，无胆固醇，易冲调，冲后为乳白色，有类似牛奶的风味（陈朋引，2002）。

（5）马铃薯薯片。

马铃薯薯片因采用原料和加工工艺不同，可分为油炸薯片和复合膨化薯片。油炸薯片以鲜薯为原料，其生产工艺流程为：马铃薯清洗→去皮→修整→切片→漂洗→漂烫→脱水→油炸→沥油→冷却→调味→包装→成品；复合薯片以马铃薯全粉为原料，加入调味料等其他辅料制成，生产工艺流程为：称量→搅拌→压片→切片→炸片→调味、翻片、排列→装罐→成品（郝琴和王金刚，2001）。

5.2.6　山药

1. 简介

山药（*Dioscores opposita* Thunb）为薯蓣的块根，除了少数热带地区外，几乎全国各地都有栽培，可分山地生、平地生，也有野生的，主产于河南、湖南等地区，种植面积为 6.36 万 hm²（赵宏等，2009）。

山药含有丰富的蛋白质和糖类等营养物质，是我国最大众化的传统保健食品之一。其性平味甘无毒，食之补而不腻、不热不燥，具有健脾、补肺、益精、长志安神、补中益气、助五脏、强筋骨、止泄痢、化痰诞等多种功效。《本经》记载："山药，主伤中、补虚，除寒热邪气，补中益气力，长肌肉，久服耳目聪明。"《本草纲目》记载："山药，益肾气，健脾胃，止泄痢，化痰涎，润皮毛"（王蕊，2006）。盛名千百年来的"还少丹"、"左归饮"、"右归饮"、"都气丸"、"八珍糕"、"启脾丸"、"六味地黄丸"、"归芍地黄丸"、"金匮肾气丸"等配方中，皆用到山药，其药用价值亦于此可见一斑（聂凌鸿和宁正祥，2002）。

2. 生理活性物质

1）蛋白质

山药含有较丰富的蛋白质和较多种类的氨基酸，而且必需氨基酸齐全，具有较高营养价值，山药的粗蛋白含量平均为 6.19%。新鲜淮山药含 3.59%的粗蛋白和 2.71%的总氨基酸，其中必需氨基酸的含量达 1.05%（袁书林，2008）。

2）脱氢表雄酮

据报道，山药含有 1 种环戊烷多氢菲的衍生物，与人体分泌的脱氢表雄酮结构相同（聂凌鸿和宁正祥，2002）。目前已经从野生山药中提取到天然脱氢表雄酮。脱氢表雄酮不仅可以用来调节糖尿病、肥胖，提高记忆，还具有增强机体免疫力、抗致癌、延缓衰老等功效（唐雪峰，2010）。

3）山药多糖

山药中最主要的药用成分为山药多糖，其含量为 2.15%～2.92%，据报道多糖可分为酸性多糖与中性多糖两类，由甘露糖、木糖、阿拉伯糖、葡萄糖和半乳糖组成（姜军，2007）。山药多糖具有调节人体免疫系统，显著增强非特异性免疫功能和体液免疫的功能，对肿瘤具有明显的抑制作用，此外，山药多糖还具有抑菌和明显的降血脂、抗氧化作用（李宏睿等，2011）。

4）其他

据分析，每 100 g 鲜山药中含碳水化合物 14 g、粗纤维 0.9 g、胡萝卜素 0.02 mg、维生素 B_1 和维生素 B_2 0.02 mg、烟酸 0.3 mg、维生素 C 4 mg、钙 41 mg、磷 42 mg、铁 0.3 mg、镁 15 mg、钾 290 mg、钠 15 mg、氯 37 mg，其中磷的含量比甘薯多 1 倍，比土豆多 2 倍（王蕊，2006）。

3. 生理功能

1）抗氧化

对于 D-半乳糖所致衰老的大鼠经 1 mg/100 g 山药水提物治疗 4 周后，脑组织及血清中超氧化物歧化酶（SOD）、谷胱甘肽氧化酶（GSH-Px）的活性可明显提高，氧化产物丙二醛（MDA）含量降低（相湘，2008）。给 D-半乳糖亚急性衰老小鼠饲喂山药提取物纯化获得的薯蓣皂苷（200 mg/kg 和 400 mg/kg），发现薯蓣皂苷可提高小鼠血清、肝脏和脑组织中的 SOD、GSH-Px 的活性，降低衰老小鼠血清、肝脏和脑组织中的 MDA 含量（曹亚军等，2008）。

2）防治心血管疾病

不间断地饲喂小鼠 50%山药 21d，可增加血浆及肝脏中胆固醇剖面，与正常进食小鼠相比，饲喂小鼠生长率不变，但相似蛋白吸收率降低，饲喂 25%山药仅能降低小鼠血浆中低密度脂蛋白的含量（Chen et al.，2003；陈佳希和李多伟，2010）。

3）防治糖尿病

山药多糖可以抑制 α-淀粉酶从而阻碍食物中碳水化合物的水解和消化，减少糖分的摄取，降低血糖和血脂含量水平值（陈佳希和李多伟，2010）。对大鼠连续灌服 50 mg/kg 山药多糖 15 d 后发现，山药多糖对四氧嘧啶模型糖尿病大鼠的血糖有明显降低作用，且同时能升高 C 肽含量，证明山药多糖对糖尿病的治疗作用与增加胰岛素分泌、改善受损的胰岛 β 细胞功能有关（胡国强等，2004）。

4）增强免疫力

赵国华等（2003）使用山药多糖 RDPS-Ⅰ连续灌服小鼠 7 d 后发现，山药多糖 RDPS-Ⅰ可显著增强荷瘤小鼠 T 淋巴细胞增殖能力、NK 细胞活性、小鼠脾脏细胞产生 L-2 的能力及腹腔巨噬细胞产生 TNF-α 的能力。山药多糖可明显提高环磷酸胺所致免疫功能低下的小鼠腹腔巨噬细胞的吞噬指数、促进溶血素和血空斑形成及淋巴细胞转化、明显提高外周血 T 淋巴细胞比率。山药还能极显著地提高 T 淋巴细胞的增殖能力（姜红波，2011）。山药多糖具有促进小鼠抗体生成和增强小鼠碳廓清能力的作用，同时具有增强小鼠淋巴细胞增殖能力的作用（徐微等，2012）。

5）改善胃肠功能

山药块茎中含有的粗纤维可刺激胃肠运动，促进胃肠内容物排空，有助于消化。单吃山药效果已很好，若与鸡内金、车前子等配伍，治疗婴幼儿秋季腹泻、消化不良效果更好。临床主要用于治疗脾胃虚弱症，据报道，脾虚患者全消化道排空快于非脾虚患者。山药能抑制正常大鼠胃排空运动和肠推进作用，并能明显对抗苦寒泻下药引起的大鼠胃肠运动亢进，明显拮抗氯化乙酰胆碱及氯化钡引起的大鼠离体回肠强直性收缩，增强小肠吸收功能，抑制血清淀粉酶的分泌（姜红波，2011）。

6）其他

据报道，经常食用山药，能使血液中脱氢表雄酮含量持续保持在与年轻人相仿的水平。脱氢表雄酮对人体有增强免疫功能，能够活化神经细胞、提高记忆和思考能力，调节神经、镇静安眠，防止骨骼和肌肉老化，降低血脂、控制动脉粥样硬化，调整体内激素分泌而减肥等多种有益作用。在体内还能抑制细胞有丝分裂，从而发挥预防和治疗癌症的作用（聂凌鸿和宁正祥，2002）。

4. 高值化利用现状

1）活性物质的提取制备

山药淀粉具有聚合度低、相对分子质量小、支链淀粉含量高、易糊化、吸水膨胀性强等特性，其纤维素含量低，将山药经酶处理后提取多糖、糖蛋白等保健因子可作为加工饮品的原料，余下的淀粉类再经酶解等加工后被用来生产山药预糊化淀粉、可溶性淀粉等（王震宙和黄绍华，2004）。李文昌等（2009）报道山药淀粉的最佳提取条件为：pH 8，液固比 5，浸泡时间 3 h，沉降时间 4 h。利用 α-

淀粉酶提取山药多糖的最佳条件为：55℃，pH 5.5，加酶量 10 mg，反应时间 1.0 h，酶辅助浸提结束后，对体系进行超声处理 5 min，多糖得率可达 6.792%，较单独酶辅助提取提高了 99.35%（张元等，2008）。

2）产品开发

（1）山药饮料。

山药饮料的生产工艺流程：清洗→去皮→切片→护色→粉碎→均质→杀菌→罐装。主要操作要点：选用成熟度适中、无霉烂、无病虫害和机械损伤的新鲜山药作原料。将原料稍浸泡后，洗去表面泥沙及杂物等；去皮：用去皮刀将山药表皮去净；切片：将去皮后的山药切成 1 cm 厚的薄片；护色：将山药薄片迅速放入已配制好的 0.2% 的柠檬酸水溶液中，然后将溶液加热到 90～93℃，加热过程不时搅拌，并在此温度下保持 5 min；粉碎：将护色过的原料用冷水冲洗后，按料∶水=1∶3 加入处理水，将原料用组织捣碎机粉碎；调配：在已粉碎的原料中加入 0.15% 的海藻酸钠和 0.1% 的 CMC-Na 作悬浮剂即为原汁型饮料，也可以在其中加入适量白糖、有机酸而制成调味型饮料；均质：将调配过的原料在 60～80℃、20 MPa 均质一次；杀菌：采用温度 121℃，时间 10 min 高压杀菌或采用其他杀菌方法杀菌后灌装即为成品饮料（周成河等，2004）。

（2）山药粉。

山药粉的工艺流程：选料→清洗→去皮→切片→固化→漂烫→烘干→粉碎→包装。具体工艺参数为：山药切成 0.2～0.3 cm 厚薄片，将漂烫后山药片置 60～65℃烘房或烘箱内烘 20 h。烘干过程中应注意倒盘一至两次，使山药片烘烤均匀一致。然后粉碎，包装，即得到成品（宋立美等，2003）。

（3）脱水山药片。

对山药进行干燥加工可有效延长贮藏时间。为避免怀山药片营养成分的损失以及色泽和质地变差，在前期的低温热泵干燥阶段，采用干燥温度为 40℃，热泵风速为 1.5 m/s；同时为了避免怀山药片表面结壳和焦化断裂现象，采用物料厚度为 5 mm。在后期的热风干燥中，为提高干燥速率和保持较好的色泽，将热风温度设置为 60℃（李晖等，2014）。

5.3　叶　菜　类

5.3.1　韭菜

1. 简介

韭菜（*A. tuberosum Rottl. ex* Spreng.），又名丰本、草钟乳、起阳草、懒人菜、

长生韭、壮阳草、扁菜等，属百合科多年生草本植物，具特殊强烈气味。韭菜以嫩叶和叶鞘组成的假茎（花亭）部分供食用，其味道新香鲜美（国家中医药管理局中华本草编委会，1999）。韭菜于 9 世纪传入日本，后逐渐传入东亚各国。韭菜在我国东至沿海，西至西北高原，东南至台湾，北至黑龙江，几乎所有的省份都有栽培。韭菜是中国栽培地域最广的蔬菜之一，常年栽培面积占菜田总面积的 5%～6%。

韭菜种子、叶、根以及花均可入药。韭菜作为药用，最早见于梁陶弘景《名医别录》，谓其能"安五脏，除胃中热"。《食疗本草》中记载它能"利胸膈"。《本草拾遗》中记载它"温中，下气，补虚，调和脏腑，令人能食，益阳，止泻白脓，腹冷痛，并煮食之"。韭菜籽含有硫化物、黄酮、维生素 C 等成分，具有固精、助阳、补肾、暖腰膝的功效，始载于《名医别录》；临床上可用于治阳痿、早泄、遗精、多尿等症（王成永等，2005）。现代医学证明，韭菜中的含硫化合物具有降血脂的作用，用于辅助治疗高血压等心血管疾病，此外，韭菜中还含有大量的膳食纤维，能够促进胃肠蠕动，促进有害物质随代谢物排出，减少有毒物质被人体吸收（杨恩升，2012）。

2. 生理活性物质

韭菜籽中含有脂肪 15.8%、膳食纤维 18.2% 和粗蛋白 12.3% 以及维生素和大量的矿物质元素，如钙、铁、锌、铜、镁和钠等，其中 Fe、Mn 和 Zn 含量较高（Hu et al.，2006）。

1）含硫化合物

韭菜的生物活性成分主要是含硫化合物，多存在于挥发油中。王雄等（2012）已从韭菜种子、根茎、叶和花中，分离鉴定出 20 多种含硫化合物，主要为二硫化合物和三硫化合物。

2）蛋白质

韭菜籽含有 12.3% 的粗蛋白，可作为潜在的食用蛋白来源。此外，韭菜籽中还含有丰富的人体必需的氨基酸，包括异亮氨酸、色氨酸和赖氨酸，其中蛋氨酸含量较高（李雪雁等，2009）。

3）甾体皂苷

目前已从韭菜籽中分离鉴定出一些皂苷类、生物碱和酰胺类化合物。皂苷主要包括 Tf-1 和 tuberosides 两类。经检测分析推断 Tf-1 的结构为双糖链的呋甾烷醇皂苷，苷元为知母皂苷元。根据化合物的物理化学性质和光谱数据鉴定，tuberosides 类又可分为 A、B、C、D、E、F、I、N、U 等（赵庆华，1993）。后又从韭菜种子中提取分离出寡糖苷、烟草苷、葡萄糖苷等皂苷（李昊鹏，2012）。

4）黄酮

韭菜中含有丰富的黄酮类化合物，含量约为 2.14 g/100 g，生长环境对韭菜中所含黄酮类化合物的含量和种类具有明显影响（刘建涛，2006）。

3. 生理功能

1）抗氧化

研究表明，韭菜籽水提物可提高大鼠血清 SOD 活性，具有抗氧化、防衰老作用。采用 TBAS 试验观察发现，韭菜加热后，其抗氧化活性并未受到明显影响，显示其中的抗氧化成分具有较好的耐热性（刘建涛，2006）。将新鲜韭菜根洗净晒干，加蒸馏水煎熬过滤取汁，研究发现此液汁对利血平诱发的大鼠胃黏膜损伤具有明显保护作用，其作用机理可能与提高胃黏膜 SOD 活性、增强清除氧自由基的能力、减轻脂质过氧化反应有关（刘宏敏等，2011）。通过对不同品种韭菜的白轴和绿叶抗氧化活性进行比较，发现韭菜绿叶通常比白色轴具有更强的抗氧化性能，其中酚类物质和维生素 C 是韭菜中主要的抗氧化活性成分（Bernaert et al.，2012）。

2）抗菌、杀虫作用

韭菜具有温中、行气、散血、解毒、杀虫、杀菌等功效。韭菜茎叶内含芳樟醇、苷类、苦味素及硫化物，这些化合物对霉菌具有杀伤作用。韭菜提取液对大毛霉菌、柑橘青霉菌、立枯丝核菌和胶胞炭疽菌有较强的抑制作用（李昊鹏，2012）。研究表明，韭菜汁的杀虫效果非常明显，对茶蚜的杀虫率可达 100%，对茶小叶蝉的杀虫率可达 80%，对茶介壳虫处理 24 h 的杀虫率达到 100%（刘建涛，2006）。韭菜种子中含有 1 种由三种氨基酸组成的短肽，可抑制革兰氏阳性菌和革兰氏阴性菌的生长，并具有溶血活性（Hong et al.，2015）。

3）护肝降脂作用

有研究者用韭菜提取液治疗酒精性肝损伤模型小鼠和高血脂症模型大鼠，结果表明韭菜粗提液对肝脏具有保护作用，可起辅助护肝作用；对高血脂症模型大鼠可起到辅助降血脂作用（葛丽，2011）。

4）温肾助阳

韭菜及韭菜籽被认为具有温肾助阳的作用。据报道，韭菜籽提取物能够提高去势大鼠阴茎对外部刺激的兴奋性，增强模型动物的耐寒、耐疲劳能力，增加自主活动（王成永，2005）。韭菜具有增加男子精子数和增强精子活力的作用，还能促进性腺分泌激素（何娟，2007）。

5）抗凝血作用

韭菜水萃取醇沉淀后，用醇沉淀上清液和沉淀进行抗凝血活性体外实验，研究结果表明，它们均能抑制血浆凝集，且醇沉上清的抗凝血效果更好（葛丽，2011）。

6）增加微量元素利用

有研究证明，韭菜能促进谷物和豆类植物中铁和锌的利用。有研究者利用未加工（生制品）、已加工（熟制品）的谷类食品和豆制品，给予不同剂量的韭菜处理后，测定其铁和锌的利用率。结果发现，铁和锌的利用率均显著提高（Luo et al.，2014）。

4. 高值化利用现状

1）活性物质的提取制备

（1）黄酮。

韭菜黄酮物质的提取工艺：新鲜韭菜，烘干，粉碎→称取韭菜粉末 6 g，加 80 mL 95%乙醇→超声波提取 2.5 h，抽滤→滤渣再加 80 mL 95%乙醇→超声波提取 2.5 h 抽滤→合并两次滤液→减压回收乙醇至滤液仅剩 25 mL 为止→放至 250 mL 容量瓶中，用 60%乙醇稀释至刻度，得样品液（娄卫东等，2007）。

（2）维生素。

韭菜中类胡萝卜素的提取工艺流程：清洗，榨汁，研磨→称取 10 g，加有机溶剂石油醚：丙酮=1：2（体积比），料液比 1：6，在室温下提取 90 min→离心取上清液，提取液即为类胡萝卜素提取物（洪晶等，2013）。

（3）含硫化合物。

韭菜中挥发油的提取方法为：取适量新鲜韭菜的根茎、叶及花，在 4℃下浸泡 24 h，后经水蒸气蒸馏得到白色乳浊液，再用乙醚反复萃取，萃取液用无水硫酸钠干燥后浓缩，得到浅黄色挥发油（王鸿梅等，2002）。

（4）蛋白质。

韭菜籽中蛋白含量较高，其提取工艺流程为：韭菜籽，烘干，粉碎→超声微波辅助浸提→离心取上清液、过滤→韭菜籽蛋白粗提液，最佳提取条件为 pH 8.0，料液比 47：1，时间为 8 h，蛋白提取率可达 36%（黄锁义等，2007）。

2）产品开发

韭菜酱的制备方法：韭菜→清洗晾干→粉碎→加入食盐、酱油，鸭梨→密封→发酵→灭菌→贮藏。主要技术参数：①韭菜酱的最优发酵条件为：食盐添加量 8%，酱油添加量 10%，鸭梨添加量 8%，发酵温度 15℃，发酵时间 7 d。②韭菜酱最佳灭菌条件为：水浴加热杀菌适宜参数为温度 90℃、时间 20 min；微波杀菌的最佳杀菌时间为 30 s（800 W）。③韭菜酱最佳防腐条件为：山梨酸钾 0.3 g/kg+苯甲酸钠 0.2 g/kg。在上述制备条件下韭菜酱的维生素 C 含量为 1.26 mg/100 g、pH 为 5.48、亚硝酸盐含量为 11.55 mg/kg、感官评分为 90，综合指标达到 27.1，得到的韭菜酱色泽鲜亮呈深绿色、组织均匀细腻、发酵香气扑鼻、酸甜适度（高瑞鹤等，2013）。

5.3.2　大蒜

1. 简介

大蒜俗称大蒜头，别名胡蒜、独蒜等，为广义百合科植物大蒜的鳞茎。大蒜是药食两用的植物，已有数千年的应用历史。大蒜是我国重要的蔬菜作物之一，也是我国出口创汇的主要蔬菜品种。

中医认为大蒜辛辣、性温、能解滞气、暖脾胃、消症积、解毒杀虫、治积滞、腹冷痛、泄泻、痢疾、百日咳等症。现代医学证实，大蒜有非常好的防病治病功效（张柯等，2010；范鑫等，2014）。

2. 生理活性物质

大蒜中的化学成分主要包括挥发油类、氨基酸类、维生素类、多糖类、蒜氨酸及蒜酶类。大蒜药用保健效果与其所含有的成分有密切的关系。大蒜中各成分含量情况见表 5.1。

表 5.1　大蒜营养成分含量（每 100 g 新鲜大蒜）

营养成分	含量	营养成分	含量
水分（g）	70	烟酸（V_{B_3}）（mg）	0.9
蛋白质（g）	4.4	抗坏血酸（V_C）（mg）	3
脂肪（g）	0.2	无机盐（g）	1.3
碳水化合物（g）	23	铁（mg）	0.4
粗纤维（g）	0.7	钙（mg）	5
硫胺素（V_{B_1}）（mg）	0.24	磷（mg）	44
核黄素（V_{B_2}）（mg）	0.03		

1）糖类

大蒜含有丰富的碳水化合物，其含量达 22.26%，占其总干物质含量的 80% 以上。碳水化合物几乎不含有淀粉，主要是果聚糖，为菊多糖类物质（陈雄，2007；Chandrashekar et al.，2011）。大蒜低聚糖约占大蒜总糖质的 3.9%（陈金玲，2013；陈瑞平等，2012）。

2）酚类

大蒜黄酮类物质主要有芹菜定、异鼠李黄素、山柰酚、luteolin、槲皮素（quercetin）和杨梅苷（myricetin）；已报道的酚类物质有 N-阿魏酸基酪氨酸和 N-阿魏酸基酪胺（张鑫等，2014）。

3) 皂苷

大蒜中类固醇皂苷以其糖苷配基的分子结构为基础分为两大类：呋甾皂苷和螺甾皂苷。呋甾皂苷在糖苷配基部分第 26 位处有 1 个 β-葡糖苷单元，很容易地通过酶解反应转变成螺甾皂苷。

4) 有机硒化物

大蒜的有机硒化物包括以硒半胱氨酸为活性中心的硒蛋白和其他形态的含硒化合物，如 Se-甲基-硒半胱氨酸、Se-腺苷-硒半胱氨酸、Se-胱硫醚、γ-谷氨酰胺-Se-甲基-硒半胱氨酸、二烯丙基硒化物、苯甲基（苄基）硒化物、1,4-亚苯基(亚甲基)-硒化物等。

5) 有机硫化物

完整大蒜鳞茎中含有大量的 γ-谷氨酰半胱氨酸类化合物，这类化合物经过水解和氧化，主要生成蒜氨酸等 S-烷基-半胱氨酸硫氧化物。当大蒜被破碎后，蒜氨酸可在蒜氨酸酶的作用下迅速生成大蒜素，大蒜素在室温下极不稳定，迅速降解，生成 30 多种含硫化合物（Block，1985）。按极性可分为脂溶性和水溶性两大类；脂溶性成分以烯丙基硫化物、烷基硫化物、半胱氨酸亚砜为主，水溶性主要成分是 S-烯丙基半胱氨酸、烯丙基巯基半胱氨酸。大蒜素是多种烯丙基有机硫化合物的复合体，主要成分是二烯丙基一硫化物（DAS）、二烯丙基三硫化物（DATS）和二烯丙基二硫化物（DADS）。大蒜素及其他硫代亚黄酸酯不仅是大蒜辛辣味和蒜臭味的来源，并且在室温下很不稳定，易转化为阿霍烯类、乙烯基二硫杂苯类和硫醚类等有机硫化合物（Hirsch，2000）。

蒜氨酸，化学名为 S-烯丙基半胱氨酸亚砜，是大蒜中含量最高的含硫氨基酸，其含量因品种和环境而异。催化有机硫化物生成的主要酶类是蒜氨酸酶，又称蒜氨酸裂解酶，是磷酸吡哆醛依赖酶，亚单位有 448 个氨基酸，分子质量约 51500 u（Block，1985）。蒜酶对温度敏感，有水存在且温度高于 35℃时，酶活力即开始下降。

大蒜辣素，化学名为二丙烯基硫代亚磺酸酯，在完整的大蒜中不存在大蒜辣素，而是在被切开或碾碎后，细胞内含有的蒜氨酸与蒜酶相遇，发生催化裂解反应而产生。大蒜辣素性质不稳定，可进一步分解生成较稳定的二烯丙基二硫化物、二烯丙基硫化物、阿霍烯及少量的三硫二丙烯（即大蒜素）等。

3. 生理功能

1) 抗氧化

蒜氨酸具有很强的抗氧化作用，能明显降低单核细胞和内皮细胞的黏附性，抑制 TNF-α 引起的血管细胞黏附分子 VCAM-1 中 mRNA 和蛋白表达量的增高；抑制细胞超氧阴离子产物的增加和 NADH 氧化酶亚基 NOX4 上调（Park et al.，2008；Lu，2011）；同时抑制激活的 JNK 的活性及细胞线粒体膜电位的衰减，表明蒜氨酸对 TNF-α 介导的炎症损伤和心血管疾病有良好的控制作用。蒜酶和蒜氨酸混合产生的大蒜辣素具有较强的清除氧自由基的作用（Imai，1994）。

2）防治心血管疾病

蒜氨酸与蒜氨酸酶反应后的产物具有良好的降低高脂血小鼠丙二醛水平、提高超氧化物歧化酶 SOD 活性和 HDL-C 水平的作用，并与给药剂量呈正相关性。其降血脂机制可能与阻断脂质过氧化、抑制胆固醇合成途径中的 3-羟基 3-甲戊二酸单酰辅酶 A 还原酶的活性具有密切的关系（Avci et al.，2008；Ashraf et al.，2011）。大蒜辣素能明显降低原发性高血压大鼠的血压水平和血浆中的甘油三酯水平，其分解产物 DADS 能抑制高脂血症大鼠胆固醇的合成，降低血脂胆固醇水平，有助于预防和治疗高血压、高脂血症、高胆固醇血症，从而可进一步预防和治疗由此类病症诱发的冠心病等（Duda et al.，2008；Butt，2009）。大蒜中的皂苷类成分能抑制胆固醇在小肠的吸收，降低胆固醇的血浆水平，而且螺甾皂苷的活性明显优于呋甾皂苷。

3）抗肿瘤

据报道，大蒜的多种脂溶性成分和水溶性成分均具有一定抗肿瘤细胞增殖的效应（Altonsy and Andrews，2011；Antony and Singh，2011）。大蒜有机硫化物抑制肿瘤增殖强弱主要依赖于烯丙基和含硫基团，硫原子数目越多，抑制作用越明显。DADS 能抑制小鼠体内乳腺癌细胞增殖，细胞中的 PCNA 蛋白表达也相对减弱。研究表明大蒜的许多有效成分如 DADS、DATS、阿霍烯和 SAMC 可诱导细胞周期停滞（Sigounas et al.，1997）。细胞增殖核抗原 PCNA 是一种仅在增殖细胞中合成或表达的核内多肽，在细胞中表达较高时，细胞 DNA 可以复制或修复，而表达较低时，细胞则凋亡，因此 PCNA 可以作为反应细胞增殖速度的一个标志。大蒜不同有机硫化物对细胞周期的阻滞是有差异的。观察不同质量浓度的 DAS、DADS 和 DATS 对人肺腺癌细胞 A549 细胞周期的影响时，发现 DAS 对细胞周期无明显阻滞，而 DADS 和 DATS 呈质量浓度依赖性地阻滞细胞于 G2/M 期，在相同质量浓度下，DATS 阻滞程度大于 DADS（Milner，1996）。

4）抑菌

据报道，大蒜液所含的呋甾皂苷对念珠菌生长有抑制活性，螺甾醇皂苷具有明显的抗真菌活性（Luo，2011）。大蒜制剂已被广泛用作防腐和抗菌药，一些医院还采用水蒸气蒸馏法制备大蒜精油及注射液，用于真菌感染的治疗。此外，大蒜还能对如流感病毒、牛痘病毒、口角炎泡状病毒和人类鼻病毒等多种病毒具有抑制作用（吴楠等，2008）。

4. 高值化利用现状

1）活性物质的提取制备

（1）大蒜多糖。

对于大蒜多糖的提取方法主要有水或稀盐、稀碱、稀酸提取，也有用纤维素酶处理、超声处理以加速多糖释放的提取方法。李朝阳（2008）研究了利用热水浸提法从大蒜中提取大蒜多糖，认为采用纤维素酶解可显著提高多糖提取率。提取工艺如下：加酶量 5%，pH 5.0，酶解温度 50℃时，提取 1.5 h，提取率达 20.54%。大蒜多糖具有清除超氧阴离子自由基和羟基自由基的能力。

（2）大蒜油。

大蒜油常用的提取方法有水蒸气蒸馏法、溶剂浸出法、超声波提取、微波辅助提取及先进的超临界 CO_2 萃取法。在此列举超临界 CO_2 萃取法的最佳的萃取条件（许克勇，2005）：萃取压力 15 MPa，萃取温度 40℃，CO_2 流量 3500 g/h；最佳分离条件为分离器 I 压力 8 MPa，温度 35℃，分离器 II 压力 5 MPa，温度 25℃。

2）产品开发

由于大蒜特殊的保健功能，近年来把大蒜的药理作用和食品加工结合起来开发了许多种大蒜食品，如腌制蒜米、脱水蒜片、蒜粉、蒜泥、大蒜脱水制品（主要指蒜片、蒜粉、蒜粒等）、调味蒜泥、蒜汁、大蒜复合营养饮料、大蒜发酵保健饮料及蒜素酒、速冻蒜米等，也有把大蒜作为食品添加剂和质量改进剂如生产大蒜香肠等（郭小宁等，2014）。

（1）大蒜粉。

大蒜粉味道鲜美，浓郁香辣。其制备工艺简单，步骤如下：洗净大蒜，剥开分瓣，去皮衣，放入打浆机中打浆，过滤，离心去水。脱水的湿蒜粉在 50℃烘干约 5 h，趁热用粉碎机粉碎、过筛为成品，包装销售（王超，2012）。

（2）脱水蒜片。

脱水蒜片的加工工艺流程：选料→剥蒜→切片→漂洗→脱水→干制→成品。技术要点：①应选取成熟、完整、清洁、无虫蛀、无霉烂、直径为 4~5 cm 的干燥蒜头作原料；②剥蒜，可以直接干剥，也可以用水浸泡 30 min 后湿剥；③采用切片机将洗净后的大蒜瓣切成片，切出的鲜蒜片厚度要求在 2.2 mm 左右；④将洗净的蒜片置于离心机中脱水，脱水时间为 1 min 左右；⑤一般用烘房进行人工干制。烘前先将甩水后的蒜片进行短时间摊晾，然后装入烘盘，以每平方米烘盘面积摊放蒜片 1.5~2 kg 为宜，烘烤温度控制在 65~70℃，经 6.5~7 h 可烘干，烘干后的蒜片含水量在 5%~6%（和法涛等，2012）。

5.3.3　洋葱

1. 简介

洋葱（A. cepa L.），别名玉葱、葱头、圆葱，系百合科葱属植物，耐寒，喜温，高产耐储运，原产近东和地中海沿岸。洋葱按鳞茎形态可分为普通洋葱、分蘖洋葱和顶球洋葱。洋葱耐寒、喜温、高产、耐储运、供应期长，在中国、印度、美国、日本广为栽培。我国洋葱主产区分布在山东、江苏、安徽、辽宁、河北，此外，云南、四川、甘肃、宁夏、新疆、黑龙江、内蒙古等地也已形成规模化种植。我国洋葱的种植面积达到 90.1 万 hm^2，洋葱的干产量达到 1904.7 万 t（李家运，2014）。

洋葱肥大的肉质鳞茎质地细腻，纤维柔软，风味鲜美，有特殊的芳香味，能增进食欲、帮助消化，具有较高的营养价值和药用价值。洋葱通常以鳞茎入药，具有消炎抑菌、活血化瘀、降脂止泻、防癌抗癌、利尿、降血糖以及预防心血管疾病等功效（弓志青，2014）。

2. 生理活性物质

洋葱营养成分含量见表 5.2。

表 5.2　洋葱营养成分含量（每 100 g 新鲜洋葱）（弓志青等，2014）

营养成分	含量	营养成分	含量
水分（g）	88.3	烟酸（V_{B_3}）（mg）	0.2
蛋白质（g）	1.8	抗坏血酸（V_C）（mg）	20
脂肪（g）	0.1	无机盐（g）	0.8
碳水化合物（g）	8	铁（mg）	1.8
粗纤维（g）	1.1	钙（mg）	40
硫胺素（V_{B_1}）（mg）	0.03	磷（mg）	50
核黄素（V_{B_2}）（mg）	0.02	硒（mg）	236

1）糖类

洋葱多糖是由多个单糖通过糖苷键连接而成的多聚物；从洋葱表皮的水溶液中可分离出木糖、树胶醛糖、半乳糖和葡萄糖等几种多糖（杨建刚等，2014）。

2）黄酮

洋葱中的黄酮类化合物是除了水分以外含量最高的物质，约 756 mg/100 g，存在于鳞茎中。黄酮醇类有山奈酚、槲皮素及它们与葡萄糖组成的单糖苷、二糖苷和多糖苷等多种化合物（李敏等，2013；武宇芳等，2013）。迄今为止，从洋葱中分离出来的黄酮类化合物已经达到 16 种，洋葱黄酮类物质在紫皮洋葱中含量最高，同种洋葱中表皮含量最高（Lee et al.，2008；蒋少华，2014））。

3）含硫化合物

洋葱挥发油包括多种脂肪烃类，主要成分是丙基或者丙烯基二硫化合物（唐远谋等，2012），由细胞液泡中的蒜氨酸酶催化细胞质中的 S-烷基-L-半胱氨酸亚砜（ACSOs）反应形成的脂溶性物质，含硫化合物是洋葱风味物质，主要是单硫化物、二硫化物、三硫化物等，包括硫代亚磺酸酯类、硫代磺酸酯类、硫醚类、硫醇类、以环蒜氨酸为主的噻吩类以及一些其他的含硫化合物（如催泪因子硫代丙烷硫氧化物等），其中 R 基团多为甲基、丙基、丙烯基和烯丙基等（李翔等，2013；石鑫光等，2014）。

4）皂苷

洋葱的甾体皂苷主要有呋甾烷醇、螺甾烷醇与鼠李糖、葡萄糖等组成的单糖苷至多糖苷，可作为合成甾体激素及其相关药物的原料。从洋葱等龙舌兰科植物中分离出的新甾体皂苷，具有抑制 KB 细胞的活性（王文亮等，2013）。

5）含氮化合物

洋葱中的含氮化合物主要有含硫氨基酸，如 S-丙烯基半胱氨酸亚砜（PeCSO）、S-甲基半胱氨酸亚砜、S-丙基半胱氨酸亚砜等，其次是蛋白氨基酸，如苯丙氨酸、甘氨酸、丝氨酸和蛋氨酸等，此外还含有生物碱以及核苷酸等（王文亮等，2013）。

3. 生理功能

1）抗氧化

关于洋葱抗氧化作用的研究报道大部分集中于洋葱中的黄酮类化合物。洋葱中黄酮类化合物由于含有酚羟基结构而具有较强的抗氧化能力（Ly et al.，2005；Lynett et al.，2011）。研究认为洋葱的抗氧化用是由于黄酮类化合物能抑制超氧阴离子的产生；同时认为槲皮素中的 2，3 位双键和 4 位羰基以及 3，5 位羟基对洋葱的抗氧化作用有十分重要的贡献。Shim（2011）报道了洋葱中的槲皮素、葡糖苷和槲皮素二葡糖苷具有很强的抗氧化作用。张强等（2009）的实验表明洋葱黄酮类化合物具有较强的还原力，对超氧阴离子自由基和羟自由基均具有较强的清除能力。洋葱中黄酮苷在微酸性条件下的抗氧化能力比较稳定；洋葱中黄酮苷对光线敏感。洋葱的黄酮含量与抗氧化性能呈现明显的构效关系。黄酮的含量和清除羟基自由基和 DPPH 自由基能力依次为红洋葱、黄洋葱和白洋葱（Shon et al.，2004）。

洋葱油也具有对常见自由基的清除作用以及对羟基自由基引发 DNA 损伤的抑制作用，采用天然抗氧化剂维生素 C 作阳性对照，结果显示洋葱油具有很好的抗氧化作用，其对羟基自由基的清除作用及对羟基自由基引发 DNA 损伤的抑制作用效果明显，与维生素 C 相当，对超氧阴离子、过氧化氢也有一定的清除作用（Dorant et al.，1996）。

洋葱多糖对 DPPH 自由基和 OH·自由基的清除效果较好，具有较强的还原力，且随着浓度的增大抗氧化活性逐渐增强。谢贞建（2011）等对洋葱中抗氧化活性物质进行了研究，结果表明抗氧化活性物质中洋葱多糖的含量达到 94%，洋葱多糖具有清除自由基的能力，可以有效延缓衰老。

2）防治心血管疾病

研究者从洋葱中分离出具有降血糖作用的 S-烯丙基半胱氨酸亚砜（SACS）。洋葱中的 S-甲基半胱氨酸亚砜（SMCS）对四氧嘧啶型糖尿病老鼠有降血糖和降血脂的作用。洋葱等葱属植物中的含硫化合物能调节脂肪代谢，抑制血小板凝聚和抑菌抗癌等生理活性作用（Haidari et al.，2008）。洋葱中的烯丙基二硫醚、甲丙二硫醚和丙硫醇等硫化物具有降血糖、降血脂、溶血纤、抗菌和抗血小板凝聚等方面的治疗作用（Augusti et al.，2001）。洋葱水提取物和醇提取物均具有显著降低胆固醇和甘油三酯的效果。洋葱汁经口给药能明显降低高血脂大鼠血清谷草转氨酶和谷丙转氨酶活性，降低血清总胆固醇、三酰甘油和总脂质浓度（Haidari et al.，2008）。

3）抑菌作用

研究发现，含硫化合物能有效地抑制革兰氏阳性菌和革兰氏阴性菌，洋葱提取物对变形链球菌和远缘链球菌（龋齿的主要致病菌）、普雷沃菌（成人牙周炎的主要致病菌）均有杀灭作用（Kim et al.，2004）。新鲜洋葱汁中挥发性物质具有一定的抑菌作用，这是因为蒜素与半胱氨酸和巯基结合，使其不能正常地与蛋白质结合而抑制细菌的繁殖。葱多肽类成分体外对灰葡萄孢菌和尖孢镰刀菌等霉菌生长也有明显的抑制作用（Saleheen et al.，2004）。

4）抑制血小板凝集

洋葱油中的 1-甲硫酰-甲丙二硫醚能抑制人体内血小板的凝聚。洋葱中含有的丙烯基二硫醚、腺苷和蒜氨酸能抑制胶原蛋白诱发的血小板凝聚和调节花生四烯酸代谢的作用（Shunro，1988）。洋葱的伞形花序中发现具有抗血小板凝聚活性的硫化物，并且通过对比实验证实了伞形花序中硫化物的抗血小板凝聚活性作用要强于其鳞茎中硫化物的抗血小板凝聚活性（Yasujiro，1990）。洋葱原汁通过提高血小板中环腺苷酸的含量来抑制血小板凝聚，并能抑制血小板中由二磷酸腺苷导致的钙离子含量的升高和血栓素的形成，从而达到预防心血管疾病方面的作用（Chen et al.，2000）。

4. 高值化利用现状

1）活性物质的提取制备

（1）黄酮。

在洋葱的根茎中，以其最外层的表皮中槲皮素含量最高，越往里含量越低。洋葱皮中槲皮素的含量应远远高于整个根茎的平均含量，因此，以洋葱皮为原料提取槲皮素及其糖苷等黄酮类化合物是洋葱高值化利用的新途径。洋葱抽提物在美国和欧洲已广泛用于保健食品。洋葱黄酮类化合物的水浸提法是一种传统的方法。水浸提黄酮类物质的最佳条件：90℃，水浸提 40 min，物料比 1∶3，黄酮类物质浸出量最大。黄酮的乙醇提取法最佳工艺条件为乙醇浓度 70%，浸提温度 80℃，料液比 1：20，浸提时间 2 h。在此工艺条件下，洋葱皮黄酮类物质含量可达到 37.16 mg/g（张强，2009）。

（2）洋葱油。

洋葱油是洋葱提取物的总称，洋葱所具有的生理功效绝大部分集中在洋葱油中，主要有抑菌作用，降血糖作用，降血脂、降胆固醇活性，抗氧化等作用。洋葱中提取洋葱油可以用水蒸气蒸馏、溶剂提取、超临界萃取等三种方法（潘晓军等，2010）。为掩盖洋葱的辛辣味，也由于洋葱油量少价贵，故做成粉状微胶囊再供使用。叶春林等（2010）采用超临界 CO_2 法提取了洋葱精油，最优条件为：萃取压力 20 MPa、萃取温度 40℃、萃取时间 240 min、夹带剂用量 15%，洋葱油得率为 0.492%，呈淡黄褐色。

2）产品开发

（1）脱水洋葱片。

脱水洋葱片的生产工艺：洋葱→去皮清洗→甩水→烘干→水分含量测定→包装成品。以洋葱为原料研制脱水洋葱片的加工工艺，当以 60℃进行烘干 7 h，控制水分含量在 5%以下时可以得到质量较好的脱水洋葱片。

（2）洋葱酱。

以洋葱为主要原料制作洋葱酱，保持了洋葱原有的营养物质和风味，延长了保质期，洋葱经过清洗、去皮、去芽、切丁后添加谷氨酸钠或肌苷酸钠等调味料，然后调酸加热、酶解、包装得到成品，实际生产中可以根据实际情况进行工艺优化，并从感官理化和微生物指标方面确定质量标准。制成的洋葱酱可以添加到鱼肉中改善风味，也可以添加到汤、菜中或作为制作风味炸酱面的原料。

（3）洋葱香精。

洋葱中含有的硫醚类化合物达 30 多种，硫醚类化合物是可食用的含硫化合物中种类最多的一种，可用于调配芹菜、葱蒜、韭菜、肉、咖啡、瓜果等食用香精。我国近些年来合成的硫醚类香料也比较多，而利用洋葱获得硫醚类香精是一种天然易得又绿色健康的方式。

5.4　果　菜　类

5.4.1　番茄

1. 简介

番茄（*Lycopersicon esculentum*）别名西红柿、洋柿子，古名六月柿、喜报三元，为茄科（Solanaceae）番茄属（Lycopersicon）植物的果实（中国科学院中国植物志编辑委员会，1978）。原产南美洲，早在 16 世纪墨西哥等地已有番茄栽培，大约在 17 世纪传入我国，目前美国加利福尼亚州的河谷地区、欧洲地中海地区和我国新疆是全球番茄种植和加工的三大基地（刘玉霞，2007）。据不完全统计，2009 年新疆番茄种植面积约为 7.3 万 hm^2，产量位居世界第二（胡洁，2007）。

番茄具特殊风味，营养丰富，含 13 种维生素和 18 种矿物质，素有"金苹果"的美称（胡洁，2007）。同时，番茄含有番茄红素等多种活性成分，对高血压、高血脂、肿瘤、糖尿病等的防治十分有效（Blum et al.，2005）。

2. 生理活性物质

1）酚类

目前已经从番茄中分离、鉴定出 10 多种酚类化合物，其中主要的酚类化合物为绿原酸、对香豆酸、龙胆酸、阿魏酸、咖啡酸、原儿茶酸、芦丁和柚皮素。每 100 g 不同品种番茄中的总酚含量为 489.30～997.45 mg 没食子酸，有显著性差异，说明基因是影响番茄中酚类化合物组成和含量的主要因素。

花青素是紫色番茄中特有的成分，紫色番茄 V118 的花青素主要为牵牛色素 -3-*O*-咖啡酰基-芦丁糖苷-5-*O*-葡萄糖苷（petunidin-3-*O*-caffeoyl-rutinoside-5-*O*-glucoside）、牵牛色素-3-*O*-对香豆酰基-芦丁糖苷-5-*O*-葡萄糖苷［petunidin-3-*O*-(p-coumaryl)-rutinoside-5-*O*-glucoside］和锦葵色素-3-*O*-对香豆酸-芦丁糖苷-5-*O*-葡萄糖苷［malvidin-3-*O*-(p-coumaryl)-rutinoside-5-*O*-glucoside］，用牵牛色素和锦葵色素当量表征其含量，分别为 9.04 mg/100 g DW、50.18 mg/100 g DW 和 13.09 mg/100 g DW（李红艳，2012）。

2）色素

番茄中的色素类物质主要是番茄红素（lycopene）和 β-胡萝卜素，二者均属于类胡萝卜素，另外还含有少量的 α-胡萝卜素、γ-胡萝卜素、δ-胡萝卜素和叶黄素等。番茄红素是最早从番茄中获得的类胡萝卜素，分子式为 $C_{40}H_{56}$，在自然界属于异戊二烯类化合物，又称自然胡萝卜素。天然存在的番茄红素绝大部分是全反式构型（图 5.2），含有 11 个共轭双键和 2 个非共轭双键，其熔点为 174℃，不溶于水，微溶于乙醇和甲醇，溶于氯仿和苯等有机试剂（姜雨等，2008）。

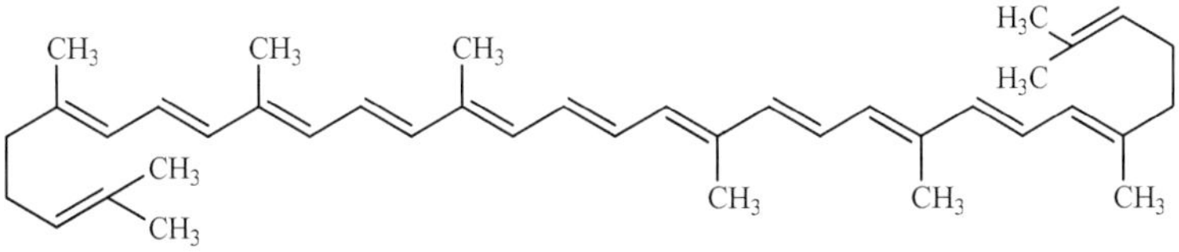

图 5.2 番茄红素化学结构（林泽华和任娇艳，2014）

番茄红素属于世界卫生组织认定的 A 类营养素，在番茄果实中含量为 30～200 μg/g（Nguyen，1999；苏小华等，2013）。番茄中番茄红素的含量因品种而异，并且与生长周期有关，在成熟过程中番茄红素的含量逐渐升高，果实完全成熟时达到最高（李红艳，2012；刘长付等，2013）。

番茄红素在体内的代谢产物目前仅检测到 5,6-二羟基-5,6-二氢番茄红素和 1,5-二羟基-2,6-环氧番茄红素，推测番茄红素可能首先氧化生成环氧化物，然后再被还原生成 5,6-二羟基-5,6-二氢番茄红素（Giovannucci，2002）。

3. 生理功能

1）抗氧化

研究表明，番茄红素的抗氧化活性主要体现在淬灭单线态氧和清除自由基两种形式，前者通过接受不同电子激发态的能量使单线态氧的能量转移到番茄红素，生成基态氧分子和三重态的番茄红素，后者是通过与过氧化氢、二氧化氮等活性氧碎片直接反应从而起到抗氧化作用（罗连响等，2013）。番茄红素猝灭单线态氧的能力分别是 β-胡萝卜素、维生素 E 的 2 倍、100 倍（Rao and Shen，2002）。番茄红素对超氧阴离子、羟基自由基和 Cu^{2+} 引发的血清脂蛋白过氧化自由基等均有强的清除作用（陈丽萍和何书英，2008；赵娟娟，2010）。此外，番茄红素能提高淋巴细胞内过 CAT、GPX、SOD 活性，减缓 DNA 损伤（Srinivasan et al.，2009）。番茄红素能提高大鼠体内 SOD、CAT、总超氧化物歧化酶（total superoxide dismutase，T-SOD）及谷胱甘肽-*S*-转移酶（glutathione *S*-transferase，GST）活性（张成香等，2008；王瑞等，2012）。

2）防治心血管疾病

番茄红素在预防及治疗心血管方面已有大量报道，人体血清番茄红素浓度与脑梗塞、脑出血、冠心病急性发作、缺血性中风具有相关性（Hirvonen et al.，2000；Rissanen et al.，2001）；番茄红素能有效降低家兔血清中 TG、TC、LDL-C 的水平，延缓家兔动脉粥样硬化的发生（覃伟等，2009）；番茄红素可以抑制小鼠神经胶质细胞的活性，对局部脑缺血具有保护作用（Hsiao et al.，2004）；对 34 例高血脂患者进行的干预研究表明，每日服用 18 mg 番茄红素，4 周后患者体内血清 TG 和 TC 显著降低（杨艳晖等，2007）；对高龄维持性血液透析患者进行高浓度番茄红素干预（156 mg/d，持续 8 周），发现番茄红素可提高血清 HDL，降低 LDL/HDL 比值（郑育等，2009）。

3）抗肿瘤

流行病学调查发现，番茄及其制品摄入与胃癌、结肠癌、肺癌等恶性肿瘤病症有一定的负相关关系，摄入大量番茄红素可以降低口腔癌、咽癌、食管癌、胃癌、结肠癌和直肠癌的风险，其中胃癌、结肠癌和直肠癌发生率的下降最为显著

（Franceschi et al.，1994）；其他研究也得出经常摄入番茄酱与肺癌风险降低相关的结论（Darby et al.，2001）。番茄红素具有明显的抗癌、防癌作用，其抗肿瘤活性主要归因于较强的自由基淬灭能力，此外还与其抑制肿瘤细胞增殖、诱导细胞间隙连接通讯等有关（罗连响等，2013）。据报道，来源于 12 种不同品种的番茄提取物在最高浓度（300 μg/mL）时均可抑制 HeLa 和 HepG2 的生长（Choi et al.，2014）；番茄红素可抑制人乳腺癌细胞 MDA-MB-231、雌激素受体阳性乳腺癌细胞 MCF-7 的增殖，其机制均与阻滞细胞周期进程有关（王爱红等，2008；王爱红，2008）。

4）增强免疫力

研究表明，番茄红素预处理可以明显减轻肺癌患者围术期的免疫功能抑制，促进免疫功能恢复（张艳梅等，2011）。此外，番茄红素与枸杞可协同增强小鼠机体的非特异性免疫功能（萧闵等，2010）。

5）护肝

采用 CCl_4 诱导的慢性肝损伤大鼠模型的研究表明，番茄红素能明显降低慢性肝损伤模型大鼠血清中 AST、ALT 的活性，降低肝脏病理损伤程度（杨甲平和齐宝宁，2009）。

6）促进面部健康

研究发现，每日摄入 55 g 番茄酱（其中含有 16 mg 番茄红素）能显著降低女性的皮肤晒伤发生率，表现出皮肤光保护作用（Rizwan et al.，2011）。

7）防治神经退行性疾病

近年来，番茄红素在防治神经退行性疾病方面的研究越来越受到关注。流行病学研究结果显示，长期摄入富含番茄红素的食品能够有效提高老年人的认知能力和记忆功能，预防多种慢性神经退行性疾病的发生或发展（Kuhad et al.，2008）。番茄红素可以通过抑制线粒体凋亡途径，保护三甲基锡对原代培养神经元的损伤（Qu et al.，2011）；通过降低高脂血大鼠模型血清总胆固醇、低密度脂蛋白水平、保护红细胞、减弱海马 CAI 区淀粉前体蛋白表达、下调 bax 表达、上调 bcl-2 表达、维持 bcl-2 与 bax 比值平衡，从而保持海马神经元形态正常，发挥其对脑的保护作用（Zeng et al.，2009）；番茄红素可以显著抑制 6-羟多巴胺引发的黑质多巴胺能神经元的退行性病变（Matteo et al.，2009）。此外，番茄红素还可以抑制 3-硝基丙酸诱导的亨廷顿舞蹈症样症状，抑制 3-硝基丙酸诱导的神经毒性，其机制与维持线粒体正常功能相关（Kumar et al.，2009；Kumar and Kumar，2009；Sandhir et al.，2010）。

8）防治骨质疏松

番茄红素具有抑制破骨细胞骨吸收功能的作用，可防治骨质疏松。流行病学调查表明，加拿大 50～60 岁绝经后的女性血清高番茄红素浓度与骨吸收的标志物

胶原酶 N-端肽（NTX）呈负相关，表明番茄红素对绝经后女性的骨质疏松可能有一定的保护作用（Mackinnon et al.，2011）。番茄红素在体外可以通过抑制 Wistar 大鼠幼鼠破骨细胞产生活性氧族来抑制其骨吸收功能（张鲲等，2008）。体内实验也发现番茄红素能有效减轻去卵巢大鼠骨质的丢失、延缓骨质疏松的发生（裴凌鹏等，2008）。

9）其他

在利用中性粒细胞弹性蛋白酶（human neutrophil elastae，HNE）刺激 HBE16 细胞所构建的气道黏液高分泌模型中，番茄红素通过下调表皮生长因子受体（epidermal growth factor receptor，EGFR）水平对炎性气道上皮细胞黏液高分泌有抑制作用（邓玥和张婷，2014）。此外，番茄红素能够抑制视网膜黄斑变性，从而起到保护视力的作用（曾瑶池和胡敏予，2009）。

4. 高值化利用现状

1）活性物质的制备

（1）酚类。

研究表明，以铁离子还原/抗氧化能力（FRAP）为优化指标的番茄酚类化合物提取条件为：微波温度 96.5℃，提取时间 2.06 min，乙醇浓度 66.2%；已氧自由基清除能力（ORAC）为优化指标的番茄酚类化合物的提取条件为：微波温度 96.5℃，提取时间 1.66 min，乙醇浓度 61.1%（李红艳，2012）。

（2）番茄红素。

番茄红素的提取方法主要有：①有机溶剂萃取法：常用的提取剂有正己烷、乙醇、丙酮、石油醚、乙酸乙酯等，如采用乳酸乙酯和 α-生育酚的混合液作为提取溶剂，在 60℃下提取 4 h，番茄红素得率为 2.4 mg/g（Ishida et al.，2009）；②酶解辅助萃取法：常用的酶有纤维素酶、果胶酶、半纤维素酶、胃蛋白酶等，如番茄渣番茄红素最优提取工艺参数为液料比（mL/g）为 60：1，温度 30℃，萃取时间 3.18 h，果胶酶和纤维素酶体积比为 1：1，酶与原料质量比为 16%，得到提取率为 67.87%（Zuorro et al.，2011）；③超声波辅助法：提取溶剂为丙酮，超声波输出功率 120 W，料液比 1：3，提取温度 40℃，提取时间 20 min，3 级提取（梁慧星等，2010）；④微波辅助法：提取溶剂为乙酸乙酯，360 W 微波功率下照射 12 s，50℃浸 1 h，提取 2 次，将 2 次提取液合旋蒸除去溶剂，用无水乙醇洗涤、离心、干燥（吴菁和史利斌，2011）；⑤超临界 CO_2 萃取法：提取温度 90℃，超临界 CO_2 压强为 40 MPa，提取时间 180 min（Machmudah et al.，2012）；⑥离子液体萃取法：萃取溶剂为 1-丁基-3-甲基咪唑四氟硼酸盐，离子液体浓度：$V_{乙醇}/V_{1-丁基-3-甲基咪唑四氟硼酸盐}=3$，料液比 15：1（g/mL），超声波功率 380 W，温度为 40℃，萃取时间 10 min（崔萌等，2012）；⑦超高压辅助萃取法：高静水压辅助提取番茄渣中的番茄红素的最佳工艺参数为：静压力 500 MPa，保压时间 1 min，提取剂为 75%乙醇，固液比（g/mL）1∶6（Xi，2006）。

2）产品开发

（1）番茄醋。

番茄醋的发酵工艺流程：番茄→洗涤破碎→加热→成分调整→加入活性干酵母，酒精发酵→加入醋酸菌，醋酸发酵→番茄醋。具体工艺参数：①在榨取的番茄汁中加入 0.02%果胶酶于 45℃条件下对其进行液化处理 60 min；②酒精发酵的最佳工艺参数为发酵温度 26℃，pH 4.6，接种量 0.04%；③醋酸发酵的最佳工艺参数为发酵温度 30℃，装瓶量为 40%，接种量 10%。通过上述加工工艺得到的果醋产品色泽为淡红色，具有成熟番茄香气，酸爽柔和，微甘不涩（朱海春等，2012）。

（2）番茄汁。

番茄汁的生产工艺流程为：番茄预处理→打浆→85℃、30 s 热破碎→冷却→调 pH→添加纤维素酶→酶解→85℃灭酶→过滤→番茄汁。具体工艺参数为：纤维素酶添加量 0.08%，酶解时间 79 min，酶解 pH 4.0，酶解温度 54℃，此时番茄出汁率为 90.08%（颜丽等，2014）。

（3）番茄酱。

番茄酱的加工工艺流程：番茄原料→清洗、热烫→打浆→加热软化→皮籽分离→浓缩→杀菌→检验→成品。具体工艺参数：①在沸水中热烫 2～3 min，使果肉软化；②浓缩至固形物含量 22%～24%；③瞬时高温杀菌（106～110℃，3.0～3.5 min），再用冷却水降温；④罐装温度为 92～96℃，袋口杀菌温度为 92～96℃（侯慧波，2010）。

5.4.2　南瓜

1. 简介

南瓜（*Cucurbita moschata*）又称番瓜、番南瓜、倭瓜、北瓜等，属于葫芦科南瓜属中 1 年生草本植物的果实。根据产地可将南瓜分为中国南瓜（*C. moschata. Duch*）、印度南瓜（*C. maxima.Duch*）和美洲南瓜（*C. pepo.L*）三大类（熊玲等，2013）。南瓜色泽有橘黄色和青色两种，外形呈扁圆或不规则葫芦形状。南瓜最早起源于美洲大陆，我国自明初引入，目前在大江南北均有栽种，尤其以华北、东北、西北、华中、西南等地区分布最广。我国南瓜栽培面积居世界第二，年产量约 180 万 t，占世界总产量的 30%（田秀红等，2009）。

南瓜不仅有较高的食用价值，而且有着不可忽视的食疗作用，据《滇南本草》中记载："南瓜性温、味甘无毒，入脾、胃二经，能润肺益气、化痰排脓、驱虫解毒，治咳嗽、哮喘、肺痈、便秘等症"。研究表明，南瓜富含南瓜多糖、戊聚糖、生物碱、南瓜子碱、葫芦巴碱、果胶、甘露醇、氨基酸、维生素、矿物质等多种生理活性物质和营养成分（张芳等，2000）。有助于降血脂、降血压、降血糖及防治肿瘤等疾病（朱小兰和黄金华，2007；殷强等，2011）。

2. 生理活性物质

1）糖类

南瓜中的糖类主要包括戊聚糖、南瓜多糖以及纤维素、半纤维素和果胶等膳食纤维，其中南瓜果胶含量为 1.14%～2.03%（丁云花，1998）。南瓜多糖是一种酸性杂多糖，由葡萄糖、半乳糖、阿拉伯糖及鼠李糖组成，平均相对分子质量为16 000，不含淀粉，几乎不含核酸和蛋白质，存在呋喃环和吡喃环，以 A 型糖苷键相连接，溶于水，不溶于高浓度的乙醇、丙酮、乙酸乙酯等有机溶剂（孔庆胜和蒋滢，2000；张拥军等，2004）。

2）维生素

南瓜果实中的维生素极为丰富，包括维生素 B、维生素 E、维生素 C 和胡萝卜素等，其中维生素 C 的含量可达 21.8 mg，而胡萝卜素含量通常可达 1.1～1.2 mg（王薇等，2005）。

3）脂类

南瓜瓜囊的脂肪含量很低，属于低脂食品，但其种子中富含棕榈酸、硬脂酸、油酸和亚油酸等脂肪酸，其中亚油酸含量达到 43.0%～64.0%（David et al.，2007），种子的脂肪酸含量、比例因品种而异（Mi et al.，2012）。

4）蛋白质

虽然南瓜属于蔬菜作物，但蛋白质含量却比较高，尤其是印度南瓜，蛋白质含量可达 1.9%（刘洋等，2007）。南瓜含有人体所需的 17 种氨基酸，赖氨酸、组氨酸、亮氨酸、异亮氨酸、苯丙氨酸、苏氨酸等必需氨基酸含量较高（贺小琼等，1999）。

3. 生理功能

1）抗肿瘤

南瓜瓜囊中可提取出一种分子质量约为 27 kD 的 I 型核糖体失活蛋白，可抑制胰腺癌 SW1990 细胞的生长，且这种抑制效应具有时间和剂量依赖性，可能是通过上调 caspase-3 蛋白的表达诱导胰腺癌细胞凋亡实现的（殷强等，2011）。而许春森等（2012）对胰腺癌 PANC-1 细胞的研究得出类似的结果，不同的是该南瓜蛋白可能通过诱导 G_0/G_1 周期阻滞和细胞凋亡抑制 PANC-1 细胞。

2）防治糖尿病

南瓜中降低血糖的活性物质主要有多糖、蛋白及脂肪酸成分。朱小兰等（2007）

发现不论是禁食后还是自由进食后，南瓜多糖都能显著降低 Wistar 糖尿病大鼠的血糖值，抑制胰岛细胞分泌胰高血糖素。蔡同一等（2003）报道发芽后的南瓜种籽蛋白具有显著的降血糖作用，这与发芽后南瓜种籽中精氨酸增加了 2.5%有关。此外，南瓜籽油可以改善糖尿病大鼠的糖耐量（李全宏，2003）。

3）提高免疫力

研究表明，灌胃南瓜多糖（4 mg/d，7 d）的 H_{22} 荷瘤小鼠红细胞免疫吸附肿瘤细胞的能力明显高于肿瘤空白对照组，说明南瓜多糖具有激活补体的作用，并能增强红细胞对肿瘤细胞的免疫吸附（王传栋等，2012）。

4. 高值化利用现状

1）活性物质的提取制备

南瓜多糖提取方法有水提醇沉法、碱液提取法、超声波提取法、微波辅助提取法等，微波协同酶法来提取南瓜多糖的最佳工艺条件为微波时间 3 min、微波功率 500 W、微波温度 60℃、料液比 1∶30（g/mL），在此条件下多糖提取率为 11.90%（赵玉和徐雅琴，2009）。

2）产品开发

（1）南瓜啤酒。

以大麦芽和南瓜为原材料，生产南瓜啤酒的工艺流程：南瓜→清洗→剖切去籽→软化→打浆→果胶酶处理→细磨→过滤→南瓜汁。主要技术参数：①在啤酒发酵时加入南瓜汁，添加量为 2%～3%；②麦汁冷却温度为（8±0.5）℃，麦汁充氧量 8～10ppm，满罐时间≤12 h；③主发酵温度、还原双乙酰温度分别为 9℃、12℃；④当双乙酰含量≤0.06 mg/L 时，逐渐降至 6℃，恒温恒压 24 h，排酵母；⑤再逐渐降温至−1℃左右，进行低温储存，储酒 7 d 后滤酒。得到的产品有明显的酒花香味和清新的南瓜风味，并最大限度地保留了南瓜所含的营养物质（崔进梅和任永新，2009）。

（2）南瓜籽油。

以南瓜籽为原料，以溶剂浸提法制备南瓜籽油的工艺流程为：南瓜籽→干燥→研碎→旋转蒸发瓶中提取→混合物→抽滤→回收溶剂→油脂。主要技术参数：提取温度 55℃，时间 3 h，料液比 1∶10，在上述工艺条件下南瓜籽油提取率可达 93.4%（朱英莲，2015）。

（3）南瓜粉。

南瓜粉是南瓜系列保健食品中的主要产品，一般工艺流程为：选料→整理→清洗→消毒→切半去籽→预煮→打浆→均质→真空浓缩→喷雾干燥→成品。主要技术参数：①南瓜去皮、切片；②放入 92～95℃的锅中预煮，加热 25～30 min；③放入打浆机打成浆液；④预热后，在 18～25 MPa 高压下均质；⑤采用真空浓缩方式将固形物质量分数降至 40%；⑥利用喷雾干燥机进行喷雾干燥（杨旭星和张小燕，2007）。

5.4.3　冬瓜

1. 简介

冬瓜 [*Benincasa hispida*（Thunb.）Cogn.]，又名白瓜、东瓜、枕瓜、水芝和地芒等，是葫芦科 1 年生蔓性草本植物的果实，按皮色可分为白皮冬瓜和青皮冬瓜，多为长圆筒形或短圆筒形。冬瓜原产印度和中国南部，现广泛分布于亚洲的热带、亚热带及温带地区，在我国主要栽培地有广东、广西、湖南、福建、江苏、浙江、四川、湖北、安徽、河南、河北等省，种植面积在 20 万 hm^2 以上（伍玉菡，2013）。

冬瓜皮厚肉嫩，疏松多汁，营养物质丰富，备受人们喜爱。此外，冬瓜的药用价值也很高，《神农本草经》提到："冬瓜性微寒，味甘淡无毒，入肺、大小肠、膀胱三经。能清肺热化痰、清胃热除烦止渴，甘淡渗痢，去湿解暑，能利小便，消除水肿之功效"，《别录》《开宝本草》《本草纲目》中也有关于冬瓜药用的记载（康孟利等，2009）。现代医学研究表明，冬瓜主要功效有护肾、抗溃疡等（秦春梅，2014）。

2. 生理活性物质

1）糖类

对冬瓜果肉中的多糖成分进行红外光谱分析结果显示，该多糖具有 β-D-吡喃糖苷键，凝胶渗透色谱法测得其相对分子质量约为 22 800，薄层层析分析表明冬瓜多糖是由半乳糖、葡萄糖、甘露糖、阿拉伯糖、木糖和鼠李糖这 6 种单糖组成的（梅新娅，2013）。

2）脂类

脂肪酸组分主要存在于冬瓜籽中，主要有亚油酸、硬脂酸、花生酸等 18 种脂肪酸化合物，其中不饱和脂肪酸含量高达 85.88%，而在不饱和脂肪酸中亚油酸含量最高，为 80.91%（王维，2014）。

3）蛋白质

冬瓜果肉中含有 17 种游离氨基酸，其中包括 2-氨基-3-氰基丙酸、丁氨酸和 2-氨基-4-烯己酸等 3 种非蛋白质氨基酸（彭建和和相秉仁，1995）。通过比较 Kundur 冬瓜不同部位中的蛋白质、氨基酸组分及含量发现，冬瓜种子中总蛋白及氨基酸含量很高，分别为 5714.02 mg/100 g、264.37 mg/100 g，而果肉中总蛋白及氨基酸含量较低，分别为 216.40 mg/100 g、92.55 mg/100 g；必需氨基酸和非必需氨基酸都很丰富，其中 γ-氨基丁酸的含量在 2.14～10.29 mg/100 g（Mingyu，1995）。

4）甾醇

甾醇主要存在于冬瓜籽中，经 GC-MS 分析可知冬瓜中不同结构的植物甾醇共 8 种，包括菜油甾醇、豆甾醇、豆甾-7, 25-二烯醇、β-谷甾醇、豆甾-7, 16-二烯醇、豆甾-7-烯醇、24-亚甲基环木菠萝烷醇、isomultiflorenone（王维，2014）。

3. 生理功能

1）抗氧化

据报道，冬瓜皮的石油醚、乙酸乙酯、正丁醇、氯仿和水提取物等均有很好的抗氧化能力，其中以乙酸乙酯萃取物抗氧化活性最强，甚至优于人工合成的抗氧化剂 BHT，是一种很好的天然抗氧化剂（康如龙等，2013）。

2）治疗慢性肾功能衰竭

冬瓜皮炭是以中药材冬瓜皮研制成的口服吸附剂，其对腺嘌呤诱导的 Wistar 雄性大鼠慢性肾衰模型的治疗效果研究发现，给予冬瓜皮炭后大鼠血清内组肌酐、尿素氮、尿酸值明显降低，说明冬瓜皮炭无论在降低氮质代谢产物、纠正酸中毒还是肾脏病理方面，均有治疗作用（王一硕等，2014）。

3）抑制血管增生

研究表明，冬瓜籽提取物可以抑制成纤维细胞生长因子（Basic fibroblast growth factor，bFGF）引起的血管内皮细胞增殖（Lee et al.，2005）。

4）抑制溃疡

在利用夏冬瓜的正丁醇相提取物和水相提取物抑制乙酰水杨酸所致的小鼠实验性胃溃疡的研究中，发现口服不同剂量［0.2～5 g/（kg·d）］提取物的小鼠，溃疡的发生率明显降低了，病理切片结果表明这些提取物可以保护胃黏膜上皮细胞并抑制溃疡发生（夏明和阮叶萍，2005）。

5）抑制前列腺增生

研究表明，冬瓜籽油可以抑制 5α-还原酶活性，降低睾酮诱导的前列腺增生小鼠前列腺/体重比率，说明冬瓜籽油对前列腺增生具有抑制效果（Nandecha et al.，2010）。

4. 开发利用现状

1）活性物质的提取制备

（1）糖类。

对于冬瓜果肉的多糖成分，可依次经过热水浸提、乙醇沉淀、盐酸脱蛋白和柱层析等步骤进行提取、纯化。冬瓜皮多糖的最佳提取条件为：冬瓜皮加 10 倍量水提取 2 次，每次 2 h，提取液合并浓缩至密度 1.05 g/cm³，加乙醇至 80%，沉淀静置 8 h（王新琪等，2010）。

（2）脂类。

通过比较回流提取法、索氏提取法、超声波提取法对冬瓜籽油脂的提取效果，可得出索氏提取法较好，其工艺参数在液料比 12：1、提取时间 2 h、提取温度 80℃ 时，冬瓜籽油的得率可达 16%（王维，2014）。

（3）甾醇。

采用皂化法提取冬瓜籽油中甾醇的工艺条件为：液料比 8：1、提取时间 3 h、提取温度 82℃、皂化液浓度 2.5 mol/L、皂化时间 1 h、皂化温度 94℃，在此工艺下冬瓜籽油中植物甾醇的得率为 608.8 μg/g，纯度为 96.9%（王维，2014）。

2）产品开发

（1）冬瓜醋。

冬瓜醋的最佳工艺条件为：在糖度为 12% 的冬瓜浆液中接入 3% 的活化酵母菌，28℃下发酵 8 d，接入 10% 的醋酸菌后在 34℃ 发酵 4 d，所制得的冬瓜醋不仅酸味柔和，且有浓郁醋香和冬瓜香（杨胜敖和石志红，2010）。

（2）复合果汁。

以杨桃、冬瓜为主要原料，制备杨桃冬瓜复合饮料的工艺流程为：选料→清洗→去皮切片→热烫→打浆榨汁→过滤→杨桃汁和冬瓜汁→加入白糖、柠檬酸、纯净水→加热杀菌→冷却→成品，最佳配方为：杨桃与冬瓜比为 30%：20%，白糖 12%，柠檬酸 0.08%（胡小军和谢红梅，2009）。

（3）冬瓜汁乳酸饮料。

以冬瓜汁和黄瓜为主要原料，生产冬瓜、黄瓜复合酸乳饮料的发酵工艺为：冬瓜汁和黄瓜汁配比 3：1、加糖量 4%、初始 pH 6.0、接种量 9%、发酵温度 42℃、发酵时间 48 h。最佳调配方案为：白砂糖 10%、柠檬酸 0.10%，最佳稳定剂组合为 0.05% CMC Na+0.05% 黄原胶（刘进杰等，2008）。

冬瓜、香菇复合酸乳饮料的发酵工艺最优参数为蔗糖用量 7%，冬瓜汁与香菇提取液的质量比为 2：3，其添加量 25%，稳定剂添加量 0.2%，发酵温度 42℃，接种量为 5%，发酵时间为 4.5 h，产品经调酸后 pH 为 4.25（张邦建等，2011）。

（4）冬瓜脯。

低糖冬瓜脯的微波法加工流程：原料选择→清洗→刨皮→去瓤籽→冲洗→切分→硬化漂洗→热烫漂洗→微波浸糖→浸胶干燥→整形→包装→成品。操作要点有：①选用皮薄、肉厚、大小为每个 5 kg 以上的青皮冬瓜；②清洗、去皮，切分成 0.6 cm×0.8 cm×5 cm 的条状；③冬瓜条浸泡在 0.1% 的氯化钙溶液和 1% 的氯化钠溶液，硬化处理 10 h 左右，漂洗 2～3 次；④热烫漂洗 6 min；⑤用含蔗糖、高麦芽糖浆、葡萄糖、甜蜜素、柠檬酸的糖液浸润冬瓜汤，在强微波下处理 20 min、静置 15 min，再用强微波处理 10 min、静置 15 min，重复 2 次。产品有透明感，酸甜可口（冯文婷，2007）。

5.4.4　菜豆

1. 简介

菜豆（*Phaseolus vulgaris* Linn.）为豆科菜豆属中的栽培种，别名四季豆、芸豆、玉豆等，通常，菜豆主要食用其干种籽，但也可以食用其绿色的嫩豆荚及其中的种子。菜豆起源于美洲中部和南部，现在中国各地区均有广泛栽培，尤其是东北地区。

菜豆是公认的优质蛋白质来源，是谷物的 2～3 倍。其干物质含量高，其中含有大量的淀粉、膳食纤维、矿物质和维生素，此外，菜豆还含有各种丰富的植物化学物质，抗氧化活性和广泛的黄酮类化合物如类黄酮、花青素、原花青素、黄酮醇、酚酸和大豆异黄酮（Reynoso et al.，2006）。菜豆的应用与许多生理和健康功效相关，如预防心血管疾病、肥胖、糖尿病和癌症（Iqbal et al.，2006）。

2. 生理活性物质

1）糖类

碳水化合物是各种豆子的主要成分，占干物质含量的 50%～60%。淀粉和非淀粉多糖构成了这些碳水化合物的主要成分，直链淀粉和支链淀粉是菜豆食品中的主要淀粉形式。直链淀粉是一个线性分子，相对分子质量在 70 000～200 000，支链淀粉由 $\alpha(1{\rightarrow}4)$-D-葡萄糖苷键相连的长主链及短链以 $\alpha(1{\rightarrow}6)$-D-葡萄糖苷键相连构成，相对分子质量 $2{\times}10^7$。菜豆淀粉可由不同的酶如 α-淀粉酶和 β-淀粉酶降解为葡萄糖和低聚糊精，依据其对淀粉酶的敏感性、葡萄糖释放速度及在消化道的吸收速度不同，淀粉可分为缓慢消化淀粉（SDS）、快速消化淀粉（RDS）、不可消化的淀粉（NDS）和抗性淀粉（RS）。菜豆淀粉的可消化性低于谷物淀粉，经 6 h 的体外消化后，菜豆淀粉的水解程度在 26%～35%。

菜豆抗性淀粉发酵产生乙酸、丁酸和丙酸，其浓度和分布取决于微生物以及在小肠中碳水化合物的含量（Bello and Paredes，2009）。基于抗性淀粉的性质，可以分为三类：抗性淀粉 1（RS1）：即物理包埋淀粉，指那些因细胞壁的屏障作用或蛋白质的隔离作用而不能被淀粉酶接近的淀粉。如部分研磨的谷物和菜豆中，一些淀粉被裹在细胞壁里，在水中不能充分膨胀和分散，不能被淀粉酶接近，因此不能被消化。但是在加工和咀嚼之后，往往变得可以消化。抗性淀粉 2（RS2）指那些天然具有抗消化性的淀粉，其抗酶解的原因是具有致密的结构和部分结晶结构，其抗性随着糊化完成而消失。抗性淀粉 3（RS3）：回生淀粉，指糊化后在冷却或储存过程中结晶而难以被淀粉酶分解的淀粉，也称为老化淀粉。它是抗性淀粉的重要成分，通过食品加工引起淀粉化学结构、聚合度和晶体构象等方面的变化形成，因而也是重要的一类抗性淀粉。回生淀粉是膳食中抗性淀粉的主要成分，这类淀粉即使经加热处理，也难以被淀粉酶类消化。

菜豆淀粉的可消化性低于谷物淀粉。比较 4 种菜豆和玉米淀粉的体外消化情况发现，经 6 h 的体外消化后，菜豆淀粉的水解程度在 26%～35%，而玉米淀粉水解度在 70%左右（Hoover and Sosulski，1985）。小麦、玉米、大米和黑豆淀粉经体外消化 3 h 后，其水解度分别为 75.2%、74.4%、75.5%和 49.5%（Socorro et al.，1989）。

菜豆还含有大量的膳食纤维，包括植物食用部分的类碳水化合物如纤维素、半纤维素、果胶、低聚糖和木质素，它们抵抗在小肠消化吸收，但可完全或部分在大肠内发酵（Costa et al.，2006）。不溶性纤维包括纤维素、半纤维素和木质素，主要提高物料通过消化系统的运动速度，而可溶性组分主要为寡糖、葡聚糖和半乳甘露聚糖等，它们可帮助降低血液胆固醇和进行血糖水平调节。菜豆中存在的这些膳食纤维有助于在消化过程中缓慢释放碳水化合物，从而有利于一些慢性疾病的控制（Tovar et al.，1992）。

2）酚类

豆类食品中的酚类化合物可包括黄酮类化合物如黄酮醇、花青素、原花青素、单宁、糖苷以及酚酸类。酚类化合物主要存在于种皮，子叶可能含有少量这类成分。酚的遗传和环境因素，决定了种皮颜色，通过原花青素、黄酮醇苷和花色素等成分的组成多样化和可变性来实现（Akond et al.，2011）。

花青素主要存在于黑豆或蓝紫色豆类中，而原花青素则在多种菜豆中都存在（Aparicio et al.，2005）。不同菜豆品种的比较结果表明，花豆主要含有山奈酚及其 3-糖苷；暗红色芸豆含有山奈酚和槲皮素；黑豆含有 3-糖苷-二甲花翠素、矮牵牛色素和飞燕草素；而红芸豆含少量槲皮素 3-葡萄糖苷；紫豆中含有飞燕草素、锦葵色素等花色苷类，芸豆中发现了花色苷、单宁及黄酮醇等酚类物质（Guzman et al.，1996；Granito et al.，2008）。此外，从斑豆中发现了异构型原花青素，从黑豆皮中发现了花色苷、黄酮醇单体及黄酮醇低聚体（Beninger and Hosfield，2003）。

3）脂类

菜豆脂肪含量约为 2%，为外源性不饱和脂肪酸，以磷脂和三甘油酯居多；也存在少量的甘油二酯、甾醇酯和烃类；这些脂类也以卵磷脂、磷脂酰乙醇胺或磷脂酰肌醇的形式存在。常见的菜豆类是不饱和脂肪酸的重要来源，主要包括棕榈酸、油酸和亚油酸，占总脂肪的 61%；亚麻酸是其主要的不饱和脂肪酸，占总脂肪的 43.1%（Grela and Gunter，1995）。

4）蛋白质

菜豆的蛋白质含量可高达 20%～30%，与肉类相近。球蛋白和白蛋白构成干豆中蛋白的主要蛋白质组分，而醇溶蛋白、谷蛋白作为次要组分的存在。相对于其他豆类蛋白质（含 7%～15%谷蛋白），菜豆含有大量的谷蛋白（20%～30%）。

球蛋白是菜豆蛋白构成的主要组成部分，占 50%～70%总蛋白，按沉降系数可以分为 7S 和 11S 两种（Deshpande and Nlsen，1987；Deshpande and Damodaran，1989）。7S 和 11S 蛋白的性质是低聚物，7S 蛋白表现出依赖离子强度和 pH 的解离聚合平衡性质，而 11S 蛋白不易解离，除非在非常低的离子强度和 pH 下。7S 组分也被称为菜豆蛋白，50%的种子氮含量来源于它，而 11S 球蛋白只占氮含量的 10%。醇溶蛋白和游离氨基酸等含氮组分对整个氮含量的贡献率分别为 2%～4%和 5%～9%。菜豆蛋白是一种糖蛋白，主要含有中性糖及甘露糖，表现出 pH 依赖性解离行为，在四聚体、单体和分子的多肽等形式间发生聚合解离转化。菜豆蛋白低聚性质显示了三个多肽亚基-α, β 和 γ，分子质量为 43～53 kDa。这些多肽的氨基酸序列、分子质量、等电点和糖基化程度均有所不同。菜豆蛋白含有大量的必需氨基酸，包括谷物中缺乏的赖氨酸。因此，菜豆和谷类蛋白质具有必需氨基酸营养互补作用，谷物和豆类组合膳食可以缓解不足，确保均衡的饮食摄入（Marquez and Lajolo，1981；Butt and Batool，2010）。

不同的蛋白质的结构特性影响其消化率，如 7S 和 11S 独有的高 β 片状结构可能造成蛋白水解酶不易接近底物，从而造成消化率下降。同样，在蛋白质中的其他成分如碳水化合物（糖蛋白）也会阻碍蛋白质的水解。此外，在相对湿度高的条件下贮藏菜豆，也会使蛋白消化率降低，减少氨基酸生物利用率（Sai et al.，2009）。

天然菜豆蛋白在体内和体外都不易消化水解。菜豆蛋白对于蛋白水解酶的低敏感性是由于其糖基化以及它的刚性紧凑的 β 片层结构，同时，菜豆蛋白的疏水特性也阻碍了蛋白酶的接近。生菜豆蛋白最内部的部分对蛋白水解酶更敏感，因此会导致消化后产生一些 22～33 kDa 的不可消化片段（Tang and Sun，2011）。天然菜豆中的醇溶蛋白及谷蛋白组分也具有较低的消化率，其范围为 26%～42%。醇溶蛋白的低消化率主要是由于其含有较多的二硫键及较高的糖含量（12%）。

热处理或高温引起蛋白质结构的变化，从而可以灭活抗营养因子，提高了菜豆蛋白质的消化性和生物价值。菜豆热处理可以增加其 82%的体外消化率和 90%的体内消化率。热处理主要是改变了四级和三级结构，而二级结构不变，这导致其亲水性表面增加 7～9 倍而易于水解。热处理对不同类型蛋白的影响是不同的，有研究比较了热处理对不同类型的 43 种菜豆蛋白的蛋白消化率的影响，发现其消化率的增加范围在 56%～96%。热处理也增加了白蛋白组分的消化率。菜豆白蛋白热处理后的消化率从 13%提高到 18%。热处理对菜豆谷蛋白的影响不明显。菜豆的球蛋白和 11S 组分，只有 α-多肽有一定程度的降解，β-多肽经过热处理也没有变化（Momma，2006）。

3. 生理功能

1）抗氧化

有研究报道了菜豆黄酮的体内和体外抗氧化活性，采用不同的方法评价了菜豆的抗氧化性。Tsuda 等（1994）采用亚油酸体系在不同 pH 条件下测定了黑色和红色的菜豆的三氟乙酸-乙醇提取物的抗氧化活性，发现矢车菊素 3-O-葡萄糖苷提取物在中性条件表现出较强的抗氧化活性，而飞燕草素葡糖苷和天竺葵素糖苷在酸性条件下表现出很强的抗氧化活性，说明抗氧化活性与结构密切相关。

Beninger 和 Hosfield（2003）利用脂质体荧光法评价了来源于各种有色菜豆基因型的花色苷、槲皮素苷和原花青素的抗氧化性，在所有基因型均观察到了较高的抗氧化活性。在另一项研究中，利用 ORAC 法测定 100 余种常见的食物及蔬菜的抗氧化活性，发现彩色豆类如红豆、黑豆等都表现出较高的抗氧化活性（Wu et al.，2004）。菜豆在较低的温度和湿度条件下存储可以保留它们的抗氧化活性，而热处理和发酵会使菜豆的抗氧化活性降低（Cardador et al.，2002）。

2）防治心血管疾病

饮食中食用菜豆被认为无论对于健康人还是代谢综合征人群均有益处，菜豆可以降低后者的血清总胆固醇和低密度脂蛋白胆固醇（Winham et al.，2007）。

菜豆中抗性淀粉和膳食纤维组分主要负责控制代谢综合征，这主要通过延迟葡萄糖的能量转化，改变脂肪的利用，增加饱腹感，控制食欲，从而降低心血管疾病的风险。纤维以及抗性淀粉在大肠内发酵生成特定的以丙酸为主导的短链脂肪酸（SCFA），从而改变人体代谢，降低血清胆固醇（Anderson et al.，2002；Park et al.，2004）。膳食纤维降胆固醇的作用被归因于其可以抑制肠道吸收中性胆固醇和胆汁酸，限制类固醇的分泌（Moundras et al.，1997）。菜豆还具有降胆固醇的作用，通过规律性地摄入豆类，可以使植物蛋白替代动物蛋白以减少人对动物蛋白的依赖（Marcello，2006）。除此之外，豆类 α-淀粉酶抑制剂有减肥作用，α-淀粉酶抑制剂抑制淀粉消化，限制其能量提供，导致动用身体的脂肪储备（Obiro et al.，2008）。

3）抗肿瘤

有流行病学研究表明，摄入豆类可降低结肠癌、乳腺癌、前列腺癌的发病率（Thompson et al.，2009）。大豆的抗癌活性与其含有的抗性淀粉、可溶性和不溶性膳食纤维、酚类以及其他微量成分如植酸、蛋白酶抑制剂和皂苷均密切相关。菜豆抗性淀粉促进短链脂肪酸的发酵生产，短链脂肪酸主要是丁酸可以抑制多数远端结肠肿瘤发展，丁酸已报道可以诱导结肠癌细胞系凋亡及生长停滞；菜豆中含有的酚类也有抗氧化、抗突变和抗肿瘤的作用，这些化合物具有抑制致突变剂（亚硝胺、烃和多环芳烃及霉菌毒素）的能力，可以抑制活化酶，促进解毒酶以及调节诱变剂代谢；干菜豆类含有的植酸也可以预防结肠癌；菜豆含有的皂苷具有抑制在结肠隐窝异常病灶生长的作用；豆类蛋白酶抑制剂，特别是胰凝乳蛋白酶抑制剂，也被报道有抑制癌症的作用（Archer et al.，1998）。

4）防治糖尿病

豆类水溶性膳食纤维、高直链淀粉、抗性淀粉等碳水化合物，以及短链脂肪酸可以防止血糖水平升高，从而最终降低胰岛素和血糖应答。由于缓慢释放碳水化合物，豆类是低升糖指数（GI）的食物。菜豆的血糖指数为 20，而烤土豆、全麦面包和米饭的 GI 分别为 85、77 和 50；在饮食中血糖指数下降 10%可以增加胰岛素30%的敏感性，菜豆中较高的直链淀粉含量是影响葡萄糖代谢的重要因素。研究观察到黑豆淀粉水解率的降低可以导致低血糖指数（Noriega et al.，2000；Foster-Powell et al.，2002）。另一个有关菜豆降血糖作用的大鼠实验研究显示，菜豆会使降糖曲线下方面积减少 20.8%，而标准药物的下方面积为 16.1%（Roman et al.，1995）。流行病学研究发现，在庞大的中国人群中，菜豆和其他豆类的消费量与Ⅱ型糖尿病的风险呈负相关（Villegas et al.，2008）。

4. 高值化利用现状

1）活性物质的提取制备

活性物质的研究主要集中在其中的膳食纤维、酶抑制剂、色素、黄酮等的提取分离。高粉云等以白芸豆豆粉、豆皮和豆渣为原料，采用酶法、化学法以及微生物预发酵处理等方法制备水溶性和不溶性膳食纤维，不溶性膳食纤维产率最高的方法是酸处理，工艺流程：白芸豆豆皮按固液比 1∶10 加去离子水→浓硫酸调至 pH 2.0→50℃水浴加热 1 h→水洗或加 NaOH 调 pH 至中性→加压过滤→产品。其中水溶性膳食纤维产率最高的方法是酶处理法，工艺流程：豆渣（豆皮/豆粉）→淀粉酶酶解→糖化酶继续把淀粉酶酶解产物转化为葡萄糖→胰蛋白酶酶解除去样品中的蛋白质→酶解液过滤→滤液用 4 倍体积无水乙醇沉淀→置 2 h 或过夜→离心去上清→成品。

芸豆种子黄酮类化合物的最佳提取条件：75℃水浴加热，60%乙醇，粒度 0.25～0.5 mm；黄酮提取物具有较好的清除自由基抗氧化活性。

红花芸豆色素的最佳提取条件：料液比 1∶75，提取温度 60℃，提取时间 90 min；研究发现红花芸豆色素光热稳定性好，在酸性条件下稳定。

采用乙醇沉淀和凝胶柱层析从白腰豆中分离纯化得到组分均一的淀粉酶抑制剂，是一种相对分子质量约为 40 000 的糖蛋白。最佳提取条件：浸泡时间 12 h，提取时间 2 h，提取温度 50℃，加乙醇比例为 1∶2；产物有很好的抑制淀粉酶的活力。

2）产品开发

（1）干菜豆。

干菜豆营养价值高，采用科学的脱水加工技术生产出的干制品，食用方便，便于运输，易于长期保存。干菜豆复水后质地脆嫩，香味可口，经济效益可观。工艺：清洗消毒→漂烫→冷却沥干→干燥→包装成品。

（2）速冻菜豆。

速冻法是延长菜豆的鲜食供应期的技术之一。工艺如下：原料选择与处理→浸盐水、驱虫→清洗→漂烫→冷却→沥水→包装→速冻→冻藏。

5.5 食 用 菌

5.5.1 猴头菇

1. 简介

猴头菇（*Hericium erinaceus*），又叫猴头菌，属担子菌亚门层菌纲非褶菌目猴头菇科，菌伞表面长有毛茸状肉刺，长 1～3 cm，它的子实体圆而厚，新鲜时呈白色，干后由浅黄至浅褐色，基部狭窄或略有短柄，上部膨大，直径 3.5～10 cm，因外形似金丝猴头而得名。猴头菇是鲜美无比的山珍，有"素中荤"之称。野生猴头菇多生长在树干的枯死部位，喜欢低湿。东北各省和河南、河北、西藏、山西、甘肃、陕西、内蒙古、四川、湖北、广西、浙江等省及自治区都有出产。其中以东北和西北山区出产品质优良（杨美新，1998）。

猴头菇进入人们的饮食生活由来已久，民间谚语："多食猴菇，返老还童"。有关猴头菇的记载，较早见于明代徐光启《农政全书》。《御香飘缈录》载有清宫的猴头菜肴，并盛赞其味鲜美。《中华人民共和国卫生部药品标准》中记载："猴菇片具有养胃和中的功效，用于胃、十二指肠溃疡及慢性胃炎的治疗"。现代医学和药理学的研究对猴头菇的药用功效概括为，具有提高免疫力、抗肿瘤、抗衰老、增强胃黏膜屏障机能、降血脂等多种生理功能（樊伟伟和黄惠华，2008）。

2. 生理活性物质

1）糖类

猴头菇多糖是从优质猴头菇子实体中提取的主要有效活性成分，贾联盟等（2005）从猴头菇子实体分离到了 5 种多糖，主要含以 D-葡萄糖为主的中性糖，其中以葡聚糖含量最多。宋慧（2003）从猴头菌中分离得到了赤藓糖醇、葡萄糖醇、木糖醇等糖醇类化合物。

2）蛋白质

猴头菇干品中每 100 g 含蛋白质 26.3 g，是香菇的两倍。它含有的氨基酸多达 17 种，其中人体所需的占 8 种（陈明，1994）。

3）猴头菌素

猴头菇菌素是猴头菇特有的活性成分，其主要成分为猴头菇菌素 A、B、C、E、F，化学成分为萜类物质，它可促使神经生长因子的合成。（尚晓冬等，2012）。

4）其他

迄今为止，国内外已经发现数十种猴头菇小分子活性成分，主要包括含芳香环类、二萜类、吡喃酮类、甾醇类和脂肪酸及酯类等（尚晓冬等，2012）。

3. 生理功能

1）抗氧化

吴美媛等（2013）研究发现猴头菇乙醇提取物对 ·OH、DPPH·、ABTS$^+$·自由基均有较好的清除作用，50%乙醇为提取溶剂时，猴头菇提取物的抗氧化活性最佳。张虎成等（2013）应用 FRAP 和 DPPH 自由基清除法研究了猴头菇四种提取液抗氧化活性，发现菌丝超声波提取液抗氧化活性最高，其次是乙醇提取液和开水提取液，发酵上清液的抗氧化活性最低。杜志强等（2011）通过动物实验研究猴头菇多糖对小鼠体内抗氧化活性的影响。实验以血清中抗氧化酶和脂质代谢产物为指标，与正常对照组相比较，发现猴头菇多糖可以明显地提高小鼠血清中 SOD、CAT 的含量，降低小鼠血清中 MDA 的含量，降低小鼠体内氧化应激水平。

2）增强免疫力

多项研究表明猴头菇多糖具有多方面的免疫增强作用。为了探讨猴头菇子实体多糖和菌丝体多糖对小鼠免疫功能的影响，罗珍等（2011）采用迟发型变态反应和淋巴细胞转化试验评价猴头菇多糖增强免疫的功能。结果发现，猴头菇子实体多糖和菌丝体多糖均能显著增加免疫功能低下小鼠的胸腺系数，并且能增强小鼠迟发型变态反应，提高淋巴细胞的增殖能力。证实猴头菇子实体多糖和菌丝体多糖对小鼠免疫功能均有增强作用。杜志强等（2011）利用"水提醇沉"的方法从猴头菇中提取多糖，经过初步纯化，进行免疫调节功能和抗氧化功能研究。实验结果显示，猴头菇多糖可以明显提高小鼠血清溶菌酶的含量，能够明显增强小鼠腹腔巨嗜细胞对鸡红细胞的吞噬功能，也能够明显提高幼年小鼠的胸腺指数。同时，研究还发现猴头菇多糖可以有效地提高小鼠大脑和肝脏抗氧化酶 SOD、CAT 的含量，并有效地降低小鼠大脑和肝脏的 MDA 的含量。这表明猴头菇多糖是一种良好的免疫功能增强剂和抗氧化剂。

3）抗肿瘤

抗肿瘤是猴头菇中多糖类化合物的重要生物活性，具有毒副作用小、与化疗药物联合应用有协同增效的特点。近年来的研究认为猴头菇多糖在肿瘤治疗时主要作为一种生物反应调节剂，通过促进细胞和体液免疫反应，增强机体免疫力，从而发挥间接杀伤和抑制肿瘤细胞的作用。猴头菇多糖的活性部分是由 $\beta(1\rightarrow3)$ 键连接的主链和 $\beta(1\rightarrow6)$ 键连接而成的葡聚糖。作用机理是通过增加巨噬细胞的吞噬作用，促进免疫球蛋白形成，升高白细胞，提高淋巴细胞转化率和机体本身的抗病能力，并可增强机体对放疗、化疗的耐受性，抑制癌细胞的生长和转移（陈明，1994）。崔玉海（2004）分离得到了猴头子实体多糖（HEPS），经研究发现它可明显增强细胞因子 IL-2 含量，显著抑制荷瘤动物 S180 肉瘤的生长，对正常及异常免疫都具有调节作用，表明增强免疫功能可能是 HEPS 发挥抗肿瘤作用的重要机制。此外，在猴头菇中发现的一种新型二萜类化合物对三个人类癌症细胞系（K562、LANCAP、HEP2）均表现出良好的细胞毒作用（Zhang et al.，2015）。

4）抗溃疡

猴头菇的氨基酸和多糖成分对胃黏膜上皮的再生和修复起重要作用，能增强胃黏膜屏障机能。于成功等（1999）研究表明猴头菇对大鼠胃黏膜有保护作用，应用猴头菇片可修复损伤的胃黏膜，增加胃黏膜血流从而增强胃黏膜的防御功能，有助于减轻损伤因子的作用，也可以减少或减轻黏膜下的炎细胞浸润。此外，猴头菇对胃胀、嗳气、泛酸、大便隐血、食欲不振等胃肠功能紊乱也具有缓解作用（唐选训，1995）。临床研究证明，猴头菇治疗消化性溃疡的有效率为 87.2%，治疗慢性胃炎总有效率为 96.3%，十二指肠溃疡总有效率为 92.7%（戴一扬等，1995）。

5）抗疲劳

实验研究显示猴头菇具有抗疲劳和增加运动耐力的作用。卢耀环等（1996）给小鼠喂食猴头菇干粉和猴头菇浸出液 60 d，观察小鼠的运动能力及生化指标。发现猴头菇干粉和猴头菇浸出液可显著延长动物在水中的游泳时间，并提高小鼠血清乳酸脱氢酶（LDH）活力、肝糖原和肌糖原含量，抑制运动后血乳酸和血清尿素氮（BUN）的增量，运动后血乳酸消除速率显著高于对照组，证实猴头菇具有明显的增强运动能力和缓解疲劳的作用。

6）抗辐射

猴头菇多糖还具有抗微波辐射的功能。刘曙晨等（1999）报道了猴头菇多糖对受 6125～815 GyC 射线照射小鼠的辐射具有防护作用。其防护作用机制可能与其提高机体免疫功能和保护造血组织有关。

7）其他

此外，猴头菇多糖还可保肝护肝、健胃益脾、抑菌、抗凝血、降血脂、抗血栓、神经营养，可用于治疗神经衰弱及身体虚弱等疾病（樊伟伟和黄惠华，2008）。

4. 高值化利用现状

1）活性物质的提取制备

猴头菇多糖的常用提取方法有水提法、碱提法、酸提法以及盐提法等，其中水提醇沉法操作简单，提取物杂质含量相对较少。对猴头菇多糖的纯化主要包括脱蛋白、脱色和分级沉淀等步骤。脱蛋白可采用 Sevag、三氯乙酸（TCA）法和酶解法。目前最常用的是 Sevag 法，但有研究指出三氯乙酸法比 Sevag 效果好，多糖损失少（朱美静和童群义，2005）。酶法具有脱蛋白效率高、蛋白脱除彻底等优点，但酶法选择性高，酶的获得使其应用受到限制。脱色可采用活性炭、H_2O_2 或 DEAE-纤维素法。多糖分级可采用乙醇分级沉淀法、电泳法、超滤法和柱层析法。常用的柱层析法有 DEAE-纤维素柱、Sephadx 柱、Sepharose 柱等。纯度鉴定主要有聚丙烯酰胺凝胶电泳（PAGE）、高效液相色谱法（HPLC）、薄板层析法（TLC）和凝胶过滤色谱（GPC）法（邱龙新，1999）。

张素斌和黄劲峥（2014）以猴头菇为原料，分别用热水提取法、超声波法、纤维素酶法、木瓜蛋白酶法、果胶酶法、复合酶法、超声复合酶法提取多糖，用苯酚-硫酸法测定猴头菇多糖含量，并对这几种方法的最佳提取条件和提取率进行了比较。结果表明超声与复合酶法的协同作用可使多糖提取率大为提高，达到15.59%。张帅等（2010）也做了类似的研究，他们采用纤维素酶和果胶酶组成的复合酶系提取了猴头菇多糖。最终确定提取猴头菇多糖的最佳工艺条件为 pH 4.2、温度 50℃、酶解时间 90 min、加酶量 2.0%。

研究表明，猴头菇多糖得率会随提取部位、提取条件的不同而不同。杨焱等（2001）实验结果表明，每 1 kg 菌丝体中含多糖 13.63 g，而每 1 kg 猴头菇子实体中含多糖 44.36 g，是菌丝体的 3 倍。此外，菌种、生长条件等都会影响多糖含量（刑小黑等，1996；何冬兰和雷国梁，2000）。

2）产品开发

（1）猴头菇醋。

马龙（2006）以猴头菇为原料，经过猴头菇菌丝体发酵、酒精发酵和醋酸发酵等，将原料中的有关物质转化成食用菌保健醋中的有效成分，从而生产出猴头菇醋，醋中富含氨基酸及真菌多糖，具有一定的保健功能。其制备工艺流程：马铃薯液态培养基→接入猴头菇孢子（菌丝体培养）→过滤→糖化（加白糖）→酒精发酵→液态深层醋酸发酵（醋酸菌）→压滤→灭菌→配制→成品。

（2）猴头菇肉酱。

郭晓强等（2002）以猴头菇为主料，研制开发出了具有保健功能、能满足现代消费者需求的餐桌型多用途猴头菇肉酱制品。猴头菇酱制品的一般工艺：选取猴头菇→清洗→原辅料调制、混合→研磨制酱→杀菌→罐装→检验→成品。

（3）猴头菇茶。

以猴头菇、茶叶、灵芝、香菇、木耳、甘草为原料开发猴头菇茶，制备工艺流程：原料→浸泡→煎煮→滤过→浓缩→干燥→粉碎（季宝新，2007）。黄良水等（2008）优化了猴头菇子实体预处理、提取、浓缩加工工艺，提取猴头菇多糖、猴头菌素等有效成分，得到的猴头菇浸膏与绿茶按1∶2配伍，烘干、粉碎后制成猴头菇袋泡茶。采用该工艺研制的袋泡茶，很好地保持了猴头菇中有效成分的生物活性，既具有猴头菇的保健功效，又具有绿茶的香气。

3）猴头菇口服液

莫穗杰等（1994）研制的猴头菇口服液，采用独特的细胞破壁和溶壁技术，将猴头菇细胞所含的多种人体必需氨基酸、菌物多糖、矿物质营养元素释放出来，使人体细胞最大程度地直接吸收这些营养。猴头菇多糖是其口服液质量控制的重要指标，可采用调节乙醇浓度的分步沉淀法，使猴头菇口服液中猴头菇多糖与蔗糖等小分子物质得到分离（陈勇等，2002）。

5.5.2 黑木耳

1. 简介

黑木耳（*Auricularia auricula* judae），又名黑菜、桑耳、云耳，属担子菌纲木耳科真菌。木耳色泽黑褐，质地柔软，味道鲜美，营养丰富，是世界著名的四大食用菌（双孢菇、平菇、香菇、木耳）品种之一。黑木耳在我国的种植地区分布极广，主产于湖北、四川、贵州、河南、陕西、吉林、广西、云南和黑龙江等省区（杨新美，1998）。

我国对黑木耳的药用价值认识较早，《周礼》、《礼记》、《齐民要术》等都有关于黑木耳的记载，《神农本草经》、《唐本草注》、《本草纲目》等重要医药学著作中也都有记述。医学专家认为黑木耳有滋润强壮、补血活血、镇静止痛和润肺润肠等作用，是纺织、矿山、理发工人传统的保健品，用以促进体内有毒物质的排出（安东等，2012）。

2. 生理活性物质

1）糖类

黑木耳多糖是一种杂多糖，由葡萄糖、木糖、半乳糖、甘露糖、阿拉伯糖等组成（李福利等，2011）。有研究显示从黑木耳分离的葡聚糖具有良好的抗肿瘤活性（Ikekawa et al.，1968）和降血糖作用（Yuan et al.，1998）。另一种从黑木耳中提取的酸性多糖主要由甘露糖、葡萄糖、葡萄糖醛酸和木糖组成，具有抗凝血活性（Yoona et al.，2003）。

2）蛋白质

每100 g黑木耳中含有10.6 g蛋白质，与肉类相当，同时富含人体必需的8种氨基酸（安东等，2012）。

3）其他

黑木耳中维生素B_2含量超过米、面、蔬菜和肉类，铁的含量比肉类高100倍，钙的含量是肉类的 30～70 倍。黑木耳含有丰富的胶质、发酵素和植物碱，以及其他具有清洁血液和解毒功效的生物活性物质（安东等，2012）。

3. 生理功能

1）抗氧化

周国华等（2005）报道，黑木耳多糖可明显提高 D-半乳糖衰老模型小鼠细胞内 SOD 及 GSH-Px 的活性，同时降低 MDA 含量，表明黑木耳多糖可以提高机体抗氧化能力，从而延缓机体衰老。此外，黑木耳多糖灌胃可以明显减小大鼠缺血心肌的梗死面积，降低血清中 LDH 的含量，减少 MDA 的生成，增强 SOD 活性，使心肌胶原纤维蛋白的含量降低，从而证实黑木耳多糖能对抗大鼠缺血性心肌损伤，其机制可能与其抗氧化作用有关（叶挺梅等，2009）。

2）防治心血管疾病

樊一桥等（2009）采用热水浸提法提取黑木耳中的多糖，动物研究表明黑木耳多糖灌胃给药后可明显延长家兔特异性血栓形成时间（CTFT）和纤维蛋白血栓形成时间（TFT），缩短体外血栓长度，并减轻血栓的干、湿重，降低血液黏度，但对血小板黏附率无明显影响，表明黑木耳多糖具有较好的抗血栓作用。采用 Wistar 大鼠研究表明，黑木耳多糖可使大鼠血清总胆固醇、甘油三酯和低密度脂蛋白含量降低，同时提高高密度脂蛋白含量（韩春然和徐丽萍，2007）。因此，黑木耳多糖对血栓，高脂血症以及动脉粥样硬化等心血管疾病的致病因素具有一定的预防作用。

3）抗肿瘤

黄滨南等（2004）探讨了黑木耳多糖体内抗肿瘤活性及其对荷瘤小鼠体内 SOD 和 CAT 酶的影响，试验结果显示黑木耳多糖（50 mg/kg，100 mg/kg 和 200 mg/kg）可显著延长 H22 荷瘤小鼠的生存期，抑制 S180 实体瘤的生长，提高小鼠的胸腺指数和脾指数，并能提高小鼠 SOD 及 CAT 酶的活力。张华等（2011）发现黑木耳中性多糖和酸性多糖对人 HepG2 细胞增殖具有抑制作用，而经羧甲基化改性后，黑木耳多糖对肿瘤细胞增殖的抑制作用被取消。

4）防治糖尿病

宗灿华等（2007）采用正常小鼠及四氧嘧啶糖尿病小鼠研究黑木耳多糖的降糖活性，结果发现，黑木耳多糖对正常小鼠和糖尿病小鼠血糖均有降低作用，且对糖尿病小鼠的降糖效果更显著。

5）增强免疫力

研究表明，黑木耳多糖具有明显的增强小鼠免疫功能的作用。张秀娟等（2005）发现黑木耳多糖能提高荷瘤小鼠的细胞免疫功能，提高 IL-2 的产生和淋巴细胞内 Ca^{2+} 的浓度。张会新等（2009）报道黑木耳多糖可明显提高小鼠脾脏和胸腺指数，且具有剂量效应；同时，黑木耳多糖可促进巨噬细胞的吞噬功能，明显增强小鼠的体液免疫功能。

6）抗疲劳

据报道，黑木耳多糖可增加小鼠游泳时间，并对血乳酸、肝糖原和肌糖原均有显著而积极的影响，表明黑木耳多糖具有延缓和消除疲劳的功效（朱磊和王振宇，2008）。此外，也有研究发现黑木耳粗多糖能明显提高小鼠耐缺氧时间和血红蛋白水平，降低定量负荷后血乳酸及血尿氮水平，并且能延长肌收缩时间，具有明显的提高运动能力的作用（史亚丽等，2006）。

4. 高值化利用现状

1）活性物质的提取制备

黑木耳多糖是黑木耳最主要的活性成分，传统提取技术有热水浸提法和稀碱浸提法，现代提取技术有酶法、超声辅助提取法、微波辅助提取法、超微粉碎法、复合提取法等。林敏等（2004）采用热水浸提法确定黑木耳多糖的最佳工艺，物料比为 1∶50，在 90℃水浴中抽提 3.5 h。包海花等（2005）研究发现 1 mol/L NaOH 溶液可显著提高黑木耳多糖的提取效率。姜红等（2005）探讨了纤维素酶和果胶酶对黑木耳多糖提取的影响，确定纤维素酶最佳提取工艺为纤维素酶 1.3%，50℃提取 80 min，黑木耳多糖提取率为 4.71%；果胶酶最佳提取工艺为果胶酶 1.1%，55℃提取 80 min，黑木耳多糖提取率为 4.15%。王雪和王振宇（2009）研究发现超声波法提取黑木耳多糖的最佳工艺条件为 520 W 超声波提取 13 min，液料比 1∶2，水浴浸提 3.1 h，黑木耳多糖提取率可达 16.59%。赵梦瑶等（2011）以黑木耳多糖得率为指标，研究粉碎粒度超声处理对黑木耳多糖溶出量的影响，结果表明，粉碎与超声协同处理对黑木耳多糖的溶出量有较大影响，超声处理原料粒度越小，多糖溶出量越多。

2）产品开发

（1）黑木耳饮料。

任文武等（2012）研究了黑木耳饮料的加工工艺，采用 β-糊精包埋、蜂蜜遮味、糖和酸的调味作用对口味进行调配，既保留了黑木耳的有效成分，又使口味容易被消费者接受。黑木耳饮料的制备工艺流程：黑木耳→预处理→微波浸提→过滤→调配（β-环糊精、糖、酸、蜂蜜、稳定剂等）→均质→UHT 杀菌→无菌灌装→封口杀菌→冷却→包装。

（2）黑木耳发酵饮料。

都凤华等（2011）以黑木耳为原料，利用乳酸菌发酵，制作具有黑木耳特殊芳香和营养价值的黑木耳乳酸发酵饮料。其优化的制备工艺条件如下：黑木耳汁制备的最佳条件为料水比 1∶200，浸泡温度 90℃，浸泡时间 120 min；黑木耳汁发酵的最佳条件为黑木耳汁含量为 50%，脱脂乳 50%，发酵温度为 41℃，发酵时间 10 h，接种量 6%；黑木耳乳酸发酵饮料的最佳配方为黑木耳发酵原汁 75%，柠檬酸 0.09%，白砂糖 2%，β-环糊精 0.015%。在此制备工艺基础上加入 0.09%黄原胶、0.03%海藻酸钠、0.2% CMC 稳定剂后，在 60℃、25 MPa 条件下均质，可以达到良好的稳定状态。

5.5.3　香菇

1. 简介

香菇（*Lentinus edodes*），又名香菌、花菇，俗称中国菇，属担子菌纲伞菌目口蘑科食用真菌，是世界第二大食用菌，在我国有悠久的栽培历史，民间素有"山珍"之称。我国香菇年产量占全球产量的 70%，居世界第一位，出口贸易量也居世界之首（陈前江，2010）。

中国历代医学家对香菇均有著述。例如，《吕氏春秋.本味》中"味之美者，越骆之菌"；《本草纲目》中记载香菇"干平、无毒"；《医林纂要》中记载香菇"甘、寒"，"可脱豆毒"；《日用本草》中记载香菇"益气、不饥、治风破血"等。现代医学和营养学家不断深入研究，发现香菇不仅具有丰富的营养价值，而且具有增强免疫力、抗肿瘤、降血糖、抗氧化等多种药用价值（何永等，2010）。

2. 生理活性物质

1）糖类

香菇多糖是从香菇的了实体中提取的主要活性成分。Chihara 最早从香菇中分离出一种具有抗肿瘤活性的多糖，结构为线性 β-(1→3)-D-葡聚糖和带(1→6)糖苷键连接的支链 β-D-葡聚糖。随后又从香菇中分离出多种多糖物质，目前对 β-葡聚糖类成分免疫活性的构效关系较为清楚，其一级结构是由 β-(1→3)连接的吡喃葡聚糖主链，其侧链由 β-(1→6)糖苷键和 β-(1→3)糖苷键连接的葡萄糖聚合体组成（闫慧丹，2013）。

2）蛋白质

香菇蛋白质里包含 18 种氨基酸，多属 L 型氨基酸，其中包含 7 种人体必需氨基酸，活性高，易被人体吸收，消化率高达 80%。香菇里还含有大量谷氨酸和通常食物里罕见的伞菌氨酸、口蘑氨酸和鹅氨酸等，营养价值十分丰富。香菇中游离氨基酸、可溶性蛋白质在菌盖的含量略高于菌柄（阮海星等，2005）。

3）其他

香菇中硫胺素、核黄素、尼克酸以及钙、磷、铁的含量也很丰富（何晋浙等，1999）。香菇在干燥过程中产生的挥发性成分主要是一些含硫和八碳的化合物，其中二甲基二硫醚、二甲基三硫醚、甲硫基二甲基三硫醚、1, 2, 4-三硫杂环戊烷、香菇精是香菇的特征风味成分，其中含硫的杂环化合物是香菇风味物质中最重要的组成部分（芮汉明，2009）。

3. 生理功能

1）抗肿瘤

香菇多糖具有显著的抗肿瘤作用，具有抑制肿瘤细胞增殖、延长荷瘤动物的生存期等功效。尹向前（2009）用不同浓度的香菇多糖分别处理人乳腺癌细胞（MCF-7）、肝癌细胞（HepG2）、胃癌细胞（SW480）3 种肿瘤细胞，噻唑蓝（MTT）法分别检测香菇多糖的体外抗肿瘤活性，结果发现香菇多糖对 3 种肿瘤细胞均有细胞毒作用，并呈明显的剂量依赖性；同时，实验选取荷瘤（MCF-7）裸鼠研究发现，香菇多糖可显著降低瘤重，提高抑瘤率。多项研究表明，提高机体免疫功能是香菇多糖发挥抗肿瘤作用的重要基础。林卡莉等（2009）通过实验研究了香菇多糖对肿瘤的作用效果及其对荷瘤（S180）鼠免疫功能的影响。结果发现，香菇多糖能使荷瘤小鼠脾指数增加，具有恢复和保护脾功能的作用，能改善荷瘤小鼠骨髓造血机能，使外周血淋巴细胞数量显著增加，增强机体免疫功能，此外，香菇多糖还能影响荷瘤小鼠 T 细胞亚群的比例，发挥免疫调节作用。

目前香菇多糖用于临床肿瘤的辅助治疗已取得良好的疗效。香菇多糖注射液目前已经用于多种肿瘤的临床治疗，也用于肿瘤患者手术前的免疫调节（麻青等，2013）。香菇多糖作为一种具有免疫调节作用的抗肿瘤药物，毒副作用较低。在临床治疗中，李剑萍等（2014）将 54 例晚期消化道肿瘤患者随机分为香菇多糖联合化疗组和单纯化疗组，两组均接受化疗，化疗方案依据肿瘤病理类型而定，香菇多糖联合化疗组在单纯化疗组化疗基础上加用香菇多糖，连用 8 周，化疗共用 3 个周期。结果发现香菇多糖联合化疗组总有效率为 58.6%，而单纯化疗组总有效率为40.0%。香菇多糖作为一种具有免疫调节作用的抗肿瘤辅助药物，毒副作用较低。

2）增强免疫力

除了通过调节免疫功能发挥抗肿瘤作用外，香菇多糖对化疗药物引起的免疫功能低下也具有明显的改善作用。江益平等（2011）的研究发现，香菇多糖对环磷酰胺诱导的小鼠胸腺指数降低、脾淋巴细胞增殖和迟发型超敏反应能力下降表现出明显的恢复作用；对环磷酰胺诱导的 DTH 小鼠小肠派氏结数目减少、派氏结中 T 淋巴细胞比例升高、活化水平降低等肠道黏膜免疫系统抑制状态同样具有明显改善作用。此外，有研究发现香菇多糖对脾虚小鼠的免疫功能也有明显的促进作用（井欢，2003）。

3）防治糖尿病

香菇多糖具有降血糖的功效，其降糖作用是通过调节糖代谢、促进肝糖原合成、减少肝糖原分解而实现的（张昕等，2008）。徐敏等（2006）的研究发现，香菇多糖能减轻糖尿病大鼠体内自由基引起的脂质过氧化，并抑制 NO 的产生，减少由此引起的损伤。

4）抗贫血

刘啸（2005）采用小鼠骨髓抑制贫血模型，研究发现香菇多糖可升高骨髓抑制贫血小鼠外周血象的白细胞及红细胞数量，提高骨髓有核细胞数，促进骨髓有核细胞由静止的 G_0/G_1 期进入增殖期。此外，体内和体外研究均表明香菇多糖可有效地提高粒、红系造血祖细胞的集落产率，而对巨核系母细胞的产率影响不明显。

5）其他

有研究表明，香菇多糖能够明显降低大鼠血清 TC、TG、LDL-C 含量，并且能增强血清抗氧化酶活性，提高大鼠胸腺和肝脏指数。此外，香菇多糖可能减少高脂肪的饮食引起的氧化应激，抑制大鼠主动脉内皮细胞黏附因子（VCAM-1）mRNA 的表达，发挥抗动脉粥样硬化的作用（Chen et al.，2008）。此外，研究发现香菇多糖在体外还具有一定的抗乙型肝炎病毒的活性，并且，此活性与香菇多糖的相对分子质量有关（谢红旗，2007）。

4. 高值化利用现状

1）活性物质的提取制备

香菇多糖的提取分离方法主要包括水提法、醇提法、酶解法等。香菇多糖提取物中常常含有蛋白质和其他低分子质量有机物等杂质，可用 Sevag 法、三氟三氯乙烷法、三氯醋酸法除去其中的蛋白质。多糖提取物中含有的小分子醌类和酚类物质可用 DEAE-纤维素层析或大孔树脂吸附法除去。多糖纯化的方法有分部沉淀法、季铵盐沉淀法、纤维素阴离子交换柱层析和凝胶柱层析的方法。王广慧等（2013）研究了香菇多糖的不同提取方法，结果显示采用超声波协同高压热水浸提法可显著提高多糖的提取率，超声波协同高压热水浸提法提取香菇多糖的最适条件为：料液比为 1∶50，超声波功率为 200 W，超声波处理时间为 6 min。在此条件下，香菇多糖的提取率为 15.4%。邹林武（2013）采用热水回流提取、超声提取、微波提取、高温提取四种方法提取香菇多糖，在相同的提取时间下，高温热水提取香菇多糖的提取率最高，但高温热水提取使得多糖的结构被破坏，体外抗氧化活性较低，超声提取多糖的抗氧化活性最好，分子结构破坏较少。

2）产品开发

（1）香菇饼干。

香菇饼干和新型即食香菇脆片是消费者喜爱的零食。采用真空冷冻干燥新工艺生产香菇脆片，与传统工艺相比，最大程度地保留了香菇的营养与风味成分，并避免了油炸脆片含油率高、色泽差、口感硬等缺陷（胡秋辉等，2014）。此外，将香菇作为配料制作成香菇饼干，在传统制作工艺中添加入香菇粉，也可以更大限度地满足人们对营养和风味的需求（钱韵芳等，2008）。

（2）香菇饮料。

香菇汁、香菇茶或各种复合型香菇饮料是以香菇为原料，通过浸提工艺得到的产品。香菇饮料的生产工艺为：精选香菇原料→清洗→干制→破碎→浸提→过滤→调配（添加白砂糖、柠檬酸、稳定剂）→脱气→瓶装→杀菌→冷却→成品（李佳金，2013）。

（3）香菇调料。

以鲜香菇为原料制备香菇酱油的工艺流程：豆粕→粉碎→润水（加水）→拌料（麦麸、蚕豆粉）→蒸料→冷却→接种（米曲霉）→制曲→加盐水→酱醪—稀醪发酵（添加香菇菌丝液）→过滤→灭菌→检测→成品。香菇菌丝液发酵工艺：香菇菌株→斜面菌种→摇瓶种子→种子罐种子→发酵罐深层发酵。所制备的香菇酱油，具有典型的菇香和鲜味（周建华和董贝森，1998）。

（4）保健食品和药品。

目前香菇多糖在医药领域中被作为免疫辅助药物来抑制肿瘤的发生、发展和转移，也可与化疗剂联合使用起到减毒增效的作用，也可作为辅助药物治疗慢性乙型肝炎。香菇多糖应用于保健食品可以提高细胞免疫力。市面上有香菇多糖胶囊、冲剂、口服液、注射液等。香菇多糖注射液的一般制备工艺：单香菇多糖或多组分香菇多糖→溶解（以 NaOH 溶液调溶）→调 pH（加入柠檬酸溶液调节 pH 至 7.0～7.5）→过滤→消毒→分装至安瓿中。注射液中香菇多糖含量是其质控的重要指标，可采用蒽酮-硫酸法测定，具有简便、准确等优点（李玉龙，2012）。

5.5.4　银耳

1. 简介

银耳（*Tremella fuciformis*）又名白木耳、雪耳、银耳子等，属担子菌纲异隔担子菌亚纲银耳目真菌，呈纯白至乳白色，直径 5～10 cm。银耳是中国的特产，发源于四川通江，福建古田县为银耳的主要产区（徐碧茹，1985）。

古时视银耳为"长生不老药"、"延年益寿品"，从最早的《神农本草经》到近代的《食用菌》等医药书籍中均有银耳的记载。中医学认为，银耳既可用于滋阴润肺，又可用于益气清肠，有补脾开胃和平肝助眠之功能。现代营养学和药理学研究表明，银耳是一种重要的食用菌和药用菌，具有增强机体免疫力、调节胃肠道功能、降压降脂、抗肿瘤以及护肤美容等功效（甘梅容，2002）。

2. 生理活性物质

1）糖类

银耳中含有大量具有胶质特性的酸性黏多糖，其含量约占干品银耳的
60%～70%，是银耳中的主要活性成分。银耳多糖是以 α-(1→3)-D-甘露糖为主链
的杂多糖，在子实体、孢子、发酵液和细胞壁中都有存在，分为子实体多糖、
孢子多糖、孢外多糖、孢壁多糖。银耳孢子可以通过固体培养或深层液体发酵
培养获得，孢子多糖结构特点与子实体多糖极其相似。此外，银耳中还含有海
藻糖、多缩戊糖、甘露糖醇等（马素云等，2010）。章云津等（1984）从福建银
耳子实体提取的银耳多糖由葡萄糖醛酸、甘露糖、木糖、少量岩藻糖和葡萄糖
组成，相对分子质量为 3×10^5。

2）蛋白质

银耳中含有 17 种氨基酸，其中含量最大的是脯氨酸，银耳能提供人体所必需
的氨基酸中的 3/4（郑仕中，1993）。

3）其他

银耳中含有多种矿物质，主要含硫、铁、镁、钙、钾等，其中以钙质含量最
高。银耳含有维生素 D，能防止钙的流失；银耳富含的硒元素，可有助于增强机
体免疫力（陈宏宇，2013）。

3. 生理功能

1）抗氧化

颜军等（2005，2006）以银耳多糖清除自由基的能力为指标，研究发现银耳
酸性多糖清除羟自由基和超氧阴离子自由基的作用明显，对猪油的脂质过氧化也
有明显的抑制作用。

2）防治心血管疾病

申建和陈琼华（1989）研究了木耳多糖、银耳多糖和银耳孢子多糖的降血脂
作用，结果发现银耳多糖可显著减低高脂血大鼠血清 TC 和 TG 水平，证实了银
耳多糖具有降血脂作用。另有研究发现，银耳多糖可以通过吸附血液中脂类、促
进胆固醇排出、阻断其肝肠循环等机制，达到降低血脂的作用（侯建明等，2008）。

3）抗肿瘤

研究表明，银耳孢子多糖对小鼠的 U14 宫颈癌、H22 肝癌、S180 肉瘤及恶性
淋巴瘤均有一定的抑制作用，并且银耳多糖的抗肿瘤活性与其免疫增强作用有关
（徐文清等，2006）。曲萌等（2007）通过研究发现银耳多糖在体内和体外试验中均
显示较好的抗肿瘤活性，其对 HAC、P815、B16 肿瘤细胞具有显著杀伤作用，并
可增强 T 细胞的增殖和转化、细胞因子 TNF-α 的表达。马恩龙等（2007）发现银

耳孢子多糖（25 mg/kg、50 mg/kg、100 mg/kg）单独使用对小鼠肝癌 H22 和 Lewis 肺癌肿瘤有明显的抑制作用，抑瘤率大于 35%；当银耳孢子多糖（50 mg/kg）与环磷酰胺（5 mg/kg、10 mg/kg、20 mg/kg）合用时，抑瘤率分别为 58.12%、70.15% 和 76.10%，表明银耳多糖与化疗药合用具有减毒增效的作用。应用基因表达谱芯片研究银耳多糖的抗肿瘤作用机制，结果发现其中表达上调基因 185 个，表达下调基因 139 个，经分析认为银耳多糖抗肿瘤作用与信号转导基因、DNA 损伤检测/p53 和 ATM 通路基因、抗原递呈基因、化疗应答相关基因等调节有关（韩英等，2011）。

4）防治糖尿病

多项研究表明，银耳多糖对正常小鼠和四氧嘧啶诱导的糖尿病小鼠均具有降低血糖的作用，其中，对四氧嘧啶诱导的糖尿病小鼠的降糖作用更显著，这可能是由于银耳多糖可减弱四氧嘧啶对胰岛 B 细胞的损伤，此外，银耳多糖还可以减少糖尿病小鼠的饮水量（薛惟建等，1989）。何执中等（1997）报道银耳多糖可将胰岛素在体内的作用时间从通常的 3～4 h 延长到 8～12 h，从而增强胰岛素的作用。

5）增强免疫力

银耳多糖，与其他多种食用菌多糖一样，是一种免疫增强剂，它不但能激活 T 细胞、B 细胞、自然杀伤（NK）细胞等免疫细胞的活性（张晓静和刘会东，2003），还能通过促进白细胞介素 2（IL-2）、IL-6 和肿瘤坏死因子 α（TNF-α）等细胞因子的表达，提高机体的免疫力（崔金莺和林志彬，1996）。

6）改善胃肠功能

银耳多糖可以直接作为双歧杆菌和乳酸杆菌的营养物质，促进肠道有益菌的活性，增强人体对外源性病原菌的抵抗能力，改善肠道的健康状况。研究表明，在乳酸细菌培养基添加银耳杂多糖培养 24 h 后，双歧杆菌和乳酸杆菌的生长显著加快（吴子健等，2008）。

7）抗凝血

申建和陈琼华（1987）报道了黑木耳多糖、银耳多糖和银耳孢子多糖的抗凝血作用。实验表明，三者在体内、体外均有明显抗凝血作用，可明显延长凝血酶的活性时间，其中以黑木耳多糖的抗凝活性最强。

8）其他

银耳多糖对胃肠道溃疡具有改善作用，其作用机制主要是抑酸，发挥保护胃黏膜和抑制胃蛋白酶活性的作用。此外，银耳还能促进血清蛋白的合成，增强机体的抗病能力（马素云等，2010）。

4. 高值化利用现状

1）活性物质的提取制备

银耳多糖提取方法有热水提取法、酸碱提取法和酶解提取法等，但热水提取法存在提取时间长、收率低的缺点，而酸碱浸提法又极易破坏银耳多糖立体活性结构，酶解提取法则具有提取时间短、条件温和等优点。林宇野和杨虹（1995）利用复合酶法处理结合热水浸提的提取方法，能显著提高可溶于热水的银耳多糖浸提率，缩短浸提时间，银耳多糖提取率可达到 16.3%。银耳粗多糖的纯化可采用季铵盐沉淀法（何伟珍和吴丽仙，2008）。

2）产品开发

（1）银耳发酵酸乳。

陶伟双（2013）探讨了以银耳为原料，利用乳酸菌进行发酵，研制出具有银耳独特风味的银耳发酵酸乳。其主要制备工艺：银耳→粉碎→浸泡→打浆→过滤（制得的银耳汁）→发酵（加入适量的脱脂乳粉，利用乳酸菌进行发酵）。

（2）银耳孢糖咀嚼片。

银耳孢糖咀嚼片，由活性物质银耳孢糖和辅料组成，混匀后制成咀嚼片，其配方组成（按质量份）包括银耳孢糖 20～50 质量份，甘露醇 30～70 质量份，阿斯巴甜 0.05～15 质量份和薄荷油 0.05～10 质量份。填充剂包括甘露醇、木糖醇、蔗糖、山梨醇、糊精，矫味剂包括阿斯巴甜、甜菊糖、薄荷油、橘子香精、菠萝香精。

（3）银耳果冻。

王凤芳和杨晓波（2008）研究了银耳果冻的制备工艺，确定了银耳果冻的配方。其产品组织柔软、富有弹性，具有银耳的风味，口感良好。其生产制备流程：干银耳→浸泡→打浆→过滤→银耳汁→混合（与制备好的复配胶和糖粉混合，复配胶、糖粉干混→溶解→煮胶→过滤得混合液）→调配（添加剂混合液）→灌装→杀菌→冷却→成品→检验。

参 考 文 献

阿依加马丽·加帕尔，巴哈依定·吾甫尔. 2013. 胡萝卜的功能特性及食品应用研究进展. 现代园艺，5：11-12

安东，李新胜，王朝川，等. 2012. 黑木耳营养保健功能. 中国果菜，3：51-55

白建波，周银丽，陶宏征，等. 2013. 个旧地区冬春两季芦笋营养品质分析与比较. 北方园艺，(5)：4-7

白卫东，赵文红，刘晓艳，等. 2006. 软包装调味笋的研制. 农产品加工，(1)：40-42

白雪梅. 2012. 俄罗斯阿穆尔州马铃薯研究现状. 黑龙江农业科学，(8)：143-144

包海花，高雪玲，祖国美. 2005. 一种改良的黑木耳多糖提取方法. 中国林副特产，4：29

蔡同一，李全宏，李楠，等. 2003. 南瓜种籽蛋白降血糖活性的研究. 中国食品学报，3（1）：7-11

曹亚军，陈虹，杨光，等. 2008. 薯蓣皂苷对亚急性衰老小鼠的抗氧化作用研究. 中药药理与临床，24（3）：19-21

陈功. 2006. 竹笋加工与综合利用. 北京：化学工业出版社

陈海军，周桃英. 2015. 红安红薯粉加工工艺参数的确定. 食品研究与开发，36（2）：85-88

陈宏宇. 2013. 多吃银耳营养好. 祝您健康，3：34

陈佳希，李多伟. 2010. 山药的功能及有效成分研究进展. 西北药学杂志，5：398-400

陈建明，何月平，张珏锋，等. 2012. 我国茭白新品种选育和高效栽培新技术研究与应用. 长江蔬菜（学术版），(16)：

陈金玲.2013.大蒜低果聚糖单体的分离鉴定及发酵性能研究.广州：暨南大学硕士学位论文

陈丽萍，何书英.2008.番茄红素的抗氧化活性.华西药学杂志，23（6）：653-655

陈明.1994.抗癌菌类药常用种类及近代研究进展.食用菌，2：40-41

陈前江.2010.我国香菇产业链的经济学分析.武汉：华中工业大学

陈瑞娟，毕金峰，陈芹芹，等.2013.胡萝卜的营养功能、加工及其综合利用研究现状.食品与发酵工业，39（10）：201-206

陈瑞平，陈瑞战，张敏，等.2012.复合酶法提取大蒜多糖及其抗氧化活性研究.分子科学学报，1：47-52

陈世雄，陈靠山.2010.牛蒡根化学成分及活性研究进展.食品与药品，12（7）：281-284

陈铁山，罗忠萍，崔宏安，等.2000.香椿化学成分初步研究.陕西林业科技，（2）：1-2，20

陈晓燕，王军辉，姚玉飞，等.2014.竹笋多糖复合酶法辅助提取及抗氧化活性研究.广东农业科学，（4）：113-117

陈雄.2007.从制备大蒜精油的废弃物中提取大蒜多糖的研究.食品工业科技，1：117-119

陈勇，朱炳辉，陆惠文.2002.猴头菇口服液中多糖的分离和测定，3（4）：21-23

陈志敏，滚双宝.2015.马铃薯淀粉渣的开发利用现状分析.农业科技与信息，（1）：9-11，13

程富胜，胡庭俊.2004.椿树活性成分及药理作用研究与应用.中国动物保健，（1）：42-43

程龙军，郭得平，朱祝军，等.2004.茭白肉质茎膨大发育的生化基础研究.核农学报，18（6）：457-461

初乐，赵岩，周元炘，等.2013.超临界 CO_2 萃取大蒜素的研究.农产品加工（学刊），06：33-34，40

崔金莺，林志彬.1996.银耳多糖对小鼠 IL-2、IL-6、TNF-A 活性及其 mRNA 表达的影响.北京医科大学学报，28（4）：244-248

崔进梅，任永新.2009.浅谈南瓜保健啤酒的开发.山东食品发酵，（1）：47-50

崔萌，胡乐根，马停停，等.2012.离子液体在番茄红素提取中的应用研究.化学研究与应用，24（11）：1771-1776

崔玉海.2004.猴头菌多糖的分离纯化及活性探讨.黑龙江医药科学，27（4）：18-21

大山合集团有限公司.一种银耳健康食品.中国：200910048255.4.2009

戴朝曦.2008.全能食物：马铃薯.森林与人类，（10）：8-29

戴一扬，程家欣，余传定，等.1995.复方猴头冲剂与雷尼替丁治疗 68 例消化性溃疡疗效观察.浙江中西医结合杂志，5：32-33

邓建华，李正涛，苑丽.2007.风味洋葱片的研制.中国食品工业，12：58-60

邓玥，张婷.2014.蕃茄红素对气道上皮细胞黏液高分泌的作用.中国生物制品学杂志，27（5）：652-656

丁昌玉，江城梅.1995.芦笋及核桃仁抗衰老作用比较.蚌埠医学院学报，20（4）：219-221

丁云花.1998.南瓜的食疗保健价值及开发前景.中国食物与营养，（6）：49

董维广，崔英资.2013.香椿芽水溶性蛋白质提取工艺的优化.湖北农业科学，52（17）：4186-4188

都凤华，田兰英，崔永华，等.2011.黑木耳乳酸发酵饮料的研制.食品工业科技，5：266-272

杜志强，杨晨晨，王建英.2011.猴头菇多糖对小鼠血清抗氧化能力的影响.食品研究与开发，32（9）：56-58

樊伟伟，黄惠华.2008.猴头菇多糖研究进展.食品科学，29（1）：355-358

樊一桥，武谦虎，盛健惠.2009.黑木耳多糖抗血栓作用的研究.中国生化药物杂志，30（6）：410-412

范鑫，徐晓云，潘思轶，等.2014.大蒜的功效及加工研究进展.北京农业，12：197-199

方幼兰，刘艳如，林少琴，等.1995.芦笋多糖的研究.福建师范大学学报（自然科学版），11（2）：69-73

冯翠萍，常霞，卢耀环.2001.芦笋皮对实验性高脂症大鼠血脂水平的影响.山西农业大学学报，21（3）：265-267

冯翠萍，程红艳，刘喜文，等.2003.芦笋皮对小鼠抗疲劳作用的实验研究.营养学报，25（3）：330-332

冯晓群.2011.紫薯的保健功能及应用前景.甘肃科技，9：88，160-161

冯雅琴.1981.名贵蔬菜——芦笋.新农业，（5）：24

甘梅容.2002.延年益寿银耳菌.山东食品科技，6：23

高家祥. 2012. 红心萝卜和萝卜红色素研究进展及前景展望. 南方农业, 6 (9): 53-56

高瑞鹤. 2013. 韭菜酱加工工艺及贮藏性研究. 保定: 河北农业大学硕士学位论文

高翼. 2013. 速溶胡萝卜粉加工工艺研究. 农产品加工: 创新版 (中), (12): 49-50

葛多云, 邹盛勤. 2005. 香椿叶中氨基酸和营养元素分析. 微量元素与健康研究, 22 (6): 23-24

葛丽. 2011. 韭菜四种活性初步研究和体外抗凝血物质分析. 杭州: 浙江工商大学硕士学位论文

弓志青, 陈琼, 陈相艳, 等. 2014. 不同品种洋葱粉营养成分分析. 食品科学技术学报, 5: 46-49

顾景范, 邵继智. 1990. 临床营养学. 上海: 上海科学技术出版社

关随霞. 2012. 红薯的保健功能及红薯果脯的制作. 安徽农学通报, 18 (21): 172-173

关云静, 周林燕, 毕金峰, 等. 2014. 绿芦笋不同部位营养成分及活性评价研究. 食品工业科技, 36 (5): 343-347

郭得平. 1991. 茭白膨大期间游离氨基酸含量的变化. 植物生理学通讯, (4): 286

郭小宁, 周林燕, 毕金峰, 等. 2014. 大蒜加工技术研究进展. 农产品加工 (学刊), 9: 68-71

郭晓强, 王卫, 徐光域, 等. 2002. 猴头菇鸡茸酱的研制开发. 成都大学学报, 21 (3): 36-39

国家中医药管理局中华本草编委会. 1999. 中华本草. 8 卷. 上海: 上海科学技术出版社

韩春然, 徐丽萍. 2007. 黑木耳多糖的提取、纯化及降血脂作用的研究. 中国食品学报, 7 (1): 54-58

韩俊娟. 2008. 甘薯膳食纤维及果胶的提取工艺研究. 北京: 北京林业大学硕士学位论文

韩英, 徐文清, 杨福军, 等. 2011. 银耳多糖的抗肿瘤作用及其机制. 医药导报, 30 (7): 849-852

郝林华, 陈靠山, 李光友, 等. 2003. 利用牛蒡渣提取高活性膳食纤维的工艺. 食品与发酵工业, 29 (4): 41-44

郝林华, 陈靠山, 李光友. 2004. 牛蒡菊糖及其制备方法的研究. 中国海洋大学学报: 自然科学版, 34 (3): 423-428

郝琴, 王金刚. 2001. 马铃薯深加工系列产品生产工艺综述. 粮食与食品工业, 18 (5): 12-14

何川. 2004. 红薯的营养价值及开发利用. 西部粮油科技, 28 (5): 44-46

何冬兰, 雷国梁. 2000. La (NO$_3$)$_3$ 猴头菌多糖产生的影响. 中草药, 31 (5): 335-336

何晋浙, 孙培龙, 朱建标, 等. 1999. 香菇营养成分的分析. 食品研究与开发, 20 (6): 44-46

何娟, 李上球, 刘戈, 等. 2007. 韭菜子醇提物对去势小鼠性功能障碍的改善作用. 江西中医学院学报, 19 (2): 68-70

何伟珍, 吴丽仙. 2008. 银耳多糖的提取分离与纯化. 海峡药学, 20 (7): 33-35

何小维, 罗志刚, 彭运平. 2006. 菊苣低聚果糖的研究与开发. 食品工业科技, 08: 183-185, 189

何轶. 2000. 菊苣根活性成分的研究. 北京: 北京中医药大学硕士学位论文

何永, 伍玉明, 高红东, 等. 2010. 香菇营养成分研究进展. 现代农业科技, 23: 140-141

何永梅, 皮登高. 2007. 茭白的几种加工方法. 南方农业, 1 (6): 49

何永梅, 杨燕辉. 2010. 洋葱食品的加工方法. 农产品加工 (创新版), 9: 33

何执中, 何执静, 冯胜华, 等. 1997. 银耳多糖等配基修饰对胰岛素降血糖活性的影响. 药学进展, 21 (4): 231-234

和法涛, 初乐, 吕绪强. 2012. 大蒜深加工产品开发. 中国果菜, 5: 56-57

贺纯秀, 王桂荣, 渊辛华. 1993. 利用芦笋下脚料加工方便食品的研究——芦笋粉、芦笋脯制作工艺. 山东农业科学, (1): 38-39

贺小琼, 陈彦红, 肖建春, 等. 1999. 南瓜粉开发及营养成份分析. 昆明医学院报, (3): 46-48

洪晶, 陈涛涛, 唐梦茹, 等. 2013. 响应面法优化韭菜籽蛋白质提取工艺. 中国食品学报, 12: 89-96

侯慧波, 张春玲, 蒋永衡. 2010. 新疆番茄酱的加工工艺及品质控制. 农产品加工 (学刊), (11): 55-57

侯建明, 陈刚, 蓝进. 2008. 银耳多糖对脂类代谢影响的实验报告. 中国疗养医学, 17 (4): 234-236

胡超, 白史且, 游明鸿, 等. 2013. 菊苣多糖的研究进展. 草业与畜牧, 02: 44-48

胡国强, 杨保华, 张忠泉. 2004. 山药多糖对大鼠血糖及胰岛素释放的影响. 山东中医杂志, 23 (4): 230-231

胡洁. 2007. 兵团加工番茄产业竞争力研究. 新疆农垦经济, (3): 22-29

胡林子, 蒋雨, 李新华, 等. 2010. 速溶风味紫薯粉的研制. 食品工业, 5: 57-59

胡秋辉, 裴斐, 俞杰, 等. 一种高品质即食香菇脆片的生产方法: 中国, 103652833A.2014-03-26

胡向东, 李娜, 何忠伟. 2012. 中国萝卜产业发展现状与前景分析. 农业展望, 8 (10): 35-37

胡小军, 谢红梅. 2009. 杨桃冬瓜复合饮料的制备工艺研究. 食品工业, (1): 11-12

胡小明, 蔡万玲, 代斌. 2006. 天然 β-胡萝卜素的提取工艺条件研究. 食品工业科技, 27 (10): 133-136

黄滨南, 张秀娟, 邹翔, 等. 2004. 黑木耳多糖抗肿瘤作用的研究. 哈尔滨商业大学学报, 20 (6): 648-651

黄锦铮, 江滨, 洪礼法. 2004. 胡萝卜保健酒的开发利用. 食品研究与开发, 25 (2): 104-105

黄静红, 李德如. 2008. 萝卜硫素的皮肤光保护作用研究进展. 中国美容医学, 11: 077

黄镜, 孙燕, 陆士新, 等. 1999. 芦笋有效成分熊果酸诱导 HL-60 细胞凋亡的实验研究. 中国中西医结合杂志, 19 (5):
　　296-298

黄凯丰, 江解增, 秦玉莲, 等. 2007. 茭白肉质茎膳食纤维含量及理化特性的研究. 扬州大学学报 (农业与生命科
　　学版), 28 (2): 88-90

黄良水, 季宝新, 贺亮, 等. 2008. 猴头菇袋泡茶加工工艺研究. 中国林副特产, 6: 16-18

黄浩. 2001. 珍贵蔬菜话茭白. 植物杂志, (5): 18-19

黄琼华. 1995. 低聚糖类. 中国食品添加剂, 4: 35-39

黄锁义, 林丹英, 尤婷婷. 2007. 韭菜总黄酮的提取及对羟自由基的清除作用研究. 时珍国医国药, 11: 2786-2787

黄伟素, 陆柏益. 2008. 竹笋深加工利用技术现状与趋势. 林业科学, 44 (8): 118-122

黄志武. 银耳孢糖咀嚼片: 中国, 101253971.2008-09-03

汲晨锋, 季宇彬, 岳磊. 2007. 芦笋皂苷诱导肿瘤细胞凋亡作用及机制初步研究. 中国药理通讯, (3): 11-12

季宝新. 猴头菇茶及其制备方法: 中国, 1954685.2007-05-02

季志强, 盖颜欣, 桑利民, 等. 2014. 承德地区马铃薯现状及发展方向. 中国种业, (2): 35-36

贾联盟, 刘柳, 董群, 等. 2005. 猴头菇子实体中的主要多糖成分. 中草药, 36 (1): 10-12

贾盛苹. 1995. 香椿的深加工技术. 山西老年, (5): 38

贾文斌. 2009. 香椿煎液的抗疲劳作用及对造血功能影响的实验研究. 实用医药杂志, 26 (4): 62

贾正华, 贺海燕, 苏爱国, 等. 2010. 紫红薯的营养保健功能及其烹饪加工. 中国食物与营养, 4: 69-71

江解增, 曹暗生, 黄凯丰, 等. 2005. 茭白肉质茎膨大过程中的糖代谢与激素含量变化. 园艺学报, 32 (1): 134-137

江解增, 韩秀芹, 曹碚生, 等. 2006. 茭白品种间黑粉菌部分生物学特性. 江苏农业学报, 22 (1): 71-75

江解增. 2001. 主要水生蔬菜的营养保健功能及选购. 中国食物与营养, (5): 51-52

江年琼, 谢碧霞, 何钢, 等. 2002. 发酵竹笋膳食纤维对小鼠肠蠕动作用的实验研究. 营养学报, 24 (4): 439-440

江益平, 马方励, 周联, 等. 2011. 香菇多糖对免疫抑制小鼠肠道派氏结 T 细胞的影响. 中国药理学通报, 09:
　　1236-1239

姜红, 孙宏鑫, 李晶, 等. 2005. 酶法提取黑木耳多糖. 食品与发酵工业, 31 (6): 131-133

姜红波. 2011. 山药的药理活性研究及产品开发现状. 化学与生物工程, 28 (4): 9-12

姜军. 2007. 山药多糖的分离纯化及其化学结构的初步研究. 扬州: 扬州大学硕士学位论文

姜新. 2009. 香椿的研究进展. 黑龙江科技信息, (9): 100

姜雨, 王献仁, 董诗源. 2008. 番茄红素的研究及应用. 疾病控制杂志, 12 (1): 66-69

蒋丹, 陶凤云, 李亚秋, 等. 2014. 芦笋中黄酮类化合物的研究进展. 食品工业科技, 35 (3): 357-362

蒋晗, 杨晶晶, 葛建. 2011. 浅谈牛蒡的开发和利用. 现代园艺, (09X): 127

蒋少华. 2014. 洋葱皮中类黄酮化合物的提取分离、纯化及结构鉴定. 泰安: 山东农业大学硕士学位论文

靳琼, 周启刚, 潘运国, 等. 2012. 洋葱中黄酮类物质的研究进展. 中国食物与营养, 10: 33-35

井欢. 2003. 香菇多糖对脾虚小鼠免疫功能的调节作用. 辽宁中医学院药理学通报, 27 (9): 1236-1239

康明丽. 2000. 甘薯与甘薯食品的开发. 农牧产品开发，7：012

孔凡真. 2000. 马铃薯淀粉及变性淀粉的开发. 西部粮油科技，25（1）：39-41

孔令雷，胡金凤，陈乃宏. 2012. 香豆素类化合物药理和毒理作用的研究进展. 中国药理学通报，2：165-168

孔庆胜，蒋滢. 2000. 南瓜多糖的组成及摩尔比测定. 中国现代应用药学杂志，17（2）：138-140

孔悦，刘小青，张冰，等. 2004. 菊苣提取物对高尿酸高甘油三酯血症鹌鹑血尿酸血脂的影响. 北京中医药大学学报，27（5）29-31

赖穗雯，曹持平. 2003. 清水竹笋的加工工艺研究. 广州食品工业科技，19（2）：53-54

兰影杰. 2012. 南瓜糕的研制. 北方园艺，（8）：170-172

雷春燕，刘学文. 2011. 南瓜酒饮品的开发研究. 酿酒科技，（12）：91-93

李安平，谢碧霞，王纯荣，等. 2002. 高活性竹笋膳食纤维微胶囊的研究. 福建林学院学报，22（4）：304-307

李昌文，刘延奇，申洁，等. 2009. 山药淀粉提取工艺的研究. 粮油加工，5：102-104

李翠霞，毛箬青，李志忠，等. 2011. 芦笋营养成分的分析评价. 现代食品科技，27（10）：1260-1263

李锋，李建科，赵燕. 2006. 红薯的保健功能及发展趋势. 农产品加工（学刊），11：21-23

李福利，张丽娟，于国萍. 2011. 酶法提取黑木耳多糖的纯化与鉴定. 中国林副特产，4：4-6

李共国，陆胜民，马子骏. 2001. 脱水茭白加工工艺研究. 食品工业科技，22（3）：37-39

李昊鹏. 2012. 韭菜的活性成分和生理功效. 青春岁月，10：380

李红涛，袁书林. 2009. 山药产品的功能价值及开发利用探讨. 中国食物与营养，10：15-18

李红艳. 2012. 紫色番茄中主要活性成分的组成及其抗氧化抗癌活性的研究. 南昌：南昌大学博士学位论文

李宏睿，姚树林，陈云超，等. 2011. 山药多糖提取工艺的优化及抗氧化活性的测定. 安徽农业科学，39（6）：3322-3324.

李晖，任广跃，时秋月，等. 2014. 怀山药片热泵-热风联合干燥研究. 食品科技，39（6）：101-105

李辉，孟雅红，付彦青，等. 2014. 酶-超声波联用提取紫薯色素的工艺研究. 食品工业科技，35（14）：256-259

李佳金. 一种香菇饮料及制备方法：中国，CN103284250A.2013

李家运，李玉侠. 2014. 洋葱标准化生产技术探析. 园艺与种苗，11：55-58

李剑萍，路萍，王冬冬，等. 2014. 香菇多糖联合化疗治疗晚期消化道恶性肿瘤的临床疗效. 中国药物经济学，S1：151-152

李姣，王珂，王瑞坡，等. 2011. 芦笋多糖提取纯化工艺及其体外抗氧化研究. 食品科学，32（8）：65-69

李葵花，高玉亮，玄春吉，等. 2014. 不同马铃薯品种抗氧化物质含量及抗氧化活性比较. 吉林农业大学学报，36（1）：56-60

李敏，何阳. 2013. 洋葱中黄酮类物质的提取及抗氧化作用研究. 光谱实验室，6：2951-2954

李平. 2013. 香椿芽加工及水培技术研究. 长沙：中南林业科技大学硕士学位论文

李全宏. 2003. 南瓜提取物对糖尿病大鼠降糖效果研究. 营养学报，25（1）：34-36

李伟荣，严芳，周大云. 2004. 油焖笋的加工工艺. 丽水农业科技，（1）：32

李翔，刘达玉，邹强，等. 2013. 洋葱精油提取工艺研究及化学成分 GC/MS 分析. 中国调味品，12：82-85

李晓倩，许春潮，贾艳青，等. 2010. 红薯中 DHEA 提取工艺的研究进展. 食品工程，3：16-18

李秀信，张军华. 2011. 表面活性剂——微波辅助提取香椿黄酮. 食品与发酵工业，37（1）：199-201

李秀信，张院民. 2001. 香椿嫩枝叶总黄酮最佳提取工艺的研究. 陕西林业科技，（4）：4-5

李学贵. 2010. 萝卜干的腌制原理及方法. 江苏调味副食品，3：30-33

李雪雁，陈海强，丁婷婷，等. 2009. 韭菜中提取类胡萝卜素. 食品研究与开发，10：86-88

李玉龙. 2012. 香菇多糖氯化钠注射液中香菇多糖含量测定的研究. 中国现代医生，50（30）：108-109

梁慧星，陈欣，陈倩. 2010. 超声波辅助提取番茄中番茄红素的工艺. 湖北农业科学，49（1）：162-164

梁宇, 董丽. 2008. SPM-GC/MS 联用分析菊苣浸膏的挥发性成分. 河南科学, 26 (7): 773-776

林德佩. 2000. 南瓜植物的起源和分类. 中国西瓜甜瓜, (1): 36-38

林卡莉, 吕军华, 徐鹰, 等. 2009. 香菇多糖调节荷瘤小鼠的免疫功能. 解剖学杂志, 32 (2): 166-169

林丽珍, 余悦, 王振涛, 等. 2014. 菰的考证及应用. 中国现代中药, 16 (9): 776-779

林敏, 吴冬青, 李彩霞. 2004. 黑木耳多糖提取条件的研究. 河西学院学报, 20 (5): 87-89

林宇野, 杨虹. 1995. 酶法提取银耳多糖的研究. 食品与发酵工业, 1: 13-17

林泽华, 任娇艳. 2014. 天然番茄红素提取工艺研究进展. 食品科学技术学报, 32 (5): 50-55

刘长付, 陈媛梅, 郑彩霞. 2013. HPCE 法研究番茄中类胡萝卜素的动态变化. 中国农业大学学报, 18 (4): 84-90

刘宏敏, 乔保建, 马培芳. 2011. 韭菜籽中生物活性物质及其生理功效研究进展. 农业科技通讯, 04: 119-121

刘建涛, 赵利, 苏伟, 等. 2006. 韭菜中生物活性成分及其分子生物学的研究进展. 食品科技, 8: 67-70

刘金福, 尤玲玲, 王昌禄, 等. 2012. 香椿叶提取物抗氧化和抑制癌细胞增殖的研究. 中南大学学报 (医学版), 37 (1): 42-47

刘进杰, 尚海燕, 卜庆梅, 等. 2008. 冬瓜汁乳酸发酵饮料工艺研究. 安徽农业科学, 36 (17): 7437-7439

刘静娜, 庄远红, 黄志娜, 等. 2014. 芦笋皮和茎中膳食纤维的提取及功能性质的比较. 食品科技, 39 (12): 269-272

刘军伟, 胡志和. 2012. 紫薯功能及产品开发研究进展. 食品研究与开发, 9: 231-236

刘连亮. 2012. 竹笋降压降脂有效成分及其活性研究. 杭州: 浙江大学博士学位论文

刘曙毓, 张慧娟, 骆传环, 等. 1999. 猴头菇多糖的抗辐射作用实验研究. 中华放射医学与防护杂志, 19 (5): 823-826

刘婷婷, 宋春春, 王大为. 2013. 微波辅助提取马铃薯淀粉及其特性研究. 食品科学, 34 (6): 106-111

刘彤云, 舒思洁, 舒慧, 等. 2004. 雷竹笋汁对四氯化碳致大鼠急性肝损伤的防治作用. 医药导报, 23 (2): 73-74

刘伟明. 2007. 中国甘薯研究开发利用的现状与对策探讨. 中国农学通报, 23 (4): 484-488

刘啸. 2005. 香菇多糖对骨髓抑制贫血小鼠造血调控的影响. 成都: 成都中医药大学硕士学位论文

刘秀凤, 蔡金星. 1998. 新型萝卜食品的加工技术. 食品工业科技, 5: 60-61

刘洋, 张耀伟, 崔崇士. 2007. 肉用印度南瓜营养成分含量和果实性状的相关分析. 北方园艺, (1): 14-16

刘玉霞. 2007. 番茄在中国的传播及其影响研究. 南京: 南京农业大学硕士学位论文

龙婷, 高颖, 牛亚军等. 2014. 菊苣属植物化学成分和药理作用研究进展. 海峡药学, (6): 1-6

娄猛猛, 李国玉, 王航宇, 等. 2010. 菊苣中一个新倍半萜类化合物的结构解析. 中国现代中药, 10: 22-24

娄卫东, 段大航, 孙丕东. 2007. 韭菜提取物及药用研究现状. 中国民康医学, 15: 671-680

卢耀环, 辛石砺, 周于奋, 等. 1996. 猴头菇对小鼠抗疲劳作用的实验研究. 生理学报, 4 (1): 95-101

鲁晓翔, 王经纬, 唐津忠. 2007. 微波提取芦笋茶黄酮工艺的研究. 食品研究与开发, 128 (5): 87-91

陆柏益. 2007. 竹笋中甾醇类化合物的研究——竹笋甾醇化学、工艺学及生物学功能. 杭州: 浙江大学博士学位论文

吕昱, 严敏. 2013. 紫薯花色苷的生理功能及分离纯化研究进展. 食品与机械, 29 (4): 250-253

罗连响, 李晓玲, 鲍波. 2013. 番茄红素生物学活性研究进展. 食品工业科技, (16): 388-391

罗晓东, 吴少华. 2001. 椿叶的化学成分研究. 中草药, 32 (5): 390-391

罗珍, 黄萍, 郭重仪, 等. 2011. 猴头菇多糖增强免疫功能的实验研究. 中国实验方剂学杂志, 17 (4): 182-183

麻青, 张军峰, 李建军, 等. 2013. 香菇多糖注射液联合鸦胆子油乳注射液姑息治疗晚期消化道恶性肿瘤的近期疗效分析. 肿瘤药学, 3 (3): 219-222

马恩龙, 李艳春, 伍佳, 等. 2007. 银耳孢糖的抗肿瘤作用. 沈阳药科大学学报, 24 (7): 426-428

马龙. 2006. 猴头菇醋酿造工艺的研究. 中国酿造, 10: 71-73

马素云, 贺亮, 姚丽芬. 2010. 银耳多糖结构与生物学活性研究进展. 食品科学, 31 (23): 411-416

马忠明. 2009. 芦笋醋饮料的研制及其降血脂实验研究. 食品科技, 34 (7): 51-54

梅慧生, 乌云其木格, 吴仲燕. 1996. 服用芦笋对人体血脂含量的影响. 北京大学学报 (自然科学版), 26 (3): 369-373

孟秀梅. 2006. 牛蒡的加工利用现状. 食品与药品, 8（1）：65-68

苗明兰, 方晓艳. 2003. 芦笋多糖对正常小鼠免疫功能的影响. 中国医药学报, 18（1）：52-53

闵锐, 丁全锋. 2000. 一种新的膳食纤维——茭白壳的开发研究. 中国粮油学报, 15（2）：25-28

闵锐. 何云海. 姚晓敏, 等. 1998. 膳食纤维研究的现状与展望. 上海师范大学学报, （4）：68-75

莫穗杰, 黄晓军, 等. 1994. 猴头菇口服液的研制. 实用医学杂志, 10（3）：351-352

聂凌鸿, 宁正祥. 2002. 山药的开发利用. 中国野生植物资源, 21（5）：17-20

聂凌鸿. 2003. 甘薯资源的开发利用. 现代商贸工业, 5：45-47

潘牧, 彭慧元, 邓宽平, 等. 2012. 马铃薯蛋白的研究进展. 贵州农业科学, 40（10）：22-26

潘晓军. 2010. 洋葱油提取工艺及其优化研究. 上海：华东理工大学硕士学位论文

裴凌鹏, 惠伯棣, 魏建华. 2008. 番茄红素对去卵巢大鼠骨质疏松拮抗作用. 中国公共卫生, 24（9）：1107-1108

彭建和, 相秉仁. 1995. 冬瓜果肉中游离氨基酸的 GC/MS 分析. 中国药科大学学报, 26（5）：286-290

钱韻芳, 许榴迪, 杨璐, 等. 一种新型香菇饼干：中国, 101288467.2008

邱届娟, 江解增, 曹碚生, 等. 2002. 茭白地上部 N、P、K 含量及变化趋势. 湖北农学院学报, （2）：122-125

邱龙新. 1999. 真菌多糖化学研究. 龙岩师专学报, 3（17）：55-57

曲萌, 董志恒, 盖晓东. 2007. 银耳多糖在肝癌治疗中的作用及相关机制的实验研究. 北华大学学报, 8（1）：52-57

渠琛玲, 玉崧成, 付雷. 2010. 甘薯的营养保健及其加工现状. 农产品加工（学刊）, 10：74-76, 79

任清, 李守勉, 李丽娜, 等. 2008. 银耳多糖的提取及其美容功效研究. 日用化学工业, 38（2）：103-105

任文武, 詹现璞, 杨耀光, 等. 2012. 黑木耳饮料加工技术. 农产品加工学刊, 7：155-157

任志. 2009. 香椿加工八法. 四川农业科技, （11）：59

阮海星, 张卫国, 付家华, 等. 2005. 香菇多糖及营养成分分析. 微量元素与健康研究, 22（2）：35-36

阮婉贞. 2007. 胡萝卜的营养成分及保健功能. 中国食物与营养, 6：51-53

芮汉明, 贺丰霞, 郭凯. 2009. 香菇干燥过程中挥发性成分的研究. 食品科学, 30（8）：255-259

商丽丽, 赵德虎, 杜清福, 等. 2012. 甘薯的营养成分及开发利用研究进展综述. 安徽农学通报, 18（9）：73-74

尚红梅, 郭玮, 潘丹, 等. 2015. 干燥方式对菊苣根多酚含量和抗氧化活性的影响. 食品科学, 1：84-88

尚晓冬, 王国艳, 潘伟, 等. 2012. 猴头菌小分子活性成分研究进展. 食用菌学报, 19（1）：79-84

申建和, 陈琼华. 1987. 黑木耳多糖、银耳多糖、银耳孢子多糖的抗凝血作用. 中国药科大学学报, 18（2）：137-140

申建和, 陈琼华. 1989. 木耳多糖、银耳多糖和银耳孢子多糖的降血脂作用. 中国药科大学学报, 20（6）：344-347

盛国华. 2000. 菊苣纤维可促进人体钙吸收. 食品工业科技, 21（4）：4

石全太. 2003. 我国竹笋加工利用的现状与发展前景. 竹子研究汇刊, 22（1）：1-4

石鑫光, 廖传华, 陈海军, 等. 2014. 洋葱精油提取技术的研究进. 中国调味品, 7：126-129

时新刚, 张红侠, 李赛钰, 等. 2008. 牛蒡营养成分分析与评价. 食品与药品, 9（12A）：39-40

史亚丽, 辛晓林, 张昌言, 等. 2006. 黑木耳多糖对生物机体运动能力的影响. 中国临床康复, 10（35）：106-108

宋国安. 2004. 马铃薯的营养价值及开发利用前景. 河北工业科技, 21（4）：55-58

宋慧. 2003. 小刺猴头菌化学成分研究及菌种鉴定. 长春：吉林农业大学硕士学位论文

宋立美, 张俊华. 2003. 山药加工技术. 保鲜与加工, 3（2）：22-23

苏小华, 鲍波, 朱少平, 等. 2013. 番茄红素的功能与稳定性研究进展. 生物技术进展, 3（1）：18-21

苏雅静, 孙爱东, 高雪娟. 2010. 竹笋壳总黄酮提取工艺的响应面设计优化. 食品工业科技, 31（1）：233-236

素斌, 黄劲峰. 2014. 猴头菇多糖提取方法的比较. 食品与发酵工业, 40（4）：233-237

孙春艳, 赵伯涛, 郁志芳, 等. 2004. 芦笋的化学成分及药理作用研究进展. 中国野生植物资源, 23（5）：1-5

孙春艳. 2006. 芦笋茎叶中黄酮类化合物和多糖的提取纯化研究. 南京：南京农业大学硕士学位论文

孙金辉, 王微, 董楠. 2011. 紫薯花色苷的研究进展. 粮食与饲料工业, 11：38-40

孙小青，王平，孙吉康，等. 2014. 雷竹笋中总黄酮和总甾醇的测定及比较. 竹子研究汇刊, 33（1）: 36-41

孙志勇，宋明英，韦坤德，等. 2008. 韭菜汁对常见病原菌的体外抑制作用. 遵义医学院学报, 31（6）: 584-586

覃伟，魏来，钱妍. 2009. 番茄红素对血脂及 TNF-mRNA 表达的影响. 第四军医大学学报, 30（24）: 2966-2969

檀子贞. 2006. 牛蒡的综合开发及展望. 安徽农业科学, 34（12）: 2698-2698

唐文婷，蒲传奋. 2011. 芦笋罐头加工工艺的研究. 粮油食品科技, 19（2）: 50-52

唐选训. 1995. 联用黄连素、维酶素、猴菇菌治疗慢性萎缩性胃炎 37 例疗效观察. 广西医学, 4: 355-357

唐雪峰. 2010. 高脱氢表雄酮山药种质资源及其抗肿瘤和抗氧化的研究. 福州: 福建农林大学硕士学位论文

唐远谋，焦士蓉，罗杰，等. 2012. 洋葱有机硫化物的提取及抑菌性研究. 中国调味品, 1: 17-21

陶伟双. 2013. 银耳酸乳发酵工艺研究. 长春: 吉林农业大学硕士学位论文

陶玉贵，陶先刚，汤斌，等. 2004. 竹笋软罐头生产及其危害性分析. 中国林副特产, （6）: 35-37

田秀红，刘鑫峰，姜灿. 2009. 南瓜的营养保健作用与产品开发. 食品研究与开发, （2）: 169-172

涂宝军. 2012. 不同贮藏方式对芦笋黄酮类物质含量的影响. 食品研究与开发, 33（3）: 199-201, 219

屠用利. 1997. 菊糖的功能与应用. 食品工业, 4: 45-46

王爱红，王明全，庞秋霞. 2008. 番茄红素对人乳腺癌 MDA-MB-231 细胞增殖的影响及机制. 山东医药, 48（26）:
　　80-81

王爱红. 2008. 番茄红素对乳腺癌细胞周期及生长的影响. 科学技术与工程, 8（15）: 4060-4062

王超. 2012. 大蒜食品的加工技术. 农产品加工, 1: 25

王成永，时军，桂双英，等. 2005. 韭菜子提取物的温肾助阳作用研究. 中国中药杂志, 13: 1017-1018

王传栋，蓝天，郭效东，等. 2012. 南瓜多糖抑瘤及增强红细胞免疫吸附作用研究. 中国当代医药, （4）: 17-18

王达，潘春球，韩述岭，等. 2012. 香菇多糖注射液提高胃肠癌化疗患者生存质量的临床研究, 28（24）: 4143-4145

王迪轩. 2014. 茭白 11 种加工技术要点. 科学种养, （12）: 58-59

王凤芳，杨晓波. 2008. 银耳果冻配方的研究. 食品工业, 4: 46-49

王广慧，戴明，魏雅冬. 2013. 香菇多糖的提取工艺研究. 食品科技, 38（1）: 192-194

王贵武，陈丛瑾，黄克瀛，等. 2007. 香椿叶总黄酮提取工艺的优选. 安徽农业科学, 35（26）: 8114-8115

王鸿梅，冯静. 2002. 韭菜挥发油中化学成分的研究. 天津医科大学学报, 02: 191-192

王嘉彦，郭玉清，汤宇. 1996. 芦笋糖浆对恶性肿瘤化疗增效减毒作用的临床观察. 中医药学报, （4）: 26-27

王见冬，钱忠明. 2003. 萝卜硫素研究进展. 食品与发酵工业, 29（2）: 76-80

王茂丽. 2006. 香椿的化学成分研究进展. 湖北林业科技, （4）: 38-40

王平. 1997. 笋汁饮料的开发与加工工艺. 食品与机械, （2）: 18

王佺珍，崔健. 2009. 菊苣的药理药效研究及开发前景. 中国中药杂志, 17: 2269-2272

王蕊. 2006. 山药的营养保健功能与贮藏加工技术. 江苏食品与发酵, 3: 4-36

王瑞，张红，吴博，等. 2012. 番茄红素对铁负荷大鼠抗氧化功能影响. 中国公共卫生, 28（11）: 1457-1459

王士林. 2008. 香椿加工技术. 农家科技, （6）: 41

王守经，邓鹏，胡鹏. 2009. 甘薯加工制品的现状及发展趋势. 中国食物与营养, 11: 30-32

王薇，任秀珍，韩京祥，等. 2005. 南瓜的营养价值和药用价值. 吉林蔬菜, （3）: 67

王维. 2014. 冬瓜子活性成分研究. 西安: 陕西科技大学硕士学位论文

王文亮，王世清，李晓玲，等. 2013. 洋葱的活性成分药理功效及产品开发综述. 中国食物与营养, 1: 37-39

王文艳，焦镭，蒋萌蒙，等. 2012. 红薯脯的制作. 农产品加工, 6: 62-63

王雄，吴润，张莉，等. 2012. 韭菜挥发油成分的气相色谱-质谱分析及抗常见病原菌活性研究. 中国兽医科学, 02:
　　201-204

王雪，王振宇. 2009. 响应面法优化超声波辅助提取黑木耳多糖的工艺研究. 中国林副特产, 3: 1-5

王一硕, 张娟, 刘鸣昊, 等.2014. 冬瓜皮炭对慢性肾功能衰竭大鼠的治疗作用观察.中医学报, 29 (196): 1317-1319

王瑜, 邢效娟, 景浩.2014. 大蒜含硫化合物及风味研究进展. 食品安全质量检测学报, 10: 3092-3097

王震宙, 黄绍华.2004. 山药中的功能保健成分及其在食品加工中的应用. 食品工业, (4): 51-52

维吾尔药志编委会.1999. 维吾尔药志 (修订版). 上册. 乌鲁木齐: 新疆科技卫生出版社: 100

魏东.2008. 牛蒡抗氧化, 降血脂保健功能研究. 食品科学, 29 (2): 380-382

魏东, 王连翠.2006. 牛蒡根的研究进展. 安徽农业科学, 34 (15): 3716-3717

温红珊, 郭兰.1997. 大萝卜营养保健功用综述. 吉林粮食高等专科学校学报, 12 (4): 29-31

吴红艳.2006. 胡萝卜醋发酵工艺的试验研究. 中国调味品, 11: 23-24

吴菁, 史利斌. 一种微波辅助法提取番茄红素: 浙江, CN102070392A, 2011-05-25

吴美媛, 王喜周, 周英, 等.2013. 猴头菇不同活性部位体外抗氧化活性研究. 食品研究与开发, 34 (17): 12-14

吴楠, 祖元刚, 王微.2008. 大蒜精油抗菌活性研究 (英文). 食品科学, 29 (3): 103-105

吴奇辉.2014. 紫色马铃薯花色苷分离纯化及降脂减肥活性研究. 杭州: 浙江工商大学硕士学位论文

吴子健, 陈庆森, 闫亚丽, 等.2008. 银耳多糖对嗜酸乳杆菌 L101 发酵生长影响的研究. 食品研究与开发, 29 (11):
　　22-25

伍军.2004. 红薯营养保健价值及综合利用. 粮食与油脂, 1: 18-19

武宇芳, 袁一柯, 朱旭辉, 等.2013. 洋葱多酚抗氧化和抑菌活性研究. 食品工业, 12: 134-136

夏春丽, 于永利, 张小燕.2008. 甘薯的营养保健作用及开发利用. 食品工程, 3: 28-31

夏明, 阮叶萍.2005. 冬瓜提取物抗小鼠胃溃疡活性研究. 食品科学, 26 (4): 243-246

夏旭, 周爱梅, 卢敏, 等.2014. 微波辅助提取茭白总黄酮及其抗氧化性研究. 食品安全质量检测学报, 5(1): 252-258

相湘.2008. 山药的抗衰老作用研究. 医药论坛杂志, 28 (24): 109-110

萧闵, 杨阳, 刘洋洋.2010. 番茄红素与枸杞协同增强小鼠免疫力的实验研究. 湖北中医杂志, 32 (7): 8-9

谢红旗.2007. 香菇多糖提取、纯化、结构表征及生物活性的研究. 长沙: 中南大学硕士学位论文

谢建华, 胡小华, 李志明, 等.2012. 超声波提取芦笋皮中黄酮类化合物及其抗氧化活性的研究. 西南师范大学学
　　报: 自然科学版, 37 (1): 92-98

谢捷明, 杨爱琴, 张宝明, 等. 2012. 南瓜蛋白对人胰腺癌细胞 CFPAC-1 增殖抑制及诱导凋亡作用. 中国药学
　　杂志, (12): 956-959

谢贞建, 唐远谋, 何英, 等.2011. 洋葱中抗氧化物质的提取工艺研究. 中国调味品, 12: 59-61, 64

刑小黑, 吴明忠, 朱述钧, 等.1996. 灵芝多糖化学研究. 中国食用菌, 15 (3): 1-16

熊玲, 陈京晓, 牟明远, 等.2013. 南瓜的营养保健价值分析及产品的开发现状. 食品工业科技, (23): 395-400

徐碧茹.1985. 银耳生活史的研究. 微生物学通报, 7 (6): 241-242

徐传芬, 孙隆儒.2006. 牛蒡的研究现状. 天然产物研究与开发, 17 (6): 818-821

徐刚, 顾震, 徐建国, 等.2009. 胡萝卜热泵-远红外联合干燥工艺研究. 食品与发酵工业, 6: 96-99

徐静, 高玲, 谢永慧, 等.2007. 倍半萜内酯化合物药理作用. 中国热带医学, (4): 623-624

徐坤.2002. 马铃薯食品资源的开发利用. 西昌农业高等专科学校学报, 16 (2): 47-51

徐敏, 王芳, 李旭升, 等.2006. 香菇多糖对糖尿病大鼠膈肌线粒体的保护作用. 中国应用生理学杂志, 22 (2):
　　240-242

徐圣友, 曹万友, 宋曰钦, 等.2005. 不同品种竹笋蛋白质与氨基酸的分析与评价. 食品科学, 26 (7): 222-227

徐微, 于成龙, 宋宏光, 等.2012. 山药的保健功能及其在食品加工中的应用. 畜牧与饲料科学, 33 (5): 84-85

徐为民, 郑安俭, 严少华, 等.2007. 萝卜采后生理与保鲜技术研究进展. 江苏农业学报, 23 (4): 366-370

徐文清.2006. 银耳孢子多糖结构表征、生物活性及抗肿瘤作用机制研究. 天津: 天津大学硕士学位论文

徐雅梅.2006. 菊苣的开发与利用研究. 西安: 西北农林科技大学硕士学位论文

徐永杰, 张波, 张神腾. 2009. 牛蒡多糖的提取及对小鼠肠道菌群的调节作用. 食品科学, 30 (23): 428-431

许春森, 黄鹤光, 陈明晃, 等. 2012. 南瓜蛋白对胰腺癌 PANC-1 细胞增殖和凋亡的影响. 中国中西医结合杂
　　志, (2): 234-238

许克勇, 吴彩娥, 李元瑞, 等. 2005. 超临界二氧化碳萃取蒜汁中大蒜油的研究. 农业工程学报, 21 (4): 150-154

许丽旋, 蔡建秀. 2006. 竹笋壳黄酮提取液抑菌效应初步研究. 世界竹藤通讯, (4): 29-31

许伟, 高品一, 杨顿, 等. 2014. 萝卜药食两用价值及其研究进展. 宁夏农林科技, 55 (2): 90-94

薛玲, 李长峰. 2004. 香椿芽总黄酮的初步药效学实验. 山东中医杂志, 23 (11): 685-686

薛惟建, 鞠彪, 王淑如, 等. 1989. 银耳多糖和木耳多糖对四氧嘧啶糖尿病小鼠高血糖的防治作用. 中国药科大学
　　学报, 20 (3): 181-183

闫慧丹. 2013. 新型香菇多糖的纯化、鉴定与免疫活性研究. 广州: 华南理工大学硕士学位论文

颜军, 郭晓强, 邬晓勇, 等. 2006. 银耳多糖的提取及其清除自由基作用. 成都大学学报, 25 (1): 35-38

颜军, 徐光域, 郭晓强, 等. 2005. 银耳粗多糖的纯化及抗氧化活性研究. 食品科学, 26 (9): 169-172

颜丽, 马永强, 李春阳. 2014. 响应曲面法优化番茄汁加工工艺. 食品工业科技, (18): 268-271

杨恩升. 2012. 韭菜的药用价值. 长寿, 05: 33

杨甲平, 齐宝宁. 2009. 番茄红素对 CC14 致大鼠慢性肝损伤的保护作用. 现代中医药, 11 (29): 64-66

杨建刚, 陈相艳, 王世清, 等. 2014. 洋葱多糖提取工艺及生物活性研究进展. 中国食物与营养, 11: 54-56

杨杰, 陈伟, 陈惠. 2008. 萝卜红色素的研究进展. 中国食品添加剂, 1: 84-87

杨津, 董文宾, 李娜, 等. 2009. 马铃薯生物活性成分的研究进展. 食品科技, 34 (6): 150-153

杨美新, 1998. 中国食用菌栽培学. 北京: 农业出版社

杨胜敖, 石志红. 2010. 发酵型冬瓜醋加工技术研究. 中国调味品, (5): 72-74

杨薇, 李建东, 高波, 等. 2014. 胡萝卜种植与收获机械化的现状与思考. 农机化研究, 12: 62

杨巍, 黄洁琼, 陈英, 等. 2011. 紫薯的营养价值与产品开发. 农产品加工 (学刊), 8: 41-43

杨旭星, 张小燕. 2007. 南瓜全粉生产工艺的改进. 食品工业科技, (1): 161-163

杨艳晖, 宋柏捷, 朱孝娟, 等. 2007. 番茄红素对高脂血症患者血脂的影响. 中国临床营养杂志, 15 (1): 43-45

杨焱, 周昌艳, 白韵琴, 等. 2001. 猴头菌子实体和菌丝体多糖的分离纯化与理化特征的比较. 菌物系统, 20 (3):
　　399-402

杨永峰, 黄成林. 2009. 3 种苦竹竹笋中黄酮类化合物的研究. 竹子研究汇刊, 28 (1): 56-60

杨有权, 张胜利, 李佳宁. 1998. 癌症与预防癌症蔬菜. 吉林蔬菜, (5): 26-28

杨月欣. 2004. 中国食物成分表. 北京: 北京医科大学出版社

叶春林, 毛建卫, 杨志祥, 等. 2010. 超临界 CO_2 流体萃取洋葱油的工艺研究　食品研究与开发, 2: 119-122

叶挺梅, 崔洁, 钱令波, 等. 2009. 黑木耳多糖对抗大鼠慢性缺血性心肌损伤. 中国病理生理杂志, 11: 2118-2121

殷强, 黄鹤光, 谢捷明, 等. 2011. 南瓜蛋白对人胰腺癌 SW1990 细胞株的诱导凋亡作用. 中国普外基础与临床杂
　　志, (4): 380-383

尹向前. 2009. 香菇多糖的抗肿瘤活性研究. 数理医药学杂志, 22 (3): 337-338

尤文雨, 叶子弘, 刘倩. 2008. 我国茭白的生物学研究. 长江蔬菜, (11): 35-38

于成功, 徐肇敏, 祝其凯, 等. 1999. 猴头菌对实验大鼠胃粘膜保护作用的研究. 胃肠医学, 4: 93-96

玉章. 2006. 香椿芽系列食品加工技术. 生意通, (6): 119-120

钰松. 2004. 香椿芽腌制与贮藏技术. 农家科技, (1): 30

袁驰, 赵婧, 周春丽, 等. 2014. 胡萝卜加工副产物综合利用研究进展. 食品工业, 4: 049

袁书林. 2008. 山药的化学成分和生物活性作用研究进展. 食品研究与开发, 3: 176-179

曾小红, 张慧坚, 刘恩平. 2012. 我国芦笋种质资源及生物学研究进展. 广东农业科学, (10): 56-60

曾瑶池，胡敏予. 2009. 叶黄素、番茄红素与黄斑变性研究进展. 中国老年学杂志，29（17）：2281-2283

张冰，高云艳，江佩芬，等. 1999. 菊苣胶囊对小鼠血糖水平的影响. 北京中医药大学学报，21（1）：28-30

张成香，李世芬，赵岩. 2008. 番茄红素对 SD 老龄火鼠抗氧化作用的影响. 南京医科大学学报，28（7）：899-905

张芳，蒋作明，章恩明. 2000. 南瓜的功能特效及其在食品工业中的应用. 食品工业科技，1（6）：62-64

张虎成，杨国伟，杨军，等. 2013. 猴头菇提取液抑菌及抗氧化活性研究. 中国食品添加剂，5：114-120

张华，王振宇，杨鑫，等. 2011. 黑木耳多糖的羧甲基化及其对肝癌细胞 HepG2 的抑制作用. 食品与机械，27（3）：42-44

张会新，刘洪雨，刘畅，等. 2009. 黑木耳多糖对小鼠免疫功能的影响. 动物医学进展，30（7）：23-25

张京芳，徐雨，张强. 2006. 香椿酱加工工艺. 食品与发酵工业，32（4）：157-159

张京芳，张强，陆刚，等. 2007. 香椿叶提取物对高血脂症小鼠脂质代谢的调节作用及抗氧化功能的影响. 中国食品学报，7（4）：3-7

张柯，张浩玉. 2010. 大蒜的功能性成分及保健功能. 广西轻工业，9：3-4，31

张鲲，陈晓亮，宋娓，等. 2008. 番茄红素对活性氧族介导破骨细胞骨吸收功能的影响. 中国组织工程研究与临床康复，12（37）：7201-7206

张立明，王庆美，王荫墀. 2003. 甘薯的主要营养成分和保健作用. 园艺与种苗，3：162-166

张林甦，夏亚兰，彭泽萍. 2012. 香椿蛋白质对小鼠抗氧化能力及非特异免疫的影响. 安徽农业科学，40（21）：10840-10841，10856

张玲，时延增，徐新刚. 1999. 韭菜子中氨基酸及微量元素分析. 时珍国药研究，7（1）：21

张琪林，李霞，等. 2008. 木耳硝酸盐、亚硝酸盐含量分析. 现代预防医学，35（8）：3286-3287

张强，王松华，孙玉军，等. 2009. 洋葱中黄酮类化合物体外抗氧化活性研究. 农业机械学报，08：139-142

张帅，沈楚燕，董基. 2010. 酶法提取猴头菇多糖的研究. 河南工业大学学报，31（2）：76-79

张素华，夏艳秋，朱强. 2002. 芦笋营养成分分析与加工品质改善的研究. 食品科技，（6）：16-18

张伟光，林永生，林奕，等. 2005. 绿竹笋干制工艺的研究. 福建农业学报，20（2）：118-121

张晓静，刘会东. 2003. 植物多糖提取分离及药理作用的研究进展. 时珍国医国药，14（8）：495-497

张昕，张强，梁彦龙. 2008. 香菇多糖的抗肿瘤和降糖作用机制的研究进展. 中国药事，22（2）：149-154

张鑫，张海悦，李鹏，等. 2014. 响应面优化大蒜总黄酮提取及抗氧化研究. 天然产物研究与开发，7：1136-1140，1153

张秀娟，于慧茹，耿丹，等. 2005. 黑木耳多糖对荷瘤小鼠细胞免疫功能的影响研究. 中成药，28（6）：691-693

张雅稚. 2009. 胡萝卜的营养保健功能及产品开发利用. 中国食物与营养，6：41-42

张艳梅，黄泽清，高浩然，等. 2011. 番茄红素对肺癌患者围术期免疫功能的调节. 辽宁医学院学报，32（1）：35-37

张拥军，李鸿梅，姚慧源. 2004. 南瓜多糖的分离、分析与降糖性质研究. 中国计量学院学报，15（3）：238-241

张元，林强，魏静娜，等. 2008. 酶法提取山药中多糖的工艺研究. 中国中药杂志，33（4）：374-377

张泽生，刘素稳，郭宝芹，等. 2007. 马铃薯蛋白质的营养评价. 食品科技，（11）：219-221

张仲平，牛超. 2001. 香椿叶黄酮类成分的分离和鉴定. 中药材，24（10）：725-726

张仲平，孙英. 2002. 香椿多酚类化合物的提取、分离和薄层研究. 中国野生植物资源，（14）：52-53

章云津，洪震. 1984. 银耳多糖的分离及理化特性的研究. 北京医学院学报，16（8）：83-88

赵二劳，张敏，李颖，等. 2012. 超声波辅助提取胡萝卜中果胶的研究. 中国食品添加剂，5：103-106.

赵国华，陈宗道，李志孝，等. 2003. 山药多糖对荷瘤小鼠免疫功能的影响. 营养学报，25（1）：110-112

赵宏，谢晓玲，万金志，等. 2009. 山药的化学成分及药理研究进展. 今日药学，3：49-52

赵娟娟. 2010. 番茄红素的抗氧化活性研究. 食品科技，35（7）：62-65

赵梦瑶，张拥军，蔡振优，等. 2011. 超声波提取对黑木耳多糖溶出量的影响研究. 食用菌，1：57-58

赵思东，胡春水，佘祥威，等.1998. 笋汁酿酒的研究. 湖南农业大学学报，24（3）：221-225

赵杨.2013. 牛蒡化学成分的研究. 齐齐哈尔：齐齐哈尔大学硕士学位论文

赵玉，徐雅琴.2009. 微波协同酶法提取南瓜多糖最佳提取条件的研究. 食品工业科技，30（1）：221-223

郑仕中.1993. 银耳的化学成分和药理研究进展. 中国药学杂志，5：264-267

郑卫东.2004. 茭白罐头生产工艺的研究. 食品工业科技，25（6）：89-90

郑瑶瑶，夏延斌.2006. 胡萝卜营养保健功能及其开发前景. 包装与食品机械，5：35-37

郑育，李宝青，叶菡洋，等.2009. 番茄红素在血液透析患者中的抗氧化及调脂作用. 营养学报，31（1）：51-55

中国预防医学科学院与营养与食品卫生研究所.1991. 食物成分表（全国代表值）. 北京：人民卫生出版社出版

钟俊桢，刘伟琳，刘成梅，等.2009. 南瓜多糖的提取与纯化的研究. 农产品加工，（1）：69-71

周蓓.2008. 马铃薯研究现状与产业发展对策. 上海农业学报，24（3）：89-92

周成河，吴云，张友明，等.2004. 山药加工与开发利用. 中国食物与营养，8：27-29

周广勇，缪冶炼，陈介余，等.2012. 大蒜加工中阿霍烯产生过程的研究. 中国食品学报，2：67-72

周国华.2005. 黑木耳多糖抗衰老及降血脂生物功效的研究. 哈尔滨：东北农业大学硕士学位论文

周建华，董贝森.1998. 香菇酱油的酿造技术研究. 食品工业，5：22-23

周建梅，王承南，刘斌，等.2011. 香椿芽的速冻保鲜与脱水加工技术. 经济林研究，29（2）：101-103

周丽.2007. 不同生长期香椿叶片的抗氧化活性及其抗氧化作用分析. 西北植物学报，27（3）：526-531

周苏果，付湘晋.2013. 紫薯酒发酵工艺研究. 食品研究与开发，33（11）：122-125

朱宝疆.2011. 菊苣及其在加工领域的应用前景. 科技致富向导，24：383

朱海春，尹晨，刘宇，等.2012. 番茄醋酿造工艺研究. 农产品加工（学刊），（1）：116-118

朱金芳，韩海霞，林聪明，等.2013. 菊苣中香豆素的提取工艺研究. 新疆农业科学，4：625-629

朱克庆，彭涛，吕少芳.2012. 南瓜馒头的研制及工业化生产. 粮食加工，（4）：41-43

朱磊，王振宇.2008. 黑木耳多糖对小鼠抗疲劳作用的研究. 营养学报，30（4）：430-432

朱立华，孙萍，曹国红，等.2007. 反相高效液相色谱法测定芦笋各段芦丁的含量. 济南大学学报：自然科学版，
　　21（1）：53-55

朱美静，童群义.2005. 猴头多糖脱蛋白方法的研究. 河南工业大学学报：自然科学版，26（4）：25-27

朱小兰，黄金华.2007. 南瓜多糖对四氧嘧啶致糖尿病大鼠降糖作用研究. 中国药业，16（15）：19-20

朱英莲.2015. 南瓜籽油提取工艺优化及油脂氧化稳定性研究. 粮食与油脂，（1）：24-26

朱珠，柳中梅，刘云派.2013. 紫薯中提取色素的工艺研究. 江西理工大学学报，34（3）：11-15

庄宗杰.1994. 黔园九号芦笋营养成份的研究. 贵阳医学院学报，19（1）：13-16

宗灿华，于国萍.2007. 黑木耳多糖对糖尿病小鼠降血糖作用. 食用菌，4：60-61

邹林武.2013. 香菇多糖提取工艺及其分子结构改性研究. 广州：华南理工大学硕士学位论文

Akond G M，Khandaker L，Berthold J，et al. 2011. Anthocyanin，total polyphenols and antioxidant activity of common
　　bean. American Journal of Food Technology，6（5）：385-394

Altonsy M O，Andrews S C. 2011. Diallyl disulphide，a beneficial component of garlic oil，causes a redistribution of
　　cell-cycle growth phases，induces apoptosis，and enhances butyrate-induced apoptosis in colorectal adenocarcinoma
　　cells（HT-29）. Nutrition and Cancer，63（7）：1104-1113

Antony M L，Singh S V. 2011. Molecular mechanisms and targets of cancer chemoprevention by garlic-derived bioactive
　　compound diallyl trisulfide. Indian Journal of Experimental Biology，49（11）：805-816

Aparicio F X，Garica G T，Yousef G G，et al. 2006 .Chemopreventive activity of polyphenolics from black jamapa bean
　　（Phaseolus vulgaris L.）on HeLa and HaCaT cells. Journal of Agricultural and Food Chemistry，54：2116-2122

Archer S，Meng S F，Wu J，et al. 1998. Butyrate inhibits colon carcinoma cell growth through two distinct pathways.

Surgery，124：248-253

Ashraf R，Khan R A，Ashraf I. 2011. Garlic（*Allium sativum*）supplementation with standard antidiabetic agent provides better diabetic control in type 2 diabetes patients. Pakistan Journal of Pharmaceutical Sciences，24（4）：565-570

Augusti K T，Arathy S L，Asha R. 2001. Acomporative study on the beneficial effects of garlic，amla and onion on rthe hyperlipidemia induced by butter fat and beef fat in rats. Indian Journal of Experimental Biology，39（8）：760-766

Avci A，Atli T，Ergüder I B，et al. 2008. Effects of garlic consumption on plasma and erythrocyte antioxidant parameters in elderly subjects. Gerontology，54（3）：173-176

Bárta J，Heřmanová V，Diviš J. 2008. Effect of low-molecular additives on percipitation of potato fruit juice proteins under different temperature regimes. Journal of Food Process Engineering，31（4）：533-547

Bazzano L A，He J，Ogden L G. 2001. Legume consumption and risk of coronary heart disease in US men and women：NHANES I Epidemiologic Follow-up Study. Archives of Internal Medicine，161（21）：2573-2578

Bello P L A，Paredes L O. 2009. Starches of some food crops，changes during processing and their nutraceutical potential. Food Engineering Reviews，1：50-65

Beninger C W，Hosfield G L. 2003. Antioxidant activity of extracts，condensed tannin fractions，and pure flavonoids from *Phaseolus vulgaris* L. seed coat color genotypes. Journal of Agricultural and Food Chemistry，51：7879-7883

Bernaert N，Paepe D de，Bouten C，et al. 2012. Antioxidant capacity，total phenolic and ascorbate content as a function of the genetic diversity of leek（*Allium ampeloprasum* var. porrum）. Food Chemistry，134（2）：669-677

Bischoff T A，Kelley C J，Karchesy Y，et al. 2004. Antimalarial activity of Lactucin and Lactucopicrin：sesquiterpene lactones isolated from *Cichorium intybus* L. Journal of Ethnopharmacology，95（2）：455-457

Block E. 1985. The chemistry of garlic and onions. Scientific American，252（3）：114-119

Blum A，Monir M，Wirsansky I，et al. 2005. The beneficial effects of tomatoes. European Journal of Internal Medicine，16（6）：402-404

Brown C R. 2005. Antioxidants in potato. American Journal of Potato Research，82（2）：163-172

Bryant J，Green T R，Gurusaddaint T，et al. 1976. Proteinase inhibitor Ⅱ from potatoes：isolation and charactrtization of its protomer components. Biochemistry，15（16）：3418-3424

Butt M S，Batool R. 2010. Nutritional and functional properties of some promising legume protein isolates. Pakistan Journal of Nutrition，9（4）：373-379

Butt M S，Sultan M T，Iqbal J. 2009. Garlic：nature's protection against physiological threats. Critical Reviews in Food Science and Nutrition，49（6）：538-551

Caraazzone C，Mascherpa D，Gazzani G，et al. 2013. Identificationg of phenolic constituents in red chicory salads by high-per-formance liquid chromatograohy with diode array detection and electuospray ionisation tandem mass spectrometry. Food Chemistry，138（2）：1062-1071

Cardador M A，Loarca P G，Oomah B D. 2002. Antioxidant activity in common beans（Phaseolus vulgaris L.）. Journal of Agricultural and Food Chemistry，50：6975-6980

Chandrashekar P M，Prashanth K V，Venkatesh Y P. 2011. Isolation，structural elucidation and immunomodulatory activity of fructans from aged garlic extract. Phytochemistry，72：255-264

Chang H L，Shu H K，Su J H，et al. 2006. The fractionated *Toona sinensis* leaf extract induces apoptosis of human ovarian cancer cells and inhibits tumor growth in a murine xenograft model. Gynecologic Oncology，102（2）：309-314

Chen H L，Wang C H，Chang C T，et al. 2003. Effects of Taiwanese yam（*Dioscorea alata* L. cv. Tainung No.2）on the mucosal hydrolase activities and lipid metabolism in Balb/c mice. Nutrition Research，23（6）：791-801

Chen J，Chen H，Wang H，et al. 2000. Effects of fresh onion extracts on human platelet function in vitro. Life Sciences，

66 (17): 1571-1579

Chen X, Zhong H Y, Zeng J H, et al. 2008. The pharmacological effect of polysaccharides from Lentinus edodes on the oxidative status and expression of VCAM-1mRNA of thoracic aorta endothelial cell in high-fat-diet rats. Carbohydrate Polymers, 74: 445-450

Choi S H, Kima D S, Kozukue N, et al. 2014. Protein, free amino acid, phenolic, β-carotene, and lycopene content and antioxidative and cancer cell inhibitory effects of 12 greenhouse-grown commercial cherry tomato varieties. Journal of Food Composition and Analysis, 34 (2): 115-127

Costa G E A, Queiroz-Monici K S, Reis S, et al. 2006. Chemical composition, dietary fiber and resistant starch contents of raw and cooked pea, common bean, chickpea and lentil legumes. Food Chemistry, 94: 327-330

Darby S, Whitley E, Doll R, et al. 2001. Smoking, an d lung cancer: a case-control study of 1000 cases and 1500 controls in South-West England. British Journal of Cancer, 84 (5): 728-735

David G S, Fred J E, Li P W, et al. 2007. Oil and tocopherol content and composition of pumpkin seed oil in 12 cultivars. Journal of Agricultural and Food Chemistry, 55 (10): 4005-4013

Deshpande S S, Damodaran S. 1989. Structure-digestibility relationship of legume 7S proteins. Journal of Food Science, 54: 108-113

Deshpande S S, Nielsen S. 1987. In vitro enzymatic hydrolysis of phaseolin, the major storage protein of Phaseolus vulgaris L. Journal of Food Science, 52: 1326-1329

Diwanay S, Chitre D, Patwardhan B. 2004. Immunoprotection by botanical drugs in cancer chemotherapy. Journal of Ethnopharmacology, 90 (1): 49-55

Dona A C, Pages G, Gilbert R G, et al. 2010. Digestion of starch: In vivo and in vitro models used to characterize oligosaccharide or glucose release. Carbohydrate Polymers, 80 (3): 599-617

Dorant E, van den Brandt P A, Goldbohm R A, et al. 1996. Consumption of onions and a reduced risk of stomach carcinoma. Gastroenterology, 110 (1): 12-20

Duda G, Suliburska J, Pupek-Musialik D. 2008. Effects of short-term garlic supplementation on lipid metabolism and antioxidant status in hypertensive adults. Pharmacological Reports, 60 (2): 163-170

Edashige Y, Ishii T. 1998. Hemicellulosic polysaccharides from bamboo shoot cell walls. Photochemistry, 49 (6): 1675-1682

Edelman J, Dickerson A G. 1986. The mechanism of fructosan metabolism in higher plants as exemplipied in Helianthus tuberosus. New Phytologist, 67: 517-531

Fan S, Chen H N, Wang C J, et al. 2007. Toona sinensis Roem(Meliaceae)leaf extract alleviates liver fibrosis via reducing TGF beta1 andcollagen. Food and Chemical Toxicology, 45 (11): 2228-2236

Fossen T, Andersen O M. 2000. Anthocyanins from tubers and shoots of the purple potato, Solanum tuberosum. Journal of Horticultural Science and Biotechnology, 75 (3): 360-363

Foster-Powell K, Holt S H, Brand-Miller J C. 2002. International table of glycemic index and glycemic load values. The American Journal of Clinical Nutrition, 76: 5-56

Franceschi S, Bidolie M, Vecchia L A C, et al. 1994. Tomatoes and risk of digestive tract cancers. International Journal of Cancer, 59 (2): 181-184

Friedman M. 1997. Chemistry, biochemistry, and dietary role of potato polyphenols: a review. Journal of Agricultural and Food Chemistry, 45 (5): 1523-1540

Gentil M, Pereira J V, Sousa Y T, et al. 2006. In vitro evaluation of the antibacterial activity of Arctium lappa as a phytotherapeutic agent used in intracanal dressings. Phytotherapy Research, 20 (3): 184-186

Giovannucci E. 2002. A review of epidemiologic studies of tomatoes, lycopene and prostate cancer. Experimental Biology and Medicine, 227 (10): 852-859

Goel R K, Sairam K. 2002. Anti-ulcer drugs from indigenous sources with emphasis on *Musa sapientum*, *Tamrabhasma*, *Asparagus racemosus* and *Zingiber officinale*. Indian Journal of Phamacology, 34 (2): 100-110

Granito M, Palolini M, Perez S. 2008. Polyphenols and antioxidant activity of *Phaseolus vulgaris* stored under extreme conditions and processed. LWT-Food Science and Technology, 41: 994-999

Grela E R, Gunter K D. 1995. Fatty acid composition and tocopherol content of some legume seeds. Animal Feed Science and Technology, 152: 325-331

Guzman M G H, Castellanos J, De Mejıa E G. 1996. Relationship between theoretical and experimentally detected tannin content of common bean *Phaseolus vulgaris* L. Food Chemistry, 55: 333-335

Haidari F, Rashidi M R, Keshavarz S A, et al. 2008. Effects of onion on serum uric acid levels and hepatic xanthine dehydrogenase/xanthine oxidase activities in hyperuricemic rats. Pakistan Journal of Biological Sciences, 11 (14): 1779-1784

Hazra B, Sarkar R, Bhattacharyya S, et al. 2002. Tumour inhibitory activity of chicory root extract against Ehrlich ascites carcinoma in mice. Fitoterapia, 73 (7): 730-733

Hirsch K, Danilenko M, Giat J, et al. 2000. Effect of purified allicin, the major ingredient of freshly crushed garlic, on cancer cell proliferation. Nutrition and Cancer, 38 (2): 245-254

Hirvonen T, Virtamo J, Korhonen P, et al. 2000. Intake of flavonoids, carotenoids, vitamins C and E, and risk of stroke in male smokers. Stroke, 31 (10): 2301-2306

Hong J, Chen T T, Hu P, et al. 2014. A novel antibacterial tripeptide from Chinese leek seeds. European Food Research and Technology, 240 (2): 327-333

Hoover R, Sosulski F W. 1985. A comparative study of the effect of acetylation on starches of *Phaseolus vulgaris* biotypes. Starch, 37: 397-403

Hsiao G, Fong T H, Tzu N H, et al. 2004. A potent antioxidant, lycopene, affords neuroprotection against microglia activation and focal cerebral ischemia in rats. In Vivo, 18 (3): 351-356

Huang X F, Kong L Y. 2006. Steroidal saponins from roots of *Asparagus officinalis*. Steroids, 71 (2): 171-176

Huang X F, Lin Y Y, Kong L Y. 2008. Steroidals from the roots of *Asparagus officinalis* and their cytotoxic activity. Journal of Integrative Plant Biology, 50 (6): 717-722

Hughes R, Rowland I R. 2001. Stimulation of apoptosis by two prebiotie chicory ctarIs in the rat colon. Carcinogenesis, 22 (1): 43-47

Ikekawa T, Uehara N, Maeda Y, et al. 1968. Antitumor activity of aqueous extracts of edible mushrooms. Cancer Research, 29 (3): 734-735

Imai J, Ide N, Nagae S, et al. 1994. Antioxidant and radical scavenging effects of aged garlic extract and its constituents. Planta Medica, 60 (5): 417-420

Iqbal A, Khalil I A, Ateeq N, et al. 2006. Nutritional quality of important food legumes. Food Chemistry, 97: 331-335

Ishida B K, Chapman M H. 2009. Carotenoid extraction from plants using a novel, environmentally friendly solvent. Journal of Agricultural and Food Chemistry, 57 (3): 1051-1059

Kaneko S, Ishii T, Matsunaga T. 1997. A boron-rhamnogalact'uronan-II complex from bamboo shoot cell walls. Photochemistry, 44 (2): 243-248

Kim J W, Kim Y S, Kyung K H. 2004. Inhibitory activity of essential oils of garlic and onion against bacteria and yeasts. Journal of Food Protection, 67 (3): 499-504

Kim M H, Park S C, Kim J Y, et al. 2006. Purification and characterization of a heat-stable serine protease inhibitor from the tubers of new potato variety Golden Valley. Biochemical and Biophysical Research Communications, 346 (3): 681-686

Koo H N, Jeong H J, Choi J Y, et al. 2000. Inhibition of tumor necrosis factor-α-induced apoptosis by Asparagus cochinchinensis in HepG2 cells. Journal of Ethnophar macology, 73: 137-143

Kuhad A, Sethi R, Chopra K. 2008. Lycopene attenuates diabetes-associated cognitive decline in rats. Life Science, 83 (3-4): 128-134.

Kumar P, Kalonia H, Kumar A. 2009. Lycopene modulates nitric oxide pathways against3-nitropropionic acid-induced neurotoxicity. Life Science, 85 (19-20): 711-718

Kumar P, Kumar A. 2009. Effect of lycopene and epigallocatechin-3-gallate against3-nitropropionic acid induced cognitive dysfunction and glutathione depletion in rat: A novel nitric oxide mechanism. Food and Chemical Toxicology, 47 (10): 2522-2530

Kumbhare V, Bhargava A. 2007. Effect of processing on nutritional value of central Indian bamboo shoots. Part-1. Journal of Food Science and Technology, 44 (1): 29-31

Lachmana J, Hamouz K, Orsak M, et al. 2008. The influence of flesh colour and growing locality on polyphenolic content and antioxidant activity in potatoes. Scientia Horticulturae, 117 (2): 109-114

Lee K H, Choi H R, Kim C H. 2005. Anti-angiogenic effect of the seed extract of Benincasa hispida Cogniaux. Journal of Ethnopharmacology, 97: 509-513

Lee S U, Lee J H, Choi S H, et al. 2008. Flavonoid content in fresh, home-processed, and light-exposed onions and in dehydrated commercial onion products. Journal of Agricultural and Food Chemistry, 56 (18): 8541-8548

Liao J W, Hsu C K, Wang M F, et al. 2006. Beneficial effect of *Toona sinensis* Roemor on improving cognitive performance and brain degeneration in senescence-accelerated mice. British Journal of Nutrition, 96 (2): 400

Lin S, Chung T, Lin C, et al. 2000. Hepatoprotective effects of *Arctium lappa* on carbon tetrachloride-and acetaminophen-induced liver damage. The American Journal of Chinese Medicine, 28 (02): 163-173

Lin S, Lin C H, Lin C C, et al. 2002. Hepatoprotective effects of *Arctium lappa* linne on liver injuries induced by chronic ethanol consumption and potentiated by carbon tetrachloride. Journal of Biomedical Science, 9 (5): 401-409

Lu X, Ross C F, Powers J R, et al. 2011. Determination of total phenolic content and antioxidant activity of garlic (*Allium sativum*) and elephant garlic (*Allium ampeloprasum*) by attenuated total reflectance-Fourier transformed infrared spectroscopy. Journal of Agricultural and Food Chemistry, 59: 5215-5221

Luo H, Huang J, Liao W G, et al. 2011. The antioxidant effects of garlic saponins protect PC12 cells from hypoxia-induced damage. British Journal of Nutrition, 105: 1164-1172

Luo Y, Xie W, Hao Z. et al. 2014. Use of shallot (*Allium ascalonicum*) and leek (*Allium tuberosum*) to improve the in vitro available iron and zinc from cereals and legumes. CyTA-Journal of Food, 12 (2): 195-198

Ly T N, Hazama C, Shimoyamada M, et al. 2005. Antioxidative compounds from the outer scales of onion. British Journal of Nutrition, 53 (21): 8183-8189

Lynett P T, Butts K, Vaidya V, et al. 2011. The mechanism of radical-trapping antioxidant activity of plant-derived thiosul fi nates. Organic and Biomolecular Chemistry, 9 (9): 3320-3330

Machmudah S, Winardi S, Sasaki M. 2012. Lycopene extraction from tomato peel by-product containing tomato seed using supercritical carbon dioxide. Journal of Food Engineering, 108 (2), 290-296.

Mackinnon E S, Rao A V, Josse R G, et al. 2011. Supplementation with the antioxidant lycopene significantly decreases oxidative stress parameters and the bone resorption marker *N*-telopeptide of type I collagen intpostmenopausal women. Osteoporosis International，22（4）：1091-1101

Marcello D. 2006. Grain legume proteins and nutraceutical properties. Fitoterpia，77：67-82

Marquez U，Lajolo F. 1981 Composition and digestibility of albumin，globulins，and glutelins from *Phaseolus vulgaris*. Journal of agricultural and food chemistry，53：235-242

Matteo D V，Pierucci M，Giovanni D G. 2009. Intake of tomato-enriched diet protects from 6-hydroxydopamine-induced degeneration of rat nigral dopaminergic neurons. Journal of Neural Transmission，73（19）：333-341

Mayer F，Hillebrandt J O. 1997. Potato pulp：microbiological characterization，physical modification，and application of this agricultural waste product. Applied Microbiology and Biotechnology，48（4）：435-440

Mi Y，Eun J，Nam Y，et al. 2012. Comparison of the chemical compositions and nutritive values of various pumpkin（Cucurbitaceae）species and parts. Nutrition Research and Practice，6（1）：21-27

Milner J A. 1996. Garlic：its anticarcinogenic and antimutagenic properties. Nutrition Reviews，54：S82-S86

Mingyu D，Mingzhang L，Qinghong Y，et al. 1995. A study on Benincasa hispida contents effective for protection of kidney. Jiangsu Journal of Agricultural Sciences，11：46-52

Momma M. 2006. A pepsin-resistant 20 kDa protein found in red kidney bean（*Phaseolus vulgaris* L.）identified as basic subunit of legumin. Bioscience，Biotechnology，and Biochemistry，70：1-4

Moundras C，Behr S R，Remesy C，et al. 1997. Fecal losses of sterols and bile acids induced by feeding rats guar gum are due to greater pool size and liver bile acid secretion. Journal of Nutrition，127：1068-1076

Nandecha C，Nahata A，Dixit V K. 2010. Effect of Benincasa hispida fruits on testosterone-induced prostatic hypertrophy in albino rats. Current Therapeutic Research，71（5）：331-343

Nguyen M L. 1999. Lycopene：chemical and biological properties. Food Technology，53（2）：38-45

Nirmala C，Sharma M L，David E. 2008. A comparative study of nutrient components of freshly harvested，fermented and canned bamboo shoots of *Dendrocalamus giganteus* Munro. The Journal of the American Bamboo Society，21（1）：33-39

Noriega E，Rivera L，Peralta E. 2000. Glycaemic and insulinaemic indices of Mexican foods high in complex carbohydrates. Diabet. Nutrition and Metabolism，13：13-9

Obiro W C，Tao Z，Bo J. 2008. The nutraceutical role of the Phaseolus vulgaris α-amylase inhibitor. British Journal of Nutrition，100：1-12

Park S Y，Yoo S S，Shim J H，et al. 2008. Physicochemical properties，and antioxidant and antimicrobial effects of garlic and onion powder in fresh pork belly and loin during refrigerated storage. Journal of Food Science，73（8）：577-584

Park W D. 1983. Tuber proteins of potato：A new and surprising molecular system. Plant Molecular Biology Reports，1（2）：61-66

Pereira J V，Bergamo D C B，Pereira J O，et al. 2005. Antimicrobial activity of Arctium lappa constituents against microorganisms commonly found in endodontic infections. Brazilian Dental Journal，16（3）：192-196

Pihlanto A，Akkanen S，Korhonen H J. 2008. ACE-inhibitory and antioxidant properties of potato（*Solanum tuberosum*）. Food Chemistry，109（1）：104-112

Pouvreau L，Gruppen H，Piersma S R. 2001. Relative abundance and inhibitory distribution of protease inhibitors in potato juice from cv. elkana. Journal of Food Process Engineering，49（6）：2864-2874

Qu M Y，Zhou Z，Chen C H. 2011. Lycopene protects against trimethyltin-induced neurotoxicity in primary cultured rat hippocampal neurons by inhibiting the mitochondrial apoptotic pathway. Neurochemistry International，59（8）：1095-1103

Racusen D，Foote M. 1980. A major soluble glycoprotein of potato tubers. Journal of Food Biochemistry，4（1）：43-52

Ralet M C, Gueguen J. 2000. Fractionation of potato proteins: solubility, thermal coagulation and emulsifying properties. LWT-Food Science and Technology, 33 (5): 380-387

Rao A V, Shen H. 2002. Effect of low dose lycopene intake on lycopene bioavailability and oxidative stress. Nutrition Research, 22 (10): 1125-1131

Rasmussen M K, Klausen C L, Ekstrand B. 2014. Regulation of cytochrome P450 mRNA expression in primary porcine hepatocytes by selected secondary plant metabolites from chicory (*Cichorium intybus* L.) . Food Chemistry, 146: 255-263

Reynoso C R, Ramos G M, Loarca P G. 2006. Bioactive components in common beans(*Phaseolus vulgaris* L.). Advances in Agricultural and Food Biotechnology, 217-236.

Rissanen T, Voutilainen S, Nyyssnen K, et al. 2001. Low serum lycopene concentration is associated with an excess incidence of acute coronary events and stroke: the Kuopio ischaemic heart disease risk factor study. British Journal of Nutrition, 85 (6): 749-754

Rizwan M, Rodriguez L I, Harbottle A, et al. 2011. Tomato paste rich in lycopene protects against cutaneous photodamage in humans in vivo: A randomized controlled trial. British Journal of Dermatology, 164 (1): 154-162

Roman R R, Flores S J L, Alarcon A F J. 1995. Antihyperglycemic effect of some edible plants. Journal of Ethnopharmacology, 48: 25-32

Saggu S, Sakeran M I, Zidan N. 2014. Ameliorating effect of chicory (*Chichorium intybus* L.) fruit extract against 4-tert-octylphenol induced liver injury and oxidative stress in male rats. Food and Chemical Toxicology, 72: 138-146

Sai U S, Ketnawa S, Chaiwut P, et al. 2009. Biochemical and functional properties of proteins from red kidney, navy and adzuki beans. Asian Journal of Food and Agro-Industry, 2 (04): 493-504

Saleheen D, Ali S A, Yasinzai M M. 2004. Antileishmanial activity of aqueous onion extract in vitro. Fitoterapia, 75 (1): 9-13

Sandhir R, Mehrotra A, Kamboj S S. 2010. Lycopene prevents 3-nitropropionic acid-induced mitochondrial oxidative stress and dysfunctions in nervous system. Neurochemistry International, 57 (5): 579-587

Sarangthem K, Singh T N, Thongam W. 2003. Transformation of fermented bamboo (*Dendroealamus hamiltonii*) shoots into phytosterols by microorganisms. Journal of Food Science and Technolgy, 40 (6): 622-625

Shao Y, Chin C K, Ho C T, et al. 1996. Anti-tumor activity of the crude saponins obtained from asparagus. Cancer Letters, 104 (1): 31-36

Shim S M, Yi H L, Kim Y S. 2011. Bioaccessibility of flavonoids and total phenolic content in onions and its relationship with antioxidant activity. International Journal of Food Sciences and Nutrition, 62 (8): 835-838

Shin S, Park S S, Lee H, et al. 2014. Effects of fermented chicory fiber on the improvement of intestinal function and constipation. Journal of the Korean Society of Food Science and Nutrition, 43 (1): 55-59

Shon M Y, Choi S D, Kahng G G, et al. 2004. Antimutagenic, antioxidant and free radical scavenging activity of ethyl acetate extracts from white, yellow and red onions. Food and Chemical Toxicology, 42 (4): 659-666

Shunro K, Yasujiro M. 1988. New inhibitor of platelet aggregation in onion oil. Lancet, 2: 330

Shutler S M, Bircher G M, Tredger J A, et al. 1989. The effect of daily baked bean (*Phaseolus vulgaris*) consumption on the plasma lipid levels of young, normocholesterolemic men. British Journal of Nutrition, 61: 257-265

Siddiq M, Ravi R, Dolan K D. 2010. Physical and functional characteristics of selected dry bean (*Phaseolus vulgaris* L.) flour. LWT-Food Science and Technology, 43: 232-237

Sigounas G, Hooker J L, Li W, et al. 1997. S-Allylmercaptocysteine, a stable thioallyl compound, induces apoptosis in erythroleukemia cell lines. Nutrition and Cancer, 28 (2): 153-159

Singh N，Kamath V，Narasimhamurthy K，et al. 2008a. Protective effect of potato peel extract against carbon tetra chloride-induced liver injury in rats. Environmental Toxicology and Pharmacology，26（2）：241-246

Singh N，Rajini P S. 2008b. Antioxidant-mediated protective effect of potato peel extract in erythrocytes against oxidative damage. Chemico-Biological Interactions，173（2）：97-104

Socorro M，Levy B A，Tovar J. 1989. *In vitro* digestibility of cereals and legumes（*Phaseolus vulgaris*）starches by bovine pancreas and human pancreatic a-amylase. Starch，41：69-71.

Srinivasan M，Devipriya N，Kalpana K B. 2009. Lycopene：An antioxidant and radioprotector against-radiation-induced cellular damages in cultured human lymphocytes. Toxicology，262（1）：43-49

Talalay P，Fahey J W，Healy Z R，et al. 2007. Sulforaphane mobilizes cellular defenses that protect skin against damage by UV radiation. Proceedings of the National Academy of Sciences，104（44）：17500-17505

Tang C H，Sun X. 2011. Structure-physicochemical function relationships of 7S globulins（vicilins）from red bean（*Phaseolus anglaris*）with different polypeptide constituents. Food Hydrocolloids，25：536-544

Tatuana A V，Tatyana A R，Galina V K，et al. 1998. Kunitz-type proteinase inhibitors from intact and Phyophthora-infected potato tubers. FEBS Letters，426（1）：131-134

Thompson M D，Brick M A，McGinley J N，et al. 2009. Chemical composition and mammary cancer inhibitory activity of dry beans. Crop Science，49：179-186.

Tovar J，Granfeldt Y，Bjorck I M. 1992. Effect of processing on blood glucose and insulin responses to starch in legumes. Journal of Agricultural and Food Chemistry，40：1846-1851

Tsuda T，Ohshima K，Kawakishi S，et al. 1994. Antioxidative pigments isolated from the seeds of Phaseolus vulgaris L. Journal of Agricultural and Food Chemistry，42：248-251

Villegas R，Gao Y T，Yang G，et al. 2008. Legume and soy food intake and the incidence of type 2 diabetes in the Shanghai Women's Health Study. The American Journal of Clinical Nutrition，87：162-167

Waes C，Baer J，Carlier L，et al. 1995. A rapid determination of the total sugar content and the average inulin chain length in roots of chicory. Journal of Science of Food and Agriculture，76（1）：107-110

Wang P H，Tsai M J，Hsu C Y，et al. 2008. *Toona Sinensis* Roem（Meliaceae）leaf extract alleviates hyperglycemia via altering adipose glucose Transporter. Food and Chemical Toxicology，46（7）：2554-2560

Wang Q Y，Chen Q，He M L，et al. 2011. Inhibitory effect of antioxidant extracts from various potatoes on the proliferation of human colon and liver cancer cells. Nutrition and Cancer，63（7）：1044-1052

Winham D M，Hutchins M H. 2007. Baked beans consumption reduces serum cholesterol in hypercholesterolemic adults. Nutrition Research，27：380-386

Wu D T，Li W Z，Chen J，et al. 2015. An evaluation system for characterization of polysaccharides from the fruiting body of Hericium erinaceus and identification of its commercial product. Carbohydrate Polymers，124：201-207

Wu X L，Beecher G R，Holden J M，et al. 2004. Lipophilic and hydrophilic antioxidant capacities of common foods in the United States. Journal of Agricultural and Food Chemistry，52：4026-4037

Xi J. 2006. Application of high hydrostatic pressure processing of food to extracting lycopene from tomato paste waste. High Pressure Research，26（1）：33-41

Yasujiro M，Shunto K. 1990. Inhibitors of platelet aggregation fromonion. Phytochemistry，29（11）：3435-3439

Yoon S J，Yu M A，Pyun Y R，et al. 2003. The nontoxic mushroom *Auricularia auricula* contains a polysaccharide with anticoagulant activity mediated by antithrombin. Thrombosis Research，112（3）：151-158

Yuan Z，He P，Cui J，et al. 1998. Hypoglycemic effect of water-soluble polysaccharide from *Auricularia auricula*-judae Quel. on genetically diabetic KK-Ay mice. Bioscience，Biotechnology and Biochemistry，62（10）：1898-1903

Zeng Y C，Hu M Y，Qu S L. 2009. Studies on biological effect of lycopene on Hippocampus of hyperlipemia rats. Health，（1）：8-16

Zhang Z，Liu R N，Tang Q J，et al. 2015. A new diterpene from the fungal mycelia of *Hericium erinaceus*. Phytochemistry Letters，11：151-156

Zhao G，Kan J，Li Z，et al. 2005. Structural features and immunological activity of a polysaccharide from *Dioscorea opposita* Thunb roots. Carbohydrate Polymers，61（2）：125-131

Zuorro A，Fidaleo M，Lavecchia R. 2011. Enzyme-assisted extraction of lycopene from tomato processing waste. Enzyme and Microbial Technology，49（6-7）：567-573